中国工程科技知识中心建设项目

汉语科技词系统

（有色金属卷）

中国科学技术信息研究所
钢　铁　研　究　总　院　编著
中　国　工　程　院

科学技术文献出版社
SCIENTIFIC AND TECHNICAL DOCUMENTATION PRESS
·北京·

图书在版编目（CIP）数据

汉语科技词系统. 有色金属卷 / 中国科学技术信息研究所，钢铁研究总院，中国工程院编著. —北京：科学技术文献出版社，2017. 4（2017. 12 重印）
ISBN 978-7-5189-1957-4

Ⅰ. ①汉… Ⅱ. ①中… ②钢… ③中… Ⅲ. ①科学名词—检索系统 ②有色金属—名词术语—检索系统 Ⅳ. ① G254.92

中国版本图书馆 CIP 数据核字（2016）第 231559 号

二维码一扫
相关内容尽知晓

汉语科技词系统（有色金属卷）

策划编辑：周国臻　　责任编辑：张　丹　　责任校对：张旸哚　　责任出版：张志平

出 版 者　科学技术文献出版社
地　　址　北京市复兴路15号　邮编　100038
编 务 部　(010) 58882938，58882087（传真）
发 行 部　(010) 58882868，58882874（传真）
邮 购 部　(010) 58882873
官方网址　www.stdp.com.cn
发 行 者　科学技术文献出版社发行　全国各地新华书店经销
印 刷 者　虎彩印艺股份有限公司
版　　次　2017 年 4 月第 1 版　2017 年 12 月第 2 次印刷
开　　本　787×1092　1/16
字　　数　1022千
印　　张　39.75
书　　号　ISBN 978-7-5189-1957-4
定　　价　178.00元

《汉语科技词系统》指导委员会

主任委员 陈左宁　潘云鹤

委　　员 干　勇　王海舟　宋德雄　赵志耘　郭铁成　刘琦岩

《汉语科技词系统》编写委员会

主任委员 戴国强

委　　员 潘　刚　韩　伟　焦　艺　孙　卫　胡志民　蔡志勇　李春萌　赵瑞雪　丁群安　杨志维　方　利　茅益明　唐广波　傅智杰　董　诚　韩红旗　张运良

《汉语科技词系统(有色金属卷)》编写组

主　　编 姚长青

副 主 编 韩　伟　韩红旗　张运良　茅益明

参编人员 李　颖　张均胜　徐　硕　曾　文　李琳娜　王莉军　刘浉颖　高影繁　刘志辉　桂　婕　许德山　张兆锋　石崇德　何彦青　徐红姣　杨　岩　付　媛　悦林东　姜秀兰　唐广波　王　卓　成　煜　于　水　张志恒　张敬国　韩　强　李昭东　孙新军　冯　宇　王小江　周世同　左　越　巫宇峰　吴静怡　王　鑫　吕殿雷　石　韬　孟德荣　张　贵　陈　岩　曹建飞

前　言

2012 年 3 月，在财政部的支持下，中国工程院启动了中国工程科技知识中心（简称“知识中心”）建设项目。知识中心是经国家批准建设的国家工程科技领域公益性、开放式的知识资源集成和服务平台建设项目，是我国工程科技领域首个全领域、数据融合打通、统一服务的知识服务平台，是国家信息化建设的重要组成部分。

经过中国工程院及相关协建单位的开创性探索和共同建设，知识中心在数据资源建设与联盟、关键共性技术研发、系统平台建设与服务等方面开展了卓有成效的工作，取得了重要的阶段性成果。

知识组织是对各类信息资源进行整理、加工、索引、分类的一系列活动。建设知识组织系统，可以规范知识单元表示，揭示知识关联，有助于高效地组织信息和知识，快捷地为用户提供服务，是实现高水平知识服务的基础条件。为此，知识中心专门设立了知识组织系统建设子项目，主要目标是研发统一的知识组织系统构建、管理和应用基础工具，汇聚并建成国内权威的工程科技领域词汇知识共建共享服务平台，为知识中心的知识服务平台建设提供支撑。

汉语科技词系统（简称“词系统”）是中国科学技术信息研究所基于前期在知识组织系统建设方面的积累，结合国际上的发展趋势，面向领域情报分析和知识服务实际应用，提出的一种知识组织系统工具。它吸收了词典、叙词表和本体等思想，是一种属性和关系可灵活配置的概念语义网络，也是一种轻量化的本体，可以方便地向本体转化。

为了更好地服务于广大工程科技工作者和相关服务机构，我们决定正式出版词系统系列图书，并逐渐将建设成熟的专业领域词系统予以发布，使这一建设成果能够支持我国工程科技信息服务行业的发展。

在知识中心词系统建设过程中，项目组除了吸收大量领域专家的专业知识，还参考了相关工具书、标准、教科书等，以保证知识的准确性和权威性，在此向这些所有的相关专家、作者、编者和出版单位表示诚挚的感谢。

本书的编写是一项非常艰巨的工作，在出版之际，感谢在本书撰写过程中付出辛勤劳动的科研人员，感谢支持和关心这项工作的各级领导和同行专家，尤其是感谢中国科学技术信息研究所将知识组织系统研究中多年积累的经验、成果分享到知识中心建设中。由于时间有限，工作量较大，对于本书在编写过程中存在的错误之处，欢迎各位同行和广大读者批评和指正，我们将在后续的版本中进行更新和修正。最后，我们衷心地希望本书的出版能够推动其他领域词系统及知识组织系统的相关研究和实践的发展，促进我国工程科技领域知识组织系统研究和建设。

中国工程院院士 陈左宁

分卷前言

在元素周期表中，除铁、铬、锰外的金属元素统称为有色金属，国际统称为非铁金属。有色金属总计有 60 多种，一般可分为轻有色金属、重有色金属、稀有金属、稀土金属、贵金属、放射性金属和半金属，各种有色金属元素都具有各自的独特性能。有色金属材料又可分为结构材料、功能材料、环境保护材料和生物医药材料等，其应用几乎涉及国民经济和国防建设的所有领域，故而有色金属材料的发展受到各国的高度重视。有色金属新材料是新材料的一个极其重要的组成部分，其地位和作用十分突出。大力发展有色金属新材料产业，加速有色金属新材料的研究和开发，对促进国民经济的可持续发展具有极其重要的战略意义。

新中国成立以来，特别是新世纪以来，我国有色金属工业发展取得了举世瞩目的辉煌成就。产业规模包括产量、消费量、贸易量连续十多年居世界第一，是名副其实的有色金属工业大国；技术装备水平总体上进入世界先进行列，部分技术实现成套出口，新材料研发生产基本保障了国家重大工程的需要；国际化经营能力不断增强，一大批优秀企业走出国门，成为推动世界有色金属工业发展的重要力量，建设了一批重要的海外资源基地，实现了加工技术和资本的国际输出；绿色发展水平显著提升，吨铝电耗比国际水平低 1000 多千瓦时，铜、铅、锌冶炼综合能耗分别比 2000 年下降了 80%、40%和 20%，“三废”排放大幅度减少，矿山“三率”指标不断改善，产业循环利用形成规模，再生有色金属产量超过 1000 万吨。但是，我们也要清醒地认识到，我国虽然是世界有色金属工业大国，但仍不是产业强国。而要建设世界有色金属工业强国，我们还需面对产业结构、技术水平、资源环境等诸多方面的问题。

2015 年我国铜、铝、铅、锌、镍、镁、钛、锡、锑和汞 10 种有色金属总产量达 5090 万吨，同比增长 5.8%，保持平稳增长。我国经济发展进入新常态以来，有色矿业经济下行压力加大。2016 年是“十三五”规划开局之年，随着“一带一路”、京津冀协同发展、长江经济带建设等国家战略的实施,有色金属工业将拓展出新的发展空间。同时,随着我国经济建设规模的不断扩大,对有色金属材料的需求,在产量、品质、品种等方面都将提出更高的要求,并且行业运行也将面临较大不确定性。这对有色金属工业既是机遇,也是挑战。稳增长、调结构、加快供给侧结构性改革,加快行业转型升级,降本增效,是今后有色金属行业发展重点。

当今社会是信息化和大数据时代,网络及书面等信息浩如烟海,知识信息资源数量激增,各类科技信息交织,内容冗杂且种类繁多,对科技信息内容进行甄别、分类、分析及交换等信息智能处理的需求越来越突出,知识组织系统建设的必要性和紧迫性日益增加。专业信息服务机构和研究人员的信息资源深度加工、分析和挖掘工作离不开语义资源的支持,尤其是领域语义资源。汉语科技词系统是吸收叙词表和本体思想的一种知识组织系统,它从对科技信息资源的加工分析处理需求出发,提供中英文、定义、关系、属性、多维分类和形式化概念描述等多层面的知识,为科技信息资源深度内容分析提供资源。

中国工程院、中国科学技术信息研究所和钢铁研究总院在中国工程科技知识中心建设项目“知识组织系统建设”资助下,在知识组织专家、有色金属领域专家和知识工程师共同努力下,编著了《汉语科技词系统(有色金属卷)》。此科技词系统主要内容包括:词间基础信息、中英文注释、词间关系建立、词条属性描述、分类信息表述等。融合了本领域国内外研究进展和最新的科研成果,以核心词为主线,全面系统地介绍了该领域的发展情况。使整个有色金属领域知识结构清晰,有很强的系统性和科学性。同时,将基本理论与应用相结合,使其更加实用。本科技词系统的编写,可以推动有色金属领域的研究和发展,扩展科学知识,使行业发展紧随时代前沿。

中国工程院院士

目　录

第一部分

词系统背景知识

1　汉语科技词系统的理论进展

汉语科技词系统在经过新能源汽车、新一代工业生物技术、智能材料与结构技术、重大自然灾害监测与防御、新能源等几个领域的系统建设之后，已经基本确定面向情报分析的领域知识组织系统构建的理论方法。自 2014 年参与中国工程科技知识中心（简称“知识中心”）项目以来，尤其是新材料和皮肤病问答专业领域词系统的建设及对材料测试分析本体的尝试，使得团队对词系统本身的认识及其在知识服务中的应用取得了新的进展，这些进展有助于黑色金属和有色金属两个领域词系统的建设。

1.1　汉语科技词系统的适应性

汉语科技词系统在适应性方面的调整主要是对知识中心的支持。汉语科技词系统设计之初，是为了支撑情报分析服务。但是，词系统也可以支撑知识中心的知识组织系统建设相关工作。知识组织系统建设是知识中心建设和服务过程中的一项重要任务。通过工程及相关领域以术语词汇为核心的知识组织系统建设，汇聚领域内规范化的术语词汇，是高效深入的信息服务和知识服务系统建设中的重要环节。预期通过知识组织系统的建设能够明确知识框架，优化数据资源配置，提高知识加工效率和一致性，增强知识导航和知识服务的效果。通过知识组织系统建设能够更好地组织知识中心的数据资源，为国家工程科技领域重大决策、重大工程科技活动、企业创新与人才培养提供知识服务。

知识中心的协建单位涉及多个行业、多个专业领域，既包括中国农业科学院农业信息研究所、中国医学科学院医学信息研究所、工业和信息化部电子科学技术情报研究所、中国地质图书馆等传统图书情报研究单位，也有如钢铁研究总院、中国环境科学研究院和北京低碳清洁能源研究所等领域专业研究单位。同时，各单位的基础不一，有的长期从事词表、本体等知识组织系统建设，有的过去没有相关建设经验。在这样的现状下，对所有的分中心做统一的要求，建设划一标准的知识组织系统是不现实的。

而汉语科技词系统相关的理论方法和工具平台对构建不同层次的知识组织系统均有支撑。除建设标准的融合叙词表、词典和本体的领域科技词系统外，由于关系、属性的可定义特点使得只需简单配置就可以支持叙词表建设，而词系统本身对属性的支持，可以支撑本体的建设，同时通过相关研究使得词系统向本体转换的工具也得以开发。因此汉语科技词系统可以支撑知识中心从词表到本体的建设，同时由于数据结构的一致性，便于从整体上进行集成整合。

1.2　关系空间和属性空间

汉语科技词系统建设中非常核心的一项工作是关系空间和属性空间的设计，一个良好的领域词系统的关系空间和属性空间的建设，是构建词系统的质量、效率及在知识应用中发挥作用的重要保障。

在汉语科技词系统的发展过程中,为了保持体例的一致性及从集成的角度出发,提出了 20 种扩展关系、16 种属性作为推荐的基本类型,并且指出可能存在领域特性,这一思想指导了后续若干领域词系统的建设。但是随着领域词系统的建设向纵深发展,越来越多领域之间的差异性体现得更为明显,为此团队适时调整了原有的思路,提出在领域词系统建设上以领域特色为主、以通用关系为辅的建设思路,以适应不同领域的特点。团队通过调研发现即使在工程科技领域的不同学部、学部内的不同学科关注的重点也不尽相同。

关于词系统关系空间和属性空间的大小,也有重新认识的过程,在新能源汽车领域词系统的建设过程中关系包括了 15 个一级类型、78 个二级类型,属性中包括了 10 个一级类型、45 个二级类型。在之后的过程不断扩充,如在黑色金属领域词系统,在建设过程中关系扩展到 109 种,属性类型扩展到 93 种。这些扩展相比只有用、代、属、分、参、族等简单的词和概念关系及一些简单属性,知识在丰富程度上得到了极大的提升,为知识服务提供了较好的基础。但是在建设过程中,知识工程师也反映在近百种关系和属性中进行选择是一件复杂的工作,很多情况下难以找到最合适的,且也难以区分部分属性和关系类型的细微差别。另外,从统计上考虑,存在较大的不平衡性,所以适当减少关系和属性类型有利于减少加工难度。因此,如何选择关系和属性,需要结合应用。

1.3 面向知识服务应用的词系统建设

针对不同的应用,词系统建设应该做针对性分析处理,各类应用包括但不限于如下几类。

1.3.1 数据资源组织和检索

利用建好的汉语科技词系统对数据资源进行标引加工,并基于标引加工的结果提供基本的检索服务。

知识组织服务主要是知识资源的主题标引和多领域标引。主题标引以特定的专业汉语科技词系统为来源,精选代表性词汇加以标注,可以进一步以标注词汇代替资源进行简化计算。多领域标引则以多个汉语科技词系统标引资源中全部有关词汇,并以计算机可理解的形式加以描述,便于进一步利用。

知识检索主要利用汉语科技词系统对用户的检索需求进行明确化交互、对检索结果进行扩检和缩检、对检索结果进行分类展示或者聚类展示等。

1.3.2 知识导航

知识导航是利用已有汉语科技词系统的分类体系或高位概念对知识服务提供的科技文献、科学数据等资源和百科、图片等片段化条目知识进行组织,并在知识服务中按照分类体系进行逐层展开的树形关联导引,帮助用户逐步定位找到所需资源和知识。知识导航是重要的交互手段之一,适用于对专业了解较为深入的用户,能够与检索功能有效互补,是知识中心专业分中心的基本建设要求之一。

1.3.3 其他知识服务

知识服务是在对信息资源提炼、加工、集成的基础上,为用户提供的有针对性的、解决具体问题的知识产品或服务的活动。人类从噪声中分拣出数据,转化为信息,升级为知识,升华为智慧,知识服务是信息服务的高级版本,是面向增值和创新的服务。知识服务种类众多,以下仅列举部分。

(1)针对知识问答提供知识的精准匹配

将重要问答知识与查询词条一一对应,针对查询给出标准的问答结果。

(2)针对深度搜索提供检索结果的筛选和重新组织

在通用的检索策略得到的检索结果之上,利用已有的汉语科技词系统对查询结果进行再次甄别,识别出不符合检索领域的结果,使得检索结果更加精准,可以进一步用于情报分析。

(3)针对知识地图提供领域知识概貌

利用汉语科技词系统的主要层次结构,提供对领域知识概览的支持;利用网状结构,提供对领域知识脉络展示的支持。

(4)针对科技评价提供评价对象,界定评价范围

提供主要体现工程科技有关技术的术语作为评价对象,便于确定科技评价中趋势分析等处理的对象范围,做好科技评价工作。

(5)针对热度发现提供概念关联支撑

提供词汇之间的关联,使得表现不同的词汇之间能够通过概念层面建立联系,可以进一步提高热度分析的准确度。

(6)针对文本聚类分析,提供聚类特征和降维工具

文本聚类分析中,经常以词汇作为基本特征,但是经常面临多维度问题,而利用汉语科技词系统之间的关联,可以有效降维。

(7)机器翻译和跨语言检索

对不同语种的资源进行机器翻译,便于对资源进行初选,有助于提供统一检索服务。

2 汉语科技词系统协同构建平台进展

汉语科技词系统协同构建平台经过近些年的发展和实际应用,吸收了一些最新的、成熟的研究成果,采纳了领域用户和行业专家的建议,集成了可视化展示、关系推荐、选词等新的应用,在分领域管理、按用户分配和交互操作便利性等方面对功能进行了完善,目前已经具有较高的成熟性、易用性。

2.1 集成的新应用

最新的汉语科技词系统协同构建平台中集成了“汉语科技词系统建设与应用工程”“本体发布与服务平台”和“汉语科技词系统语料库平台”等项目的研究成果,完成了一些新应用的集成工作。在构建领域词表功能上,主要集成了“汉语科技词系统构建与应用工程”的词条的加工流程、词表的管理、用户的管理等;在系统的前台浏览检索上,主要集成了“本体发布与服务平台”的关系可视化功能,用户在页面中可以直观地查看词条的关系和属性信息;在后台加工中,主要集成了语料库计算功能,在词表加工人员针对领域词表加工时,可以通过导入领域语料,在计算后获取领域词条,并且导入到词表中;在增加词条关系的时候,可以通过语料库关键词共现功能,获取与当前词条的共现词条,然后建立关系,在增加词条关系时,系统会提示计算后的关键词共现,大幅度提高了加工人员的加工效率(如图 1-1 所示)。

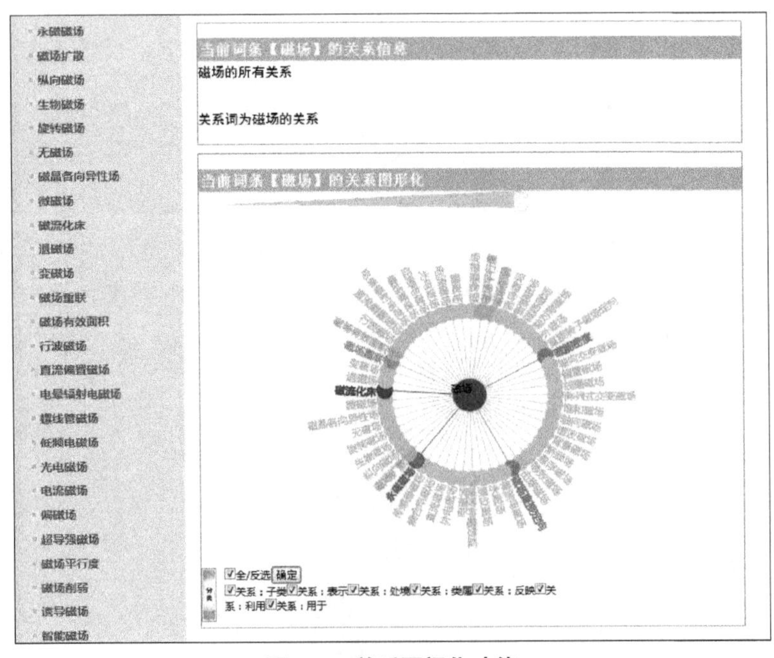

图 1-1 关系可视化功能

其中的语料计算应用主要是实现词语推荐和词条关系推荐功能。用户导入一批语料，并计算语料中关键词的词频，然后导出词频计算结果。用户将结果拿给专家检查后，由专家将认可的核心词的词语保留，再将修改过的词频结果重新导入到系统中，并计算核心词在语料中的共现情况。在用户增加词条的关系时，将与该词条共现次数较多的词语推荐给用户。语料计算功能，包括“语料管理”（如图 1-2 所示）、“数据计算”（如图 1-3 所示）、“关键词词频统计”和“关键词共现统计”（如图 1-4 所示）功能，并提供计算结果供用户做选词参考。

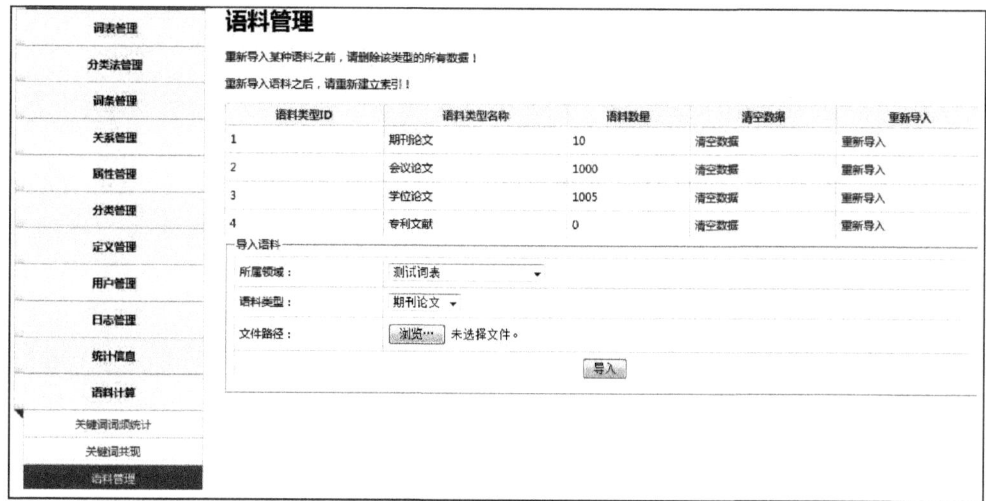

图 1-2　语料管理功能

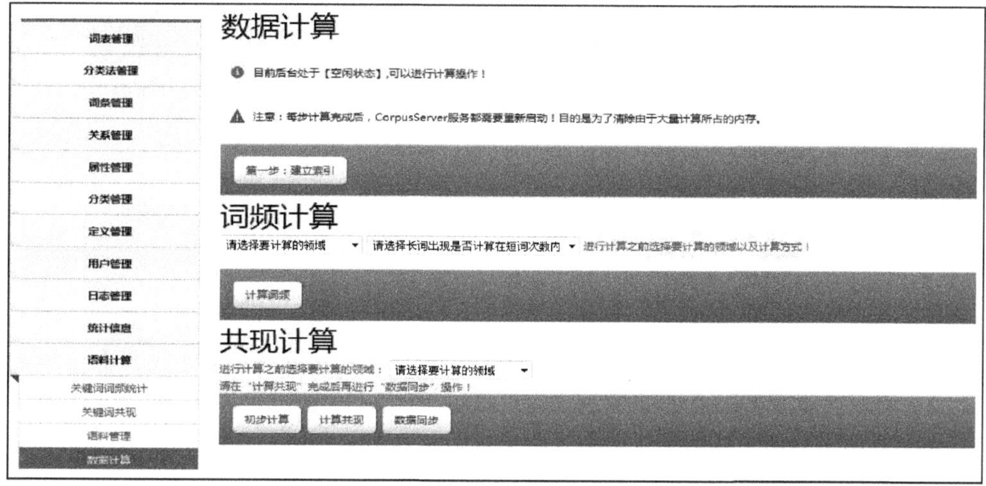

图 1-3　语料计算功能

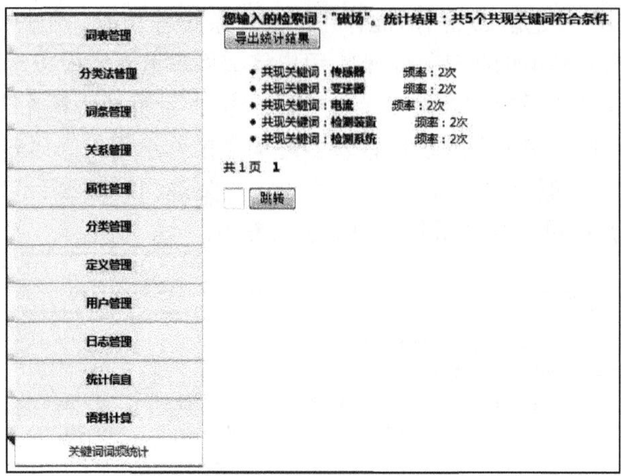

图 1-4 关键词共现统计功能

2.2 平台功能方面的完善

汉语科技词系统协同构建平台在功能上进行了丰富和完善,在分领域管理、交互操作和用户管理分配等方面有了较大的改进。

在分领域管理方面,平台可以同时管理多个领域的词表(如图 1-5 所示)。多个领域的知识工程师和专家可以在一个平台上同时完成不同领域词表的加工、审核和发布等工作。用户也可以对一个词语在多个领域的词表进行检索。

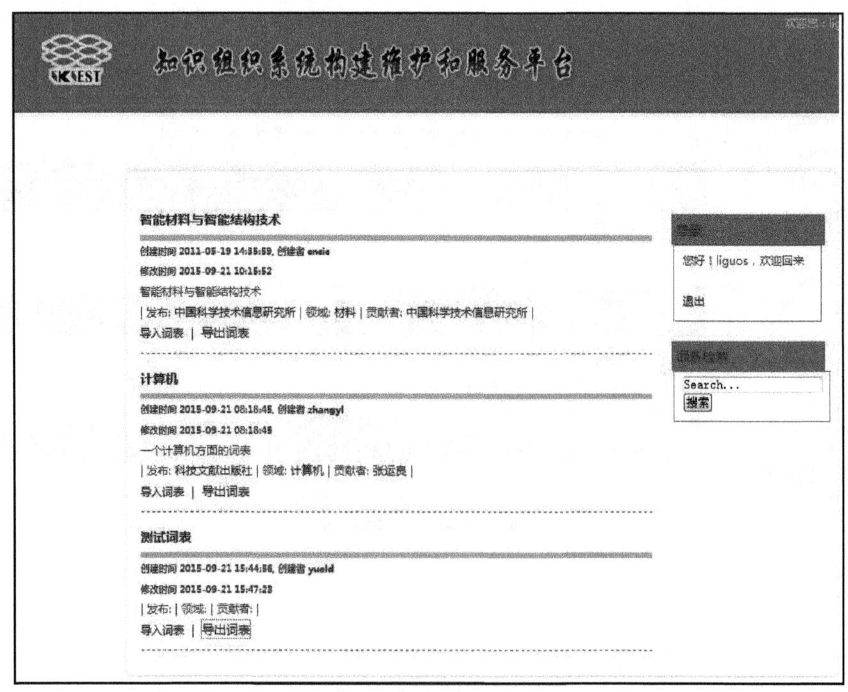

图 1-5 平台同时管理多个领域词表页面

平台支持多种分类法的管理,每一个领域词表可以同时支持多种分类法,一个分类法也可以运用到多个领域的词表中;运用分类法管理,增加分类法链接,可以为系统或者某部词表增加、修改和删除分类法的功能;在分类法列表,点击某部分类法的名称,可以进入该分类法的分类类目管理页面,在此页面可以对分类类目进行增加、删除和修改操作(如图 1-6 和图 1-7 所示)。

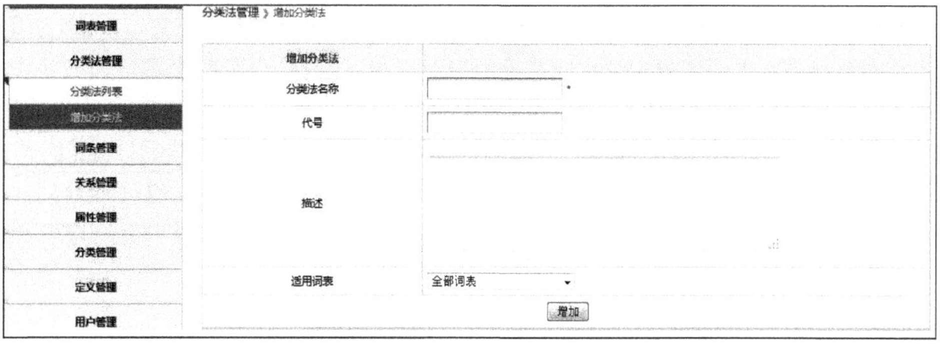

图 1-6　分类法管理

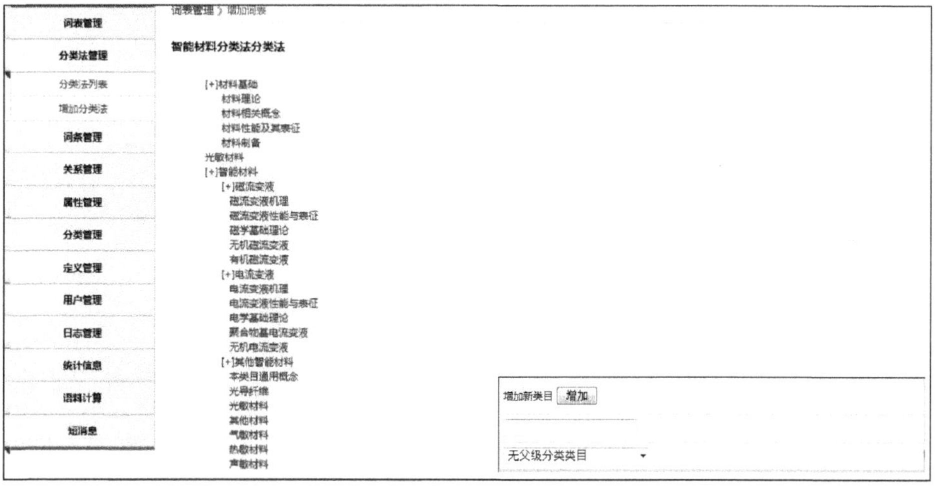

图 1-7　分类表实例

汉语科技词系统协同构建平台能够提供友好的用户界面,不但使普通浏览用户能尽快定位到自己感兴趣的信息,而且使后台编辑用户的工作量最大限度地减少;系统具有良好的运行效率,能够达到提高生产率的目的;系统应有良好的可扩展性,可以较容易地加入其他系统的应用;平台的设计具有一定的超前性、灵活性,能够适应企业生产配置的变化。本系统重点实现对词条的加工及信息展示,支持多批次数据处理,包含数据导入、词条管理、关系管理、属性管理、分类管理、定义管理、数据导出和语料计算等功能。

汉语科技词系统协同构建平台为各级用户均提供基本的可视化词系统构建界面,方便用户浏览、导入和导出词表,协助用户完成选词、词间关系推荐和构建等基本操作。系统的操作简单、清晰,提供交互操作的功能,各个功能系统展示清晰,便于用户操作。例如,检索结果的分页浏览及对检索结果的排序处理。

汉语科技词系统协同构建平台在词表管理中增加了词表的导入、导出功能,系统支持 CSV 格式的文件导入、导出,导出的类型包括包含词条、包含词条关系、包含词条属性、包含词条定义及包含所有。在系统的统计信息中增加了统计汇总功能,根据词表统计词表中的词条、关系、属性的数量,同时统计 3 种类型的草稿、候选、审核状态,以饼图形式显示各类型所占的比例。

此外,汉语科技词系统协同构建平台在用户管理方面进行了完善。目前的用户主要包括两类:一类是普通浏览用户,既支持相关领域的专业人士,也支持一般的使用者;另外一类是管理用户,这一类用户基本上都是对本领域的知识比较熟悉的专业人士,他们的主要职责是增加或维护系统的数据内容。用户管理是系统重要的一个部分,设置合理的用户组权限,有利于系统的功能分配。平台对管理员具有的管理权限、知识加工用户权限和普通用户权限重新进行了设计,使得权限的分配更合理。在用户管理功能里,管理员可以对系统中的所有用户的权限进行分配。用户管理主要有以下几个方面的管理:添加新用户、编辑用户、删除用户、增加用户权限、修改和删除用户权限(如图 1-8 所示)。

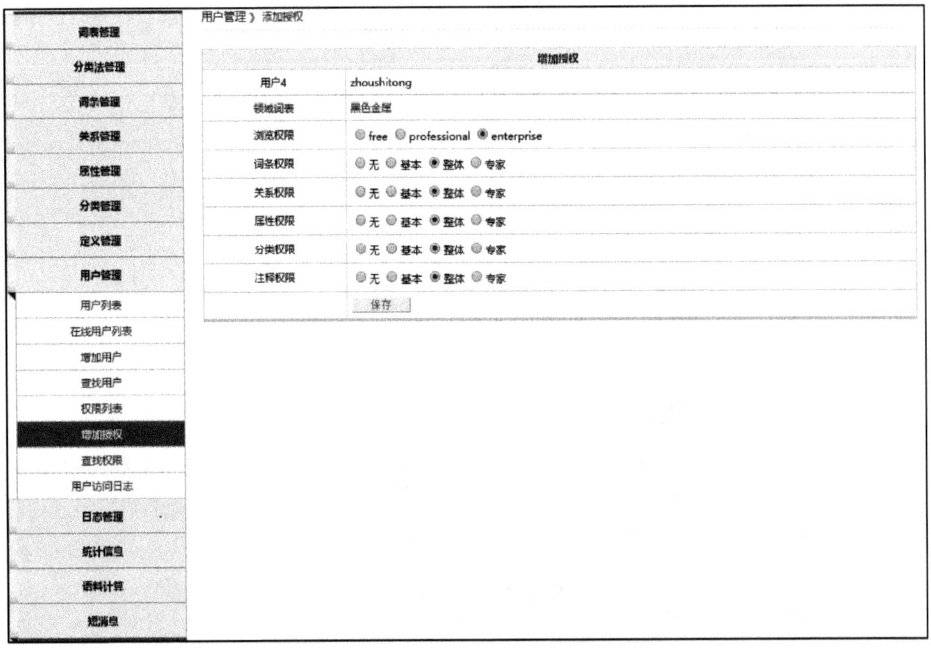

图 1-8　用户管理及用户权限修改功能

汉语科技词系统协同构建平台目前具有的功能分为前台和后台两部分。

其中,前台具备的主要功能如下。

①用户注册:实现了输入用户名、输入手机号和输入邮箱的功能,以及输入密码、确认密码和选填的功能,还实现了验证码、选择用户类型、注册信息和取消注册的功能;

②登录:实现了输入用户名、密码登录系统的功能,以及取消登录和新用户注册功能;

③主页:实现了输入查询信息进行查询的功能,以及查看词表信息的功能;

④词条浏览:实现了根据分类法、词条首字母浏览词条的功能,以及查看词条详细信息、关系、属性等信息的功能。

后台具备的主要功能如下。

①词表管理:实现了词表的增加、浏览、删除、修改功能,以及设置默认词表功能,还实现了导入、导出词表功能。

②分类法管理:实现了分类法的浏览、增加、修改、删除功能,以及所属词表的设置功能。

③词条管理:实现了词条的浏览、增加、修改、删除基本信息功能,以及词条的草稿、候选、审核状态的修改功能和删除词条的管理;词条增加关系、属性、定义、分类描述的功能;还实现了按分类浏览词条及词条加工概况浏览的功能。

④关系管理:实现了词条关系的修改、删除、浏览功能,以及词条关系的草稿、候选、审核状态的修改管理;还实现了删除的词条关系的管理,以及关系类型的增加、修改、删除功能和逆关系类型的增加、删除等功能。

⑤属性管理:实现了词条属性草稿、候选、审核状态的修改功能和删除状态的词条属性管理功能;还实现了属性类型的增加、修改、删除功能,以及查找词条属性的功能。

⑥分类管理:实现了词条分类草稿、候选、审核状态的修改功能,以及删除的词条分类管理功能和查找词条分类的功能。

⑦定义管理:实现了词条定义草稿、候选、审核状态的修改功能,以及词条删除状态的管理和查找词条定义功能。

⑧用户管理:实现了系统的所有用户的增加、修改、删除的功能,以及查看在线用户,查找用户功能;还实现了用户权限的增加、修改、删除功能,以及用户访问日志的查看、删除功能。

⑨日志管理:实现了系统中的词表日志、分类法日志、词条日志、词属性日志、词关系日志、词注释日志、词分类日志、用户日志的查看和删除功能。

⑩统计信息:实现了系统数据的统计浏览功能、工作质量详细统计功能、工作量详细统计功能,以及统计汇总功能;还实现了统计汇总功能中图形化展示的功能。

⑪语料计算:实现了语料的清空与导入功能、数据计算功能,以及关键词词频统计、统计结果的导出功能;还实现了关键词共现计算、结果导出功能。

⑫短消息:实现了短消息的查看、删除功能,发件箱消息的查看、删除功能,以及写消息功能和联系人查看、增加、删除功能。

3 汉语科技词系统应用探索

3.1 新材料领域

3.1.1 背景

制造业是国民经济的主体,是科技创新的主战场,是立国之本、兴国之器、强国之基,而材料是所有制造业的基石。新材料已成为高新技术的重要组成部分,渗透到国民经济、国防建设和社会生活的各个领域。2015 年,国务院印发了《中国制造 2025》,明确提出将新材料作为我国实现制造强国的重点发展领域。

科技情报对科技发展与创新意义重大,其中科技文献调研是获取科技情报的一种重要方法,对新材料领域进行科技情报调研是我国发展新材料领域的基础,从数量巨大且日益快速增长的新材料领域文献中获取准确、及时、快速、全面和简短的科技情报任务是一项迫切的任务。基于知识组织系统的新材料领域应用示范旨在以新材料领域的知识组织系统为基础,从大量的文献中快速、准确地分析出行业的发展趋势、各种技术的成熟度状况、各个主题的演化趋势等,为调研人员进行文献调研提供必要的技术支撑。

3.1.2 知识组织系统的基本情况

项目组采用了多种自动化方法组合从相关词系统、论文、报告、百科等抽取新材料方面的词汇、关系、定义等信息,然后对抽取的知识进行归类、组合,在此基础上投入人力对相关知识进行加工,完成了新材料词系统的建设工作。

目前,建设的新材料词系统涵盖新能源材料、纳米材料、石墨烯、压电材料、超导材料、高分子材料等领域,共包含词条 11 738 条,其中核心词条不少于 2286 条,基础词条 9452 条,知识总量 10 393 条(包括定义 472 条、关系 2749 条、属性 3066 条、中英对译 1820 条、分类信息 2286 条)。

3.1.3 应用实践及效果

知识组织系统在新材料领域的应用示范中的作用主要体现在:①依据知识组织系统的科技文献的重新组织:传统的以中图分类法为基础的文献组织是一种粗粒度的组织方式,在新材料领域的应用示范中我们尝试了以词系统为基础的这种更细粒度的文献组织方式;②以知识组织系统为基础的科技文献数据库的检索及导航:在文献数据库检索时,不仅采用了传统的输入提示的方式,还可以以词系统为基础,进行用户输入检索词的更宽泛(上位词、下位词等)的输入提示;③以知识组织系统为基础的科技文献的主题分析、主题演化趋势分析及技术成熟度分析:在构造相应的分析模型时,我们对相应的概率主题模型进行了改进,将词系统加入进概率主题模型的构造过程中,通过实验证实了该方法的有效性。

目前,新材料领域应用示范系统的主要功能有:①学术论文的搜索;②科研人员的搜索及学术名片的展示;③学术期刊的搜索及学术名片的展示;④科研机构的搜索及学术名片的展示;⑤研究领域的技术趋势分析及主题演化趋势分析。系统已经部署到钢铁研究总院相应的平台上并有了一段时间的试用,实验及用户体验均表明:基于知识组织系统的应用示范不仅能从更细的粒度,多维、多面地对科技文献信息进行组织,还能为用户提供更加精准的搜索服务,而且能提高科技文献信息的分析效果。

3.2　医药卫生领域

2015 年 3 月 6 日,国务院办公厅发布了《全国医疗卫生服务体系规划纲要(2015—2020 年)》。在我国医疗卫生现状一节中,纲要明确指出:医疗卫生服务体系碎片化的问题比较突出。公共卫生机构、医疗机构分工协作机制不健全,缺乏联通共享,各级各类医疗卫生机构合作不够、协同性不强,服务体系难以有效应对日益严重的高发病等健康问题。同时也指出,面对 2020 年全面建成小康社会的宏伟目标,医疗卫生服务体系的发展面临新的历史任务。从整体布局出发,针对信息资源配置,提出了开展健康中国云服务计划,积极应用移动互联网、物联网、云计算、可穿戴设备等新技术,推动惠及全民的健康信息服务和智慧医疗服务,推动健康大数据的应用,逐步转变服务模式,提高服务能力和管理水平。

医药领域词系统的应用,作为支撑智慧医疗服务,提高医疗卫生服务能力和管理水平的知识组织有效手段,其不可替代的作用已不再是争议的话题。医药卫生领域词系统相关体系,向远可以追溯到 1960 美国公开的《医学主题词表》(Medical Subject Headings,简称 MeSH);目前,全世界广泛应用的是一体化医学语言系统(Unified Medical Language System,简称 UMLS)。可以说,没有 UMLS 的应用,医疗卫生的智慧服务则无从谈起。

虽然 UMLS 是世界通用的医疗卫生知识组织工具,但在精准医疗时代,由于它的综合性与普适性,以及高成本性,很难满足细分领域与中国本土的特殊需求,更不能满足快速构建等工程化需求。为此,面向医疗卫生的词系统构建与应用成为针对上述问题的最佳实践。

3.2.1　背景

随着经济的发展,人们开始关注高质量的生活,对健康问题日益重视。医疗信息在现代医疗中的位置愈发重要,是提高医疗工作效率、提高医疗质量、服务水平和创新医疗服务模式的重要手段。近几年,精准医疗成为世界的焦点。2016 年两会期间,科技部公布了精准医疗的"国家指南"。全球与国家战略的大背景,大幅度提高了以词系统为主的知识组织工具在医疗卫生领域应用的意识。伴随百姓对医疗卫生问答系统的普遍需求,相关问答系统随处可见,但效果还远远不能达到人们的预期。而词系统的应用提升了其智能处理程度,尤其是其可靠性与精准性,以及实时性方面受到了极大关注,极具发展潜力。

3.2.2　知识组织系统的基本情况

(1)《医学主题词表》

1960 年,美国国立医学图书馆(NLM)编辑发行了第一版《医学主题词表》(Medical Subject Headings,MeSH)。该表收集了 1.6 万多个主题词,并设立各种参照、注释和副主题词 82 个。主题词和副主题词是规范化词汇。MeSH 是一部动态词表,为了保持与科学发展同步,每年都有一定数量的词汇增删变动。它是 NLM 对医学文献标引的依据,也是用户检索《医学索引》的入口。

(2)一体化医学语言系统

一体化医学语言系统(UMLS)是由 NLM 主持的一项长期研究和开发计划。该研究计划的宗旨是建立一个计算机化的可持续发展的生物医学检索语言集成系统和机读情报资源指南系统,使医疗卫生专业人员和研究工作者能够通过多种检索交互程序,克服由于语言差异性和跨国数据库相关情报的分散性所造成的诸多情报检索问题,帮助用户在连接各种各样的情报源——包括计算机化的病案记录、书目数据库、事实数据库及专家系统——的过程中,对其中的电子式生物医学情报做一体化检索提供帮助。

(3)皮肤病问答词系统构建

参考 Mesh 和 UMLS,考虑中文特性,建设了皮肤病问答词系统,包含问答、疾病、药品和机构及它们之间的关联,突出关联展示的作用。数据建设的内容主要为建设侧重疾病、药品、问答和医疗机构信息。通过前期调研,选择专著、网络资源和专题数据库 3 种途径的信息进行收集加工整理。数据具体来源包括:①专著:皮肤病领域已出版专著,包括《常见皮肤性病诊疗精要》《皮肤病临床诊断与治疗方案》《皮肤科疾病诊疗技术》《皮肤病并诊断与鉴别诊断》和《疑难皮肤性病学》等;②网络资源:全国科学技术名词审定委员会网站、百度百科等;③专题数据库:中国医学科学院医学信息研究所的公众健康网。经过采集和加工,共加工完成了疾病数据 2300 条、药品数据 5218 条、问答数据 2140 条和医疗机构信息 2368 条。

3.2.3 应用实践及效果

词系统在医疗卫生领域自动问答的应用被视为非常有潜力发展方向之一。以下是对该案例的相关介绍。

医药领域问答应用示范服务平台(HQA)针对人们对自身健康日益重视的现状,依托于手机移动平台,以疾病诊断为其核心功能,提供相关的疾病治疗、预防等相关信息,帮助手机用户快速查询到疾病信息并依此做出相关处理。相对于传统面对面(医生-患者)诊断模式,使用 HQA 的用户(只需要携带手机)可以随时随地地查询疾病相关信息,方便快捷。HQA 是自动问答系统,更加节省人力物力,智能化、精准化。

整个系统的需求细化为若干个小功能,如图 1-9 所示。该图反映了系统为用户提供的功能,以及与系统交互的人或者外部系统(角色)。

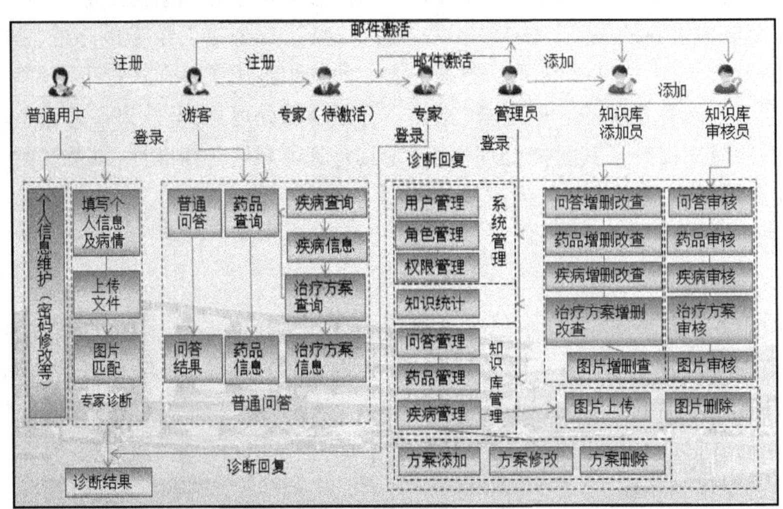

图 1-9 整个系统的功能权限图

按照设计，在原有词系统底层框架的基础上，开发移动知识服务平台。移动用户可以通过智能设备，如智能手机，随时随地访问提供领域语义和企业现场所需的知识。研究组结合已有的信息资源(疾病词表)，确立了皮肤病领域的问答子系统。

手机的普及和手机4G的兴起，使得以往只在计算机网络上的服务开始在手机上发展起来。HQA针对人们对自身健康日益重视的现状，依托于手机移动平台，以疾病诊断为其核心功能，提供相关的疾病治疗、预防等相关信息，帮助手机用户快速查询到疾病信息并依此做出相关处理。相对于传统面对面(医生-患者)诊断模式，使用HQA的用户(只需要携带手机)可以随时随地的查询疾病相关信息，方便快捷。HQA是自动问答系统，更加节省人力物力，智能化、精准化。

4 知识结构设计(以金属材料为例)

4.1 设计理念

金属材料本身最为重要的固有关联是材料的性能、结构、组织、成分和工艺,此外材料要与其他领域打通,尤其是按照领域上下游的关联打通,需要关联材料的应用,即可以用于制造哪些部件产品。将所有的性能指标放到属性中描述,而其他的关联主要是放在关系设计上。

4.2 金属材料词系统属性类型说明

共设计一级类型 6 种,二级类型 35 种,具体如表 1-1 所示。其中 28 种属性专业含义非常清晰,不会产生混淆。

表 1-1 金属材料词系统属性类型

序号	一级类型	二级类型	说明
1	特征	优点	具有正面影响的特征
2		缺点	具有负面影响的特征
3		数值	极大、极小或者区间范围等约定特征所有的数值,用科学计数法(用 excel 格式)表示,如 200000000000000000 表示为 2E+17
4		特点	无法归入其他 3 种的特征
5	状况	现状	描述对象当前或近年的状况,描述对象的比较笼统的具体应用领域也在此描述
6		前景	描述对象未来的良好发展预期
7	时间	起始时间	最初出现或者开始的时间
8	因素	影响因素	对于主体产生或者有影响的关键因素
9	力学性能	弹性模量	自本属性以下均为材料专业性能指标,可以有具体的取值,不是用高低大小等度量,如果有关特性只能用这些相对值度量,请加入特征中,具体内涵为专业知识,本文不作解释
10		切削模量	
11		比例极限	
12		弹性极限	
13		强度极限	
14		抗拉强度	
15		抗弯强度	

续表

序号	一级类型	二级类型	说明
16		抗压强度	
17		抗剪强度	
18		抗扭强度	
19		屈服强度	
20		断面收缩率	
21		延伸率	
22		冲击韧性	
23		疲劳极限	
24		平面应变断裂韧度	
25		条件断裂韧度	
26	其他物理特性	密度	
27		硬度	
28		熔点	
29		比热容	
30		热导率	
31		热膨胀系数	
32		电阻率	
33		电导率	
34		电阻温度系数	
35		磁性能	

4.3　金属材料词系统关系类型说明

共设计一级类型5种,二级类型38种,具体见表1-2,所有关系均成对出现。

表1-2　金属材料词系统关系类型

序号	一级类型	二级类型	说明
1	等同关系	全称是	左侧简称,右侧全称,与“缩略为”成对出现,只建一条即可,另一条自动生成
2		缩略为	左侧全称,右侧简称,与“全称是”成对出现,只建一条即可,另一条自动生成

续表

序号	一级类型	二级类型	说明
3	等同关系	学名是	左侧俗称,右侧学名,与“俗称为”成对出现,只建一条即可,另一条自动生成
4		俗称为	左侧学名,右侧俗称,与“学名是”成对出现,只建一条即可,另一条自动生成
5		基本等同	左右两侧意义基本相同或相近;与自身可逆,只建一条即可,另一条自动生成
6		并列	左右两侧词并列存在,都有共同的类属,关系可以从类属/类分中推导,仅对重要的并列进行建设;与自身可逆,只建一条即可,另一条自动生成
7	层次关系	参与构成	左侧成分,右侧整体,与“构成成分”成对出现,只建一条即可,另一条自动生成;与“参与组成”不同之处在于成分无独立性
8		构成成分	左侧整体,右侧成分,与“参与构成”成对出现,只建一条即可,另一条自动生成
9		参与组成	左侧部件,右侧整体,与“组成部件”成对出现,只建一条即可,另一条自动生成;与“参与构成”不同之处在于部件有独立性
10		组成部件	左侧整体,右侧部分,与“参与组成”成对出现,只建一条即可,另一条自动生成
11		材料-组织	左侧材料,右侧组织,材料领域固有关系,与“组织-材料”成对出现,只建一条即可,另一条自动生成
12		组织-材料	左侧组织,右侧材料,材料领域固有关系,与“材料-组织”成对出现,只建一条即可,另一条自动生成
13		主体-附件	左侧主体,右侧附件,体现附属关系,一般是部件等实体,与“附件-主体”成对出现,只建一条即可,另一条自动生成
14		附件-主体	左侧附件,右侧主体,体现附属关系,一般是部件等实体,与“主体-附件”成对出现,只建一条即可,另一条自动生成
15		类属	左侧是小概念,右侧是大概念,层次结构,与“类分”成对出现,只建一条即可,另一条自动生成
16		类分	左侧是大概念,右侧是小概念,层次结构,与“类属”成对出现,只建一条即可,另一条自动生成;与“概念-实例”的区别在于右侧不同

续表

序号	一级类型	二级类型	说明
17	层次关系	概念-实例	左侧是概念,右侧是具体实例,与"实例-概念"成对出现,只建一条即可,另一条自动生成;与"类分"的区别在于右侧的不同
18		实例-概念	左侧是具体实例,右侧是对应概念,与"概念-实例"成对出现,只建一条即可,另一条自动生成
19	应用关系	材料-部件成品	左侧是材料,右侧是可以用材料来制造的部件成品,与"部件成品-材料"成对出现,只建一条即可,另一条自动生成
20		部件成品-材料	左侧是可以用材料来制造的部件成品,右侧是材料,与"材料-部件成品"成对出现,只建一条即可,另一条自动生成
21		材料-加工设备	左侧是材料,右侧是加工材料成为产品的设备,与"加工设备-材料"成对出现,只建一条即可,另一条自动生成
22		加工设备-材料	左侧是加工成为产品的设备材料,右侧是材料,与"材料-加工设备"成对出现,只建一条即可,另一条自动生成
23		用于	表示材料或产品可以应用的具体行业领域等,左侧是材料或产品,右侧是具体的行业领域,与"使用"成对出现,只建一条即可,另一条自动生成
24		使用	左侧是具体的行业领域,右侧是材料或产品,与"用于"成对出现,只建一条即可,另一条自动生成
25	生产关系	工艺-材料	左侧是生产材料的工艺,右侧是具体的材料,与"材料-工艺"成对出现,只建一条即可,另一条自动生成
26		材料-工艺	左侧是具体的材料,右侧是生产材料的工艺,与"工艺-材料"成对出现,只建一条即可,另一条自动生成
27		材料-原料	左侧是具体材料,右侧是生产材料的原料,与"原料-材料"成对出现,只建一条即可,另一条自动生成
28		原料-材料	左侧是生产材料的原料,右侧是具体材料,与"材料-原料"成对出现,只建一条即可,另一条自动生成
29		工艺-设备工具	左侧是生产材料的工艺,右侧是适应该工艺的设备工具,与"设备工具-工艺"成对出现,只建一条即可,另一条自动生成
30		设备工具-工艺	左侧是适应该工艺的设备工具,右侧是生产材料的工艺,与"工艺-设备工具"成对出现,只建一条即可,另一条自动生成

续表

序号	一级类型	二级类型	说明
31	生产关系	组织-工艺	左侧是具体的材料的组织,右侧是生产这种组织材料的工艺,与“工艺-组织”成对出现,只建一条即可,另一条自动生成
32		工艺-组织	左侧是生产组织材料的工艺,右侧是对应具体的材料的组织,与“组织-工艺”成对出现,只建一条即可,另一条自动生成
33	测度关系	物理量-单位	左侧是物理量,右侧是其单位,与“单位-物理量”成对出现,只建一条即可,另一条自动生成
34		单位-物理量	左侧是物理量的单位,右侧是对应物理量,与“物理量-单位”成对出现,只建一条即可,另一条自动生成
35		物理量-度量工具	左侧是物理量,右侧是其度量工具,与“度量工具-物理量”成对出现,只建一条即可,另一条自动生成
36		度量工具-物理量	左侧是度量工具,右侧是物理量,与“物理量-度量工具”成对出现,只建一条即可,另一条自动生成
37		物理量-度量方法	左侧是物理量,右侧是其度量方法,与“度量方法-物理量”成对出现,只建一条即可,另一条自动生成
38		度量方法-物理量	左侧是物理量度量方法,右侧是具体物理量,与“物理量-度量方法”成对出现,只建一条即可,另一条自动生成

第二部分

有色金属领域概述

1　产业概述

传统意义上的有色金属行业是一个资源型的原材料工业，包括勘探、采矿、选矿、冶炼、加工，以及新材料等产业链环节。铜、铝、铅、锌是4种常用的基本有色金属(Base metal)，其市场规模占到有色金属市场总规模的95%以上。

世界有色金属矿产资源十分丰富，分布广泛而又相对集中。目前全球优质铜矿资源主要分布在智利、美国、秘鲁及中部非洲；铝土矿资源主要分布在几内亚、澳大利亚及南美洲；澳大利亚、中国是铅、锌资源丰富的国家。其中，智利铜储量占世界总量的27.9%；几内亚的铝土矿储量占世界总量的26.4%，具有突出的资源优势，中国的钨、锡、钼、锑、离子型稀土资源在世界上占有重要地位。表2-1为2010—2012年全球主要有色金属矿产产量统计。

表2-1　2010—2012年全球主要有色金属矿产产量统计

品种	2010年	2011年	2012年
铜/万吨金属	1613.44	1624.71	1701.56
铝土矿/万吨	22230.37	24058.87	25627.15
铅/万吨金属	437.54	474.75	527.70
锌/万吨金属	1237.34	1249.73	1336.22
钨/吨金属	59373	72892	
锡/万吨金属	27.97	26.73	28.10
钼/万吨金属	24.53	26.69	26.47
锑/吨金属	145709	149620	152403
镍/万吨金属	152.93	183.14	196.29

资料来源：《2012年中国有色金属工业年鉴》。

2 世界有色金属产业结构和业态

世界有色金属产业的结构和布局:从产业链和产品结构上分,世界有色金属产业可分为矿业公司、冶炼企业、金属产品加工企业或采、选、冶、加工联合体。大型矿业公司多为采、选、冶联合体,经过多年的整合购并,已形成一些跨国矿业公司巨头,如必和必拓、力拓、淡水河谷等,这些公司多为欧美老牌公司,经营矿业历史久远,拥有大量的多种优质矿产资源,控制着世界有色金属矿产品的产量和价格。这些矿业公司巨头均以跨国公司的形式将其业务分布在世界各地。此外,还有一些依靠优势资源和能源优势形成的矿业公司巨头,如智利国家铜业公司、俄罗斯铝业公司等。当前世界有色金属工业的竞争态势表现为:必和必拓、力拓、美国铝业等发达国家的跨国公司凭借技术优势,依然占据国际竞争的制高点,特别是奥图泰、山度维克等没有资源的技术开发型企业,竞争优势更加明显;嘉能可、荷兰托克等经营型企业影响着国际市场主要有色金属市场的价格走势。淡水河谷、俄罗斯铝业、智利国家铜、迪拜铝业、巴林铝业等新兴经济体国家的跨国公司,依托资源、能源优势迅速崛起,表现出良好成长性,形成强大国际竞争力。

2012 年世界电解铝产量达到 4617 万吨,十大企业合计产量为 2458 万吨,占全球产量的 53.2%。其中中国四大企业产量合计为 1039 万吨,占全球产量的 22.5%(如表 2-2 所示)。

2012 年中国电解铝产量 2027 万吨,非洲产量 164 万吨,北美产量 485 万吨,拉丁美洲产量 205 万吨,亚洲(不包括中国)产量 224 万吨,西欧产量 433 万吨,中东欧产量 428 万吨,大洋洲产量 220 万吨,波斯湾产量 313 万吨。

表 2-2 2010—2012 年世界十大电解铝企业产量 单位:万吨

排序	公司	2010 年	2011 年	2012 年
1	中国铝业	432.0	391.0	422.0
2	俄铝	408.3	412.3	417.3
3	美铝公司	358.6	377.5	374.2
4	中国电投集团	170.6	203.0	270.0
5	力拓集团	379.0	238.6	217.4
6	海德鲁铝业	141.5	198.2	198.5
7	山东魏桥集团	130.0	160.0	180.0
8	山东信发铝业	75.6	130.0	167.0
9	迪拜铝业	100.0	101.5	102.5
10	必和必拓	125.0	124.6	109.2

资料来源:中国有色金属协会。

2012 年世界矿产铜产量 1702 万吨，十大企业合计产量为 839 万吨，占全球的 49.3%（如表 2-3 所示）。

2012 年中国矿产铜产量 160 万吨，非洲产量 157 万吨，北美产量 125 万吨，拉丁美洲产量 811 万吨，亚洲产量 184 万吨，欧洲产量 88 万吨，中东欧产量 72 万吨，大洋洲 104 万吨。

表 2-3 2010—2012 年世界十大矿产铜企业产量变化 单位：万吨

排名	公司	权益铜资源量	2010 年	2011 年	2012 年
1	智利国家铜业	33300	176.0	179.6	175.8
2	超达集团	9634	91.3	88.9	74.7
3	力拓	7981	67.8	52.0	54.9
4	墨西哥集团	5726	68.8	77.3	83.3
5	自由港麦克墨伦公司	5328	177.3	167.4	166.2
6	必和必拓	3891	107.5	113.9	109.5
7	波兰铜业	3163	42.5	42.1	42.7
8	英美公司	3130	63.7	61.2	66.0
9	哈萨克斯坦铜公司	3012	33.5	30.1	29.2
10	诺里尔斯克	—	38.9	37.8	36.4

数据来源：中国有色金属工业协会。

随着世界主要经济体经济的企稳、复苏，全球精炼铅产量显著增加。2011 年，全球精炼铅消费量为 1059.3 万吨，较 2010 年同比增长 7.9%；2012 年世界精炼铅产量为 1065.4 万吨。2010—2012 年，全球精炼铅供需始终没有摆脱供应过剩的局面（如表 2-4 所示）。

表 2-4 2008—2012 年世界精炼铅生产与消费 单位：万吨

项目	2008 年	2009 年	2010 年	2011 年	2012 年
矿产铅	380.5	383.0	432.8	465.2	526.5
金属铅	919.6	920.4	981.6	1059.3	1065.4
消费量	918.8	921.3	978.8	1044.3	1058.9

数据来源：国际铅锌研究小组（ILZSG）。

2012 年世界精炼锌产量达到 1261 万吨，与 2011 年 1312.8 万吨相比有所降低，但自 2008 年以来的供应过剩的局面仍未改善（如表 2-5 所示）。

表 2-5 2008—2012 年世界精炼锌生产与消费 单位：万吨

项目	2008 年	2009 年	2010 年	2011 年	2012 年
矿产锌	1188.2	1160.8	1249.4	1295.7	1362.9

续表

项目	2008 年	2009 年	2010 年	2011 年	2012 年
金属锌	1177.2	1128.2	1287.8	1312.8	1261.0
消费量	1157.4	1092.0	1263.7	1276.5	1233.8

数据来源:国际铅锌研究小组(ILZSG)。

当今世界有色金属产业的大背景是:西方发达国家控制优势矿产资源和高端金属材料产品;有色行业中的中间生产环节和中低端产品向新兴市场国家和地区大规模转移。前者获取了有色行业高端的丰厚利润;而后者在承受环境污染和大量能耗的重负下艰难生存。

一些新兴市场国家企业以高价购进原料,低价出口其中低端产品,再以高价进口高端产品。由于自主创新能力不足,新兴市场国家实现产品结构调整和经济增长方式转变的目标受到严重制约。

进入 21 世纪以来,随着全球经济复苏和中国经济快速发展对世界资源需求的拉动,发达国家对国际优势矿产资源的争夺日益激烈,国际矿业公司控制资源和供给的意图愈发明显,步伐不断加快。目前全球 4 家最大矿业集团必和必拓(BHP Billiton)、力拓(RioTinto)、英美资源集团(Anglo American)和巴西淡水河谷(CVRD)的市值已占到全行业的 40%。发达国家利用其国际资本优势和技术优势扶持本国矿业公司拓展海外市场,美国、加拿大、澳大利亚、英国、法国和日本利用其国际资本和技术优势已经在全球优势矿产资源的控制方面占据了先机和优势地位。

3　世界有色金属行业发展特点和趋势

世界有色金属产业的突出特点是:优势资源集约化和生产经营集约化。这些高度集约化的有色金属企业具有规模大、装备先进、技术支撑作用明显、成本低的特点。

3.1　产业规模化

联合重组加快,产业集中度提高。为了适应市场竞争,国外大企业近年来普遍加快了收购兼并的步伐,组建更大规模的跨国公司,实现规模化经营。世界第一大铜生产企业智利国家铜公司拥有世界已探明铜储量的20%以上,2012年其矿产铜产量174万吨,占世界铜总产量的10%。

3.2　装备先进

世界一流铜矿山普遍采用大型、高效采矿设备,并朝自动化、智能化方向发展。露采铜矿山采用大直径钻机、机器人钻机、微机控制的大型炸药装药车、电铲或液压铲、装载机、重型自卸汽车等设备。地下铜矿山一般有由液压凿岩台车、铲运机、无轨化运输设备组成配套的生产线。

3.3　技术支撑作用显著

20世纪80年代以来,铜冶金技术获得突飞猛进的发展,技术上有三大突破:一是工业氧的应用使火法炼铜向高氧浓度、高投料量、高冰铜品位和高热强度"四高"方向发展;二是ISA及PRC工艺的工业化使铜电解电流密度大幅度提高;三是高性能萃取剂的出现导致了湿法提铜工艺产业化的实现。世界一流铜业公司炼铜厂既是这些技术的创新者,又是这些技术的使用者。

铝工业方面,目前世界电解铝工业仍以改善和提高霍尔-埃鲁法电解槽技术水平为主,着力于节能减排,降低能耗、物耗和原铝成本,在从源头上减少气固废物料污染的同时,加强废物料废铝的无害化和资源化处理,实现资源再生和循环利用,进一步提高产品质量和扩大产品种类。

在世界有色金属行业,一些全球化的行业技术公司如奥图泰、山特维克、美卓等在世界范围内为有色行业提供成套的技术和装备,提供各种形式的问题解决方案,扮演着全球有色产业技术供给者的角色,推动着世界有色金属行业的技术创新和可持续发展。

3.4　有色金属开发应用

从国际铝加工行业的发展情况来看,美国、日本、德国等发达国家的铝加工企业,凭借技术优势,依然占据铝航空材料等高端市场,并不断开拓新的应用领域,继续引领世界铝加工向着更高阶段发展。近年来有色金属在新应用方面取得了很多进展,如优质铝合金、抑菌铜、肥料锌等。

4 我国有色金属产业现状

我国是世界最大的有色金属生产和消费国,产量和消费量均占世界的1/3左右,已连续11年位居世界第一,产品产量和品种基本满足国民经济发展需要。2010年十种有色金属产量3121万吨,表观消费量约3430万吨,“十一五”期间年均分别增长13.7%和15.5%(如表2-6所示)。其中,精炼铜、电解铝、铅、锌、镍、镁等主要金属产量分别为458万吨、1577万吨、426万吨、516万吨、17.1万吨和65.4万吨,年均分别增长12.0%、15.1%、12.2%、13.7%、12.5%和7.7%,分别占全球总产量的24%、40%、45%、40%、25%和83%。2010年有色金属行业规模以上企业完成销售收入3.3万亿元,实现利润总额2193亿元,“十一五”期间年均分别增长29.8%和28.1%。

表2-6 2005—2010年期间我国十种有色金属的生产量和表观消费量

品种		生产量/万吨				表观消费量/万吨			
		2005年	2010年	年增长率		2005年	2010年	年增长率	
十种有色金属		1639	3121	15.9%	13.7%	1670	3430	16.2%	15.5%
其中	精炼铜	260	458	13.7%	12.0%	374	753	16.2%	15.5%
	电解铝	780	1577	21.1%	15.1%	712	1592	14.0%	17.5%
	铅	239	426	16.6%	12.2%	198	424	25.0%	16.5%
	锌	278	516	7.1%	13.7%	325	560	16.9%	11.5%
	镍	9.5	17.1	13.2%	12.5%	19.7	52	27.9%	21.4%
	锡	12.2	16.4	1.9%	6.1%	10.2	12.4	15.3%	4.0%
	锑	13.8	18.7	4.1%	6.3%	7.45	7.1	14.4%	-0.1%
	汞	0.11	0.16	40.0%	7.8%	0.11	0.16	2.4%	7.8%
	镁	45.1	65.4	17.4%	7.7%	10.7	23	33.2%	16.5%
	钛	0.92	7.4	37.1%	51.7%	1.1	7.1	26.5%	45.2%

数据来源:中国有色金属工业协会。

我国有色金属行业持续快速发展,在国民经济中的地位不断提升,行业工业总产值占GDP的比重不断增加,2012年已达到2%。从未来发展看,我国加快推进工业化、城镇化、信息化和农业现代化,对有色金属需求还有一定增长空间,尤其是战略性新兴产业发展对有色金属新材料的需求还将持续增长,有色金属工业在国民经济中的地位继续得到提升。

当前,我国有色金属工业正处于转型升级的关键阶段,国内外形势发展都给有色行业带来了巨大挑战。

一是国际竞争的挑战。我国发展一直面临着发达国家在经济和科技上占优势的压力,西方国家限制对我国高新技术和产品出口的政策没有改变,针对我国的贸易保护主义也越来越突出。世界范围有色金属技术进步日新月异，有色金属资源勘探开发向深部、大陆架和深海发展；高效清洁、环境友好成为有色金属过程加工的主流；智能化控制手段为有色金属产业发展带来革命性影响。

二是资源能源瓶颈的挑战。我国铜、铝等大宗有色金属矿产资源保障能力不足，原料自给率均不足50%。有色金属生产过程中能源消耗总量较大，产业工业增加值占全国GDP的2%左右，但能源消耗量却占当年全国能源消耗总量的2.3%，特别是电力消耗约占全国电力消耗总量的7.78%。有色金属工业节能减排面临艰巨而紧迫的任务。

三是转变发展方式的挑战。经过几十年的高速增长，有色行业依靠资源密集、产量增长、劳动力成本和环保标准低等支撑发展的模式已经不可持续，资源、能源、人力、财务、环保成本均在刚性上升，企业生产经营成本上升和创新能力不足的局面并存，这些因素都表明，我国有色金属工业已经由“高速增长”转入“中低速增长”。

5 我国有色金属产业的发展

新世纪以来,我国有色金属工业快速发展,有色金属行业在技术上取得显著的成就,技术装备、品种质量、节能减排等方面均取得了很大的进展,有色金属产业从依靠冶炼产量扩张的粗放发展,开始向产业链协调发展转变,为实现由大到强的转变奠定坚实基础。

5.1 工艺技术和装备水平提高

国内自主开发的氧气底吹-液态高铅渣直接还原、底吹炼铜、一水硬铝石选矿拜耳法、低温低电压电解铝技术等技术实现了产业化,产品质量稳步提高。有色金属工业通过引进消化先进技术装备,淘汰落后产能取得实质性进展,实现了产业升级。

5.2 节能减排取得积极成效

有色金属冶炼综合能耗整体上呈逐步降低趋势。2011 年,有色金属行业总能耗约 15137 万吨标准煤,占全国能源消耗总量的 4.35%。其中,电力消耗为 3568.2 亿千瓦时,占全国电力消耗量的 7.59%,其中电解铝企业电力消耗 2246.8 亿千瓦时,占有色金属行业电力消耗的 63%,占全国电力消耗的 4.78%。2011 年,有色金属行业单位工业增加值能耗为 2.885tce/万元(2005 年不变价),比 2010 年下降 3.4%。表 2-7 为主要金属综合能耗指标。

表 2-7 主要金属综合能耗指标

	单位	2007 年	2008 年	2009 年	2010 年	2011 年	2012 年
铜冶炼综合能耗	kg/t(标煤)	485.8	444.3	404.1	398.8	407.1	324.7
氧化铝综合能耗	kg/t(标煤)	868.1	794.4	631.3	590.6	573.7	583.2
铝锭综合交流电耗	kWh/t	14441	14283	14152	13964	13902	13844
铅冶炼综合能耗	kg/t(标煤)	551.3	463.3	475.7	421.1	433.8	450.5
电解锌综合能耗	kg/t(标煤)	1063.3	1027.6	963.1	999.1	945.7	911.9
锡冶炼综合能耗	kg/t(标煤)	1813.0	1655.0	1568.6	1569.5	1950.6	1482.3
锑冶炼综合能耗	kg/t(标煤)	2080.3	2021.9	1196.0	829.4	868.7	822.3
铜加工材综合能耗	kg/t(标煤)	565.1	565.1	280.0	243.6	254.3	—
铝加工材综合能耗	kg/t(标煤)	450.6	450.6	409.9	390.8	372.5	—

资料来源:中国有色金属工业协会。

5.3 产业集中度逐渐提高

2012年,年销售收入超过2000亿元的有色金属企业有1家,超过1000亿元的有4家;六大精炼铜企业的产量占全国的66.0%;十大电解铝企业的产量占全国的67.3%。经过在全球范围的兼并重组,中国有色金属工业企业的实力显著增强。2012年,中国铝业公司电解铝产量居全球企业第1位;江西铜业集团公司精炼铜产量居全球企业第2位;中国五矿集团钨、锑产量居全球企业第1位,矿产铅锌产量居全球企业第3位。截至2012年年底,中国企业已经在境外获得权益铜资源量超过6000万吨,铝土矿资源量超过2亿吨,铅锌资源量超过3000万吨,镍资源量超过500万吨;形成境外矿产铜40万吨,氧化铝40万吨,矿产铅锌90万吨,矿产镍8万吨权益产能。

5.4 自主创新能力有所进步

近年来,中国有色企业强化自身投入、加强自主研发,培育出一批具有自主知识产权的核心技术和关键装备,提升了生产技术和装备水平。例如,在矿山装备方面,大型浮选机研发取得了突破性进展,世界最大的320 m^3 特大型充气机械搅拌式浮选机研制成功。在铝冶炼装备方面,基本普及了300 kA以上大型预焙槽生产技术及装备,世界最大的500 kA大型预焙槽已经建成投产。一批骨干企业在引进消化和自主研发基础上,集成创新了闪速熔炼、奥斯麦特或艾萨熔炼技术,使我国铜、镍、铅、锡冶炼技术达到了世界先进水平。

5.5 再生金属产业发展迅速

我国消费领域累积废旧金属资源超过2亿吨,再生有色金属已经连续多年保持略快于原生金属的速度发展,我国再生有色金属产业已经发展成为具有一定规模、结构完整的产业,已是有色金属工业的重要组成部分。2012年我国再生有色金属产量1045万吨,占10种有色金属总产量28.3%(如表2-8所示)。

表2-8 2006—2012年我国再生有色金属产量占总产量比重

	2006年	2007年	2008年	2009年	2010年	2011年	2012年
再生有色金属产量/万吨	450	530	520	633	775	835	1045
占10种有色金属总产量比例	23.5%	22.3%	20.6%	24.3%	24.7%	24.3%	28.3%

资料来源:中国有色金属工业协会。

总之,有色金属产业是国民经济发展的重要战略资源性行业。我国战略性新兴产业及国防科技工业的发展,都需要有色金属工业提供重要支撑。目前,我国有色金属产量和消费量均占世界的1/3左右。2012年我国10种有色金属产量已达到3691万吨,其中包括再生有色金属产量1045万吨,占当年有色金属总产量28.3%。随着我国实现中等发达国家目标的进程,预计在今后30年内我国仍将是世界有色金属的生产和消费大国,有色金属年产量和消费量将维持在4000万吨以上水平。

有色金属行业的技术发展趋势是智能化和清洁化生产,降低能源消耗和环境污染,以满足我国在现有资源和环境条件下该行业对国民经济发展和生态环境建设的需要。其重大技术方向:节能技术改造,精深产品加工,环境污染防治和循环再生利用。

第三部分

有色金属领域
汉语科技词系统实例

1　格式说明

所有实例的格式都由词条名称、基本信息、定义、分类信息、词条属性和词条关系几部分构成，具体解释见样例灰色文字。

◎**银合金** ➔ 词条的中文名称。

【基本信息】➔ 包括英文名、拼音和基础词/核心词区分等。

【英文名】 silver alloy; silver alloys; Ag alloy

【拼音】 yin he jin

【核心词】➔ 表示该词条是核心词。如果是基础词则以"【基础词】"表示。

【定义】➔ 表示该词条定义，如果有多条定义，以(1)(2)等顺序标识。

以银为主要成分的贵金属材料。一般使用纯银或高纯银(99.999%以上)做原料，其中最重要的是银铜合金、银镁合金、银镍合金、银钨合金、银铁合金和银铈合金。

【来源】《中国冶金百科全书·金属材料》➔ 将有具体参考文献的定义的出处标识出来。

【分类信息】

【CLC 类目】➔ CLC 代表《中国图书馆分类法》，如果有多条类目，以(1)(2)等顺序标识。

TG　金属学与金属工艺

【IPC 类目】➔ IPC 代表《国际专利分类法》，如果有多条类目，以(1)(2)等顺序标识。

(1) C22C5/06　银基合金〔2〕

(2) C22C5/06　用不饱和化合物改性的环氧树脂〔5〕

(3) C22C5/06　铜做次主要成分的〔2〕

(4) C22C5/06　蚀刻其他金属材料用的〔4〕

(5) C22C5/06　在有机物基体上〔4〕

【词条属性】➔ 词条属性分两级显示，以缩进表示层级。第一层表示一级属性，第二层表示二级属性，一级属性是对二级属性的归纳总结，不参与具体的属性构建，而二级属性是实际使用的属性，词条属性的详细的说明请参见第一部分 4.2 节。

【状况】

【应用场景】 银基钎料，银基接触材料，银基电阻材料，银基电镀材料，银基牙科材料等。

【应用场景】 中等负荷或重负荷电器中作电接触材料，是应用领域和用量最大，也是最廉价的贵金属电接触材料；多种材料的钎接，是用量最大的贵金属钎接材料；在贵金属电阻材料中占有一定地位；至今仍是用量最大的贵金属饰品材料。

【词条关系】➔ 词条关系分两级显示，以缩进表示层级。第一层表示一级关系，第二层表示二级关系，一级关系是对二级关系的归纳总结，不参与具体的关系构建，而二级关系是实际使用的关系。词条关系的详细的说明请参见第一部分 4.3 节。

【层次关系】

【并列】 铝合金

【并列】 钌合金
【并列】 铼合金
【并列】 铑合金
【材料-组织】 二次马氏体
【构成成分】 白银
【类属】 有色金属材料
【应用关系】
【用于】 电接触材料
【用于】 钎料
【用于】 电阻合金
【生产关系】
【材料-工艺】 真空熔炼
【材料-原料】 银粉

2　实例正文

◎自然时效

【基本信息】

【英文名】　natural aging;natural ageing

【拼音】　zi ran shi xiao

【核心词】

【定义】

指将工件放在室外等自然条件下,使工件内部应力自然释放,从而使残余应力消除或减少的热处理工艺。

【分类信息】

【CLC 类目】

TG1　金属学与热处理

【IPC 类目】

(1) C22F1/12　铅或铅基合金

(2) C22F1/12　用机械应力测试固体材料的强度特性(应变仪入 G01B;一般应力测量入 G01L1/00)

(3) C22F1/12　制造方法〔2〕

(4) C22F1/12　硅和镁在比例上近似相等的 Al-Si-Mg 系合金的〔4〕

(5) C22F1/12　铝或铝基合金

【词条属性】

【特征】

【特点】　最古老的时效方法

【特点】　适合消除热应力(铸造锻造过程中产生的残余应力)、冷应力(机械加工过程中产生的残余应力)、焊接应力(焊接过程中产生的应力)

【特点】　自然时效降低的残余应力不大,但对工件尺寸稳定性很好

【状况】

【应用场景】　自然时效是最古老的时效方法;它是把构件露天放置于室外,依靠大自然的力量,经过几个月至几年的风吹、日晒、雨淋和季节的温度变化,给构件多次造成反复的温度应力;再温度应力形成的过载下,促使残余应力发生松弛而使尺寸精度获得稳定

【词条关系】

【层次关系】

【并列】　人工时效

【类属】　热处理

【应用关系】

【工艺-组织】　内应力

【生产关系】

【工艺-材料】　变形合金

【工艺-材料】　铸造合金

◎紫铜

【基本信息】

【英文名】　pure copper;red copper;copper

【拼音】　zi tong

【核心词】

【定义】

又名红铜,就是铜单质,因其具有玫瑰红色,表面形成氧化膜后呈紫色,故一般称为紫铜。紫铜为工业纯铜,各种性质同铜。

【分类信息】

【CLC 类目】

(1) TG　金属学与金属工艺

(2) TG　水下工程材料

【IPC 类目】

(1) F24H1/16　绕成螺旋形或盘旋形的

(2) F24H1/16　其介质凝结和蒸发,如热管〔4〕

(3) F24H1/16　热交换器的配置或安装〔6〕

(4) F24H1/16　带由管端或在管端内形成管套或管座的〔2〕

(5) F24H1/16 喷嘴(一般喷嘴入 B05B);其所用清洗装置

【词条属性】

【特征】

【优点】 具有优良的导电性、导热性、耐蚀性和适中的机械性能。

【状况】

【现状】 中国紫铜加工材按成分可分为:普通紫铜(T1、T2、T3、T4)、无氧铜(TU1、TU2和高纯、真空无氧铜)、脱氧铜(TUP、TUMn)、添加少量合金元素的特种铜(砷铜、碲铜、银铜)四类。

【其他物理特性】

【密度】 8.9 g/cm^3

【熔点】 1083 ℃

【力学性能】

【抗拉强度】 22~25 kgf/mm^2(退火板材)

【延伸率】 45%~50%(退火板材)

【硬度】 HB35-45(退火板材)

【词条关系】

【等同关系】

【学名是】 纯铜

【层次关系】

【类属】 铜合金

【类属】 铜基合金

【应用关系】

【材料-部件成品】 铜管

【生产关系】

【材料-原料】 电解铜

【原料-材料】 磷铜

【原料-材料】 磷青铜

◎籽晶

【基本信息】

【英文名】 seed crystal;seed grains

【拼音】 zi jing

【核心词】

【定义】

又称种晶,是人工合成晶体时人为提供的晶核。

【分类信息】

【CLC 类目】

(1) O7 晶体学

(2) O7 晶体生长工艺

(3) O7 超导体、超导体材料

(4) O7 晶须

(5) O7 晶体生长理论

(6) O7 基础理论

【IPC 类目】

(1) C30B15/00 自熔融液提拉法的单晶生长,如 Czochralski 法(在保护流体下的入27/00)〔3〕

(2) C30B15/00 复合氧化物〔3〕

(3) C30B15/00 籽晶夹持器,如籽晶夹头〔3〕

(4) C30B15/00 正常凝固法或温度梯度凝固法的单晶生长,如 Bridgman-Stockbarger 法(13/00,15/00,17/00,19/00 优先;保护流体下的入 27/00)〔3〕

(5) C30B15/00 磷酸盐〔3〕

【词条属性】

【特征】

【特点】 具有和所需晶体相同晶向的小晶体,用不同晶向的籽晶做种晶,会获得不同晶向的单晶

【词条关系】

【应用关系】

【用于】 单晶体

【用于】 单晶硅

【用于】 单晶制备技术

◎转变温度

【基本信息】

【英文名】 transition temperature

【拼音】 zhuan bian wen du

【核心词】

【定义】

(1)这是指纯物质在一定压力下能有两相

并存的平衡温度。例如,在一个大气压下,水和冰的转变温度为 0 ℃,水和蒸汽的转变温度为 100 ℃。转变温度是一个广义名词,对某种特殊平衡来说,可以有不同的名词,如水和冰的转变温度可以称为水的凝固温度或“凝固点”,亦可以称为冰的溶化温度为“溶解点”。

【来源】《现代药学名词手册》

(2)纯物质在一定压力下两相达到相平衡时的温度。是一广义名词,对某种特殊平衡来说,可以有不同的名称。例如,液相与固相共存时,称“凝固点”或“熔点”,液相与气相共存时称“沸点”。无特殊名称的则统称为“转变温度”。又如,两种不同晶型如正交型硫与斜方型硫的固体共存平衡时,其温度称为“转变温度”或“晶型转变温度”。

【来源】《化学词典》

【分类信息】

【CLC 类目】

(1) TG139　其他特种性质合金

(2) TG139　超导体、超导体材料

(3) TG139　杂质和缺陷

(4) TG139　半导体理论

(5) TG139　特种机械性质合金

【IPC 类目】

(1) C03C3/253　含锗〔4〕

(2) C03C3/253　玻璃的压制

(3) C03C3/253　含硼〔4〕

【词条属性】

【特征】

【数值】　铅的转变温度是 T_c=7.0 K

【数值】　水银的转变温度是 T_c=4.2 K

【数值】　铝的转变温度是 T_c=1.2 K

【数值】　镉的转变温度是 T_c=0.6 K

【特点】　易受外界因素影响

【特点】　对于材料转变性能的研究有重要作用

【状况】

【应用场景】　构件材料性能的考核

【时间】

【起始时间】　1986 年

【因素】

【影响因素】　晶体结构

【影响因素】　化学成分

【影响因素】　显微组织

【影响因素】　晶粒大小

【影响因素】　夹杂物

【影响因素】　试样尺寸

【影响因素】　加载方式

【影响因素】　加载速度

【词条关系】

【等同关系】

【基本等同】　临界温度

【层次关系】

【类分】　熔化温度

【类分】　结晶熔融温度

【类分】　玻璃化转变温度

【类分】　韧脆转变温度

【类分】　低温脆性转变温度

【实例-概念】　使用温度

【测度关系】

【物理量-度量方法】　能量准则法

【物理量-度量方法】　断口形貌准则法

【物理量-度量方法】　落锤试验法

◎铸造性能

【基本信息】

【英文名】　castability; casting property; casting properties

【拼音】　zhu zao xing neng

【核心词】

【定义】

反映金属或合金能否用铸造方法制成优良铸件的一种工艺性能。

【来源】《金属材料简明辞典》

【分类信息】

【CLC 类目】

(1) TG1　金属学与热处理

(2) TG1　特种机械性质合金

(3) TG1 金属的分析试验(金属材料试验)

(4) TG1 合金学与各种性质合金

【IPC 类目】

(1) C22C23/02 铝做次主要成分的〔2〕

(2) C22C23/02 铸铝或铸镁

(3) C22C23/02 锌或镉做次主要成分的〔2〕

(4) C22C23/02 材料的选择〔2〕

(5) C22C23/02 作为活性物质、活性体、活性液体的材料的选择〔2〕

【词条属性】

【特征】

【特点】 主要包括流动性、充型能力、偏析情况、吸气性、热裂倾向等。

【词条关系】

【测度关系】

【度量方法-物理量】 砂型铸造

【度量方法-物理量】 离心铸造

◎铸造铝合金

【基本信息】

【英文名】 cast aluminum alloy;cast aluminium alloy;casting aluminum alloy

【拼音】 zhu zao lü he jin

【核心词】

【定义】

采用铸造工艺直接获得所需零件所使用的铝合金。

【来源】《中国冶金百科全书·金属材料》

【分类信息】

【CLC 类目】

(1) TG 金属学与金属工艺

(2) TG 汽车材料

(3) TG 特种工艺性质合金

(4) TG 轻有色金属及其合金

(5) TG 金属表面防护技术

(6) TG 合金学与各种性质合金

【IPC 类目】

(1) C22C21/00 铝基合金

(2) C22C21/00 硅做次主要成分的〔2〕

(3) C22C21/00 以硅做次主要成分的合金的〔4〕

(4) C22C21/00 变质铝硅合金

(5) C22C21/00 使用精炼或脱氧的专用添加剂

【词条属性】

【特征】

【特点】 该类合金的合金元素含量一般多于相应的变形铝合金的含量

【特点】 合金有相当的流动性,易与填充铸造时铸件的收缩缝

【状况】

【现状】 主要合金元素差异有铝硅系合金、铝铜合金、铝镁合金、铝锌系合金四类铸造铝合金

【词条关系】

【层次关系】

【类属】 铝合金

【类属】 铸造合金

【应用关系】

【使用】 熔模

【生产关系】

【材料-工艺】 金属型铸造

【材料-工艺】 熔模铸造

【材料-工艺】 人工时效

【材料-工艺】 铸造工艺

【材料-工艺】 离心铸造

【材料-原料】 铝材

◎铸造合金

【基本信息】

【英文名】 casting alloy;cast alloy;cast alloys

【拼音】 zhu zao he jin

【核心词】

【定义】

适于熔融状态下充填铸型获得一定形状和尺寸铸件毛坯的合金。

【分类信息】

【CLC 类目】

（1）TG136　特种工艺性质合金

（2）TG136　特种机械性质合金

（3）TG136　特种物理性质合金

（4）TG136　合金学理论

【IPC 类目】

（1）C22C19/05　含铬的〔2〕

（2）C22C19/05　金属或合金的应用（合金本身入 C22C）〔3〕

（3）C22C19/05　金基合金〔2〕

（4）C22C19/05　合金〔3〕

（5）C22C19/05　热处理（33/04，33/06 优先）〔5〕

【词条属性】

【状况】

【现状】　适用于镍基、钴基、铁基及铜合金、铝合金、镁合金、锌合金等有色合金

【现状】　有色金属铸件在有色金属材料的使用中所占份额很大（有时几近半数），形成庞大复杂的铸造合金系列

【应用场景】　使用于机器制造、航空、汽车、建筑等工业中

【词条关系】

【层次关系】

【材料-组织】　魏氏组织

【类分】　铸造铝合金

【类属】　钴合金

【组成部件】　铸锭

【应用关系】

【使用】　坯料

【生产关系】

【材料-工艺】　金属型铸造

【材料-工艺】　人工时效

【材料-工艺】　砂型铸造

【材料-工艺】　离心铸造

【材料-工艺】　铸造工艺

【材料-工艺】　自然时效

【材料-工艺】　精铸

【材料-工艺】　温模

【材料-原料】　液态金属

◎铸造工艺

【基本信息】

【英文名】　casting process；casting technology；foundry technology

【拼音】　zhu zao gong yi

【核心词】

【定义】

应用铸造有关理论和系统知识生产铸件的技术和方法。

【分类信息】

【CLC 类目】

（1）TG135　特种机械性质合金

（2）TG135　原料装卸和处理机械

（3）TG135　有色金属冶金工业

【IPC 类目】

（1）F16K27/00　阀壳结构（焊接阀壳的方法入 B23K）；其材料的应用

（2）F16K27/00　所有可移动的密封面作为一个单元移动

（3）F16K27/00　铝做次主要成分的〔2〕

（4）F16K27/00　非专门用于特殊型号的阀或切断装置的其他部件

（5）F16K27/00　含大于 1.5%（质量分数）的硅〔2〕

【词条属性】

【特征】

【特点】　铸造主要工艺过程包括：金属熔炼、模型制造、浇注凝固和脱模清理等

【状况】

【现状】　分为砂型铸造工艺和特种铸造工艺

【词条关系】

【层次关系】

【概念-实例】　变质处理

【概念-实例】　离心铸造

【类分】　砂型铸造

【类分】 金属型铸造
【类分】 精铸
【类分】 离心铸造
【类分】 熔铸
【类分】 温模
【类属】 熔铸
【应用关系】
【使用】 熔模
【使用】 温模
【生产关系】
【工艺-材料】 铸件
【工艺-材料】 铸造合金
【工艺-材料】 铸造铝合金
【工艺-材料】 铸锭
【工艺-材料】 坯料
【工艺-材料】 粉末高温合金
【工艺-设备工具】 铸模

◎铸模

【基本信息】
【英文名】 mold;cast mold
【拼音】 zhu mu
【核心词】
【定义】
铸造砂型用以造成与所要制造的器件形状相当的空腔的模具。
【来源】《中国工艺美术大辞典》
【分类信息】
【IPC 类目】
(1) B22D27/04 影响金属温度,如用加热或冷却铸型(连续铸造中底部开口铸模的冷却入 11/055)〔1,7〕
(2) B22D27/04 电铸〔2〕
(3) B22D27/04 磁致伸缩器件〔2〕
(4) B22D27/04 用干法
【词条属性】
【状况】
【现状】 一般分为金属、塑料、木制模具等
【词条关系】
【生产关系】
【设备工具-工艺】 砂型铸造
【设备工具-工艺】 金属型铸造
【设备工具-工艺】 熔模铸造
【设备工具-工艺】 压力铸造
【设备工具-工艺】 铸造工艺
【设备工具-工艺】 精铸

◎铸件

【基本信息】
【英文名】 casting;foundry
【拼音】 zhu jian
【核心词】
【定义】
用铸造方法获得的金属物体的总称。铸件可以是毛坯、半成品和成品。
【来源】《中国成人教育百科全书・物理・机电》
【分类信息】
【CLC 类目】
(1) TG27 合金铸造
(2) TG27 灰口铸铁铸件
(3) TG27 浇注及凝固
(4) TG27 铝的无机化合物
【IPC 类目】
(1) C22C33/08 铸铁合金的制造〔2〕
(2) C22C33/08 含球墨的
(3) C22C33/08 含铝或硅的
(4) C22C33/08 外接合或内接合制动器用的鼓轮
【词条属性】
【特征】
【缺点】 难以精确控制
【缺点】 质量不够稳定
【缺点】 组织疏松
【缺点】 晶粒粗大
【缺点】 内部易产生缩孔
【缺点】 机械性能较低

【缺点】 内部易产生缩松
【缺点】 内部易产生气孔
【数值】 重量由几克到几百吨
【数值】 壁厚 0.5～1 mm
【特点】 重量范围很宽
【特点】 尺寸范围很宽
【优点】 可形成内腔、外形很复杂的毛坯
【优点】 工艺灵活性大
【优点】 适应性广
【优点】 制造成本较低
【词条关系】
【层次关系】
【类分】 铸钢件
【类分】 铸铁件
【类分】 铸铜件
【类分】 铸铝件
【类分】 铸锌件
【类分】 铸钛件
【类分】 铸镁件
【类分】 可锻铸铁件
【类分】 蠕墨铸铁件
【类分】 球墨铸铁件
【类分】 灰铸铁件
【类分】 合金铸铁件
【类分】 双金属铸件
【类分】 电渣重熔铸件
【类分】 陶瓷型铸件
【类分】 熔模铸件
【类分】 连续浇注件
【类分】 离心铸件
【类分】 压铸件
【类分】 金属型铸件
【类分】 普通砂型铸件
【类属】 毛坯
【应用关系】
【部件成品-材料】 工业纯钛
【使用】 耐高温
【使用】 完全退火
【用于】 建筑
【用于】 五金
【用于】 机床
【用于】 船舶
【用于】 航空航天
【用于】 汽车
【用于】 机车
【用于】 计算机
【生产关系】
【材料-工艺】 离心铸造
【材料-工艺】 铸造工艺
【材料-工艺】 铸造
【材料-工艺】 浇注
【材料-原料】 钢水

◎铸锭

【基本信息】
【英文名】 cast ingot;ingot casting
【拼音】 zhu ding
【核心词】
【定义】

炼钢生产过程中最后一道重要工序,即将冶炼好的钢水浇铸成一定形状的钢坯(钢锭)。炼钢炉炼好的钢液,除极少部分直接用于铸造外,绝大多数都要铸成钢锭,然后送至轧钢车间轧成各种钢材。

【来源】《中国成人教育百科全书·化学·化工》
【分类信息】
【CLC 类目】
TF771　铸锭理论
【IPC 类目】
(1) C22C1/02　用熔炼法
(2) C22C1/02　高熔点或难熔金属或以它们为基料的合金
(3) C22C1/02　硅做次主要成分的〔2〕
(4) C22C1/02　镍基合金〔2〕
(5) C22C1/02　钛基合金〔2〕
【词条属性】
【特征】

【缺点】 易形成缩孔
【缺点】 易形成缩松
【缺点】 易产生气孔
【缺点】 易形成偏析
【特点】 铸锭是铸态组织
【特点】 有较大的柱状晶
【特点】 有较大的疏松中心
【特点】 塑性较差
【特点】 常聚集易熔杂质
【特点】 常聚集非金属夹杂物
【因素】
【影响因素】 浇注温度
【影响因素】 浇注方式
【影响因素】 浇注手段
【影响因素】 截面的不匀
【影响因素】 冷铁的应用
【影响因素】 浇注条件
【词条关系】
【层次关系】
【材料-组织】 铸态组织
【材料-组织】 柱状晶
【材料-组织】 细晶
【材料-组织】 等轴晶
【参与组成】 铸造合金
【概念-实例】 钢铸锭
【概念-实例】 铝合金铸锭
【概念-实例】 钛合金铸锭
【概念-实例】 铜铸锭
【概念-实例】 真空铸锭
【类分】 静态铸锭
【类分】 半连续铸锭
【类分】 直冷式铸锭
【类分】 连续铸锭
【应用关系】
【材料-加工设备】 浇注机
【材料-加工设备】 造型机
【材料-加工设备】 造芯机
【材料-加工设备】 抛丸机
【材料-加工设备】 落砂机
【材料-加工设备】 混砂机
【材料-加工设备】 压块机
【材料-加工设备】 铸锭机
【生产关系】
【材料-工艺】 铸造工艺
【材料-工艺】 定向凝固
【材料-工艺】 铸造
【材料-原料】 铁
【材料-原料】 碳
【材料-原料】 铝
【材料-原料】 铜
【材料-原料】 钛
【材料-原料】 锰
【材料-原料】 硅

◎轴承合金

【基本信息】
【英文名】 bearing alloy;bearing alloys
【拼音】 zhou cheng he jin
【核心词】
【定义】

用于制造滑动轴承(轴瓦)的材料,通常附着于轴承座壳内,起减摩作用,又称轴瓦合金。

【来源】《中国大百科全书(矿冶卷)》
【分类信息】
【CLC 类目】
(1) TU5 建筑材料
(2) TU5 汽车材料
【IPC 类目】

(1) F16C33/12 结构的成分;应用特殊材料或表面处理,如为了防锈(材料或处理本身,见有关类,如 C22C)

(2) F16C33/12 滑动面主要由塑料构成(33/22 至 33/28 优先)

(3) F16C33/12 有关轧制多层金属板的辅助装置、设备或方法(高温坑入 C21D9/70)〔2〕

(4) F16C33/12 纯粹以物理性能指标为特征的润滑组合物,即所含的用作基料、增稠剂或添加剂的组分完全是以它们某些特定的物理性能的数值为特征，即所含的组分在物理上很明确，但对其化学本质没有作明确说明或只做十分含糊的说明（化学上明确的组分入 101/00 至 169/00；石油馏分入 101/02，121/02，159/04）〔4〕

【词条属性】

【特征】

【特点】 良好的减摩性能，有一定的抗压强度和硬度，塑性和冲击韧性良好，表面性能好，即有良好的抗咬合性、顺应性和嵌藏性，有良好的导热性、耐腐蚀性和小的热胀系数

【状况】

【前景】 采用微晶合金制造

【现状】 分为锡基合金、铜基合金、铝基合金、银基合金、镍基合金、镁基合金和铁基合金等

【时间】

【起始时间】 1839 年

【词条关系】

【层次关系】

【类分】 铅合金

【应用关系】

【材料-加工设备】 熔模

【使用】 锡青铜

【使用】 锡合金

【使用】 锌合金

【使用】 熔模

【使用】 磷青铜

【使用】 青铜

【生产关系】

【材料-工艺】 熔模铸造

【材料-工艺】 热处理

【材料-工艺】 精铸

【材料-原料】 铜基合金

◎重熔

【基本信息】

【英文名】 remelting

【拼音】 chong rong

【核心词】

【定义】

是对金属及合金的二次熔化的过程，制备好的各种合金在进行成型的时候都需要进行熔化。

【来源】 百度百科

【分类信息】

【CLC 类目】

TB44　粉末技术

【IPC 类目】

（1）C22B9/18　电渣重熔〔3〕

（2）C22B9/18　以喷镀方法为特征的〔4〕

（3）C22B9/18　脱氧，如镇静〔2〕

（4）C22B9/18　精炼

（5）C22B9/18　待镀材料的预处理，如为了在选定的表面区域镀覆〔4〕

【词条属性】

【特征】

【特点】 产生的液相有助于扩散过程的强化

【特点】 有利于成分的渗透

【特点】 使组织变得致密

【特点】 使组织更均匀

【特点】 减少并消除孔隙

【优点】 改善材料的耐磨性能

【优点】 改善材料的耐腐蚀性

【优点】 提高材料的抗高温氧化能力

【状况】

【应用场景】 工业生产

【应用场景】 军工

【词条关系】

【等同关系】

【俗称为】 二次熔化

【层次关系】

【参与构成】 等离子电弧熔炼

【类分】 TIG 重熔

【类分】 火焰重熔

【类分】 整体加热重熔

【应用关系】

【用于】 铸造
【生产关系】
【工艺-材料】 耐蚀合金
【工艺-材料】 优质合金钢
【工艺-材料】 高温合金
【工艺-材料】 精密合金
【工艺-材料】 铝
【工艺-材料】 铜
【工艺-材料】 钛
【工艺-材料】 银

◎重金属

【基本信息】
【英文名】 heavy metal;heavy metals
【拼音】 zhong jin shu
【核心词】
【定义】
一般是指密度在 4.5 g/cm³ 以上的金属。如铜、锌、钴、镍、钨、钼、锑、铋、铅、锡和汞等,也有把密度在 5 g/cm³ 以上的金属称为重金属的。
【分类信息】
【CLC 类目】
(1) TF8 有色金属冶炼
(2) TF8 金属学与金属工艺
(3) TF8 土壤污染及其防治
(4) TF8 环境植物学
(5) TF8 废水的处理与利用
(6) TF8 水体污染及其防治
(7) TF8 风险评价
【IPC 类目】
(1) C02F1/62 重金属化合物〔3〕
(2) C02F1/62 吸附法(离子交换法入 1/42)
(3) C02F1/62 除去特定的溶解化合物(用的离子交换法入 1/42;水的软化入 5/00)〔3〕
(4) C02F1/62 包括分离步骤〔7〕
(5) C02F1/62 水、废水、污水或污泥的处理
【词条属性】
【特征】
【特点】 重金属除具有金属共性及密度大于 5 g/cm³ 外,并无其他特别的共性;各种重金属各有各的性质
【词条关系】
【层次关系】
【并列】 轻金属
【类属】 金属材料
【类属】 有色金属
【生产关系】
【材料-工艺】 提纯

◎中间退火

【基本信息】
【英文名】 intermediate annealing;middle annealing;interstage annealing
【拼音】 zhong jian tui huo
【核心词】
【定义】
冷加工时两个塑性加工工序之间的退火。
【来源】《中国冶金百科全书·金属塑性加工》
【分类信息】
【CLC 类目】
TG1 金属学与热处理
【IPC 类目】
(1) C22F1/04 铝或铝基合金
(2) C22F1/04 铝基合金
(3) C22F1/04 在生产具有特殊电磁性能的产品时〔3〕
(4) C22F1/04 含硅的〔2〕
(5) C22F1/04 锆基合金〔2〕
【词条属性】
【特征】
【特点】 消除工件形变强化效应,改善塑性
【特点】 一般冷轧材的中间退火温度是

该钢种的再结晶温度以上100～150 ℃。

【状况】

【应用场景】 大多用于板、管、带、丝等金属材料的冷轧、冷拔道次之间的低温退火

【词条关系】

【层次关系】

【类属】 热处理

【应用关系】

【用于】 冷轧

【生产关系】

【工艺-材料】 薄钢板

◎中间合金

【基本信息】

【英文名】 master alloy; master alloys; intermediate alloy

【拼音】 zhong jian he jin

【核心词】

【定义】

将某些单质做成合金,使其便于加入到合金中,解决烧损、高熔点合金不易熔入等问题,同时对原材料影响不大的特种合金。

【分类信息】

【CLC类目】

(1) TG292 轻金属铸造

(2) TG292 稀土金属冶炼

(3) TG292 粉末冶金制品及其应用

【IPC类目】

(1) C22C1/03 使用母(中间)合金〔2〕

(2) C22C1/03 用熔炼法

(3) C22C1/03 铝基合金

(4) C22C1/03 钒、铌或钽基合金〔2〕

(5) C22C1/03 使用精炼或脱氧的专用添加剂

【词条属性】

【特征】

【特点】 一般是由2种或3种元素配成,不能直接用作金属材料使用

【状况】

【现状】 按基体成分分为铁基合金、镍基合金和铝基合金等

【现状】 按合金的主元素分类,常称之为特种合金,如硅特种合金、钙特种合金、硼特种合金、铬特种合金等

【现状】 按用途而称为复合合金剂、复合脱氧剂、复合精炼剂、复合添加剂,真空冶炼用中间合金,孕育剂、球化剂、蠕化剂、晶粒细化剂、变性处理剂等

【应用场景】 钢、铸铁、高温合金、钛合金、磁性合金、铝合金与有色金属材料等的冶炼

【词条关系】

【应用关系】

【用于】 熔炼

【用于】 电炉熔炼

【用于】 真空熔炼

【生产关系】

【材料-工艺】 熔铸

◎枝晶

【基本信息】

【英文名】 dendrite;dendritic;dendrites

【拼音】 zhi jing

【核心词】

【定义】

材料在由液相或气相(母相)转变成固相(新相)时形成的树枝状晶体。

【来源】《现代材料科学与工程辞典》

【分类信息】

【CLC类目】

(1) TG146.1 重有色金属及其合金

(2) TG146.1 晶须

(3) TG146.1 特种机械性质合金

(4) TG146.1 方坯连铸

(5) TG146.1 晶体生长理论

【IPC类目】

(1) B22D 金属铸造;用相同工艺或设备的其他物质的铸造

(2) B22D 改变半导体材料的表面物理

特性或形状的,如腐蚀、抛光、切割〔2〕

(3) B22D 甲基丙烯酸酯的均聚物或共聚物〔5〕

【词条属性】

【特征】

【特点】 在粗糙界面的物质中最明显,在光滑界面物质中往往不甚明显

【特点】 枝晶的基本结构单元是折叠链片晶,在特定方向上优先发展,树枝晶中晶片具有规则的外形

【词条关系】

【等同关系】

【基本等同】 树枝晶

【层次关系】

【实例-概念】 显微组织

◎真空退火

【基本信息】

【英文名】 vacuum annealing; vacuum anneal; vacuum-annealing

【拼音】 zhen kong tui huo

【核心词】

【定义】

一种真空热处理工艺,适用于钢、铜及铜合金,以及其他与气体亲和力较强的金属材料。

【来源】《金属材料简明辞典》

【分类信息】

【CLC 类目】

(1) TG1 金属学与热处理

(2) TG1 其他特种性质合金

(3) TG1 薄膜物理学

(4) TG1 晶体生长理论

(5) TG1 磁性材料、铁磁材料

(6) TG1 合金学理论

【IPC 类目】

(1) G21C 核反应堆

(2) G21C 锆基合金〔2〕

(3) G21C 铝或铝基合金

(4) G21C 退火方法

(5) G21C 高熔点或难熔金属,或以它们为基料的合金

【词条属性】

【特征】

【优点】 不但可以防止工件氧化脱碳,还可起到除气作用

【词条关系】

【层次关系】

【类属】 退火

【应用关系】

【使用】 真空炉

【生产关系】

【工艺-材料】 不锈钢

【工艺-材料】 铜合金

【工艺-材料】 贵金属

【工艺-设备工具】 真空炉

◎真空烧结

【基本信息】

【英文名】 vacuum sintering; vacuum-sintering; sintering in vacuum

【拼音】 zhen kong shao jie

【核心词】

【定义】

在低于大气压力条件下进行的粉末烧结。

【来源】《中国冶金百科全书·金属材料》

【分类信息】

【CLC 类目】

(1) TF1 冶金技术

(2) TF1 粉末成型、烧结及后处理

(3) TF1 粉末冶金制品及其应用

(4) TF1 真空冶金

(5) TF1 复合材料

【IPC 类目】

(1) C04B35/563 以碳化硼为基料的〔6〕

(2) C04B35/563 以碳化钨为基料的〔4〕

(3) C04B35/563 在真空中〔5〕

(4) C04B35/563 焙烧或烧结工艺(33/32 优先)〔6〕

(5) C04B35/563　形成工艺;准备制造陶瓷产品的无机化合物的加工粉末〔6〕

【词条属性】

【特征】

【缺点】　金属的挥发损失及含碳材料的脱碳

【优点】　减少了气氛中有害成分(水、氧、氮)对产品的不良影响

【优点】　对于不宜用还原性或惰性气体做保护气氛(如活性金属的烧结),或容易出现脱碳、渗碳的材料均可用真空烧结

【优点】　真空可改善液相对固相的润湿性,有利于收缩和改善合金的组织

【优点】　真空烧结有助于硅、铝、镁、钙等杂质或其氧化物的排除,起到净化材料的作用

【优点】　真空有利于排除吸附气体、孔隙中的残留气体及反应气体产物,对促进烧结后期的收缩有明显作用,降低产品孔隙度

【优点】　真空烧结温度比气体保护烧结的温度要低一些,有利于降低能耗和防止晶粒长大

【状况】

【应用场景】　烧结活性金属和难熔金属铍、钍、钛、锆、钽、铌等;烧结硬质合金、磁性合金、工具钢和不锈钢;烧结那些易于与氢、氮、一氧化碳等气体发生反应的化合物

【词条关系】

【层次关系】

【类分】　烧结法

【应用关系】

【使用】　真空炉

【用于】　粉末冶金

【生产关系】

【工艺-材料】　硬质合金

【工艺-材料】　难熔金属

【工艺-材料】　磁性材料

【工艺-材料】　不锈钢

【工艺-材料】　烧结钢

【工艺-材料】　粉末冶金钛合金

【工艺-设备工具】　烧结炉

【工艺-设备工具】　真空炉

◎真空熔炼

【基本信息】

【英文名】　vacuum melting;vacuum refining

【拼音】　zhen kong rong lian

【核心词】

【定义】

(1)在真空条件下进行金属与合金熔炼的特种熔炼技术。主要包括真空感应熔炼、真空电弧重熔和电子束熔炼。

【来源】　《中国冶金百科全书·钢铁冶金》

(2)一种真空冶金工艺。其特点是炉料与大气隔绝,可以熔炼在高温下易与氧、氮等气体化合或为其污染的金属。采用真空熔炼除可以脱气外,还能通过挥发而除去金属中蒸气压较高的微量杂质。在真空条件下可以精确控制产品成分,可以加入较多的活性元素,从而可以提高合金性能并为发展新合金提供条件。主要的真空熔炼设备有真空感应炉、真空自耗电极电弧炉和电子束炉。

【来源】　《金属材料简明辞典》

(3)一种真空冶金工艺。其特点是炉料与大气隔绝,可以熔炼在高温下易与氧、氮等气体化合或为其污染的金属。

【来源】　《金属材料简明辞典》

【分类信息】

【CLC 类目】

(1) TF13　真空冶金

(2) TF13　粉末冶金制品及其应用

【IPC 类目】

(1) F27B14/04　适宜用于在真空中或特殊气氛中处理炉料的

(2) F27B14/04　注入带移动壁的铸型,如用辊子、板、皮带、履带(11/07 优先)〔3〕

(3) F27B14/04　铜基合金

(4) F27B14/04　金属或合金〔6〕

(5) F27B14/04　薄片状的(1/147 优先)

〔5,6〕
【词条属性】
【特征】
【数值】 常用的真空度 0.01～1 Pa
【特点】 炉料与大气隔绝
【特点】 除去金属中蒸气压较高的微量杂质
【特点】 可加入较多的活性元素
【特点】 可提高材料合金性能
【特点】 发展新型合金
【状况】
【现状】 真空熔炼技术取得很大进展
【应用场景】 金属冶炼行业
【应用场景】 工业生产
【因素】
【影响因素】 自耗电极
【影响因素】 真空度
【影响因素】 漏气率
【影响因素】 熔炼电压
【影响因素】 熔炼电流
【词条关系】
【层次关系】
【类分】 真空感应熔炼
【类分】 真空电弧重熔
【类分】 电子束熔炼
【应用关系】
【使用】 中间合金
【使用】 精炼剂
【生产关系】
【工艺-材料】 无氧铜
【工艺-材料】 铌合金
【工艺-材料】 银合金
【工艺-材料】 模具钢
【工艺-材料】 钛合金
【工艺-材料】 铁硅铝合金
【工艺-材料】 坡莫合金
【工艺-材料】 软磁材料
【工艺-设备工具】 真空炉
【工艺-设备工具】 抽真空设备
【工艺-设备工具】 真空自耗电极电弧炉
【工艺-设备工具】 电子束炉

◎真空炉

【基本信息】
【英文名】 vacuum furnace
【拼音】 zhen kong lu
【核心词】
【定义】
(1)为了加快反应速度,防止电极或者合金成分的氧化在真空状态下进行冶炼的一种炉型,有竖式、卧式之分,均以电力为主要能源,因其配电和工艺不同延伸为真空电阻炉、真空感应炉、真空自耗炉等多种炉型。多炼制高纯铁合金及金属,间歇式操作,设备较复杂,真空度要求愈高愈复杂。
【来源】《铁合金辞典》
(2)为了加快反应速度,防止电极或者合金成分的氧化在真空状态下进行冶炼的一种炉型,有竖式、卧式之分,均以电力为主要能源,因其配电和工艺不同延伸为真空电阻炉、真空感应炉、真空自耗炉等多种炉型。
【来源】《铁合金辞典》
【分类信息】
【IPC 类目】
(1) C23C8/36 使用电离气体的,如离子氮化(带有放电物体或材料之引入装置的放电管本身入 H01J37/00)〔4〕
(2) C23C8/36 在低压或真空下〔3〕
(3) C23C8/36 零部件、附件或这类炉的特有装置
(4) C23C8/36 真空精炼〔3〕
(5) C23C8/36 有一层或多层不用粉末制造,如用整体金属制造
【词条属性】
【特征】
【数值】 炉膛的真空度可达 0.0133～1.33 Pa
【数值】 最高温度可达 3000 ℃ 左右

【优点】 完全消除了加热过程中工件表面的氧化和脱碳
【优点】 可获得无变质层的清洁表面
【优点】 对环境无污染
【优点】 炉温测定、监控精度明显提高
【优点】 机电一体化程度高
【优点】 能耗显著低于盐浴炉
【时间】
【起始时间】 20 世纪 30 年代前后
【词条关系】
【等同关系】
【全称是】 真空热处理炉
【层次关系】
【类分】 电子束熔炼
【类分】 真空淬火炉
【类分】 真空钎焊炉
【类分】 真空退火炉
【类分】 真空加磁炉
【类分】 真空回火炉
【类分】 真空烧结炉
【类分】 真空扩散焊炉
【类分】 真空渗碳炉
【类分】 真空电阻炉
【类分】 真空感应炉
【类分】 真空电弧炉
【类分】 真空自耗电弧炉
【类分】 电子束炉
【类分】 等离子炉
【类属】 热处理炉
【组成部件】 真空泵
【组成部件】 真空测量装置
【组成部件】 真空阀门
【组成部件】 主机
【组成部件】 炉膛
【组成部件】 电热装置
【组成部件】 密封炉壳
【组成部件】 真空系统
【组成部件】 供电系统
【组成部件】 控温系统
【组成部件】 炉外运输车
【应用关系】
【加工设备-材料】 精炼剂
【加工设备-材料】 铼合金
【加工设备-材料】 铑合金
【加工设备-材料】 磷铜
【加工设备-材料】 无磁钢
【加工设备-材料】 粉末冶金钛合金
【加工设备-材料】 黑色金属
【用于】 真空烧结
【用于】 真空退火
【用于】 弹性合金
【用于】 冷热作模具钢
【用于】 高速钢
【用于】 高温合金
【用于】 不锈钢
【用于】 钛合金
【用于】 磁性材料
【用于】 弹簧钢
【用于】 轴承钢
【用于】 模具钢
【用于】 硬质合金
【生产关系】
【设备工具-工艺】 真空回火
【设备工具-工艺】 真空退火
【设备工具-工艺】 真空烧结
【设备工具-工艺】 真空加磁
【设备工具-工艺】 陶瓷烧成
【设备工具-工艺】 电真空零件除气
【设备工具-工艺】 退火
【设备工具-工艺】 金属件的钎焊
【设备工具-工艺】 陶瓷-金属封接
【设备工具-工艺】 真空熔炼
【设备工具-工艺】 硬钎焊

◎再结晶温度

【基本信息】
【英文名】 recrystallization temperature
【拼音】 zai jie jing wen du

【核心词】

【定义】

(1)使材料在规定的时间内全部发生再结晶所需的退火温度。在实际中人们往往规定,使95%的材料在1小时内发生再结晶所需的退火温度称为再结晶温度。

【来源】《现代材料科学与工程辞典》

(2)工程上规定,经过大的冷塑性变形(变形是在70%以上)的金属,在1小时保温时间内能完成再结晶过程的最低温度,称为再结晶温度。

【来源】 百度百科

【分类信息】

【CLC类目】

(1) O731 晶体的物理性质

(2) O731 特种物理性质合金

【IPC类目】

(1) C21D9/02 用于弹簧

(2) C21D9/02 通过伴随有变形的热处理或变形后再进行热处理来改变物理性能(除需成型的工件外不需要再加热的锻造,或轧制成型的硬化工件或材料入1/02)〔3〕

(3) C21D9/02 铅-酸蓄电池载体的多工序制造方法(单工序制造方法见有关小类,如B21D,B22D)〔2〕

(4) C21D9/02 用于轧制长度限定的板,如折叠板、叠合板(1/40优先;轧制前将板折叠或轧制后分离成层入47/00)〔2〕

(5) C21D9/02 铅或铅基合金

【词条属性】

【特征】

【数值】 钢的再结晶温度约为460 ℃

【特点】 经过大的冷塑性变形

【因素】

【影响因素】 合金成分

【影响因素】 形变程度

【影响因素】 原始晶粒度

【影响因素】 退火温度

【影响因素】 加热速度

【影响因素】 保温时间

【影响因素】 钢带的化学成分

【影响因素】 冷轧时的形变程度

【词条关系】

【层次关系】

【并列】 使用温度

【并列】 回复温度

【类分】 开始再结晶温度

【类分】 终了再结晶温度

【类分】 完全再结晶温度

【应用关系】

【用于】 再结晶

【用于】 热处理

【测度关系】

【物理量-度量方法】 金相法

【物理量-度量方法】 硬度法

◎预烧结

【基本信息】

【英文名】 pre-sintering; presintering; first sintering

【拼音】 yu shao jie

【核心词】

【定义】

在制成成品前,在低于最终烧结温度的温度下对压坯的加热处理。

【分类信息】

【CLC类目】

(1) TM26 超导体、超导体材料

(2) TM26 工业用陶瓷

(3) TM26 粉末冶金(金属陶瓷工艺)

【IPC类目】

(1) C22C27/04 钨或钼基合金〔2〕

(2) C22C27/04 用水泥、混凝土或类似料的〔2〕

(3) C22C27/04 用粉末冶金法(金属粉末制造入B22F)

(4) C22C27/04 用干燥(13/08优先)〔4〕

(5) C22C27/04 含卤素〔4〕

【词条属性】

【特征】

【特点】 产生一系列的物理化学反应,能改善制品的成分及其组织结构,保证成品的体积稳定性及其外形尺寸的准确性,提高成品的性能

【词条关系】

【层次关系】

【参与组成】 烧结法

【类分】 烧结法

【类属】 预处理

【生产关系】

【工艺-设备工具】 烧结炉

◎预处理

【基本信息】

【英文名】 pretreatment; preconditioning; preprocessing

【拼音】 yu chu li

【核心词】

【定义】

指在进行最后加工完善以前进行的准备过程,具体应用在不同的行业或领域,会有不同的解释。

【分类信息】

【CLC 类目】

(1) X703　废水的处理与利用

(2) X703　技术方法

(3) X703　食品工业

(4) X703　油料初加工

【IPC 类目】

(1) C02F9/14　至少有一个生物处理步骤〔7〕

(2) C02F9/14　渗析法、渗透法或反渗透法〔3〕

(3) C02F9/14　包括分离步骤〔7〕

(4) C02F9/14　悬浮杂质的絮凝或沉淀〔3〕

(5) C02F9/14　吸附法(离子交换法入1/42)

【词条属性】

【状况】

【应用场景】 表面处理

【应用场景】 切削加工

【词条关系】

【层次关系】

【概念-实例】 热处理

【类分】 预烧结

【类属】 生产工艺

【应用关系】

【用于】 表面处理

【用于】 切削加工

◎有色金属材料

【基本信息】

【英文名】 nonferrous materials; nonferrous metal material

【拼音】 you se jin shu cai liao

【核心词】

【定义】

(1)除黑色金属材料外的金属材料统称为有色金属材料。

(2)在金属材料中,除以铁、铬、锰 3 种元素为基料的黑色金属材料外,其余元素构成的材料均被称作有色金属材料(在国外,通常把黑色金属称作含铁金属,而把有色金属称作非铁金属)。

【分类信息】

【CLC 类目】

(1) TG　金属学与金属工艺

(2) TG　机械、仪表工业

(3) TG　建筑材料

(4) TG　公路运输

(5) TG　铁路运输

(6) TG　航空

(7) TG　废物处理与综合利用

(8) TG　工程材料一般性问题

(9) TG　汽车材料

(10) TG 工业部门经济

【IPC 类目】

(1) C25C3/18 电解液〔2〕

(2) C25C3/18 铝的〔2〕

(3) C25C3/18 用专门的方法或设备清洁空心物品(3/12,6/00 优先)〔2〕

(4) C25C3/18 活塞环,活塞环槽;一般相似结构的环形密封(活塞与缸之间的其他密封入 3/06,15/16;装配或拆卸活塞环或类似件的工具入 B25B;在制动总缸上的活塞密封装置入 B60T11/236)〔2,5〕

(5) C25C3/18 仅为无机非金属材料覆层〔4〕

【词条属性】

【状况】

【现状】 按合金系统分:重有色金属合金、轻有色金属合金、贵金属合金、稀有金属合金等

【现状】 按合金用途则可分:变形(压力加工用合金)、铸造合金、轴承合金、印刷合金、硬质合金、焊料、中间合金、金属粉末等

【词条关系】

【层次关系】

【类分】 铜合金

【类分】 钽合金

【类分】 铝合金

【类分】 镍合金

【类分】 铅合金

【类分】 钛合金

【类分】 镉合金

【类分】 锡合金

【类分】 银合金

【类分】 锆合金

【类分】 钯合金

【类分】 铋合金

【类分】 铂合金

【类分】 贵金属合金

【类分】 稀有金属

【类分】 硬质合金

【类分】 焊料

【类属】 金属材料

【实例-概念】 蠕变断裂

【应用关系】

【使用】 深加工

◎永磁体

【基本信息】

【英文名】 permanent magnet;permanent magnets

【拼音】 yong ci ti

【核心词】

【定义】

在开路状态下能长期保留较高剩磁的磁体。

【来源】《金属功能材料词典》

【分类信息】

【CLC 类目】

(1) TM2 电工材料

(2) TM2 磁性材料、铁氧体

(3) TM2 聚变工程技术

(4) TM2 磁浮铁路

(5) TM2 磁性理论

(6) TM2 专科目录

【IPC 类目】

(1) F16C32/04 采用磁力或电支承装置〔2〕

(2) F16C32/04 用磁场或电场的(1/46 优先)〔3〕

(3) F16C32/04 使用磁铁

(4) F16C32/04 使用永久磁铁

(5) F16C32/04 通过电法或磁法

【词条属性】

【特征】

【特点】 加热超过居里温度,或位于反向高磁场强度的环境下,其磁性也会减少或消失

【特点】 超过最高使用温度后可能会破裂

【状况】

【前景】 稀土类永磁材料

【现状】 主要有两类:合金永磁材料,包括稀土永磁材料(钕铁硼 $Nd_2Fe_{14}B$)、钐钴(SmCo)、铝镍钴(AlNiCo);铁氧体永磁材料

【应用场景】 电视机、扬声器、音响喇叭、收音机、皮包扣、数据线磁环、电脑硬盘和手机震动器等

【词条关系】

【层次关系】

【构成成分】 永磁材料

【类分】 永磁合金

【类属】 磁体

【实例-概念】 磁场强度

【生产关系】

【材料-原料】 磁性材料

◎永磁合金

【基本信息】

【英文名】 permanent-magnet alloy

【拼音】 yong ci he jin

【核心词】

【定义】

经充磁后,在撤掉外磁场时仍能保留较高剩磁的磁性合金。

【来源】《中国冶金百科全书·金属材料》

【分类信息】

【CLC类目】

(1) TB383　特种结构材料

(2) TB383　特种电磁性质合金

(3) TB383　永磁材料、永久磁铁

(4) TB383　磁性材料、铁氧体

【IPC类目】

(1) B22F3/00　由金属粉末制造工件或制品,其特点为用压实或烧结的方法;所用的专用设备

(2) B22F3/00　适宜用于在真空中或特殊气氛中处理炉料的

(3) B22F3/00　压制的、烧结的或黏结在一起的〔6〕

(4) B22F3/00　金属或合金〔6〕

(5) B22F3/00　用铸造方法,如通过筛或注入水中,用雾化或喷雾方法(利用放电入9/14)〔3〕

【词条属性】

【特征】

【数值】 矫顽力值大于20 kA/m

【特点】 高的硬度

【特点】 高的力学性能

【特点】 强的抗去磁能力

【特点】 矫顽力值高

【特点】 磁性“硬”

【状况】

【应用场景】 现代工业

【应用场景】 科学技术领域

【应用场景】 机电设备和装置

【应用场景】 声波换能器

【应用场景】 磁力机械

【应用场景】 微波装置

【应用场景】 传感器和电信号转换器

【应用场景】 医用电子仪器

【应用场景】 生物工程

【时间】

【起始时间】 1880年

【词条关系】

【等同关系】

【俗称为】 硬磁合金

【层次关系】

【类分】 钨钢

【类分】 铬钢

【类分】 钴钢

【类分】 铁镍铝基弥散硬化合金

【类分】 铝镍钴系永磁合金

【类分】 铁钴钨系永磁合金

【类分】 铁钴钼系永磁合金

【类分】 铂钴合金

【类分】 铜镍铁合金

【类分】 铁铬钴系永磁合金

【类分】 锰铝碳系永磁合金

【类分】 稀土钴永磁合金
【类分】 钕铁硼永磁合金
【类分】 稀土永磁合金
【类分】 可变形永磁合金
【类分】 锰铝碳永磁合金
【类分】 黏结稀土永磁合金
【类属】 永磁体
【应用关系】
【材料-加工设备】 熔模
【使用】 稀土
【用于】 永磁电动机
【用于】 直流电机
【用于】 同步电机
【用于】 回转电机
【用于】 线性电机
【用于】 伺服电机
【用于】 永磁发电机
【用于】 脉冲发电机
【用于】 多相同步机
【用于】 打印机打字头驱动器
【用于】 计算机软盘驱动器
【用于】 录像机
【用于】 扬声器
【用于】 耳机
【用于】 声音接收器
【用于】 电磁起重机
【用于】 机床夹盘
【用于】 磁悬浮列车
【用于】 正交场放大器
【用于】 粒子加速器
【用于】 永磁转换器
【用于】 物理量测量传感器
【用于】 核磁共振成像装置
【用于】 起搏器
【用于】 微型助听器
【用于】 磁锁
【生产关系】
【材料-工艺】 熔模铸造
【材料-工艺】 精铸
【材料-工艺】 磁场热处理
【材料-工艺】 定向结晶凝固
【材料-工艺】 铸造
【材料-工艺】 变形加工
【材料-工艺】 粉末冶金制造
【材料-工艺】 黏结工艺
【材料-工艺】 温挤压工艺

◎永磁材料

【基本信息】
【英文名】 permanent-magnet material
【拼音】 yong ci cai liao
【核心词】
【定义】

(1)一旦磁化后就能抵抗外来去磁力而保持其磁性的铁磁材料,亦即需要极高的矫顽力才能去除磁性。

【来源】《英汉电子学精解辞典》

(2)永磁材料又称作硬磁材料,它是具有强的抗退磁能力和高的剩磁强度的强磁性材料,在去掉磁化场后能“永久”保持磁性,并在其周围特定的空间产生一个稳定的磁场。

【来源】《精细化工辞典》

【分类信息】
【CLC 类目】
(1) TM27 磁性材料、铁氧体
(2) TM27 磁性材料、铁磁材料
(3) TM27 永磁材料、永久磁铁
(4) TM27 磁选、电选机
【IPC 类目】

(1) H01F13/00 磁化或去磁的设备或方法(用于船只消磁的入 B63G9/06;用于钟或表消磁的入 G04D9/00;彩色电视的去磁装置入 H04N9/29)

(2) H01F13/00 专用于制造或装配列入本小类的装置的设备或方法

(3) H01F13/00 压制的、烧结的或黏结在一起的〔6〕

(4) H01F13/00 用磁场或电场的(1/46

优先)〔3〕

(5) H01F13/00 和第ⅢA族元素，如 $Nd_2Fe_{14}B$〔6〕

【词条属性】

【特征】

【特点】 具有宽磁滞回线

【特点】 高矫顽力

【特点】 高剩磁

【特点】 具有低温度系数

【特点】 磁性稳定

【特点】 加工性能好

【特点】 电阻率高

【状况】

【现状】 磁铁的应用越来越广泛

【现状】 目前应用最为广泛的是钕铁硼强磁和铁氧体磁铁

【应用场景】 医疗

【应用场景】 机械

【应用场景】 日常用品

【应用场景】 仪表

【应用场景】 能源

【应用场景】 电力

【时间】

【起始时间】 1967 年

【词条关系】

【层次关系】

【参与构成】 永磁体

【构成成分】 铁、镍、铝、铜、钴、钛、硅、铈、镨、镧、钕

【类分】 铝镍钴系永磁合金

【类分】 铁铬钴系永磁合金

【类分】 永磁铁氧体

【类分】 复合永磁材料

【类分】 粉末烧结合金

【类分】 合金永磁材料

【类分】 橡胶磁

【类属】 磁性材料

【应用关系】

【使用】 稀土

【用于】 磁电系仪表

【用于】 流量计

【用于】 微特电机

【用于】 继电器

【用于】 低速转矩电动机

【用于】 启动电动机

【用于】 传感器

【用于】 磁推轴承

【用于】 通信设备

【用于】 旋转机械

【用于】 磁疗器械

【用于】 体育用品

【生产关系】

【材料-工艺】 温压成型

◎硬质合金

【基本信息】

【英文名】 cemented carbide

【拼音】 ying zhi he jin

【核心词】

【定义】

主要由高熔点金属(钨、钽、钛、钼、钒等)的碳化物、氮化物、硼化物及硅化物组成的合金的总称。

【来源】《中国百科大辞典》

【分类信息】

【CLC 类目】

(1) TG135　特种机械性质合金

(2) TG135　粉末冶金制品及其应用

(3) TG135　粉末成型、烧结及后处理

(4) TG135　合金学与各种性质合金

(5) TG135　粉末的制造方法

【IPC 类目】

(1) C22C29/08　以碳化钨为基料的〔4〕

(2) C22C29/08　用粉末冶金法(1/08 优先)〔2〕

(3) C22C29/08　仅沉积金刚石〔7〕

(4) C22C29/08　流体是黏性的或非均匀的

(5) C22C29/08　金属粉末与非金属粉末的混合物(1/08 优先)〔2〕

【词条属性】

【特征】

【缺点】 脆性大

【缺点】 难切削加工

【特点】 硬度高

【特点】 机械强度高

【特点】 耐氧化性

【特点】 耐酸

【特点】 耐碱

【特点】 线胀系数小

【优点】 耐磨

【优点】 耐热

【优点】 耐腐蚀

【优点】 韧性好

【状况】

【现状】 企业规模较小

【现状】 产业集中度不高

【现状】 科技投入较少

【现状】 产品质量水平较低

【应用场景】 工业生产

【应用场景】 采矿

【应用场景】 地下建筑

【应用场景】 采煤

【应用场景】 石油钻探

【应用场景】 地质钻探

【时间】

【起始时间】 1923 年

【其他物理特性】

【熔点】 熔点都在 3273 K 以上

【力学性能】

【硬度】 86～93 HRA,相当于 69～81 HRC

【词条关系】

【层次关系】

【概念-实例】 YG3X

【概念-实例】 YG8C

【概念-实例】 YT5

【概念-实例】 YW1

【概念-实例】 YN05

【概念-实例】 YE65

【构成成分】 镍、钴、钼

【类分】 钴合金

【类分】 钨钴类硬质合金

【类分】 钨钴钛类硬质合金

【类分】 通用合金类硬质合金

【类分】 钨钴钛硬质合金

【类属】 有色金属材料

【类属】 合金

【主体-附件】 抗磨性

【组成部件】 碳化钽

【组成部件】 碳化钨

【组成部件】 碳化铌

【应用关系】

【材料-部件成品】 车刀

【材料-部件成品】 铣刀

【材料-部件成品】 刨刀

【材料-部件成品】 镗刀

【材料-部件成品】 钻头

【材料-部件成品】 硬质合金模具

【材料-部件成品】 地质钻头

【材料-部件成品】 牙轮钻头

【材料-加工设备】 湿式球磨机

【使用】 烧结炉

【使用】 真空炉

【使用】 冷处理

【使用】 粉末冶金

【使用】 预合金粉

【用于】 切削刀具

【用于】 冲压模具

【用于】 耐磨零件

【用于】 量具

【用于】 地质钻探工具

【用于】 耐热钢

【用于】 电钻钻头

【用于】 轧辊

【生产关系】

【材料-工艺】 真空烧结

【材料-工艺】　切削加工
【材料-工艺】　粉末冶金
【材料-工艺】　退火
【材料-工艺】　淬火
【材料-工艺】　回火
【材料-工艺】　锻打
【材料-工艺】　车削加工
【材料-工艺】　磨削加工
【材料-工艺】　深冷处理
【材料-工艺】　温压成型
【材料-工艺】　高速压制
【材料-工艺】　氢气烧结
【材料-原料】　碳化钽
【材料-原料】　碳化钨
【材料-原料】　碳化铌
【材料-原料】　金属粉末
【原料-材料】　金刚石复合片

◎硬铝

【基本信息】
【英文名】　duralumin;hard aluminium
【拼音】　ying lü
【核心词】
【定义】
(1)是指铝合金中以铜为主要合金元素的(含2.2%～4.9%铜、0.2%～1.8%镁、0.3%～0.9%锰、少量的硅,其余部分是铝)一类铝合金,代号2×××,常用的有2A11,2A12等。
(2)属热处理可强化铝合金,包括铝-铜-镁系和铝-铜-锰系合金。
【分类信息】
【CLC类目】
(1) TU5　建筑材料
(2) TU5　金属学与金属工艺
【IPC类目】
(1) C01F7/04　碱金属铝酸盐的制备;从碱金属铝酸盐制备铝的氧化物或氢氧化物
(2) C01F7/04　用碱金属氢氧化物处理含铝矿石
(3) C01F7/04　铝酸盐的〔5〕
(4) C01F7/04　从碱金属铝酸盐制氧化铝或氢氧化铝
(5) C01F7/04　含氧的〔5〕
【词条属性】
【特征】
【缺点】　耐蚀性不良,固溶处理温度范围窄,焊接裂纹倾向大
【优点】　有良好的机械性能,强度大,便于加工,密度小
【状况】
【现状】　应用最广,用量最大,产品种类最多的铝合金
【应用场景】　轻型结构材料
【应用场景】　广泛应用于各种构件和铆钉材料;在造船、建筑等部门也大量应用;在铝-铜-镁系中添加铁和镍,可发展为锻造合金,有良好的高温强度和工艺性能;铝-铜-锰系合金的工艺性能良好,易于焊接,主要用于耐热可焊的结构材料和锻件
【词条关系】
【层次关系】
【类属】　铝合金
【类属】　变形铝合金
【应用关系】
【用于】　铝材

◎硬化

【基本信息】
【英文名】　hardening
【拼音】　ying hua
【核心词】
【定义】
(1)材料由软变硬的过程。
【来源】《军事大辞海·下》
(2)硬化通常指金属材料强度和硬度指标都有所提高,但塑性、韧性有所下降。

【分类信息】
【IPC 类目】
C07D401/12　被含有杂原子的链作为键链连接的〔2〕
【词条属性】
【特征】
【特点】　有些硬化过程是晶粒发生滑移,出现位错的缠结
【特点】　有些是金属内部产生了残余应力
【因素】
【影响因素】　元素性质
【影响因素】　点阵类型
【影响因素】　变形温度
【影响因素】　变形速度
【影响因素】　变形程度
【影响因素】　淬火温度
【词条关系】
【层次关系】
【并列】　脆化
【类分】　加工硬化
【类分】　时效强化
【类分】　淬火强化
【类分】　冷作硬化
【类分】　表面硬化
【应用关系】
【使用】　淬火
【使用】　渗碳
【使用】　氮化
【使用】　冷拉
【使用】　滚压
【使用】　冲压
【用于】　硬化钢
【用于】　耐磨钢
【生产关系】
【工艺-材料】　马氏体不锈钢
【测度关系】
【物理量-度量方法】　小能量多次冲击
【物理量-度量方法】　静载荷拉伸压缩

◎硬度

【基本信息】
【英文名】　hardness
【拼音】　ying du
【核心词】
【定义】
固体材料表面抵抗弹性变形、塑性变形或断裂的能力。硬度值常用来衡量材料的软硬程度。
【来源】《中国成人教育百科全书·物理·机电》
【分类信息】
【CLC 类目】
(1) TB383　特种结构材料
(2) TB383　金属复合材料
(3) TB383　薄膜中的力学效应
(4) TB383　金属-非金属复合材料
(5) TB383　合金铸铁铸件
【IPC 类目】
(1) C09D5/28　用于起皱、裂纹状、橘皮状或类似装饰效果的
(2) C09D5/28　通过直接使用电能或波能;通过特殊射线〔3〕
(3) C09D5/28　含磷的〔3〕
(4) C09D5/28　使用次磷酸盐的〔5〕
【词条属性】
【特征】
【缺点】　存在一定误差
【缺点】　有些工件不易测量
【数值】　肖氏硬度 HS<100
【数值】　布氏硬度 HBW 3～660
【数值】　洛氏硬度 HRC 20～70
【数值】　洛氏硬度 HRA 20～88
【数值】　洛氏硬度 HRB 20～100
【数值】　洛氏硬度 HR15N 70～94
【数值】　洛氏硬度 HR30N 42～86
【数值】　洛氏硬度 HR45N 20～77
【数值】　洛氏硬度 HR15T 67～93
【数值】　洛氏硬度 HR30T 29～82
【数值】　洛氏硬度 HR45T 10～72

【数值】 维氏硬度 HV<4000
【特点】 测量方法众多
【特点】 可满足不同测量要求
【优点】 操作简便
【优点】 实验数据稳定
【优点】 工作效率较高
【时间】
【起始时间】 1722 年
【词条关系】
【层次关系】
【类分】 维氏硬度
【类分】 划痕硬度
【类分】 压入硬度
【类分】 布氏硬度
【类分】 洛氏硬度
【类分】 显微硬度
【类分】 肖氏硬度
【类分】 里氏硬度
【类分】 巴氏硬度
【类分】 努氏硬度
【类分】 韦氏硬度
【类属】 机械性能
【类属】 力学性能
【应用关系】
【用于】 热处理硬质钢材
【用于】 渗碳冶炼物
【用于】 退火深冷处理钢材
【用于】 冲拉材料钢
【用于】 深冲钢带料
【用于】 铸铁
【用于】 淬火硬化层
【用于】 非铁合金
【测度关系】
【物理量-单位】 HB
【物理量-单位】 HRA
【物理量-单位】 HRB
【物理量-单位】 HRC
【物理量-单位】 HV
【物理量-单位】 HBW
【物理量-单位】 HS
【物理量-单位】 HK
【物理量-度量方法】 维氏硬度
【物理量-度量方法】 静负荷压入法
【物理量-度量方法】 回跳法
【物理量-度量工具】 里氏硬度计
【物理量-度量工具】 布氏硬度计
【物理量-度量工具】 洛氏硬度计
【物理量-度量工具】 邵氏硬度计
【物理量-度量工具】 肖氏硬度计
【物理量-度量工具】 巴氏硬度计
【物理量-度量工具】 显微硬度计
【物理量-度量工具】 摩氏硬度计
【物理量-度量工具】 维氏硬度计

◎应力状态

【基本信息】
【英文名】 stress state;stress condition
【拼音】 ying li zhuang tai
【核心词】
【定义】
应力状态指的是物体受力作用时,其内部应力的大小和方向不仅随截面的方位而变化,而且在同一截面上的各点处也不一定相同。
【分类信息】
【CLC 类目】
(1) TB301　工程材料力学(材料强弱学)
(2) TB301　机车、车辆动荷载
(3) TB301　原岩应力
(4) TB301　断裂理论
(5) TB301　非金属复合材料
【IPC 类目】
(1) C22F1/10　镍或钴或以它们为基料的合金
(2) C22F1/10　每一种成分的重量都小于 50%的合金〔2〕
(3) C22F1/10　镍基合金〔2〕

【词条属性】

【特征】

【特点】 3个主应力不等且都不等于零的应力状态称为三轴(三维、空间)应力状态;若有一个主应力等于零,则称为双轴(二维、平面)应力状态;若有两个主应力等于零则称为单轴(或单向)应力状态。

【特点】 如果已经确定了一点的3个相互垂直面上的应力,则该点处的应力状态即完全确定

【词条关系】

【层次关系】

【概念-实例】 拉伸应力

【概念-实例】 残余应力

【概念-实例】 内应力

【概念-实例】 热应力

【构成成分】 拉伸应力

【应用关系】

【使用】 缺口

◎应力松弛

【基本信息】

【英文名】 stress relaxation

【拼音】 ying li song chi

【核心词】

【定义】

(1)材料在恒定温度保持总变形不变的条件下,应力随时间延长而逐渐降低的现象。

【来源】《现代材料科学与工程辞典》

(2)测定应力松弛曲线是测定松弛模量的实验基础。高温下的紧固零件,其内部的弹性预紧应力随时间衰减,会造成密封泄漏或松脱事故。松弛过程也会引起超静定结构中内力随时间重新分布。用振动法消除残余应力就是设法加速松弛过程,以便消除材料微结构变形不协调引起的内应力。使流动的黏弹性流体速度梯度减小或突然降为零,流体中的应力逐渐降低或消失的过程也称为应力松弛。

【分类信息】

【CLC类目】

(1) TQ330.1 基础理论

(2) TQ330.1 加热、冷却机械

(3) TQ330.1 固体推进剂

(4) TQ330.1 粉末成型、烧结及后处理

(5) TQ330.1 其他特种性质合金

【IPC类目】

(1) F16L23/16 以密封方式为特征〔5〕

(2) F16L23/16 压紧在密封面之间的固体填料

(3) F16L23/16 铜或铜基合金

(4) F16L23/16 用于接头或盖的密封或包装(填充浆料入C09D5/34)

【词条属性】

【特征】

【特点】 应力松弛过程会引起超静定结构中内力随时间重新分布

【特点】 用振动法消除残余应力就是设法加速松弛过程,以便消除材料微结构变形不协调引起的内应力

【特点】 使流动的黏弹性流体速度梯度减小或突然降为零,流体中的应力逐渐降低或消失的过程也称为应力松弛

【词条关系】

◎应力腐蚀开裂

【基本信息】

【英文名】 stress corrosion cracking; stress corrosion crack

【拼音】 ying li fu shi kai lie

【核心词】

【定义】

应力腐蚀开裂是指承受应力的合金在腐蚀性环境中由于裂纹的扩展而发生失效的一种通用术语。

【分类信息】

【CLC类目】

(1) TG157 热处理质量检查、热处理缺陷及防止

(2) TG157 金属复合材料

(3) TG157 钻井机械设备的腐蚀与防护

(4) TG157 反应堆材料及其性能

(5) TG157 激光的应用

【IPC 类目】

(1) C22C38/22 含钼或钨的〔2〕

(2) C22C38/22 实心原料的轧制,即非空心结构;穿孔

(3) C22C38/22 以镁做次主要成分的合金的〔4〕

(4) C22C38/22 以锌做次主要成分的合金的〔4〕

(5) C22C38/22 后处理〔4〕

【词条属性】

【特征】

【特点】 具有脆性断口形貌

【特点】 在应力极低的条件下也能产生开裂;在极弱的腐蚀介质中也能产生开裂

【特点】 只有在特定的合金成分与特定的介质相组合时才会造成应力腐蚀

【特点】 应力腐蚀的裂纹多起源于表面蚀坑处,而裂纹的传播途径常垂直于拉力轴

【特点】 应力腐蚀破坏的断口,其颜色灰暗,表面常有腐蚀产物

【特点】 应力腐蚀的主裂纹扩展时常有分枝

【特点】 应力腐蚀引起的断裂可以是穿晶断裂,也可以是晶间断裂

【词条关系】

【层次关系】

【构成成分】 裂纹扩展、腐蚀介质、应力腐蚀、拉伸应力

◎应力腐蚀

【基本信息】

【英文名】 stress corrosion

【拼音】 ying li fu shi

【核心词】

【定义】

(1)由残余或外加应力导致的应变和腐蚀联合作用所产生的局部性金属腐蚀。

【来源】《中国冶金百科全书·金属材料》

(2)预防措施:为防止零件的应力腐蚀,首先应合理选材,避免使用对应力腐蚀敏感的材料,可以采用抗应力腐蚀开裂的不锈钢系列,如高镍奥氏体钢、高纯奥氏体钢、超纯高铬铁素体钢等。其次应合理设计零件和构件,减少应力集中。改善腐蚀环境,如在腐蚀介质中添加缓蚀剂,也是防止应力腐蚀的措施。采用金属或非金属保护层,可以隔绝腐蚀介质的作用。此外,采用阴极保护法见电化学保护也可减小或停止应力腐蚀。

【来源】 百度百科

【分类信息】

【CLC 类目】

(1) O346.2 疲劳理论

(2) O346.2 特殊状态的腐蚀

(3) O346.2 钢的组织与性能

(4) O346.2 其他腐蚀

(5) O346.2 物相变化工艺机械

【IPC 类目】

(1) F28F21/08 金属的

(2) F28F21/08 结构与管件成整体的(1/32 优先)

(3) F28F21/08 含钼或钨的〔2〕

(4) F28F21/08 含铬的〔2〕

(5) F28F21/08 在生产管状体时〔3〕

【词条属性】

【特征】

【特点】 引起应力腐蚀断裂

【特点】 产生时具有外力作用

【特点】 导致材料的破坏

【特点】 预防措施:为防止零件的应力腐蚀,首先应合理选材,避免使用对应力腐蚀敏感的材料,可以采用抗应力腐蚀开裂的不锈钢系列,如高镍奥氏体钢、高纯奥氏体钢、超纯高铬

铁素体钢等;其次应合理设计零件和构件,减少应力集中;改善腐蚀环境,如在腐蚀介质中添加缓蚀剂,也是防止应力腐蚀的措施;采用金属或非金属保护层,可以隔绝腐蚀介质的作用;此外,采用阴极保护法见电化学保护也可减小或停止应力腐蚀

【因素】

【影响因素】 阳极电流

【影响因素】 阴极电流

【影响因素】 压应力

【影响因素】 拉应力

【影响因素】 外界环境因素

【影响因素】 材料本身

【词条关系】

【等同关系】

【基本等同】 穿晶腐蚀

【层次关系】

【并列】 均匀腐蚀

【并列】 热腐蚀

【参与构成】 应力腐蚀开裂

【参与构成】 腐蚀疲劳

【附件-主体】 应力腐蚀断裂

【类分】 氢致开裂

【类属】 腐蚀

【类属】 材料失效

【类属】 延迟断裂

【类属】 海洋腐蚀

【实例-概念】 氢脆

【应用关系】

【使用】 恒变形试验

【使用】 恒载荷试验

【使用】 慢应变速率试验

【使用】 断裂力学试验

◎印刷电路板

【基本信息】

【英文名】 printed circuit board;PCB

【拼音】 yin shua dian lu ban

【核心词】

【定义】

又称作印制电路板,是电子元器件电气连接的提供者。它的发展已有100多年的历史;它的设计主要是版图设计;采用电路板的主要优点是大幅度减少布线和装配的差错,提高了自动化水平和生产劳动率。按照线路板层数可分为单面板、双面板、四层板、六层板及其他多层线路板。通常说的印刷电路板是指裸板,即没有上元器件的电路板。

【分类信息】

【CLC类目】

(1) X76 机械、仪表工业废物处理与综合利用

(2) X76 功能材料

(3) X76 导电材料及其制品

(4) X76 科学的方法论

(5) X76 薄膜技术

【IPC类目】

(1) H05K1/03 用作基片的材料的应用〔3〕

(2) H05K1/03 环氧树脂的组合物;环氧树脂衍生物的组合物〔2〕

(3) H05K1/03 使用光源串或带的装置或系统〔7〕

(4) H05K1/03 合成树脂的

(5) H05K1/03 照明装置内或上面电路元件的设置(电路本身入H05B39/00)

【词条属性】

【特征】

【优点】 大幅度减少布线和装配的差错,提高了自动化水平和生产劳动率

【状况】

【前景】 在性能上向高密度、高精度、细孔径、细导线、小间距、高可靠、多层化、高速传输、轻量、薄型方向发展

【现状】 在电子工业中占据绝对统治的地位

【词条关系】

【应用关系】

【使用】　铜箔
【使用】　碳化硅
【使用】　铜合金
【使用】　阻尼材料
【生产关系】
【材料-工艺】　电镀

◎银合金

【基本信息】
【英文名】　silver alloy;silver alloys;Ag alloy
【拼音】　yin he jin
【核心词】
【定义】
以银为主要成分的贵金属材料。一般使用纯银或高纯银(99.999%以上)做原料,其中最重要的是:银铜合金、银镁合金、银镍合金、银钨合金、银铁合金和银铈合金。
【来源】　《中国冶金百科全书·金属材料》
【分类信息】
【CLC类目】
TG　金属学与金属工艺
【IPC类目】
(1) C22C5/06　银基合金〔2〕
(2) C22C5/06　用不饱和化合物改性的环氧树脂〔5〕
(3) C22C5/06　铜做次主要成分的〔2〕
(4) C22C5/06　蚀刻其他金属材料用的〔4〕
(5) C22C5/06　在有机物基体上〔4〕
【词条属性】
【状况】
【应用场景】　银基钎料,银基接触材料,银基电阻材料,银基电镀材料,银基牙科材料等
【应用场景】　中等负荷或重负荷电器中做电接触材料,是应用领域和用量最大,也是最廉价的贵金属电接触材料;多种材料的钎接,是用量最大的贵金属钎接材料;在贵金属电阻材料中占有一定地位;至今仍是用量最大的贵金属饰品材料
【词条关系】
【层次关系】
【并列】　铝合金
【并列】　钌合金
【并列】　铼合金
【并列】　铑合金
【材料-组织】　二次马氏体
【构成成分】　白银
【类属】　有色金属材料
【应用关系】
【用于】　电接触材料
【用于】　钎料
【用于】　电阻合金
【生产关系】
【材料-工艺】　真空熔炼
【材料-原料】　银粉

◎银粉

【基本信息】
【英文名】　silver powder; silver powders; ag powder
【拼音】　yin fen
【核心词】
【定义】
银的粉末,用于制造导电塑料、导电涂料和导电黏结剂等。
【来源】　《金属材料简明辞典》
【分类信息】
【CLC类目】
TB383　特种结构材料
【IPC类目】
(1) C09J9/02　导电的黏合剂〔5〕
(2) C09J9/02　按所用材料区分
(3) C09J9/02　银基合金〔2〕
(4) C09J9/02　金属〔2〕
(5) C09J9/02　在隔膜电解槽中〔2〕
【词条属性】
【特征】
【特点】　与水和大气中的氧不起反应,遇

臭氧、硫化氢和硫变成黑色

【特点】 对大多数酸呈惰性,能很快溶于稀硝酸和热的浓硫酸,盐酸能腐蚀其表面,在空气中或氧存在下溶于熔融的氢氧化碱、过氧化碱和氰化碱

【状况】

【应用场景】 制造导电塑料、导电涂料、导电黏结剂等

【应用场景】 微量分析;制造银盐和合金;催化剂;还原剂

【其他物理特性】

【密度】 10.49 g/cm^3

【熔点】 960 ℃

【词条关系】

【应用关系】

【部件成品-材料】 白银

【用于】 催化剂

【用于】 还原剂

【生产关系】

【原料-材料】 银盐

【原料-材料】 银合金

【原料-材料】 光伏银浆

◎铟

【基本信息】

【英文名】 indium

【拼音】 yin

【核心词】

【定义】

元素周期表第五周期第ⅢA族,属于稀散金属。元素符号In,原子序数49,相对原子质量114.82。化合物具有工业价值的铟化合物有氧化铟、氢氧化铟、氯化铟、硫酸铟和硫化铟等。

【来源】《中国冶金百科全书·有色金属冶金》

【分类信息】

【CLC类目】

(1) TF843.1 镓、铟、铊

(2) TF843.1 原材料及其制备

(3) TF843.1 金属矿选矿

(4) TF843.1 固体废物的处理与利用

【IPC类目】

(1) C01G15/00 镓、铟或铊的化合物

(2) C01G15/00 氧化物(14/10优先)〔4〕

(3) C01G15/00 溅射〔4〕

(4) C01G15/00 镓或铟的提取〔2〕

(5) C01G15/00 氧化物

【词条属性】

【特征】

【特点】 质地非常软,能用指甲刻痕

【特点】 有微弱的放射性

【特点】 从常温到熔点之间,铟与空气中的氧作用缓慢,表面形成极薄的氧化膜(In_2O_3),温度更高时,与活泼非金属作用

【特点】 大块金属铟不与沸水和碱溶液反应,但粉末状的铟可与水缓慢的作用,生成氢氧化铟

【特点】 铟与冷的稀酸作用缓慢,易溶于浓热的无机酸和乙酸、草酸

【优点】 可塑性强,延展性好

【状况】

【现状】 制造低熔合金、轴承合金、半导体、电光源等的原料

【时间】

【起始时间】 1863年

【其他物理特性】

【比热容】 0.23 J/(gK)

【电导率】 1.16E+05 S/cm

【密度】 7.31 g/cm^3

【热导率】 0.816 W/(cmK)

【熔点】 156.61 ℃

【词条关系】

【层次关系】

【类属】 稀土金属

【类属】 稀土元素

【应用关系】

【用于】 软钎料

【生产关系】

【原料-材料】　低熔点合金
【原料-材料】　半导体材料

◎易熔合金

【基本信息】
【英文名】　fusible alloy
【拼音】　yi rong he jin
【核心词】
【定义】
(1)熔点低于锡熔点(232 ℃)的合金,亦称为低熔点合金。
【来源】　《金属材料简明辞典》
(2)用铋、铅、锡和镉等元素制成的合金。
【分类信息】
【CLC 类目】
(1) TG132.3　特种热性质合金
(2) TG132.3　连续铸钢、近终形铸造
【IPC 类目】
(1) F16K31/64　对温度变化敏感的(取决于过高温度入 17/38;消防设备的控制入 A62C37/00;防止水管因冻结而炸裂的装置入 E03B7/10)〔4〕
(2) F16K31/64　具有防止不按要求使用或放电的措施的〔2〕
(3) F16K31/64　电开关;继电器;选择器;紧急保护装置
(4) F16K31/64　超温的
(5) F16K31/64　安全阀;平衡阀(用于浮质容器的减压装置入 B65D83/70)
【词条属性】
【特征】
【特点】　熔点低
【优点】　熔点准、熔化范围较窄,反应灵敏
【优点】　焊接工艺,浸流性、铺展性好
【状况】
【应用场景】　焊料,热敏组件,模具合金,防辐射专用挡块
【词条关系】
【等同关系】
【基本等同】　低熔点合金
【应用关系】
【用于】　焊接工艺
【用于】　模具合金
【生产关系】
【材料-原料】　锡合金
【原料-材料】　焊料

◎易切削黄铜

【基本信息】
【英文名】　free-cutting brass
【拼音】　yi qie xue huang tong
【核心词】
【定义】
(1)具有优良切削加工性能的一类黄铜,主要是指含有 40%锌和 2%铅的铅黄铜。
【来源】　《金属材料简明辞典》
(2)熔融法制锭,压力成材。
【分类信息】
【IPC 类目】
(1) C22C9/06　镍或钴做次主要成分的〔2〕
(2) C22C9/06　锌做次主要成分的〔2〕
(3) C22C9/06　铜基合金
【词条属性】
【特征】
【特点】　良好的冷加工性能和机加工性能
【优点】　强度高、导电性好、耐腐蚀性强
【状况】
【前景】　无铅黄铜
【应用场景】　易切削黄铜板和条用于钟表部件、齿轮、制纸用过滤网;棒材和丝材用于螺栓、螺帽、小螺钉、主轴、齿轮及钟表、摄像机、点火器部件等
【词条关系】
【等同关系】
【学名是】　铅黄铜

【层次关系】
【类属】 铜合金

◎钇

【基本信息】
【英文名】 yttrium
【拼音】 yi
【核心词】
【定义】
化学符号 Y,原子序数 39,相对原子质量为 88.90585,属于周期系ⅢB 族,为稀土元素。
【来源】 《中国大百科全书(化学卷)》
【分类信息】
【CLC 类目】
(1) TQ133.3 镧系元素(稀土元素)的无机化合物
(2) TQ133.3 合金铸造
(3) TQ133.3 镧系元素(稀土元素)
(4) TQ133.3 合金学理论
(5) TQ133.3 合金学与各种性质合金
【IPC 类目】
(1) C09K11/78 含氧〔4〕
(2) C09K11/78 形成工艺;准备制造陶瓷产品的无机化合物的加工粉末〔6〕
(3) C09K11/78 以氧化锆或氧化铪或锆酸盐或铪酸盐为基料的〔6〕
(4) C09K11/78 复合材料〔6〕
(5) C09K11/78 分子式为 $A_3Me_5O_{12}$ 的,其中 A 为稀土金属,Me 为 Fe、Ga、Sc、Cr、Co 或 Al,如石榴石〔3〕
【词条属性】
【特征】
【特点】 离子半径较小,能生成配位化合物,如氟合配合物 K_3YF_6 等
【特点】 与热水能起反应,易溶于稀酸
【状况】
【应用场景】 制特种玻璃和合金
【时间】
【起始时间】 1794 年
【其他物理特性】
【密度】 4.4689 g/cm^3
【熔点】 1522 ℃
【词条关系】
【层次关系】
【类属】 稀土金属
【类属】 稀土元素
【类属】 稀土
【应用关系】
【用于】 精炼剂
【用于】 变质剂
【生产关系】
【原料-材料】 钇铝石榴石
【原料-材料】 钇铁石榴石

◎铱合金

【基本信息】
【英文名】 iridium alloy
【拼音】 yi he jin
【核心词】
【定义】
以铱为基体含有其他组元的合金。是一种具有特殊用途的贵金属材料。
【来源】 《中国冶金百科全书·金属材料》
【分类信息】
【IPC 类目】
(1) C03B37/095 使用材料〔3〕
(2) C03B37/095 喷嘴;坩埚喷嘴板(37/095 优先)〔5〕
(3) C03B37/095 电熔白金坩埚;拉丝机头;漏嘴,漏板(一般喷嘴入 B05B)
(4) C03B37/095 铂系金属基合金〔2〕
【词条属性】
【特征】
【缺点】 多数铱合金很脆、难于加工
【优点】 高熔点、高化学稳定性和好的热强性
【状况】
【现状】 铱铑合金是最重要的铱合金

【应用场景】 航天和医疗用热电装置的核燃料容器材料、坩埚材料;高温和大气条件下的测温材料、热电偶材料、电极材料、电极涂层材料、催化剂材料、焊料、加热丝等

【词条关系】

【层次关系】

【并列】 铝合金

【并列】 钌合金

【并列】 铼合金

【并列】 铑合金

【类属】 铂族金属

【类属】 贵金属合金

【生产关系】

【原料-材料】 焊料

【原料-材料】 催化剂

◎液态金属

【基本信息】

【英文名】 liquid metal; liquid metals; molten metal

【拼音】 ye tai jin shu

【核心词】

【定义】

指的是一种不定型金属,液态金属可看作由正离子流体和自由电子气组成的混合物。

【分类信息】

【CLC 类目】

(1) TG111.4 金属的液体结构和凝固理论

(2) TG111.4 液体分子运动论

(3) TG111.4 金相学(金属的组织与性能)

(4) TG111.4 金属物理学

(5) TG111.4 其他特种性质合金

【IPC 类目】

(1) C23C2/00 用熔融态覆层材料且不影响形状的热浸镀工艺;其所用的设备〔4〕

(2) C23C2/00 真空精炼〔3〕

(3) C23C2/00 钛的提取〔2〕

(4) C23C2/00 用熔析、过滤、离心分离、蒸馏或超声波作用精炼

(5) C23C2/00 金属

【词条属性】

【特征】

【缺点】 液态金属充型过程的水力学特性及流动情况充型过程对铸件质量的影响可能造成的各种缺陷,如冷隔、浇不足、夹杂、气孔、夹砂、黏砂等缺陷,都是在液态金属充型不利的情况下产生的

【特点】 无定型

【特点】 在砂型中流动时呈现出水力学特性:黏性流体流动,不稳定流动,多孔管中流动,紊流流动

【状况】

【应用场景】 汞最常用的应用是制造工业用化学药物及在电子或电器产品中获得应用;汞还被用在温度计中,尤其是在测量高温的温度计中

【应用场景】 水银开关、杀虫剂、牙医用的汞齐、生产氯和氢氧化钾的过程中、防腐剂、在一些电解设备中充当电极、电池和催化剂

【词条关系】

【等同关系】

【学名是】 非晶态金属

【层次关系】

【实例-概念】 腐蚀介质

【应用关系】

【用于】 熔模铸造

【用于】 金属型铸造

【用于】 离心铸造

【用于】 砂型铸造

【用于】 压力铸造

【用于】 连续铸造

【用于】 精铸

【生产关系】

【原料-材料】 铸造合金

◎氧化钨

【基本信息】

【英文名】 tungsten oxide; tungsten trioxide; tungstic oxide

【拼音】 yang hua wu

【核心词】

【定义】

有 4 种稳定的氧化物:黄色氧化物(WO_3,相对分子质量 231.85),蓝色氧化物($WO_{2.90}$,相对分子质量 230.25),紫色氧化物($WO_{2.72}$,相对分子质量 227.37)和棕褐色氧化物(WO_2,相对分子质量 215.85)。

【分类信息】

【CLC 类目】

(1) TB383 特种结构材料

(2) TB383 粉末的制造方法

【IPC 类目】

(1) C01G41/02 氧化物;氢氧化物〔3〕

(2) C01G41/02 无环或碳环化合物

(3) C01G41/02 钨或钼的碳化物

(4) C01G41/02 以所用的催化剂为特征的〔3〕

【词条属性】

【特征】

【特点】 黄色粉末,无气味;加热时浅黄色粉末变为橙色,冷却后又恢复到原状

【特点】 溶解性:溶于氢氧化碱溶液,微溶于酸,不溶于水

【状况】

【应用场景】 一部分用于工业 X 射线屏幕荧光粉及防火面料,制造钨酸盐,生产化工产品,如油漆与涂料、石油工业催化剂等,大量的氧化钨被用于金属钨粉和碳化钨粉,进而用于生产金属钨制品的生产,并大量应用与生产钨的合金制品

【应用场景】 用作制金属钨的原料;用于制硬质合金、拉钨丝、粉末冶金,制 X 射线屏和防火织物;亦可用做陶瓷器的着色剂和分析试剂等

【其他物理特性】

【密度】 7.27 g/cm^3

【熔点】 1473 ℃

【词条关系】

【层次关系】

【类分】 三氧化钨

【生产关系】

【材料-原料】 氧化气氛

【原料-材料】 碳化钨

【原料-材料】 钨粉

【原料-材料】 钨合金

【原料-材料】 钨丝

◎氧化钽

【基本信息】

【英文名】 tantalum oxide; tantalum pentoxide

【拼音】 yang hua tan

【核心词】

【定义】

常指五氧化二钽,是钽最常见的氧化物,也是钽在空气中燃烧生成的最终产物。化学式 Ta_2O_5,相对分子质量 441.9,棱形正交晶系,白色结晶性粉末或无色难溶性粉末。

【分类信息】

【CLC 类目】

(1) TF124 粉末成型、烧结及后处理

(2) TF124 特种结构材料

【IPC 类目】

(1) C01G35/00 钽的化合物

(2) C01G35/00 铌的化合物

(3) C01G35/00 半透明电极的

(4) C01G35/00 静态存贮器

(5) C01G35/00 含砷、锑、铋、钒、铌、钽、钋、铬、钼、钨、锰、锝或铼〔6〕

【词条属性】

【特征】

【特点】 有多种同素异形体。

【特点】 不溶于水、醇、矿酸类和碱溶液,溶于氢氟酸和熔融的碱或焦硫酸钾

【特点】 化学性质与五氧化二铌类似
【状况】
【应用场景】 用于电子工业，供拉钽酸锂单晶和制造高折射低色散特种光学玻璃用，化工中可作催化剂
【其他物理特性】
【密度】 8.2 g/cm^3
【熔点】 1800 ℃
【词条关系】
【应用关系】
【用于】 催化剂
【生产关系】
【材料-原料】 氧化气氛
【原料-材料】 钽合金
【原料-材料】 碳化钽
【原料-材料】 电容级钽粉

◎氧化气氛

【基本信息】
【英文名】 oxidizing atmosphere; oxidation atmosphere; oxidative atmosphere
【拼音】 yang hua qi fen
【核心词】
【定义】

燃料燃烧时，窑内或容器内气体中氧的分压较高，可使其中的物料发生氧化反应的气体介质。

【来源】《景德镇陶瓷词典》
【分类信息】
【CLC 类目】
（1）TF831　金
（2）TF831　建筑用陶瓷
（3）TF831　陶瓷工业
【IPC 类目】
（1）C03C8/02　熔块的组成，即粉状或粒状的〔4〕
（2）C03C8/02　形成工艺；准备制造陶瓷产品的无机化合物的加工粉末〔6〕
（3）C03C8/02　加热室内气氛的形成、维持或循环
（4）C03C8/02　正常凝固法或温度梯度凝固法的单晶生长，如 Bridgman-Stockbarger 法（13/00，15/00，17/00，19/00 优先；保护流体下的入 27/00）〔3〕
（5）C03C8/02　搪瓷；釉（陶瓷用冷釉入 C04B41/86）；含有非熔块添加剂的玻璃料熔封成分〔4〕
【词条属性】
【特征】
【特点】 氧化气氛不只是氧气的含量，还应包括具有氧化性的气体二氧化碳等气体
【特点】 按照燃烧产物中过剩氧含量的多少，又可区分为强氧化气氛和弱氧化气氛。前者的过剩氧含量为 8%～10%；后者过剩氧含量为 2%～5%，氧化气氛的空气过剩系数都大于 1
【词条关系】
【层次关系】
【构成成分】 氧化剂
【生产关系】
【原料-材料】 氧化钨
【原料-材料】 氧化钼
【原料-材料】 氧化钽
【原料-材料】 三氧化钨

◎氧化铍

【基本信息】
【英文名】 beryllium oxide; beryllia
【拼音】 yang hua pi
【核心词】
【定义】

化学式 BeO，相对分子质量 25.01。无色六方晶系六角形晶体，为一种难熔化合物。剧毒。

【分类信息】
【IPC 类目】
（1）C09K5/14　固体材料，如粉末或颗粒〔7〕
（2）C09K5/14　氧化物；氢氧化物〔3〕

(3) C09K5/14 板玻璃的拉引

(4) C09K5/14 构造上的设备;液晶管的工作;电路装置(用于控制矩阵中液晶元件并且在结构上不与这些元件相连的装置或电路入G09G3/36)〔3,7〕

(5) C09K5/14 含锌或锆〔4〕

【词条属性】

【特征】

【特点】 有两性,既可以和酸反应,又可以和强碱反应

【特点】 新制成的氧化铍易与酸、碱和碳酸铵溶液反应生成铍盐或铍酸盐;微溶于水而生成氢氧化铍

【优点】 良好的导热性及抗热震性

【状况】

【应用场景】 主要用于制霓虹灯和铍合金等,并用作有机合成的催化剂和耐火材料等原料;同时也是高导热氧化铍陶瓷材料的原料

【其他物理特性】

【密度】 3.025 g/cm^3

【热导率】 200~250 W/(mK)

【熔点】 (2530±30) ℃

【词条关系】

【生产关系】

【原料-材料】 耐火材料

【原料-材料】 催化剂

【原料-材料】 金属陶瓷

【原料-材料】 铍合金

◎氧化铌

【基本信息】

【英文名】 niobium oxide

【拼音】 yang hua ni

【核心词】

【定义】

存在多种氧化物。最常见的有,一氧化铌:亦称“二氧化二铌”,化学式 NbO 或 Nb_2O_2,相对分子质量108.91;二氧化铌:化学式 NbO_2,相对分子质量 124.90;三氧化二铌:化学式 Nb_2O_3,相对分子质量 233.81;五氧化二铌:化学式 Nb_2O_5,相对分子质量 263.81。

【分类信息】

【IPC 类目】

(1) C01G33/00 铌的化合物

(2) C01G33/00 钽的化合物

(3) C01G33/00 使用催化剂〔3〕

(4) C01G33/00 与贵金属结合〔3〕

(5) C01G33/00 以材料为特征的(9/058优先)〔6〕

【词条属性】

【特征】

【特点】 一氧化铌为灰黑色粉末或半金属光泽的黑色立方晶体;二氧化铌为黑色粉末,金红石型晶体;三氧化二铌为蓝黑色固体;五氧化二铌为白色晶体。

【状况】

【应用场景】 五氧化二铌用作拉铌酸镍单晶,制特种光学玻璃,高频和低频电容器及压电陶瓷元件;也用于生产铌铁和特殊钢需要的各种铌合金;是制取铌及其化合物的原料;还可用作催化剂、耐火材料。

【其他物理特性】

【密度】 一氧化铌 7.3 g/cm^3;二氧化铌5.9 g/cm^3;五氧化二铌 4.47 g/cm^3

【熔点】 一氧化铌 1940 ℃;三氧化二铌1780 ℃;五氧化二铌 1460 ℃

【词条关系】

【应用关系】

【用于】 压电陶瓷

【生产关系】

【原料-材料】 铌合金

【原料-材料】 耐火材料

【原料-材料】 铌铁

◎氧化钼

【基本信息】

【英文名】 molybdenum oxide; molybdenum trioxide; molybdena

【拼音】 yang hua mu
【核心词】
【定义】
即三氧化钼,化学式 MoO_3,相对分子质量 143.94。工业氧化钼为钼焙砂,是添加于合金和不锈钢中的主要钼产品。
【分类信息】
【CLC 类目】
(1) TF841.2　钼
(2) TF841.2　有色金属冶金工业
(3) TF841.2　晶体生长工艺
(4) TF841.2　粉末技术
(5) TF841.2　特种结构材料
【IPC 类目】
(1) C01G39/02　氧化物;氢氧化物〔3〕
(2) C01G39/02　钼的提取〔2〕
(3) C01G39/02　羧酰胺基的氮原子连接在氢原子或非环碳原子上〔5〕
(4) C01G39/02　以所用的催化剂为特征的〔3〕
【词条属性】
【特征】
【特点】 白色透明斜方晶体,加热时转为黄色,冷却后恢复原来颜色
【特点】 稍溶于水成黄色溶液(钼酸),可溶于氢氟酸及浓硫酸;能溶于碱、碳酸碱及氨水中,生成钼酸盐;很稳定
【特点】 氧化性极弱,在高温下可被氢、碳、铝还原
【状况】
【应用场景】 用于冶金、防腐蚀,亦用作颜料、石油催化剂等
【其他物理特性】
【密度】 4.692 g/cm^3
【熔点】 795 ℃
【词条关系】
【等同关系】
【全称是】 三氧化钼
【应用关系】
【用于】 催化剂
【生产关系】
【材料-原料】 氧化气氛
【原料-材料】 钼粉
【原料-材料】 钼合金
【原料-材料】 钼铁

◎氧化铝

【基本信息】
【英文名】 alumina;aluminum oxide;aluminium oxide
【拼音】 yang hua lü
【核心词】
【定义】
即三氧化二铝,化学式 Al_2O_3,相对分子质量 101.96。工业 Al_2O_3 由铝矾土($Al_2O_3 \cdot 3H_2O$)和硬水铝石制备,对于纯度要求高的 Al_2O_3,一般用化学方法制备。有许多同质异晶体,目前已知的有 10 多种,主要有 3 种晶型,即 $\gamma-Al_2O_3$、$\beta-Al_2O_3$、$\alpha-Al_2O_3$。其中结构不同性质也不同,在 1300 ℃ 以上的高温时几乎完全转化为 $\alpha-Al_2O_3$。
【分类信息】
【CLC 类目】
(1) TF821　铝
(2) TF821　特种结构材料
(3) TF821　催化
(4) TF821　非金属复合材料
【IPC 类目】
(1) C01F7/02　氧化铝;氢氧化铝;铝酸盐
(2) C01F7/02　以氧化铝为基料的〔6〕
(3) C01F7/02　从碱金属铝酸盐制氧化铝或氢氧化铝
(4) C01F7/02　以所用的催化剂为特征的〔3〕
(5) C01F7/02　用铝化合物的热分解法制备氧化铝或氢氧化铝
【词条属性】

【特征】

【特点】 难溶于水的白色固体,无臭、无味、质极硬,易吸潮而不潮解(灼烧过的不吸湿)

【特点】 两性氧化物,能溶于无机酸和碱性溶液中,几乎不溶于水及非极性有机溶剂

【优点】 机械强度高,硬度高,高频介电损耗小,高温绝缘电阻高,耐化学腐蚀性和导热性良好

【状况】

【应用场景】 耐火材料、陶瓷、玻璃、磨料、表面电镀、油漆添加剂、催化剂、干燥剂等。

【其他物理特性】

【密度】 3.97 g/cm^3

【熔点】 2050 ℃

【词条关系】

【等同关系】

【全称是】 三氧化二铝

【层次关系】

【参与构成】 涂层

【参与构成】 精矿粉

【类属】 矿产资源

【应用关系】

【材料-加工设备】 烧结炉

【使用】 热压

【用于】 催化剂

【用于】 铝材

【用于】 铝电解

【生产关系】

【材料-工艺】 阳极氧化

【材料-工艺】 弥散强化

【材料-工艺】 铝电解

【材料-工艺】 烧结法

【材料-原料】 铝合金

【原料-材料】 铝合金

【原料-材料】 金属陶瓷

◎氧化锆

【基本信息】

【英文名】 zirconia;zirconium oxide;zircite

【拼音】 yang hua gao

【核心词】

【定义】

(1)即二氧化锆,化学式 ZrO_2,相对分子质量 123.22,是锆的主要氧化物,通常状况下为白色无臭无味晶体,难溶于水、盐酸和稀硫酸,一般常含有少量的二氧化铪。

(2)自然界的氧化锆矿物原料,主要有斜锆石和锆英石。锆英石系火成岩深层矿物,颜色有淡黄色、棕黄色、黄绿色等,比重 4.6～4.7,硬度 7.5,具有强烈的金属光泽,可为陶瓷釉用原料。

【分类信息】

【CLC 类目】

(1) TB332 非金属复合材料

(2) TB332 钛副族(第ⅣB 族)元素的无机化合物

(3) TB332 特种结构材料

(4) TB332 铵盐的生产

(5) TB332 无机纤维

【IPC 类目】

(1) C04B35/48 以氧化锆或氧化铪或锆酸盐或铪酸盐为基料的〔6〕

(2) C04B35/48 氧化物

(3) C04B35/48 形成工艺;准备制造陶瓷产品的无机化合物的加工粉末〔6〕

(4) C04B35/48 复合材料〔6〕

(5) C04B35/48 锆的化合物

【词条属性】

【特征】

【特点】 化学性质不活泼,难溶于水

【特点】 低温时为单斜晶系,在 1100 ℃以上形成四方晶型,在 1900 ℃以上形成立方晶型

【优点】 高熔点、高电阻率、高折射率和低热膨胀系数

【状况】

【应用场景】 耐火材料、压电陶瓷、燃气轮机、光学玻璃、研磨材料等

【其他物理特性】

【密度】　5.85 g/cm^3

【熔点】　约 2700 ℃

【词条关系】

【等同关系】

【学名是】　二氧化锆

【应用关系】

【用于】　燃气轮机

【用于】　压电陶瓷

【用于】　耐火材料

【用于】　贵重金属熔炼用坩埚

◎阳离子

【基本信息】

【英文名】　cationic；cation；cations

【拼音】　yang li zi

【核心词】

【定义】

又称作正离子，是指失去外层的电子以达到相对稳定结构的离子形式。

【分类信息】

【CLC 类目】

（1）TG172.82　高温、高压下的腐蚀

（2）TG172.82　高聚物的化学性质

（3）TG172.82　助剂

（4）TG172.82　炼油工艺过程

（5）TG172.82　废水的处理与利用

【IPC 类目】

（1）C02F1/42　离子交换法（一般离子交换法入 B01J）〔3〕

（2）C02F1/42　用电化学分离，如用电渗透、电渗析、电泳〔5〕

（3）C02F1/42　聚合物〔2〕

（4）C02F1/42　高分子化合物〔3〕

（5）C02F1/42　用于电泳的（5/46 优先；电泳镀层方法入 C25D13/00）〔4〕

【词条属性】

【特征】

【特点】　阳离子是带正电荷的离子，核电荷数（质子数）大于核外电子数，所带正电荷数等于原子失去的电子数

【特点】　常见的阳离子有：Na^+，K^+，NH_4^+，Mg^{2+}，Ca^{2+}，Ba^{2+}，Al^{3+}，Fe^{2+}，Fe^{3+}，Zn^{2+}，Cu^{2+} 和 Ag^{2+} 等

【词条关系】

【等同关系】

【基本等同】　正离子

【层次关系】

【并列】　阴离子

【参与构成】　等离子体

【类属】　氧化剂

◎阳极氧化

【基本信息】

【英文名】　anodic oxidation；anodizing；anodization

【拼音】　yang ji yang hua

【核心词】

【定义】

（1）将金属置于电解质溶液中，通过阳极电流，使金属表面生成保护性氧化膜的表面防护处理技术。

【来源】　《中国冶金百科全书·金属材料》

（2）如果没有特别指明，通常是指硫酸阳极氧化。

【分类信息】

【CLC 类目】

（1）TQ　化学工业

（2）TQ　特种结构材料

（3）TQ　金属表面防护技术

（4）TQ　钛副族（第ⅣB 族金属元素）

（5）TQ　电镀工业

【IPC 类目】

（1）C25D11/04　铝或以其为基料之合金的〔2〕

（2）C25D11/04　后处理，如封孔处理（涂漆入 B44D）〔2〕

（3）C25D11/04　镁或以其为基料之合金

的〔2〕

(4) C25D11/04 化学法后处理〔2〕

(5) C25D11/04 含有机酸的〔2〕

【词条属性】

【特征】

【特点】 是一种电化学反应过程

【特点】 需要的时间较长,往往要几十分钟

【优点】 生成的膜有几个微米到几十个微米,坚硬耐磨

【状况】

【现状】 而阳极氧化技术是目前铝合金表面处理应用最广且最成功的

【应用场景】 有色金属或其合金(如铝、镁及其合金等)

【应用场景】 机械零件,飞机汽车部件,精密仪器及无线电器材,日用品和建筑装饰等方面

【词条关系】

【层次关系】

【附件-主体】 电极电位

【类属】 表面处理

【生产关系】

【工艺-材料】 镁合金

【工艺-材料】 铝合金

【工艺-材料】 氧化铝

◎延伸率

【基本信息】

【英文名】 elongation; percentage elongation; specific elongation

【拼音】 yan shen lü

【核心词】

【定义】

又称伸长率,试样断裂后标距长度间的伸长量(L_1-L_0)与原始标距长度 L_0 之比。

【来源】《现代材料科学与工程辞典》

【分类信息】

【CLC 类目】

(1) TH135 弹簧

(2) TH135 精炼

(3) TH135 焊接材料

(4) TH135 特种工艺性质合金

(5) TH135 粉末成型、烧结及后处理

【IPC 类目】

(1) C22C23/02 铝做次主要成分的〔2〕

(2) C22C23/02 含锰的〔2〕

(3) C22C23/02 用熔炼法

(4) C22C23/02 含铅、硒、碲或锑,或含大于0.04%(质量分数)的硫〔2〕

(5) C22C23/02 用于表面以减少对冰、雾或水的黏附(一般的流动性粒状打底材料,如使它们成为憎水的,入B01J2/30);用在表面上的融化或防冻材料(用于传热、热交换或储热的液体,或用于非燃烧方式制热或制冷的液体,如散热器用液,入5/00)〔4〕

【词条属性】

【特征】

【数值】 工程上常将延伸率≥5%的材料称为塑性材料,把延伸率≤5%的材料称为脆性材料

【数值】 延伸率越高,材料塑性越好

【状况】

【应用场景】 拉伸试验

【因素】

【影响因素】 元素种类及含量;相组成及分布

【词条关系】

【等同关系】

【基本等同】 伸长率

【应用关系】

【用于】 拉伸性能

【用于】 超塑性

【用于】 热塑性

【用于】 塑性变形

【测度关系】

【度量方法-物理量】 超塑性

◎氩弧焊

【基本信息】

【英文名】 argon-arc welding

【拼音】 ya hu han

【核心词】

【定义】

用氩气做保护气体的气体保护电弧焊。

【来源】《中国电力百科全书·用电卷》

【分类信息】

【IPC类目】

(1) F16H25/10　带可调行程(可调凸轮入53/04)

(2) F16H25/10　气体火焰焊接

(3) F16H25/10　金属的

(4) F16H25/10　一般机器或发动机;一般的发动机装置;蒸汽机

(5) F16H25/10　电弧焊接或电弧切割(电渣焊入25/00;焊接变压器入H01F;焊接发电机H02K)

【词条属性】

【特征】

【缺点】 焊件结合力不够

【缺点】 内应力损伤

【缺点】 对人身体的伤害程度高

【缺点】 不能焊低熔点和易蒸发的金属

【缺点】 放射性

【缺点】 高频电磁场

【缺点】 有害气体

【特点】 力学性能好

【特点】 焊接接头组织致密

【特点】 电流密度大

【特点】 热量集中

【特点】 熔敷率高

【特点】 焊接速度快

【特点】 容易引弧

【优点】 减少合金元素的烧损

【优点】 操作、观察方便

【优点】 不受焊件位置限制

【优点】 几乎能焊接所有金属

【优点】 电极损耗小

【优点】 容易实现机械化和自动化

【优点】 热影响区窄

【优点】 焊件应力小

【优点】 焊件裂纹倾向小

【优点】 焊件变形小

【状况】

【应用场景】 核能

【应用场景】 航空航天

【应用场景】 船舶

【应用场景】 电子

【应用场景】 冶金

【词条关系】

【等同关系】

【全称是】 氩气体保护焊

【层次关系】

【并列】 电子束焊

【构成成分】 惰性气体

【类分】 熔化极氩弧焊

【类分】 非熔化极氩弧焊

【类属】 弧焊

【类属】 焊接

【实例-概念】 保护电弧焊

【组成部件】 填充细棒

【组成部件】 喷嘴

【组成部件】 导电嘴

【组成部件】 焊枪

【组成部件】 钨极

【组成部件】 焊枪手柄

【组成部件】 氩气流

【组成部件】 焊接电弧

【组成部件】 金属熔池

【组成部件】 焊丝盘

【组成部件】 送丝机构

【组成部件】 焊丝

【应用关系】

【使用】 保护气体

【使用】 氩气

【用于】 不锈钢

【用于】 铁类五金金属
【用于】 镁
【用于】 钛
【用于】 钼
【用于】 锆
【用于】 铝
【生产关系】
【工艺-设备工具】 氩弧焊机

◎压铸

【基本信息】
【英文名】 die casting;die-casting;die cast
【拼音】 ya zhu
【核心词】
【定义】
狭义的压力铸造,即指使用压铸机的金属型压力铸造。
【分类信息】
【CLC 类目】
(1) TG 金属学与金属工艺
(2) TG 机械性能(力学性能)
(3) TG 单一金属的电镀
(4) TG 金属复合材料
(5) TG 非金属复合材料
【IPC 类目】
(1) C22C23/02 铝做次主要成分的〔2〕
(2) C22C23/02 在电热锅炉内
(3) C22C23/02 喷嘴(一般喷嘴入 B05B);其所用清洗装置
(4) C22C23/02 低压铸造,即用几个巴的压力充注铸型〔3〕
(5) C22C23/02 摇臂或杠杆
【词条属性】
【特征】
【特点】 利用模具腔对融化的金属施加高压
【优点】 同其他铸造技术相比,压铸的表面更为平整,拥有更高的尺寸一致性
【状况】
【前景】 无孔压铸工艺,直接注射工艺,精速密压铸技术及半固态压铸等
【现状】 铸造设备和模具的造价高昂,因此压铸工艺一般只用于制造大批量产品
【应用场景】 大多数压铸铸件都是不含铁的,如锌、铜、铝、镁、铅、锡及铅锡合金,以及它们的合金。
【词条关系】
【层次关系】
【类分】 热压
【类属】 压力铸造
【实例-概念】 深加工
【生产关系】
【工艺-材料】 镁合金
【工艺-材料】 铜合金
【工艺-材料】 铝合金
【工艺-材料】 铅合金
【工艺-材料】 锡合金
【工艺-材料】 熔模
【工艺-材料】 坯料

◎压力铸造

【基本信息】
【英文名】 pressure casting
【拼音】 ya li zhu zao
【核心词】
【定义】
(1)在高压作用下使液态或半液态金属高速度充填铸型,并在压力下凝固成铸件的方法。
【来源】《中国大百科全书(机械工程卷)》
(2)广义的压力铸造包括压铸机的压力铸造(即压铸)和真空铸造、低压铸造、离心铸造等。
【分类信息】
【CLC 类目】
(1) TG 金属学与金属工艺
(2) TG 金属复合材料
(3) TG 合金学理论
【IPC 类目】

（1）C22B9/00　金属精炼或重熔的一般方法；金属电渣或电弧重熔的设备〔5〕

（2）C22B9/00　镁的提取〔2〕

（3）C22B9/00　铸铝或铸镁

（4）C22B9/00　镁基合金

（5）C22B9/00　其材料是电绝缘体的，如玻璃〔2〕

【词条属性】

【特征】

【缺点】　铸件易产生气孔，不能进行热处理；对内凹复杂的铸件，压铸较为困难；高熔点合金（如铜、黑色金属），压铸型寿命较低；不宜小批量生产，小批量经济性差

【特点】　高压和高速充填压铸型两大特点

【优点】　产品质量好，生产效率高，经济效果优良

【状况】

【前景】　不再局限于汽车工业和仪表工业，逐步扩大到其他各个工业部门

【现状】　压铸合金不再局限于有色金属的锌、铝、镁和铜，而且也逐渐扩大用来压铸铸铁和铸钢件

【现状】　分为高压铸造与低压铸造两种工艺

【词条关系】

【层次关系】

【并列】　砂型铸造

【并列】　离心铸造

【并列】　熔模铸造

【并列】　金属型铸造

【类分】　压铸

【类分】　热压

【类属】　精铸

【应用关系】

【使用】　压力容器

【使用】　液态金属

【使用】　收缩率

【生产关系】

【工艺-材料】　坯料

【工艺-材料】　铝合金

【工艺-设备工具】　铸模

◎压力容器

【基本信息】

【英文名】　pressure vessel

【拼音】　ya li rong qi

【核心词】

【定义】

内部或外部承受流体介质的工作压力大于 9.8×10^4 Pa，并对安全性有较高技术要求的密封容器。

【来源】《中国成人教育百科全书·物理·机电》

【分类信息】

【CLC 类目】

（1）TQ051.3　加压工艺机械

（2）TQ051.3　热交换及其设备

（3）TQ051.3　压力容器

（4）TQ051.3　生产过程的安全技术

【IPC 类目】

（1）F16J13/24　带安全装置，如在压力释放前可防止打开〔3〕

（2）F16J13/24　一般压力容器（压力容器所用的盖入 13/00；作为专门用途的，见有关小类，如 B01J，F17C，G21C）〔3〕

（3）F16J13/24　压力容器，如气瓶、气罐，可替换的筒（除供贮存目的外，其他压力装置见有关小类，如 A62C，B05B；与车辆有关的见 B60 至 B64 类的适当小类；一般压力容器入 F16J12/00）

（4）F16J13/24　容器或容器装填排放的零部件

（5）F16J13/24　设备；装置

【词条属性】

【特征】

【特点】　应用广泛

【特点】　操作复杂

【特点】 安全要求高
【特点】 量大面广
【特点】 事故率高
【状况】
【现状】 金属压力容器行业持续稳定发展
【现状】 具备了开拓国内外市场的核心竞争力
【应用场景】 石油
【应用场景】 化工
【应用场景】 冶金
【应用场景】 能源
【应用场景】 机械
【应用场景】 轻纺
【应用场景】 医药
【应用场景】 国防
【词条关系】
【层次关系】
【类分】 低压容器
【类分】 中压容器
【类分】 高压容器
【类分】 超高压容器
【类分】 非易燃压力容器
【类分】 无毒压力容器
【类分】 易燃压力容器
【类分】 有毒压力容器
【类分】 剧毒压力容器
【类分】 反应容器
【类分】 换热容器
【类分】 分离容器
【类分】 贮运容器
【类分】 反应器
【类分】 反应釜
【类分】 冷却器
【类分】 加热器
【类分】 分离器
【类分】 过滤器
【组成部件】 筒体
【组成部件】 封头
【组成部件】 密封元件
【组成部件】 开孔
【组成部件】 接管
【组成部件】 附件
【组成部件】 支座
【应用关系】
【部件成品-材料】 金属复合材料
【部件成品-材料】 碳纤维
【使用】 铬钼钢
【使用】 合金结构钢
【使用】 低合金高强度钢
【使用】 碳素结构钢
【使用】 碳素钢
【使用】 亚共析钢
【使用】 无损探伤
【使用】 蠕变性能
【使用】 热塑性
【用于】 压力铸造
【生产关系】
【设备工具-工艺】 原材料验收工序
【设备工具-工艺】 画线工序
【设备工具-工艺】 切割工序
【设备工具-工艺】 除锈工序
【设备工具-工艺】 机加工工序
【设备工具-工艺】 滚制工序
【设备工具-工艺】 组对工序
【设备工具-工艺】 焊接工序
【设备工具-工艺】 无损检测工序
【设备工具-工艺】 开孔画线工序
【设备工具-工艺】 总检工序
【设备工具-工艺】 热处理工序
【设备工具-工艺】 压力试验工序
【设备工具-工艺】 防腐工序

◎型材

【基本信息】
【英文名】 profile;section
【拼音】 xing cai
【核心词】

【定义】

长度和截面周长之比相当大的直条金属材料,有时也包括不属于板材、管材和线材的金属塑性加工制品。

【来源】《金属功能材料词典》

【分类信息】

【CLC 类目】

(1) TG407　焊接接头的力学性能及其强度计算

(2) TG407　高分子材料

【IPC 类目】

(1) F16S3/04　供在各种相对位置连接相似元件而设计的

(2) F16S3/04　氯乙烯的均聚物或共聚物〔2〕

(3) F16S3/04　细长元件,如成型件;其装配件;格栅或格子窗(由薄板或类似料形成的格栅或格子窗入 1/00,特殊的入 1/08;门、窗或类似构件的框架入 E061/00,3/00)

(4) F16S3/04　用加强或不加强的,薄片或条带绕制的

【词条属性】

【特征】

【特点】　具有一定几何形状

【特点】　型材原料具有一定强度

【特点】　型材原料具有一定韧性

【特点】　形状多样

【特点】　应用广泛

【特点】　适应性强

【特点】　功能多样

【状况】

【现状】　市场行情不佳

【现状】　生产部门出现亏损

【应用场景】　航空航天

【应用场景】　铁道铁路

【应用场景】　装饰建筑

【应用场景】　家居家具

【应用场景】　广告展示

【应用场景】　工艺礼品

【应用场景】　建材卫浴

【应用场景】　游艇泊船

【应用场景】　体育用材

【应用场景】　环卫工程

【词条关系】

【层次关系】

【并列】　丝材

【类分】　中空钢

【类分】　中厚板

【类分】　中板

【类分】　型钢

【类分】　空心型材

【类分】　实心型材

【类分】　塑钢型材

【类分】　铝型材

【类属】　钢铁

【应用关系】

【部件成品-材料】　优质碳素结构钢

【材料-加工设备】　夹臂式型材加工中心

【材料-加工设备】　型材五轴加工中心

【材料-加工设备】　板材加工中心

【材料-加工设备】　桥式五轴加工中心

【用于】　深冲

【生产关系】

【材料-工艺】　热轧

【材料-工艺】　静液挤压

【材料-工艺】　铝电解

【材料-工艺】　热挤压

【材料-工艺】　冷拔

【材料-工艺】　轧制

【材料-工艺】　挤出

【材料-工艺】　铸造

【材料-工艺】　完全退火

【材料-原料】　铝材

【材料-原料】　难熔金属

【材料-原料】　铍青铜

【材料-原料】　钢锭

【材料-原料】　亚共析钢

【材料-原料】　铁

【材料-原料】 钢
【材料-原料】 塑料
【材料-原料】 铝
【材料-原料】 玻璃纤维
【原料-材料】 成形剂

◎形状记忆效应

【基本信息】
【英文名】 shape memory effect
【拼音】 xing zhuang ji yi xiao ying
【核心词】
【定义】
记忆在高温状态下形状的现象。
【来源】《现代材料科学与工程辞典》
【分类信息】
【CLC 类目】
(1) TG139 其他特种性质合金
(2) TG139 合金学与各种性质合金
(3) TG139 金属复合材料
(4) TG139 固体性质
(5) TG139 非金属复合材料
【IPC 类目】
(1) H01F1/04 金属或合金〔6〕
(2) H01F1/04 合金〔3〕
(3) H01F1/04 以其特殊功能为特点的回路元件
(4) H01F1/04 含锰的〔2〕
(5) H01F1/04 不可拆卸的管接头,如软焊、黏接,或嵌塞接头(用于硬塑料管的接头入47/00)
【词条属性】
【特征】
【特点】 发生在马氏体相变过程中
【状况】
【应用场景】 智能控制
【应用场景】 强化材料
【应用场景】 新功能材料
【应用场景】 高新产业领域
【应用场景】 医学应用
【时间】
【起始时间】 1932 年
【词条关系】
【层次关系】
【类分】 单程记忆效应
【类分】 双程记忆效应
【类分】 全程记忆效应
【类分】 可逆形状记忆效应
【类分】 磁控形状记忆效应
【应用关系】
【使用】 拉伸
【使用】 压缩
【使用】 弯曲
【使用】 扭转
【用于】 形状记忆合金

◎形状记忆合金

【基本信息】
【英文名】 shape memory alloy
【拼音】 xing zhuang ji yi he jin
【核心词】
【定义】
(1)是一种具有形状记忆效应的新型功能材料。有些合金材料在较低温度变形超过屈服极限时,去除外力后,仍保持变形后的形状,但在加热到较高温度时,能自动恢复到变形前的形状,似乎对自己的原形有记忆,这种现象称之为形状记忆效应。如果只能“记住”高温时的形状,就称合金具有单程形状记忆效应;如果合金材料不仅能“记住”高温时的形状,又能记住较低温度时的形状,这样,在温度发生反复变化时,合金材料会反复改变形状,这时合金具有双程形状记忆效应。双向记忆合金是在单向记忆合金的基础上通过训练获得的。
【来源】《现代科学技术名词选编》
(2)是一种具有形状记忆效应的新型功能材料。
【来源】《现代科学技术名词选编》
【分类信息】

【CLC 类目】

（1）TG139　其他特种性质合金

（2）TG139　金属复合材料

（3）TG139　合金学与各种性质合金

（4）TG139　智能材料

【IPC 类目】

（1）F16K31/70　机械致动的，如由双金属片制动〔4〕

（2）F16K31/70　镍基合金〔2〕

（3）F16K31/70　每一种成分的重量都小于 50%的合金〔2〕

（4）F16K31/70　钛基合金〔2〕

（5）F16K31/70　用热处理法或用热加工或冷加工法改变有色金属或合金的物理结构（金属的机械加工设备入 B21，B23，B24）

【词条属性】

【特征】

【特点】　具有超弹性

【特点】　无磁性

【特点】　耐磨耐蚀

【特点】　无毒性

【状况】

【前景】　形状记忆合金在生物工程、医药、能源和自动化等方面也都有广阔的应用前景

【应用场景】　航空航天

【应用场景】　机械电子产品

【应用场景】　生物医疗

【应用场景】　建筑结构

【应用场景】　日常生活

【时间】

【起始时间】　1932 年

【因素】

【影响因素】　温度

【词条关系】

【等同关系】

【缩略为】　记忆合金

【层次关系】

【类分】　钛镍铜形状记忆合金

【类分】　钛镍铁形状记忆合金

【类分】　钛镍铬形状记忆合金

【类分】　铜镍系形状记忆合金

【类分】　铜铝系形状记忆合金

【类分】　铜锌系形状记忆合金

【类分】　铁系形状记忆合金

【类属】　精密合金

【应用关系】

【使用】　形状记忆效应

【使用】　粉末冶金钛合金

【用于】　人造骨骼

【用于】　伤骨固定加压器

【用于】　牙科正畸器

【用于】　各类腔内支架

【用于】　栓塞器

【用于】　心脏修补器

【用于】　血栓过滤器

【用于】　介入导丝

【用于】　手术缝合线

【用于】　温度传感器触发器

【用于】　人造卫星天线

【用于】　防烫伤阀

【用于】　眼镜框架

【用于】　移动电话天线

【用于】　火灾检查阀门

【生产关系】

【材料-原料】　铜合金

【材料-原料】　冷变形

【材料-原料】　镍合金

【材料-原料】　钛合金

◎形变热处理

【基本信息】

【英文名】　thermomechanical treatment

【拼音】　xing bian re chu li

【核心词】

【定义】

（1）将塑性变形同固态相变结合在一起，使经过微合金化的钢材获得所需外形和尺寸的同时，获得理想的内部组织和优异性能的热加

工技术。也叫热机械处理。

【来源】《中国冶金百科全书·金属塑性加工》

(2)形变热处理是压力加工与热处理相结合的金属热处理工艺,在金属材料上有效地综合利用形变强化和相变强化,将压力加工与热处理操作相结合,使成形工艺同获得最终性能统一起来的一种工艺方法。

【来源】 百度百科

【分类信息】

【CLC 类目】

(1) TG156.93 形变热处理

(2) TG156.93 铝及其合金的热处理

(3) TG156.93 特种机械性质合金

(4) TG156.93 材料结构及物理性质

(5) TG156.93 合金学与各种性质合金

【IPC 类目】

(1) C22C21/12 铜做次主要成分的〔2〕

(2) C22C21/12 通过伴随有变形的热处理或变形后再进行热处理来改变物理性能(除需成型的工件外不需要再加热的锻造,或轧制成型的硬化工件或材料入 1/02)〔3〕

(3) C22C21/12 用于弹簧

(4) C22C21/12 镍或钴基合金

(5) C22C21/12 在生产棒材料或线材时〔3〕

【词条属性】

【特征】

【特点】 简化钢材或零件的生产流程

【特点】 节约成本

【特点】 使高强度、高塑性和高韧性达到良好配合

【特点】 节约能源消耗

【特点】 节约设备投资

【词条关系】

【层次关系】

【并列】 形变强化

【类分】 高温形变热处理

【类分】 低温形变热处理

【类分】 复合形变热处理

【类属】 热处理

【实例-概念】 强韧化

【组成部件】 金属材料的范性形变

【组成部件】 金属材料的固态相变

【应用关系】

【使用】 应变诱导析出

【用于】 板材

【用于】 管材

【用于】 丝材

【用于】 板簧

【用于】 连杆

【用于】 叶片

【用于】 工具

【用于】 模具

【生产关系】

【工艺-材料】 微合金化钢

【工艺-材料】 带材

◎锌合金

【基本信息】

【英文名】 zinc alloy;zinc alloys;Zn alloy

【拼音】 xin he jin

【核心词】

【定义】

锌合金是以锌为基料加入其他元素组成的合金,常加的合金元素有铝、铜、镁、镉、铅、钛等,熔融法制备,压铸或压力加工成材。

【来源】《金属材料简明辞典》

【分类信息】

【CLC 类目】

(1) TG 金属学与金属工艺

(2) TG 特种机械性质合金

(3) TG 大气腐蚀、气体腐蚀

(4) TG 电化学保护

(5) TG 电镀工业

(6) TG 金属表面防护技术

【IPC 类目】

(1) C22C18/00 锌基合金〔2〕

（2）C22C18/00　锌的〔2〕
（3）C22C18/00　锌的精炼
（4）C22C18/00　吸附法（离子交换法入1/42）
（5）C22C18/00　锌或锌基合金的处理〔4,5〕

【词条属性】
【特征】
【缺点】　蠕变强度低，易发生自然时效引起尺寸变化
【特点】　低熔点，相对比重大
【优点】　流动性好，易熔焊，钎焊和塑性加工，在大气中耐腐蚀，残废料便于回收和重熔
【状况】
【前景】　锌基微晶合金发展迅猛，应用前景广阔
【现状】　按制造工艺可分为铸造锌合金和变形锌合金，前者产量远大于后者
【应用场景】　在汽车、拖拉机、机械制造、印刷、电气等工业部门的用途十分广泛

【词条关系】
【层次关系】
【并列】　铝合金
【并列】　钌合金
【并列】　铼合金
【并列】　铑合金
【类属】　三元合金
【应用关系】
【用于】　轴承合金
【生产关系】
【材料-工艺】　金属型铸造
【材料-工艺】　精铸
【材料-工艺】　离心铸造
【材料-工艺】　碳还原

◎去应力退火

【基本信息】
【英文名】　stress annealing
【拼音】　qu ying li tui huo
【核心词】

【定义】
将工件加热到一定温度（通常在相变温度或再结晶温度以下），保温一段时间，然后缓慢冷却，以消除各种内应力的退火工艺。
【来源】　《中国冶金百科全书·金属材料》

【分类信息】
【IPC类目】
（1）C03B31/00　波纹或碎纹玻璃的制造
（2）C03B31/00　含有磷化合物的〔4〕
（3）C03B31/00　消除应力
（4）C03B31/00　待被覆材料的预处理（8/04优先）〔4〕
（5）C03B31/00　仅为无机非金属材料覆层〔4〕

【词条属性】
【特征】
【数值】　灰口铸铁去应力退火温度为500～550 ℃
【数值】　钢去应力退火温度为500～650 ℃
【特点】　不改变组织状态
【特点】　保留冷作硬化能力
【特点】　保留热作硬化能力
【特点】　减小变形开裂倾向
【特点】　可去除内应力
【特点】　将工件加热至Ac_1以下某一温度
【因素】
【影响因素】　材料成分
【影响因素】　加工方法
【影响因素】　内应力大小及分布
【影响因素】　去除程度要求

【词条关系】
【等同关系】
【基本等同】　时效
【层次关系】
【并列】　完全退火
【并列】　不完全退火
【并列】　球化退火

【并列】 等温退火
【并列】 再结晶退火
【并列】 扩散退火
【参与构成】 人工时效
【类属】 退火
【类属】 热处理工序
【应用关系】
【工艺-组织】 内应力
【用于】 冷变形加工
【用于】 切削
【用于】 切割
【生产关系】
【工艺-材料】 铸铁
【工艺-设备工具】 轧辊
【工艺-设备工具】 连续式热风回火电炉
【工艺-设备工具】 热风循环回火电炉
【工艺-设备工具】 箱式电炉
【工艺-设备工具】 盐式回火炉
【工艺-设备工具】 退火炉
【工艺-设备工具】 去应力退火炉

◎相图

【基本信息】
【英文名】 phase diagram
【拼音】 xiang tu
【核心词】
【定义】

当体系中有多相存在时,把体系的相平衡规律用几何图形展现出来就成为相图。

【来源】《中学教师实用化学辞典》
【分类信息】
【CLC 类目】
(1) TQ026.7 固体熔融、固体流态化
(2) TQ026.7 发射药
(3) TQ026.7 硫及其无机化合物
(4) TQ026.7 铬副族(第ⅥB 族)元素的无机化合物
(5) TQ026.7 凝聚态物理学
【IPC 类目】
(1) C03C1/02 经预处理的组分
(2) C03C1/02 配合料的制备(化学组成入 C03C)
(3) C03C1/02 用于测量运动流体或可流动颗粒材料的温度
(4) C03C1/02 和预热、预熔或预处理制造玻璃的组分、粒料或碎玻璃相结合〔5〕
(5) C03C1/02 多步法渗多种元素〔4〕
【词条属性】
【特征】
【特点】 一般只描述体系平衡态
【特点】 有一定局限性
【特点】 在材料研究方面具有重要作用
【特点】 根据实验数据绘制
【特点】 不能从理论上推演
【特点】 用途很广
【状况】
【应用场景】 物理化学
【应用场景】 矿物学
【应用场景】 材料科学
【词条关系】
【等同关系】
【基本等同】 平衡图
【全称是】 相态图
【全称是】 相平衡状态图
【层次关系】
【概念-实例】 压力组成图
【概念-实例】 温度组成图
【概念-实例】 蒸气压—液相组成图
【概念-实例】 溶解度图
【概念-实例】 低共熔混合物相图
【概念-实例】 铁碳相图
【类分】 狭义相图
【类分】 广义相图
【类分】 二元相图
【类分】 三元相图
【类分】 多元相图
【类分】 匀晶相图
【类分】 共晶相图

【类分】　包晶相图
【类分】　熔晶相图
【类分】　偏晶相图
【类分】　合晶相图
【主体-附件】　体系
【主体-附件】　组元
【主体-附件】　相
【主体-附件】　自由度
【主体-附件】　平衡
【组成部件】　横坐标轴
【组成部件】　纵坐标轴
【组成部件】　特性点
【组成部件】　相界限
【组成部件】　相区
【组成部件】　三相平衡的水平线
【应用关系】
【使用】　杠杆定律
【使用】　热分析法
【使用】　金相法
【使用】　X 射线法
【使用】　电阻法
【使用】　膨胀法
【使用】　磁性法
【使用】　硬度法
【使用】　热电势法
【用于】　相分解
【用于】　分析合金的冷凝过程
【用于】　分析合金的室温组织
【用于】　计算各相和各组织组成物相对量
【用于】　确定热处理方法
【用于】　制定热处理工艺
【用于】　大致判定合金的性能
【用于】　确定热加工工艺
【用于】　选择合金材料
【用于】　相变
【用于】　脱溶
【测度关系】
【度量方法-物理量】　二元合金

◎相分解

【基本信息】
【英文名】　phase decomposition
【拼音】　xiang fen jie
【核心词】
【定义】

在一定合金系统中，母相经适当热处理之后，分解为成分不同新相的相变过程。

【分类信息】
【IPC 类目】
(1) C23C16/42　硅化物〔4〕
(2) C23C16/42　固体废物的破坏或将固体废物转变为有用或无害的东西〔3〕
【词条属性】
【特征】
【特点】　具有可逆性
【因素】
【影响因素】　温度
【词条关系】
【层次关系】
【概念-实例】　共析分解
【概念-实例】　脱溶分解
【应用关系】
【使用】　相图

◎相变点

【基本信息】
【英文名】　transformation point
【拼音】　xiang bian dian
【核心词】
【定义】

发生相变的临界点。

【来源】《金属材料简明辞典》
【分类信息】
【CLC 类目】
(1) TG139　其他特种性质合金
(2) TG139　特种结构材料
【IPC 类目】
(1) B60R21/26　以充注流体源或发生器

为特点的,或以控制该流体从源流至充气构体的安置为特点的〔4〕

(2) B60R21/26 含硼的〔2〕

(3) B60R21/26 铁基合金,如合金钢(铸铁合金入37/00)〔2〕

(4) B60R21/26 通过直接使用电能或波能;通过特殊射线〔3〕

(5) B60R21/26 含大于1.5%(质量分数)的硅〔2〕

【词条属性】

【特征】

【特点】 相图上合金的成分垂线和相图上各线、面的交点均是相变点

【状况】

【应用场景】 合金生产

【因素】

【影响因素】 元素种类

【影响因素】 杂质含量

【影响因素】 生产工艺

【影响因素】 固溶温度

【词条关系】

【等同关系】

【基本等同】 相变温度

【层次关系】

【概念-实例】 熔点

【概念-实例】 沸点

【概念-实例】 同素异晶转变点

【概念-实例】 共晶点

【概念-实例】 包晶点

【概念-实例】 铁碳相图 A_1 点

【概念-实例】 铁碳相图 A_2 点

【概念-实例】 铁碳相图 A_3 点

【概念-实例】 铁碳相图 A_4 点

【概念-实例】 铁碳相图 Acm 点

【应用关系】

【用于】 相变

【测度关系】

【物理量-单位】 摄氏度(℃)

【物理量-度量方法】 用热分析法

【物理量-度量方法】 金相法

【物理量-度量方法】 X射线衍射法

【物理量-度量方法】 电子显微分析法

【物理量-度量方法】 热膨胀法

【物理量-度量方法】 计算法

◎线胀系数

【基本信息】

【英文名】 linear expansion coefficient

【拼音】 xian zhang xi shu

【核心词】

【定义】

物理概念。固态物质温度改变1℃时,其长度的变化跟它在0℃时长度的比值。

【来源】《百科知识数据辞典》

【分类信息】

【CLC类目】

(1) TM215.4 绝缘漆(油)、胶合剂

(2) TM215.4 热学性质

(3) TM215.4 超导体、超导体材料

【IPC类目】

(1) C02F1/04 蒸馏或蒸发〔3〕

(2) C02F1/04 玻璃〔2〕

(3) C02F1/04 使用至少两根相互啮合的螺杆〔4〕

【词条属性】

【特征】

【数值】 固体线胀系数数量级约为1.00E-05

【数值】 混凝土(4.76～12.10)E+06/℃

【数值】 玻璃(4～10)E-06/℃

【数值】 钢1.10E-05/℃

【数值】 铁1.22E-05/℃

【数值】 铜1.71E-05/℃

【特点】 固体的线胀系数一般很小

【特点】 线胀系数约是其体胀系数的1/3

【特点】 可以是膨胀产生

【特点】 可以是收缩产生

【特点】 可正可负

【特点】 一般线胀系数并不是一个常数

【状况】
【应用场景】　工程技术中选择材料
【应用场景】　判定材料是否满足需求
【词条关系】
【层次关系】
【并列】　体胀系数
【应用关系】
【用于】　热工机械
【用于】　建筑工程设计
【用于】　通信工程安装
【用于】　新型复合材料研制
【测度关系】
【物理量-单位】　1/摄氏度(1/℃)
【物理量-度量方法】　液压微位移传递法
【物理量-度量方法】　霍尔传感器法
【物理量-度量方法】　光纤传感技术法
【物理量-度量方法】　光杠杆法
【物理量-度量方法】　激光杠杆法
【物理量-度量工具】　千分表
【物理量-度量工具】　螺旋测微仪
【物理量-度量工具】　光杠杆

◎线材

【基本信息】
【英文名】　wire rod
【拼音】　xian cai
【核心词】
【定义】

(1)直径或边长很小的成卷的金属材料。截面多数呈圆形,但也有呈方形或异型的。

【来源】《中国百科大辞典》

(2)直径或边长很小的(如钢丝,通常直径在 9 mm 以下)成卷金属材料。俗称为盘条或盘元。截面大多呈圆形,也有呈方形或异形的。

【来源】《金属材料简明辞典》

【分类信息】
【CLC 类目】
(1) TM26　超导体、超导体材料
(2) TM26　工业部门经济
【IPC 类目】
(1) C21D9/52　用于线材;带材
(2) C21D9/52　吊架,灯臂或灯架,照明装置与吊架,灯臂或灯架的固定(可调架座入21/14;非特定用于照明装置的柱杆结构入E04H12/00)
(3) C21D9/52　线材;管材〔4〕
(4) C21D9/52　使用光源串或带的装置或系统〔7〕
(5) C21D9/52　弹簧圈成圆柱形
【词条属性】
【特征】
【数值】　直径为 5～22 mm
【特点】　断面周长很小
【特点】　用量很大
【特点】　应用范围广
【状况】
【现状】　中国是世界上最大的线材生产国
【应用场景】　建筑
【应用场景】　机械工具制造
【应用场景】　IT 行业
【词条关系】
【等同关系】
【学名是】　盘条
【层次关系】
【并列】　丝材
【类分】　高速线材
【类分】　普通线材
【类分】　普通低碳钢热轧圆盘条
【类分】　优质碳素钢盘条
【类分】　碳素焊条盘条
【类分】　调质螺纹盘条
【类分】　制钢丝绳用盘条
【类分】　琴钢丝用盘条
【类分】　不锈钢盘条
【类属】　钢材
【应用关系】
【部件成品-材料】　工业纯钛

【部件成品-材料】 微合金钢
【部件成品-材料】 热轧圆钢
【部件成品-材料】 异形钢
【部件成品-材料】 普通碳素钢
【材料-加工设备】 步进式加热炉
【材料-加工设备】 轧机
【材料-加工设备】 集卷器
【材料-加工设备】 打捆机
【材料-加工设备】 线材测试机
【材料-加工设备】 拉丝模
【使用】 精轧
【使用】 轧后余热处理
【用于】 丝材
【用于】 焊条
【用于】 钢丝
【用于】 建筑钢筋混凝土结构
【用于】 拉丝
【用于】 包装
【用于】 螺栓
【用于】 螺丝
【用于】 螺母
【用于】 碳素弹簧钢丝
【用于】 油淬火回火碳素弹簧钢丝
【用于】 高强度优质碳素结构钢丝
【用于】 镀锌钢丝
【用于】 镀锌绞线钢丝绳
【用于】 手工电弧焊焊芯
【用于】 螺旋弹簧
【用于】 晶粒取向
【生产关系】
【材料-工艺】 静液挤压
【材料-工艺】 冷变形
【材料-工艺】 时效硬化
【材料-工艺】 冷拔
【材料-工艺】 控制轧制
【材料-工艺】 精整
【材料-工艺】 卷取
【材料-工艺】 时效处理
【材料-工艺】 加热
【材料-工艺】 高压水除鳞
【材料-工艺】 粗轧
【材料-工艺】 精轧
【材料-工艺】 空冷
【材料-工艺】 热加工
【材料-原料】 难熔金属
【材料-原料】 铍青铜
【材料-原料】 铅合金
【材料-原料】 方坯

◎显微组织

【基本信息】
【英文名】 microstructure
【拼音】 xian wei zu zhi
【核心词】
【定义】
(1)在光学显微镜(放大几百至几千倍)和电子显微镜(放大几万至几十万倍)下观察到的材料组织。包括晶粒的形状,大小,相的种类、大小、分布,缺陷等。
【来源】《现代材料科学与工程辞典》
(2)用大于25倍、小于2500倍的金相显微镜观察到的金属内部的微观组织。
【来源】《金属功能材料词典》
【分类信息】
【CLC类目】
(1) TB331 金属复合材料
(2) TB331 金相学(金属的组织与性能)
(3) TB331 粉末成型、烧结及后处理
(4) TB331 复合材料
(5) TB331 焊接接头的力学性能及其强度计算
【IPC类目】
(1) B22D19/14 制品为丝状或颗粒状(利用纤维或细丝与熔融金属接触使合金中含有纤维或细丝入C22C47/08)〔3〕
(2) B22D19/14 铝做次主要成分的〔2〕
(3) B22D19/14 通过把纤维或细丝与熔融金属接触,如把纤维或细丝置于铸型中浸渗

〔7〕

（4）B22D19/14　含硅的〔2〕

（5）B22D19/14　用于线材；带材

【词条属性】

【特征】

【特点】　对材料的性能影响巨大

【特点】　广泛应用于材料性能的研究

【状况】

【应用场景】　金属材料热处理后性能研究

【应用场景】　金属材料冷凝后性能研究

【应用场景】　金属材料加工变形后性能研究

【词条关系】

【等同关系】

【基本等同】　高倍组织

【层次关系】

【并列】　宏观组织

【并列】　电镜组织

【并列】　超精细结构

【并列】　低倍组织

【概念-实例】　枝晶

【类属】　金属组织

【应用关系】

【使用】　扫描电镜

【使用】　金相显微镜

【使用】　电子显微镜

【用于】　金相分析

【用于】　晶粒显示

【用于】　晶粒度大小

【用于】　相的种类

【用于】　相的分布

【用于】　内部缺陷

◎锡青铜

【基本信息】

【英文名】　tin bronze；tin-bronze

【拼音】　xi qing tong

【核心词】

【定义】

以锡为主要合金元素的青铜，含锡量一般在3%～14%，此外还常常加入磷、锌、铅等元素，是人类应用最早的合金，可用作高精密工作母机的耐磨零件和弹性零件。

【来源】　《金属材料简明辞典》

【分类信息】

【CLC类目】

（1）TG　金属学与金属工艺

（2）TG　特种机械性质合金

（3）TG　合金学与各种性质合金

【IPC类目】

（1）C22C9/02　锡做次主要成分的〔2〕

（2）C22C9/02　带一个凸轮

（3）C22C9/02　有蜗杆和蜗轮

（4）C22C9/02　由机械定时装置致动，如带缓冲器（自闭阀入21/16）

（5）C22C9/02　黄铜轴衬；轴瓦；衬套

【词条属性】

【特征】

【缺点】　锡青铜的凝固范围大，枝晶偏析严重；凝固时不易形成集中缩孔，体积收缩很小；铸锭中易出现锡的逆偏析，严重时铸锭表面可见到白色斑点，甚至出现富锡颗粒，一般称为锡汗

【特点】　铸造收缩率最小的有色金属合金

【优点】　较高的强度，良好的抗滑动摩擦性，优良的切削性，良好的焊接性，在大气、淡水中有良好的耐腐蚀性

【优点】　对过热和气体的敏感性很小，能很好地焊接和钎焊；冲击时不发生火花，无磁性、耐寒，并有极高的耐磨性

【状况】

【现状】　工业应用分为锡磷青铜、锡锌青铜和锡锌铅青铜三类。

【现状】　常用牌号有QSn 4-3，QSn 4.4-2.5，QSn 7-0.2，ZQSn 10，ZQSn 5-2-5，ZQSn 6-6-3等

【应用场景】　蒸汽锅炉和海船零件，各类有色金属铸件，电气、电子工业，耐磨零件与弹性零件，化学工业，国防工业制造子弹炮弹等，

建筑工业制造管道、配件、装饰器件等
【词条关系】
【层次关系】
【并列】 铝青铜
【并列】 磷青铜
【类属】 铜合金
【类属】 青铜
【应用关系】
【使用】 熔模
【用于】 轴承合金
【生产关系】
【材料-工艺】 金属型铸造
【材料-工艺】 精铸
【材料-工艺】 扩散退火
【材料-原料】 铍青铜

◎锡合金

【基本信息】
【英文名】 tin alloy;tin alloys
【拼音】 xi he jin
【核心词】
【定义】
以锡为基料加入铅、锑等元素的合金,是一种低熔点的重有色金属材料,常用的锡合金有焊料锡合金、箔材锡合金、巴氏合金、低熔点锡合金等。
【来源】《中国冶金百科全书·金属材料》
【分类信息】
【CLC 类目】
(1) TG 金属学与金属工艺
(2) TG 电镀工业
【IPC 类目】
(1) C25D3/60 含锡重量超过 50%的〔2〕
(2) C25D3/60 以所用镀液有机组分为特征的〔2〕
(3) C25D3/60 适于特殊用途的泵
(4) C25D3/60 带相似齿形的(2/16 优先)〔3〕
(5) C25D3/60 金属层或金属覆层的电解褪除〔2〕
【词条属性】
【特征】
【特点】 低熔点
【优点】 较高的导热性和较低的热膨胀系数,耐大气腐蚀,有优良的减摩性能
【状况】
【应用场景】 轴承,耐蚀涂层,焊料,饰品等
【词条关系】
【层次关系】
【并列】 铝合金
【并列】 钌合金
【并列】 铼合金
【并列】 铑合金
【类属】 有色金属材料
【类属】 三元合金
【应用关系】
【用于】 轴承合金
【用于】 软钎料
【生产关系】
【材料-工艺】 压铸
【材料-工艺】 离心铸造
【原料-材料】 焊料
【原料-材料】 易熔合金

◎稀有金属

【基本信息】
【英文名】 rare metal;rare metals
【拼音】 xi you jin shu
【核心词】
【定义】
(1)赋存状态分散、性质特殊、不易被轻易提取和开发较晚的一些有色金属的统称。按中国惯例,一般将稀有金属分为稀有轻金属、稀有高熔点金属、稀土金属、稀散金属、放射性金属五类。
【来源】《中国冶金百科全书·有色金属冶金》

(2)稀有轻金属:包括锂(Li)、铷(Rb)、铯(Cs)、铍(Be)。比重较小,化学活性强。

(3)稀有难熔金属:包括钛、锆、铪、钒、铌、钽、钼、钨。熔点较高,与碳、氮、硅、硼等生成的化合物熔点也较高。

(4)稀有分散金属:简称稀散金属,包括镓、铟、铊、锗、铼、硒及碲。大部分赋存于其他元素的矿物中。

【分类信息】

【CLC类目】

TG　金属学与金属工艺

【IPC类目】

(1) C06B29/04　含无机非炸药成分或非热剂成分〔2〕

(2) C06B29/04　未列入5/00到27/00组的金属基合金〔2〕

【词条属性】

【状况】

【前景】　随着人们对稀有金属的广泛研究,新产源及新提炼方法的发现及它们应用范围的扩大,稀有金属和其他金属的界限将逐渐消失

【现状】　限制开采,限制出口

【应用场景】　用来制造特种金属材料、超硬质合金和耐高温合金,在飞机、火箭、原子能等工业领域属于关键性材料

【词条关系】

【层次关系】

【类分】　稀土金属

【类分】　稀土元素

【类分】　稀有轻金属

【类分】　稀有高熔点金属

【类分】　稀散金属

【类分】　放射性金属

【类属】　有色金属材料

【类属】　金属材料

【类属】　有色金属

【生产关系】

【材料-工艺】　提纯

【材料-工艺】　区域熔炼

【原料-材料】　钌合金

【原料-材料】　特种钢

【原料-材料】　超硬质合金

【原料-材料】　耐高温合金

◎稀土元素

【基本信息】

【英文名】　rare earth elements;rare earth element;ree

【拼音】　xi tu yuan su

【核心词】

【定义】

又称稀土金属,是元素周期表第ⅢB族中钪、钇、镧系17种元素的总称,常用R或RE表示。钪和钇因为经常与镧系元素在矿床中共生,且具有相似的化学性质,故被认为是稀土元素。

【分类信息】

【CLC类目】

(1) TG　金属学与金属工艺

(2) TG　金

(3) TG　铁

(4) TG　稀土元素和分散元素

(5) TG　元素地球化学

(6) TG　功能材料

【IPC类目】

(1) C01F17/00　稀土金属,即钪、钇、镧或镧系的化合物

(2) C01F17/00　稀土金属的提取

(3) C01F17/00　稀土族的〔2〕

(4) C01F17/00　含稀土金属〔4〕

【词条属性】

【特征】

【特点】　光泽介于银和铁之间;杂质含量对其性质的影响很大

【特点】　大多数呈现顺磁性

【特点】　具有可塑性

【特点】　化学活性很强,当和氧作用时,生成稳定性很高的氧化物

【特点】 能以不同速率与水反应

【特点】 能和硼、碳、硫、磷、氢、氮反应生成相应的化合物

【状况】

【现状】 重要战略资源,限制开采

【应用场景】 冶金、石油化工、玻璃陶瓷、荧光和电子材料等工业

【词条关系】

【等同关系】

【基本等同】 稀土金属

【基本等同】 稀土

【俗称为】 稀土

【层次关系】

【参与构成】 稀土氧化物

【参与构成】 镁合金

【类分】 钇

【类分】 铟

【类分】 混合稀土

【类属】 稀有金属

【类属】 微量元素

【应用关系】

【用于】 软钎料

【用于】 精炼剂

【生产关系】

【原料-材料】 稀土钴

◎稀土氧化物

【基本信息】

【英文名】 rare earth oxide;rare earth oxides

【拼音】 xi tu yang hua wu

【核心词】

【定义】

指元素周期表中原子序数为57～71的15种镧系元素氧化物,以及与镧系元素化学性质相似的钪(Sc)和钇(Y)共17种元素的氧化物。为稀土矿物、稀土化合物及稀土金属中稀土元素的有效成分。

【分类信息】

【CLC类目】

(1) TQ 化学工业

(2) TQ 原料制备

(3) TQ 炼油工艺过程

(4) TQ 人造宝石、合成宝石的生产

(5) TQ 稀土金属冶炼

(6) TQ 生产过程与设备

【IPC类目】

(1) C01F17/00 稀土金属,即钪、钇、镧或镧系的化合物

(2) C01F17/00 含氧〔4〕

(3) C01F17/00 以稀土化合物为基料的

(4) C01F17/00 与稀土或锕系元素结合〔6〕

(5) C01F17/00 选择性吸收指定波长辐射的玻璃〔4〕

【词条属性】

【特征】

【特点】 有多种形式如 LnO, Ln_2O_3 和 LnO_2,其中 Ln_2O_3 较常见

【状况】

【应用场景】 黑色及有色金属的精炼,抛光粉,玻璃行业等,特定元素的氧化物可作为强化相强化金属材料基体性能

【词条关系】

【层次关系】

【构成成分】 稀土元素

【应用关系】

【部件成品-材料】 储氢材料

【生产关系】

【原料-材料】 精炼剂

◎稀土金属

【基本信息】

【英文名】 rare earth metal;rare earth metals; earth metal

【拼音】 xi tu jin shu

【核心词】

【定义】

又称稀土元素,是元素周期表第ⅢB族中

钪、钇、镧系17种元素的总称,常用R或RE表示。钪和钇因为经常与镧系元素在矿床中共生,且具有相似的化学性质,故被认为是稀土元素。

【分类信息】

【CLC类目】

(1) TG　金属学与金属工艺

(2) TG　磁性弛豫及共振现象

(3) TG　金属元素及其化合物

(4) TG　络合物化学(配位化学)

(5) TG　其他特种性质合金

【IPC类目】

(1) C25C3/34　未列入3/02至3/32各组之金属的〔2〕

(2) C25C3/34　未列入5/00到27/00组的金属基合金〔2〕

(3) C25C3/34　与其他化合物在一起〔2〕

(4) C25C3/34　晶状硅铝酸盐,如分子筛〔3〕

(5) C25C3/34　包含无机材料〔3〕

【词条属性】

【特征】

【特点】　光泽介于银和铁之间;杂质含量对其性质的影响很大

【特点】　大多数稀土金属呈现顺磁性

【特点】　稀土金属具有可塑性

【特点】　稀土金属的化学活性很强,当和氧作用时,生成稳定性很高的氧化物

【特点】　稀土金属能以不同速率与水反应

【特点】　能和硼、碳、硫、磷、氢、氮反应生成相应的化合物

【特点】　在青铜和黄铜冶炼中添加少量的稀土金属能提高合金的强度、延伸率、耐热性和导电性

【特点】　在铸造铝硅合金中添加1%～1.5%的稀土金属,可以提高高温强度;在铝合金导线中添加稀土金属,能提高抗张强度和耐腐蚀性

【特点】　在钛及其合金中添加稀土金属能细化晶粒,降低蠕变率,改善高温抗腐蚀性能

【状况】

【现状】　重要战略资源,限制开采

【应用场景】　冶金、石油化工、玻璃陶瓷、荧光和电子材料等工业

【词条关系】

【等同关系】

【基本等同】　稀土元素

【俗称为】　稀土

【层次关系】

【参与构成】　稀土氧化物

【参与构成】　镁合金

【类分】　钇

【类分】　铟

【类分】　混合稀土

【类属】　稀有金属

【类属】　金属材料

【应用关系】

【用于】　有色金属冶炼

【生产关系】

【材料-工艺】　提纯

【原料-材料】　稀土钴

◎稀土

【基本信息】

【英文名】　rare earth

【拼音】　xi tu

【核心词】

【定义】

(1)指所有原子序数在57～71的元素。稀土元素都是金属,它们的电子外壳结构和化学特性都十分相似。

(2)指稀土金属,又称稀土元素,钪、钇及镧系元素的总称。银白色、质软,密度和熔点(除镧和镱外)随原子序数增加而增大。原子结构具有相同的特点,故化学性质很相似。

【分类信息】

【CLC类目】
(1) O614.33 镧系元素(稀土元素)
(2) O614.33 发光学
(3) O614.33 功能材料
(4) O614.33 稀土金属冶炼
(5) O614.33 其他特种性质合金
【IPC类目】
(1) C01F17/00 稀土金属,即钪、钇、镧或镧系的化合物
(2) C01F17/00 含氧〔4〕
(3) C01F17/00 稀土金属的提取
(4) C01F17/00 晶状硅铝酸盐,如分子筛〔3〕
(5) C01F17/00 以稀土化合物为基料的
【词条属性】
【特征】
【特点】 可脱氧
【特点】 去硫
【特点】 清除有害杂质
【特点】 细化晶粒
【特点】 减少枝晶偏析
【特点】 改善钢材韧性
【特点】 提高钢材质量
【特点】 具有亲氧性
【特点】 稀土矿物呈现非晶质状态
【状况】
【现状】 当前稀土市场持续低迷
【现状】 产品价格长期低位
【应用场景】 石油
【应用场景】 化工
【应用场景】 冶金
【应用场景】 纺织
【应用场景】 陶瓷
【应用场景】 玻璃
【应用场景】 钢铁材料
【应用场景】 军事方面
【应用场景】 农业方面
【词条关系】
【等同关系】
【基本等同】 稀土元素
【学名是】 稀土金属
【学名是】 稀土元素
【层次关系】
【参与构成】 合金铸铁
【参与构成】 球墨铸铁
【参与构成】 储氢
【类分】 镧
【类分】 铈
【类分】 镨
【类分】 钕
【类分】 钷
【类分】 钐
【类分】 铕
【类分】 钆
【类分】 铽
【类分】 镝
【类分】 钬
【类分】 铒
【类分】 铥
【类分】 镱
【类分】 镥
【类分】 钪
【类分】 钇
【应用关系】
【用于】 永磁合金
【用于】 永磁材料
【生产关系】
【材料-工艺】 测定
【材料-工艺】 分解
【材料-工艺】 冶炼
【材料-工艺】 提纯

◎无氧铜

【基本信息】
【英文名】 oxygen-free copper;oxygen free copper;OFHC copper
【拼音】 wu yang tong
【核心词】

【定义】

一种高纯度铜，分为一号和二号无氧铜。一号无氧铜纯度达到 99.97%，氧含量不大于 0.003%，杂质总含量不大于 0.03%；二号无氧铜纯度达到 99.95%，氧含量不大于 0.003%，杂质总含量不大于 0.05%。主要用于电子工业，常制成无氧铜板、无氧铜带、无氧铜线等铜材供应。

【来源】《金属材料简明辞典》

【分类信息】

【CLC 类目】

(1) TG　金属学与金属工艺

(2) TG　有色冶金机械与生产自动化

【IPC 类目】

(1) C22B15/00　铜的提炼

(2) C22B15/00　采用超导器件〔3〕

(3) C22B15/00　处理非矿石原材料，如废料，用以生产有色金属或其化合物

(4) C22B15/00　铜基合金

(5) C22B15/00　以阻挡层型金属，如钛为基料的电极

【词条属性】

【特征】

【优点】　无氢脆现象，导电率高，加工性能、焊接性能、耐蚀性能和低温性能均好

【状况】

【应用场景】　音响器材、真空电子器件、电缆等电工电子应用

【其他物理特性】

【比热容】　385 J/(kg·K)

【电导率】　101.4% IACS（700 ℃ 退火 30 min 后测定）

【电阻率】　0.0171 μΩ·m

【密度】　8.94 g/cm^3

【热导率】　391 W/(mK)

【热膨胀系数】　20～100 ℃ 时，TU_1：16.9 E-06/K，TU_2：17.0E-06/K；20～200 ℃ 时，TU_1：17.28E-06/K，TU_2：17.3E-06/K；20～300 ℃ 时，TU_1：17.6E-06/K，TU_2：17.7E-06/K

【熔点】　1082.5～1083.0 ℃

【力学性能】

【冲击韧性】　1560～1760 kJ/m^2（M 态棒材）

【抗剪强度】　150 MPa（M 态），210 MPa（Y 态）

【抗拉强度】　TU_1（M 态）≥196 MPa，TU_2（Y 态）≥275 MPa（厚度大于 0.3 mm 的板、带材）

【延伸率】　TU_1（M 态）≥35%（厚度大于 0.3 mm 的板、带材）

【硬度】　35～45 HBS（M 态），85～95 HBS（Y 态）

【词条关系】

【层次关系】

【类属】　纯铜

【生产关系】

【材料-工艺】　电炉熔炼

【材料-工艺】　真空熔炼

【材料-工艺】　脱氧还原

◎钨丝

【基本信息】

【英文名】　tungsten wire; tungsten filament

【拼音】　wu si

【核心词】

【定义】

将钨条锻打、拉拔后制成的细丝，主要用于白炽灯、卤钨灯等电光源中。用于灯泡中做各种发光体的钨丝，还需要在冶制过程中掺入少量的钾、硅和铝的氧化物，这种钨丝称为掺杂钨丝，也称作 218 钨丝或不下垂钨丝。

【来源】《中国大百科全书（轻工卷）》

【分类信息】

【CLC 类目】

(1) TF1　冶金技术

(2) TF1　金属复合材料

【IPC 类目】

(1) F21S4/00　使用光源串或带的装置或

系统〔7〕

(2) F21S4/00 产生变化的照明效果的装置和系统〔7〕

(3) F21S4/00 准备独立使用的装置(9/00,10/00 优先)〔7〕

(4) F21S4/00 防气或防水装置

(5) F21S4/00 具有机内电池或电池组〔7〕

【词条属性】

【特征】

【缺点】 一旦经高温使用发生再结晶以后就变得很脆,在受冲击或震动的情况下极易断裂;在潮湿的空气中易被氧化,不能在潮湿环境中贮存过久;在 1200 ℃ 上下就开始与碳起反应生成钨的碳化物,故而对灯丝的烧氢处理要格外注意

【优点】 熔点高,电阻率大,强度好,蒸气压低,是制作白炽灯丝的理想选择

【状况】

【现状】 常用的牌号有:WB001,其绕制性能好,不下垂,适合于普通白炽灯、双螺旋或三螺旋荧光灯、节日灯、支架丝等;WB150,耐高温性能好,加工性能优良,适用于卤素灯、双螺旋白炽灯等;WB584:再结晶温度高,高温抗下垂性能好,适用于耐震灯丝、高色温灯丝等特种灯

【应用场景】 用于灯泡中做各种发光体,也用于高速切削合金钢、光学仪器,化学仪器等方面

【时间】

【起始时间】 1878 年

【其他物理特性】

【电阻率】 5.3E-08 Ω·m

【词条关系】

【应用关系】

【部件成品-材料】 钨粉

【材料-部件成品】 电子管

【生产关系】

【材料-原料】 氧化钨

【原料-材料】 铌基合金

◎钨合金

【基本信息】

【英文名】 tungsten alloy;tungsten alloys

【拼音】 wu he jin

【核心词】

【定义】

以钨为基料添加其他元素形成的合金,是一类重要的难熔金属材料,按照用途不同,钨合金分为硬质合金、高比重合金、金属发汗材料、触头材料、电子与电光源材料。

【来源】《中国大百科全书(矿冶卷)》

【分类信息】

【CLC 类目】

(1) TB 一般工业技术

(2) TB 稀有金属及其合金

(3) TB 粉末成型、烧结及后处理

【IPC 类目】

(1) C22C27/04 钨或钼基合金〔2〕

(2) C22C27/04 单晶或具有一定结构的均匀多晶材料之扩散或掺杂工艺;其所用装置〔3,5〕

(3) C22C27/04 制动器;及其布置(倒蹬闸入 5/00)

(4) C22C27/04 用可膨胀材料制作的扩张器〔5〕

(5) C22C27/04 空心的或管状的器官,如膀胱、气管、支气管、胆管(2/18,2/20 优先)〔4〕

【词条属性】

【特征】

【特点】 比重大,掺有 Ni,Fe,Cu 的钨合金又称高比重合金

【优点】 高熔点,良好的高温强度和抗蠕变性能,良好的导热、导电和电子发射性能

【状况】

【现状】 按照强化方式分为固溶强化钨合金、沉淀硬化钨合金、弥散强化钨合金

【应用场景】 鱼坠、配重、电器材料,航天、铸造、武器等部门中用于制作火箭喷管、压

铸模具、穿甲弹芯、触点、发热体和隔热屏等

【词条关系】

【层次关系】

【并列】　铝合金

【并列】　钌合金

【并列】　铼合金

【并列】　铑合金

【类分】　高比重合金

【类属】　难熔金属

【实例-概念】　耐高温

【应用关系】

【材料-部件成品】　加热元件

【材料-加工设备】　烧结炉

【使用】　硬钎焊

【生产关系】

【材料-工艺】　等离子电弧熔炼

【材料-原料】　钨粉

【材料-原料】　氧化钨

◎钨粉

【基本信息】

【英文名】　tungsten powder

【拼音】　wu fen

【核心词】

【定义】

粉末状的金属钨，是制备钨加工材、钨合金和钨制品的原料，制备方法为采用氢还原三氧化钨得到。

【来源】　《中国冶金百科全书 · 金属材料》

【分类信息】

【CLC 类目】

（1）TF1　冶金技术

（2）TF1　金属加工产品

（3）TF1　粉末的制造方法

（4）TF1　进出口贸易概况

（5）TF1　粉末成型、烧结及后处理

【IPC 类目】

（1）C01B31/34　钨或钼的碳化物

（2）C01B31/34　钨或钼基合金〔2〕

（3）C01B31/34　金属化〔4〕

（4）C01B31/34　有机金属化合物，即含有金属与碳连接键的有机化合物〔2〕

（5）C01B31/34　制造金属粉末或其悬浮物

【词条属性】

【特征】

【特点】　为多角形颗粒形状

【状况】

【现状】　根据颗粒度不同，钨粉可分 W_0～W_{13}为 14 个等级，粒度为 0.4～30 μm；最大含氧量不超过 0.05%～0.3%

【应用场景】　钨粉是加工粉末冶金钨制品和钨合金的主要原料；纯钨粉可制成丝、棒、管、板等加工材和一定形状制品；钨粉与其他金属粉末混合，可以制成各种钨合金，如钨钼合金、钨铼合金、钨铜合金和高密度钨合金等；钨粉的另一个重要应用是制成碳化钨粉，进而制备硬质合金工具，如车刀、铣刀、钻头和模具等

【词条关系】

【应用关系】

【材料-部件成品】　钨丝

【生产关系】

【材料-原料】　氧化钨

【原料-材料】　碳化钨

【原料-材料】　钨合金

【原料-材料】　合金粉的催化剂

【原料-材料】　钨钴钛硬质合金

◎位错

【基本信息】

【英文名】　dislocation

【拼音】　wei cuo

【核心词】

【定义】

晶体结构中的一种线缺陷。沿着晶体内的某条直线（位错线）附近，质点排列有较大的错乱，相当于晶格中某两部分之间存在着一定的相对滑移关系。位错线是滑移部分和未滑移部

分的界限。

【来源】《珠宝首饰英汉—汉英词典·下册》

【分类信息】

【CLC类目】

(1) O77 晶体缺陷

(2) O77 晶体生长工艺

(3) O77 特种结构材料

【IPC类目】

(1) C30B25/02 外延层生长〔3〕

(2) C30B25/02 自熔融液提拉法的单晶生长,如Czochralski法(在保护流体下的入27/00)〔3〕

(3) C30B25/02 分子式为 $AMeO_3$ 的,其中A为稀土金属,Me为Fe、Ga、Sc、Cr、Co或Al,如正铁氧体〔3〕

(4) C30B25/02 应用气态化合物的还原或分解产生固态凝结物的,即化学沉积〔2〕

(5) C30B25/02 以衬底为特征的〔3〕

【词条属性】

【特征】

【特点】 连续分布

【特点】 呈线状分布

【特点】 可进行滑移

【特点】 可进行攀移

【特点】 可进行增殖

【时间】

【起始时间】 1905年

【词条关系】

【等同关系】

【俗称为】 差排

【俗称为】 线缺陷

【层次关系】

【并列】 点缺陷

【并列】 堆垛层错

【并列】 孪晶

【类分】 刃型位错

【类分】 螺型位错

【类分】 混合位错

【类分】 主位错

【类分】 次位错

【类分】 全位错

【类分】 不全位错

【类分】 扩展位错

【类分】 晶界位错

【类分】 分位错

【类分】 Shockley分位错

【类分】 Frank分位错

【类分】 压杆位错

【类分】 梯毯杆位错

【类分】 梯杆位错

【实例-概念】 缺陷

【应用关系】

【使用】 伯氏矢量

【使用】 位错密度

【用于】 固溶强化

【用于】 第二相粒子强化

【用于】 加工硬化

【用于】 应力腐蚀断裂

【组织-工艺】 蠕变断裂

◎维氏硬度

【基本信息】

【英文名】 vickers hardness

【拼音】 wei shi ying du

【核心词】

【定义】

(1)一种测量物体硬度的方法与量值,由R. Smith和G. Sandland提出。试验时可选择的载荷有5,10,20,30,50,100和120 kgf共7级,将相对面夹角为136°的方锥形金刚石压入器压材料表面,保持规定时间后,用测量压痕对角线长度,再按公式来计算硬度的大小。

【来源】《现代材料科学与工程辞典》

(2)维氏硬度试验是压入硬度试验之一种,其测量值用HV表示。维氏硬度试验最初于20世纪20年代初被提出,比起其他硬度试验其优点有:硬度值与压头大小、负荷值无关;

无须根据材料软硬变换压头;正方形的压痕轮廓边缘清晰,便于测量。维氏硬度被应用于所有金属,并是应用最广泛的硬度标准之一。只要被测材料质地均匀,维氏硬度试验可以用低负荷和小压痕得到可靠的硬度值,这样能减少材料破坏,或用于薄小的试验材料。这一点上维氏硬度要优于布氏硬度。另外,在硬度不高(硬度值 400 以下)的同一均匀材料上,维氏和布氏硬度试验得出的数值近似。

【分类信息】

【CLC 类目】

(1) TG　金属学与金属工艺

(2) TG　一般工业技术

(3) TG　机械性能(力学性能)试验

(4) TG　粉末冶金制品及其应用

(5) TG　金属复合材料

【IPC 类目】

(1) H01M4/26　制造方法〔2〕

(2) H01M4/26　通过一个环实现楔形的作用〔5〕

(3) H01M4/26　碱性蓄电池电极〔2〕

(4) H01M4/26　黑色金属表面的〔4〕

【词条属性】

【特征】

【特点】　维氏硬度试样表面应光滑平整,不能有氧化皮及杂物,不能有油污;维氏硬度试样制备过程中,应尽量减少过热或者冷作硬化等因素对表面硬度的影响;对于小截面或者外形不规则的试样,如球形、锥形,需要对试样进行镶嵌或者使用专用平台

【状况】

【应用场景】　测量范围宽广,可以测量工业上所用到的几乎全部金属材料,从很软的材料(几个维氏硬度单位)到很硬的材料(3000 个维氏硬度单位)都可测量

【时间】

【起始时间】　1925 年

【词条关系】

【层次关系】

【类分】　小负荷维氏硬度

【类分】　显微维氏硬度

【类属】　硬度

【应用关系】

【用于】　金属材料

【测度关系】

【度量方法-物理量】　硬度

◎微量元素

【基本信息】

【英文名】　microelement

【拼音】　wei liang yuan su

【核心词】

【定义】

微量元素是相对主量元素(大量元素)来划分的,指相对于主量元素含量极低的元素。

【来源】　百度百科

【分类信息】

【CLC 类目】

(1) P618.11　煤

(2) P618.11　原子发射光谱分析法

(3) P618.11　矿床水文地质学

(4) P618.11　矿床分类

(5) P618.11　光化学分析法(光谱分析法)

【IPC 类目】

(1) C05G1/00　分属于 C05 大类下各小类中肥料的混合物

(2) C05G1/00　一种或多种肥料与无特殊肥效组分的混合物

(3) C05G1/00　含有加入细菌培养物、菌丝或其他类似物的有机肥料

(4) C05G1/00　包括多于前面各主组中的一组混合肥料;由包括在本小类但不包括在本组的原料混合物制造的肥料〔5〕

(5) C05G1/00　添加特定的物质,如微量元素以改善饮用水质(医药用水入 A61K)〔3〕

【词条属性】

【特征】

【特点】　在金属中含量极低

【特点】 可改善切削性能
【特点】 增加钢的强度
【特点】 提高钢的硬度
【特点】 提高钢的耐磨性
【特点】 增加钢的淬透性
【特点】 增加钢的耐热性
【特点】 增加钢的耐蚀性
【特点】 改善钢的高温性能
【词条关系】
【层次关系】
【并列】 宏量元素
【并列】 常量元素
【概念-实例】 La
【概念-实例】 Ce
【概念-实例】 Pr
【概念-实例】 Nd
【概念-实例】 Pm
【概念-实例】 Sm
【概念-实例】 Eu
【概念-实例】 Gd
【概念-实例】 Tb
【概念-实例】 Dy
【概念-实例】 Ho
【概念-实例】 Er
【概念-实例】 Tm
【概念-实例】 Yb
【概念-实例】 Lu
【概念-实例】 Sc
【概念-实例】 Y
【概念-实例】 Ru
【概念-实例】 Rh
【概念-实例】 Pd
【概念-实例】 Os
【概念-实例】 Ir
【概念-实例】 Pt
【概念-实例】 Au
【概念-实例】 Ti
【概念-实例】 V
【概念-实例】 Cr
【概念-实例】 Mn
【概念-实例】 Fe
【概念-实例】 CO
【概念-实例】 Ni
【概念-实例】 Cu
【概念-实例】 Zn
【概念-实例】 Th
【概念-实例】 U
【概念-实例】 Zr
【概念-实例】 Hf
【概念-实例】 Nb
【概念-实例】 Ta
【类分】 稀土元素
【类分】 铂族元素
【类分】 过渡金属元素
【类分】 高场强元素
【类分】 低场强元素
【类分】 Cs
【类分】 Rb
【类分】 K
【类分】 Ba
【类分】 Sr
【类属】 元素
【应用关系】
【用于】 冶炼
【用于】 脱硫剂

◎微合金化

【基本信息】
【英文名】 microalloying
【拼音】 wei he jin hua
【核心词】
【定义】

通过加入一种或多种微量元素,使合金获得所需组织和性能的方法。

【来源】《现代材料科学与工程辞典》
【分类信息】
【CLC 类目】
(1) TF748.4 电炉

（2）TF748.4　钢
（3）TF748.4　黑色金属
（4）TF748.4　金属材料
（5）TF748.4　薄膜技术
【IPC类目】
（1）C22C38/12　含钨、钽、钼、钒或铌的〔2〕
（2）C22C38/12　铁或钢的母(中间)合金
（3）C22C38/12　用熔炼法〔2〕
（4）C22C38/12　用熔炼法
（5）C22C38/12　脱氧,如镇静〔2〕
【词条属性】
【特征】
【数值】　特殊合金元素含量一般不大于0.2%
【数值】　铌添加量一般为0.015%～0.050%
【数值】　钒添加量一般为0.08%～0.12%
【数值】　钛添加量一般为0.1%～0.2%
【特点】　对力学性能有影响
【特点】　对耐蚀性起有利作用
【特点】　对耐热性起有利作用
【特点】　大幅度提高了微合金钢的强度
【状况】
【应用场景】　材料科学技术
【应用场景】　金属材料
【应用场景】　钢铁材料
【应用场景】　钢铁材料生产技术
【时间】
【起始时间】　20世纪70年代
【词条关系】
【应用关系】
【使用】　微合金元素
【使用】　铌
【使用】　钒
【使用】　硼
【使用】　钛
【使用】　铝
【用于】　微合金钢
【用于】　低碳钢
【用于】　中碳钢
【生产关系】
【工艺-材料】　贝氏体钢
【工艺-材料】　非调质钢

◎脱氢

【基本信息】
【英文名】　dehydrogenation; dehydrogenate; dehydro
【拼音】　tuo qing
【核心词】
【定义】

为铜、铝等金属及其合金熔炼过程中的重要步骤,目的是除去熔体中的氢元素,防止铸件缺陷的产生。

【分类信息】
【CLC类目】
（1）TF1　冶金技术
（2）TF1　聚烯烃类及塑料
（3）TF1　液体推进剂
（4）TF1　催化
（5）TF1　其他特种性质合金
（6）TF1　催化反应
【IPC类目】
C12N15/63　使用载体引入外来遗传材料;载体;其宿主的使用;表达的调节〔5〕
【词条属性】
【状况】
【应用场景】　铜、铝等金属及其合金的熔炼过程
【词条关系】
【层次关系】
【类属】　精炼
【应用关系】
【使用】　精炼剂
【用于】　熔炼
【生产关系】

【工艺-材料】 铜合金
【工艺-材料】 铝合金

◎退火

【基本信息】
【英文名】 anneal
【拼音】 tui huo
【核心词】
【定义】
热处理工艺之一。铸造、锻造或塑性加工后的金属制品,以细化组织、消除内应力、降低硬度或消除枝晶偏析为目的而加热到高温保持一定时间,然后缓慢冷却。
【来源】《中国冶金百科全书·金属材料》
【分类信息】
【CLC 类目】
(1) O484.1 薄膜的生长、结构和外延
(2) O484.1 特种结构材料
(3) O484.1 薄膜物理学
【IPC 类目】
(1) C21D8/12 在生产具有特殊电磁性能的产品时〔3〕
(2) C21D8/12 退火方法
(3) C21D8/12 用于金属薄板
(4) C21D8/12 热处理(33/04,33/06 优先)〔5〕
【词条属性】
【特征】
【特点】 降低硬度
【特点】 增加塑性
【特点】 增加韧性
【优点】 均匀组织
【优点】 去除残余应力
【优点】 细化组织
【优点】 消除枝晶偏析
【优点】 降低脆性
【优点】 改善机械性能
【优点】 改善切削加工性
【优点】 改善内应力
【优点】 减少变形
【优点】 减少裂纹倾向
【状况】
【应用场景】 耐热钢
【应用场景】 不锈耐酸钢
【应用场景】 薄钢板
【应用场景】 钛合金
【应用场景】 低碳钢
【应用场景】 中碳钢
【应用场景】 高碳钢
【应用场景】 低合金钢
【应用场景】 滚动轴承钢
【词条关系】
【等同关系】
【俗称为】 焖火
【层次关系】
【并列】 正火
【并列】 淬火
【参与构成】 深冲
【类分】 去应力退火
【类分】 完全退火
【类分】 不完全退火
【类分】 除氢退火
【类分】 晶粒粗化退火
【类分】 软化退火
【类分】 连续冷却退火
【类分】 临界区快速冷却而后缓慢冷却的退火
【类分】 加热炉退火
【类分】 盐浴退火
【类分】 火焰退火
【类分】 感应退火
【类分】 磁场退火
【类分】 装箱退火
【类分】 包装退火
【类分】 真空退火
【类分】 氢气退火
【类分】 整体退火
【类分】 局部退火

【类分】　黑皮退火
【类分】　光亮退火
【类分】　脱碳退火
【类分】　石墨化退火
【类分】　不锈耐酸钢稳定化退火
【类分】　软磁合金磁场退火
【类分】　硅钢片氢气退火
【类分】　可锻铸铁可锻化退火
【类属】　热处理
【类属】　热处理制度
【主体-附件】　加热时间
【应用关系】
【工艺-组织】　内应力
【工艺-组织】　孪晶
【工艺-组织】　马氏体
【工艺-组织】　魏氏组织
【工艺-组织】　粒状珠光体
【工艺-组织】　二次马氏体
【工艺-组织】　无碳化物贝氏体
【工艺-组织】　粒状贝氏体
【使用】　烧结炉
【使用】　相变温度
【生产关系】
【工艺-材料】　难熔金属
【工艺-材料】　铝合金
【工艺-材料】　磷青铜
【工艺-材料】　铌合金
【工艺-材料】　镍基合金
【工艺-材料】　铅合金
【工艺-材料】　合金丝
【工艺-材料】　硬质合金
【工艺-材料】　厚钢板
【工艺-材料】　硅钢
【工艺-材料】　球墨铸铁
【工艺-材料】　低碳钢
【工艺-材料】　铸钢
【工艺-材料】　带钢
【工艺-材料】　钢铁材料
【工艺-材料】　弹簧钢丝
【工艺-材料】　亚共析钢
【工艺-材料】　粉末不锈钢
【工艺-材料】　汽车钢
【工艺-设备工具】　真空炉
【工艺-设备工具】　WH-VI-300
【工艺-设备工具】　WH-VI-50

◎铜基合金

【基本信息】
【英文名】　Cu-based alloy;copper-base alloys
【拼音】　tong ji he jin
【核心词】
【定义】

概念基本等同铜合金,即以铜为基料加入一定量其他元素组成的合金,常加入的合金元素有锌、锡、铝、硅、镍等。具有良好的导电、导热性能,优异的耐磨耐蚀性能,广泛应用于电力能源、机械仪表、交通运输、航空航天等领域。

【分类信息】
【CLC 类目】
TG　金属学与金属工艺
【IPC 类目】
(1) C22C9/00　铜基合金
(2) C22C9/00　锌做次主要成分的〔2〕
(3) C22C9/00　铜或铜基合金
(4) C22C9/00　镍或钴做次主要成分的〔2〕
(5) C22C9/00　铝做次主要成分的〔2〕
【词条属性】
【特征】
【优点】　优良的导电、导热性能,优良的耐磨耐蚀性能
【状况】
【应用场景】　广泛应用于电力能源、机械仪表、交通运输、航空航天等领域
【词条关系】
【等同关系】
【基本等同】　铜合金

【层次关系】
【并列】 镍基合金
【并列】 铌基合金
【材料-组织】 织构
【类分】 磷青铜
【类分】 磷铜
【类分】 锰黄铜
【类分】 铍青铜
【类分】 青铜
【类分】 紫铜
【类分】 白铜
【类属】 铍青铜
【应用关系】
【材料-加工设备】 烧结炉
【生产关系】
【材料-工艺】 温压成型
【材料-工艺】 高速压制
【材料-工艺】 压制成型
【原料-材料】 轴承合金

◎铜合金

【基本信息】
【英文名】 copper alloy
【拼音】 tong he jin
【核心词】
【定义】

以铜为基料加入一定量其他元素组成的合金,常加的合金元素有锌、锡、铝、硅、镍等。具有良好的导电、导热性能,优异的耐磨耐蚀性能,广泛应用于电力能源、机械仪表、交通运输、航空航天等领域。

【来源】《中国材料工程大典·第4卷·有色金属材料工程(上)》

【分类信息】
【CLC类目】
(1) TG 金属学与金属工艺
(2) TG 工业部门经济
(3) TG 特种机械性质合金
(4) TG 金属材料的焊接
(5) TG 金属复合材料
【IPC类目】
(1) C22C9/00 铜基合金
(2) C22C9/00 铜或铜基合金
(3) C22C9/00 锌做次主要成分的〔2〕
(4) C22C9/00 蚀刻铜或铜合金用的〔4〕
(5) C22C9/00 镍或钴做次主要成分的〔2〕

【词条属性】
【特征】

【特点】 在水中抑制细菌及水生生物生长

【优点】 优良的导电、导热性能

【优点】 优良的耐磨耐蚀性能

【状况】

【现状】 主要用于制作发电机、母线、电缆、开关装置、变压器等电工器材和热交换器、管道、太阳能加热装置的平板集热器等导热器材

【应用场景】 广泛应用于电力能源、机械仪表、交通运输、航空航天等领域

【应用场景】 动力电线电缆、汇流排、变压器、开关、接插元件和连接器等

【词条关系】
【等同关系】
【基本等同】 铜基合金
【层次关系】
【并列】 铝合金
【并列】 钌合金
【并列】 铼合金
【并列】 铑合金
【并列】 铌合金
【材料-组织】 腐蚀疲劳
【类分】 紫铜
【类分】 白铜
【类分】 锡青铜
【类分】 硅青铜
【类分】 铅黄铜
【类分】 铍青铜

【类分】 锰黄铜
【类分】 磷青铜
【类分】 易切削黄铜
【类属】 有色金属材料
【类属】 青铜
【类属】 铝青铜
【类属】 三元合金
【应用关系】
【材料-部件成品】 结晶器
【材料-加工设备】 熔模
【使用】 熔模
【使用】 硬钎焊
【用于】 电力输送
【用于】 电机制造
【用于】 通信电缆
【用于】 电真空器件
【用于】 印刷电路板
【用于】 集成电路
【用于】 引线框架
【生产关系】
【材料-工艺】 碳还原
【材料-工艺】 脱氢
【材料-工艺】 金属型铸造
【材料-工艺】 压铸
【材料-工艺】 熔模铸造
【材料-工艺】 真空退火
【材料-工艺】 精铸
【材料-工艺】 静液挤压
【材料-工艺】 快速冷却
【材料-工艺】 离心铸造
【材料-工艺】 离子镀
【材料-工艺】 砂型铸造
【材料-工艺】 熔炼
【原料-材料】 形状记忆合金
【原料-材料】 铜箔

◎铜管

【基本信息】
【英文名】 copper pipe
【拼音】 tong guan
【核心词】
【定义】
又称紫铜管,用工业纯铜经拉制、挤制或轧制成型的无缝有色金属管。
【来源】《中国土木建筑百科辞典·建筑设备工程》
【分类信息】
【CLC 类目】
TG　金属学与金属工艺
【IPC 类目】
(1) F28F21/08　金属的
(2) F28F21/08　只是在管件内部采用增加传热面结构的
(3) F28F21/08　结构附接在管件上的(1/32 优先)
(4) F28F21/08　空气调节、空气增湿、通风和空气流作为屏幕的通用部件
(5) F28F21/08　蒸发器
【词条属性】
【特征】
【特点】 强度高,韧性好且延展性高,具有优良的抗震、抗冲击及抗冻胀性能
【特点】 适用温度范围大,不会产生老化现象
【特点】 铜离子可抑制细菌及部分微生物的生长,安全卫生
【优点】 化学性能稳定,经久耐用
【状况】
【应用场景】 自来水管道,供热、制冷管道
【应用场景】 换热设备
【应用场景】 制氧设备中装配低温管路
【应用场景】 润滑系统、油压系统
【应用场景】 仪表的测压管
【词条关系】
【等同关系】
【基本等同】 紫铜管
【层次关系】

【参与组成】 电炉
【类属】 无缝管
【类属】 金属管
【类属】 管材
【应用关系】
【部件成品-材料】 紫铜
【用于】 管道
【用于】 电炉熔炼
【生产关系】
【材料-工艺】 静液挤压

◎铜箔

【基本信息】
【英文名】 copper foil
【拼音】 tong bo
【核心词】
【定义】

各种工业使用的重要材料,特别是在电子、电信、仪表、机械等部门用量很大。其生产方式主要有两种:一种是采用带坯进一步高精度轧制,可生产黄铜箔、青铜箔、铍青铜箔、白铜箔等,另一种是采用辊式方法连续电解,产品仅限于纯铜箔。纯铜箔可分为标准箔与高延箔两种。

【来源】《中国材料工程大典·第4卷·有色金属材料工程(上)》
【分类信息】
【CLC类目】
(1) TG 金属学与金属工艺
(2) TG 特种结构材料
【IPC类目】
(1) C25D1/04 丝;带;箔〔2〕
(2) C25D1/04 用作基片的材料的应用〔3〕
(3) C25D1/04 铜的〔2〕
(4) C25D1/04 用作金属图形的材料的应用〔3〕
【词条属性】
【特征】
【特点】 具有低表面氧气特性,可以附着与各种不同基材,如金属、绝缘材料等,拥有较宽的温度使用范围
【状况】
【前景】 电子级铜箔
【现状】 用途最广泛的装饰材料
【应用场景】 覆铜箔层压板(CCL)与印刷电路板(PCB)
【应用场景】 电磁屏蔽及抗静电
【时间】
【起始时间】 1937年
【力学性能】
【抗拉强度】 单位面积质量153 g/m^2时,标准箔205 MPa,高延箔103 MPa;单位面积质量230 g/m^2时,标准箔235 MPa,高延箔156 MPa;单位面积质量305 g/m^2时,标准箔275 MPa,高延箔205 MPa;单位面积质量大于610 g/m^2时,标准箔275 MPa,高延箔205 MPa
【延伸率】 单位面积质量153 g/m^2时,标准箔2%,高延箔5%;单位面积质量230 g/m^2时,标准箔2.5%,高延箔7.5%;单位面积质量305 g/m^2时,标准箔3%,高延箔10%;单位面积质量大于610 g/m^2时,标准箔3%,高延箔15%
【词条关系】
【层次关系】
【类分】 标准箔
【类分】 高延箔
【类属】 箔材
【应用关系】
【用于】 印刷电路板
【生产关系】
【材料-原料】 铜合金

◎提纯

【基本信息】
【英文名】 purification;purified;purify
【拼音】 ti chun
【核心词】

【定义】

(1)把某种物质中所含的杂质除出,使之变得纯净。

(2)物质的提纯是把混合物中的杂质除去,以得到纯物质的过程。在提纯中如果杂质发生化学变化,不必恢复为原来的物质。

【分类信息】

【CLC 类目】

(1) TQ　化学工业

(2) TQ　非金属矿产

(3) TQ　非金属矿选矿

(4) TQ　锶

(5) TQ　烟草病虫害

(6) TQ　收敛性材料

【IPC 类目】

(1) C07C　无环或碳环化合物

(2) C07C　石墨

【词条属性】

【状况】

【应用场景】 贵金属、稀有金属及矿石等的提纯,得到纯度较高的纯金属或合金

【应用场景】 过滤:利用溶剂对被提纯物质及杂质的溶解度不同,可以使被提纯物质从过饱和溶液中析出,而让杂质全部或大部分仍留在溶液中,从而达到提纯的目的

【应用场景】 蒸馏:利用互溶的液体混合物中各组分的沸点不同,给液体混合物加热,使其中的某一组分变成蒸气再冷凝成液体,从而达到分离提纯的目的

【应用场景】 萃取:利用某溶质在互不相溶的溶剂中的溶解度不同,用一种溶剂把溶质从它与另一种溶剂组成的溶液中提取出来,再利用分液的原理和方法将它们分离开来

【应用场景】 层析:层析法是利用混合物中各组分物理化学性质的差异(如吸附力、分子形状及大小、分子亲和力、分配系数等),使各组分在两相(一相为固定的,称为固定相;另一相流过固定相,称为流动相)中的分布程度不同,从而使各组分以不同的速度移动而达到分离的目的

【词条关系】

【层次关系】

【概念-实例】 过滤

【概念-实例】 结晶

【概念-实例】 蒸馏

【概念-实例】 萃取

【概念-实例】 层析

【类属】 工艺流程

【实例-概念】 深加工

【应用关系】

【使用】 化学气相沉积(CVD)

【生产关系】

【工艺-材料】 重金属

【工艺-材料】 贵金属

【工艺-材料】 稀有金属

【工艺-材料】 稀土金属

【工艺-材料】 稀土

◎碳纤维

【基本信息】

【英文名】 carbon fiber

【拼音】 tan xian wei

【核心词】

【定义】

含碳量高于 90% 的无机高分子纤维,其中含碳量高于 99% 的称为石墨纤维。其兼具碳材料强抗拉力和纤维柔软可加工性两大特征,力学性能优异,主要用来制造复合材料。其生产过程包括 3 个基本步骤:有机原丝的制备,原丝纤维的取向及稳定化,纤维的炭化处理。

【来源】 《中国大百科全书(化工卷)》和《中国材料工程大典 · 第 9 卷 · 无机非金属材料工程(下)》

【分类信息】

【CLC 类目】

(1) TQ　化学工业

(2) TQ　非金属复合材料

(3) TQ　复合材料

(4) TQ　合成纤维

【IPC 类目】

(1) C08K7/06　元素〔2〕

(2) C08K7/06　只采用电阻加热的,如在楼板下面加热的

(3) C08K7/06　其材料是非金属的

(4) C08K7/06　纤维或细丝的预处理〔7〕

(5) C08K7/06　铝〔7〕

【词条属性】

【特征】

【特点】　兼具碳材料强抗拉力和纤维柔软可加工性两大特征

【优点】　轴向强度和模量高,密度低、比性能高,无蠕变,非氧化环境下耐超高温,耐疲劳性好,热膨胀系数小且具有各向异性,耐腐蚀性好,X 射线透过性好;良好的导电导热性能、电磁屏蔽性好

【状况】

【应用场景】　复合材料

【现状】　聚丙烯腈(PAN)基碳纤维为目前产量最大的一种碳纤维,约占全部碳纤维的90%;中间沥青相碳纤维性能优异,价格较高;各向同性沥青基碳纤维性能较差

【现状】　在要求高温,物理稳定性高的场合,碳纤维复合材料具备不可替代的优势

【应用场景】　在军事及民用工业的各个领域取得广泛应用,从航天、航空、汽车、电子、机械、化工、轻纺等民用工业到运动器材和休闲用品等

【其他物理特性】

【电阻率】　PAN 基碳纤维商业级 1650 μΩ·cm,宇航级标准模量 1650 μΩ·cm,宇航级中间模量 1450 μΩ·cm,宇航级高模量 900 μΩ·cm;中间相沥青基碳纤维低模量 1300 μΩ·cm,高模量 900 μΩ · cm,超高模量 220～130 μΩ·cm

【密度】　PAN 基碳纤维商业级 1.8 g/cm^3,宇航级标准模量 1.8 g/cm^3,宇航级中间模量 1.8 g/cm^3,宇航级高模量 1.9 g/cm^3;中间相沥青基碳纤维低模量 1.9 g/cm^3,高模量 2.0 g/cm^3,超高模量 2.2 g/cm^3

【热导率】　PAN 基碳纤维商业级 20 W/(mK),宇航级标准模量 20 W/(mK),宇航级中间模量 20 W/(mK),宇航级高模量 50～80 W/(mK);中间相沥青基碳纤维超高模量 400～1100 W/(mK)

【热膨胀系数】　PAN 基碳纤维商业级 0.4E-06/K,宇航级标准模量 0.4E-06/K,宇航级中间模量 0.55E-06/K,宇航级高模量 0.75 E-06/K;中间相沥青基碳纤维高模量 0.9 E-06/K,超高模量 1.6E-06/K

【力学性能】

【弹性模量】　PAN 基碳纤维商业级 228 GPa,宇航级标准模量(220～241) GPa,宇航级中间模量(290～297) CPa,宇航级高模量(345～448) GPa;中间相沥青基碳纤维低模量(170～241) GPa,高模量(380～620) GPa,超高模量(690～965) GPa

【抗拉强度】　PAN 基碳纤维商业级 3800 MPa,宇航级标准模量(3450～4830) MPa,宇航级中间模量(3450～6200) MPa,宇航级高模量(3450～5520) MPa;中间相沥青基碳纤维低模量(1380～3100) MPa,高模量(1900～2750) MPa,超高模量 2410 MPa

【延伸率】　PAN 基碳纤维商业级 1.6%,宇航级标准模量 1.5%～2.2%,宇航级中间模量 1.3%～2.0%,宇航级高模量 0.7%～1.0%;中间相沥青基碳纤维低模量 0.9%,高模量 0.5%,超高模量 0.27%～0.40%

【词条关系】

【层次关系】

【类分】　聚丙烯腈基碳纤维

【类分】　中间沥青相碳纤维

【类分】　粘胶基碳纤维

【类分】　酚醛基碳纤维

【类分】　气相生长碳纤维

【应用关系】

【材料-部件成品】　飞机用刹车盘

【材料-部件成品】　球棒
【材料-部件成品】　球拍框架
【材料-部件成品】　钓鱼竿
【材料-部件成品】　风力发电叶片
【材料-部件成品】　压力容器
【生产关系】
【原料-材料】　复合材料
【原料-材料】　绝热保温材料
【原料-材料】　碳纤维布
【原料-材料】　金属基纤维增强材料

◎碳还原

【基本信息】
【英文名】　carbon reduction
【拼音】　tan huan yuan
【核心词】
【定义】
在高温条件下由碳还原金属或合金矿物，得到金属或合金产物的工艺方法。
【分类信息】
【CLC 类目】
(1) TF1　冶金技术
(2) TF1　硅铁
(3) TF1　晶体生长理论
【IPC 类目】
(1) C01F11/18　碳酸盐
(2) C01F11/18　用碳
(3) C01F11/18　通过物理方法，如通过过滤，通过磁性方法(3/26 优先)〔5〕
(4) C01F11/18　回转炉，即水平的或微斜的
(5) C01F11/18　钛的〔2〕
【词条属性】
【特征】
【缺点】　必须使用鼓风炉或电熔炉，而且许多金属会生成碳化物
【优点】　降低矿石冶炼过程的污染及能耗
【优点】　焦炭价廉易得
【状况】
【现状】　铜合金
【现状】　铌合金
【前景】　制备磷酸铁锂电池
【现状】　锌合金
【现状】　钼合金
【应用场景】　黄铜矿、硫化铜矿的还原
【应用场景】　还原五氧化二铌金属铌
【应用场景】　碳还原氧化铜：主要反应：$C+2CuO \xlongequal{高温} 2Cu+CO_2\uparrow$（置换反应）；副反应：$C+CuO \xlongequal{高温} Cu+CO\uparrow$（炭过量），$C+4CuO \xlongequal{高温} 2Cu_2O+CO_2\uparrow$（氧化铜过量）
【词条关系】
【等同关系】
【全称是】　碳热还原
【层次关系】
【实例-概念】　氧化还原反应
【生产关系】
【工艺-材料】　铜合金
【工艺-材料】　铌合金
【工艺-材料】　锌合金
【工艺-材料】　钼合金

◎碳化物

【基本信息】
【英文名】　carbide
【拼音】　tan hua wu
【核心词】
【定义】
碳与金属或部分非金属组成的化合物。
【来源】　《现代汉语大词典・下册》
【分类信息】
【CLC 类目】
(1) TG156.93　形变热处理
(2) TG156.93　灰口铸铁铸件
(3) TG156.93　离心铸造
(4) TG156.93　特种热性质合金
(5) TG156.93　化工机械与仪器、设备
【IPC 类目】

(1) C22C29/08 以碳化钨为基料的〔4〕

(2) C22C29/08 以碳化物为基料的〔4〕

(3) C22C29/08 专用于特定的固态原物料或特殊形式的固态原物料的干馏(泥煤的湿式碳化入 C10F)

(4) C22C29/08 铁基合金,如合金钢(铸铁合金入 37/00)〔2〕

(5) C22C29/08 含钒的〔2〕

【词条属性】

【状况】

【应用场景】 磨具

【应用场景】 磨料

【应用场景】 金属陶瓷

【应用场景】 高温复合材料

【应用场景】 特殊耐火制品

【应用场景】 耐磨涂料

【应用场景】 耐酸涂料

【应用场景】 耐高温涂料

【应用场景】 硬质合金

【应用场景】 磨石

【应用场景】 砂轮

【应用场景】 高温燃气涡轮发动机叶片

【应用场景】 热交换材料

【应用场景】 电热元件

【应用场景】 切削工具

【词条关系】

【层次关系】

【概念-实例】 TiC

【概念-实例】 VC

【概念-实例】 ZrC

【概念-实例】 Fe_3C

【概念-实例】 CrC_3

【概念-实例】 $Cr_{23}C_6$

【概念-实例】 Fe_3C,Mn_3C

【概念-实例】 Fe_3C,Cr_3C

【概念-实例】 Fe_7C_3,Cr_7C_3

【概念-实例】 Fe_6C,W_6C

【概念-实例】 Fe_6C,Mo_6C

【类分】 碳化钨

【类分】 碳化钽

【类分】 碳化钛

【类分】 碳化铌

【类分】 碳化硅

【类分】 碳化铬

【类分】 碳化锆

【类分】 碳化铝

【类分】 碳化铪

【类分】 碳化钒

【类分】 碳化硼

【类分】 金属碳化物

【类分】 非金属碳化物

【类分】 碳化钙

【类分】 碳化铍

【类分】 共晶碳化物

【类分】 离子型碳化物

【类分】 共价型碳化物

【实例-概念】 耐高温

【组织-材料】 超合金

【应用关系】

【使用】 硬钎焊

【生产关系】

【材料-工艺】 化学气相沉积

【材料-工艺】 金属与炭粉直接化合

【材料-工艺】 金属与含碳气体反应而得

【材料-工艺】 碳和氧化物作用(碳还原法)

◎碳化钨

【基本信息】

【英文名】 tungsten carbide

【拼音】 tan hua wu

【核心词】

【定义】

一种由钨和碳组成的化合物,化学式 WC,相对分子质量 195.86,黑灰色结晶粉末,熔点 2600 ℃,沸点 6000 ℃。在室温下能与氟激烈反应,在空气中加热时被氧化成氧化钨。在 1550~1650 ℃ 下,金属钨粉与炭黑直接化合或在 1150 ℃ 下,钨粉与一氧化碳反应,均可制得。

【来源】《化学物质辞典》

【分类信息】

【CLC 类目】

(1) TF1　冶金技术

(2) TF1　特种机械性质合金

(3) TF1　金属复合材料

(4) TF1　工程材料一般性问题

(5) TF1　粉末冶金制品及其应用

【IPC 类目】

(1) C22C29/08　以碳化钨为基料的〔4〕

(2) C22C29/08　钨或钼的碳化物

(3) C22C29/08　冲头或模的构造

(4) C22C29/08　用粉末冶金法(1/08 优先)〔2〕

(5) C22C29/08　用于制造实心玻璃制品的,如透镜片〔3〕

【词条属性】

【特征】

【缺点】　脆性大,易碎

【缺点】　抗氧化能力弱

【特点】　六方晶系,有金属光泽

【特点】　不溶于水、盐酸和硫酸,易溶于硝酸-氢氟酸的混合酸中

【优点】　硬度高,为电、热的良好导体

【优点】　化学性质稳定

【状况】

【应用场景】　硬质合金

【应用场景】　大量用作高速切削车刀、窑炉结构材料、喷气发动机部件、金属陶瓷材料、电阻发热元件等制得

【应用场景】　用于制造切削工具、耐磨部件,铜、钴、铋等金属的熔炼坩埚,耐磨半导体薄膜

【应用场景】　用作超硬刀具材料、耐磨材料。它能与许多碳化物形成固溶体。WC-TiC-Co 硬质合金刀具已获得广泛应用。它还能作为 NbC-C 及 TaC-C 三元体系碳化物的改性添加物,既可降低烧结温度,又能保持优良性能,可用作宇航材料

【时间】

【起始时间】　1893 年

【其他物理特性】

【密度】　15.63 g/cm^3

【热膨胀系数】　3.84E+06/℃

【力学性能】

【弹性模量】　71.0 GPa

【抗压强度】　56 MPa

【硬度】　1.78E+04 MPa

【词条关系】

【层次关系】

【参与构成】　粒状珠光体

【参与构成】　钢结硬质合金

【参与组成】　硬质合金

【类属】　碳化物

【实例-概念】　耐高温

【应用关系】

【用于】　切削工具

【生产关系】

【材料-原料】　钨粉

【材料-原料】　氧化钨

【原料-材料】　硬质合金

【原料-材料】　金属陶瓷

【原料-材料】　铌基合金

【原料-材料】　耐磨半导体薄膜

◎碳化钽

【基本信息】

【英文名】　tantalum carbide

【拼音】　tan hua tan

【核心词】

【定义】

一种由钨和钽组成的化合物,化学式 TaC,相对分子质量 192.96,黑色或暗棕色金属状粉末,立方晶系,质坚硬。熔点 3880 ℃,沸点 5500 ℃。由金属钽与碳或五氧化二钽与烟黑在惰性气体中加热到 1900 ℃ 反应制得。

【来源】《化学词典》
【分类信息】
【CLC 类目】
(1) TF1 冶金技术
(2) TF1 粉末成型、烧结及后处理
【IPC 类目】
(1) C04B35/56 以碳化物为基料的〔4〕
(2) C04B35/56 热压法〔6〕
(3) C04B35/56 无机材料的〔2〕
(4) C04B35/56 外延层生长〔3〕
(5) C04B35/56 冷凝气化物或材料挥发法的单晶生长〔3〕
【词条属性】
【特征】
【特点】 氯化钠型立方晶系
【特点】 不溶于水,难溶于无机酸,能溶于氢氟酸和硝酸的混合酸中并可分解
【优点】 高化学稳定性
【优点】 优异的抗氧化性
【优点】 高导电性
【状况】
【应用场景】 碳化钽用于粉末冶金、切削工具、精细陶瓷、化学气相沉积、硬质耐磨合金添加剂,提高合金的韧性
【其他物理特性】
【密度】 14.3 g/cm^3
【熔点】 3880 ℃
【力学性能】
【硬度】 莫氏硬度 9～10,维氏硬度(负荷 50 g)1787 kg/mm^2
【词条关系】
【层次关系】
【参与组成】 硬质合金
【类属】 碳化物
【应用关系】
【用于】 粉末冶金
【用于】 切削工具
【用于】 精细陶瓷
【生产关系】
【材料-原料】 氧化钽
【原料-材料】 硬质合金

◎碳化钛

【基本信息】
【英文名】 titanium carbide
【拼音】 tan hua tai
【核心词】
【定义】
化学式 TiC,相对分子质量 59.91,灰白色具有金属光泽的晶体,质硬。熔点(3140±90)℃,沸点 4820 ℃,由金属钛或二氧化钛与炭黑在电炉中强热而制得。
【来源】《化学物质辞典》
【分类信息】
【CLC 类目】
(1) TF1 冶金技术
(2) TF1 生产过程与设备
(3) TF1 加工性试验法
(4) TF1 粉末技术
(5) TF1 无机质材料
(6) TF1 工程材料一般性问题
【IPC 类目】
(1) C04B35/56 以碳化物为基料的〔4〕
(2) C04B35/56 碳化物(合金入 C22)
(3) C04B35/56 按质量分数至少为 5%但小于 50%的,无论是本身加入的还是原位形成的氧化物、碳化物、硼化物、氮化物、硅化物或其他金属化合物,如氮氧化合物、硫化物的有色合金〔2〕
(4) C04B35/56 与钛或锆〔3〕
(5) C04B35/56 形成工艺;准备制造陶瓷产品的无机化合物的加工粉末〔6〕
【词条属性】
【特征】
【特点】 面心立方晶系
【特点】 在常温下不与酸起反应,但在硝酸和氢氟酸的混合酸中能溶解
【特点】 灰色金属光泽的结晶固体,质

硬,硬度仅次于金刚石,弱磁性

【优点】 高硬度

【优点】 高化学稳定性

【优点】 优良的高温抗氧化性

【状况】

【应用场景】 金属陶瓷

【应用场景】 用作切削工具材料的添加剂和金属铋、锌、镉熔融坩埚,制备半导体耐磨薄膜,HDD大容量记忆装置

【其他物理特性】

【密度】 4.93 g/cm^3

【热膨胀系数】 7.74E-06 K

【熔点】 3140 ℃

【力学性能】

【弹性模量】 2940 N/mm^2

【抗弯强度】 240～400 N/mm^2

【硬度】 2.795 GPa

【硬度】 莫氏硬度9～10

【词条关系】

【层次关系】

【参与构成】 钢结硬质合金

【参与构成】 碳化钛基硬质合金

【参与组成】 金属陶瓷

【类属】 碳化物

【应用关系】

【材料-加工设备】 烧结炉

【用于】 切削工具

【用于】 HDD大容量记忆装置

【用于】 金属铋、锌、镉熔融坩埚

【生产关系】

【原料-材料】 金属陶瓷

【原料-材料】 铌基合金

【原料-材料】 半导体薄膜

【原料-材料】 钢结硬质合金

【原料-材料】 碳化钛基硬质合金

◎碳化铌

【基本信息】

【英文名】 niobium carbide

【拼音】 tan hua ni

【核心词】

【定义】

化学式NbC,相对分子质量104.92,黑色立方系晶体或紫灰色粉末,熔点3500 ℃,由金属铌与碳或五氧化铌与烟黑还原而得。用于制硬质合金切削工具和特种钢,同碳化钨、碳化钽配合可制造超级硬质合金。

【来源】《化学词典》

【分类信息】

【CLC类目】

(1) TF1　冶金技术

(2) TF1　合金学理论

【IPC类目】

(1) C22C29/16　以氮化物为基料的〔4〕

(2) C22C29/16　按所用材料区分

(3) C22C29/16　含镍的〔2〕

(4) C22C29/16　以碳化钨为基料的〔4〕

(5) C22C29/16　按质量分数至少为5%但小于50%的,无论是本身加入的还是原位形成的氧化物、碳化物、硼化物、氮化物、硅化物或其他金属化合物,如氮氧化合物、硫化物的有色合金〔2〕

【词条属性】

【特征】

【特点】 氯化钠型立方晶系

【特点】 不溶于冷热盐酸、硫酸、硝酸,溶于热的氢氟酸和硝酸的混合溶液

【特点】 易溶于碳化钛、碳化锆、碳化钨等化合物中,并一起生成类质同晶固溶混合物

【特点】 在1000～1100 ℃下稳定,在1100 ℃以上则迅速氧化成五氧化铌

【特点】 灰棕色金属状粉末,结合碳量为11.45%(质量分数),具有紫色光泽

【特点】 保存需要常温密闭,阴凉通风干燥

【状况】

【应用场景】 硬质合金

【其他物理特性】

【密度】 7.6 g/cm^3

【热膨胀系数】 6.65E-06/K

【熔点】 3500 ℃

【力学性能】

【弹性模量】 3.38E+05 MPa

【硬度】 >235 GPa

【词条关系】

【层次关系】

【参与组成】 硬质合金

【类属】 碳化物

【生产关系】

【原料-材料】 硬质合金

【原料-材料】 半导体薄膜

【原料-材料】 碳化钼

◎碳化硅

【基本信息】

【英文名】 silicon carbide

【拼音】 tan hua gui

【核心词】

【定义】

化学式 SiC,相对分子质量 40.10,熔点 2700 ℃(升华),2830 ℃分解。工业制备常用二氧化硅碳还原法及碳-硅直接合成法。

【来源】《中国材料工程大典·第8卷·无机非金属材料工程(上)》

【分类信息】

【CLC 类目】

(1) TQ 化学工业

(2) TQ 金属-非金属复合材料

(3) TQ 非金属复合材料

(4) TQ 材料腐蚀与保护

(5) TQ 机械试验法

(6) TQ 金属复合材料

【IPC 类目】

(1) C04B35/565 以碳化硅为基料的〔6〕

(2) C04B35/565 硅或硼的碳化物

(3) C04B35/565 碳化物〔3〕

(4) C04B35/565 含有或不含有黏土的整块耐火材料或耐火砂浆

(5) C04B35/565 形成工艺;准备制造陶瓷产品的无机化合物的加工粉末〔6〕

【词条属性】

【特征】

【特点】 立方或六方晶系

【特点】 主要有 α-碳化硅与 β-碳化硅两种晶型

【优点】 高熔点,高硬度,耐磨性好

【优点】 化学稳定性好

【优点】 优异的耐腐蚀、抗热震、抗氧化性能

【优点】 高热导率、高温高强度

【状况】

【现状】 在当代 C,N,B 等非氧化物高技术耐火原料中,碳化硅为应用最广泛、最经济的一种

【现状】 目前中国工业生产的碳化硅分为黑色碳化硅和绿色碳化硅两种

【应用场景】 汽车发动机用陶瓷部件、高温燃气轮机用陶瓷部件、国防军工、航空航天、机械及冶金行业

【时间】

【起始时间】 1891 年

【其他物理特性】

【密度】 3.215 g/cm^3

【热导率】 350 W/(mK)(单晶),140～150 W/(mK)(固相无压烧结)

【热膨胀系数】 2.2E-06/K(室温),4.0 E-06/K(1000 ℃)

【力学性能】

【弹性模量】 400～470 GPa

【硬度】 25.0～28.5 GPa

【词条关系】

【等同关系】

【俗称为】 碳硅石

【俗称为】 金刚砂

【层次关系】

【参与组成】 燃气轮机

【类属】 碳化物
【应用关系】
【材料-加工设备】 烧结炉
【用于】 印刷电路板
【用于】 功能陶瓷
【用于】 高级耐火材料
【用于】 磨料
【用于】 冶金原料
【用于】 隐身材料
【生产关系】
【原料-材料】 炼钢用脱氧剂
【原料-材料】 硅碳棒

◎钽合金

【基本信息】
【英文名】 tantalum alloys
【拼音】 tan he jin
【核心词】
【定义】

以钽为基料加入若干种元素形成的合金，属于难熔金属材料，具有良好的耐蚀性、介电性能、高温性能及低温塑性，常加入的合金元素有铼、钨、锆、铪、碳等。坯锭可用粉末冶金或熔铸法生产，由于具有良好的塑性，各种型材和异型零部件都可用塑性加工方法制得。

【来源】《金属材料简明辞典》
【分类信息】
【CLC 类目】
TG　金属学与金属工艺
【词条属性】
【特征】

【缺点】 钽和钽合金容易磨损和黏结刀具，宜用高速钢刀具，并用四氯化碳等有机溶剂冷却

【特点】 难熔金属材料

【特点】 在难熔金属中，钽的低温塑性是最好的，其塑性—脆性转变温度低于-196 ℃。研制钽合金必须考虑保持钽的优异的低温塑性

【特点】 为防止大气污染，钽合金的热处理必须在1E-04 托的真空中或高纯惰性气体中进行，有时甚至需要用钽箔把产品包裹起来

【优点】 良好的低温塑性、耐蚀性、介电性能、高温性能

【状况】

【现状】 工业用有钽-钨和钽-铌系列合金

【现状】 真空自耗电弧和电子束熔炼工艺是制取钽及其合金铸锭的常用方法

【应用场景】 化学工业、航空航天、高温热处理技术、医疗行业

【时间】
【起始时间】 1958 年
【词条关系】
【层次关系】
【并列】 铝合金
【并列】 钌合金
【并列】 铼合金
【并列】 铑合金
【类属】 有色金属材料
【实例-概念】 耐高温
【实例-概念】 难熔金属
【实例-概念】 固溶强化合金
【生产关系】
【材料-工艺】 真空自耗电弧熔炼
【材料-工艺】 碳还原
【材料-原料】 氧化钽
【材料-原料】 电容级钽粉

◎钛合金

【基本信息】
【英文名】 titanium alloy
【拼音】 tai he jin
【核心词】
【定义】

以钛为基料含有其他合金元素和杂质的合金。

【来源】《中国冶金百科全书·金属材料》
【分类信息】

【CLC 类目】

(1) TF124 粉末成型、烧结及后处理

(2) TF124 金属表面防护技术

(3) TF124 各种金属及合金的腐蚀、防腐与表面处理

(4) TF124 轻有色金属及其合金

(5) TF124 表面合金化(渗镀)

【IPC 类目】

(1) C22C14/00 钛基合金〔2〕

(2) C22C14/00 使用母(中间)合金〔2〕

(3) C22C14/00 钒、铌或钽基合金〔2〕

(4) C22C14/00 高熔点或难熔金属或以它们为基料的合金

(5) C22C14/00 钛或钛合金〔7〕

【词条属性】

【特征】

【缺点】 价格昂贵

【缺点】 成形性不好

【缺点】 焊接性能差

【优点】 比强度大

【优点】 抗腐蚀能力强

【优点】 高温下强度大

【优点】 无铁磁性

【优点】 导热性小

【优点】 弹性模量低

【优点】 抗氧化能力好

【状况】

【应用场景】 飞机壳

【应用场景】 压缩机轮盘

【应用场景】 叶片

【应用场景】 机件

【应用场景】 发动机外壳

【应用场景】 气缸

【应用场景】 喷嘴

【应用场景】 管路

【应用场景】 船只

【应用场景】 鱼雷的壳枢

【应用场景】 潜水艇

【应用场景】 轮盘

【时间】

【起始时间】 钛的工业化生产是 1948 年开始

【词条关系】

【等同关系】

【全称是】 钛基合金

【层次关系】

【并列】 铝合金

【并列】 钌合金

【并列】 铼合金

【并列】 铑合金

【材料-组织】 魏氏组织

【材料-组织】 二次马氏体

【概念-实例】 Ti-6Al-4V

【概念-实例】 Ti-5Al-2.5Sn

【概念-实例】 Ti-2Al-2.5Zr

【概念-实例】 Ti-32Mo

【概念-实例】 Ti-Mo-Ni

【概念-实例】 Ti-Pd

【概念-实例】 SP-700

【概念-实例】 Ti-6242

【概念-实例】 Ti-10-5-3

【概念-实例】 Ti-1023

【概念-实例】 BT9

【概念-实例】 BT20

【概念-实例】 IMI829

【概念-实例】 IMI834

【构成成分】 铝、锡、锆、铜、锰、钒、铬、硅、钼

【类分】 耐热钛合金

【类分】 高强钛合金

【类分】 变形钛合金

【类分】 铸造钛合金

【类分】 耐蚀钛合金

【类分】 低温钛合金

【类分】 特殊功能钛合金

【类属】 有色金属材料

【实例-概念】 难熔金属

【实例-概念】 储氢材料

【实例-概念】 催化活性
【应用关系】
【材料-加工设备】 熔模
【使用】 真空炉
【使用】 精锻机
【使用】 水雾化工艺
【用于】 超声仪器
【用于】 储氢材料
【生产关系】
【材料-工艺】 熔模铸造
【材料-工艺】 精铸
【材料-工艺】 静液挤压
【材料-工艺】 快速冷却
【材料-工艺】 真空熔炼
【材料-工艺】 完全退火
【材料-工艺】 旋转电极雾化
【材料-工艺】 等温退火
【材料-工艺】 再结晶退火
【原料-材料】 形状记忆合金

◎缩孔

【基本信息】
【英文名】 shrinkage cavity
【拼音】 suo kong
【核心词】
【定义】
一种铸锭缺陷,是由于金属在凝固过程中发生体积收缩得不到补缩而形成的孔洞。
【来源】《金属材料简明辞典》
【分类信息】
【CLC 类目】
(1) TG255　球墨铸铁铸件
(2) TG255　小方坯连铸
(3) TG255　板坯连铸
(4) TG255　造船厂、修船厂
【IPC 类目】
(1) B29C44/38　供入封闭的空间,即制造定长的制品〔6〕
(2) B29C44/38　用于成型铸件的砂型或类似铸型
(3) B29C44/38　用于制动器的致动机构;在预定位置起动用的装置(制动器控制系统,其所用零件入 B60T)
(4) B29C44/38　用气相反应法〔5〕
(5) B29C44/38　锑或铋做次主要成分的〔2〕
【词条属性】
【特征】
【特点】 杂质聚集
【特点】 成分偏析
【特点】 一次缩孔,表面氧化,塑性加工时难于焊合
【特点】 二次缩孔未接触空气,在高温大压缩比条件下进行热加工有可能焊合
【特点】 在铸件厚断面内部
【特点】 在两交界面的内部及厚断面和薄断面交接处的内部或表面
【特点】 有形状不规则的孔洞,孔内粗糙不平
【因素】
【影响因素】 浇注系统和冒口的位置
【影响因素】 液体金属顺序凝固
【影响因素】 铸件结构
【影响因素】 铸件壁厚
【影响因素】 壁的过渡
【影响因素】 冷铁的尺寸
【影响因素】 冷铁的数量
【影响因素】 冷铁放的位置
【影响因素】 铁水化学成分
【影响因素】 浇注温度
【影响因素】 液态收缩率
【影响因素】 凝固收缩率
【影响因素】 固态收缩率
【影响因素】 结晶温度区间
【影响因素】 热导率
【影响因素】 浇铸温度
【影响因素】 浇铸速度
【影响因素】 铸型激冷能力

【影响因素】 型腔形状
【词条关系】
【等同关系】
【基本等同】 陷坑
【俗称为】 抽
【俗称为】 缩眼
【俗称为】 缩空
【俗称为】 陷穴
【层次关系】
【类分】 一次缩孔
【类分】 二次缩孔
【类属】 孔眼类缺陷
【实例-概念】 低倍组织

◎塑性变形

【基本信息】
【英文名】 plastic deformation
【拼音】 su xing bian xing
【核心词】
【定义】
固体材料在外力作用下发生的永久(不可恢复的)变形。
【来源】 《现代材料科学与工程辞典》
【分类信息】
【CLC 类目】
(1) TG113.25 机械性能(力学性能)
(2) TG113.25 轻有色金属及其合金
(3) TG113.25 金属复合材料
(4) TG113.25 断裂理论
【IPC 类目】
(1) F16L15/04 带有附加的密封〔2〕
(2) F16L15/04 用喷丸硬化或其他类似的方法
(3) F16L15/04 用特殊形状的工作接合面锁定,如有槽螺母或有齿螺母
(4) F16L15/04 表面的
(5) F16L15/04 制造支管管件,如T形管接头
【词条属性】
【特征】
【特点】 超过屈服极限
【特点】 材料尚未破坏
【特点】 物体不能完全恢复原来的形状
【特点】 位错增殖
【特点】 位错密度增加
【状况】
【应用场景】 板材
【应用场景】 线材
【应用场景】 型材
【应用场景】 管材
【应用场景】 螺纹钢
【时间】
【起始时间】 1864—1868年
【因素】
【影响因素】 温度
【影响因素】 围压
【影响因素】 受力作用的时间
【影响因素】 化学成分
【影响因素】 内部组织结构
【影响因素】 变形温度
【影响因素】 变形速度
【影响因素】 变形方式
【词条关系】
【等同关系】
【基本等同】 范性变形
【俗称为】 残余变形
【层次关系】
【并列】 弹性变形
【类分】 扭折
【类分】 热变形
【类分】 轧制
【类分】 锻造
【类分】 冲压
【类分】 拉伸
【类分】 镦粗
【组成部件】 锻造温度
【应用关系】
【使用】 延伸率

◎丝材

【基本信息】

【英文名】 filament stock;wire material

【拼音】 si cai

【核心词】

【定义】

区别于棒材和线材定义,通常以盘状提供的,长度相对于横截面尺寸非常大,且横截面方向不再加工的一种材料产品。一般直径在5～20 mm的称为线材,直径大于20 mm的称为棒材,直径小于8 mm的称为丝材。

【分类信息】

【CLC类目】

(1) T　工业技术

(2) T　工程材料学

(3) T　金属切削加工及机床

(4) T　金属学与金属工艺

(5) T　冶金工业

(6) T　导电材料及其制品

(7) T　工业部门经济

【IPC类目】

(1) C23C4/04　以镀覆材料为特征的〔4〕

(2) C23C4/04　按所用材料区分

(3) C23C4/04　仅含金属元素的〔4〕

(4) C23C4/04　用粉末冶金法(1/08优先)〔2〕

(5) C23C4/04　银基合金〔2〕

【词条属性】

【特征】

【数值】 直径小于8 mm

【特点】 盘状,长度远大于横截面积,横截面积不再加工

【优点】 直径小,韧性高,应用广泛

【状况】

【应用场景】 冶金、材料、机械、建筑及IT等行业领域

【词条关系】

【层次关系】

【并列】 棒材

【并列】 板材

【并列】 箔材

【并列】 管材

【并列】 型材

【并列】 线材

【概念-实例】 不锈钢丝

【概念-实例】 高速工具钢丝

【概念-实例】 合金碳素钢丝

【概念-实例】 合金工具钢丝

【概念-实例】 铁丝

【概念-实例】 铜丝

【概念-实例】 镍丝

【类分】 粗丝

【类分】 细丝

【类分】 微丝

【类分】 纤维丝

【类分】 硬态

【类分】 中硬态

【类分】 软态

【类属】 电热合金

【应用关系】

【材料-加工设备】 拉丝机

【使用】 金属材料

【使用】 复合材料

【使用】 棒材

【使用】 线材

【使用】 钛材

【使用】 收缩率

【使用】 形变热处理

【用于】 冶金工业

【用于】 过滤

【用于】 结构材料

【用于】 机械工业

【用于】 医疗器械

【生产关系】

【材料-工艺】 熔炼

【材料-工艺】 锻造

【材料-工艺】 热轧轧制

【材料-工艺】 拉拔

【材料-工艺】 热处理
【材料-工艺】 切削
【材料-工艺】 熔束
【材料-原料】 铌合金
【材料-原料】 铍青铜

◎双金属

【基本信息】
【英文名】 duplex metal
【拼音】 shuang jin shu
【核心词】
【定义】
双金属是由两种具有合适性能的金属或其他材料所组成的一种复合材料。
【分类信息】
【CLC 类目】
(1) TB383 特种结构材料
(2) TB383 水体污染及其防治
(3) TB383 金属复合材料
【IPC 类目】
(1) B01J27/26 氰化物〔2〕
(2) B01J27/26 以使用的催化剂为特征〔2〕
(3) B01J27/26 用氧
【词条属性】
【特征】
【特点】 各组元层的热膨胀系数不同
【特点】 主动层的形变要大于被动层的形变
【特点】 曲率发生变化从而产生形变
【特点】 依赖温度改变而发生形状变化
【优点】 兼具双金属特性
【优点】 节省高价金属
【状况】
【应用场景】 继电器
【应用场景】 控制器
【应用场景】 起辉器
【应用场景】 温度计
【应用场景】 大跨距架空导线
【应用场景】 电容器
【应用场景】 晶体管
【应用场景】 配电线
【应用场景】 通信导线
【应用场景】 二极管
【应用场景】 整流器
【应用场景】 荧光灯的密封线
【应用场景】 高频电路同轴电缆
【应用场景】 电极线
【应用场景】 光导电缆
【应用场景】 接触线
【应用场景】 记忆合金
【应用场景】 切割半导体
【因素】
【影响因素】 比弯曲
【影响因素】 电阻率
【影响因素】 弹性模量
【影响因素】 线性温度变化
【词条关系】
【等同关系】
【基本等同】 热双金属
【层次关系】
【构成成分】 锰镍铜合金、镍铬铁合金、镍锰铁合金、镍镍铁合金
【类分】 主动层
【类分】 被动层
【类分】 通用型
【类分】 高灵敏度型
【类分】 温度型
【类分】 电阻型
【类分】 双金属带
【类分】 双金属线
【应用关系】
【用于】 电镀工业
【生产关系】
【材料-工艺】 热轧
【材料-工艺】 冷轧
【材料-工艺】 热挤压
【材料-工艺】 铸造

◎疏松

【基本信息】

【英文名】 loosen

【拼音】 shu song

【核心词】

【定义】

铸锭中常见的一种显微缩孔，是一种铸锭缺陷。

【来源】 《金属功能材料词典》

【分类信息】

【CLC 类目】

(1) TF771　铸锭理论

(2) TF771　板坯连铸

【词条属性】

【特征】

【特点】 组织不致密

【特点】 有许多分散的孔隙和小黑点

【特点】 树枝状结晶粗大

【特点】 主干和各枝间致密度差别分明

【特点】 分布在晶界和晶臂间

【特点】 孔隙呈不规则多边形

【特点】 严重时呈海绵状

【因素】

【影响因素】 凝固温度间隔

【影响因素】 浇注温度

【影响因素】 杂质含量

【影响因素】 晶粒细化元素

【影响因素】 浇注系统

【影响因素】 铸件结构

【影响因素】 冒口与铸件连接

【影响因素】 内浇道尺寸或位置

【影响因素】 浇注速度

【影响因素】 合金成分

【影响因素】 冒口的设置

【影响因素】 冷铁的设置

【影响因素】 补贴的设置

【影响因素】 溶解的气体的含量

【影响因素】 冒口数量

【影响因素】 冒口尺寸

【影响因素】 冒口形状

【影响因素】 冒口设置部位

【影响因素】 加工工艺

【词条关系】

【等同关系】

【基本等同】 显微缩松

【层次关系】

【类分】 一般疏松

【类分】 中心疏松

【类分】 缩松

【类分】 弥散性气孔

【类属】 冶金缺陷

【类属】 内部缺陷

【类属】 铸锭缺陷

◎收缩率

【基本信息】

【英文名】 shrinkage; shrinkage rate; shrinkage ratio

【拼音】 shou suo lü

【核心词】

【定义】

材料经处理或外界环境变化后，其外观尺寸(包括长度、面积、体积等)的变化值与原尺寸的百分比。例如，线收缩率、断面收缩率、铸造收缩率及固化收缩率等。

【分类信息】

【CLC 类目】

(1) TH11　机械学(机械设计基础理论)

(2) TH11　建筑基础科学

(3) TH11　金属学与金属工艺

(4) TH11　一般性问题

(5) TH11　工业技术

(6) TH11　粉末的制造方法

(7) TH11　包装材料

(8) TH11　耐火材料工业

(9) TH11　复合材料

【IPC 类目】

(1) C08J5/18　薄膜或片材的制造〔2〕

(2) C08J5/18　配料成分(33/36,35/71优先)〔2〕

(3) C08J5/18　关于成型材料或关于用于增强材料、填料或预型件,如嵌件,与小类B29B,B29C或B29D有关的引得分类表

(4) C08J5/18　焙烧方法

(5) C08J5/18　关于特殊制品与小类B29C有关的引得分类表

【词条属性】

【特征】

【特点】　塑形指标,变小、变短或减少

【状况】

【应用场景】　材料性能测试

【因素】

【影响因素】　材料塑形、材料品种、成型条件、模具结构等

【词条关系】

【层次关系】

【参与构成】　拉伸性能

【概念-实例】　线收缩率

【概念-实例】　断面收缩率

【概念-实例】　铸造收缩率

【概念-实例】　固化收缩率

【类分】　线收缩率

【类分】　成型收缩率

【类属】　性能

【应用关系】

【用于】　压力铸造

【用于】　砂型铸造

【用于】　铸造

【用于】　生物工程

【用于】　纺织

【用于】　丝材

【用于】　金属丝

【用于】　材料学

【测度关系】

【度量方法-物理量】　熔模铸造

◎试样

【基本信息】

【英文名】　sample

【拼音】　shi yang

【核心词】

【定义】

一般指冶金工业中熔炼金属时采取的样品。

【来源】　《金属材料简明辞典》

【分类信息】

【CLC类目】

TQ171.72　建筑用玻璃

【词条属性】

【特征】

【特点】　应用广泛

【特点】　具有代表性

【特点】　数据准确

【状况】

【应用场景】　汽车配件研究

【应用场景】　油气管道研究

【应用场景】　车刀研究

【应用场景】　钢筋研究

【应用场景】　耐热钢研究

【应用场景】　合金结构钢研究

【应用场景】　模具钢研究

【应用场景】　不锈钢研究

【应用场景】　工具钢研究

【应用场景】　轴承钢研究

【应用场景】　碳素结构钢研究

【应用场景】　弹簧钢研究

【词条关系】

【层次关系】

【概念-实例】　5Cr21Mn9Ni4N

【概念-实例】　40Mn2

【概念-实例】　H13

【概念-实例】　1Cr13

【概念-实例】　T8

【概念-实例】　GCr15

【概念-实例】　45

【概念-实例】 1Cr18Ni9Ti

◎使用温度

【基本信息】

【英文名】 service temperature; operating temperature; working temperature

【拼音】 shi yong wen du

【核心词】

【定义】

理论上材料能够正常使用的温度范围。

【分类信息】

【CLC 类目】

(1) X928.0　一般性问题

(2) X928.0　工业技术

(3) X928.0　电工基础理论

(4) X928.0　工程基础科学

(5) X928.0　机械学(机械设计基础理论)

(6) X928.0　建筑基础科学

(7) X928.0　金属学与金属工艺

(8) X928.0　冶金工业

【IPC 类目】

(1) C04B18/20　高分子化合物的〔4〕

(2) C04B18/20　减振器;减震器(应用流体入 5/00,9/00;专用于旋转系统入 15/10)

(3) C04B18/20　天然黏土或漂白土〔3〕

(4) C04B18/20　铝的提炼

【词条属性】

【特征】

【特点】 工作温度

【特点】 是材料正常工作的一个温度范围

【状况】

【应用场景】 冶金工程、材料科学与工程、机械加工、化工及航空航天等许多领域

【因素】

【影响因素】 材料种类、材料的晶格结构及使用环境等

【词条关系】

【等同关系】

【俗称为】 工作温度

【层次关系】

【并列】 使用寿命

【并列】 再结晶温度

【并列】 结晶温度

【概念-实例】 锻造温度

【概念-实例】 浇注温度

【概念-实例】 临界温度

【概念-实例】 熔化温度

【概念-实例】 转变温度

【类属】 使用性能

【类属】 性能

【应用关系】

【用于】 低温超导材料

【用于】 电接触材料

【用于】 高温超导材料

【用于】 复合材料

【用于】 合金材料

【用于】 金属材料

【用于】 涂层材料

【用于】 高温材料

【用于】 耐火材料

◎使用寿命

【基本信息】

【英文名】 service life; working life

【拼音】 shi yong shou ming

【核心词】

【定义】

亦称使用年限。指固定资产从投入运用时起至不能继续使用或达到报废时止的年限。使用寿命长短受固定资产本身结构、强度、材质等因素影响,并与所负担的工作量强度、自然条件和使用条件密切相关。固定资产经多次磨耗、损坏、腐蚀到一定限度,通过大修难以恢复原有性能和质量状态,即达到使用年限。有些设备因技术发展,劳动生产率提高,原有设备价值贬值等无形损耗的影响而决定其使用年限,如铁路货车等。

【来源】 运输经济辞典
【分类信息】
【CLC 类目】
(1) X928.0　一般性问题
(2) X928.0　工程基础科学
(3) X928.0　一般性问题
(4) X928.0　航空、航天
(5) X928.0　环境科学、安全科学
(6) X928.0　交通运输
(7) X928.0　军事
(8) X928.0　农业科学
(9) X928.0　气化设备
(10) X928.0　机械与设备
(11) X928.0　离子交换剂
(12) X928.0　机械与设备
(13) X928.0　单　金属的电镀
【IPC 类目】
(1) F16K1/00　提升阀,即带有闭合元件的切断装置,闭合元件至少有打开和闭合运动的分力垂直于闭合面(隔膜阀入 7/00)
(2) F16K1/00　有球形表面的塞子;其所用填料
(3) F16K1/00　使用光源串或带的装置或系统〔7〕
(4) F16K1/00　活塞环,如与活塞顶连在一起的
(5) F16K1/00　驱动机构是位于地面上的(47/12 优先)
【词条属性】
【特征】
【特点】 使用性能
【特点】 表示材料从使用到报废的年限
【状况】
【应用场景】 冶金工程、材料科学、机械加工及建筑、运输等领域
【因素】
【影响因素】 材料或产品的老化、磨损、腐蚀等
【词条关系】
【等同关系】
【基本等同】 使用年限
【层次关系】
【并列】 使用温度
【类属】 使用性能
【类属】 性能
【应用关系】
【用于】 高温材料
【用于】 复合材料
【用于】 合金材料
【用于】 结构材料
【用于】 金属材料
【用于】 耐火材料
【用于】 材料

◎时效硬化

【基本信息】
【英文名】 age hardening
【拼音】 shi xiao ying hua
【核心词】
【定义】

经固溶处理的过饱和固溶体在室温或室温以上时效处理,硬度或强度显著增加的现象。

【来源】《现代材料科学与工程辞典》
【分类信息】
【CLC 类目】
(1) TG142.7　特种性能钢
(2) TG142.7　钢
(3) TG142.7　特种机械性质合金
【IPC 类目】
(1) C22C9/06　镍或钴做次主要成分的〔2〕
(2) C22C9/06　含铬的〔2〕
(3) C22C9/06　以镁做次主要成分的合金的〔4〕
(4) C22C9/06　硅和镁在比例上近似相等的 Al-Si-Mg 系合金的〔4〕
(5) C22C9/06　稀土金属做次主要成分的〔2〕

【词条属性】
【特征】
【特点】 经固溶处理
【特点】 过饱和状态
【特点】 在室温或室温以上时效处理
【特点】 硬度显著增加
【特点】 塑性降低
【特点】 屈服强度提高
【特点】 抗拉强度提高
【特点】 伸长率降低
【特点】 冲击韧性降低
【特点】 不同种类钢材的时效硬化过程不同
【特点】 不同种类钢材的时效硬化时间长短不同
【特点】 内部组织发生变化
【特点】 有第二相析出
【状况】
【应用场景】 火箭发动机外壳
【应用场景】 压铸模具
【应用场景】 飞机机体的薄壁结构
【应用场景】 飞机机体的蜂窝结构
【应用场景】 燃料储箱
【应用场景】 高压容器
【应用场景】 核动力装置中的某些零件
【因素】
【影响因素】 化学成分
【影响因素】 溶解度
【影响因素】 扩散能力
【影响因素】 温度
【词条关系】
【层次关系】
【参与组成】 应变时效
【类分】 人工时效硬化
【类分】 室温时效硬化
【生产关系】
【工艺-材料】 合金钢
【工艺-材料】 线材
【工艺-材料】 奥氏体-马氏体沉淀硬化不锈钢
【工艺-材料】 铝合金
【工艺-材料】 镁合金
【工艺-材料】 铜铍合金

◎渗氮

【基本信息】
【英文名】 nitriding;nitrided;nitriding process
【拼音】 shen dan
【核心词】
【定义】

在一定温度下氮原子渗入工件表面的化学热处理工艺。根据渗氮的目的不同,可分为抗磨渗氮和抗蚀渗氮两种。前者用于38CrMoALA和35CrAL等渗氮钢,表面层可达维氏硬度HV 1000～1100,深度一般为0.15～0.75 mm,常用于汽缸套、精密机床主轴和模具等需要提高寿命的零件;后者除用于渗氮钢外,还用于碳钢、低合金钢及铸铁等制件。对于只要求提高疲劳强度的零件,可采用普通合金钢,利用表面层因氮的渗入伴随着体积增大、表面层受压缩应力的作用,使疲劳强度提高。

【来源】《中国百科大辞典 7》
【分类信息】
【CLC类目】
(1) T 工业技术
(2) T 金属学与热处理
(3) T 冶金工业
(4) T 冶金技术
(5) T 一般工业技术
(6) T 淬火、表面淬火
(7) T 磁性材料、铁氧体
(8) T 特种结构材料
【IPC类目】
(1) C23C8/24 渗氮〔4〕
(2) C23C8/24 使用电离气体的,如离子氮化(带有放电物体或材料之引入装置的放电管本身入H01J37/00)〔4〕
(3) C23C8/24 黑色金属表面的〔4〕

(4) C23C8/24　黑色金属表面的处理〔4〕

(5) C23C8/24　渗氮〔4〕

【词条属性】

【特征】

【缺点】　硬化层深度较浅,不能承受大的接触应力和冲击负荷,渗氮的速度比渗碳处理低得多,生产周期长,成本较高

【数值】　一般为480～500 ℃,最高不超过650 ℃

【特点】　与渗碳相比,渗氮温度较低,热处理变形较小,但其硬化层深度较浅。

【优点】　渗氮件表面具有很高硬度(高达HV 950～1200,相当HRC 65～72),良好的耐磨性、疲劳强度、红硬性、抗咬合性、抗蚀性,渗氮温度较低,热处理变形较小

【状况】

【应用场景】　钢铁渗氮,合金零件

【时间】

【起始时间】　钢铁渗氮的研究始于20世纪初,20世纪20年代以后获得工业应用

【因素】

【影响因素】　渗氮方式,合金材料

【词条关系】

【层次关系】

【类属】　离子渗氮

【类属】　气体渗氮

【类属】　固体渗氮

【类属】　液体渗氮

【类属】　热处理

【实例-概念】　表面处理

【应用关系】

【用于】　耐腐蚀性

【用于】　耐蚀性

【生产关系】

【工艺-材料】　低合金钢

【工艺-材料】　高合金钢

【工艺-材料】　轴承钢

【工艺-材料】　合金结构钢

【工艺-材料】　特殊钢

【工艺-材料】　结构钢

◎深加工

【基本信息】

【英文名】　deep processing; further processing; deeply processing

【拼音】　shen jia gong

【核心词】

【定义】

指对产品进行进一步的、高层次的加工,以提高档次。

【来源】　《现代汉语新词新语新义词典》

【分类信息】

【CLC类目】

(1) X928.0　一般性问题

(2) X928.0　工业技术

(3) X928.0　机械制造工艺

(4) X928.0　金属切削加工及机床

(5) X928.0　金属学与金属工艺

(6) X928.0　冶金工业

(7) X928.0　煤的综合利用

(8) X928.0　耐火、耐酸、陶瓷、玻璃原料

(9) X928.0　锂

(10) X928.0　非金属矿产

(11) X928.0　电力工业

【IPC类目】

(1) C07D311/36　杂环不氢化,如异黄酮〔2〕

(2) C07D311/36　带立式炭化室的炼焦炉

(3) C07D311/36　杂环不氢化,如黄酮〔2〕

【词条属性】

【特征】

【特点】　对初级产品或后续产品的后延续加工,制造另一种附加值更高的产品

【优点】　产品或制品附加值更高

【状况】

【应用场景】　冶金工程、材料、机械、矿物

加工、食品及医药等许多行业

【因素】

【影响因素】　深加工技术,深加工的初级产品类型等

【词条关系】

【层次关系】

【概念-实例】　表面处理

【概念-实例】　提纯

【概念-实例】　过滤

【概念-实例】　精炼

【概念-实例】　精铸

【概念-实例】　深冲

【概念-实例】　锻造

【概念-实例】　压铸

【概念-实例】　冲压

【应用关系】

【使用】　坯料

【使用】　钼粉

【用于】　复合材料

【用于】　合金材料

【用于】　结构材料

【用于】　金属材料

【用于】　有色金属材料

【用于】　机械工业

【生产关系】

【材料-工艺】　坯料

◎深冲

【基本信息】

【英文名】　deep drawing;deep drawing quality

【拼音】　shen chong

【核心词】

【定义】

金属板材在压力机的模具上被冲压成深度大的零件的金属塑性加工方法。冲裁件的板材厚度在 10 cm 以下,成形件厚度在 20 mm 以下。通常在室温下进行冷冲压。变形抗力大、塑性差、板厚,可采用热冲压。

【来源】《现代材料科学与工程辞典》

【分类信息】

【CLC 类目】

(1) T　工业技术

(2) T　机械制造工艺

(3) T　金属学与金属工艺

(4) T　金属压力加工

(5) T　冶金工业

(6) T　铸造

【IPC 类目】

(1) F04D29/68　通过影响边界层

(2) F04D29/68　生产深冲钢板或带钢〔3〕

(3) F04D29/68　叶片

(4) F04D29/68　热处理〔2〕

(5) F04D29/68　电池箱、套或罩(塑性加工或塑态物质的加工入 B29)〔2〕

【词条属性】

【特征】

【特点】　制备冲压材料的一种加工方法

【优点】　深冲制备的材料有优良的深冲性能,无时效性

【状况】

【应用场景】　冶金工程、材料科学工程中的钢材冲压成型及其他有色金属的冲压成型

【因素】

【影响因素】　冲压温度、冲压力度及材料性能

【词条关系】

【等同关系】

【基本等同】　冲压成型

【层次关系】

【构成成分】　热轧、冷轧、退火、平整

【类分】　冷冲压

【类分】　热冲压

【实例-概念】　深加工

【应用关系】

【使用】　板材

【使用】　管材

【使用】　型材

【使用】 铝型材
【使用】 坯料
【生产关系】
【工艺-材料】 深冲钢
【工艺-材料】 深冲板
【工艺-材料】 板材
【测度关系】
【物理量-度量方法】 深冲性能

◎伸长率

【基本信息】
【英文名】 elongation
【拼音】 shen chang lü
【核心词】
【定义】
金属材料在拉伸试验时,试样拉断后,其标距部分所增加的长度与原标距长度的百分比,称为伸长率。
【来源】《机械加工工艺辞典》
【分类信息】
【CLC 类目】
(1) O212.1 一般数理统计
(2) O212.1 复合材料
【IPC 类目】
(1) C25D1/04 丝;带;箔〔2〕
(2) C25D1/04 用于接头或盖的密封或包装(填充浆料入 C09D5/34)
【词条属性】
【特征】
【特点】 衡量材料塑性大小的一种指标
【状况】
【应用场景】 低碳钢
【应用场景】 铝
【应用场景】 铜
【应用场景】 铸铁
【应用场景】 玻璃
【应用场景】 陶瓷
【词条关系】
【等同关系】
【基本等同】 延伸率
【缩略为】 δ
【层次关系】
【并列】 截面收缩率
【参与构成】 拉伸性能
【类分】 定倍数 A5
【类分】 定倍数 A10
【类分】 定标距 A50
【类分】 定标距 A80
【类分】 定标距 A100
【测度关系】
【物理量-单位】 百分比
【物理量-度量工具】 声速检测仪
【物理量-度量工具】 拉力机
【物理量-度量工具】 打磨机
【物理量-度量工具】 图像显示仪
【物理量-度量工具】 游标卡尺
【物理量-度量工具】 万能材料力学性能测试仪
【物理量-度量工具】 PE 塑料薄膜断裂伸长率检测仪
【物理量-度量工具】 铝箔胶带延伸率检验仪
【物理量-度量工具】 LDS-5KN 数显万能试验机
【物理量-度量工具】 止水带扯断伸长率检测设备
【物理量-度量工具】 塑料制品断裂伸长率检测设备

◎烧损

【基本信息】
【英文名】 burning loss
【拼音】 shao sun
【核心词】
【定义】
钢在高温状态下因氧化而造成的损耗。
【来源】《中国冶金百科全书·金属塑性加工》

【分类信息】
【CLC 类目】
TE624　炼油工艺过程
【IPC 类目】
(1) C22C21/00　铝基合金
(2) C22C21/00　交流换热器的配置
(3) C22C21/00　预热燃烧空气或气体燃料的〔4〕
(4) C22C21/00　脱氧,如镇静〔2〕
(5) C22C21/00　按所用材料区分
【词条属性】
【特征】
【特点】　高温状态
【特点】　氧化反应
【状况】
【应用场景】　门
【应用场景】　窗
【应用场景】　室内水卫
【应用场景】　电照
【应用场景】　暖气
【应用场景】　煤气具
【应用场景】　消火栓
【应用场景】　避雷装置
【应用场景】　弹簧钢
【应用场景】　碳素结构钢
【应用场景】　轴承钢
【应用场景】　工具钢
【应用场景】　不锈钢
【应用场景】　模具钢
【应用场景】　合金结构钢
【因素】
【影响因素】　加热温度
【影响因素】　加热时间
【影响因素】　炉内 CO_2 含量
【影响因素】　炉内 O_2 含量
【影响因素】　炉内 H_2O 含量
【影响因素】　化学成分
【词条关系】
【层次关系】
【构成成分】　Fe,Si,Mn,O_2,CO_2 和 H_2O
【类分】　轻微烧损
【类分】　一般烧损
【类分】　严重烧损

◎烧结炉

【基本信息】
【英文名】　sintering furnace;fritting furnace
【拼音】　shao jie lu
【核心词】
【定义】
烧结炉是一种在高温下,使陶瓷生坯固体颗粒的相互键联,晶粒长大,空隙(气孔)和晶界渐趋减少,通过物质的传递,其总体积收缩,密度增加,最后成为具有某种显微结构的致密多晶烧结体的炉具。
【分类信息】
【CLC 类目】
(1) X751　矿业工程
(2) X751　冶金技术
(3) X751　一般性问题
(4) X751　工业技术
(5) X751　电器
(6) X751　专用机械与设备
【IPC 类目】
(1) F27B5/04　适用于在真空中或特殊气氛中处理炉料的
(2) F27B5/04　形成工艺;准备制造陶瓷产品的无机化合物的加工粉末〔6〕
(3) F27B5/04　焙烧或烧结工艺(33/32 优先)〔6〕
(4) F27B5/04　加热装置的配置
(5) F27B5/04　炉条
【词条属性】
【特征】
【特点】　应用于烧结工艺
【特点】　高温加热设备
【状况】
【应用场景】　钢铁行业

【应用场景】 陶瓷粉体、陶瓷插芯和其他氧化锆陶瓷的烧结

【应用场景】 金刚石锯片的烧结

【应用场景】 铜材、钢带退火等热处理

【应用场景】 用于厚膜电路、厚膜电阻、电子元件电极、LTCC、钢加热器、太阳能电池板等类似产品的高温烧结、热处理

【应用场景】 冶金行业

【应用场景】 矿物加工

【应用场景】 新材料行业

【词条关系】

【层次关系】

【类分】 真空烧结炉

【类分】 钢带烧结炉

【类分】 电阻烧结炉

【类分】 感应烧结炉

【类分】 低压烧结炉

【类分】 真空脱脂烧结炉

【类分】 低压脱脂烧结气淬炉

【类分】 连续式网带烧结炉

【类分】 推杆式烧结炉

【类分】 回转式烧结炉

【类分】 多晶硅铸锭炉

【应用关系】

【加工设备-材料】 烧结矿

【加工设备-材料】 氧化铝

【加工设备-材料】 铑合金

【加工设备-材料】 难熔金属

【加工设备-材料】 钨合金

【加工设备-材料】 镍锌合金

【加工设备-材料】 铁基合金

【加工设备-材料】 铜基合金

【加工设备-材料】 碳化钨陶瓷

【加工设备-材料】 氮化物陶瓷

【加工设备-材料】 氧化物陶瓷

【加工设备-材料】 氮化硅铁

【加工设备-材料】 氮化锰铁

【加工设备-材料】 氮化铬铁

【加工设备-材料】 稀土材料

【加工设备-材料】 氮化钛

【加工设备-材料】 氮氧化铝

【加工设备-材料】 氮化铝

【加工设备-材料】 碳化钛

【加工设备-材料】 碳化硅

【加工设备-材料】 硼化钛

【加工设备-材料】 金属粉体材料

【加工设备-材料】 烧结钢

【加工设备-材料】 软磁粉末

【加工设备-材料】 粉末不锈钢

【加工设备-材料】 预混合粉

【加工设备-材料】 粉末高速钢

【加工设备-材料】 粉末冶金钛合金

【加工设备-材料】 有色金属

【用于】 合金材料

【用于】 硬质合金

【用于】 多元合金

【用于】 二元合金

【用于】 共晶合金

【用于】 合金

【用于】 热处理

【用于】 退火

【用于】 粉末冶金

【用于】 冶金

【用于】 烧结工艺

【生产关系】

【设备工具-工艺】 烧结法

【设备工具-工艺】 预烧结

【设备工具-工艺】 真空烧结

【设备工具-工艺】 烧结

【设备工具-工艺】 热处理

【设备工具-工艺】 等离子雾化

◎烧结法

【基本信息】

【英文名】 sintering process;sintering method;sinter process

【拼音】 shao jie fa

【核心词】

【定义】

烧结,是指把粉状物料转变为致密体,是一个传统的工艺过程。人们很早就利用这个工艺来生产陶瓷、粉末冶金、耐火材料、超高温材料等。一般来说,粉体经过成型后,通过烧结得到的致密体是一种多晶材料,其显微结构由晶体、玻璃体和气孔组成。烧结过程直接影响显微结构中的晶粒尺寸、气孔尺寸及晶界形状和分布,进而影响材料的性能。

【来源】《2014年全国炼铁生产技术会暨炼铁学术年会文集(上)》

【分类信息】

【CLC类目】

(1) T　工业技术

(2) T　矿业工程

(3) T　冶金技术

(4) T　金属学与金属工艺

(5) T　冶金工业

(6) T　一般工业技术

(7) T　有色金属冶炼

(8) T　铝

(9) T　碱金属(第ⅠA族)元素的无机化合物

(10) T　专科目录

(11) T　金属复合材料

【IPC类目】

(1) C01F7/04　碱金属铝酸盐的制备;从碱金属铝酸盐制备铝的氧化物或氢氧化物

(2) C01F7/04　从碱金属铝酸盐制氧化铝或氢氧化铝

(3) C01F7/04　氧化铝、氢氧化铝或铝酸盐的提纯〔5〕

(4) C01F7/04　氧化铝;氢氧化铝;铝酸盐

(5) C01F7/04　来自碱金属铝酸盐和碱金属硅酸盐的水溶液,除其他来源的氧化铝或氧化硅做晶种外〔6〕

【词条属性】

【特征】

【缺点】　流程复杂;能耗大;成本高

【特点】　把粉状物料转变为致密体,得到的致密体是一种多晶材料

【优点】　适用于低品位矿(如用于铝硅比低的高硅铝土矿)

【状况】

【前景】　大型化、自动化

【应用场景】　铁矿粉造块,烧结法制备氧化铝

【词条关系】

【等同关系】

【基本等同】　烧结

【层次关系】

【并列】　拜耳法

【并列】　联合法

【并列】　熔融法

【构成成分】　生料浆的制备、熟料烧结、熟料溶出、脱硅、氢氧化铝分离、氢氧化铝焙烧、碳分母液蒸发

【类属】　预烧结

【类属】　真空烧结

【组成部件】　预烧结

【应用关系】

【使用】　铝土矿

【使用】　纯碱

【使用】　石灰石

【用于】　粉末冶金

【用于】　氧化铝制备

【生产关系】

【工艺-材料】　氧化铝

【工艺-材料】　球团矿

【工艺-材料】　烧结矿

【工艺-材料】　陶瓷

【工艺-材料】　耐火材料

【工艺-材料】　超高温材料

【工艺-材料】　泡沫金属

【工艺-设备工具】　烧结炉

◎砂型铸造

【基本信息】

【英文名】 sand casting; sand mould casting; sand mold casting

【拼音】 sha xing zhu zao

【核心词】

【定义】

俗称“翻砂”。用天然砂或人工石英砂、树脂砂为造型材料的铸造。其主要过程是:①制模,即用木材或金属制成与铸件外形基本相同的铸模;②造型,即用铸模在砂箱内制造砂型,砂型分为湿型、表面干型、干型等;③浇注,即将熔化的液体金属浇入砂型;④清理铸件,即金属冷凝后从砂型中取出,去除表面黏砂、毛刺,切除浇口、冒口等就得到铸件。

【来源】《中国百科大辞典》

【分类信息】

【CLC 类目】

(1) T 工业技术

(2) T 金属学与金属工艺

(3) T 冶金工业

(4) T 冶金技术

(5) T 铸造

【IPC 类目】

(1) B22C9/02 用于成型铸件的砂型或类似铸型

(2) B22C9/02 用细筛、粗筛筛分或用气流将固体从固体中分离;适用于散装物料的其他干式分离法,如适于像散装物料那样处理的松散物品的分离

(3) B22C9/02 铸铁合金〔2〕

(4) B22C9/02 含镍的

(5) B22C9/02 铸铁合金的制造〔2〕

【词条属性】

【特征】

【缺点】 劳动强度大

【缺点】 铸件尺寸精度低

【缺点】 表面较粗糙

【特点】 制造砂型的基本原材料是铸造砂和型砂黏结剂;为了保证铸件的质量,砂型铸造中所用的型芯一般为干态型芯;根据型芯所用的黏结剂不同,型芯分为黏土砂芯、油砂芯和树脂砂芯几种

【优点】 适应性均较强

【优点】 造型材料价廉易得

【优点】 造型工艺与设备简单

【状况】

【前景】 精密铸造行业必须而且快速开发出新的可替代的低价新材料;下游客户的要求不断提高,驱使我们必须提升工艺水准;人力资源成本的不断上升,我们必须在精密铸造装备上多下功夫,多开发、多投资

【现状】 目前,国际上,在全部铸件生产中,60%~70%的铸件是用砂型生产的,而且其中70%左右是用黏土砂型生产的。

【应用场景】 制造大型部件,如灰铸铁、球墨铸铁、不锈钢和其他类型钢材等工序的砂型铸造

【因素】

【影响因素】 机械加工余量

【影响因素】 拔模斜度

【影响因素】 收缩率

【影响因素】 铸造圆角

【影响因素】 型芯及型芯头

【词条关系】

【层次关系】

【并列】 金属型铸造

【并列】 离心铸造

【并列】 压力铸造

【并列】 熔模铸造

【并列】 连续铸造

【并列】 低压铸造

【并列】 陶瓷型铸造

【参与构成】 熔炼

【构成成分】 砂型、型芯、制图、模具、制芯、成型、清洁、整理

【类分】 机器造型

【类分】 手工造型

【类分】 整模铸造
【类分】 分模铸造
【类分】 三箱铸造
【类分】 活块造型
【类分】 挖沙造型
【类分】 刮板造型
【类属】 铸造工艺
【类属】 精铸
【类属】 铸造
【类属】 精密铸造
【应用关系】
【使用】 液态金属
【使用】 收缩率
【使用】 铸造砂
【使用】 型砂黏结剂
【使用】 锆英砂
【使用】 铬铁矿砂
【使用】 刚玉砂
【使用】 硅质砂
【生产关系】
【工艺-材料】 铸造合金
【工艺-材料】 灰铸铁
【工艺-材料】 铝合金
【工艺-材料】 铸钢
【工艺-材料】 铝硅合金
【工艺-材料】 铜合金
【工艺-材料】 金属间化合物
【工艺-设备工具】 铸模
【测度关系】
【物理量-度量方法】 铸造性能

◎扫描电镜

【基本信息】
【英文名】 sem;scanning electron microscope;scanning electron microscopy
【拼音】 sao miao dian jing
【核心词】
【定义】
是利用二次信号成像,用来观察样品表面形态的一类电镜。扫描电镜由电子枪产生一束电子射线,经过聚光镜的聚焦,形成一束光斑成为电子探针。电子探针中的电子打在观察样品表面,把样品表面层的原子外层的电子击出,即为二次电子。二次电子数量的变化与样品的材料性质,样品表面的高低、凹凸有关。击出的二次电子信号被探测器收集,经光电倍增管和视频放大器放大后转送到显像管。由于显像管的荧光屏上的画面与样品被电子束照射面呈严格同步扫描,逐点逐行一一对应,这样就能看出样品表面的形态,并有强烈的立体感。
【来源】《英汉细胞与分子生物学词典》
【分类信息】
【CLC 类目】
(1) T 工业技术
(2) T 电气测量技术及仪器
(3) T 电器
(4) T 光电子技术、激光技术
(5) T 机械、仪表工业
(6) T 专用机械与设备
(7) T 特种结构材料
(8) T 高分子物理和高分子物理化学
(9) T 电熔耐火材料
(10) T 铀和其他稳定同位素的分离
(11) T 退火
【IPC 类目】
(1) C08J3/12 粉化或粒化〔5〕
(2) C08J3/12 用铁基、钴基或镍基合金(18/32 优先)〔4,5〕
(3) C08J3/12 银化合物
(4) C08J3/12 难熔金属表面的〔2〕
【词条属性】
【特征】
【特点】 二次电子成像
【优点】 较高的放大倍数
【优点】 几倍到几十万倍之间连续可调,且高倍聚焦后缩小到低倍无须再聚焦
【优点】 很大的景深,视野大,成像富有立体感

【优点】 可直接观察各种式样凹凸不平的表面细微结构

【优点】 式样制备简单,使用方便

【优点】 可搭配 X 射线能谱仪等其他分析装置,使扫描电镜成为集微观形貌成像和微区分析于一身的综合系统

【优点】 分辨率高

【状况】

【应用场景】 植物学

【应用场景】 动物学

【应用场景】 医学

【应用场景】 古生物与考古

【应用场景】 材料学

【应用场景】 电子

【应用场景】 半导体工业

【应用场景】 陶瓷工业

【应用场景】 石油工业

【应用场景】 地质矿物学

【应用场景】 冶金工业

【应用场景】 食品科学

【应用场景】 橡胶

【应用场景】 纺织

【应用场景】 水泥

【应用场景】 刑侦

【时间】

【起始时间】 1965 年

【词条关系】

【等同关系】

【缩略为】 SEM

【层次关系】

【并列】 透射电镜

【并列】 光学显微镜

【组成部件】 电子管

【组成部件】 电子器件

【组成部件】 电子枪

【组成部件】 样品室

【组成部件】 镜筒

【组成部件】 电磁透镜

【组成部件】 扫描线圈

【组成部件】 扫描系统

【组成部件】 信号检测放大系统

【组成部件】 图像显示与记录系统

【组成部件】 真空系统

【组成部件】 计算机控制与电源系统

【应用关系】

【使用】 波动理论

【使用】 二次电子

【用于】 晶体结构

【用于】 样品形貌

【用于】 显微组织

【生产关系】

【设备工具-工艺】 形貌检测

【设备工具-工艺】 表面成像

【设备工具-工艺】 纤维成像

【设备工具-工艺】 显微成像

【设备工具-工艺】 拉曼分析

◎三元合金

【基本信息】

【英文名】 ternary alloy;trinary alloy

【拼音】 san yuan he jin

【核心词】

【定义】

三元合金就是由 3 种元素组成的合金。常用的三元合金有:Au-Ag-M;Au-Sn-M;Au-Sb-M;Au-Cu-M 等,电镀上常用锡镍铜三元合金。

【分类信息】

【CLC 类目】

(1) TG1 金属学与热处理

(2) TG1 冶金工业

(3) TG1 冶金技术

(4) TG1 工业技术

(5) TG1 电工材料

(6) TG1 工程材料学

(7) TG1 机械制造用材料

(8) TG1 建筑材料

(9) TG1 一般性问题

(10) TG1　其他特种性质合金

【IPC 类目】

(1) C22C9/00　铜基合金

(2) C22C9/00　吸收或吸附气体的方法，如用消气剂

(3) C22C9/00　用熔炼法

(4) C22C9/00　用铁基、钴基或镍基合金(18/32 优先)〔4,5〕

(5) C22C9/00　镍或钴基合金

【词条属性】

【特征】

【特点】　含有 3 种合金元素的合金

【特点】　多数合金熔点低于其组分中任一种组成金属的熔点

【特点】　硬度一般比其组分中任一金属的硬度大

【特点】　合金的导电性和导热性低于任一组分金属

【特点】　有的抗腐蚀能力强

【状况】

【前景】　微合金化，高性能三元合金

【应用场景】　各种行业

【时间】

【起始时间】　6000 年前古巴比伦

【因素】

【影响因素】　合金元素及合金含量

【词条关系】

【层次关系】

【并列】　二元合金

【并列】　多元合金

【类分】　铁合金

【类分】　铜合金

【类分】　镁合金

【类分】　铝合金

【类分】　铅合金

【类分】　锌合金

【类分】　锡合金

【类分】　钴合金

【类分】　锰合金

【类分】　钼合金

【类属】　合金

【类属】　合金材料

【应用关系】

【用于】　化学工业

【用于】　冶金工业

【用于】　机械工业

【用于】　材料工业

【生产关系】

【材料-工艺】　合金化工艺

【材料-工艺】　熔炼

【材料-工艺】　机械合金化

【材料-工艺】　烧结

【材料-工艺】　气相沉积

【材料-工艺】　湿法冶金

【材料-工艺】　粉末冶金

【材料-工艺】　雾化

【工艺-设备工具】　熔炼炉

◎软钎料

【基本信息】

【英文名】　solder

【拼音】　ruan qian liao

【核心词】

【定义】

钎料通常按其熔化温度范围分类，熔化温度低于 450 ℃ 的称为软钎料；高于 450 ℃、低于 950 ℃ 的称为硬钎料；高于 950 ℃ 的称为高温钎料。有时根据熔化温度和钎焊接头的强度不同，将钎料分为易熔钎料(软钎料)和难熔钎料(硬钎料)。根据组成钎料的主要元素，软钎料分为铋基、铟基、锡基、铅基、镉基、锌基等。

【来源】《实用焊接技术手册》

【分类信息】

【CLC 类目】

(1) T　工业技术

(2) T　焊接、金属切割及金属黏接

(3) T　工程材料力学(材料强弱学)

【IPC 类目】

(1) C25D3/32　以所用镀液有机组分为特征的〔2〕

(2) C25D3/32　一层以上相同金属或不同金属的电镀(用于轴承者入 7/10)〔2〕

(3) C25D3/32　含锡重量超过 50%的〔2〕

(4) C25D3/32　未列入 2/00 至 24/00 各组中的镀覆〔4〕

【词条属性】

【特征】

【缺点】 熔点比较低;硬度及强度小

【数值】 熔点 $T \leqslant 450$ ℃

【特点】 熔化温度较低

【优点】 可用烙铁、喷灯等普通热源进行钎焊,操作容易

【优点】 加热温度低,母材金属的组织性能变化小

【优点】 钎焊生产率高,易于实现自动化生产

【优点】 钎料熔点低,焊剂不易被烧焦且适合的焊剂化合物可选择范围

【状况】

【前景】 无铅无毒化,微合金化,"绿色钎料",低成本,高性能

【现状】 已经得到广泛的应用

【应用场景】 机械、电子行业,各种电器的导线的连接及仪器、仪表元件的钎焊

【其他物理特性】

【熔点】 小于 450 ℃

【词条关系】

【层次关系】

【并列】 硬钎料

【类分】 铋基钎料

【类分】 铟基钎料

【类分】 锡基钎料

【类分】 铅基钎料

【类分】 镉基钎料

【类分】 锌基钎料

【类分】 锡铅钎料

【类分】 镉银钎料

【类分】 铅银钎料

【类分】 锌银钎料

【类属】 钎料

【应用关系】

【使用】 锡合金

【使用】 铅合金

【使用】 铋合金

【使用】 镉

【使用】 铟

【使用】 稀土元素

【用于】 钎焊

【用于】 软钎焊

【用于】 钎焊铜

【用于】 钎焊铜合金

【生产关系】

【工艺-设备工具】 烙铁

【工艺-设备工具】 喷灯

◎软磁合金

【基本信息】

【英文名】 magnetically soft alloy

【拼音】 ruan ci he jin

【核心词】

【定义】

在外磁场作用下容易磁化,去除磁场后磁感应强度又基本消失的磁性合金。

【来源】 《金属材料简明辞典》

【分类信息】

【CLC 类目】

(1) TG132.2　特种电磁性质合金

(2) TG132.2　合金学与各种性质合金

(3) TG132.2　其他特种性质合金

(4) TG132.2　功能材料

【IPC 类目】

(1) H01F1/147　按成分区分的合金〔5,6〕

(2) H01F1/147　铁做主要成分的〔5〕

(3) H01F1/147　用熔炼法〔2〕

(4) H01F1/147　软磁材料的〔6〕

(5) H01F1/147　含铝的〔2〕

【词条属性】

【特征】

【特点】 矫顽力低

【特点】 磁导率高

【特点】 功率损耗低

【特点】 磁化后撤去外磁场时磁性基本随之消失

【特点】 应用广泛

【特点】 磁滞回线面积小

【状况】

【应用场景】 铁心

【应用场景】 转子

【应用场景】 定子

【应用场景】 极头

【应用场景】 极靴

【应用场景】 磁导体

【应用场景】 磁记录

【应用场景】 磁屏蔽

【应用场景】 继电器

【应用场景】 通信工程的磁性元件

【应用场景】 遥测遥感系统的磁性元件

【应用场景】 仪器仪表的磁性元件

【因素】

【影响因素】 化学成分

【影响因素】 杂质

【影响因素】 结构

【影响因素】 应力大小

【影响因素】 应力分布

【影响因素】 表面形态

【影响因素】 厚度

【词条关系】

【层次关系】

【概念-实例】 1J46

【概念-实例】 1J30

【概念-实例】 1J36

【概念-实例】 1J22

【概念-实例】 1J87

【概念-实例】 1J75

【构成成分】 Fe,Ni,Si,Al,CO 和 Cr

【类分】 电磁纯铁

【类分】 铁钴合金

【类分】 铁铝合金

【类分】 铁镍基非晶态合金

【类分】 钴镍基非晶态合金

【类分】 铁基纳米晶合金

【类分】 高起始磁导率合金

【类分】 高饱和磁感应强度合金

【类分】 高磁感低铁损合金

【类分】 高磁导率和较高饱和磁感应强度合金

【类分】 高硬度、高电阻率和高磁导率合金

【类分】 恒磁导率合金

【类分】 耐蚀软磁合金

【类分】 磁温度补偿合金

【类分】 软磁粉末

【类属】 磁体

【类属】 精密合金

◎蠕变性能

【基本信息】

【英文名】 creep property

【拼音】 ru bian xing neng

【核心词】

【定义】

指的是材料具有在恒载下(外界载荷不变)的情况下,变形程度随时间增加的性能。

【分类信息】

【CLC 类目】

(1) TG146.2　轻有色金属及其合金

(2) TG146.2　特种物理性质合金

(3) TG146.2　合金学与各种性质合金

(4) TG146.2　金属复合材料

(5) TG146.2　非金属复合材料

【IPC 类目】

(1) C22C23/02　铝做次主要成分的〔2〕

(2) C22C23/02　铸铝或铸镁

(3) C22C23/02　有加固或不加固的塑料的(9/16 至 9/22 优先)

(4) C22C23/02　门(10/00 优先;窗类入 1/00)〔5〕

(5) C22C23/02　锌或镉做次主要成分的〔2〕

【词条属性】

【状况】

【应用场景】　耐热钢

【应用场景】　高温合金

【应用场景】　碳素结构钢

【应用场景】　合金结构钢

【应用场景】　工具钢

【应用场景】　模具钢

【因素】

【影响因素】　温度

【影响因素】　载荷

【影响因素】　位错的滑移

【影响因素】　位错的攀移

【影响因素】　晶界的位移

【影响因素】　晶界的扩散

【影响因素】　时间

【词条关系】

【等同关系】

【基本等同】　应力松弛性能

【俗称为】　徐变性能

【层次关系】

【并列】　力学性能

【并列】　耐疲劳性能

【并列】　耐腐蚀性能

【类分】　扩散蠕变性能

【类分】　对数蠕变性能

【类分】　回复蠕变性能

【类分】　滞弹性蠕变性能

【类属】　使用性能

【类属】　塑性性能

【应用关系】

【用于】　压力容器

◎蠕变强度

【基本信息】

【英文名】　creep strength

【拼音】　ru bian qiang du

【核心词】

【定义】

蠕变强度是指材料在某一温度下,经过一定时间后,蠕变量不超过一定限度时的最大允许应力。

【来源】《现代材料科学与工程辞典》

【分类信息】

【CLC 类目】

TG13　合金学与各种性质合金

【IPC 类目】

(1) C22C38/54　含硼的〔2〕

(2) C22C38/54　金属粉末与非金属粉末的混合物(1/08 优先)〔2〕

(3) C22C38/54　电弧焊接或电弧切割(电渣焊入 25/00;焊接变压器入 H01F;焊接发电机 H02K)

(4) C22C38/54　正火

【词条属性】

【状况】

【应用场景】　耐热钢

【应用场景】　高温合金

【应用场景】　碳素结构钢

【应用场景】　合金结构钢

【应用场景】　工具钢

【应用场景】　模具钢

【因素】

【影响因素】　温度

【影响因素】　载荷

【影响因素】　时间

【影响因素】　蠕变速率

【影响因素】　位错的滑移

【影响因素】　位错的攀移

【影响因素】　晶界的位移

【影响因素】　晶界的扩散

【词条关系】

【等同关系】
【基本等同】　蠕变极限
【层次关系】
【类属】　力学性能指标

◎蠕变抗力

【基本信息】
【英文名】　creep resistance
【拼音】　ru bian kang li
【核心词】
【定义】
在一定温度下和规定时间间隔内使试样产生规定伸长率的应力。
【分类信息】
【CLC 类目】
TG132　特种物理性质合金
【IPC 类目】
(1) C22F1/11　铬或铬基合金
(2) C22F1/11　直接电阻加热
(3) C22F1/11　合金〔3〕
(4) C22F1/11　正常凝固法或温度梯度凝固法的单晶生长，如 Bridgman-Stockbarger 法(13/00，15/00，17/00，19/00 优先；保护流体下的入 27/00)〔3〕
(5) C22F1/11　镁的提取〔2〕
【词条属性】
【状况】
【应用场景】　耐热钢
【应用场景】　高温合金
【应用场景】　碳素结构钢
【应用场景】　合金结构钢
【应用场景】　工具钢
【应用场景】　模具钢
【因素】
【影响因素】　温度
【影响因素】　时间
【影响因素】　载荷
【影响因素】　蠕变速率
【词条关系】
【等同关系】
【基本等同】　潜移抗力
【层次关系】
【概念-实例】　45
【概念-实例】　T8
【概念-实例】　H13
【概念-实例】　5Cr21Mn9Ni4N

◎蠕变断裂

【基本信息】
【英文名】　creep fracture；creep rupture
【拼音】　ru bian duan lie
【核心词】
【定义】
材料在恒定应力(或恒定载荷)下所发生的缓慢而连续的形变称为蠕变。由蠕变导致的断裂称为蠕变断裂。
【来源】《固体物理学大辞典》
【分类信息】
【CLC 类目】
(1) T　工业技术
(2) T　工程材料学
(3) T　工程基础科学
(4) T　金属学与金属工艺
(5) T　金属学与热处理
(6) T　一般性问题
(7) T　化工机械与仪器、设备
【IPC 类目】
(1) H01M8/00　燃料电池；及其制造〔2〕
(2) H01M8/00　燃料电池与制造反应剂或处理残物装置的结合(再生燃料电池入 8/18；生产反应剂本身见 B 或 C 部)〔2〕
(3) H01M8/00　使用催化剂〔3〕
(4) H01M8/00　含铌或钽的〔2〕
(5) H01M8/00　含钛或锆的〔2〕
【词条属性】
【特征】
【特点】　长时间的恒温恒应力作用下缓慢产生塑性变形

【状况】

【应用场景】 航空航天、能源化工等领域,许多构件在高温下长期服役,如发动机、锅炉、炼油设备等

【因素】

【影响因素】 晶内变形和晶界滑动

【词条关系】

【层次关系】

【概念-实例】 金属材料

【概念-实例】 合金材料

【概念-实例】 高温材料

【概念-实例】 结构材料

【概念-实例】 有色金属材料

【概念-实例】 金属复合材料

【构成成分】 裂纹扩展、减速蠕变、过渡蠕变、恒速蠕变、稳定蠕变、加速蠕变、失稳蠕变

【类属】 断裂

【应用关系】

【工艺-组织】 晶界滑移

【工艺-组织】 位错

【工艺-组织】 亚晶组织

【用于】 航空

【用于】 航天

【用于】 能源

【用于】 化工

◎熔铸

【基本信息】

【英文名】 melt casting;fusion casting;melting cast

【拼音】 rong zhu

【核心词】

【定义】

物料经高温熔化后,直接浇铸成制品的方法。一般是在电弧炉内溶化,然后浇注入耐高温的铸型中,再经冷却结晶、退火或切割制成制品。生产中主要通过控制熔化的气氛、熔融温度和冷却条件,以保证高的生产效率、析晶符合要求和形成网络结构。但在冷却析晶过程中,往往由于析晶温度不一致,产生晶粒偏析而使制品内部形成集中的空洞——缩孔。

【分类信息】

【CLC 类目】

(1) T 工业技术

(2) T 冶金技术

(3) T 一般工业技术

(4) T 一般性问题

(5) T 铸造

(6) T 轻金属铸造

(7) T 非金属复合材料

【IPC 类目】

(1) C04B35/109 含氧化锆或锆英石($ZrSiO_4$)的〔6〕

(2) C04B35/109 炉壁材料的使用,如耐火砖〔5〕

(3) C04B35/109 熔铸法耐火材料〔6〕

(4) C04B35/109 氯化法

(5) C04B35/109 铝做次主要成分的〔2〕

【词条属性】

【特征】

【缺点】 铸造应力,铸件热裂,铸造收缩

【特点】 物料在炉内溶化,浇注入耐高温的铸型中,经冷却结晶、退火或切割制成制品

【优点】 铸造速度的任意控制

【优点】 铸件产品的生产周期短

【优点】 成本低

【因素】

【影响因素】 合金的成分

【影响因素】 铸造因素

【影响因素】 合金加热温度

【影响因素】 铸型的复杂程度

【影响因素】 浇冒口系统

【影响因素】 浇口形状

【词条关系】

【等同关系】

【俗称为】 熔化铸造

【层次关系】

【并列】 熔模铸造

【构成成分】　点火、熔化、打渣、加料、精炼、化验、静置、浇铸

【类分】　铸造工艺

【类分】　熔铸成型

【类属】　铸造工艺

【组成部件】　电炉熔炼

【应用关系】

【用于】　物理化学

【用于】　材料加工

【用于】　材料成型

【生产关系】

【工艺-材料】　铝合金

【工艺-材料】　磷铜

【工艺-材料】　铸棒

【工艺-材料】　铝锭

【工艺-材料】　镁锭

【工艺-材料】　金属硅

【工艺-材料】　中间合金

【工艺-材料】　黑色金属

【工艺-材料】　有色金属

【工艺-设备工具】　电炉

【工艺-设备工具】　熔铸炉

【工艺-设备工具】　正压立式离心真空感应熔铸炉

◎熔模

【基本信息】

【英文名】　fusible pattern;fired mold

【拼音】　rong mu

【核心词】

【定义】

【分类信息】

【CLC 类目】

(1) T　工业技术

(2) T　刀具、磨料、磨具、夹具、模具和手工具

(3) T　冶金技术

(4) T　铸造

【IPC 类目】

(1) C01B33/145　水有机溶胶,有机溶胶或有机介质中分散体的制备〔3〕

(2) C01B33/145　其他脂肪物质,如羊毛脂、蜡的回收或精制(合成蜡入 C07,C08;矿物蜡入 C10G)

(3) C01B33/145　按其成分区分的合金〔5,6〕

(4) C01B33/145　无化学反应〔4〕

(5) C01B33/145　主要成分在 950 ℃ 以下熔化

【词条属性】

【特征】

【特点】　形成耐火型壳中型腔的模型

【特点】　有高的尺寸精度和表面光洁度

【特点】　熔模本身的性能使随后的制型壳等工序简单易行

【特点】　易融化

【状况】

【应用场景】　熔模铸造

【时间】

【起始时间】　铜器时代

【词条关系】

【等同关系】

【俗称为】　蜡模

【俗称为】　蜡基模料

【应用关系】

【加工设备-材料】　碳素钢

【加工设备-材料】　合金钢

【加工设备-材料】　耐热合金

【加工设备-材料】　不锈钢

【加工设备-材料】　精密合金

【加工设备-材料】　永磁合金

【加工设备-材料】　轴承合金

【加工设备-材料】　铜合金

【加工设备-材料】　铝合金

【加工设备-材料】　钛合金

【加工设备-材料】　球墨铸铁

【用于】　铜合金

【用于】　轴承合金

【用于】 锡青铜
【用于】 磁合金
【用于】 耐热合金
【用于】 精密合金
【用于】 铸造铝合金
【用于】 精铸
【用于】 失蜡铸造
【用于】 铸造工艺
【用于】 精密铸造
【用于】 特种铸造
【生产关系】
【材料-工艺】 熔模铸造
【材料-工艺】 焊接工艺
【材料-工艺】 压铸
【材料-工艺】 冲压成形
【材料-原料】 蜡料
【材料-原料】 天然树脂
【材料-原料】 塑料
【材料-原料】 合成树脂

◎熔炼

【基本信息】
【英文名】 smelting
【拼音】 rong lian
【核心词】
【定义】

炉料在高温(1300～1600 K)炉内物料发生一定的物理、化学变化,产出粗金属或金属富集物和炉渣的火法冶金过程。

【来源】《中国冶金百科全书·有色金属冶金》
【分类信息】
【CLC 类目】
(1) TF13 真空冶金
(2) TF13 锑
(3) TF13 锻造工艺
(4) TF13 有色冶金生产自动化
(5) TF13 铅
【IPC 类目】
(1) C22C1/02 用熔炼法
(2) C22C1/02 镁基合金
(3) C22C1/02 铜的提炼
(4) C22C1/02 使用母(中间)合金〔2〕
(5) C22C1/02 直接还原法炼海绵铁或液体钢
【词条属性】
【特征】
【特点】 熔炼过程中发生物理变化
【特点】 熔炼过程中发生化学变化
【特点】 熔炉内自动分层
【特点】 熔炼时需调节合金元素含量
【特点】 熔炼过程中需调碳
【特点】 熔炼过程中需脱氧
【特点】 熔炼过程中需脱气
【特点】 熔炼过程中需脱掉非金属夹杂
【特点】 熔炼发生在高温条件下
【词条关系】
【等同关系】
【全称是】 熔融冶炼
【层次关系】
【参与构成】 水雾化工艺
【概念-实例】 1Cr13
【概念-实例】 T8
【概念-实例】 1Cr18Ni9
【概念-实例】 GCr15
【概念-实例】 H13
【构成成分】 砂型铸造
【类分】 还原熔炼
【类分】 造锍熔炼
【类分】 沉淀熔炼
【类分】 氧化熔炼
【类分】 旋涡熔炼
【类分】 闪速熔炼
【类分】 真空电弧熔炼
【类分】 硫化还原熔炼
【类分】 鼓风炉熔炼
【类分】 反射炉熔炼
【类分】 电炉熔炼

【类分】　熔池熔炼
【类分】　富氧熔炼
【类分】　热风熔炼
【类分】　硫化精矿直接熔炼
【类分】　硫化精矿自热熔炼
【类分】　还原硫化熔炼
【类分】　挥发熔炼
【类分】　反应熔炼
【类分】　等离子电弧熔炼
【类属】　火法冶炼
【实例-概念】　冶炼
【组成部件】　原料
【组成部件】　熔剂

【应用关系】
【使用】　脱氢
【使用】　中间合金
【使用】　等离子雾化

【生产关系】
【工艺-材料】　难熔金属
【工艺-材料】　丝材
【工艺-材料】　磷青铜
【工艺-材料】　铝合金
【工艺-材料】　铌基合金
【工艺-材料】　铅黄铜
【工艺-材料】　三元合金
【工艺-材料】　钢铁材料
【工艺-材料】　铜
【工艺-材料】　铜合金
【工艺-材料】　铝
【工艺-材料】　钼合金
【工艺-材料】　耐热合金
【工艺-材料】　精密合金
【工艺-材料】　中锰钢
【工艺-材料】　粉末不锈钢
【工艺-材料】　黑色金属
【工艺-设备工具】　反射炉
【工艺-设备工具】　高炉
【工艺-设备工具】　鼓风炉
【工艺-设备工具】　电炉
【工艺-设备工具】　转炉
【工艺-设备工具】　闪速炉
【工艺-设备工具】　短窑
【工艺-设备工具】　新型熔池熔炼炉
【工艺-设备工具】　曲轴
【设备工具-工艺】　高压水雾化
【设备工具-工艺】　氩气雾化
【设备工具-工艺】　氮气雾化

◎熔化温度

【基本信息】
【英文名】　melting temperature; fusion temperature;fusing temperature
【拼音】　rong hua wen du
【核心词】

【定义】

物质由固相转变为液相时的温度称为熔化温度。又称熔点。通常把压力为 1 个大气压时的熔点称为该物质的熔点。在此温度下，物质的固相和液相互相平衡而能共存。熔化温度一般都随压力改变。在有些物质(如铷、铈)固相的温度—压力曲线中，存在着极大或极小的特征值。熔解时体积会膨胀的物质其熔化温度随压力增加而升高，而体积收缩的物质其熔化温度随压力增加而减小。在一定压强下，以有限速度熔解时，物质的温度通常比熔点高。用来描述熔化的理论有：林德曼(Lindemann)熔化方程、西蒙(Simon)熔化方程、克劳特(Kraut)-肯尼迪(Kennedy)熔化方程。熔化温度还与物质的纯度有密切关系，有时很少一点杂质就可以显著地降低熔点。

【来源】《材料科学技术百科全书·下卷》

【分类信息】
【CLC 类目】
（1）X928.0　一般性问题
（2）X928.0　工业技术
（3）X928.0　工程基础科学
（4）X928.0　一般性问题
（5）X928.0　特种热性质合金

(6) X928.0 钢包精炼炉
(7) X928.0 生产过程与设备
(8) X928.0 玻璃工业
(9) X928.0 其他材料
【IPC 类目】
(1) C03C4/00 特殊性能玻璃的组成〔4〕
(2) C03C4/00 为获得特殊艺术表面效果或修饰的表面处理(通过涂液的涂层表面预处理或后处理入 B05D3/00;通过在表面上涂液或其他流态材料获得特殊表面效果入 B05D5/00;塑料表面成形如压花入 B29C59/00)〔2〕
(3) C03C4/00 含锌〔4〕
(4) C03C4/00 含磷、铌或钽〔4〕
(5) C03C4/00 在压力作用下,燃烧室或工作腔壁局部可变形的发动机
【词条属性】
【特征】
【特点】 结晶物质由结晶形态转变为无定形的温度
【状况】
【应用场景】 材料科学与工程、冶金工程、化学及采矿等各行业
【因素】
【影响因素】 材料种类,晶体结构
【词条关系】
【等同关系】
【俗称为】 熔点
【层次关系】
【并列】 凝固点
【并列】 熔化热
【并列】 结晶温度
【并列】 升华温度
【并列】 闪点
【并列】 沸点
【并列】 气化温度
【类属】 性能
【类属】 转变温度
【类属】 化学性能
【实例-概念】 使用温度
【应用关系】
【用于】 晶体
【用于】 电子工业
【用于】 有机化合物
【用于】 冶金工业
【测度关系】
【物理量-单位】 开尔文(K)
【物理量-单位】 摄氏度(℃)
【物理量-度量工具】 温度计

◎熔焊

【基本信息】
【英文名】 fusion welding
【拼音】 rong han
【核心词】
【定义】
(1)利用局部加热的方法,将焊件的结合处加热到熔化状态,使互相融合,冷凝后彼此结合的金属焊接方法。
【来源】《中国冶金百科全书·金属材料》
(2)利用两金属件连接处的加热熔化,以造成金属间原子或分子间的结合而得到永久连接的焊接方法。
【来源】《金属材料简明辞典》
【分类信息】
【CLC 类目】
X76 机械、仪表工业废物处理与综合利用
【IPC 类目】
(1) H01H1/02 按所用材料区分
(2) H01H1/02 铜基合金
(3) H01H1/02 银基合金〔2〕
(4) H01H1/02 具有存在于接头内的电阻的焊接接头〔7〕
(5) H01H1/02 用于使之易于装配或拆卸的结构〔6〕
【词条属性】
【特征】
【特点】 能量集中
【特点】 熔化

【词条关系】
【等同关系】
【基本等同】　融化熔接
【基本等同】　熔化焊
【层次关系】
【概念-实例】　电子束焊
【类分】　弧焊
【类分】　气焊
【类分】　电弧焊
【类分】　电子束焊
【类分】　电渣焊
【类分】　激光焊
【类分】　铝热剂焊
【类分】　静熔焊
【类分】　动熔焊
【类分】　机械熔焊
【类分】　堆焊
【类属】　焊接
【组成部件】　焊丝
【组成部件】　可燃气体
【组成部件】　助燃气体
【组成部件】　焊粉
【生产关系】
【工艺-材料】　铸铁
【工艺-材料】　不锈钢
【工艺-材料】　薄钢板
【工艺-材料】　钢筋

◎溶解度

【基本信息】
【英文名】　solubility
【拼音】　rong jie du
【核心词】
【定义】
溶解度,在一定温度下,某固态物质在100 g溶剂中达到饱和状态时所溶解的溶质的质量,叫作这种物质在这种溶剂中的溶解度。
【来源】《科学技术社会辞典・化学》
【分类信息】
【CLC类目】
（1）O645.12　溶解度
（2）O645.12　铂(白金)
（3）O645.12　从其他原料提取石油
（4）O645.12　醇及其衍生物
（5）O645.12　一般性问题
【IPC类目】
C09B29/00　由重氮化及偶合制备的单偶氮染料
【词条属性】
【特征】
【特点】　物质溶解度存在的前提是达到饱和状态
【状况】
【应用场景】　汽车配件
【应用场景】　油气管道
【应用场景】　车刀
【应用场景】　钢筋
【应用场景】　轴承钢
【应用场景】　工具钢
【应用场景】　不锈钢
【应用场景】　模具钢
【应用场景】　合金结构钢
【因素】
【影响因素】　温度
【影响因素】　压强
【影响因素】　溶质
【影响因素】　溶剂
【词条关系】
【等同关系】
【基本等同】　溶度
【基本等同】　溶水度
【层次关系】
【概念-实例】　1Cr18Ni9Ti
【概念-实例】　45
【概念-实例】　GCr15
【概念-实例】　T8
【概念-实例】　1Cr13
【概念-实例】　H13

【概念-实例】 40Mn2
【概念-实例】 5Cr21Mn9Ni4N
【类分】 固体溶解度
【类分】 气体溶解度
【类分】 液体溶解度
【类属】 物理性质

◎溶度

【基本信息】
【英文名】 solubility
【拼音】 rong du
【核心词】
【定义】
是以 1 L 溶液中所含溶质的摩尔数表示的浓度。以单位体积里所含溶质的物质的量(摩尔数)来表示溶液组成的物理量,叫作该溶质的摩尔浓度,又称为该溶质的物质的量浓度。
【分类信息】
【CLC 类目】
(1) T 工业技术
(2) T 化学工业
(3) T 冶金工业
(4) T 一般性问题
【IPC 类目】
C10G21/16 含氧化合物
【词条属性】
【特征】
【特点】 一种材料溶于另一种材料的量
【状况】
【应用场景】 化学工程、材料科学、冶金工程等领域
【因素】
【影响因素】 温度、材料的种类及性质
【词条关系】
【等同关系】
【基本等同】 溶解度
【层次关系】
【类分】 气体溶解度
【类分】 固体溶解度
【类属】 性能
【类属】 加工性能
【类属】 使用性能
【应用关系】
【用于】 化学工业
【用于】 冶金工业
【用于】 溶解平衡
【用于】 化学应用
【用于】 电解质
【用于】 化学热力学
【测度关系】
【物理量-度量方法】 溶度参数

◎韧性

【基本信息】
【英文名】 toughness
【拼音】 ren xing
【核心词】
【定义】
又称为“韧度”。金属在断裂前吸收变形能量的能力。
【来源】 《金属材料简明辞典》
【分类信息】
【CLC 类目】
(1) TG257 合金铸铁铸件
(2) TG257 工程材料力学(材料强弱学)
(3) TG257 非金属复合材料
(4) TG257 钢的组织与性能
(5) TG257 特种性能钢
【词条属性】
【状况】
【应用场景】 弹簧钢
【应用场景】 碳素结构钢
【应用场景】 轴承钢
【应用场景】 工具钢
【应用场景】 不锈钢
【应用场景】 模具钢
【应用场景】 合金结构钢
【应用场景】 耐热钢

【词条关系】
【等同关系】
【基本等同】 韧度
【层次关系】
【并列】 塑性
【并列】 脆性
【类分】 强韧化
【类分】 低温韧性
【类属】 强韧性
【类属】 力学性能
【测度关系】
【物理量-度量方法】 光滑试样拉伸试验
【物理量-度量方法】 缺口试样冲击试样
【物理量-度量方法】 断裂韧性试验

◎人工时效

【基本信息】
【英文名】 artificial aging;artificial ageing
【拼音】 ren gong shi xiao
【核心词】
【定义】
固溶处理后的合金经过加热保温,使强化相沉淀析出,以提高其性能的热处理工艺。
【来源】《现代材料科学与工程词典》
【分类信息】
【CLC 类目】
(1) T 工业技术
(2) T 金属学与热处理
(3) T 冶金工业
(4) T 冶金技术
(5) T 一般工业技术
(6) T 合金学与各种性质合金
(7) T 特种结构材料
【IPC 类目】
(1) C22F1/053 以锌做次主要成分的合金的〔4〕
(2) C22F1/053 以镁做次主要成分的合金的〔4〕
(3) C22F1/053 硅和镁在比例上近似相等的 Al-Si-Mg 系合金的〔4〕
(4) C22F1/053 铜做次主要成分的〔2〕
(5) C22F1/053 以铜做次主要成分的合金的〔4〕
【词条属性】
【特征】
【缺点】 相比自然时效应力释放不彻底
【数值】 保温时间 5~20 h
【特点】 是人为的方法,一般是加热或是冰冷处理消除或减小淬火后工件内的微观应力、机械加工残余应力
【优点】 比自然时效节省时间,残余应力去除较为彻底
【因素】
【影响因素】 工件加热温度及保温时间
【影响因素】 时效时间
【影响因素】 材料屈服强度
【词条关系】
【等同关系】
【俗称为】 焖火
【层次关系】
【并列】 自然时效
【并列】 振动时效
【构成成分】 加热、冰冷处理、去应力退火
【类属】 时效处理
【类属】 热处理
【应用关系】
【工艺-组织】 微观应力
【工艺-组织】 残余应力
【工艺-组织】 马氏体
【用于】 残余应力
【用于】 材料加工
【用于】 机械加工
【用于】 冶金工业
【用于】 材料成型
【用于】 精密零件
【生产关系】
【工艺-材料】 铸造合金

【工艺-材料】 铸造铝合金
【工艺-材料】 铝合金
【工艺-材料】 铸钢

◎热轧

【基本信息】
【英文名】 hot rolling;hot rolled
【拼音】 re zha
【核心词】
【定义】

加工温度在 0.6 T_m 以上的塑性加工工艺(T_m 为以绝对温度表示的金属熔点温度)。热轧是塑性加工中最主要的加工方法之一,在冶金工业的一次加工中占有主要地位。约 80% 的钢都要经过热轧。在热轧条件下,金属的塑性好且变形抗力低,因而热轧具有很高的生产率。

【来源】《材料科学技术百科全书·下卷》
【分类信息】
【CLC 类目】
(1) T 工业技术
(2) T 电工技术
(3) T 金属切削加工及机床
(4) T 金属学与金属工艺
(5) T 金属压力加工
(6) T 冶金工业
(7) T 热轧
(8) T 压力加工工艺
(9) T 轧制工艺
(10) T 其他特种性质合金
【IPC 类目】
(1) C21D9/46 用于金属薄板
(2) C21D9/46 在生产钢板或带钢时(8/12 优先)〔3〕
(3) C21D9/46 在生产具有特殊电磁性能的产品时〔3〕
(4) C21D9/46 铁基合金,如合金钢(铸铁合金入 37/00)〔2〕
(5) C21D9/46 含钛或锆的〔2〕

【词条属性】
【特征】
【缺点】 非金属夹杂物被压成薄片,出现分层现象
【缺点】 不均匀冷却造成的残余应力
【缺点】 热轧制品的组织和性能不能够均匀
【缺点】 热轧产品厚度尺寸较难控制,控制精度相对较差
【特点】 有 3 个主要工序:加热、轧制和精整
【特点】 热轧生产的轧材按合金类别可分为黑色金属和有色金属轧材两大类;黑色金属轧材又可分为普通钢材和合金钢材两类;轧材按断面形状可分为板材、型材和管材三大类。
【优点】 显著降低能耗,降低成本
【优点】 改善金属及合金的加工工艺性能
【优点】 将铸造状态的粗大晶粒破碎,显著裂纹愈合,减少或消除铸造缺陷
【优点】 将铸态组织转变为变形组织,提高合金的加工性能
【优点】 通常采用大铸锭、大压下量轧制,提高了生产效率
【优点】 为提高轧制速度、实现轧制过程的连续化和自动化创造了条件
【状况】
【应用场景】 ①适用于一般结构钢和工程用热轧钢板、钢带,可供焊管、冷轧料、自行车零件,以及重要焊接、铆接、栓接构件;②石油天然气用管线;③汽车大梁、横梁;④集装箱等
【应用场景】 适用于一般结构钢和工程用热轧钢板、钢带,可供焊管、冷轧料、自行车零件,以及重要焊接、铆接、栓接构件
【应用场景】 石油天然气用管线
【应用场景】 汽车大梁、横梁
【应用场景】 集装箱
【词条关系】
【层次关系】
【并列】 冷轧

【参与构成】　深冲
【构成成分】　加热、除鳞、粗轧、精轧、终轧、层流冷却、卷取、精整
【类属】　轧制
【应用关系】
【使用】　连铸板坯
【使用】　初轧板坯
【使用】　坯料
【用于】　冷轧带钢
【用于】　焊管
【用于】　冷弯钢
【用于】　焊接型钢
【用于】　结构件
【用于】　容器
【生产关系】
【工艺-材料】　板材
【工艺-材料】　管材
【工艺-材料】　型材
【工艺-材料】　难熔金属
【工艺-材料】　结构件
【工艺-材料】　薄板
【工艺-材料】　钢板
【工艺-材料】　钢带
【工艺-材料】　普通钢
【工艺-材料】　合金钢
【工艺-材料】　碳钢
【工艺-材料】　低合金钢
【工艺-材料】　不锈钢
【工艺-材料】　硅钢
【工艺-材料】　热轧卷板
【工艺-材料】　热轧板
【工艺-材料】　热轧 H 形钢
【工艺-材料】　热轧型材
【工艺-材料】　双金属
【工艺-材料】　复合材料
【工艺-材料】　坡莫合金
【工艺-设备工具】　带钢热轧机
【工艺-设备工具】　加热炉
【工艺-设备工具】　粗轧机
【工艺-设备工具】　精轧机
【工艺-设备工具】　卷取机

◎热应力

【基本信息】
【英文名】　thermal stress
【拼音】　re ying li
【核心词】
【定义】
【分类信息】
【CLC 类目】
（1）TB34　功能材料
（2）TB34　转炉
（3）TB34　铸造原材料及配制
（4）TB34　动力装置
（5）TB34　加热、冷却机械
【IPC 类目】
（1）C03B33/09　热冲击法〔3〕
（2）C03B33/09　型式或结构(特殊材料的选用,防止侵蚀或腐蚀的措施入 5/28)
（3）C03B33/09　小孔结构、筛、栅、蜂窝状物〔2〕
（4）C03B33/09　烟管或火管;所用附件,如火管插件
（5）C03B33/09　无机材料的,如石棉纸,非编织的金属丝的过滤材料(多孔陶瓷材料入 C04B;烧结金属入 C22C1/04)
【词条关系】
【层次关系】
【类属】　内应力
【类属】　残余应力
【实例-概念】　应力状态

◎热压

【基本信息】
【英文名】　hot pressing;hot-pressing
【拼音】　re ya
【核心词】
【定义】

在加热状态下将塑料压制成制品的工艺方法。有模压与层压两种方法。模压是将塑料放在加热磨具中加压成形。层压是把浸有树脂的片状增强材料(纸张、棉布、玻璃布、木片、竹片等)制成浸料,剪裁成一定尺寸后按要求铺叠制成坯料,放在热压机上进行压制。

【来源】《现代材料科学与工程辞典》

【分类信息】

【CLC 类目】

(1) T　工业技术

(2) T　工程基础科学

(3) T　金属学与金属工艺

(4) T　冶金工业

(5) T　铸造

(6) T　功能材料

(7) T　金属复合材料

(8) T　金属陶瓷材料

(9) T　非金属复合材料

(10) T　晶体加工

【IPC 类目】

(1) C04B35/622　形成工艺;准备制造陶瓷产品的无机化合物的加工粉末〔6〕

(2) C04B35/622　热压法〔6〕

(3) C04B35/622　金属粉末与非金属粉末的混合物(1/08 优先)〔2〕

(4) C04B35/622　以氧化铝为基料的〔6〕

(5) C04B35/622　以碳化物为基料的〔4〕

【词条属性】

【特征】

【缺点】　过程及设备复杂

【缺点】　生产控制要求严

【缺点】　模具材料要求高

【缺点】　能源消耗大

【缺点】　生产效率较低

【缺点】　生产成本高

【特点】　热压压力、热压温度和热压时间称为热压工艺三要素

【特点】　实际热压过程是板坯状态(木材原料、胶粘剂、含水率等)与热压要素综合作用的结果

【优点】　可获得致密度很高的特殊制品,其密度值几乎可达理论值

【优点】　在高温下加压有助于坯体颗粒之间的接触与扩散,从而降低烧结温度,缩短烧结时间

【状况】

【应用场景】　粉末冶金

【应用场景】　材料加工

【应用场景】　机械加工

【应用场景】　模具材料

【因素】

【影响因素】　热压压力、热压温度和热压时间

【影响因素】　板坯状态(原料、胶粘剂、含水率)

【词条关系】

【层次关系】

【并列】　冷压

【概念-实例】　热压成型

【概念-实例】　热压烧结

【构成成分】　热压压力、热压温度、热压时间

【类分】　模压

【类分】　层压

【类分】　连续热压

【类属】　压力加工

【类属】　压铸

【类属】　压力铸造

【应用关系】

【使用】　粉末

【使用】　压坯

【使用】　温模

【用于】　氧化铝

【用于】　铁氧体

【用于】　碳化硼

【用于】　氮化硼

【用于】　热压成型

【用于】　真空成型

【用于】　压缩成型
【生产关系】
【工艺-材料】　模具
【工艺-材料】　结构钢
【工艺-材料】　模具钢
【工艺-材料】　热压弯头
【工艺-材料】　地质钻头
【工艺-材料】　钢结硬质合金
【工艺-设备工具】　热压机
【工艺-设备工具】　热压封口机

◎热循环

【基本信息】
【英文名】　thermal cycle
【拼音】　re xun huan
【核心词】
【定义】
热由一部分传递到另一部分的工作循环。
【分类信息】
【CLC 类目】
（1）TB331　金属复合材料
（2）TB331　试验、分析、鉴定
（3）TB331　力学性质与声学性质
（4）TB331　粉末成型、烧结及后处理
（5）TB331　热力学
【IPC 类目】
（1）F24J2/05　由透明外罩所包围的，如真空太阳能集热器〔6〕
（2）F24J2/05　太阳能集热器的构件、零部件或附件〔4〕
（3）F24J2/05　蒸馏或蒸发〔3〕
【词条属性】
【特征】
【特点】　应用广泛
【状况】
【应用场景】　内燃机
【应用场景】　发动机
【应用场景】　锅炉
【应用场景】　发电站
【应用场景】　机床
【词条关系】
【层次关系】
【参与组成】　热源
【参与组成】　热循环网
【参与组成】　散热设备

◎热稳定性

【基本信息】
【英文名】　thermostability
【拼音】　re wen ding xing
【核心词】
【定义】
又称为“高温稳定性”，指材料在高温下抵抗介质浸蚀的能力。
【来源】《金属材料简明辞典》
【分类信息】
【CLC 类目】
（1）TB383　特种结构材料
（2）TB383　薄膜的性质
（3）TB383　非金属复合材料
（4）TB383　助剂
（5）TB383　盐
【IPC 类目】
（1）C09K11/06　含有机发光材料〔2〕
（2）C09K11/06　非晶态合金〔5〕
【词条属性】
【状况】
【应用场景】　耐热钢
【应用场景】　高温合金钢
【因素】
【影响因素】　热膨胀系数 α
【影响因素】　弹性模量 E
【影响因素】　热导率 λ
【影响因素】　比热 C
【影响因素】　抗张强度 P
【影响因素】　温度
【影响因素】　材料中气相的含量
【影响因素】　材料中玻璃相的含量

【影响因素】 晶相的粒度
【影响因素】 键能
【影响因素】 元素的金属性
【词条关系】
【等同关系】
【基本等同】 高温稳定性
【基本等同】 耐热冲击强度
【测度关系】
【物理量-度量方法】 水浴法
【物理量-度量方法】 气浴法
【物理量-度量工具】 差热分析仪
【物理量-度量工具】 差示扫描量热计
【物理量-度量工具】 坩埚
【物理量-度量工具】 铝坩埚
【物理量-度量工具】 铜坩埚
【物理量-度量工具】 铂坩埚
【物理量-度量工具】 石墨坩埚
【物理量-度量工具】 气源
【物理量-度量工具】 冷却装置
【物理量-度量工具】 煅烧的氧化铝
【物理量-度量工具】 空容器
【物理量-度量工具】 玻璃珠
【物理量-度量工具】 硅油

◎热塑性

【基本信息】
【英文名】 thermoplasticity
【拼音】 re su xing
【核心词】
【定义】
钢材在加热温度超过 600 ℃ 时的塑性性质。
【来源】《中国土木建筑百科辞典·建筑结构》
【分类信息】
【CLC 类目】
(1) TG26 钢件铸造
(2) TG26 钢的组织与性能
(3) TG26 原料与辅助物料
(4) TG26 有机质材料
(5) TG26 天然高分子化合物(高聚物)
【词条属性】
【特征】
【特点】 大多数线型聚合物均表现出热塑性
【特点】 具有热塑性的材料容易进行挤出
【特点】 具有热塑性的材料容易进行注射成型加工
【特点】 具有热塑性的材料容易进行吹塑成型加工
【状况】
【应用场景】 塑料袋
【应用场景】 塑料衣挂
【应用场景】 封口
【应用场景】 黏合
【应用场景】 塑料
【应用场景】 工程塑料
【应用场景】 高性能工程塑料
【应用场景】 聚乙烯塑料
【应用场景】 聚氯乙烯塑料
【应用场景】 雨衣
【应用场景】 食品袋
【应用场景】 包装袋
【因素】
【影响因素】 温度
【影响因素】 载荷
【词条关系】
【应用关系】
【使用】 延伸率
【用于】 压力容器

◎热双金属

【基本信息】
【英文名】 thermal bimetal
【拼音】 re shuang jin shu
【核心词】
【定义】

由两种或两种以上线膨胀系数差异较大的金属或合金复合而成，具有随温度变化而发生弯曲功能的热敏感功能材料。

【来源】《中国冶金百科全书·金属材料》

【分类信息】

【CLC 类目】

TG139　其他特种性质合金

【IPC 类目】

F23Q2/32　与其他物体结合在一起为特征的点火器（与吸烟器具结合在一起的入 A24F）

【词条属性】

【特征】

【特点】　膨胀系数不同

【优点】　结构相对简单

【优点】　成本相对低廉

【优点】　操作可靠性强

【状况】

【前景】　更稳定的热双金属

【前景】　更可靠的热双金属

【前景】　提高热双金属一致性

【前景】　高分辨率热双金属

【前景】　高灵敏热双金属

【应用场景】　热敏感元件

【应用场景】　自控装置

【应用场景】　测量仪表

【应用场景】　温度测量

【应用场景】　温度控制

【应用场景】　温度补偿

【应用场景】　程序控制

【应用场景】　电气开关

【应用场景】　热继电器

【应用场景】　自动断路器

【应用场景】　指示计

【应用场景】　化油器

【应用场景】　控温器

【时间】

【起始时间】　1766 年

【力学性能】

【弹性模量】　≥16000 kgf/mm^2

【词条关系】

【等同关系】

【基本等同】　双金属

【层次关系】

【概念-实例】　5J20110

【概念-实例】　5J1480

【概念-实例】　5J1580

【概念-实例】　5J1380

【概念-实例】　5J1070

【概念-实例】　5J0756

【概念-实例】　5J14140

【概念-实例】　5J15120

【概念-实例】　5J1306

【概念-实例】　5J1411

【概念-实例】　5J1455

【概念-实例】　5JL017

【构成成分】　镍、铁镍铬、铁镍锰、锰镍铜、锰、镍、铜、镉

【类分】　高温型

【类分】　中温型

【类分】　低温型

【类分】　高敏感型

【类分】　耐蚀型

【类分】　电阻型

【类分】　速动型

【类属】　复合材料

【类属】　精密合金

【组成部件】　主动层

【组成部件】　被动层

【组成部件】　中间层

◎热膨胀

【基本信息】

【英文名】　thermal expansion

【拼音】　re peng zhang

【核心词】

【定义】

温度改变时物体发生胀缩的现象。

【来源】《金属材料简明辞典》
【分类信息】
【CLC 类目】
(1) TB321 无机质材料
(2) TB321 金属-非金属复合材料
(3) TB321 超导体、超导体材料
(4) TB321 发射药
(5) TB321 物质的热性质
【IPC 类目】
(1) C03C3/091 含铝〔4〕
(2) C03C3/091 含锌或锆〔4〕
(3) C03C3/091 碱土硅酸铝,如堇青石〔6〕
(4) C03C3/091 从含微球的组合物,如合成泡沫(微球制造入 B01J13/02)〔2〕
(5) C03C3/091 含磷、铌或钽〔4〕
【词条属性】
【特征】
【特点】 可用相对膨胀量表征
【特点】 可用平均线膨胀系数表征
【特点】 可用平均体膨胀系数表征
【特点】 改变材料体积
【特点】 常以热膨胀系数表示
【特点】 应用广泛
【状况】
【应用场景】 水银温度计
【应用场景】 钢板制造船身
【应用场景】 温度控制器
【应用场景】 自动调节器
【应用场景】 开关脱扣器
【应用场景】 延时控制继电器
【应用场景】 铁路钢轨连接
【应用场景】 汽轮机叶轮
【应用场景】 铸铁浇模
【应用场景】 钟表
【因素】
【影响因素】 温度
【影响因素】 压强
【影响因素】 离子之间的键力
【影响因素】 离子之间的配位数
【影响因素】 离子之间的电价
【影响因素】 离子间的距离
【词条关系】
【层次关系】
【并列】 冷收缩
【类分】 固体热膨胀
【类分】 液体热膨胀
【类分】 气体热膨胀

◎热加工性能

【基本信息】
【英文名】 hot workability
【拼音】 re jia gong xing neng
【核心词】
【定义】

在金属学中,把高于金属再结晶温度的加工叫作热加工。热加工性能是对金属的延展性、流动性的一种检验。

【分类信息】
【IPC 类目】
(1) C22C38/44 含钼或钨的〔2〕
(2) C22C38/44 片簧
(3) C22C38/44 铜基合金
(4) C22C38/44 电渣重熔〔3〕
(5) C22C38/44 含稀土元素〔4〕
【词条属性】
【特征】
【特点】 在高于再结晶温度条件下进行
【特点】 细化晶粒
【特点】 消除组织缺陷
【优点】 改善组织
【优点】 改善机械性能
【优点】 利切削加工
【优点】 利压力加工
【优点】 减少残余应力
【优点】 提高组织的均匀化
【优点】 提高成分的均匀化
【状况】

【应用场景】 变速齿轮的热加工
【应用场景】 凸轮轴的热加工
【应用场景】 活塞销的热加工
【词条关系】
【层次关系】
【并列】 冷加工性能
【类分】 铸造性
【类分】 流动性
【类分】 收缩性
【类分】 焊接性
【类属】 使用性能
【应用关系】
【用于】 机械
【生产关系】
【工艺-材料】 螺纹钢
【工艺-材料】 盘螺
【工艺-材料】 无缝管
【工艺-材料】 焊管
【工艺-材料】 中厚板
【工艺-材料】 彩涂板
【工艺-材料】 带钢
【工艺-材料】 工角槽
【工艺-材料】 H 型钢
【工艺-材料】 方钢
【工艺-材料】 球扁钢
【工艺-材料】 弹簧钢
【工艺-材料】 冷镦钢
【工艺-材料】 硬线
【工艺-设备工具】 浇注机
【工艺-设备工具】 锻机
【工艺-设备工具】 焊机

◎热挤压

【基本信息】
【英文名】 hot extrusion
【拼音】 re ji ya
【核心词】
【定义】
将锭坯加热到再结晶温度以上的某一适当的温度进行的挤压。
【来源】《中国冶金百科全书·金属塑性加工》
【分类信息】
【CLC 类目】
(1) TB331　金属复合材料
(2) TB331　热挤压
(3) TB331　金相学(金属的组织与性能)
(4) TB331　特种机械性质合金
【IPC 类目】
(1) C22C1/05　金属粉末与非金属粉末的混合物(1/08 优先)〔2〕
(2) C22C1/05　镁或镁基合金
(3) C22C1/05　铜基合金
(4) C22C1/05　一般硝酸盐的制备方法(个别特殊的硝酸盐,见按其正离子分的 C01B 至 C01G 有关各组)
(5) C22C1/05　铝基合金
【词条属性】
【特征】
【缺点】 热挤压后的钢材易氧化
【缺点】 热挤压后的钢材易脱碳
【缺点】 热挤压后的钢材表面粗糙
【缺点】 尺寸精度差
【特点】 在再结晶温度以上进行
【特点】 可以消除内应力
【特点】 不易产生加工硬化
【特点】 加热温度高
【特点】 需要预热
【优点】 经热挤压的材料塑性好
【优点】 可采用大变形量
【优点】 变形抗力低
【优点】 挤压机吨位小
【优点】 工艺简单
【优点】 机械性能好
【优点】 热挤压后的钢材的晶粒组织细
【状况】
【应用场景】 生产铝
【应用场景】 生产铜

【应用场景】 生产管
【应用场景】 生产棒
【应用场景】 生产线材
【应用场景】 生产异形零件
【应用场景】 生产带凸缘的中空零件
【应用场景】 生产油杯
【应用场景】 生产空心排气门
【词条关系】
【层次关系】
【类分】 正挤压
【类分】 反挤压
【类分】 复合挤压
【应用关系】
【用于】 机械制造
【用于】 贮存装置
【用于】 钻井装置
【生产关系】
【工艺-材料】 难熔金属
【工艺-材料】 铅黄铜
【工艺-材料】 青铜
【工艺-材料】 双金属
【工艺-材料】 型材
【工艺-材料】 异型材
【工艺-材料】 4Cr5MoSiV
【工艺-材料】 4Cr5MoSiV1
【工艺-材料】 W18Cr4V
【工艺-材料】 W6Mo5Cr4V2
【工艺-材料】 3Cr2W8V
【工艺-设备工具】 液压机
【工艺-设备工具】 曲轴锻压机
【工艺-设备工具】 高速锤
【工艺-设备工具】 精压机
【工艺-设备工具】 摩擦压力机
【工艺-设备工具】 冲床
【工艺-设备工具】 挤压筒
【工艺-设备工具】 压头
【工艺-设备工具】 挤压顶头
【工艺-设备工具】 垫块
【工艺-设备工具】 凹磨
【工艺-设备工具】 心棒

◎热锻

【基本信息】
【英文名】 hot forging
【拼音】 re duan
【核心词】
【定义】
热锻是在高于坯料金属的再结晶温度上进行锻造加工的工艺。
【分类信息】
【CLC 类目】
O7 晶体学
【IPC 类目】
(1) C23C16/36 碳氮化物〔4〕
(2) C23C16/36 模锻;使用专用模具切边
(3) C23C16/36 用熔炼法〔2〕
(4) C23C16/36 球棍头
(5) C23C16/36 压力铸造或喷射模铸造,即铸造时金属是用高压压入铸模的〔3〕
【词条属性】
【特征】
【特点】 可减少变形抗力
【特点】 减少锻压设备吨位
【特点】 改变钢锭的铸态结构
【特点】 提高塑性
【特点】 热锻需在高于再结晶温度的条件下进行
【特点】 消除组织缺陷
【状况】
【前景】 热锻标准化操作
【应用场景】 大型轧钢机的轧辊的热锻
【应用场景】 人字齿轮的热锻
【应用场景】 汽轮发电机组的转子、叶轮的热锻
【应用场景】 水压机工作缸的热锻
【应用场景】 汽车曲轴的热锻
【应用场景】 汽车连杆的热锻

【词条关系】

【层次关系】

【并列】 冷锻

【概念-实例】 45 钢

【概念-实例】 1Cr18Ni9

【概念-实例】 GCr15

【概念-实例】 T8 钢

【概念-实例】 1Cr13

【概念-实例】 H13

【概念-实例】 40Mn2

【类属】 锻造

【组成部件】 锻造温度

【生产关系】

【工艺-材料】 难熔金属

【工艺-材料】 碳素结构钢

【工艺-材料】 合金结构钢

【工艺-材料】 弹簧钢

【工艺-材料】 轴承钢

【工艺-材料】 不锈钢

【工艺-材料】 模具钢

【工艺-材料】 精密电阻合金

【工艺-设备工具】 锻锤

【工艺-设备工具】 机械压力机

【工艺-设备工具】 液压机

【工艺-设备工具】 螺旋压力机

【工艺-设备工具】 平锻机

【工艺-设备工具】 锻造操作机

◎热弹性

【基本信息】

【英文名】 thermoelasticity

【拼音】 re tan xing

【核心词】

【定义】

(1)通过温度变化引起固体弹性模量的变化。

【来源】《金属功能材料》

(2)物体因受热而产生的弹性范围内的应力和变形。

【来源】《中国土木建筑百科辞典·工程力学》

【分类信息】

【CLC 类目】

(1) O343　弹性力学

(2) O343　工程材料试验

(3) O343　功能材料

【词条属性】

【特征】

【特点】 由温度变化引起

【状况】

【应用场景】 热核反应堆

【应用场景】 非线性热弹性理论

【应用场景】 电磁热弹性理论

【应用场景】 压电晶体

【应用场景】 各向异性材料

【应用场景】 复合材料

【应用场景】 热断裂问题

【时间】

【起始时间】 19 世纪上半叶

【因素】

【影响因素】 温度

【词条关系】

【层次关系】

【类分】 等温热弹性

【类分】 绝热热弹性

【类分】 耦合热弹性

【类分】 非耦合热弹性

【类属】 固体力学

◎热处理

【基本信息】

【英文名】 heat treatment,heat-treatment,thermal treatment

【拼音】 re chu li

【核心词】

【定义】

是采用加热和冷却的方法,使金属或合金的性质发生变化,以符合一定的要求的一种工艺。进行热处理所采用的主要方法有退火、淬火、回火和化学热处理等。①退火,是将钢加热到结晶转变的温度,并使这温度停留若干时间,然后缓慢地冷却,以使钢软化、晶粒细化,消除内应力,消除冷加工后晶粒的变形;②淬火,是将钢加热到一定温度,经过一定时间的保温,然后放在水中或油中迅速冷却,以提高钢的硬度和强度;③回火,是将淬火后的钢加热到低于结晶转变温度,经过一定时间的保温,然后予以冷却,以消除钢的脆性和淬火后的内应力;④化学热处理,就是采用渗碳、氮化和氰化等方法,以改变钢的表面化学成分,其目的是增加钢的表面硬度。

【来源】《简明工业经济辞典》

【分类信息】

【CLC 类目】

(1) T 工业技术

(2) T 金属学与热处理

(3) T 冶金工业

(4) T 金属复合材料

(5) T 特种机械性质合金

(6) T 热处理工艺

(7) T 有色金属及其合金的热处理

(8) T 非金属复合材料

【IPC 类目】

(1) F16B41/00 防止螺栓、螺母,或销损伤的措施;防止螺栓、螺母或销未经许可操作的措施(密封入 G09F3/00)

(2) F16B41/00 热处理,如适合于特殊产品的退火、硬化、淬火、回火;所用的炉子(一般炉子入 F27)

(3) F16B41/00 淬火设备

(4) F16B41/00 硬化(1/02 优先);随后回火或不回火的淬火(淬火设备入 1/62)〔3〕

(5) F16B41/00 热处理(33/04,33/06 优先)〔5〕

【词条属性】

【特征】

【特点】 采用加热和冷却的方法

【优点】 消除晶粒的变形,消除内应力,增加材料的硬度

【状况】

【前景】 大力发展先进的热处理新技术、新工艺、新材料、新设备,用高新技术改造传统的热处理技术,实现"优质、高效、节能、降耗、无污染、成本低、专业化生产"

【现状】 我国热处理基础理论研究和某些热处理新工艺、新技术研究方面,与工业发达国家差距不大,在热处理生产工艺水平和热处理设备方面有较大差距

【应用场景】 机械工业,机械零件 80%需要热处理,模具、刃具、量具、轴承等 100%需要热处理

【时间】

【起始时间】 铜器时代

【因素】

【影响因素】 热处理的方式,加热温度、时间,保温时间,冷却介质、时间等

【词条关系】

【层次关系】

【附件-主体】 焊接工艺

【构成成分】 快速冷却

【类分】 中间退火

【类分】 自然时效

【类分】 渗氮

【类分】 退火

【类分】 回火

【类分】 淬火

【类分】 形变热处理

【类分】 渗碳

【类分】 表面热处理

【类分】 化学热处理

【类分】 正火

【类分】 固溶热处理

【类分】 时效

【类分】 固溶处理

【类分】 时效处理

【类分】 碳氮共渗

【类分】 调质处理
【类分】 钎焊
【类分】 整体热处理
【类分】 真空热处理
【类分】 人工时效
【类分】 等温退火
【类分】 再结晶退火
【类分】 扩散退火
【实例-概念】 预处理
【应用关系】
【工艺-组织】 马氏体
【工艺-组织】 内应力
【工艺-组织】 氢脆
【工艺-组织】 磨损腐蚀
【工艺-组织】 魏氏组织
【工艺-组织】 粒状珠光体
【工艺-组织】 二次马氏体
【工艺-组织】 无碳化物贝氏体
【工艺-组织】 粒状贝氏体
【工艺-组织】 织构
【使用】 烧结炉
【使用】 激光
【使用】 电子束
【使用】 感应加热
【使用】 感应电流
【使用】 再结晶温度
【使用】 加热炉
【使用】 激光重熔
【用于】 内应力
【用于】 制造农具
【用于】 钴基耐蚀合金
【生产关系】
【工艺-材料】 铝合金
【工艺-材料】 轴承合金
【工艺-材料】 铝材
【工艺-材料】 结构钢
【工艺-材料】 铸铁
【工艺-材料】 丝材
【工艺-材料】 铌合金
【工艺-材料】 镍基合金
【工艺-材料】 白口铸铁
【工艺-材料】 钢铁
【工艺-材料】 精密电阻合金
【工艺-材料】 钼合金
【工艺-材料】 Fe-Ni 合金
【工艺-材料】 汽车钢
【工艺-材料】 黑色金属
【工艺-材料】 有色金属
【工艺-材料】 马氏体不锈钢
【工艺-材料】 软磁材料
【工艺-材料】 钢结硬质合金
【工艺-设备工具】 烧结炉

◎热成形

【基本信息】
【英文名】 hot forming
【拼音】 re cheng xing
【核心词】
【定义】
(1)使坯料或工件在热状态下成形的方法。
【来源】《机械加工工艺辞典》
(2)热成形是在热力耦合作用下使材料变形并发生相变以获得特定组分的成形工艺过程。
【分类信息】
【CLC 类目】
(1) TG306　压力加工工艺
(2) TG306　黑色金属
【IPC 类目】
(1) C08K3/22　金属的〔2〕
(2) C08K3/22　用于物体或物料贮存或运输的容器,如袋、桶、瓶子、箱盒、罐头、纸板箱、板条箱、圆桶、罐、槽、料仓、运输容器;所用的附件、封口或配件;包装元件;包装件
(3) C08K3/22　防腐蚀或防垢的其他方法
(4) C08K3/22　含硅化合物〔2〕

(5) C08K3/22　对转子和定子的相对不正常位置敏感的停止装置,如监视这样的位置

【词条属性】

【特征】

【优点】　高强度

【优点】　消除回弹影响

【优点】　成形质量好

【优点】　降低压机吨位

【优点】　尺寸精度较高

【优点】　零件表面硬度好

【优点】　零件抗凹性好

【优点】　零件刚度好

【状况】

【前景】　热成形数值模拟

【前景】　热成形的有限元建模

【前景】　汽车车身轻量化设计

【现状】　冲压成形领域的前沿技术

【应用场景】　汽车前后保险杠

【应用场景】　车顶构架

【应用场景】　车底框架

【应用场景】　车门内板

【应用场景】　车门防撞梁

【时间】

【起始时间】　1977 年瑞典公司 Plannja 提出了一项热冲压成形专利用于制造锯片和割草机刀片

【起始时间】　1984 年 SAAB 汽车公司在 SAAB 9000 上首次采用了淬火硼钢材料经热成形生产的零件

【词条关系】

【等同关系】

【全称是】　热成形技术

【层次关系】

【概念-实例】　高强度硼合金钢

【类分】　铸造成形

【类分】　塑性加工

【类分】　焊接

【类分】　胶接

【类分】　锻压

【类分】　热冲压

【类分】　间接成形工艺

【类分】　直接成形工艺

【生产关系】

【工艺-材料】　热成形钢

【工艺-材料】　超高强钢板

◎燃气轮机

【基本信息】

【英文名】　gas turbine

【拼音】　ran qi lun ji

【核心词】

【定义】

(1)包含涡轮机的一种内燃机。驱动叶轮的动力由热气提供。燃气轮机是一种轻便灵活的发动机,有多种用途,最适宜用作飞机的发动机。燃气轮机由压缩机、燃烧室和涡轮机构成。空气在压力作用下从压缩机馈入燃烧室。天然气、煤油或石油等燃料在燃烧室内燃烧;热气驱动涡轮机,涡轮机转而驱动压缩机。通过喷气发动机的推动或涡轮机轴的旋转产生动力。

【来源】　《麦克米伦百科全书》

(2)用加热的压缩气体作为工质,将燃料的能量转化成机械功,并通过转轴输出的涡轮机。

【来源】　《军事大辞海·下》

(3)燃气轮机分为 4 个主要部分:压气机;燃烧室、喷油嘴、抽油机;透平;回热装置,也就是空气预热器。压气机将空气送至回热器,由废气预热后进入燃烧室的夹层继续加热,并与抽油机喷入的燃料混合燃烧,燃烧后的高温燃气进入透平膨胀做功,废气通过回热装置排出。压气机由透平驱动一起旋转;早期透平的转子与压气机是分开设计的,即两轴双支点结构,目前都设计成一个整体。

【来源】　《中国成人教育百科全书·物理·机电》

【分类信息】

【CLC 类目】

(1) U664.131　燃气轮机

(2) U664.131　氨和铵盐工业
(3) U664.131　边界层(附面层)理论
(4) U664.131　航空、航天的应用

【IPC 类目】

(1) F02C6/18　在燃气轮机装置的外部,利用该装置的余热,如燃气轮机热电厂(利用余热作为制冷设备能源的入 F25B27/02)〔3〕

(2) F02C6/18　应用液体或气体燃料的连续燃烧室〔3〕

(3) F02C6/18　介质是气态的,如空气

(4) F02C6/18　复式燃气轮机装置;燃气轮机装置与其他装置的组合(关于这些装置的主要状况见这些装置的相关类);特殊用途的燃气轮机装置〔3〕

(5) F02C6/18　用一个循环排出的流体加热另一个循环的流体

【词条属性】

【特征】

【缺点】　温度高
【缺点】　需要价格昂贵的耐热合金
【缺点】　加工困难
【缺点】　耗油量大
【缺点】　吸进的空气多
【缺点】　喷出的废气也多
【缺点】　影响环境卫生
【数值】　效率可达 50%～60%
【特点】　无须复杂的冷却水系统
【特点】　运行机动灵活
【特点】　可以担负峰荷运行
【优点】　重量轻
【优点】　体积小
【优点】　起动快
【优点】　润滑油耗量低
【优点】　几乎可以不消耗冷却水
【优点】　不需要连杆曲柄、飞轮等传动机构
【优点】　不需要蒸汽热机的锅炉装置

【状况】

【前景】　采用耐高温合金和陶瓷材料
【前景】　先进的冷却技术来提高燃气初温
【前景】　发展高压缩比大流量压气机
【前景】　采用多种燃料
【前景】　新的调节控制系统
【应用场景】　1000 kW 以上的飞机和船舶
【应用场景】　作为数万千瓦的固定地面动力装置
【应用场景】　在严重缺水或缺煤的某些边远地区及应急场合还可用于发电

【时间】

【起始时间】　690 年中国张遂用燃气推动铜轮,是燃气轮机的雏形
【起始时间】　1872 年德国斯托兹制造了第一台具有现代特征的燃气轮机
【起始时间】　1920 年德国霍尔兹瓦斯设计制造了第 1 台实际运行的 37 kW 的燃气轮机
【起始时间】　1938 年瑞士的阿默尔制成功率为 4 MW 的定压燃烧的燃气轮机,热效率达 17.4%
【起始时间】　1939 年德国的霍兹华尔斯研制成功了功率为 2 MW 的定容燃烧的燃气轮机,热效率达到 20%;这时燃气轮机才达到实用阶段
【起始时间】　1941 年铁路机车开始采用燃气轮机
【起始时间】　1943 年出现了燃气轮喷气发动机

【词条关系】

【等同关系】

【基本等同】　燃气透平发动机
【全称是】　燃气涡轮发动机
【缩略为】　气轮机

【层次关系】

【类分】　简单循环燃气轮机
【类分】　复杂循环燃气轮机
【类分】　普通燃气轮机
【类分】　空气轮机
【类分】　烟气轮机

【组成部件】 碳化硅
【组成部件】 燃烧室
【组成部件】 压缩机
【组成部件】 涡轮
【应用关系】
【部件成品-材料】 钴合金
【使用】 氧化锆
【使用】 变形高温合金
【用于】 航空发动机

◎缺陷

【基本信息】
【英文名】 defect
【拼音】 que xian
【核心词】
【定义】
(1)残损、欠缺或不完善的地方。
【来源】《军事大辞海·下》
(2)晶体结构中质点排列的某种不规则性或不完善性。又称晶格缺陷。表现为晶体结构中局部范围内,质点的排布偏离周期性重复的空间格子规律而出现错乱的现象。
【分类信息】
【CLC 类目】
(1) O77 晶体缺陷
(2) O77 固体缺陷
(3) O77 晶体学
(4) O77 材料结构及物理性质
(5) O77 铸锭
【词条属性】
【特征】
【数值】 点缺陷引起的严重畸变局限在几个原子壳范围内
【数值】 线缺陷引起的严重畸变范围只涉及几个原子半径的距离
【数值】 面缺陷两侧严重畸变范围为几个原子厚度
【数值】 体缺陷引起的严重畸变范围是直径几十到几百个原子半径的球体积
【特点】 点缺陷是热力学稳定的
【特点】 淬火过程会产生体缺陷
【特点】 辐照过程也会产生体缺陷
【因素】
【影响因素】 线缺陷的几何位置
【影响因素】 割面两侧的相对位移
【影响因素】 热处理
【影响因素】 辐照
【影响因素】 形变
【影响因素】 空位的沉积
【词条关系】
【层次关系】
【概念-实例】 位错
【概念-实例】 向错
【概念-实例】 表面
【概念-实例】 界面
【概念-实例】 相界面
【概念-实例】 层错
【概念-实例】 半共格相界
【概念-实例】 非共格相界
【概念-实例】 倾转晶界
【概念-实例】 扭转晶界
【概念-实例】 奇异晶界
【概念-实例】 邻位晶界
【概念-实例】 小角度晶界
【概念-实例】 大角度晶界
【概念-实例】 空位
【类分】 点缺陷
【类分】 线缺陷
【类分】 弗兰克缺陷
【类分】 肖脱基缺陷
【类分】 禀性点缺陷
【类分】 非禀性点缺陷
【类分】 微裂纹
【应用关系】
【使用】 柏氏矢量
【使用】 单位切线矢量
【使用】 O 点阵
【使用】 CSL 点阵

【使用】　DSC 点阵
【使用】　超点阵

◎缺口

【基本信息】
【英文名】　notch;indentation
【拼音】　que kou
【核心词】
【定义】
物体边沿上缺掉一块而形成的豁口。
【来源】《新语词大词典》
【分类信息】
【CLC 类目】
(1) T　工业技术
(2) T　工程基础科学
(3) T　金属学与金属工艺
(4) T　金属学与热处理
(5) T　一般性问题
(6) T　疲劳理论
(7) T　材料结构及物理性质
(8) T　断裂理论
(9) T　特种结构材料
【IPC 类目】
(1) F02F5/00　活塞环,如与活塞顶连在一起的
(2) F02F5/00　轴流泵的
(3) F02F5/00　有摆动部件组成的,如百叶窗
(4) F02F5/00　墙壁、天花板或地板底座;吊架或灯臂与底座的固定(21/08 优先;可移动的固定灯座入 21/06)
(5) F02F5/00　用体力驱动的泵,如用于充气的
【词条属性】
【特征】
【缺点】　缺口将导致:应力集中,三向应力状态产生脆化应变集中,局部应变速率提高
【优点】　可用于缺口强化
【词条关系】
【应用关系】
【工艺-组织】　内应力
【用于】　冲击韧性
【用于】　应力状态

◎屈服强度

【基本信息】
【英文名】　yield strength
【拼音】　qu fu qiang du
【核心词】
【定义】
(1)材料开始产生宏观塑性变形所需的应力,抵抗塑性变形的能力。可分为物理屈服强度和条件屈服强度。
【来源】《现代材料科学与工程辞典》
(2)对这些材料,规定以产生 0.2%残余伸长的应力作为材料的屈服强度,记作 $\sigma_{0.2}$,亦称为“屈服极限”。
【来源】《金属材料简明辞典》
(3)又称屈服应力。在从材料拉伸试验得出的应力—应变曲线上,出现应力不变而应变继续增加时对应的点,称为屈服点。又称为流限,对应的应力即屈服强度。
【来源】《中国土木建筑百科辞典・建筑结构》
【分类信息】
【CLC 类目】
(1) U674.13　货船
(2) U674.13　船舶结构分析
(3) U674.13　物理试验法
(4) U674.13　钢
(5) U674.13　转炉
【IPC 类目】
(1) C22C23/02　铝做次主要成分的〔2〕
(2) C22C23/02　用熔炼法
(3) C22C23/02　在生产钢板或带钢时(8/12 优先)〔3〕
(4) C22C23/02　含锰的〔2〕
(5) C22C23/02　铜或铜基合金

【词条属性】

【特征】

【特点】 反映材料的内在性能的一个本质指标

【特点】 通常所说的材料的屈服强度一般是指在单向拉伸时的屈服强度

【特点】 工程上也是材料的某些力学行为和工艺性能的大致度量

【特点】 屈服强度增高则对应力腐蚀和氢脆就敏感

【特点】 屈服强度低则冷加工成型性能和焊接性能就好

【特点】 强度设计值的主要依据

【状况】

【应用场景】 不锈钢使用极限

【应用场景】 零件使用极限

【因素】

【影响因素】 原子结合键

【影响因素】 组织结构

【影响因素】 温度

【影响因素】 应变速率

【影响因素】 应力状态

【影响因素】 溶质元素

【影响因素】 第二相

【词条关系】

【等同关系】

【基本等同】 屈服应力

【俗称为】 屈服极限

【层次关系】

【并列】 弹性极限

【并列】 比例极限

【参与构成】 拉伸性能

【类分】 物理屈服强度

【类分】 条件屈服强度

【类分】 上屈服强度

【类分】 下屈服强度

【应用关系】

【使用】 应力—应变曲线

【测度关系】

【物理量-单位】 兆帕

【物理量-单位】 帕斯卡

【物理量-度量方法】 图示法

【物理量-度量方法】 指针法

【物理量-度量工具】 测力度盘

【物理量-度量工具】 电子万能试验机

【物理量-度量工具】 引伸计

【物理量-度量工具】 游标卡尺

【物理量-度量工具】 夹具

◎区域熔炼

【基本信息】

【英文名】 zone melting; regional smelt; zone-melting

【拼音】 qu yu rong lian

【核心词】

【定义】

又称区域提纯,将材料制成细棒,用高频感应加热,使一小段固体熔融成液态。熔融区慢慢从放置材料的一端向另一端移动。在熔融区的末端,固体重结晶,而含杂质部分因比纯质的熔点略低,较难凝固,便富集于前端。

【分类信息】

【CLC 类目】

(1) T 工业技术

(2) T 工程基础科学

(3) T 金属学与金属工艺

(4) T 金属学与热处理

(5) T 冶金工业

(6) T 超导体、超导体材料

【IPC 类目】

(1) H01R39/20 按其材料区分的

(2) H01R39/20 天然冰的生成,即不需要冷冻

(3) H01R39/20 未列入 1/02 至 1/20 各组之金属的〔2〕

(4) H01R39/20 金属的重熔(熔析入 9/02)〔3〕

(5) H01R39/20 用超声波或电场或磁场

控制的熔体凝固法

【词条属性】

【特征】

【缺点】 生产效率低

【数值】 纯度达99.999%

【特点】 将材料制成细棒,用高频感应加热,使一小段固体熔融成液态

【特点】 熔融区慢慢从放置材料的一端向另一端移动

【优点】 设备简单

【优点】 产品纯度高

【优点】 操作可以自动化

【优点】 一次达不到要求,可以重复操作

【状况】

【应用场景】 材料的物理提纯,生产刚玉、YAG及白钨矿等宝石材料,制备铝、镓、锑、铜、铁、银等高纯金属材料

【时间】

【起始时间】 1953年

【因素】

【影响因素】 熔区温度

【影响因素】 熔区提纯次数

【影响因素】 熔区宽度

【影响因素】 熔区的移动速度

【影响因素】 真空度

【词条关系】

【等同关系】

【基本等同】 区域提纯

【层次关系】

【概念-实例】 半导体材料

【类分】 水平区熔

【类分】 悬浮区熔

【应用关系】

【用于】 物理提纯

【用于】 生长晶体

【用于】 提纯金属

【用于】 半导体

【生产关系】

【工艺-材料】 稀有金属

【工艺-材料】 单晶硅

【工艺-材料】 刚玉

【工艺-材料】 YAG

【工艺-材料】 白钨矿

【工艺-材料】 宝石材料

【工艺-材料】 粉末

【工艺-材料】 高纯镓

【工艺-材料】 高纯铝

【工艺-材料】 高纯锑

【工艺-材料】 高纯铁

【工艺-材料】 高纯铜

【工艺-材料】 高纯银

【工艺-材料】 马氏体不锈钢

【工艺-设备工具】 高频线圈

【工艺-设备工具】 聚焦红外线

【工艺-设备工具】 烧结棒

【工艺-设备工具】 高频感应炉

◎青铜

【基本信息】

【英文名】 bronze

【拼音】 qing tong

【核心词】

【定义】

青铜是以除锌和镍以外的其他元素为主要添加元素的铜合金,通常以铜以外的第一主元素名称命名青铜的类别。青铜品种繁多,其中以锡青铜、铝青铜、铍青铜应用较广;还有硅青铜、锰青铜、钛青铜、铬青铜及锆青铜等。青铜以字母Q表示。

【来源】《中国材料工程大典·第4卷·有色金属材料工程(上)》

【分类信息】

【CLC类目】

(1) TB3 工程材料学

(2) TB3 金属学与金属工艺

(3) TB3 冶金工业

(4) TB3 工业技术

(5) TB3 电工材料

(6) TB3 机械制造用材料

(7) TB3 建筑材料

(8) TB3 有色金属冶炼

【IPC 类目】

(1) F16C33/04 黄铜轴衬;轴瓦;衬套

(2) F16C33/04 雕塑、搓捏、雕刻、蚀刻、扭索或浮饰用的艺术家手工工具;所用的辅助装置

(3) F16C33/04 锡做次主要成分的〔2〕

(4) F16C33/04 镀铜〔4,5〕

(5) F16C33/04 用合金镀覆〔4,5〕

【词条属性】

【特征】

【特点】 呈青灰色,或青绿色

【优点】 较高的耐磨性

【优点】 良好的机械性能

【优点】 铸造性能

【优点】 耐蚀性

【状况】

【应用场景】 机械制造

【应用场景】 铸造各种器具、机械零件、轴承、齿轮等

【应用场景】 制备青铜器,有食器、酒器、水器、乐器、兵器、车马器、农器与工具、货币、玺印与符节、度量衡器、铜镜、杂器十二大类

【时间】

【起始时间】 中国是青铜时代,距今4000~4500年;国外是6000年前的古巴比伦两河流域

【其他物理特性】

【熔点】 <1083 ℃

【词条关系】

【层次关系】

【并列】 黄铜

【并列】 红铜

【并列】 白铜

【构成成分】 磷铜

【类分】 铜合金

【类分】 磷青铜

【类分】 磷铜

【类分】 硅青铜

【类分】 铍青铜

【类分】 铝青铜

【类属】 铜基合金

【应用关系】

【材料-加工设备】 熔炉

【用于】 轴承合金

【用于】 机械轴承

【用于】 青铜器

【用于】 耐磨合金

【用于】 耐蚀合金

【用于】 精密仪器

【用于】 接触片

【用于】 弹簧

【用于】 抗磁性零件

【用于】 导电合金

【生产关系】

【材料-工艺】 熔模铸造

【材料-工艺】 固溶强化

【材料-工艺】 铸造

【材料-工艺】 弥散强化

【材料-工艺】 热挤压

【材料-工艺】 淬火

【材料-工艺】 时效强化

【材料-原料】 红铜

【材料-原料】 锡元素

【材料-原料】 铅元素

【材料-原料】 纯铜

◎切削性能

【基本信息】

【英文名】 machinability

【拼音】 qie xiao xing neng

【核心词】

【定义】

对材料使用某种切削方法以获得优质制品的可能性或难易程度,是材料的一项重要的工艺性能,与材料的性质、热处理方法、切削加工

方式等有关。

【来源】《金属材料简明辞典》

【分类信息】

【CLC 类目】

(1) TG501　切削原理与计算

(2) TG501　各种材料刀具

(3) TG501　加工性试验法

(4) TG501　黑色金属

(5) TG501　粉末冶金制品及其应用

【IPC 类目】

(1) C22C38/60　含铅、硒、碲或锑或含大于 0.04%(质量分数)的硫〔2〕

(2) C22C38/60　含锰的〔2〕

(3) C22C38/60　锌做次主要成分的〔2〕

(4) C22C38/60　以硅做次主要成分的合金的〔4〕

(5) C22C38/60　镍或钴做次主要成分的〔2〕

【词条属性】

【特征】

【特点】　切削时切削抗力小,刀具寿命长,表面粗糙度值低,断屑性好,则表明该材料的切削加工性能好

【特点】　硬度和韧性过低或过高,切削加工性均不理想

【特点】　硬度在 170～230 HBW,并有足够脆性金属材料,其切削加工性良好

【特点】　在刀具和切削条件固定的条件下,钢的切削加工性能用刀具寿命来衡量

【特点】　铸铁比钢切削加工性能好

【特点】　一般碳钢比高合金钢切削加工性能好

【特点】　可用加工表面粗糙度或表面质量来衡量工件材料的切削加工性

【特点】　可用刀具耐用度来衡量工件材料的切削加工性

【特点】　可用切削力大小来衡量工件材料的切削加工性

【特点】　可用切削温度的高低来衡量工件材料的切削加工性

【因素】

【影响因素】　有益元素(硫、磷、铅、钙、硒、碲、铋等)的添加

【影响因素】　工件的化学成分

【影响因素】　工件的组织状态

【影响因素】　工件的硬度

【影响因素】　工件的塑性

【词条关系】

【等同关系】

【全称是】　切削加工性能

【层次关系】

【类属】　使用性能

◎切削速度

【基本信息】

【英文名】　cutting speed

【拼音】　qie xiao su du

【核心词】

【定义】

(1)在进行切削加工时,刀具切削刃上的某一点相对于待加工表面在主运动方向上的瞬时速度。

【来源】《机械加工工艺辞典》

(2)在进行切削加工时,切削工具和工件在切削运动方向上的相对速度。如车床车削时工件旋转的圆周速度。

【来源】《金属材料简明辞典》

【分类信息】

【CLC 类目】

(1) TB322　有机质材料

(2) TB322　非金属复合材料

【IPC 类目】

(1) C22C38/60　含铅、硒、碲或锑或含大于 0.04%(质量分数)的硫〔2〕

(2) C22C38/60　以立方氮化硼为基料的〔6〕

(3) C22C38/60　以碳化钛为基料的〔4〕

(4) C22C38/60　以碳化物或碳氮化物为

基的〔4〕

(5) C22C38/60　用热处理法或用热加工或冷加工法改变有色金属或合金的物理结构(金属的机械加工设备入 B21,B23,B24)

【词条属性】

【特征】

【数值】　可高达 8000 mm/min

【特点】　通常粗加工切削速度低

【特点】　通常精加工切削速度高

【时间】

【起始时间】　中国在 20 世纪 80 年代中期开始研究陶瓷刀具高速切削淬硬钢并在生产中应用

【因素】

【影响因素】　刀具材料

【影响因素】　刀具形状

【影响因素】　切削材料

【影响因素】　进给速度

【词条关系】

【层次关系】

【并列】　进给速度

【类分】　车削速度

【类分】　钻削速度

【类分】　刨削速度

【类分】　铣削速度

【类分】　磨削速度

【类分】　拉削速度

【类分】　插削速度

【类分】　珩磨速度

【类分】　抛光速度

【应用关系】

【用于】　机械制造

【测度关系】

【物理量-单位】　转/分钟

【物理量-单位】　米/分钟

◎切削加工

【基本信息】

【英文名】　machine

【拼音】　qie xiao jia gong

【核心词】

【定义】

用切削工具把坯料或工件上多余的材料层切去,使工件获得规定的几何形状、尺寸和表面质量的加工方法。

【来源】　《军事大辞海 · 上》

【分类信息】

【CLC 类目】

(1) TG506.7　各种材料切削加工

(2) TG506.7　金属切削加工工艺

(3) TG506.7　有机质材料

(4) TG506.7　黑色金属

(5) TG506.7　粉末冶金(金属陶瓷工艺)

【IPC 类目】

(1) B23Q11/10　刀具或工件的冷却或润滑装置的配置(结合在刀具中的见有关刀具的小类)

(2) B23Q11/10　改变曲轴与凸轮轴之间的角度关系,如用螺旋传动装置〔6〕

(3) B23Q11/10　特殊的制造方法

(4) B23Q11/10　以传递转矩元件在轴壳中的轴承布置为特征的

【词条属性】

【特征】

【数值】　精度从 10 μm 到 0.1 μm

【优点】　适应范围广

【优点】　精度高

【优点】　表面粗糙度低

【状况】

【前景】　切削加工仿真技术

【前景】　高速切削加工

【时间】

【起始时间】　中国在公元前 13 世纪就已能用研磨的方法加工铜镜

【起始时间】　19 世纪 70 年代切削加工中开始使用电力

【起始时间】　19 世纪 50 年代开始研究金属切削原理

【词条关系】
【层次关系】
【类分】　车削
【类分】　钻削
【类分】　刨削
【类分】　铣削
【类分】　磨削
【类分】　拉削
【类分】　蜗轮加工
【类分】　螺纹加工
【类分】　抛光
【类分】　珩磨
【类分】　插削
【类分】　粗加工
【类分】　半精加工
【类分】　精加工
【类分】　精整加工
【类分】　修饰加工
【类分】　超精密加工
【类分】　刀尖轨迹法
【类分】　成形刀具法
【类分】　展成法
【类分】　高速切削
【类分】　强力切削
【类分】　等离子弧加热切削
【类分】　振动切削
【类属】　机械加工
【应用关系】
【使用】　表面粗糙度
【使用】　预处理
【使用】　碳化钛基硬质合金
【用于】　机械制造
【用于】　汽车及零部件制造
【用于】　模具制造
【生产关系】
【工艺-材料】　坯料
【工艺-材料】　塑料
【工艺-材料】　橡胶
【工艺-材料】　硬质合金
【工艺-设备工具】　切削刀具
【工艺-设备工具】　磨具
【工艺-设备工具】　磨料
【工艺-设备工具】　金属切削机床

◎强度极限

【基本信息】
【英文名】　ultimate strength
【拼音】　qiang du ji xian
【核心词】
【定义】

材料在受力过程中，由开始加载至断裂为止，所能达到的最大应力值。抵抗拉伸变形的称为“抗拉强度极限”；抵抗压缩变形的称为“抗压强度极限”。

【来源】《中国百科大辞典》
【分类信息】
【CLC 类目】
（1）O346.4　强度理论的实验
（2）O346.4　复合材料
【IPC 类目】
（1）C22F1/057　以铜做次主要成分的合金的〔4〕
（2）C22F1/057　用热处理法或用热加工或冷加工法改变有色金属或合金的物理结构（金属的机械加工设备入 B21、B23、B24）
（3）C22F1/057　脱氧，如镇静〔2〕
【词条属性】
【特征】
【特点】　进行静强度校核的重要数据
【特点】　反映材料的内在性能的一个本质指标
【特点】　通常所说的材料的强度极限一般是指在单向拉伸时的强度极限
【特点】　工程上也是材料的某些力学行为和工艺性能的大致度量
【特点】　强度极限低则冷加工成型性能和焊接性能就好
【特点】　强度设计值的主要依据

【状况】

【应用场景】 零件安全强度极限的设计依据

【因素】

【影响因素】 材料组织

【影响因素】 材料结构

【影响因素】 材料本身存在的缺陷

【影响因素】 服役温度

【词条关系】

【等同关系】

【基本等同】 极限强度

【基本等同】 破坏应力

【俗称为】 破坏强度

【层次关系】

【类分】 抗压强度极限

【类分】 抗拉强度极限

【类属】 强度

【应用关系】

【使用】 应力应变曲线

【测度关系】

【物理量-单位】 兆帕

【物理量-单位】 牛/平方毫米

【物理量-度量方法】 图示法

【物理量-度量方法】 指针法

【物理量-度量工具】 测力度盘

【物理量-度量工具】 电子万能试验机

【物理量-度量工具】 引伸计

【物理量-度量工具】 游标卡尺

【物理量-度量工具】 夹具

◎铅黄铜

【基本信息】

【英文名】 lead brass;leaded brass

【拼音】 qian huang tong

【核心词】

【定义】

在铜锌合金基础上,加入铅的黄铜。铅极少固溶于铜锌合金,在合金中以独立相存在,呈游离质点分布于基体,既有润滑作用,又使切削呈崩碎状,从而改善了黄铜的切削性和耐磨性。

【来源】 《材料大辞典》

【分类信息】

【CLC 类目】

(1) T 工业技术

(2) T 电工材料

(3) T 工程材料学

(4) T 机械制造用材料

(5) T 建筑材料

(6) T 冶金工业

(7) T 有色金属冶炼

【IPC 类目】

(1) C22C9/04 锌做次主要成分的〔2〕

(2) C22C9/04 铝做次主要成分的〔2〕

(3) C22C9/04 镍或钴做次主要成分的〔2〕

(4) C22C9/04 铜基合金

【词条属性】

【特征】

【缺点】 铅污染,冷加工性能较差,变形硬化大

【数值】 铅含量≤3%

【特点】 复杂黄铜

【优点】 优良切削性能、耐磨性能和高强度,成本低廉

【优点】 合金成分中可以包容多种合金元素,且含量要求比较宽松,为铜合金原料综合利用奠定了基础

【状况】

【应用场景】 机械工程

【应用场景】 各种连接件、阀门、阀杆轴承

【应用场景】 热锻阀门坯料

【应用场景】 制锁业

【应用场景】 钟表业

【其他物理特性】

【熔点】 700～900 ℃

【词条关系】

【等同关系】

【俗称为】 易切削黄铜
【层次关系】
【并列】 锰黄铜
【并列】 普通黄铜
【并列】 单相黄铜
【并列】 双相黄铜
【并列】 锡黄铜
【并列】 铝黄铜
【并列】 铁黄铜
【并列】 镍黄铜
【类分】 铅合金
【类属】 铜合金
【类属】 黄铜
【类属】 特殊黄铜
【类属】 铅合金
【应用关系】
【材料-加工设备】 半连续铸锭
【材料-加工设备】 砂模
【材料-加工设备】 铁模
【材料-加工设备】 熔炼炉
【生产关系】
【材料-工艺】 熔炼
【材料-工艺】 铸造
【材料-工艺】 感应熔炼
【材料-工艺】 坩埚熔炼
【材料-工艺】 连铸
【材料-工艺】 冷加工
【材料-工艺】 冷变形
【材料-工艺】 热挤压
【材料-工艺】 锻造

◎铅合金

【基本信息】
【英文名】 lead alloy;Pb-alloy
【拼音】 qian he jin
【核心词】
【定义】

以铅为基料加入其他合金化元素组成的合金。根据性能和用途,铅合金可以分为轴承合金、蓄电池合金、印刷合金、模具合金、焊料合金、电缆护套合金和化工耐蚀合金等。其主要合金元素有 Sb,Sn,Bi,Cu 和 Ag 等。

【来源】《材料大辞典》
【分类信息】
【CLC 类目】
(1) T　工业技术
(2) T　电工材料
(3) T　工程材料学
(4) T　机械制造用材料
(5) T　建筑材料
(6) T　冶金工业
(7) T　有色金属冶炼
【IPC 类目】
(1) F04C25/00　适于特殊用途的泵
(2) F04C25/00　用于铅-酸蓄电池的,如框架极板〔2〕
(3) F04C25/00　铅的〔2〕
(4) F04C25/00　通过辐射
(5) F04C25/00　带相似齿形的(2/16 优先)〔3〕
【词条属性】
【特征】
【缺点】 热导率和高温机械性能稍差
【缺点】 铅合金如含有不固溶于铅或形成第二相的铋、镁、锌等杂质,则耐蚀性会降低
【优点】 耐蚀性好
【优点】 熔点低
【优点】 流动性好
【优点】 凝固收缩率小
【优点】 具有良好的压力加工性能
【优点】 使用寿命长
【优点】 生产工艺简单
【优点】 铅合金表面在腐蚀过程中产生氧化物、硫化物或其他复盐化合物覆膜,有阻止氧化、硫化、溶解或挥发等作用
【状况】
【应用场景】 铸造铅字
【应用场景】 制作模型

【应用场景】 轴承
【应用场景】 化工防蚀
【应用场景】 射线防护
【应用场景】 制作电池板
【应用场景】 电缆套
【其他物理特性】
【熔点】 <327 ℃
【力学性能】
【抗拉强度】 3～7 kgf/mm²
【词条关系】
【层次关系】
【并列】 铝合金
【并列】 铋合金
【并列】 钌合金
【并列】 铼合金
【并列】 锗合金
【并列】 铌合金
【类分】 耐蚀铅合金
【类分】 电池铅合金
【类分】 焊料铅合金
【类分】 印刷铅合金
【类分】 轴承铅合金
【类分】 模具铅合金
【类分】 铅锑合金
【类分】 铅锡合金
【类分】 硬铅合金
【类分】 易熔铅合金
【类分】 铅黄铜
【类属】 铅黄铜
【类属】 有色金属材料
【类属】 耐蚀合金
【类属】 电池合金
【类属】 焊料合金
【类属】 印刷合金
【类属】 轴承合金
【类属】 模具合金
【类属】 三元合金
【实例-概念】 合金材料
【应用关系】
【用于】 电解铜
【用于】 软钎料
【用于】 钎料
【用于】 电解锌
【用于】 蓄电池
【用于】 冶金工业
【用于】 化工防蚀
【用于】 射线防护
【生产关系】
【材料-工艺】 压铸
【材料-工艺】 湿法冶金
【材料-工艺】 退火
【原料-材料】 板材
【原料-材料】 带材
【原料-材料】 管材
【原料-材料】 棒材
【原料-材料】 线材

◎钎料

【基本信息】
【英文名】 solder;filler metal;brazing alloy
【拼音】 qian liao
【核心词】
【定义】

指钎焊金属制件时所用的有色金属。钎料应具有的基本特征是:熔点较低、黏合力强、钎焊处有足够的强度和韧性等。按化学成分和用途可分为:软钎料、硬钎料、银钎料。

【分类信息】
【CLC 类目】
(1) T 工业技术
(2) T 电工材料
(3) T 电工技术
(4) T 焊接、金属切割及金属粘接
(5) T 冶金工业
(6) T 文摘、索引
【IPC 类目】
(1) F28F1/02 非圆形截面的管件(1/08,1/10 优先)

(2) F28F1/02　陶瓷烧成制品,与另外陶瓷烧成制品,或其他制品的加热法黏接(层压制品入 B32B,E04C)

(3) F28F1/02　关于钎焊或焊接的(制造印刷电路的浸沾或波峰钎焊接入 H05K3/34)

(4) F28F1/02　介质的选择,如环绕作业区的特殊气氛

【词条属性】

【特征】

【特点】　填充金属

【特点】　比焊接的材料熔点低

【优点】　适宜于连接精密、复杂、多钎缝和异类材料的焊接

【状况】

【应用场景】　钎焊

【其他物理特性】

【熔点】　$T \leqslant 450$ ℃ 的为软钎料; $T >$ 450 ℃ 的为硬钎料

【词条关系】

【层次关系】

【并列】　焊料

【类分】　软钎料

【类分】　硬钎料

【类分】　锡基钎料

【类分】　铅基钎料

【类分】　锌基钎料

【类分】　铝基钎料

【类分】　银基钎料

【类分】　铜基钎料

【类分】　镍基钎料

【应用关系】

【使用】　银合金

【使用】　铅合金

【用于】　钎焊

【用于】　焊缝

【用于】　焊接工艺

【生产关系】

【材料-工艺】　钎焊

【测度关系】

【物理量-度量方法】　可焊性

【物理量-度量方法】　焊接性能

◎钎焊

【基本信息】

【英文名】　brazing

【拼音】　qian han

【核心词】

【定义】

(1) 又称为钎接,连接金属的一种方法。利用熔点较低的焊料(填充金属)和焊件连接处一同加热(用加热炉、电烙铁、气体火焰、电流等),焊料熔化后,渗入并填满连接处间隙而达到连接(焊件未经熔化)。

【来源】《金属材料简明辞典》

(2) 采用液相线温度比母材固相线温度低的金属材料做钎料,将焊件和钎料加热到钎料熔化,润湿母材,填充接头间隙,与母材相互溶解扩散,形成牢固结合的焊接方法。

【来源】《现代材料科学与工程辞典》

【分类信息】

【CLC 类目】

(1) TG421　电焊材料

(2) TG421　金属材料的焊接

(3) TG421　钢

(4) TG421　各种金属材料和构件的焊接

(5) TG421　焊接接头的力学性能及其强度计算

【IPC 类目】

(1) B23K1/00　钎焊,如硬钎焊或脱焊(3/00 优先;仅以使用特殊材料或介质为特征的入 35/00;制造印刷电路的浸沾或波峰钎焊入 H05K3/34)〔5〕

(2) B23K1/00　有板状的或层压的通道〔4〕

(3) B23K1/00　用于两种交换介质的固定板或层压通道的热交换设备,各介质与通道不同的侧面接触

(4) B23K1/00　用焊接的

(5) B23K1/00　用涂层法,如吸收热辐射,反射热辐射;用表面处理法,如抛光

【词条属性】

【特征】

【缺点】　接头强度低

【缺点】　耐热性差

【缺点】　焊前清整要求严格

【缺点】　钎料价格较贵

【数值】　钎焊温度通常选为高于钎料液相线温度 25～60 ℃

【数值】　接头的间隙范围是 0.05～0.20 mm

【特点】　母材不熔化,仅钎料熔化

【特点】　不对焊件施加压力

【特点】　形成的焊缝称为钎缝

【特点】　所用的填充金属称为钎料

【特点】　组织和机械性能变化小

【特点】　变形小

【特点】　工件尺寸精确

【特点】　加热温度较低

【特点】　接头光滑平整

【优点】　可焊异种材料

【优点】　对工件厚度差无严格限制

【优点】　可同时焊多焊件、多接头

【优点】　生产率很高

【优点】　设备简单,生产投资费用少

【优点】　气密性好

【状况】

【应用场景】　硬质合金刀具

【应用场景】　钻探采掘用钻具

【应用场景】　各种导管

【应用场景】　各种容器

【应用场景】　汽车拖拉机水箱

【应用场景】　各种换热器

【应用场景】　电机部件

【应用场景】　汽轮机的叶片

【应用场景】　制造精密仪表

【应用场景】　电气零部件

【应用场景】　异种金属构件

【应用场景】　复杂薄板结构

【时间】

【起始时间】　5000 年前和近 4000 年前,古埃及曾用银铜钎料钎焊管子,用金钎料钎焊护符盒

【起始时间】　公元 79 年被火山爆发埋没的庞贝城的废墟中,发现由钎焊连接的钎制水管遗迹,钎料具有 $m(\mathrm{Sn}):m(\mathrm{Pb})=1:2$ 的成分比

【起始时间】　公元前 5 世纪,战国初期使用锡铅合金钎料,秦始皇兵马俑青铜器马车大量采用钎焊技术

【起始时间】　汉代班固《汉书》:胡桐泪盲似眼泪也,可以韩金银也,今工匠皆用之

【起始时间】　1637 年明代宋应星科技巨著《天工开物》中有记载

【起始时间】　20 世纪 30 年代,在冶金和化工技术发展的基础上,钎焊技术发展迅速,形成现代钎焊技术

【词条关系】

【层次关系】

【类分】　软钎焊

【类分】　高温钎焊

【类分】　中温钎焊

【类分】　低温钎焊

【类分】　火焰钎焊

【类分】　炉中钎焊

【类分】　感应钎焊

【类分】　电阻钎焊

【类分】　浸渍钎焊

【类分】　气相钎焊

【类分】　烙铁钎焊

【类分】　特种钎焊

【类分】　超声波钎焊

【类分】　无钎剂钎焊

【类分】　自钎剂钎焊

【类分】　气体保护钎焊

【类分】　毛细钎焊

【类分】　非毛细钎焊

【类分】 铝钎焊
【类分】 不锈钢钎焊
【类分】 钛合金钎焊
【类分】 高温合金钎焊
【类分】 陶瓷钎焊
【类分】 复合材料钎焊
【类分】 银钎焊
【类分】 铜钎焊
【类属】 热处理
【类属】 焊接
【应用关系】
【使用】 软钎料
【使用】 钎料
【生产关系】
【工艺-材料】 难熔金属
【工艺-材料】 钎料

◎气相沉积

【基本信息】
【英文名】 vapor deposition
【拼音】 qi xiang chen ji
【核心词】
【定义】

气相沉积技术是利用气相中发生的物理、化学过程,在工件表面形成功能性或装饰性的金属、非金属或化合物涂层。

【来源】《现代材料科学与工程辞典》
【分类信息】
【CLC类目】
(1) TG174　腐蚀的控制与防护
(2) TG174　特种结构材料
(3) TG174　重有色金属及其合金
(4) TG174　模具
(5) TG174　薄膜的性质
【IPC类目】
(1) C23C14/34　溅射〔4〕
(2) C23C14/34　氧化物〔4〕
(3) C23C14/34　自有机金属化合物〔4〕
(4) C23C14/34　基座〔4〕
(5) C23C14/34　通过气态化合物分解且表面材料的反应产物不留存于镀层中的化学镀覆,如化学气相沉积(CVD)工艺(反应溅射或真空蒸发入14/00)〔4,7〕
【词条属性】
【特征】
【特点】 淀积温度低
【特点】 薄膜成分易控
【状况】
【前景】 金属有机化学气相沉积法
【前景】 等离子体化学气相沉积法
【前景】 激光化学气相沉积法
【应用场景】 电子设备
【应用场景】 装饰性金属
【应用场景】 刀具(硬涂层)
【应用场景】 集成电路
【应用场景】 半导体外延层
【应用场景】 介质隔离
【应用场景】 扩散掩蔽层
【时间】
【起始时间】 20世纪初
【词条关系】
【层次关系】
【类分】 化学气相沉积
【类分】 等离子体气相沉积
【类属】 工艺技术
【应用关系】
【工艺-组织】 织构
【生产关系】
【工艺-材料】 薄膜
【工艺-材料】 超导带
【工艺-材料】 三元合金
【工艺-材料】 耐磨钢

◎气泡

【基本信息】
【英文名】 bubble;air bubble;gas bubble
【拼音】 qi pao
【核心词】

【定义】

在液体中由于进入气体而产生的圆球形小泡。

【分类信息】

【CLC 类目】

(1) T 工业技术

(2) T 工程基础科学

(3) T 一般性问题

(4) T 生产过程与设备

(5) T 晶体生长工艺

(6) T 其他处理方法

(7) T 化学动力学

(8) T 多相流

【IPC 类目】

(1) C02F1/24 浮选法(1/465 优先)〔3,5〕

(2) C02F1/24 采用扩散器〔3〕

(3) C02F1/24 活性污泥法〔3〕

(4) C02F1/24 采用表面曝气器〔3〕

【词条属性】

【特征】

【缺点】 影响周围流场变化

【缺点】 影响结晶

【特点】 在液体介质中

【特点】 随着产生和脱离,气泡形状和体积发生变化

【优点】 搅拌液体

【优点】 小气泡使气体在液体中混合均匀

【状况】

【应用场景】 冶金工业

【应用场景】 化学工业

【应用场景】 自然科学

【因素】

【影响因素】 表面张力

【词条关系】

【层次关系】

【类分】 氧气气泡

【类分】 空气气泡

【组织-材料】 消泡剂

【应用关系】

【用于】 转炉炼钢

【用于】 高炉炼铁

【用于】 金属冶炼

【用于】 有色金属冶炼

【用于】 涂料

【组织-工艺】 吹氧

【组织-工艺】 底吹气体

【组织-工艺】 侧吹气体

【组织-工艺】 复合吹气体

【组织-工艺】 喷吹

◎气焊

【基本信息】

【英文名】 gas welding

【拼音】 qi han

【核心词】

【定义】

(1)利用燃烧的气体火焰产生的热量进行焊接,称为气焊,或称氧-乙炔焊,它是一种化学焊。

【来源】《机械加工工艺辞典》

(2)利用气体火焰加热使两金属件连接处相熔合的一种焊接法。

【来源】《金属材料简明辞典》

(3)利用可燃气体如乙炔和氧气混合燃烧的高温火焰作为热源来熔化母材和填充金属的熔化焊。

【来源】《中国土木建筑百科辞典·工程机械》

【分类信息】

【IPC 类目】

(1) B23K5/00 气体火焰焊接

(2) B23K5/00 用于焊接的(14/44 优先)〔4〕

(3) B23K5/00 用于切割的(14/44 优先)〔4〕

(4) B23K5/00 气体燃料;天然气;用不包括在小类 C10G,C10K 的方法得到的合成天

然气;液化石油气〔5〕

（5）B23K5/00　用火焰进行切割、清理或除去表面层

【词条属性】

【特征】

【缺点】　火焰温度低,加热速度慢,生产效率低

【缺点】　工件易变形

【缺点】　焊接质量难以保证

【缺点】　自动化程度低

【缺点】　热影响区大

【缺点】　焊缝质量差

【缺点】　采用焊接技术中火灾危险性最大的明火作业

【缺点】　热源比较分散

【特点】　以乙炔作为主要的可燃气体

【优点】　设备简单移动方便

【优点】　通用性强,适用于铸铁及有色金属的焊接

【优点】　无须电源

【优点】　成本费用低

【状况】

【前景】　优质焊接方法推广使气焊应用量减小

【现状】　粉尘大,危害操作人健康

【应用场景】　焊接黄铜

【应用场景】　焊接薄钢板

【应用场景】　焊补铸件

【应用场景】　焊接有色金属及其合金

【应用场景】　钎焊刀具

【应用场景】　热处理加热

【应用场景】　焊后缓冷

【应用场景】　焊件焊前预热

【应用场景】　焊接变形的矫正

【时间】

【起始时间】　1901 年

【词条关系】

【等同关系】

【基本等同】　风焊

【俗称为】　氧-乙炔焊

【层次关系】

【并列】　弧焊

【类属】　化学焊

【类属】　焊接

【类属】　熔焊

【应用关系】

【使用】　保护气体

【生产关系】

【工艺-设备工具】　氧气瓶

【工艺-设备工具】　乙炔瓶

【工艺-设备工具】　减压器

【工艺-设备工具】　焊枪

【工艺-设备工具】　胶管

◎品位

【基本信息】

【英文名】　grade

【拼音】　pin wei

【核心词】

【定义】

指矿石品位,单位体积或单位重量矿石中有用组分或有用矿物的含量。一般以质量分数表示(如铁、铜、铅、锌等矿),有的用克/吨表示(如金、银等矿),有的用克/立方米表示(如砂金矿等),有的用克/升表示(如碘、溴等化工原料矿产)。

【分类信息】

【CLC 类目】

（1）T　工业技术

（2）T　化学工业

（3）T　矿产资源的综合利用

（4）T　冶金工业

（5）T　一般性问题

（6）T　有色金属矿开采

（7）T　铁矿石

（8）T　转炉

（9）T　矿石预处理、烧结、团矿

【IPC 类目】

(1) C01B35/10　含硼和氧的化合物(35/06优先)〔2〕

(2) C01B35/10　通过固体物质上的吸附,如用固体树脂提取〔5〕

(3) C01B35/10　矿石或废料的初步处理(炉子,烧结设备入 F27B)

(4) C01B35/10　在无机酸溶液中〔5〕

(5) C01B35/10　在无机碱溶液中〔5〕

【词条属性】

【特征】

【特点】　矿床经济价值指标

【特点】　矿石中有用组分或有用矿物含量

【状况】

【前景】　可用矿的品位将降低

【应用场景】　衡量矿的价值

【应用场景】　矿物加工

【应用场景】　矿产资源

【应用场景】　冶金工业

【词条关系】

【等同关系】

【基本等同】　矿石品位

【基本等同】　矿产品位

【层次关系】

【类分】　精矿品位

【类分】　原矿品位

【类分】　工业品位

【类分】　边界品位

【类分】　入选品位

【类属】　工业指标

【应用关系】

【用于】　铁矿

【用于】　铜矿

【用于】　铅矿

【用于】　锌矿

【用于】　金矿

【用于】　银矿

【用于】　砂金矿

【用于】　矿物精选

【用于】　矿物加工

【用于】　冶金工业

【用于】　矿产资源学

【测度关系】

【物理量-单位】　质量分数

【物理量-单位】　克/立方米

【物理量-单位】　克/吨

◎疲劳寿命

【基本信息】

【英文名】　fatigue life

【拼音】　pi lao shou ming

【核心词】

【定义】

材料在疲劳破坏前所经历的应力循环数或时间称为疲劳寿命。

【分类信息】

【CLC 类目】

(1) TH132.3　挠性传动

(2) TH132.3　工程材料试验

(3) TH132.3　货车

(4) TH132.3　钻井机械设备

(5) TH132.3　强度理论

【IPC 类目】

(1) B21B1/40　用于轧制有特殊问题的薄箔,如由于太薄的问题

(2) B21B1/40　需要或允许专门轧制方法或程序的特殊成分合金材料的轧制(除由此获得的结构强化和机械性质外,改变合金的特殊冶金性质入 C21D,C22F)

(3) B21B1/40　含有除渐开线齿或摆线齿以外的相互啮合元件的齿轮(1/16 优先)

(4) B21B1/40　含硼的单体〔4〕

(5) B21B1/40　以一种高分子化合物、一种非高分子化合物和一种结构未知的或不完全确定的化合物的混合物做添加剂为特征的润滑组合物,这些化合物的每一种均是主要成分〔4〕

【词条属性】

【特征】

【缺点】　疲劳裂纹形成寿命的预测方法之一,名义应力法的主要不足之处为没有考虑缺口根部的局部塑性

【缺点】　名义应力法的主要不足之处还有标准试件和结构之间的等效关系的确定非常困难

【缺点】　局部应力应变法无法考虑缺口根部附近应力梯度和多轴应力的影响

【缺点】　变幅加载条件下的疲劳损伤累积规律尚不清楚,难以准确估计加载寿命效应

【缺点】　名义应力法在估算中低周疲劳寿命时精度很低

【缺点】　名义应力法不能正确考虑载荷的次序

【缺点】　名义应力法中很多参数的选取都是依赖于经验

【特点】　不同应力水平下材料具有不同疲劳寿命

【特点】　一般与疲劳强度成正比

【特点】　可通过定义损伤变量、研究损伤演化规律来预测疲劳寿命

【状况】

【前景】　损伤力学有望成为工程结构寿命预测研究的重要的力学分析手段

【时间】

【起始时间】　1963 年 Paris 公式提供了估算裂纹扩展寿命的方法

【因素】

【影响因素】　应力

【影响因素】　应变水平

【影响因素】　应力循环数

【影响因素】　应力集中系数

【影响因素】　尺寸系数

【影响因素】　表面系数

【词条关系】

【层次关系】

【并列】　强度

【并列】　刚度

【参与组成】　疲劳寿命曲线

【类分】　应力疲劳寿命

【类分】　应变疲劳寿命

【类分】　裂纹形成寿命

【类分】　扩展寿命

【类属】　机械性质

【应用关系】

【使用】　有限元数值计算

【使用】　名义应力法

【使用】　局部应力应变法

【使用】　能量法

【使用】　场强法

【测度关系】

【物理量-单位】　次

【物理量-度量工具】　高频疲劳试验机

【物理量-度量工具】　疲劳寿命测试仪

◎疲劳强度

【基本信息】

【英文名】　fatigue strength

【拼音】　pi lao qiang du

【核心词】

【定义】

材料在交变应力作用下,达到规定的循环次数时所能承受的最大应力。表示材料抵抗疲劳破坏的能力。

【来源】《现代材料科学与工程辞典》

【分类信息】

【CLC 类目】

(1) TB301　工程材料力学(材料强弱学)

(2) TB301　挠性传动

(3) TB301　非轮轨系机车,磁浮、气浮动车

(4) TB301　金属的晶体缺陷理论

(5) TB301　应用力学

【IPC 类目】

(1) C22C38/00　铁基合金,如合金钢(铸铁合金入 37/00)〔2〕

(2) C22C38/00　轴;轮轴

(3) C22C38/00　用于普通轴

(4) C22C38/00　主要由金属制成的滑动面(33/24 至 33/28 优先)

(5) C22C38/00　铬或铬基合金

【词条属性】

【状况】

【前景】 提高构件表层材料强度

【前景】 改善表层应力状况

【前景】 采用渗碳提高疲劳强度

【前景】 采用渗氮提高疲劳强度

【前景】 采用高频淬火提高疲劳强度

【前景】 采用表面滚压提高疲劳强度

【前景】 采用喷丸提高疲劳强度

【时间】

【起始时间】 1850—1860 年

【词条关系】

【等同关系】

【基本等同】 疲劳极限

【层次关系】

【类属】 机械性能

【类属】 强度指标

【类属】 力学性能

【测度关系】

【物理量-单位】 兆帕

【物理量-度量方法】 高周疲劳试验

【物理量-度量方法】 低周疲劳试验

【物理量-度量方法】 裂纹扩展寿命试验

【物理量-度量工具】 疲劳试验机

◎疲劳极限

【基本信息】

【英文名】 fatigue limit

【拼音】 pi lao ji xian

【核心词】

【定义】

(1)当材料承受的最大交变应力低于一定值时,应力交变无数次也不会再引起疲劳断裂,该应力临界值称为材料的"疲劳极限"。

【来源】《金属材料简明辞典》

(2)材料抵抗交变应力的能力,即材料承受近无限次应力循环(一般在 10^7 以上)而不破坏的最大应力值。疲劳极限是设计承受交变应力构件(如机器传动轴和车轴等)的重要依据。

【来源】《中国百科大辞典》

【分类信息】

【CLC 类目】

(1) O346.2　疲劳理论

(2) O346.2　机械试验法

(3) O346.2　工程材料一般性问题

(4) O346.2　工程材料力学(材料强弱学)

(5) O346.2　汽车材料

【IPC 类目】

(1) B60B27/02　适合于配置在轴上旋转的

(2) B60B27/02　以传递转矩元件在轴壳中的轴承布置为特征的

(3) B60B27/02　带两列或多列滚珠的

(4) B60B27/02　因单向离合器或超越离合器本身的,或其上的一个零件与一固定安装的元件接触而分离

(5) B60B27/02　整体制造的(关于润滑的特征入 3/14,关于冷却的特征入 3/16)

【词条属性】

【特征】

【数值】 应力循环次数一般在 1E+07 以上

【特点】 影响因素有工作条件

【特点】 影响因素包括工件的几何形状

【特点】 持久极限与疲劳极限统称为疲劳极限

【特点】 影响因素包括工件表面状态

【特点】 影响因素包括材料的化学成分

【特点】 影响因素包括工件表面残余应力

【状况】

【前景】 增大圆角半径提高疲劳极限

【前景】 增加相连杆段横向尺寸差别提高疲劳极限

【前景】 将必要沟孔设置在低应力区提高疲劳极限

【前景】 采用凹槽和卸荷槽提高疲劳极限

【时间】

【起始时间】 1850—1860 年

【词条关系】

【等同关系】

【基本等同】 低周疲劳

【基本等同】 疲劳强度

【俗称为】 持久极限

【层次关系】

【类分】 持久极限

【类分】 拉伸疲劳极限

【类分】 弯曲疲劳极限

【类分】 扭转疲劳极限

【测度关系】

【物理量-单位】 兆帕

【物理量-单位】 帕斯卡

【物理量-度量工具】 疲劳试验机

◎铍青铜

【基本信息】

【英文名】 beryllium bronze;beryllium-bronze;be-bronze

【拼音】 pi qing tong

【核心词】

【定义】

以铍为主要合金元素的铜合金,简称铍铜。铍青铜除含铍外,一般还加油镍或钴,以及 Si、Al、Ti、Mg 和 Ag 等元素,铍青铜是铜合金中性能最好的高级弹性材料。有很高的强度、弹性、硬度、疲劳强度、弹性滞后小、耐磨、耐蚀、耐寒、高导电、无磁性、冲击不产生火花等一系列优良的物理、化学和力学性能。是工业中重要材料之一。

【来源】《材料大辞典》

【分类信息】

【CLC 类目】

(1) T　工业技术

(2) T　电工材料

(3) T　工程材料学

(4) T　机械制造用材料

(5) T　建筑材料

(6) T　金属学与金属工艺

(7) T　冶金工业

(8) T　有色金属冶炼

(9) T　单一金属的电镀

【IPC 类目】

(1) C22C9/01　铝做次主要成分的〔2〕

(2) C22C9/01　适用于特殊功能(万向接头见适当组)

(3) C22C9/01　锹;铲

(4) C22C9/01　铜基合金

(5) C22C9/01　形状或类型(17/14 优先)〔2〕

【词条属性】

【特征】

【缺点】 铍挥发性强且易氧化

【缺点】 铍有毒

【缺点】 加工成本高

【缺点】 高温抗应力差

【数值】 wt(Be)为 0.2%～2.75%;在海水中耐蚀速度:(1.1～1.4)×E-02 mm/年,腐蚀深度:(10.9～13.8)×E-03 mm/年

【特点】 “百折不挠”的合金

【优点】 很高的强度、弹性、硬度、疲劳强度、弹性滞后小、耐磨、耐蚀、耐寒、高导电、无磁性、冲击不产生火花等

【状况】

【前景】 开发新材料代替铍青铜,选择其他元素代替铍,简化生产工艺,加强环保

【应用场景】 制造手表、精密仪表和航空仪表上的弹簧和零件,海底电缆

【其他物理特性】

【电导率】 ≥18% IACS

【密度】 8.3 g/cm^3

【热导率】 ≥105 w/(mk)(20 ℃)

【力学性能】
【弹性模量】 128 GPa
【抗拉强度】 ≥1000 mPa
【屈服强度】 屈服强度(0.2%):1035 MPa
【硬度】 淬火前硬度 200～250 HV,淬火后硬度≥(36～42) HRC,软化后硬度(135±35) HV
【因素】
【影响因素】 铍的加入量影响铍青铜的性能
【词条关系】
【层次关系】
【并列】 铝青铜
【并列】 磷青铜
【类分】 铜基合金
【类属】 铜合金
【类属】 铜基合金
【类属】 耐蚀合金
【类属】 电热合金
【类属】 青铜
【应用关系】
【材料-加工设备】 压铸机
【材料-加工设备】 熔炼炉
【材料-加工设备】 铸造模具
【用于】 模具
【用于】 冶金工业
【用于】 压铸冲头
【用于】 精密仪表
【用于】 海底电缆
【用于】 航空仪表
【生产关系】
【材料-工艺】 沉淀硬化
【材料-工艺】 固溶时效
【材料-工艺】 铸造
【材料-工艺】 固溶
【材料-工艺】 淬火
【材料-工艺】 时效
【材料-工艺】 重力铸造
【原料-材料】 棒材
【原料-材料】 线材
【原料-材料】 丝材
【原料-材料】 管材
【原料-材料】 型材
【原料-材料】 铅青铜
【原料-材料】 锡青铜

◎坯料

【基本信息】
【英文名】 blank;billet
【拼音】 pi liao
【核心词】
【定义】
(1)在机器制造中,材料经过初步加工,需要进一步加工才能制成零件的半成品,通常多指铸件或锻件。
(2)已具有所要求的形体,但还需要加工的制造品;半成品。
【来源】《汉语大词典第二卷》
【分类信息】
【CLC 类目】
(1) T 工业技术
(2) T 机械制造用材料
(3) T 金属切削加工及机床
(4) T 金属学与金属工艺
(5) T 冶金工业
(6) T 陶瓷工业
【IPC 类目】
(1) C03B11/00 玻璃的压制
(2) C03B11/00 分别或作为配合料的制备或处理原料
(3) C03B11/00 配料成分(33/36,35/71优先)〔2〕
(4) C03B11/00 冲头、模具或玻璃压制机的冷却、加热或保温(9/38 优先)〔3〕
(5) C03B11/00 高熔点或难熔金属或以它们为基料的合金
【词条属性】
【特征】

【特点】　半成品

【特点】　材料经过初步加工的,需要进一步加工

【状况】

【应用场景】　粉末冶金

【因素】

【影响因素】　机械加工

【影响因素】　零件制造

【影响因素】　陶瓷

【影响因素】　建筑

【词条关系】

【等同关系】

【俗称为】　毛坯

【层次关系】

【类分】　方坯

【类分】　板坯

【类分】　管坯

【类分】　空心坯

【类分】　矩形坯

【应用关系】

【材料-加工设备】　熔铸炉

【用于】　开坯

【用于】　粉末冶金

【用于】　机械加工

【用于】　铸造合金

【用于】　深加工

【用于】　深冲

【用于】　静液挤压

【用于】　热轧

【生产关系】

【材料-工艺】　铸造工艺

【材料-工艺】　压力铸造

【材料-工艺】　熔模铸造

【材料-工艺】　切削加工

【材料-工艺】　浇铸

【材料-工艺】　压铸

【材料-工艺】　高速压制

【工艺-材料】　深加工

【原料-材料】　粉末冶金钛合金

◎膨胀系数

【基本信息】

【英文名】　expansion coefficient; coefficient of expansion

【拼音】　peng zhang xi shu

【核心词】

【定义】

膨胀系数是表征物体热膨胀性质的物理量,即表征物体受热时其长度、面积、体积增大程度的物理量。长度的增加称为“线膨胀”,面积的增加称为“面膨胀”,体积的增加称为“体膨胀”,总称为热膨胀。单位长度、单位面积、单位体积的物体,当温度上升 1 ℃ 时,其长度、面积、体积的变化,分别称为线膨胀系数、面膨胀系数和体膨胀系数,总称为膨胀系数。地质工作中,作为评价膨胀珍珠岩原料(珍珠岩、松脂岩、黑曜岩)及蛭石等绝热保温材料矿产的技术指标。是指上述矿石单位体积的试样,高温焙烧后体积的膨胀系数,有时是以高温焙烧后体积的膨胀倍数表示,故又称为膨胀倍数。

【分类信息】

【CLC 类目】

(1) T　工业技术

(2) T　工程材料学

(3) T　工程基础科学

(4) T　化学工业

(5) T　机械制造工艺

(6) T　建筑基础科学

(7) T　金属学与金属工艺

(8) T　冶金工业

(9) T　一般性问题

(10) T　陶瓷工业

(11) T　特种结构材料

【IPC 类目】

(1) C03C3/095　含稀土元素〔4〕

(2) C03C3/095　特殊性能玻璃的组成〔4〕

(3) C03C3/095　含稀土元素〔4〕

(4) C03C3/095　含有非熔块添加剂的玻璃料熔封成分,即用作不相同材料之间的封接

料,如玻璃与金属;玻璃焊料〔4〕

(5) C03C3/095　石英;玻璃;玻璃纤维;矿渣棉;釉瓷

【词条属性】

【特征】

【数值】 数量级为1E-07～1E-06

【特点】 表征物体热膨胀性质的物理量;固体温度每变化1 ℃,固体的体积(或线度)变化量

【状况】

【应用场景】 地质学

【应用场景】 冶金工程

【应用场景】 机械加工

【应用场景】 材料科学

【因素】

【影响因素】 材料的性质

【词条关系】

【等同关系】

【俗称为】 膨胀倍数

【层次关系】

【并列】 导热系数

【并列】 导电系数

【并列】 比热容

【类分】 体膨胀系数

【类分】 面膨胀系数

【类分】 线膨胀系数

【类分】 金属膨胀系数

【类分】 液体膨胀系数

【类属】 性能

【类属】 加工性能

【类属】 力学性能

【类属】 使用性能

【类属】 物理性能

【应用关系】

【用于】 冶金工程

【用于】 非金属材料

【用于】 金属材料

【用于】 玻璃仪器

【用于】 焊接

【用于】 熔接

【用于】 精密仪器

【测度关系】

【物理量-单位】 1/开尔文(1/K)

◎镍基合金

【基本信息】

【英文名】 nickel-base alloy;nickel-based alloy;nickel base alloy

【拼音】 nie ji he jin

【核心词】

【定义】

以镍为基料加入其他合金化元素组成的合金。镍具有良好的力学性能、物理和化学性能,加入不同合金化元素可以进一步提高其高温力学性能、抗氧化性、耐蚀性和某些物理性能等。

【来源】《材料大辞典》

【分类信息】

【CLC类目】

(1) T　工业技术

(2) T　电工材料

(3) T　工程材料学

(4) T　机械制造用材料

(5) T　金属学与金属工艺

(6) T　金属学与热处理

(7) T　冶金工业

(8) T　各种类型的金属腐蚀

(9) T　腐蚀的控制与防护

(10) T　非晶态合金

(11) T　其他热处理

(12) T　设备与安装

【IPC类目】

(1) C22C19/05　含铬的〔2〕

(2) C22C19/05　加热法或加压加热法的(24/04优先)〔4〕

(3) C22C19/05　镍基合金〔2〕

(4) C22C19/05　铬或铬基合金

(5) C22C19/05　镍或钴或以它们为基料的合金

【词条属性】
【特征】
【特点】 650～1000 ℃ 高温下有较高的强度
【优点】 较高的强度,一定的抗氧化腐蚀能力
【状况】
【应用场景】 海洋,环保领域,能源领域,石油化工领域,食品领域
【时间】
【起始时间】 1905 年
【词条关系】
【等同关系】
【全称是】 镍基高温合金
【层次关系】
【并列】 钼基合金
【并列】 铌基合金
【并列】 铜基合金
【并列】 铝基合金
【并列】 镁基合金
【并列】 铅基合金
【并列】 锌基合金
【并列】 钛基合金
【并列】 铁基合金
【并列】 钴基合金
【构成成分】 基体、增强体
【类分】 镍基耐热合金
【类分】 镍基耐蚀合金
【类分】 镍基耐磨合金
【类分】 镍基精密合金
【类分】 镍基形状记忆合金
【类分】 精密电阻合金
【类属】 基合金
【类属】 复合材料
【类属】 高弹性合金
【应用关系】
【材料-加工设备】 真空感应炉
【用于】 记忆合金
【用于】 耐蚀合金
【用于】 耐热合金
【用于】 耐磨合金
【用于】 精密合金
【用于】 海洋工程
【用于】 环保领域
【用于】 能源领域
【用于】 石油化工
【用于】 食品领域
【生产关系】
【材料-工艺】 静液挤压
【材料-工艺】 弥散强化
【材料-工艺】 固溶强化
【材料-工艺】 铸造
【材料-工艺】 粉末冶金
【材料-工艺】 退火
【材料-工艺】 热处理
【材料-工艺】 固溶处理
【材料-工艺】 中间处理
【材料-工艺】 时效处理
【材料-工艺】 晶界强化

◎镍合金

【基本信息】
【英文名】 nickel alloy
【拼音】 nie he jin
【核心词】
【定义】
以镍为基料加入其他合金化元素组成的合金。
【来源】《材料大辞典》
【分类信息】
【CLC 类目】
(1) TG146.1　重有色金属及其合金
(2) TG146.1　单一金属的电镀
(3) TG146.1　特种物理性质合金
(4) TG146.1　腐蚀的控制与防护
(5) TG146.1　复合材料
【IPC 类目】
(1) C22C38/08　含镍的〔2〕

(2) C22C38/08　合金的〔2〕

(3) C22C38/08　从一种不同成分的金属材料基体上蚀刻金属材料的组合物〔4〕

(4) C22C38/08　含铬的〔2〕

(5) C22C38/08　蚀刻铁族金属用的〔4〕

【词条属性】

【特征】

【数值】　沸点可达 2732 ℃

【数值】　熔点可达 1453 ℃

【数值】　比重可达 2.4816

【优点】　抗氧化

【优点】　耐高温

【优点】　抗硫化作用

【优点】　高温强度高

【优点】　良好的力学性能

【优点】　良好的物理性能

【优点】　良好的化学性能

【状况】

【应用场景】　阀门密封件

【应用场景】　喷涂材料

【应用场景】　镍合金管材

【应用场景】　航空发动机叶片

【应用场景】　火箭发动机

【应用场景】　能源转换设备上的高温零部件

【应用场景】　耐腐蚀零部件

【应用场景】　人造心脏马达

【应用场景】　航天器上使用的自动张开结构件

【应用场景】　电阻器

【时间】

【起始时间】　1905 年

【词条关系】

【层次关系】

【并列】　铝合金

【并列】　铼合金

【并列】　铑合金

【参与构成】　白铜

【构成成分】　镍、铜、钴、铁、铬、钼、钨、锰、铝、硅、铍、钛、锆、钒、铌、铪、钽、硼、镁、钙、锶、钡、碳

【类分】　电真空用镍合金

【类分】　热电偶用镍合金

【类分】　蒙乃尔合金

【类分】　镍铍合金

【类分】　合成金刚石用镍基触媒合金

【类分】　镍基高温合金

【类分】　镍基耐蚀合金

【类分】　镍基耐磨合金

【类分】　镍基精密合金

【类分】　镍基形状记忆合金

【类分】　Fe-Ni 合金

【类属】　有色金属材料

【类属】　高温合金

【应用关系】

【材料-加工设备】　热交换器

【使用】　硬钎焊

【用于】　电子电器

【用于】　石油化工

【用于】　机械制造

【用于】　医疗

【用于】　能源开发

【用于】　航海

【用于】　航空航天

【生产关系】

【材料-工艺】　真空熔铸法

【材料-工艺】　粉末冶金

【原料-材料】　形状记忆合金

◎铌基合金

【基本信息】

【英文名】　Nb-based alloy

【拼音】　ni ji he jin

【核心词】

【定义】

以铌为基体,与一种或几种其他合金元素所组成的合金。

【分类信息】

【CLC 类目】
(1) T　工业技术
(2) T　电工材料
(3) T　工程材料学
(4) T　机械制造用材料
(5) T　金属学与金属工艺
(6) T　冶金工业
(7) T　冶金技术
(8) T　腐蚀的控制与防护
【词条属性】
【特征】
【特点】　高温合金
【状况】
【应用场景】　用作航天和航空工业的热防护和结构材料
【时间】
【起始时间】　20 世纪 50 年代
【其他物理特性】
【熔点】　1400 ℃ 左右
【词条关系】
【层次关系】
【并列】　镍基合金
【并列】　钼基合金
【并列】　铜基合金
【并列】　铝基材料
【并列】　镁基材料
【并列】　铝基合金
【并列】　镁基合金
【并列】　铅基合金
【并列】　锌基合金
【并列】　钛基合金
【并列】　铁基合金
【类属】　基合金
【类属】　金属基复合材料
【类属】　耐热合金
【类属】　结构合金
【类属】　难熔合金
【类属】　超导合金
【实例-概念】　耐高温
【应用关系】
【用于】　耐热合金
【生产关系】
【材料-工艺】　弥散强化
【材料-工艺】　熔炼
【材料-工艺】　锻造
【材料-原料】　碳化钛
【材料-原料】　碳化钨
【材料-原料】　氮化钛
【材料-原料】　钨丝

◎铌合金

【基本信息】
【英文名】　niobium alloy; columbium alloy
【拼音】　ni he jin
【核心词】
【定义】

以铌为基体加入其他元素而构成的有色合金。铌合金难熔,高温强度与硬度好,抗熔融碱金属腐蚀性能好,塑性高,能制成薄板和外形复杂的零件。铌合金按性能不同可分为:①高强铌合金,如 Nb-30W-1Zr、Nb17W-4Hf-0.1C 等;②中强铌合金,如 Nb-10W-10Ta、Nb-10W-2.5Zr 等;③低强铌合金,如 Nb-1Zr、Nb-10Hf0.7Zr-1Ti 等。铌钛合金和铌锡化合物是主要的超导材料,也可用于运输、航空、航天、建筑、石油各工业部门,并可用作原子反应堆的结构材料。

【来源】《中国百科大辞典 6》
【分类信息】
【CLC 类目】
(1) T　工业技术
(2) T　电工材料
(3) T　工程材料学
(4) T　机械制造用材料
(5) T　金属学与金属工艺
(6) T　金属学与热处理
(7) T　冶金工业
(8) T　冶金技术

(9) T　有色金属冶炼

(10) T　金属复层保护

【IPC 类目】

(1) C23F1/20　蚀刻铝或铝合金用的〔4〕

(2) C23F1/20　蚀刻难熔金属用的〔4〕

(3) C23F1/20　酸性组合物(1/42 优先)〔4〕

(4) C23F1/20　化学或电处理,如电解腐蚀(形成绝缘层的入 21/31 绝缘层的后处理入 21/3105)

(5) C23F1/20　锆基合金〔2〕

【词条属性】

【特征】

【缺点】　高温抗氧化性差

【特点】　难熔金属

【优点】　高温强度与硬度好

【优点】　抗熔融碱金属腐蚀性能好

【优点】　塑性高

【状况】

【应用场景】　航天、航空工业的结构和热防护材料,化工、纺织等部门的耐蚀零件

【时间】

【起始时间】　20 世纪 50 年代中期到 60 年代初

【词条关系】

【层次关系】

【并列】　铝合金

【并列】　钌合金

【并列】　铼合金

【并列】　铑合金

【并列】　钯合金

【并列】　铋合金

【并列】　镁合金

【并列】　铜合金

【并列】　铅合金

【类分】　高强铌合金

【类分】　中强铌合金

【类分】　低强铌合金

【类分】　耐蚀铌合金

【类分】　弹性铌合金

【类分】　结构铌合金

【类属】　多元合金

【类属】　高温合金

【类属】　耐热合金

【类属】　合金材料

【类属】　耐蚀合金

【类属】　弹性合金

【类属】　结构合金

【实例-概念】　耐高温

【实例-概念】　难熔金属

【应用关系】

【用于】　超导材料

【用于】　结构材料

【用于】　薄板

【用于】　零件

【用于】　原子反应堆

【生产关系】

【材料-工艺】　碳还原

【材料-工艺】　真空熔炼

【材料-工艺】　固溶强化

【材料-工艺】　沉淀强化

【材料-工艺】　形变强化

【材料-工艺】　弥散强化

【材料-工艺】　粉末冶金

【材料-工艺】　挤压开坯

【材料-工艺】　锻造

【材料-工艺】　轧制

【材料-工艺】　拉拔

【材料-工艺】　热处理

【材料-工艺】　退火

【材料-工艺】　真空电子束焊

【材料-原料】　氧化铌

【原料-材料】　棒材

【原料-材料】　板材

【原料-材料】　丝材

【原料-材料】　管材

【原料-材料】　异型材

◎难熔金属

【基本信息】

【英文名】 refractory metal

【拼音】 nan rong jin shu

【核心词】

【定义】

通常指熔点超过 1650 ℃ 的一类金属。有钨(W)、铼(Re)、钽(Ta)、钼(Mo)、铌(Nb)、铪(Hf)、钒(V)、铬(Cr)、锆(Zr)和钛(Ti)。也有将熔点高于 2400 ℃ 的金属称为难熔金属。在 1093 ℃(2000 F)以上作为高温结构材料应用的难熔金属主要是钨、钼、钽、铌。

【来源】《材料科学技术百科全书·下卷》

【分类信息】

【CLC 类目】

(1) T　工业技术

(2) T　刀具、磨料、磨具、夹具、模具和手工具

(3) T　电工材料

(4) T　工程材料学

(5) T　机械制造用材料

(6) T　建筑材料

(7) T　金属学与金属工艺

(8) T　金属学与热处理

(9) T　冶金工业

(10) T　冶金技术

(11) T　粉末冶金制品及其应用

(12) T　薄膜的性质

(13) T　复合材料

【IPC 类目】

(1) C23C16/44　以镀覆方法为特征的(16/04 优先)〔4〕

(2) C23C16/44　钨或钼基合金〔2〕

(3) C23C16/44　电子管或放电灯

【词条属性】

【特征】

【缺点】 抗高温氧化性能差

【缺点】 有些元素如钨、钼的脆性大,不易塑性加工

【缺点】 提取工艺复杂

【特点】 化学性质活泼

【优点】 良好的高温强度和耐蚀性能

【优点】 较低的蒸气压(铬除外)

【状况】

【应用场景】 航天、电子和原子能

【时间】

【起始时间】 20 世纪 40—60 年代

【其他物理特性】

【熔点】 >1650 ℃

【词条关系】

【层次关系】

【概念-实例】 钼合金

【概念-实例】 钼基合金

【概念-实例】 钽合金

【概念-实例】 铌合金

【概念-实例】 钛合金

【概念-实例】 锆合金

【类分】 钨合金

【应用关系】

【材料-加工设备】 烧结炉

【材料-加工设备】 电弧炉

【材料-加工设备】 电子束炉

【材料-加工设备】 离子炉

【使用】 硬钎焊

【用于】 发热体

【用于】 隔热屏材料

【用于】 冶金工业

【用于】 耐蚀容器

【用于】 耐熔融玻璃材料

【用于】 防辐射材料

【用于】 仪表部件

【用于】 热加工模具

【用于】 火箭喷管

【用于】 超导材料

【用于】 电气工业

【用于】 特种灯具

【生产关系】

【材料-工艺】 熔炼

【材料-工艺】 粉末冶金
【材料-工艺】 热轧
【材料-工艺】 钎焊
【材料-工艺】 热挤压
【材料-工艺】 热锻
【材料-工艺】 退火
【材料-工艺】 真空烧结
【材料-工艺】 固溶强化
【材料-工艺】 沉淀强化
【材料-工艺】 弥散强化
【材料-工艺】 加工硬化
【材料-工艺】 再结晶
【材料-工艺】 热挤
【材料-工艺】 热旋锻
【材料-工艺】 温轧
【材料-工艺】 冷轧
【材料-工艺】 交叉轧制
【材料-工艺】 等离子电弧熔炼
【工艺-材料】 电子束熔炼
【原料-材料】 板材
【原料-材料】 带材
【原料-材料】 管材
【原料-材料】 线材
【原料-材料】 型材
【原料-材料】 棒材
【原料-材料】 金属箔

◎耐蚀性

【基本信息】
【英文名】 corrosion resistance
【拼音】 nai shi xing
【核心词】
【定义】
(1)给定腐蚀体系中,金属具有的抗腐蚀能力。
(2)金属材料抵抗周围介质腐蚀作用的能力,称为抗蚀性。
【来源】《机械加工工艺辞典》
【分类信息】
【CLC 类目】
(1) TG174.4 金属表面防护技术
(2) TG174.4 腐蚀的控制与防护
(3) TG174.4 氧化法
(4) TG174.4 电镀工业
(5) TG174.4 单一金属的电镀
【IPC 类目】
(1) C25D11/30 镁或以其为基料之合金的〔2〕
(2) C25D11/30 使用次磷酸盐的〔5〕
(3) C25D11/30 用铁、钴或镍之一种镀覆;用这些金属之一种与磷或硼所成的混合物镀覆〔4,5〕
(4) C25D11/30 球棍头
(5) C25D11/30 锌或镉或以其为基料的合金〔4〕
【词条属性】
【特征】
【特点】 腐蚀速度为评定抗蚀性的主要指标
【特点】 金属材料的化学性能之一
【特点】 向钢中加入合金元素(如铬、硅、铝),使其表面形成致密的氧化物防护层
【特点】 向钢中加入合金元素(主要是铬),提高钢的电极电位
【特点】 减少或消除钢中的应力、组织、成分等不均的现象
【特点】 表面镀金属提高耐蚀性
【特点】 涂非金属层提高耐蚀性
【特点】 电化学保护提高耐蚀性
【特点】 改变腐蚀环境、介质提高耐蚀性
【词条关系】
【等同关系】
【基本等同】 抗蚀性
【俗称为】 化学稳定性
【层次关系】
【并列】 耐热性
【并列】 耐高温性
【概念-实例】 发蓝处理

【概念-实例】 保护剂涂覆
【类分】 抗氧化性
【类分】 耐酸性
【类分】 抗化学腐蚀性
【类分】 抗电化学腐蚀性
【应用关系】
【使用】 盐雾试验
【使用】 增重法
【使用】 电化学方法
【使用】 盐浴渗氮
【使用】 盐浴氮碳共渗
【使用】 极化曲线法
【使用】 交流阻抗法
【使用】 浸泡法
【使用】 渗氮

◎耐蚀合金

【基本信息】
【英文名】 corrosion resistant alloy
【拼音】 nai shi he jin
【核心词】
【定义】

(1)在腐蚀性环境介质中,具有良好的化学稳定性及足够的抗腐蚀性能的合金。

【来源】《现代材料科学与工程辞典》

(2)在腐蚀性环境介质中,具有良好的化学稳定性及足够的抗腐蚀性能的合金。

【来源】《现代材料科学与工程辞典》

【分类信息】
【CLC 类目】
(1) TG133　特种化学性质合金
(2) TG133　特种机械性质合金
【IPC 类目】
(1) F04B1/12　具有轴线与主轴共轴的或平行的或倾斜于主轴的缸
(2) F04B1/12　含钴的〔2〕
(3) F04B1/12　锌做次主要成分的〔2〕
(4) F04B1/12　具有位于很深处的发动机泵组
(5) F04B1/12　以覆层材料为特征的〔4〕
【词条属性】
【特征】
【特点】 热力学稳定性高
【特点】 易于钝化的金属
【优点】 良好的化学稳定性
【优点】 足够的抗腐蚀性能
【状况】
【前景】 研究复杂苛刻腐蚀条件下的腐蚀行为与机理
【前景】 研究相关工业设备制造的成型、焊接、热处理等关键工艺参数
【应用场景】 双金属复合管
【应用场景】 油井管
【应用场景】 表面镀层
【应用场景】 海洋平台
【时间】
【起始时间】 1906 年镍基耐蚀合金出现
【词条关系】
【层次关系】
【材料-组织】 腐蚀疲劳
【概念-实例】 0Cr17Ni4CuNb
【概念-实例】 Co50Cr20Ni10W15
【概念-实例】 Ti6Al4V
【概念-实例】 Ti5Mo5V8Cr3Al
【概念-实例】 Nb1Zr
【概念-实例】 Nb55TiAl
【概念-实例】 Nb10W10Ta
【构成成分】 铌、铝、铜、铬、镍、钼、钨、钒、锆、铊、氮、铁
【类分】 铑合金
【类分】 钌合金
【类分】 锰黄铜
【类分】 铌合金
【类分】 铍青铜
【类分】 铅合金
【类分】 镍基耐蚀合金
【类分】 铌基耐蚀合金
【类分】 钴基耐蚀合金

【类属】 镁合金
【应用关系】
【使用】 镍基合金
【使用】 青铜
【使用】 粉末冶金钛合金
【用于】 石油化工
【用于】 合成纤维
【用于】 原子能
【用于】 航空航天
【生产关系】
【材料-工艺】 重熔

◎耐热性

【基本信息】
【英文名】 heat resistance;heat to lerance
【拼音】 nai re xing
【核心词】
【定义】

(1)材料耐热作用的能力。不同材料的耐热性含义不同。

【来源】《中国土木建筑百科辞典·工程材料·上》

(2)常用材料的最高使用温度来表征。对不同的材料有不同的标准和测试方法。

(3)沥青混凝土的耐热性是指抵抗受热变形的能力。目前材料的耐热性尚无明确的统一测定方法和指标。

【来源】《中国土木建筑百科辞典·工程材料·上》

(4)在天然纤维中,麻的耐热性最好;其次是蚕丝和棉;羊毛最差。在化学纤维中,粘胶纤维的耐热性很好,常被用作轮胎粘帘子布;涤纶的耐热性也非常好;再次是腈纶;而锦纶和维纶、丙纶的耐热性较差;锦纶遇热产生收缩;维纶不耐湿热;丙纶则耐湿热不耐干热;耐热性最差的纤维应属氯纶。

【分类信息】
【CLC 类目】
(1) TQ324.2 元素有机聚合物塑料
(2) TQ324.2 聚氯乙烯及塑料
(3) TQ324.2 环氧树脂及塑料
(4) TQ324.2 高分子材料
(5) TQ324.2 非金属复合材料
【IPC 类目】
(1) G02B 光学元件、系统或仪器
(2) G02B 用作基片的材料的应用〔3〕
(3) G02B 未指明的高分子化合物的组合物〔2〕
【词条属性】
【特征】
【特点】 耐热钢最基本的力学性能就是蠕变特性
【特点】 耐热合金主要有镍基和钴基两种
【特点】 常用材料的最高使用温度来表征
【特点】 塑料一般用马丁耐热温度来表示
【特点】 涂非金属层提高耐热性
【状况】
【应用场景】 发动机燃烧器
【应用场景】 定子叶片
【应用场景】 转动叶片
【因素】
【影响因素】 化学元素钼
【影响因素】 化学元素铝
【影响因素】 化学元素锰
【影响因素】 化学元素磷
【影响因素】 化学元素硫
【影响因素】 材料的机械性能
【影响因素】 晶粒粗细程度
【影响因素】 材料蠕变极限
【词条关系】
【等同关系】
【基本等同】 抗热性
【基本等同】 耐高温性
【全称是】 高温稳定性
【层次关系】

【并列】　耐蚀性
【并列】　耐候性
【并列】　耐腐蚀性
【类分】　高温化学稳定性
【类分】　高温强度
【类分】　Y90
【类分】　A105
【类分】　E120
【类分】　B130
【类分】　F155
【类分】　H180
【类分】　C180
【应用关系】
【使用】　高温箱
【使用】　鼓风恒温烘箱
【使用】　盐雾试验

◎耐磨性

【基本信息】
【英文名】　wear resistance
【拼音】　nai mo xing
【核心词】
【定义】

(1)材料在一定摩擦条件下抵抗磨损的能力。通常以磨损量或磨损率的倒数表示。

【来源】《现代材料科学与工程辞典》

(2)一般以一定荷重和磨损条件下材料单位面积上的磨耗量(g/cm^2)来表示其强弱。

【来源】《中国土木建筑百科辞典·工程材料·上》

(3)材料抵抗磨损的能力,可用磨损量表示,磨损量越小则说明耐磨性越好。

【来源】《金属材料简明辞典》

【分类信息】
【CLC 类目】
(1) TB331　金属复合材料
(2) TB331　金属-非金属复合材料
(3) TB331　轻有色金属及其合金
(4) TB331　金属复层保护
(5) TB331　钻头、钻具及工具
【IPC 类目】

(1) B60C1/00　以化学成分或物理结构或其成分混合比为特点的轮胎〔4〕

(2) B60C1/00　抵抗磨损(57/04 优先)〔7〕

(3) B60C1/00　以碳化钨为基料的〔4〕

(4) B60C1/00　天然橡胶的组合物〔2〕

(5) B60C1/00　活塞环,如与活塞顶连在一起的

【词条属性】
【特征】

【特点】　用磨耗量或耐磨指数表示

【特点】　材料的硬度越高,耐磨性越好

【特点】　密排六方点阵金属材料摩擦因数为 0.2～0.4,磨损率较低

【特点】　金属硬度通常随温度的上升而下降,所以温度升高,磨损率增加

【特点】　温度的升高对增加氧化速度起着促进作用

【特点】　塑性和韧性高说明材料可吸收的能量大,耐磨性好

【特点】　相同硬度下,高强度耐磨材料具有更好的耐磨性

【特点】　接触应力一定的条件下,表面粗糙度值越小,抗疲劳磨损能力越高

【状况】
【应用场景】　机械轴承件
【应用场景】　滚轮滑轮
【应用场景】　轮胎材料及表面
【应用场景】　金工机械设备工作台
【因素】
【影响因素】　材料的组成
【影响因素】　材料的硬度
【影响因素】　材料的结构
【影响因素】　材料的强度
【影响因素】　材料孔隙度
【影响因素】　热处理工艺
【影响因素】　材料工作条件和环境

【影响因素】 晶体结构的晶体的互溶性
【影响因素】 温度
【影响因素】 夹杂物等冶金缺陷
【影响因素】 表面粗糙度
【词条关系】
【等同关系】
【基本等同】 抗磨性
【基本等同】 耐磨耗性
【层次关系】
【并列】 耐候性
【并列】 耐高温性
【并列】 耐腐蚀性
【概念-实例】 高锰钢
【概念-实例】 变质中锰耐磨钢
【应用关系】
【使用】 磨料磨损试验机

◎耐高温

【基本信息】
【英文名】 high temperature resistance; high temperature resistant; high-temperature resistance
【拼音】 nai gao wen
【核心词】
【定义】

耐高温性通常是指具有高的软化点、熔点、着火点及水解温度,长期暴露在高温下也能维持一般特性。

【来源】《科技发明与发现大辞典》
【分类信息】
【CLC 类目】
(1) T 工业技术
(2) T 电工技术
(3) T 工业通用技术与设备
(4) T 化学工业
(5) T 冶金工业
(6) T 一般性问题
(7) T 泡沫塑料
(8) T 环氧树脂及塑料
(9) T 非金属复合材料
(10) T 地下地球物理勘探
(11) T 功能材料
【词条属性】
【特征】
【特点】 能够耐较高的温度,耐高温材料一般能耐 1500 ℃ 高温
【状况】
【应用场景】 矿物加工
【应用场景】 冶金工程
【应用场景】 机械工程
【应用场景】 材料加工
【应用场景】 航空
【应用场景】 军事
【词条关系】
【层次关系】
【概念-实例】 钨合金
【概念-实例】 碳化钨
【概念-实例】 钼合金
【概念-实例】 钼基合金
【概念-实例】 铌合金
【概念-实例】 铌基合金
【概念-实例】 钽合金
【概念-实例】 碳化物
【应用关系】
【用于】 耐火材料
【用于】 耐高温材料
【用于】 耐热材料
【用于】 法兰
【用于】 熔炉
【用于】 高炉
【用于】 排气系统
【用于】 恢复泵壁
【用于】 铸件
【用于】 高温修复
【用于】 黏合剂

◎耐腐蚀性

【基本信息】
【英文名】 corrosion resistance

【拼音】 nai fu shi xing
【核心词】
【定义】
金属材料抵抗周围介质腐蚀破坏作用的能力称为耐腐蚀性。由材料的成分、化学性能、组织形态等决定的。
【来源】《金属材料使用辞典》
【分类信息】
【CLC 类目】
(1) TG174　腐蚀的控制与防护
(2) TG174　金属表面防护技术
(3) TG174　一般性问题
(4) TG174　生产过程与设备
(5) TG174　水泥产品
【IPC 类目】
(1) C23C22/34　含有氟化物或络合氟化物的〔4,5〕
(2) C23C22/34　抗腐蚀涂料
(3) C23C22/34　基于环氧树脂的涂料组合物;基于环氧树脂衍生物的涂料组合物〔5〕
(4) C23C22/34　锆基合金〔2〕
(5) C23C22/34　含钼或钨的〔2〕
【词条属性】
【特征】
【特点】 腐蚀速度为评定抗蚀性的主要指标
【特点】 金属材料的化学性能之一
【特点】 向钢中加入合金元素(如铬、硅、铝),使其表面形成致密的氧化物防护层
【特点】 向钢中加入合金元素(主要是铬),提高钢的电极电位
【特点】 减少或消除钢中的应力、组织、成分等不均的现象
【特点】 表面镀金属提高耐蚀性
【特点】 涂非金属层提高耐蚀性
【特点】 电化学保护提高耐蚀性
【特点】 改变腐蚀环境、介质,提高耐蚀性
【词条关系】
【等同关系】
【基本等同】 抗蚀性
【全称是】 化学稳定性
【层次关系】
【并列】 耐热性
【并列】 耐磨性
【并列】 耐候性
【概念-实例】 发蓝处理
【概念-实例】 保护剂涂覆
【类分】 耐酸性
【类分】 抗化学腐蚀性
【类分】 抗电化学腐蚀性
【应用关系】
【使用】 盐雾试验
【使用】 增重法
【使用】 电化学方法
【使用】 盐浴渗氮
【使用】 盐浴碳氮共渗
【使用】 极化曲线法
【使用】 交流阻抗法
【使用】 浸泡法
【使用】 渗氮
【测度关系】
【物理量-度量方法】 电化学腐蚀

◎纳米材料

【基本信息】
【英文名】 nanometer material;nano-material
【拼音】 na mi cai liao
【核心词】
【定义】
纳米材料是指在三维空间中至少有一维处于纳米尺度范围(1～100 nm)或由它们作为基本单元构成的材料,这相当于10～100个原子紧密排列在一起的尺度。
【分类信息】
【CLC 类目】
(1) T　工业技术
(2) T　工程材料学

(3) T　化学工业

(4) T　冶金工业

(5) T　冶金技术

(6) T　一般性问题

(7) T　环境科学、安全科学

(8) T　生物科学

(9) T　特种结构材料

(10) T　工程材料一般性问题

(11) T　功能材料

(12) T　蓄电池

【IPC 类目】

(1) C01B31/02　碳的制备(使用超高压,如用于金刚石的生成入 B01J3/06;用晶体生长法入 C30B);纯化

(2) C01B31/02　氧化物;氢氧化物〔3〕

(3) C01B31/02　超微结构的制造或处理〔7〕

(4) C01B31/02　晶须或针状结晶〔3〕

【词条属性】

【特征】

【数值】　粒子的尺寸在 1～100 nm

【特点】　五大效应(体积效应、表面效应、量子效应、隧道效应、介电限域)

【优点】　特殊防护性能

【优点】　高强度和高韧性

【优点】　高热容和低熔点

【优点】　高导电率和高磁化率

【优点】　高扩散性和极强的吸波性

【状况】

【前景】　纳米组装体系、人工组装合成的纳米结构材料体系

【现状】　在产业化发展方面,除了纳米粉体材料在美国、日本、中国等少数几个国家初步实现规模生产外,纳米生物材料、纳米电子器件材料、纳米医疗诊断材料等产品仍处于开发研制阶段

【应用场景】　传统材料

【应用场景】　医疗器材

【应用场景】　电子设备

【应用场景】　涂料

【时间】

【起始时间】　20 世纪 80 年代中期

【词条关系】

【层次关系】

【类分】　纳米块体

【类分】　纳米薄膜

【类分】　纳米线

【类分】　纳米粉末

【应用关系】

【用于】　磁性材料

【用于】　传感器

【用于】　金属陶瓷

【用于】　催化剂

【用于】　涂层材料

【用于】　储氢材料

【用于】　半导体材料

【用于】　纳米倾斜功能材料

【用于】　医疗

【用于】　纳米计算机

【用于】　纳米碳管

【用于】　家电

【用于】　环境保护

【用于】　纺织工业

【用于】　机械工业

【用于】　隐身材料

【生产关系】

【材料-工艺】　快速凝固

【材料-工艺】　真空蒸馏

【材料-工艺】　溅射法

【材料-工艺】　蒸汽-冷凝法

【材料-工艺】　混合共沉淀法

【材料-工艺】　机械合金化

【材料-工艺】　纳米技术

【材料-工艺】　纳米材料技术

【材料-工艺】　纳米加工技术

【材料-工艺】　纳米测量技术

【材料-工艺】　纳米应用技术

【材料-工艺】　γ 射线辐射法

【测度关系】
【物理量-度量方法】　纳米测量技术
【物理量-度量工具】　量子力学

◎内应力

【基本信息】
【英文名】　internal stress;inner stress
【拼音】　nei ying li
【核心词】
【定义】
又称残余应力(Residual stress)。是指当外部荷载去掉以后,仍残存在物体内部的应力。它是由于材料内部宏观或微观的组织发生了不均匀的体积变化而产生的。
【来源】《现代材料科学与工程辞典》
【分类信息】
【CLC 类目】
(1) T　工业技术
(2) T　工程材料学
(3) T　机械制造用材料
(4) T　建筑基础科学
(5) T　金属学与金属工艺
(6) T　金属学与热处理
(7) T　冶金工业
(8) T　一般工业技术
(9) T　一般性问题
(10) T　薄膜物理学
(11) T　黏接理论
(12) T　电铸
(13) T　第ⅢA 族金属元素及其化合物
(14) T　特种结构材料
【IPC 类目】
(1) F16C1/24　润滑;润滑设备
(2) F16C1/24　天花板、墙或楼板下面的供暖用管子和平板装置(楼板下面的电力加热入 13/02;专门适用于敷设管道,如供暖或通风管道的楼板入 E04B5/48;建筑构件结构中块状或其他形状建筑构件,以其专门用途为特征的,如敷设管道入 E04C1/39;建筑构件结构中较薄型建筑构件,专门适于用作辅助用途的,如敷设管道用的入 E04C2/52)〔4〕
(3) F16C1/24　外罩;衬层;壁(炉、窑或干馏釜的热处理室的外罩、衬层或壁入 F27D)
(4) F16C1/24　含有一个或多个硫原子〔3〕
(5) F16C1/24　在旋转轴上固定砂轮的装置(消除系统中的振动入 F16F15/00;机床的静平衡或动平衡试验入 G01M1/00)
【词条属性】
【特征】
【缺点】　材料屈服强度降低,疲劳寿命降低
【缺点】　构件容易变形
【缺点】　对金属脆性破坏
【特点】　外部荷载去除,残存在内部的应力
【特点】　内部组织发生了不均匀的体积变化引起的
【特点】　在物体内形成一个平衡的力系,遵守静力学条件
【状况】
【应用场景】　材料加工,材料热处理
【因素】
【影响因素】　外力变化,加工成型不当
【词条关系】
【等同关系】
【基本等同】　残余应力
【层次关系】
【类分】　宏观内应力
【类分】　微观内应力
【类分】　晶格畸变应力
【类分】　拉伸应力
【类分】　正应力
【类分】　法向应力
【类分】　宏观应力
【类分】　微观应力
【类分】　超微观应力
【类分】　热应力

【类分】 组织应力
【类分】 瞬时应力
【类分】 纵向应力
【类分】 横向应力
【类属】 残余应力
【类属】 应力
【实例-概念】 应力状态
【应用关系】
【使用】 热处理
【组织-工艺】 去应力退火
【组织-工艺】 自然时效
【组织-工艺】 缺口
【组织-工艺】 热处理
【组织-工艺】 退火
【组织-工艺】 超声震荡
【测度关系】
【物理量-单位】 帕(Pa)
【物理量-度量工具】 静力学平衡
【物理量-度量工具】 内应力检测仪
【物理量-度量工具】 残余应力检测仪

◎钼基合金

【基本信息】
【英文名】 molybdenum base alloy;Mo-alloy;Mo-alloy
【拼音】 mu ji he jin
【核心词】
【定义】
以钼为添加元素 Ti、Zr、W、Re、Hf、C、B 等形成的合金,常用合金有 Mo-0.5Ti-0.02C,Mo-0.5Ti-0.08Zr-0.023C,Mo-1.25Ti-0.15Zr-0.15C 等。
【分类信息】
【CLC 类目】
(1) T 工业技术
(2) T 工程材料学
(3) T 机械制造用材料
(4) T 金属学与金属工艺
(5) T 金属学与热处理
(6) T 冶金工业
(7) T 冶金技术
【词条属性】
【特征】
【缺点】 低温脆性
【缺点】 焊接脆性
【缺点】 高温易氧化
【特点】 合金
【优点】 熔点高
【优点】 高温强度大
【优点】 高温蠕变速率低
【优点】 膨胀系数小
【优点】 导热导电及抗热震性能优
【优点】 抗磨损
【优点】 抗腐蚀性能强
【状况】
【前景】 稀土掺杂
【应用场景】 冶金、机械、石油、机械、化工、国防、航空、航天、电子、核工业
【时间】
【起始时间】 20 世纪初
【词条关系】
【层次关系】
【并列】 镍基合金
【并列】 铌基合金
【实例-概念】 难熔金属
【实例-概念】 耐高温
【生产关系】
【材料-工艺】 弥散强化
【材料-工艺】 固溶强化

◎钼合金

【基本信息】
【英文名】 molybdenum alloy
【拼音】 mu he jin
【核心词】
【定义】
以钼为基料添加一种或几种合金元素形成的合金,是一种难熔金属材料。

【来源】《中国冶金百科全书·金属材料》
【分类信息】
【CLC 类目】
(1) TG132　特种物理性质合金
(2) TG132　粉末成型、烧结及后处理
(3) TG132　合金学理论
【IPC 类目】
(1) C22C27/04　钨或钼基合金〔2〕
(2) C22C27/04　含铬的〔2〕
(3) C22C27/04　用粉末冶金法(1/08 优先)〔2〕
(4) C22C27/04　单晶或具有一定结构的均匀多晶材料之扩散或掺杂工艺;其所用装置〔3,5〕
(5) C22C27/04　镍或钴或以它们为基料的合金
【词条属性】
【特征】
【缺点】　低温脆性
【缺点】　焊接脆性
【缺点】　高温氧化
【特点】　一种难熔金属材料
【特点】　脱氧剂常用碳和硼
【优点】　良好的导热导电性
【优点】　低膨胀系数
【优点】　良好的高温强度
【优点】　加工性能好
【优点】　导热导电
【优点】　抗蠕变性好
【状况】
【前景】　提高高温强度
【前景】　改善材料低温塑性
【前景】　纳米掺杂强韧化
【现状】　合金化方法难以改善钼合金的高温抗氧化性能
【应用场景】　电子管栅极
【应用场景】　电子管阳极
【应用场景】　硫酸工业的热交换器
【应用场景】　金属加工工具
【应用场景】　板材
【应用场景】　带材
【应用场景】　箔材
【应用场景】　管材
【应用场景】　棒材
【应用场景】　型材
【应用场景】　挤压模具
【应用场景】　高温加热元件
【时间】
【起始时间】　1910 年开始采用粉末冶金工艺生产钼制品
【词条关系】
【层次关系】
【并列】　铝合金
【并列】　铋合金
【并列】　钌合金
【并列】　铼合金
【并列】　铑合金
【概念-实例】　MoW20
【概念-实例】　MoW30
【概念-实例】　MoW50
【概念-实例】　20CrMo
【构成成分】　钼、钛、锆、钨、铁
【类分】　钼钛锆合金
【类分】　钼钨合金
【类分】　钼-稀土合金
【类分】　钼锆碳合金
【类分】　稀土钼合金
【类属】　三元合金
【实例-概念】　难熔金属
【实例-概念】　耐高温
【生产关系】
【材料-工艺】　熔炼
【材料-工艺】　塑性加工
【材料-工艺】　粉末冶金
【材料-工艺】　挤压
【材料-工艺】　锻造
【材料-工艺】　轧制
【材料-工艺】　热处理

【材料-工艺】 等离子电弧熔炼

【材料-原料】 氧化钼

◎钼粉

【基本信息】

【英文名】 molybdenum powder;mo powder

【拼音】 mu fen

【核心词】

【定义】

外观灰色金属粉末,颜色均匀一致,无肉眼可见机械杂质。通常是以仲钼酸铵或经煅烧成的 MoO_3 为原料,用氢气还原制得,是粉末冶金法制备钼深加工产品的原料。

【分类信息】

【CLC 类目】

(1) T 工业技术

(2) T 冶金工业

(3) T 冶金技术

(4) T 特种物理性质合金

(5) T 粉末成型、烧结及后处理

【IPC 类目】

(1) C22C27/04 钨或钼基合金〔2〕

(2) C22C27/04 用粉末冶金法(1/08 优先)〔2〕

(3) C22C27/04 电子管或放电灯

【词条属性】

【特征】

【数值】 沸点 5560 ℃

【特点】 顺磁性

【优点】 加工性好,化学纯度高,化学惰性强,热稳定性好,吸油率低、硬度低、磨耗值小、无毒、无臭、无味,分散性好

【状况】

【应用场景】 工农业领域,橡胶、塑料、造纸、涂料、油漆、油墨、电缆、制药、化肥、饲料、食品、制糖、纺织、玻璃、陶瓷、卫生用品、密封剂、胶粘剂、杀虫剂和农药载体,以及烟道除硫、水处理等环保方面

【时间】

【起始时间】 1782 年

【其他物理特性】

【比热容】 25 ℃ 时为 242. 8 J/(kg · k)

【电阻率】 0 ℃:5. 17E-06 Ω · cm;800 ℃:24. 6E-06 Ω · cm;2400 ℃:72E-06 Ω · cm

【密度】 10. 2 g/cm^3

【热膨胀系数】 20～100 ℃ 时为 4. 9E-06/℃

【熔点】 2615 ℃

【因素】

【影响因素】 原料质量

【影响因素】 装舟情况

【影响因素】 还原温度

【影响因素】 氢气流量

【影响因素】 湿度

【影响因素】 物料在炉内停留时间

【影响因素】 原料二氧化钼的纯度

【词条关系】

【层次关系】

【并列】 白云石

【类分】 轻质钼粉

【类分】 普通钼粉

【类分】 喷涂钼粉

【类分】 超细钼粉

【类分】 纳米钼粉

【类分】 大粒度钼粉

【类分】 高纯钼粉

【类属】 无机矿物

【类属】 天然矿物

【类属】 碳酸岩

【实例-概念】 金属粉末

【应用关系】

【材料-加工设备】 还原炉

【材料-加工设备】 脉冲设备

【材料-加工设备】 雾化设备

【用于】 深加工

【用于】 合金添加剂

【用于】 钼制品

【用于】 喷镀原料

【用于】 温模

【生产关系】

【材料-工艺】　粉末冶金法

【材料-工艺】　氢还原

【材料-工艺】　雾化法

【材料-工艺】　等离子法

【材料-原料】　氧化钼

【原料-材料】　石灰石

【原料-材料】　白垩

【原料-材料】　大理石

【原料-材料】　仲钼酸铵

【原料-材料】　钼氧化物

【原料-材料】　钼卤化物

【原料-材料】　金属钼

◎模锻

【基本信息】

【英文名】　die forging

【拼音】　mu duan

【核心词】

【定义】

（1）利用装在锻造机器上的金属锻模，在锤的打击或压力机作用下，使金属在一定形状和尺寸的型腔（即模腔）内变形，从而获得锻件的锻造方法。

【来源】《金属材料简明辞典》

（2）变形过程大体可分为 4 个阶段：①自由镦粗过程，即坯料在模槽内受压力作用产生自由镦粗变形，同时伴随有部分金属被压入模槽深处，直到金属直接接触模壁为止。②金属继续向模槽深处流动，由于金属镦粗受到模壁阻碍，金属主要流向模槽深处和圆角处。当金属充填模槽深处和圆角处的阻力大于流入毛边槽的阻力时，金属流向毛边槽形成毛边。③毛边形成后，随着变形的继续进行，毛边被压薄，金属流入毛边槽的阻力急剧增大，形成一个阻力圈。当此阻力大于金属充填模槽深处和圆角处的阻力时，形成强大的三向压应力而迫使金属充满模槽。④上下模继续压合，挤出多余金属，保证锻件的尺寸符合要求。闭式模锻即无毛边模锻。

【分类信息】

【CLC 类目】

U466　汽车制造工艺

【IPC 类目】

（1）C21D9/36　用于滚珠；滚柱

（2）C21D9/36　通过伴随有变形的热处理或变形后再进行热处理来改变物理性能（除需成型的工件外不需要再加热的锻造，或轧制成型的硬化工件或材料入 1/02）〔3〕

（3）C21D9/36　滚珠、滚子或滚柱，如用于轴承

（4）C21D9/36　通过锻环紧固的栓（19/08 优先）

（5）C21D9/36　铆接程序

【词条属性】

【特征】

【缺点】　不适于小批量和单件的生产

【缺点】　能量消耗大

【缺点】　生产周期长

【优点】　生产效率高

【优点】　加工余量小

【优点】　材料消耗低

【优点】　适于较大批量的生产

【优点】　制品的力学性能有所提高

【优点】　提高锻件精度

【状况】

【应用场景】　锥齿轮

【应用场景】　叶片

【应用场景】　航空零件

【词条关系】

【等同关系】

【全称是】　模型锻造

【层次关系】

【并列】　模铸

【并列】　自由锻

【类分】　闭式模锻

【类分】　开式模锻

【类分】　精密模锻

【类分】 多向模锻
【类分】 液态模锻
【类分】 高速模锻
【类分】 操作简单
【类分】 制坯
【类分】 预锻
【类分】 终锻
【类分】 锤上模锻
【类分】 曲柄压力机模锻
【类分】 平锻机模锻
【类分】 摩擦压力机模锻
【类属】 冷成型
【类属】 锻造
【生产关系】
【工艺-材料】 锻件
【工艺-材料】 锻钢
【工艺-设备工具】 模锻锤
【工艺-设备工具】 无砧座模锻锤
【工艺-设备工具】 热模锻压力机
【工艺-设备工具】 平锻机
【工艺-设备工具】 螺旋压力机
【工艺-设备工具】 曲柄压力机

◎密度

【基本信息】
【英文名】 density
【拼音】 mi du
【核心词】
【定义】
(1)单位体积物质的质量。
【来源】《麦克米伦百科全书》
(2)物体的质量和其体积的比值。
【来源】《军事大辞海·下》
【分类信息】
【CLC 类目】
(1) TM215.5 云母绝缘材料及其制品
(2) TM215.5 高聚物结构理论
(3) TM215.5 钻探机械及仪表
(4) TM215.5 不可压缩理想流体力学
(5) TM215.5 钻井液的使用与处理
【词条属性】
【特征】
【数值】 铜的密度 8.9g/cm^3
【数值】 铁的密度 7.9 g/cm^3
【数值】 白口铸铁的密度 7.40～7.70 g/cm^3
【数值】 灰口铸铁的密度 6.60～7.40 g/cm^3
【数值】 可锻铸铁的密度 7.20～7.40 g/cm^3
【数值】 高强度合金钢的密度 7.82 g/cm^3
【数值】 工业纯铁密度 7.87 g/cm^3
【特点】 密度=质量/体积
【特点】 符合状态方程
【特点】 温度不变,密度同压力成正比
【特点】 压力不变,密度同温度成反比
【状况】
【应用场景】 鉴别组成物体的材料
【应用场景】 计算物体中所含各种物质的成分
【应用场景】 计算很难称量的物体的质量
【应用场景】 计算形状比较复杂的物体的体积
【应用场景】 判定物体是实心还是空心
【应用场景】 计算液体内部压强
【应用场景】 计算柱体压强
【应用场景】 鉴别未知物质
【因素】
【影响因素】 温度
【影响因素】 压力
【词条关系】
【层次关系】
【类分】 松装密度
【类分】 理论密度
【类分】 蒸汽密度
【类分】 相对密度
【类分】 海水密度
【测度关系】
【物理量-单位】 克/立方厘米
【物理量-单位】 千克/立方米

【物理量-度量方法】　比重杯法
【物理量-度量方法】　阿基米德定律
【物理量-度量方法】　浮力法
【物理量-度量方法】　密度计法
【物理量-度量工具】　密度计

◎弥散强化

【基本信息】
【英文名】　dispersion strengthening
【拼音】　mi san qiang hua
【核心词】
【定义】
(1)通过将不溶解的细微第二相粒子均匀地分布在金属基体中而使金属强化的方法。
【来源】　《现代材料科学与工程辞典》
(2)由于加入第二相的弥散分布,使合金的强度和硬度增加的现象。
【来源】　《金属功能材料词典》
(3)实质是利用弥散的超细微粒阻碍位错的运动,从而提高材料在高温下的力学性能。
【分类信息】
【CLC 类目】
(1) TB331　金属复合材料
(2) TB331　粉末的制造方法
(3) TB331　金属-非金属复合材料
(4) TB331　钢的组织与性能
(5) TB331　金相学(金属的组织与性能)
【IPC 类目】
(1) C22C1/05　金属粉末与非金属粉末的混合物(1/08 优先)〔2〕
(2) C22C1/05　用粉末冶金法(金属粉末制造入 B22F)
(3) C22C1/05　按质量分数至少为 5%但小于 50%的,无论是本身加入的还是原位形成的氧化物、碳化物、硼化物、氮化物、硅化物或其他金属化合物,如氮氧化合物、硫化物的有色合金〔2〕
(4) C22C1/05　铜基合金
(5) C22C1/05　含非金属的合金(1/08 优先)
【词条属性】
【特征】
【数值】　微粒尺寸要尽可能小(0.01～0.05 μm)
【数值】　微粒的间距要达到最佳程度(0.1～0.5 μm)
【数值】　弥散强化相含量一般小于 10%
【特点】　第二相粒子是从外部加入的不溶或难溶粒子
【特点】　颗粒被不同位向的基体材料所包围
【特点】　第二相粒子间距越小数量越多,强化效果越好
【特点】　原理有切割机制
【特点】　原理有绕过机制
【特点】　可用位错理论解释
【特点】　弥散相粒子应具有高度化学稳定性
【特点】　弥散相粒子应具有结构稳定性
【特点】　弥散相粒子应不溶于基体且不与基体发生反应
【特点】　基体与弥散相之间的界面能要低
【优点】　可显著提高合金强度
【优点】　可显著提高合金硬度
【优点】　可使塑性和韧性下降不大
【时间】
【起始时间】　中国从 20 世纪 50 年代开始研制
【起始时间】　1916 年德国首先制造出用二氧化钍强化的钨丝
【词条关系】
【等同关系】
【俗称为】　三维强化
【层次关系】
【并列】　沉淀强化
【并列】　细晶强化
【并列】　形变强化
【并列】　沉淀硬化

【类属】 强化
【类属】 第二相强化
【组织-材料】 超合金
【应用关系】
【使用】 喷雾法
【使用】 化学沉淀法
【使用】 强化相
【生产关系】
【工艺-材料】 钼基合金
【工艺-材料】 氧化铝
【工艺-材料】 难熔金属
【工艺-材料】 铌合金
【工艺-材料】 铌基合金
【工艺-材料】 镍基合金
【工艺-材料】 青铜

◎锰黄铜

【基本信息】
【英文名】 manganese brass
【拼音】 meng huang tong
【核心词】
【定义】

以锌为主要合金元素的铜合金,因呈黄色而得名黄铜,为提高简单黄铜的性能而加入1%～5%的锰作为第3种元素的多元合金称为锰黄铜。

【来源】《材料科学技术百科全书》
【分类信息】
【CLC类目】
(1) T 工业技术
(2) T 电工材料
(3) T 工程材料学
(4) T 机械制造用材料
(5) T 建筑材料
(6) T 金属学与金属工艺
(7) T 金属学与热处理
(8) T 冶金工业
(9) T 冶金技术
(10) T 有色金属冶炼

【词条属性】
【特征】
【缺点】 铸件粗糙,皱皮缺陷
【特点】 高锌黄铜
【优点】 耐磨,耐冲击,热加工性能好
【状况】
【应用场景】 造船及军工部门
【其他物理特性】
【比热容】 380 J/(kg·K)
【密度】 8.5 g/cm^3
【熔点】 <1083 ℃
【力学性能】
【弹性模量】 1E+06 GPa(HMn58-2)
【断面收缩率】 52.5%(HMn58-2)
【抗拉强度】 (400～700) MPa(HMn58-2);(550～700) MPa(HMn57-3-1)
【延伸率】 10%～40%(HMn58-2);5%～25%(HMn57-3-1)
【硬度】 90～178 HBS(HMn58-2);115～178 HBS(HMn57-3-1)
【因素】
【影响因素】 锰含量
【词条关系】
【层次关系】
【并列】 铝黄铜
【并列】 普通黄铜
【并列】 铅黄铜
【并列】 锡黄铜
【类属】 铜合金
【类属】 黄铜
【类属】 铜基合金
【类属】 合金材料
【类属】 耐蚀合金
【类属】 铜材
【应用关系】
【材料-加工设备】 热压机
【用于】 海水
【用于】 过热蒸汽
【用于】 氯化物

【用于】 工业零件
【生产关系】
【材料-工艺】 压力加工
【材料-工艺】 铸造
【材料-工艺】 锻造
【原料-材料】 锰元素
【原料-材料】 黄铜

◎镁合金

【基本信息】
【英文名】 magnesium alloy;Mg alloy
【拼音】 mei he jin
【核心词】
【定义】
纯镁中加入一定的合金元素使之合金化的合金。是最轻的金属结构材料,具有密度低(1.8 g/cm^3),比强度和刚度高,吸收冲击振动波的能力强,在热态下有良好的塑性,切削加工性能好等优点。
【来源】《现代材料科学与工程辞典》
【分类信息】
【CLC 类目】
(1) T　工业技术
(2) T　工程材料学
(3) T　机械制造用材料
(4) T　建筑材料
(5) T　金属学与金属工艺
(6) T　金属学与热处理
(7) T　冶金工业
(8) T　冶金技术
(9) T　有色金属冶炼
(10) T　航空、航天
(11) T　轻有色金属及其合金
(12) T　金属表面防护技术
(13) T　氧化法
(14) T　合金铸造
(15) T　特种铸造
【IPC 类目】
(1) C22C23/02　铝做次主要成分的〔2〕
(2) C22C23/02　镁基合金
(3) C22C23/02　用熔炼法
(4) C22C23/02　镁的提取〔2〕
(5) C22C23/02　镁或镁基合金
【词条属性】
【特征】
【缺点】 耐蚀性能差、易于氧化燃烧、耐热性差
【特点】 高强材料
【优点】 密度低、比性能好、减震性能好、导电导热性能良好;工艺性能良好;散热快、质量轻、刚性好,具有一定的耐蚀性和尺寸稳定性;抗冲击、耐磨、衰减性能好,易于回收;高的导热与导电性能,无磁性、屏蔽性好、无毒
【状况】
【前景】 低成本,高性能,轻量化
【现状】 主要研究耐热镁合金、高强度高韧性镁合金、超轻镁合金、阻尼镁合金、阻燃镁合金、变形镁合金和镁基非晶合金;国外镁合金生产技术水平较稳定,我国镁合金起步晚,但已经可以成熟的应用于汽车件压铸生产
【应用场景】 用于制造飞机、导弹、卫星的结构件,也可用于制造轻便车辆、假肢、摄影机和纺织机械上的轻便零件
【应用场景】 主要用于制造飞机、导弹、卫星的结构件,也可用于制造轻便车辆、假肢、摄影机和纺织机械上的轻便零件
【时间】
【起始时间】 1808 年后
【其他物理特性】
【比热容】 (AZ31 镁合金)227 ℃:1.11 kJ/(kg · K);342 ℃:1.20 kJ(kg · K);634 ℃:1.43 kJ(kg · K);750 ℃:1.59 kJ(kg · K)
【密度】 1.8 g/cm^3 左右
【热导率】 20 ℃:75 W/Mk 左右
【热膨胀系数】 20～100 ℃:26.0E-06/K;20～200 ℃:27.0E-06/K;20～300 ℃:27.9E-06/K
【熔点】 600 ℃ 左右
【力学性能】

【弹性模量】 AZ31 镁合金:44.8 GPa
【抗拉强度】 280 MPa 左右
【抗压强度】 290 MPa 左右
【屈服强度】 160 MPa 左右
【延伸率】 10%～25%
【硬度】 45～75 HV
【因素】
【影响因素】 元素种类及含量
【词条关系】
【层次关系】
【并列】 铝合金
【并列】 钌合金
【并列】 铼合金
【并列】 铑合金
【并列】 铌合金
【材料-组织】 织构
【构成成分】 稀土金属、稀土元素
【类分】 合金材料
【类分】 耐蚀合金
【类属】 三元合金
【实例-概念】 储氢材料
【应用关系】
【使用】 加工硬化
【生产关系】
【材料-工艺】 金属型铸造
【材料-工艺】 压铸
【材料-工艺】 阳极氧化
【材料-工艺】 化学镀
【材料-工艺】 精铸
【材料-工艺】 时效硬化
【材料-工艺】 温模
【材料-工艺】 激光重熔
【材料-工艺】 扩散退火
【材料-原料】 精炼剂

◎孪晶

【基本信息】
【英文名】 twin
【拼音】 luan jing
【核心词】
【定义】

(1)相邻两块晶体以特殊的取向关系相交接,造成了一个原晶体所没有的新的宏观对称要素,如反映面、旋转轴或对称中心,这样的一对相邻接的晶体即称为孪晶。

【来源】《固体物理学大辞典》

(2)又称为"双晶",指沿着一个公共界面(孪晶面)构成镜面对称关系的两个晶粒或一个晶粒的两个部分。

【来源】《金属材料简明辞典》

【分类信息】
【CLC 类目】
(1) TG335.8　复合材料轧制
(2) TG335.8　特种结构材料
(3) TG335.8　晶体生长工艺
(4) TG335.8　薄膜的生长、结构和外延
【IPC 类目】
(1) C25D1/04　丝;带;箔〔2〕
(2) C25D1/04　生长期间籽晶保留在熔融液中的单晶生长,如 Necken-Kyropoulos 法(15/00 优先)
(3) C25D1/04　铝的氧化物〔3〕
(4) C25D1/04　分子式为 $AMeO_3$ 的,其中 A 为稀土金属,Me 为 Fe、Ga、Sc、Cr、Co 或 Al,如正铁氧体〔3〕
(5) C25D1/04　含钴的〔2〕
【词条属性】
【特征】
【特点】 层错能高的晶体不易产生孪晶
【特点】 金属塑性变形里的重要概念
【特点】 降低位错的平均自由程
【特点】 起到硬化作用,降低塑性
【特点】 密排六方结构金属中常见
【特点】 其特性用孪生面和孪生方向来描述
【特点】 孪生面的法线称为孪晶轴
【特点】 孪晶界可以有效阻碍位错运动
【特点】 孪晶界面存在等效负折射

【特点】　孪晶界面存在全透射
【特点】　退火孪晶形成于回复阶段
【特点】　退火孪晶是大角度界面的迁移结果
【特点】　形变孪晶是在回复阶段开始退化与消失的
【特点】　孪生可以改变部分晶体的位向
【优点】　孪晶形成时可以缓解局部的应力集中
【优点】　原始晶粒可以被孪晶细化
【优点】　孪晶细化材料塑性韧性增加
【优点】　孪生变形也对强度产生贡献
【状况】
【应用场景】　汽车用孪晶诱发塑性钢
【应用场景】　孪晶型减振合金
【词条关系】
【等同关系】
【基本等同】　双晶
【层次关系】
【并列】　位错
【并列】　晶界
【并列】　亚晶
【并列】　相界
【并列】　层错
【概念-实例】　密排六方多晶钛
【概念-实例】　孪晶马氏体
【概念-实例】　密排六方镁
【类分】　形变孪晶
【类分】　生长孪晶
【类分】　退火孪晶
【应用关系】
【使用】　恒温槽
【使用】　纯水蒸馏器
【组织-工艺】　水溶液降温法
【组织-工艺】　退火

◎铝青铜

【基本信息】
【英文名】　aluminum bronze；aluminium bronze；albronze
【拼音】　lü qing tong
【核心词】
【定义】

以铝为主要合金元素的铜基合金，具有高强度热稳定性的铝青铜通常为复杂铝青铜，即除铝外，还含有铁、镍、锰等其他元素的多元合金。

【来源】　《中国材料工程大典 · 第4卷》
【分类信息】
【CLC类目】
(1) T　工业技术
(2) T　电工材料
(3) T　工程材料学
(4) T　机械制造用材料
(5) T　建筑材料
(6) T　金属学与金属工艺
(7) T　金属学与热处理
(8) T　冶金工业
(9) T　冶金技术
(10) T　有色金属冶炼
【IPC类目】
(1) C23C4/08　仅含金属元素的〔4〕
(2) C23C4/08　后处理〔4〕
(3) C23C4/08　以喷镀方法为特征的〔4〕
(4) C23C4/08　铝做次主要成分的〔2〕
(5) C23C4/08　用未列入2/00～26/00各大组中单一组的方法抑或用列入C23C与C25C或C25D各小类中方法的组合以获得至少二层叠加层的镀覆〔4〕
【词条属性】
【特征】
【缺点】　不能退火回火强化
【数值】　普通铝青铜铝质量分数小于11.5%，特种铝青铜铝质量分数11.5%～15%
【特点】　多元合金
【优点】　力学性能高，热稳定性强，耐腐蚀，抗压抗磨
【状况】

【前景】 发展特种铝青铜

【现状】 对于普通铝青铜板材、管材、线材及棒材已经可以量产,特种铝青铜不能量产

【应用场景】 高强度螺杆、螺帽、铜套、密封环等,耐磨零部件,结构件、传动件,高速列车的传动轴齿轮

【时间】

【起始时间】 青铜器时代

【其他物理特性】

【比热容】 377～440 J/(kg·K)

【电导率】 3.1～19.0/(μΩ·m)

【电阻率】 0.11～0.55 μΩ·m

【密度】 7.4～7.7 g/cm^3

【热导率】 30～72 W/(m·K)

【热膨胀系数】 (1.1～2.0) E-05/K

【熔点】 950～1100 ℃

【力学性能】

【比例极限】 泊松比 0.32～0.34

【冲击韧性】 10～69 kJ/m^2

【弹性模量】 (90～132) GPa

【抗剪强度】 (330～441) MPa

【抗拉强度】 (390～950) MPa

【切削模量】 (41～44.3) GPa

【屈服强度】 (200～370) MPa

【延伸率】 1.4%～40%

【硬度】 90～240 HBS

【因素】

【影响因素】 添加元素种类及含量

【词条关系】

【层次关系】

【并列】 硅青铜

【并列】 磷青铜

【并列】 铍青铜

【并列】 锡青铜

【类分】 铜合金

【类分】 铝合金

【类属】 青铜

【生产关系】

【材料-工艺】 金属型铸造

【材料-工艺】 精铸

◎铝合金

【基本信息】

【英文名】 aluminum alloy;aluminium alloy

【拼音】 lü he jin

【核心词】

【定义】

以铝为基料,加入一种或几种其他元素(如铜、镁、硅、锰等)构成的合金,称为铝合金。根据生产工艺可分为变形铝合金和铸造铝合金。铝合金密度小,有足够高的强度,塑性及耐蚀性也很好。

【来源】《现代材料科学与工程辞典》

【分类信息】

【CLC 类目】

(1) T 工业技术

(2) T 工程材料学

(3) T 机械制造用材料

(4) T 建筑材料

(5) T 冶金工业

(6) T 冶金技术

(7) T 加压焊

(8) T 激光焊

(9) T 金属复合材料

(10) T 合金铸造

(11) T 轻有色金属及其合金

【IPC 类目】

(1) C22C21/00 铝基合金

(2) C22C21/00 硅做次主要成分的〔2〕

(3) C22C21/00 铝或铝基合金

(4) C22C21/00 镁做次主要成分的〔2〕

(5) C22C21/00 锌做次主要成分的〔2〕

【词条属性】

【特征】

【缺点】 硬脆性

【缺点】 韧性差

【缺点】 硬度低

【缺点】 不耐磨

【缺点】 不耐冲击
【缺点】 热传导系数较大
【缺点】 热变形大
【缺点】 热稳定性差
【特点】 高强度合金,多元合金
【优点】 密度小
【优点】 比强度高
【优点】 良好塑性
【优点】 耐蚀性
【状况】
【前景】 未来发展方向有:复合微合金化,高比强、高比模、高损伤容限、耐腐蚀、超高强度铝合金;耐热铝合金;高比强度、高比模量、尺寸稳定的铝基复合材料;铝合金制备新工艺
【现状】 以铸造铝合金和压力加工铝合金为主,应用行业广泛,数量逐年递增
【应用场景】 运输、建筑、电力、航空、航天、汽车、机械制造、船舶及化学工业
【时间】
【起始时间】 1808 年
【其他物理特性】
【比热容】 880 J/(kg · K)左右
【电导率】 0.04～0.06 $\Omega mm^2/m$(20 ℃)
【电阻率】 30～50 nΩ · m(20 ℃,IACS)
【密度】 2.7～2.9 g/cm^3
【热导率】 110～240 W/(m · K)
【热膨胀系数】 23 μm/(m·K)左右(20～100 ℃)
【熔点】 475～650 ℃
【力学性能】
【比例极限】 泊松比 0.3 左右
【弹性模量】 72 GPa 左右
【抗剪强度】 (40～90) MPa
【抗拉强度】 (170～580) MPa(20 ℃)
【疲劳极限】 (30～70) MPa
【屈服强度】 (190～510) MPa(20 ℃)
【延伸率】 10%～25%
【硬度】 20～150 HBS
【因素】
【影响因素】 铝含量,添加元素种类及含量
【词条关系】
【层次关系】
【并列】 镁合金
【并列】 钯合金
【并列】 铋合金
【并列】 铂合金
【并列】 锆合金
【并列】 钴合金
【并列】 金合金
【并列】 铼合金
【并列】 铑合金
【并列】 钌合金
【并列】 钼合金
【并列】 铌合金
【并列】 镍合金
【并列】 铅合金
【并列】 钛合金
【并列】 钽合金
【并列】 铜合金
【并列】 钨合金
【并列】 锡合金
【并列】 锌合金
【并列】 铱合金
【并列】 银合金
【材料-组织】 腐蚀疲劳
【概念-实例】 铝材
【类分】 硬铝
【类分】 形变铝合金
【类分】 锻铝
【类分】 超硬铝
【类分】 特殊铝合金
【类分】 铝硅合金
【类分】 铝铜合金
【类分】 铝镁合金
【类分】 铝锌合金
【类分】 铝稀土合金
【类属】 变形铝合金

【类属】 铝青铜
【类属】 有色金属材料
【类属】 结构材料
【类属】 多元合金
【类属】 合金材料
【类属】 三元合金
【应用关系】
【材料-加工设备】 无芯感应炉
【材料-加工设备】 槽式感应炉
【材料-加工设备】 坩埚炉
【材料-加工设备】 反射式平炉
【材料-加工设备】 电阻炉
【材料-加工设备】 电热辐射炉
【材料-加工设备】 熔模
【使用】 冷变形
【使用】 缝隙腐蚀
【使用】 高周疲劳
【生产关系】
【材料-工艺】 脱氢
【材料-工艺】 压铸
【材料-工艺】 阳极氧化
【材料-工艺】 熔铸
【材料-工艺】 热处理
【材料-工艺】 退火
【材料-工艺】 回火
【材料-工艺】 金属型铸造
【材料-工艺】 精铸
【材料-工艺】 静液挤压
【材料-工艺】 快速冷却
【材料-工艺】 离心铸造
【材料-工艺】 离子镀
【材料-工艺】 熔炼
【材料-工艺】 淬火
【材料-工艺】 时效
【材料-工艺】 压力铸造
【材料-工艺】 人工时效
【材料-工艺】 砂型铸造
【材料-工艺】 时效硬化
【材料-工艺】 温模
【材料-工艺】 高速压制
【材料-原料】 氧化铝
【材料-原料】 精炼剂
【原料-材料】 氧化铝
【原料-材料】 铝材

◎铝电解

【基本信息】
【英文名】 aluminum electrolysis; aluminum reduction
【拼音】 lü dian jie
【核心词】
【定义】

为电解铝过程,就是通过电解得到的铝。现代电解铝工业生产采用冰晶石-氧化铝融盐电解法。熔融冰晶石是溶剂,氧化铝作为溶质,以碳素体作为阳极,铝液作为阴极,通入强大的直流电后,在950～970 ℃ 下,在电解槽内的两极上进行电化学反应,即电解。

【分类信息】
【CLC 类目】
(1) T 工业技术
(2) T 电工技术
(3) T 冶金工业
(4) T 冶金技术
(5) T 铝
(6) T 有色冶金机械
(7) T 磁场、磁场计算
(8) T 量仪的结构
(9) T 冶金工业
【IPC 类目】
(1) C25C3/12 阳极〔2〕
(2) C25C3/12 电解槽的结构,如底、壁、阴极〔2〕
(3) C25C3/12 供料装置或壳破碎装置〔2〕
(4) C25C3/12 电解槽的自动控制或调节(控制或调节本身入 G05)〔2〕
(5) C25C3/12 析出气体的收集〔2〕

【词条属性】
【特征】
【缺点】 污染环境严重
【缺点】 机械化困难
【缺点】 劳动强度大
【缺点】 不易大型化
【缺点】 单槽产量低
【数值】 电解温度 950～970 ℃，我国阳极电流密度 0.7～0.735 A/cm^2
【特点】 $2Al_2O_3+3C=4Al+3CO_2$。阳极：$2O^{2-}+C-4e^-=CO_2\uparrow$，阴极：$Al^{3+}+3e^-=Al$；阴极析出铝液，阳极析出一氧化碳、二氧化碳气体
【优点】 装备简单
【优点】 建设周期短
【优点】 投资少
【状况】
【前景】 最大限度地提高电解槽单位面积产量
【现状】 目前，我国电解铝厂电解槽的阳极效应系数较高
【现状】 吨铝电耗比欧洲领先水平的高
【现状】 平均槽寿命普遍较短
【现状】 国外领先水平的电流效率已达96%，而中国75%以上的企业的电流效率只有92.5%～93.5%，而且还有相当多的工厂的整流效率计算偏低
【应用场景】 生产高纯度的铝
【因素】
【影响因素】 电解温度，电流密度，电解质浓度
【词条关系】
【层次关系】
【类分】 侧插阳极棒自焙槽
【类分】 上插阳极棒自焙槽
【类分】 预焙阳极槽
【类属】 电解
【类属】 电解铝
【应用关系】
【使用】 精炼剂
【使用】 冰晶石
【使用】 氧化铝
【使用】 碳素体
【使用】 铝液
【使用】 氟化铝
【使用】 氟化钙
【使用】 氟化镁
【使用】 添加剂
【使用】 阳极材料
【生产关系】
【工艺-材料】 氧化铝
【工艺-材料】 铝材
【工艺-材料】 铝锭
【工艺-材料】 铝液
【工艺-材料】 线坯
【工艺-材料】 型材
【工艺-设备工具】 电解槽

◎铝材

【基本信息】
【英文名】 aluminium material
【拼音】 lü cai
【核心词】
【定义】
铝材由铝和其他合金元素制造的制品。通常是先加工成铸造品、锻造品及箔、板、带、管、棒、型材等后，再经冷弯、锯切、钻孔、拼装、上色等工序而制成。主要金属元素是铝，再加上一些合金元素，提高铝材的性能。
【分类信息】
【CLC 类目】
(1) TU5　建筑材料
(2) TU5　铸造
(3) TU5　航空
(4) TU5　航空运输
(5) TU5　百科全书、类书
(6) TU5　焊接、金属切割及金属粘接
(7) TU5　工业技术

(8) TU5　电工材料
(9) TU5　工程材料学
(10) TU5　机械制造用材料
(11) TU5　金属压力加工
(12) TU5　冶金工业
(13) TU5　冶金技术
(14) TU5　有色金属及其合金

【IPC 类目】

(1) C23F1/00　金属材料的化学法蚀刻(制作印刷表面入 B41C;制作印刷线路入 H05K)〔2〕

(2) C23F1/00　冷却或加热装置(在照明固定装置上有气流通过的空调系统入 F24F3/056;与空调系统的出口结合的照明固定装置入 F24F13/078)〔1,7〕

(3) C23F1/00　无机内电源的,如连接电力网的装置〔7〕

(4) C23F1/00　带抛物线曲率的〔1,7〕

(5) C23F1/00　制作着色层的〔2〕

【词条属性】

【特征】

【缺点】　金属疲劳性差
【缺点】　弹性模量低
【缺点】　铝的熔点较低
【特点】　由铝和其他合金元素构成
【优点】　强的耐蚀性
【优点】　性能寿命好
【优点】　硬度高
【优点】　色彩好

【状况】

【前景】　铝型材正朝着大截面、薄壁厚、高尺寸精度、复杂断面和精美外观方向发展,向高精尖方向发展

【现状】　我国铝材发展迅速,以建筑用和机械工业领域为主,我国已经成为最大的铝材生产基地和消费市场

【应用场景】　修筑用铝材
【应用场景】　洋木用铝材
【应用场景】　电气机器组件用铝材
【应用场景】　突出机器用、包卸容器用铝材

【力学性能】

【抗拉强度】　≥530 MPa
【延伸率】　≥5%

【词条关系】

【层次关系】

【类分】　轧延材
【类分】　铸造材
【类分】　非热处理型合金
【类分】　热处理型合金
【类分】　纯铝合金
【类分】　铝铜合金
【类分】　铝锰合金
【类分】　铝硅合金
【类分】　铝镁合金
【类分】　铝镁硅合金
【类分】　铝锌镁合金
【类分】　铝与其他元素合金
【类属】　铝箔
【实例-概念】　铝合金
【主体-附件】　赤泥

【应用关系】

【使用】　氧化铝
【使用】　硬铝
【用于】　变形铝合金
【用于】　电泳
【用于】　电解
【用于】　消声
【用于】　减震
【用于】　分离工程
【用于】　催化载体
【用于】　屏蔽防护

【生产关系】

【材料-工艺】　铝电解
【材料-工艺】　热处理
【材料-工艺】　铸造
【材料-工艺】　锻造
【材料-工艺】　冷弯

【材料-工艺】　锯切
【材料-工艺】　钻孔
【材料-工艺】　拼装
【材料-工艺】　上色
【材料-原料】　铝合金
【原料-材料】　铸造铝合金
【原料-材料】　铝箔
【原料-材料】　板材
【原料-材料】　带材
【原料-材料】　管材
【原料-材料】　棒材
【原料-材料】　型材

◎铝箔

【基本信息】
【英文名】　foil;aluminum foil;aluminium foil
【拼音】　lü bo
【核心词】
【定义】
一种用金属铝直接压延成薄片的烫印材料,其烫印效果与纯银箔烫印的效果相似,故又称假银箔。由于铝的质地柔软、延展性好,具有银白色的光泽,如果将压延后的薄片,用硅酸钠等物质裱在胶版纸上制成铝箔片,还可进行印刷。但铝箔本身易氧化而颜色变暗,摩擦、触摸等都会掉色,因此不适用于长久保存的书刊封面等的烫印。
【分类信息】
【CLC 类目】
(1) T　工业技术
(2) T　工程材料学
(3) T　冶金工业
(4) T　冶金技术
(5) T　各种类型的金属腐蚀
(6) T　冶金工业
(7) T　有色金属工业
(8) T　腐蚀的控制与防护
【IPC 类目】
(1) H01G9/045　以铝为基料的〔6〕
(2) H01G9/045　用于管子或管系绝缘的装置(59/02 至 59/12 优先)
(3) H01G9/045　腐蚀箔电极〔6〕
(4) H01G9/045　绝热材料的形状或形式,有或没有和绝热材料成一体的覆盖(化学方面见有关类)
(5) H01G9/045　一次以上的阳极氧化,如在不同的槽液中〔2〕
【词条属性】
【特征】
【缺点】　针孔、辊印、辊眼、光泽不均,起皱,亮点、亮痕、亮斑,厚差,油污,水斑,折痕,张力线,开缝及气道等
【特点】　清洁,卫生及闪闪发亮的外表,可与许多其他包装材料做成集成包装材料
【优点】　铝箔是柔软的金属薄膜,不仅具有防潮、气密、遮光、耐磨蚀、保香、无毒无味等优点,而且还具有优雅的银白色光泽,易于加工出各种色彩的美丽图案和花纹
【状况】
【前景】　制造空调器用热交换器翅片的专用材料空调箔,提高卷烟包装箔质量,通过铝-塑复合的形式应用的装饰箔,用作电缆护罩的电缆箔
【现状】　铝箔的加工主要包括铝合金的熔炼、铸造、轧制、热处理和分剪,我国铝箔轧制工业持续高速发展,铝箔产能快速提高
【应用场景】　汽车用复合箔、药箔、软包装铝箔、电解电容器用铝箔
【时间】
【起始时间】　我国起始于 1932 年
【其他物理特性】
【密度】　纯铝箔 2.7 g/cm^3
【词条关系】
【等同关系】
【俗称为】　假银箔
【层次关系】
【类分】　铝材
【类分】　厚箔

【类分】 单零箔
【类分】 双零箔
【类分】 硬质箔
【类分】 半硬箔
【类分】 软质箔
【类属】 箔材
【实例-概念】 薄膜
【应用关系】
【用于】 食品
【用于】 饮料
【用于】 香烟
【用于】 药品
【用于】 照相底板
【用于】 家庭日用品
【用于】 包装材料
【用于】 电解电容器
【用于】 绝热材料
【生产关系】
【材料-原料】 铝材

◎卤化物

【基本信息】
【英文名】 halide;halogenide
【拼音】 lu hua wu
【核心词】
【定义】

卤素与电负性较低的元素所形成的化合物称为卤化物,如卤素与元素周期表第ⅠA族、第ⅡA族的绝大多数金属形成离子型卤化物,这些卤化物具有较高的熔点、沸点和低挥发性,熔融时导电。广义上说,卤化物也包括卤素与非金属、卤素与氧化数较高的金属所形成的共价型卤化物,共价型卤化物一般熔点、沸点低,熔融时不导电,并具有挥发性。但离子型卤化物与共价型卤化物之间没有严格的界限。例如,氯化铁是易挥发的共价性卤化物,他在熔融态时能导电。

【分类信息】
【CLC类目】
(1) T 工业技术
(2) T 工程材料学
(3) T 化学工业
(4) T 一般性问题
【IPC类目】
(1) C07C 无环或碳环化合物
(2) C07C 还包括未列入31/02至31/24组的无机金属化合物〔2〕
(3) C07C 只有一个碳碳双键的不饱和脂族烃的均聚物或共聚物〔2〕
(4) C07C 具有一个或更多的C—Si键的化合物
【词条属性】
【特征】
【特点】 按组成卤化物的键型可分为离子型卤化物和共价型卤化物
【特点】 硼、碳、硅、氮、氢、硫、磷等非金属卤化物均为共价型,共价型者大多数易挥发,熔点和沸点低
【特点】 其他卤化物,如萤石,产于热液矿脉;卤化物矿物通常质软,多呈立方对称晶体,比重偏小
【状况】
【应用场景】 冶金工业
【应用场景】 化工工业
【应用场景】 制药工业
【应用场景】 矿物加工
【词条关系】
【层次关系】
【材料-组织】 离子型
【材料-组织】 共价键
【参与组成】 碱金属
【概念-实例】 卤化氢
【概念-实例】 氯化铵
【概念-实例】 四氯化硅
【概念-实例】 三氯化磷
【概念-实例】 五氯化磷
【概念-实例】 四氯化碳
【概念-实例】 六氟化硫

【类分】　金属卤化物

【类分】　非金属卤化物

【类分】　氟化物

【类分】　氯化物

【类分】　溴化物

【类分】　碘化物

【类分】　卤素互化物

【应用关系】

【用于】　金属卤化物灯

【用于】　防爆卤化物灯

【用于】　油田

【用于】　矿山

【用于】　冶金工业

【用于】　化工工业

【用于】　矿物加工

◎磷铜

【基本信息】

【英文名】　phosphorized copper; phosphor-copper; phosphor copper

【拼音】　lin tong

【核心词】

【定义】

由青铜添加脱气剂磷含量 0.03%～0.35%，锡含量 5%～8%，以及其他微量元素如铁、锌等组成延展性，耐疲劳性均佳可用于电气及机械材料，可靠度高于一般铜合金制品。

【分类信息】

【CLC 类目】

(1) T　工业技术

(2) T　电工材料

(3) T　工程材料学

(4) T　机械制造用材料

(5) T　建筑材料

(6) T　金属学与金属工艺

(7) T　冶金工业

(8) T　冶金技术

(9) T　有色金属冶炼

【IPC 类目】

(1) C25D17/10　电极〔2〕

(2) C25D17/10　铜基合金

(3) C25D17/10　用熔炼法

(4) C25D17/10　具有自动改变输出空气方向的装置的机组

(5) C25D17/10　工艺控制或调节(一般控制或调节入 G05)〔2〕

【词条属性】

【特征】

【缺点】　热加工时有热脆性

【缺点】　只能接受冷压力加工

【数值】　由青铜添加脱气剂磷含量 0.03%～0.35%，锡含量 5%～8%，以及其他微量元素如铁、锌等组成

【特点】　铜合金

【特点】　由青铜添加脱气剂磷

【优点】　高的耐蚀性

【优点】　高的耐磨损

【优点】　冲击时不发生火花

【优点】　自动调心，对偏斜不敏感

【优点】　轴承受力均匀，承载力高

【优点】　可同时受径向载荷

【优点】　自润滑无须维护

【优点】　有良好的导电性能

【优点】　不易发热

【优点】　确保安全同时具备很强的抗疲劳性

【状况】

【应用场景】　电真空器件

【应用场景】　印刷电路

【应用场景】　集成电路

【应用场景】　引线框架

【应用场景】　作为中间合金广泛用于铜铸造、焊料等领域

【词条关系】

【层次关系】

【并列】　黄铜

【并列】　白铜

【参与构成】　青铜

【类分】 磷青铜
【类分】 锡青铜
【类分】 锡磷青铜
【类属】 铜合金
【类属】 铜基合金
【类属】 青铜
【应用关系】
【材料-部件成品】 轴承
【材料-部件成品】 齿轮
【材料-部件成品】 涡轮
【材料-部件成品】 轴套
【材料-部件成品】 螺旋桨
【材料-部件成品】 精密弹簧
【材料-部件成品】 电接触元件
【材料-部件成品】 无火花工具
【材料-加工设备】 加热炉
【材料-加工设备】 真空炉
【材料-加工设备】 高频感应炉
【材料-加工设备】 熔铸炉
【用于】 焊料
【用于】 铜铸造
【用于】 船舶
【用于】 汽车
【用于】 铁路
【用于】 飞机
【用于】 电真空器件
【用于】 印刷电路
【用于】 集成电路
【生产关系】
【材料-工艺】 熔铸
【材料-工艺】 轧制
【材料-工艺】 锻造
【材料-原料】 纯铜
【材料-原料】 红铜
【材料-原料】 紫铜

◎磷青铜

【基本信息】
【英文名】 phosphorus bronze
【拼音】 lin qing tong
【核心词】
【定义】
磷青铜是指含2%～8%锡、0.1%～0.4%磷,其余为铜的铜合金。
【分类信息】
【CLC类目】
(1) T 工业技术
(2) T 电工材料
(3) T 工程材料学
(4) T 机械制造用材料
(5) T 金属学与金属工艺
(6) T 冶金工业
(7) T 冶金技术
(8) T 有色金属冶炼
【IPC类目】
(1) C22C9/02 锡做次主要成分的〔2〕
(2) C22C9/02 铜或铜基合金
(3) C22C9/02 杂环氮化合物〔4〕
(4) C22C9/02 主要由金属制成的滑动面(33/24至33/28优先)
【词条属性】
【特征】
【缺点】 价格较贵,较低的导电性
【数值】 含2%～8%锡、0.1%～0.4%磷
【特点】 铜合金
【优点】 磷青铜有高的耐蚀性
【优点】 高的耐磨损
【优点】 冲击时不发生火花
【优点】 具有自动调心,对偏斜不敏感
【优点】 轴承受力均匀承载力高
【优点】 可同时受径向载荷
【优点】 自润滑无须维护
【优点】 不易发热,确保安全同时具备很强的抗疲劳性
【优点】 具有优良机械加工性能及成屑性能,可迅速缩短零件加工时间
【状况】
【应用场景】 冶金工艺

【应用场景】　机械工艺
【应用场景】　材料领域
【应用场景】　用于中速、重载荷轴承
【应用场景】　插孔簧片硬连线电气结构
【应用场景】　耐磨零件
【应用场景】　弹性元件
【应用场景】　电脑连接器，手机连接器
【应用场景】　高科技行业接插件
【应用场景】　电子电气用弹簧、开关，电子产品的插槽、按键，电气连接件，引线框架，振动片及端子等

【其他物理特性】
【比热容】　0.378 C
【电导率】　13～20 S/m
【密度】　8.8 g/cm^3
【热导率】　63～87 W/(m·K)
【热膨胀系数】　(1.127～1.176)E+05
【热膨胀系数】　18E-06/℃
【熔点】　950 ℃左右

【因素】
【影响因素】　锡和磷含量

【词条关系】
【等同关系】
【基本等同】　锡磷青铜

【层次关系】
【并列】　铝青铜
【并列】　硅青铜
【并列】　铍青铜
【并列】　锡青铜
【类属】　铜合金
【类属】　青铜
【类属】　铜基合金
【实例-概念】　弹性合金

【应用关系】
【加工设备-材料】　熔铸炉
【加工设备-材料】　电炉
【用于】　耐蚀部件
【用于】　电热元件
【用于】　电子器件
【用于】　轴承合金
【用于】　电气设备
【用于】　电子
【用于】　通信
【用于】　接触器
【用于】　连接器
【用于】　继电器
【用于】　弹簧

【生产关系】
【材料-工艺】　轧制复合
【材料-工艺】　熔炼
【材料-工艺】　轧制
【材料-工艺】　退火
【材料-工艺】　精加工
【材料-工艺】　铸造
【材料-工艺】　铣面
【材料-工艺】　表面钝化
【材料-原料】　纯铜
【材料-原料】　红铜
【材料-原料】　紫铜
【材料-原料】　铜矿
【原料-材料】　弹性材料
【原料-材料】　耐磨材料
【原料-材料】　耐磨零件

◎临界温度

【基本信息】
【英文名】　critical temperature
【拼音】　lin jie wen du
【核心词】

【定义】

(1)物质处于临界状态时所应有的温度。各种物质的临界温度不同，在这温度以上，物质只能处于气体状态，不能单用压缩体积的方法将它液化。所以，这一温度也就是物质以液态形式出现的最高温度。

【来源】《卫生学大辞典》

(2)在单组分系统中气体液化的最高温度，称为该气体的临界温度。

【来源】《石油技术辞典》

(3)导体由普通状态向超导态转变时的温度,称为超导体的转变温度或临界温度,用 T_c 表示。

(4)分子间的吸引作用等于分子间的排斥作用时,所许可存在的最高温度叫作该气体的临界温度。

【分类信息】

【CLC 类目】

(1) O413 量子论

(2) O413 燃烧、爆炸和爆破

(3) O413 种类、组成和性质

(4) O413 温度的测量(测温学)

(5) O413 矿山防火

【IPC 类目】

(1) F27D7/00 加热室内气氛的形成、维持或循环

(2) F27D7/00 氧化法〔3〕

(3) F27D7/00 金属硼化物〔2〕

(4) F27D7/00 确定设备备用状态的试验或指示装置〔5〕

(5) F27D7/00 外壳(通用机械或发动机外壳入 F16M);缸;缸盖;流体接头

【词条属性】

【特征】

【数值】 氦的临界温度为-268 ℃

【数值】 水蒸气的临界温度为 374 ℃

【数值】 氨的临界温度为 132.4 ℃

【数值】 二氧化碳临界温度为 31 ℃

【数值】 乙醇临界温度为 243 ℃

【数值】 乙醚临界温度为 194 ℃

【数值】 氯临界温度为 144 ℃

【数值】 氯化氢临界温度为 51.5 ℃

【数值】 甲烷临界温度为-83 ℃

【数值】 氧临界温度为-118.8 ℃

【数值】 氮临界温度为-147 ℃

【数值】 氢临界温度为-240 ℃

【特点】 临界温度越低越难液化

【状况】

【应用场景】 超临界蒸汽发电厂

【应用场景】 液化气

【应用场景】 液氨

【应用场景】 液氯

【应用场景】 液氢

【应用场景】 液氧

【应用场景】 液氦

【应用场景】 超临界流体

【时间】

【起始时间】 1869 年 Andrews 首先发现临界现象

【词条关系】

【等同关系】

【基本等同】 转变温度

【基本等同】 临界点

【层次关系】

【并列】 临界压力

【类分】 Ac_1

【类分】 Ac_3

【类分】 Ac_4

【类分】 Accm

【类分】 Ar_1

【类分】 Ar_3

【类分】 Ar_4

【类分】 Arcm

【类分】 A_1

【类分】 A_3

【类分】 A_4

【类分】 Acm

【类分】 M_b

【类分】 M_d

【类分】 M_f

【类分】 M_g

【类分】 M_s

【类分】 M_z

【类分】 临界点蚀温度

【实例-概念】 使用温度

【测度关系】

【物理量-单位】 摄氏度

【物理量-单位】　开尔文

【物理量-度量工具】　温度计

◎裂纹扩展

【基本信息】

【英文名】　crack propagation; crack growth; crack extension

【拼音】　lie wen kuo zhan

【核心词】

【定义】

材料中微观或宏观裂纹在外力或环境作用下不断增长的过程。微观裂纹不断扩展可形成宏观裂纹,宏观裂纹的扩展前期为稳定扩展,当达到临界尺寸后,导致裂纹的失稳扩展,按裂纹的性质,有疲劳裂纹、蠕变裂纹、应力腐蚀裂纹、氢致裂纹扩展等。

【分类信息】

【CLC 类目】

(1) T　工业技术

(2) T　工程材料学

(3) T　机械制造用材料

(4) T　建筑材料

(5) T　金属学与金属工艺

(6) T　金属学与热处理

(7) T　冶金工业

(8) T　一般工业技术

(9) T　断裂理论

(10) T　强度理论

(11) T　走行部分

(12) T　岩石力学性质

(13) T　金属的分析试验(金属材料试验)

【IPC 类目】

(1) G06F17/00　特别适用于特定功能的数字计算设备或数据处理设备或数据处理方法〔6〕

(2) G06F17/00　纤维、单丝、晶须、薄片或其他类似材料〔2〕

(3) G06F17/00　用粒度混合物制造的耐火材料〔6〕

【词条属性】

【特征】

【缺点】　导致材料的断裂而引发事故

【缺点】　裂纹扩展一旦进入失稳扩展将对材料使用性能造成不可逆损伤,其危害性极大

【特点】　由微小裂纹开始逐渐扩展以致断裂,时间上的突发性,在位置上的局部性及对环境和缺陷的敏感性等

【特点】　根据裂纹受载情况可以划分为三类基本模式:张开型裂纹(Mode Ⅰ)、剪切型裂纹(Mode Ⅱ)和撕开型裂纹(Mode Ⅲ)。裂纹扩展往往经历成核、稳态扩展和失稳扩展 3 个阶段

【状况】

【前景】　研究如何真正防止金属材料裂纹的产生和扩展,极有研究的空间和价值

【应用场景】　材料科学、机械、航空、航天等领域

【时间】

【起始时间】　裂纹扩展研究源于 20 世纪 30 年代格里菲斯(Griffich)断裂理论

【因素】

【影响因素】　裂纹扩展动能

【影响因素】　裂纹扩展阻力

【影响因素】　材料夹杂

【影响因素】　工件缺陷

【词条关系】

【层次关系】

【参与构成】　蠕变断裂

【参与构成】　应力腐蚀开裂

【参与构成】　疲劳断裂

【类分】　失稳扩展

【类分】　亚临界裂纹扩展

【类分】　蠕变裂纹扩展

【类分】　机械疲劳裂纹扩展

【类分】　应力腐蚀裂纹扩展

【类分】　腐蚀疲劳裂纹扩展

【应用关系】
【用于】 疲劳试验
【用于】 岩石力学
【用于】 地质力学
【生产关系】
【工艺-材料】 奥氏体不锈钢
【工艺-材料】 铁素体不锈钢
【工艺-材料】 碳钢
【测度关系】
【物理量-度量方法】 裂纹扩展率

◎钌合金

【基本信息】
【英文名】 ruthenium alloys;ru alloys
【拼音】 liao he jin
【核心词】
【定义】
以钌为基体元素,加入一种或多种合金元素组成的合金。
【分类信息】
【CLC 类目】
(1) T 工业技术
(2) T 工程材料学
(3) T 机械制造用材料
(4) T 金属学与金属工艺
(5) T 金属学与热处理
(6) T 冶金工业
(7) T 冶金技术
(8) T 有色金属冶炼
【IPC 类目】
(1) H01H1/02 按所用材料区分
(2) H01H1/02 银基合金〔2〕
(3) H01H1/02 使用材料〔3〕
(4) H01H1/02 喷嘴;坩埚喷嘴板(37/095 优先)〔5〕
(5) H01H1/02 应用化学物质〔3〕
【词条属性】
【特征】
【缺点】 钌数量少
【特点】 钌为稀有金属元素,铂族金属中的一员,最稀有的金属之一,是铂族金属中最便宜的一种金属,钌合金常为铂钌合金
【优点】 性质很稳定
【优点】 耐腐蚀性很强
【优点】 热稳定性好
【优点】 合金硬度高
【优点】 耐磨性好
【优点】 材料转移和孤焊倾向小
【状况】
【应用场景】 在材料领域用作耐腐蚀材料
【应用场景】 化学领域用作催化剂
【应用场景】 高频炉烧炼
【应用场景】 电接触材料
【应用场景】 喷丝头
【应用场景】 电阻材料
【应用场景】 高纯氢净化器的扩散膜
【应用场景】 高温热电偶材料
【时间】
【起始时间】 1844 年
【词条关系】
【层次关系】
【并列】 铝合金
【并列】 铋合金
【并列】 钯合金
【并列】 铂合金
【并列】 锆合金
【并列】 金合金
【并列】 铼合金
【并列】 铑合金
【并列】 镁合金
【并列】 钼合金
【并列】 铌合金
【并列】 铅合金
【并列】 钛合金
【并列】 钽合金
【并列】 铜合金
【并列】 钨合金

【并列】　锡合金
【并列】　锌合金
【并列】　铱合金
【并列】　银合金
【类属】　合金材料
【类属】　铂基合金
【类属】　合金
【类属】　高温合金
【类属】　贵金属合金
【类属】　耐蚀合金
【应用关系】
【材料-加工设备】　高频感应加热炉
【用于】　催化剂
【用于】　电阻材料
【生产关系】
【材料-原料】　稀有金属
【原料-材料】　耐腐蚀材料
【原料-材料】　电阻浆料
【原料-材料】　电接触合金

◎连铸

【基本信息】
【英文名】　continuous casting
【拼音】　lian zhu
【核心词】
【定义】

使钢水不断通过水冷结晶器,凝成硬壳后从结晶器下方出口连续拉出,经喷水冷却,全部凝固后切成坯料的铸造工艺。又称连续铸钢。

【来源】　《金属功能材料词典》
【分类信息】
【CLC 类目】
(1) TF777　连续铸钢、近终形铸造
(2) TF777　连续铸钢设备
(3) TF777　方坯连铸
(4) TF777　板坯连铸
(5) TF777　小方坯连铸
【IPC 类目】
(1) C21C7/06　脱氧,如镇静〔2〕
(2) C21C7/06　金属连续铸造,即长度不限的铸造(金属拉拔、金属挤压入 B21C)
(3) C21C7/06　熔融铁类合金的处理,如不包括在 1/00～5/00 组的钢(铸造成型过程中熔融金属的处理入 B22D1/00,27/00;黑色金属的重熔入 C22B)
(4) C21C7/06　金属在连续浇铸后立即轧制(金属轧机机座入 13/22;连续铸造入 B22D11/00,如进入带滚子的铸型入 B22D11/06)〔3〕
(5) C21C7/06　转炉炼钢
【词条属性】
【特征】
【缺点】　液态金属杂质
【缺点】　连铸坯易断裂
【数值】　连铸收得率为 95%～96%
【优点】　大幅度提高金属收得率
【优点】　大幅度提高铸坯质量
【优点】　节约能源
【状况】
【前景】　浇铸接近成品断面尺寸铸坯的趋势
【应用场景】　铸钢
【应用场景】　铸铝
【应用场景】　铸铜
【时间】
【起始时间】　20 世纪 50 年代在欧美国家出现连铸技术
【起始时间】　20 世纪 80 年代,连铸技术作为主导技术逐步完善,并在世界各地主要产钢国得到大幅度应用
【起始时间】　20 世纪 90 年代初,世界各主要产钢国已经实现了 90%以上的连铸比
【起始时间】　中国在改革开放后开始了对国外连铸技术的消化和移植
【起始时间】　到 20 世纪 90 年代初中国的连铸比仅为 30%
【词条关系】
【等同关系】

【全称是】 连续铸钢
【层次关系】
【并列】 传统模铸法
【类属】 铸造
【类属】 炼钢
【生产关系】
【工艺-材料】 铅黄铜
【工艺-材料】 重轨
【工艺-材料】 合金钢
【工艺-材料】 硅钢
【工艺-材料】 钢水
【工艺-材料】 连铸坯
【工艺-材料】 黑色金属
【工艺-设备工具】 连铸机

◎理论密度

【基本信息】
【英文名】 theoretical density
【拼音】 li lun mi du
【核心词】
【定义】

(1)指与粉末冶金材质相同的致密体材料的密度。

【来源】《材料大辞典》

(2)按照理想状态下的晶体结构,在 X 射线衍射探测到的材料密度,也就是它所能达到的最大密度。

(3)多孔材料中固相的密度,即同种材料在无孔状态下的密度。某种物质在不受其他物质的影响下的密度,如气孔、杂质等,或说是纯的某种物质的密度。

【分类信息】
【CLC 类目】
(1) T 工业技术
(2) T 化学工业
(3) T 一般性问题
【IPC 类目】
(1) C04B35/50 以稀土化合物为基料的
(2) C04B35/50 形成工艺;准备制造陶瓷产品的无机化合物的加工粉末〔6〕
【词条属性】
【特征】
【特点】 材料最大密度;结晶学密度
【状况】
【应用场景】 应用于材料学中材料物理性能的表征
【因素】
【影响因素】 晶格结构
【词条关系】
【等同关系】
【基本等同】 结晶学密度
【层次关系】
【并列】 真实密度
【并列】 体积密度
【并列】 相对密度
【并列】 松装密度
【并列】 振实密度
【类属】 密度
【类属】 性能
【类属】 物理性能
【测度关系】
【物理量-单位】 克/立方厘米
【物理量-度量方法】 X 射线衍射

◎离子镀

【基本信息】
【英文名】 ion plating
【拼音】 li zi du
【核心词】
【定义】

在真空条件下,通过低压气体放电使镀覆材料蒸发,并沉积在处于负高压的工件表面的镀膜方法。其中包括磁控溅射离子镀、反应离子镀、空心阴极放电离子镀(空心阴极蒸镀法)、多弧离子镀(阴极电弧离子镀)等。

【来源】《现代材料科学与工程辞典》
【分类信息】
【CLC 类目】

(1) T　工业技术
(2) T　金属学与金属工艺
(3) T　金属学与热处理

【IPC 类目】

(1) C23C14/35　利用磁场的,如磁控溅射〔5〕
(2) C23C14/35　以镀覆工艺为特征的〔4〕
(3) C23C14/35　以镀层材料为特征的(14/04 优先)〔4〕
(4) C23C14/35　氧化物(14/10 优先)〔4〕
(5) C23C14/35　真空蒸发〔4〕

【词条属性】

【特征】

【缺点】　工艺复杂
【特点】　在真空条件下
【特点】　惰性气体和反应气体做介质
【特点】　物理气相沉积技术
【特点】　表面物质溅射效应
【特点】　离子注入,在薄膜中诱发缺陷
【特点】　使薄膜形貌和成分发生变化
【特点】　使界面成分混乱
【特点】　气体原子溶入
【特点】　基片温度升高
【特点】　改变薄膜的应力状态
【优点】　镀层附着性能好
【优点】　绕镀能力强
【优点】　镀层质量好
【优点】　清洗过程简化
【优点】　可镀材料广泛
【优点】　镀层附着能力好

【状况】

【前景】　逐步替代电镀,实现工业化生产
【现状】　已深入很多领域
【现状】　深入刀具及装饰品方面
【现状】　已经提出利用离子镀替代电镀技术研究
【应用场景】　机械行业
【应用场景】　电子行业
【应用场景】　航空
【应用场景】　航天
【应用场景】　轻工业
【应用场景】　光学
【应用场景】　建筑工业
【应用场景】　飞机、导弹、卫星、飞船的零部件

【词条关系】

【层次关系】

【并列】　化学镀
【并列】　电镀
【并列】　蒸镀
【并列】　溅射镀
【并列】　喷镀
【并列】　扩散镀
【并列】　包镀
【类分】　二极直流放电离子镀
【类分】　活化反应离子镀
【类分】　射频放电离子镀
【类分】　溅射离子镀
【类分】　空心阴极电弧离子镀
【类分】　热弧离子镀
【类分】　真空阴极电弧离子镀
【类分】　多弧离子镀
【类属】　真空镀

【应用关系】

【用于】　镀银
【用于】　镀锡
【用于】　镀锌
【用于】　镀铬
【用于】　镀铝
【用于】　镀钛
【用于】　镀铜

【生产关系】

【工艺-材料】　镀层
【工艺-材料】　铜合金
【工艺-材料】　铝合金
【工艺-材料】　不锈钢

◎离心铸造

【基本信息】

【英文名】 centrifugal casting

【拼音】 li xin zhu zao

【核心词】

【定义】

在离心力作用下,使受形状或材质等限制而不易成形的零件能铸造成型的方法。离心力可依据不同的金属、铸型、铸件尺寸和质量要求确定。按铸型旋转轴分为立式、卧式和倾斜式。按铸型材料分为金属型、砂型和壳模型。

【来源】《现代材料科学与工程辞典》

【分类信息】

【CLC 类目】

(1) TB3 工程材料学

(2) TB3 机械制造用材料

(3) TB3 建筑材料

(4) TB3 金属学与金属工艺

(5) TB3 金属学与热处理

(6) TB3 冶金工业

(7) TB3 冶金技术

(8) TB3 铸造

(9) TB3 金属复合材料

(10) TB3 离心铸造

(11) TB3 复合材料

(12) TB3 金属-非金属复合材料

【IPC 类目】

(1) F16L9/02 金属的(9/16 至 9/22 优先;散热片管入 F28F)

(2) F16L9/02 离心铸造;利用离心力的铸造

(3) F16L9/02 先膨胀后收缩方式,或反之,如用流体压力;用压配合

(4) F16L9/02 专门适用于制造管状制品(通过拉拔将金属板弯成管形入 B21D5/10)

(5) F16L9/02 用移动电极电镀〔2〕

【词条属性】

【特征】

【缺点】 生产异形铸件时有一定的局限性

【缺点】 铸件内孔直径不准确

【缺点】 内孔表面比较粗糙

【缺点】 质量较差

【缺点】 加工余量大

【缺点】 易产生比重偏析

【数值】 中空铸体最小内径为 8 mm,最大为 3000 mm

【数值】 铸件长度可达 8000 mm

【数值】 重量最小的仅几克

【特点】 铸件多为简单的圆筒形

【特点】 在离心力作用下充填铸型并凝固

【特点】 液体金属是在离心力作用下完成充填、成型和凝固过程

【优点】 不使用型芯就可得到空心套筒和管状铸件

【优点】 显著提高液体金属的充填能力

【优点】 改善充型条件

【优点】 可用于浇注流动性较差的合金和薄壁铸件

【优点】 有利于排除液态金属中的气体和夹杂物

【优点】 能改善铸件凝固时的补缩条件

【优点】 可获得组织致密、缩松及夹杂等缺陷较少和力学性能好的铸件

【优点】 可减少甚至不使用浇冒口

【优点】 可生产双金属中空圆柱形铸件

【优点】 所用铸造合金的种类几乎不受限制

【优点】 铸件的尺寸和重量范围较广

【状况】

【应用场景】 冶金工业

【应用场景】 矿山工业

【应用场景】 交通运输行业

【应用场景】 排灌机械

【应用场景】 航空

【应用场景】 国防

【应用场景】 汽车行业

【应用场景】　生产钢、铁及非铁碳合金铸件

【因素】

【影响因素】　铸型的转速

【词条关系】

【层次关系】

【并列】　砂型铸造

【并列】　金属型铸造

【并列】　压力铸造

【并列】　熔模铸造

【并列】　低压铸造

【并列】　壳型铸造

【并列】　陶瓷型铸造

【构成成分】　金属熔炼、铸型铸造、浇注、铸后处理

【类分】　立式离心铸造

【类分】　卧式离心铸造

【类属】　精铸

【类属】　铸造工艺

【类属】　特种铸造

【实例-概念】　铸造工艺

【应用关系】

【使用】　液态金属

【生产关系】

【工艺-材料】　铸件

【工艺-材料】　管材

【工艺-材料】　铸造合金

【工艺-材料】　铜合金

【工艺-材料】　铝合金

【工艺-材料】　铸造铝合金

【工艺-材料】　锡合金

【工艺-材料】　锌合金

【工艺-材料】　铸铁

【测度关系】

【物理量-度量方法】　铸造性能

◎冷却速度

【基本信息】

【英文名】　cooling rate

【拼音】　leng que su du

【核心词】

【定义】

(1)冷却速度是指单位时间内物体温度的减少量,在数学上是温度对时间的导数(dT/dt)。

(2)通过奥氏体连续转变图上转变中止线和珠光体转变终止线交点所对应的冷却速度称为下冷却速度。是钢在连续冷却时得到全部珠光体组织(或全部分解产物)所允许的最大冷却速度。记作 v_k'。v_k'越小,钢铁退火所需要的时间越长。

(3)与奥氏体连续冷却曲线上转变开始线相切的冷却曲线对应的冷却速度称为上临界冷却速度,记作 v_k。是得到完全马氏体组织所需的最小冷却速度。v_k 表征钢接受淬火的能力,是决定钢件淬透层深度的主要因素,也是合理选用钢材和正确制订热处理工艺的重要依据之一。v_k 越小,则淬透性越好。合金钢的上临界冷却速度一般较碳钢小。

(4)当奥氏体化的钢由高温冷却时,使奥氏体不分解成铁素体与渗碳体的机械混合物,而转变为马氏体所需要的最低冷却速度,称为钢的临界冷却速度。

【来源】《实用轧钢技术手册》

【分类信息】

【CLC 类目】

(1) TG111　金属物理学

(2) TG111　连续铸钢、近终形铸造

(3) TG111　板材、带材、箔材轧制

(4) TG111　薄板坯连铸

(5) TG111　磁性材料、铁磁材料

【IPC 类目】

(1) C21D8/02　在生产钢板或带钢时(8/12 优先)〔3〕

(2) C21D8/02　用强制循环

(3) C21D8/02　纤维或细丝绕紧时的〔3〕

(4) C21D8/02　含大于 1.5%(质量分数)的锰〔2〕

(5) C21D8/02　含锰的〔2〕

【词条属性】
【特征】
【特点】 不同冷却速度会影响材料组织和性能
【因素】
【影响因素】 碳含量
【影响因素】 合金元素的影响
【影响因素】 奥氏体晶粒度的影响
【影响因素】 奥氏体化温度的影响
【影响因素】 奥氏体中非金属夹杂物和稳定碳化物
【影响因素】 影响 CCT 曲线形状的因素均影响冷却速度
【词条关系】
【等同关系】
【缩略为】 冷速
【层次关系】
【类分】 临界冷却速度
【类分】 上临界冷却速度
【类分】 下临界冷却速度
【类分】 轧后冷却速度
【类分】 正火冷却速度
【类分】 退火冷却速度
【类分】 淬火冷却速度
【类分】 水冷冷速
【类分】 油冷冷速
【类分】 炉冷
【类分】 堆冷
【类分】 坑冷
【类分】 快冷
【类分】 慢冷
【应用关系】
【工艺-组织】 上贝氏体
【工艺-组织】 下贝氏体
【工艺-组织】 马氏体
【工艺-组织】 魏氏体
【工艺-组织】 屈氏体
【用于】 热分析
【测度关系】
【物理量-单位】 摄氏度/秒(℃/s)
【物理量-度量方法】 热电偶测温法
【物理量-度量工具】 冷却曲线
【物理量-度量工具】 热电偶

◎冷加工性能

【基本信息】
【英文名】 cold workability
【拼音】 leng jia gong xing neng
【核心词】
【定义】
(1)在回复温度以下进行塑性成形时,产生加工硬化,使金属的强度和硬度提高,而韧性降低,加工后的工件尺寸精度高等性能上的改善和提升。
【来源】《中国百科大辞典》
(2)冷加工:在金属工艺学中,指在被加工金属温度低于再结晶温度下,使金属产生塑性变形的加工工艺。通常人们习惯把切削加工称为冷加工。广义的冷加工应包括:冷锻、冷镦、冷挤压、冷拔、冷轧、冲压,以及切削加工中的车、铣、刨、磨、钻、镗等切削方法。
【来源】《中国成人教育百科全书 · 物理 · 机电》
【分类信息】
【CLC 类目】
(1) TG13 合金学与各种性质合金
(2) TG13 其他特种性质合金
【IPC 类目】
(1) B21B17/14 不用心轴的
(2) B21B17/14 带钎焊或焊接缝管的制造(只包含一种钎焊或焊接加工的入 B23K)
(3) B21B17/14 在生产管状体时〔3〕
(4) B21B17/14 铁基合金,如合金钢(铸铁合金入 37/00)〔2〕
(5) B21B17/14 海底电缆
【词条属性】
【特征】
【特点】 变形抗力大

【特点】 加工硬化
【特点】 铜具有良好的冷加工性能
【特点】 切削寿命越长,材料的切削加工性能越好
【特点】 表面质量好,加工性能越好
【特点】 灰铸铁具有良好的冷加工性能
【特点】 切屑易控制或断屑容易的材料,加工性能好
【特点】 碳钢具有较好的冷加工性能
【特点】 延展性降低
【特点】 残余应力增加
【因素】
【影响因素】 化学成分
【影响因素】 组织状态
【影响因素】 硬度
【影响因素】 塑性
【影响因素】 热处理状态
【影响因素】 切削条件
【词条关系】
【等同关系】
【基本等同】 切削加工性能
【俗称为】 金属切削加工
【层次关系】
【并列】 热加工性能
【类分】 切削后的表面质量
【类分】 刀具寿命
【类分】 切削力
【类分】 切削温度
【类分】 切削控制或断屑难易
【类分】 冷轧性能
【类分】 冷拔性能
【类分】 冷锻性能
【类分】 冷挤压性能
【类分】 冲压性能
【类属】 使用性能

◎冷镦

【基本信息】
【英文名】 cold heading
【拼音】 leng dun
【核心词】
【定义】
利用模具在常温下对金属材料镦粗(常为局部镦粗)成形的锻造方法。
【来源】《金属材料简明辞典》
【分类信息】
【CLC 类目】
TG335　轧制工艺
【IPC 类目】
(1) B23C5/24　可调的
(2) B23C5/24　生产特殊形状工件的未完全列入另一小类的几何机构
(3) B23C5/24　具有钉头
(4) B23C5/24　数字控制(NC),即在特殊机床中的自动操作机器,如在一个制造设施中通过以数字形式的程序数据来执行定位、移动或协调操作(19/418 优先)〔6〕
(5) B23C5/24　用于完成特殊的作业
【词条属性】
【特征】
【数值】 材料利用率可达 80%～90%
【特点】 局部镦粗
【优点】 材料利用率高
【优点】 连续、多工位
【优点】 自动化生产
【优点】 节省原材料
【优点】 高附加值
【优点】 产量大
【优点】 成本低
【优点】 生产率高
【优点】 冷镦产品机械性能好
【状况】
【应用场景】 机械制造
【应用场景】 家用电器
【应用场景】 交通工具
【应用场景】 孔、槽的成型
【词条关系】
【等同关系】

【学名是】 冷挤
【层次关系】
【类分】 拘束冲压
【类分】 切挤成型
【类分】 拉深与锻压成形
【类分】 局部成型
【类分】 局部敦压
【类分】 整体敦压
【类属】 冷成型
【应用关系】
【用于】 螺钉头
【用于】 螺栓头
【用于】 铆钉头
【用于】 六角螺母
【用于】 凸台式冲孔凹模
【用于】 带圆角的冲孔凹模
【用于】 平直式冲孔凹模
【生产关系】
【工艺-材料】 轴承钢
【工艺-材料】 锻钢
【工艺-设备工具】 冷镦机
【工艺-设备工具】 Z12 系列双击整模自动冷镦机
【工艺-设备工具】 Z41-24 多工位自动螺母冷镦机
【工艺-设备工具】 Z41-30 多工位自动螺母冷镦机
【工艺-设备工具】 ZS308 多工位高速自动冷镦机

◎冷成形

【基本信息】
【英文名】 cold forming
【拼音】 leng cheng xing
【核心词】
【定义】
【分类信息】
【IPC 类目】
(1) C21D8/02 在生产钢板或带钢时(8/12 优先)〔3〕
(2) C21D8/02 以充注流体源或发生器为特点的,或以控制该流体从源流至充气构体的安置为特点的〔4〕
(3) C21D8/02 含锰的〔2〕
(4) C21D8/02 含硼的〔2〕
(5) C21D8/02 用于管状体或管子

◎冷变形

【基本信息】
【英文名】 cold deformation;cold working
【拼音】 leng bian xing
【核心词】
【定义】
在室温下进行变形,且只有加工硬化现象产生而没有“恢复”及“再结晶”产生的变形过程称为冷变形。
【来源】《机械加工工艺辞典》
【分类信息】
【IPC 类目】
(1) C22F1/00 用热处理法或用热加工或冷加工法改变有色金属或合金的物理结构(金属的机械加工设备入 B21,B23,B24)
(2) C22F1/00 铜或铜基合金
(3) C22F1/00 含钴的〔2〕
(4) C22F1/00 以铜做次主要成分的合金的〔4〕
(5) C22F1/00 铜基合金
【词条属性】
【特征】
【特点】 冷变形对晶粒形状进行了改变
【特点】 冷变形后晶粒内可能出现滑移带和孪生带
【特点】 冷变形使组织出现变形织构
【特点】 使晶间和晶内发生破坏
【特点】 冷变形制品表面光洁
【特点】 冷变形制品尺寸精确
【特点】 冷变形制品形状规整
【词条关系】

【层次关系】
【类分】 冷拉
【类分】 冷冲压
【类分】 冷轧
【类分】 冷拔
【类分】 冷锻
【类分】 冷挤压
【类属】 塑性变形加工
【应用关系】
【用于】 薄板
【用于】 带卷
【用于】 箔材
【用于】 管材
【用于】 铝合金
【用于】 不锈钢
【用于】 高强钛合金
【用于】 马氏体钢
【用于】 IF 钢
【用于】 低碳钢
【用于】 高强高导铜合金
【用于】 铜铬锆合金
【生产关系】
【工艺-材料】 铅黄铜
【工艺-材料】 恒弹性合金
【工艺-材料】 线材
【工艺-材料】 316 L 不锈钢
【工艺-材料】 TB8 高强钛合金
【工艺-材料】 TiTiNbZrTa 钛合金
【工艺-材料】 12Cr 铁素体/马氏体钢
【工艺-材料】 TiNiCr 形状记忆合金
【工艺-材料】 5E06 铝板
【工艺-材料】 TP304
【工艺-材料】 AZ31 镁合金丝
【工艺-材料】 20CrMnTi 钢
【工艺-材料】 2024 铝合金
【工艺-材料】 X70
【工艺-材料】 1Cr18Ni9Ti 奥氏体不锈钢
【工艺-材料】 9Cr 低活化马氏体钢
【工艺-材料】 GH3535 合金
【工艺-材料】 GH69 合金
【工艺-材料】 CuNiCoBe 合金
【工艺-材料】 铁素体钢
【工艺-材料】 铁素体不锈钢
【原料-材料】 形状记忆合金

◎铑合金

【基本信息】
【英文名】 rhodium alloy
【拼音】 lao he jin
【核心词】
【定义】

以铑为基料加入其他元素组成的合金。常用的铑合金有 Rh-Pt 系合金、Rh-10Ru 合金等。Rh-10Ru 合金为包晶组织合金,其主要特点是硬度高、抗氧化、耐腐蚀、催化活性好。在氩气保护下,用氧化铝坩埚在高频感应炉中熔炼,水冷铜模浇铸。铸锭冷加工性能较差,可在 1450 ℃ 进行热加工。用作爆鸣器的催化剂及电接触材料。

【分类信息】
【CLC 类目】
(1) TB3　工程材料学
(2) TB3　机械制造用材料
(3) TB3　冶金工业
(4) TB3　冶金技术
(5) TB3　有色金属冶炼
【IPC 类目】
(1) C03B37/095　及其使用材料〔3〕
(2) C03B37/095　铂系金属基合金〔2〕
(3) C03B37/095　拉制或挤压法(37/04 优先)〔3〕
(4) C03B37/095　由熔融玻璃制造,其中产品包括不同种类的玻璃或以形状为特征的玻璃,如空心纤维〔4〕
(5) C03B37/095　喷嘴;坩埚喷嘴板(37/095 优先)〔5〕
【词条属性】
【特征】

【优点】 硬度高
【优点】 抗氧化
【优点】 耐腐蚀
【优点】 催化活性好
【状况】
【应用场景】 铑常用作铂的加硬剂
【应用场景】 用来制造加氢催化剂
【应用场景】 制造高温加热器
【应用场景】 制造热电偶
【应用场景】 制备铂铑合金
【应用场景】 用来镀在其他金属和镜面上
【应用场景】 可作抛光剂和电器的接触部件
【时间】
【起始时间】 1803 年
【其他物理特性】
【密度】 铑为 12.44 g/cm^3(20 ℃)
【词条关系】
【层次关系】
【并列】 铝合金
【并列】 钌合金
【并列】 铼合金
【并列】 钯合金
【并列】 铋合金
【并列】 铂合金
【并列】 锆合金
【并列】 钴合金
【并列】 金合金
【并列】 镁合金
【并列】 钼合金
【并列】 铌合金
【并列】 镍合金
【并列】 铅合金
【并列】 钛合金
【并列】 钽合金
【并列】 铜合金
【并列】 钨合金
【并列】 锡合金
【并列】 锌合金
【并列】 铱合金
【并列】 银合金
【材料-组织】 包晶组织
【类分】 铱铑合金
【类分】 铂铑合金
【类分】 钯铑合金
【类分】 钯金铑合金
【类分】 金铑合金
【类分】 铂钯铑合金
【类分】 金铜镍钯铑合金
【类属】 铂族金属
【类属】 铂基合金
【类属】 贵金属合金
【类属】 合金材料
【类属】 耐蚀合金
【应用关系】
【材料-加工设备】 加热炉
【材料-加工设备】 烧结炉
【材料-加工设备】 真空炉
【材料-加工设备】 熔铸炉
【材料-加工设备】 电炉
【材料-加工设备】 高频感应炉
【用于】 催化剂
【用于】 抛光机
【用于】 电接触材料
【用于】 热电偶
【用于】 加硬剂

◎铼合金

【基本信息】
【英文名】 rhenium alloys
【拼音】 lai he jin
【核心词】
【定义】
合金元素中含有铼元素的合金
【分类信息】
【CLC 类目】
(1) T 工业技术

（2）T　工程材料学
（3）T　机械制造用材料
（4）T　冶金工业
（5）T　冶金技术
（6）T　有色金属冶炼
【IPC 类目】
（1）C22C27/04　钨或钼基合金〔2〕
（2）C22C27/04　冲头或模的构造
（3）C22C27/04　兼用机械加工和其他金属加工的
【词条属性】
【特征】
【缺点】　价格昂贵
【缺点】　熔点高
【缺点】　加工硬化率大
【缺点】　铼含量少
【缺点】　铼元素回收不易
【特点】　合金元素中含有铼元素
【优点】　良好的高温强度
【优点】　良好塑形
【优点】　对熔融金属无渗透作用
【优点】　铼没有脆性临界温度
【状况】
【前景】　因铼能显著提高质谱仪的灵敏度、准确度和可靠性，故可望用作质谱仪的热离子放射极和热电子放射极
【前景】　随着科学技术的发展，今后铼及其铼合金的应用范围将扩大
【现状】　铼及铼合金是 20 世纪 60 年代发展起来的主要用于高科技领域的新型材料
【现状】　美国、英国、法国、日本及中国等均在研究和探索它的新用途
【现状】　人们正在寻找铼的代替物，特别是在电子设备的辐射器方面想用钨、钽来代替铼
【应用场景】　石油化工工业
【应用场景】　电子工业
【应用场景】　冶金工业
【应用场景】　原子能
【应用场景】　宇航工业
【时间】
【起始时间】　20 世纪 60 年代
【因素】
【影响因素】　铼元素含量
【词条关系】
【层次关系】
【并列】　铝合金
【并列】　铋合金
【并列】　钌合金
【并列】　钯合金
【并列】　铂合金
【并列】　锆合金
【并列】　钴合金
【并列】　金合金
【并列】　铼合金
【并列】　铑合金
【并列】　镁合金
【并列】　钼合金
【并列】　铌合金
【并列】　镍合金
【并列】　铅合金
【并列】　钛合金
【并列】　钽合金
【并列】　铜合金
【并列】　钨合金
【并列】　锡合金
【并列】　锌合金
【并列】　铱合金
【并列】　银合金
【类分】　低铼合金
【类分】　高铼合金
【类分】　钨铼合金
【类分】　钼铼合金
【实例-概念】　合金材料
【实例-概念】　合金
【应用关系】
【材料-加工设备】　加热炉
【材料-加工设备】　真空炉

【材料-加工设备】 熔铸炉
【材料-加工设备】 电炉
【用于】 石油化学
【用于】 催化剂
【用于】 石油精炼
【用于】 电子管
【用于】 发热体
【用于】 闪光灯
【用于】 添加剂

◎拉伸应力

【基本信息】
【英文名】 tensile stress; extensional stress; tension stress
【拼音】 la shen ying li
【核心词】
【定义】
试样在拉伸时产生的应力,其值为所施加的力与试样的原始截面积之比,单位为兆帕。在橡胶拉伸性能测定中常采用哑铃状试片,也可以采用环形试片。
【分类信息】
【CLC 类目】
TQ050.9 化工机械与设备的腐蚀与防腐蚀
【IPC 类目】
(1) F16L15/06 螺纹形状为特征的〔5〕
(2) F16L15/06 用特殊形状的工作接合面锁定,如有槽螺母或有齿螺母
(3) F16L15/06 辐板式车轮,即辐板体承载车轮(非金属的入 5/00;轮盖盘入 7/00)
【词条属性】
【特征】
【特点】 在材料拉伸时产生
【特点】 沿垂直于横截面方向
【特点】 正应力
【特点】 均匀分布
【特点】 正应力大小相等
【状况】
【应用场景】 冶金工业
【应用场景】 材料科学
【应用场景】 机械领域
【因素】
【影响因素】 去应力退火
【影响因素】 弹性性能
【影响因素】 抗拉强度
【词条关系】
【层次关系】
【参与构成】 应力状态
【参与构成】 应力腐蚀开裂
【类属】 内应力
【类属】 正应力
【实例-概念】 应力状态
【测度关系】
【度量工具-物理量】 拉伸性能
【物理量-单位】 兆帕(MPa)
【物理量-度量方法】 拉伸曲线
【物理量-度量工具】 胡克定律

◎拉伸性能

【基本信息】
【英文名】 tensile property
【拼音】 la shen xing neng
【核心词】
【定义】
材料抗拉伸载荷的能力。
【分类信息】
【CLC 类目】
(1) TM2 电工材料
(2) TM2 工程材料学
(3) TM2 机械制造工艺
(4) TM2 机械制造用材料
(5) TM2 建筑材料
(6) TM2 金属学与金属工艺
(7) TM2 金属学与热处理
(8) TM2 冶金工业
(9) TM2 冶金技术
(10) TM2 一般工业技术

（11）TM2　一般性问题
（12）TM2　非金属复合材料
（13）TM2　机械试验法
（14）TM2　航空、航天
（15）TM2　合金学与各种性质合金
（16）TM2　复合材料

【词条属性】
【特征】
【特点】　表征材料抗拉强度
【状况】
【应用场景】　材料加工
【应用场景】　拉伸试验中表征材料的抗拉强度
【因素】
【影响因素】　材料种类
【影响因素】　材料组织结构
【影响因素】　材料热处理
【影响因素】　拉伸应力

【词条关系】
【层次关系】
【构成成分】　抗拉强度、屈服强度、伸长率、断面收缩率、收缩率、线收缩率
【类分】　高温短时拉伸性能
【类属】　性能
【类属】　使用性能
【类属】　力学性能
【应用关系】
【使用】　延伸率
【用于】　拉伸曲线
【用于】　拉伸试验
【测度关系】
【物理量-度量方法】　极限拉伸率
【物理量-度量工具】　拉伸曲线
【物理量-度量工具】　拉伸应力

◎扩散系数

【基本信息】
【英文名】　diffusion coefficient
【拼音】　kuo san xi shu
【核心词】

【定义】

【分类信息】
【CLC 类目】
（1）TB33　复合材料
（2）TB33　物理测量
（3）TB33　金属中的扩散
（4）TB33　吸附剂
（5）TB33　机械性能（力学性能）试验
【IPC 类目】
（1）E21F1/00　矿井或隧道的通风；风流的分配（一般房屋或空间的通风入 F24F）〔2〕
（2）E21F1/00　泵是流体驱动的

【词条属性】
【特征】
【数值】　氢：0.634 cm^2/s
【数值】　乙炔：0.194 cm^2/s
【数值】　甲烷：0.196 cm^2/s
【数值】　乙烯：0.130 cm^2/s
【数值】　甲醚：0.118 cm^2/s
【数值】　液化石油气：0.121 cm^2/s
【特点】　与浓度梯度无关
【特点】　与浓度有关
【因素】
【影响因素】　扩散物质的比重
【影响因素】　扩散介质的温度
【影响因素】　固溶体的类型
【影响因素】　物质浓度
【影响因素】　晶体结构
【影响因素】　应力状态
【影响因素】　塑性变形程度

【词条关系】
【等同关系】
【基本等同】　普遍化扩散系数
【层次关系】
【类分】　自然扩散系数
【类分】　互扩散系数
【类分】　内扩散系数
【应用关系】

【用于】 菲克扩散第一定律
【测度关系】
【物理量-单位】 平方米/时(m^2/h)
【物理量-单位】 平方米/分(m^2/min)
【物理量-度量方法】 扩散实验

◎快速凝固

【基本信息】
【英文名】 rapid solidification
【拼音】 kuai su ning gu
【核心词】
【定义】

使熔融态金属在大于 1000 K/s 的冷却速率下迅速凝固成固态金属的技术。快速凝固技术与传热学和凝固理论密切相关。高的热传导系数和液相过冷度可获得大的凝固速率。用快速凝固技术制备的材料称为快速凝固材料。考虑到热传导系数和液相过冷度,快速凝固材料至少在一个方向上的尺寸非常小。

【来源】《材料科学技术百科全书·上卷》
【分类信息】
【CLC 类目】
(1) T　工业技术
(2) T　化学工业
(3) T　金属学与金属工艺
(4) T　金属学与热处理
(5) T　冶金工业
(6) T　冶金技术
(7) T　一般工业技术
(8) T　一般性问题
(9) T　铸造
(10) T　粉末冶金制品及其应用
(11) T　合金学与各种性质合金
(12) T　粉末成型、烧结及后处理
(13) T　其他特种性质合金
【IPC 类目】
(1) B22F3/12　用压实和烧结两种方法(用铸造入 3/17)〔6〕
(2) B22F3/12　铜基合金
(3) B22F3/12　变质铝硅合金
(4) B22F3/12　与水硬性水泥,如硅酸盐水泥〔4〕
(5) B22F3/12　铝基合金
【词条属性】
【特征】
【缺点】 成本高
【数值】 大于 1000 K/s 的冷却速率
【特点】 与传热学和凝固理论密切相关
【特点】 高的热传导系数
【特点】 高的液相过冷度
【特点】 快速凝固材料至少在一个方向上的尺寸非常小
【特点】 使合金组织细化
【特点】 增加合金元素的极限固溶度
【特点】 产生亚稳相
【优点】 凝固速度大
【优点】 无溶质分配
【优点】 液固界面稳定性增加
【优点】 凝固形成平面,无偏析等轴晶
【优点】 能形成组织结构特殊的晶态合金
【优点】 能形成准晶、微晶结构
【优点】 提高合金设计的自由度
【优点】 改善材料的性能
【状况】
【应用场景】 制备磁性材料
【应用场景】 制备铁基、钴基等非晶材料
【应用场景】 制备钎焊材料
【应用场景】 制备航空结构材料,如铝基、镁基、钛基材料
【应用场景】 制备储氢材料
【应用场景】 制备超导材料
【应用场景】 制备精细陶瓷
【应用场景】 制备耐磨材料
【时间】
【起始时间】 20 世纪 60 年代
【因素】
【影响因素】 传热系数

【影响因素】　界面稳定性
【影响因素】　热扩散率
【词条关系】
【等同关系】
【全称是】　快速凝固技术
【层次关系】
【参与构成】　水雾化工艺
【参与构成】　二流雾化法
【概念-实例】　水雾化
【概念-实例】　气雾化
【概念-实例】　离心雾化
【概念-实例】　真空雾化
【概念-实例】　自由溅射
【概念-实例】　平流铸造
【类分】　雾化法
【类分】　急冷液态溅射
【类分】　表面熔化
【类分】　自淬火法
【类分】　等离子雾化
【应用关系】
【工艺-组织】　非晶态
【工艺-组织】　准晶
【工艺-组织】　微晶
【工艺-组织】　纳米晶
【用于】　冶金工业
【用于】　粉末冶金
【用于】　湿法冶金
【生产关系】
【工艺-材料】　磁性材料
【工艺-材料】　非晶态合金
【工艺-材料】　金属玻璃
【工艺-材料】　准晶态合金
【工艺-材料】　纳米材料
【工艺-材料】　钎焊材料
【工艺-材料】　航空结构材料
【工艺-材料】　钛基材料
【工艺-材料】　铜基材料
【工艺-材料】　铝基材料
【工艺-材料】　镁基材料
【工艺-材料】　镍基材料
【工艺-材料】　钴基材料
【工艺-材料】　铁基材料
【工艺-材料】　储氢材料
【工艺-材料】　超导材料
【工艺-材料】　精细陶瓷
【工艺-材料】　耐磨材料
【测度关系】
【物理量-度量方法】　冷却速率

◎快速冷却

【基本信息】
【英文名】　rapid cooling;fast cooling
【拼音】　kuai su leng que
【核心词】
【定义】

材料经高温处理后快速降低其温度的方法。

【分类信息】
【CLC 类目】
(1) T　工业技术
(2) T　焊接、金属切割及金属黏接
(3) T　化学工业
(4) T　金属学与金属工艺
(5) T　金属学与热处理
(6) T　冶金工业
(7) T　冶金技术
(8) T　一般工业技术
(9) T　一般性问题
【IPC 类目】

(1) C02F1/02　加热法(蒸汽发生法入F22B;预热锅炉给水或预热锅炉给水的蓄存入F22D)〔3〕

(2) C02F1/02　蒸馏或蒸发〔3〕
(3) C02F1/02　离心分离法〔3〕
(4) C02F1/02　其他冷却或冷冻设备
(5) C02F1/02　用强制循环
【词条属性】
【特征】

【特点】 温度迅速降低
【优点】 获得奥氏体组织
【优点】 提高材料耐腐蚀性能
【优点】 消除加工硬化
【优点】 在较大的冷变形下提高材料强度
【优点】 提高材料强度
【优点】 提高材料硬度
【优点】 提高疲劳强度
【优点】 增强材料韧性
【优点】 满足各种机械零件和工具的不同使用要求
【优点】 某些特种钢材具有铁磁性、耐蚀性等特殊的物理、化学性能
【状况】
【应用场景】 黑色金属的淬火处理
【应用场景】 有色金属的固溶强化处理
【词条关系】
【层次关系】
【参与构成】 热处理
【参与构成】 等离子雾化
【参与构成】 二流雾化法
【应用关系】
【工艺-组织】 奥氏体
【工艺-组织】 非晶态
【工艺-组织】 马氏体
【工艺-组织】 贝氏体
【工艺-组织】 二次马氏体
【工艺-组织】 无碳化物贝氏体
【工艺-组织】 粒状贝氏体
【用于】 固溶强化
【用于】 淬火
【生产关系】
【工艺-材料】 非晶态合金
【工艺-材料】 模具钢
【工艺-材料】 耐磨合金
【工艺-材料】 共析钢
【工艺-材料】 铝合金
【工艺-材料】 铜合金
【工艺-材料】 钛合金
【工艺-材料】 钢化玻璃
【工艺-材料】 特种钢
【工艺-材料】 非晶态金属

◎可焊性

【基本信息】
【英文名】 weldability;solderability
【拼音】 ke han xing
【核心词】
【定义】
(1)金属材料在一定的焊接条件下,形成符合使用要求的、完整的焊接接头的能力。
【来源】《金属材料简明辞典》
(2)在一定的材料、工艺和结构条件下,金属经过焊接后能具有良好接头的性能。
【来源】《中国土木建筑百科辞典·建筑结构》
【分类信息】
【CLC 类目】
TB30 工程材料一般性问题
【IPC 类目】
(1) B23K1/20 工件或钎焊区的预处理,如电镀(用特殊方法预先加工表面入有关处理或被处理材料的组如 C04B,C23C)
(2) B23K1/20 使用气体的(8/36 优先)〔4〕
(3) B23K1/20 锡或锡合金〔4〕
(4) B23K1/20 电镀表面的后处理〔2〕
(5) B23K1/20 银的〔2〕
【词条属性】
【特征】
【特点】 工件材料、焊接方法和产品的使用条件,都会影响工件可焊性
【特点】 焊接接头所需的设备条件越少、难度越小,则此材料的焊接性越好
【特点】 当 w(碳)小于 0.4%~0.6%时,钢的焊接性良好,应考虑预热
【特点】 当 w(碳)为 0.4%~0.6%时,焊

接性相对较差

【特点】 当w(碳)大于0.4%～0.6%时,焊接性很不好,必须预热到较高温度

【状况】

【应用场景】 焊接工艺

【应用场景】 电镀工艺

【因素】

【影响因素】 化学组成

【词条关系】

【等同关系】

【基本等同】 焊接性

【全称是】 焊接性能

【层次关系】

【类分】 结合性能

【类分】 使用性能

【类分】 焊接接头的抗氧化性能

【类分】 焊接接头的抗腐蚀性能

【类分】 焊接接头的高温性能

【类分】 抗裂纹能力

【类分】 裂纹敏感性

【类分】 低温冲击韧性

【类分】 焊接接头的淬硬性

【应用关系】

【使用】 可焊性测试仪

【使用】 润湿天平法

【使用】 接触角法

【用于】 400 MPa 级超级钢

【用于】 X80 管线钢

【用于】 Q390 低合金高强钢

【用于】 Q460 低合金高强度钢

【用于】 2024 高强度铝合金

【用于】 HG70 低合金高强度钢

【用于】 X100 级管线钢

【用于】 JG785DB 钢

【用于】 9Ni 钢

【测度关系】

【度量方法-物理量】 钎料

◎抗氧化性

【基本信息】

【英文名】 oxidation resistance

【拼音】 kang yang hua xing

【核心词】

【定义】

(1)抗氧化性是指金属材料在高温时抵抗氧化性气氛腐蚀作用的能力。

【来源】《机械加工工艺辞典》

(2)抗氧化性可直接用材料在一定时间内经氧化腐蚀后质量损失的大小,即用金属减重的速度来表示。

【来源】《金属功能材料词典》

【分类信息】

【CLC 类目】

(1) R151 营养学

(2) R151 非金属复合材料

(3) R151 一般性问题

(4) R151 非金属元素及其化合物

(5) R151 粉末冶金制品及其应用

【IPC 类目】

(1) C22C29/10 以碳化钛为基料的〔4〕

(2) C22C29/10 自由基清除剂或抗氧化剂〔7〕

(3) C22C29/10 以氧化镁为基料的〔6〕

(4) C22C29/10 以碳化物或碳氮化物为基料的〔4〕

(5) C22C29/10 包含粉末的包覆〔2〕

【词条属性】

【特征】

【数值】 速度指标:簇 0.1 mm/a

【状况】

【应用场景】 耐火材料的研究

【应用场景】 制造高温下工作的零件

【应用场景】 锅炉材料研究

【应用场景】 热力设备中的高温部件

【因素】

【影响因素】 反应时间

【影响因素】 外界环境因素

【影响因素】 材料自身性质
【词条关系】
【层次关系】
【类分】 高温抗氧化性
【类属】 耐蚀性
【应用关系】
【使用】 抗氧化试验
【使用】 ORAC 法
【使用】 FRAP 法
【使用】 ABTS 法

◎抗压强度

【基本信息】
【英文名】 compressive strength
【拼音】 kang ya qiang du
【核心词】
【定义】
材料在压力作用下不发生碎、裂所能承受的最大正应力,称为抗压强度。
【来源】 《机械加工工艺辞典》
【分类信息】
【CLC 类目】
(1) TU528 混凝土及混凝土制品
(2) TU528 固井工程
(3) TU528 特种结构材料
(4) TU528 非金属材料
(5) TU528 砌块(砖板)
【IPC 类目】
(1) C04B28/04 硅酸盐水泥〔4〕
(2) C04B28/04 废料;废物〔4〕
(3) C04B28/04 含有除硫酸钙外的水硬性水泥〔4〕
(4) C04B28/04 酸或其盐类〔4〕
【词条属性】
【特征】
【数值】 花岗岩(Granite) 1000~2500
【数值】 正长岩(Syenite) 1000~2000
【数值】 闪长岩(Diorite) 1500~2800
【数值】 辉长岩(Gabbro) 1000~2800
【数值】 辉绿岩(Diabase) 2000~3000
【数值】 结晶质石灰岩(Crystalline Limestone) 1000~2000
【数值】 石英砂岩(Quartzose Sandstone) 2000
【数值】 石英岩(Quartzite) 3000
【特点】 代号 σ_b,σ_c
【特点】 公式为:$p=P/A$;p 为抗压强度;P 为压力;A 为剖面面积
【状况】
【应用场景】 建筑行业
【应用场景】 机械结构件性能研究
【因素】
【影响因素】 材料内部组织结构
【影响因素】 胶结物的性质
【影响因素】 压力的方向
【词条关系】
【等同关系】
【基本等同】 单轴抗压强度
【基本等同】 抗压强度极限
【层次关系】
【类分】 干燥抗压强度
【类分】 饱和抗压强度
【类分】 冻结后抗压强度
【应用关系】
【用于】 金属材料
【用于】 岩石
【用于】 混凝土
【用于】 水泥
【用于】 复合胶凝材料
【测度关系】
【物理量-单位】 千克/立方厘米(kg/cm^2)
【物理量-单位】 帕(Pa,N/m^2)
【物理量-单位】 帕斯卡
【物理量-度量方法】 拉伸试验

◎抗弯强度

【基本信息】
【英文名】 bending strength;flexural strength

【拼音】 kang wan qiang du
【核心词】
【定义】
试样在位于两支承中间的集中负荷作用下，使其折断前折断横截面（危险截面）所承受的最大正应力，称为抗弯强度。
【来源】《机械加工工艺辞典》
【分类信息】
【CLC 类目】
(1) TB333　金属-非金属复合材料
(2) TB333　特种机械性质合金
(3) TB333　机械性能（力学性能）试验
(4) TB333　石膏及其制品
(5) TB333　人造宝石、合成宝石的生产
【IPC 类目】
(1) C04B35/622　形成工艺；准备制造陶瓷产品的无机化合物的加工粉末〔6〕
(2) C04B35/622　以碳化钨为基料的〔4〕
(3) C04B35/622　复合材料〔6〕
(4) C04B35/622　用粉末冶金法（1/08 优先）〔2〕
(5) C04B35/622　焙烧或烧结工艺（33/32 优先）〔6〕
【词条属性】
【特征】
【特点】 测试要素：机械性能
【特点】 测试要素：拉应力
【特点】 测试要素：张应力
【特点】 测试要素：压应力
【特点】 测试要素：剪应力
【特点】 测试要素：抗张强度
【特点】 测试要素：抗压强度
【特点】 测试要素：弯曲强度
【特点】 测试要素：硬度
【特点】 通常在静力载荷下测定
【词条关系】
【应用关系】
【用于】 复合材料
【用于】 金属材料
【用于】 锈蚀钢筋
【用于】 梯度硬质合金
【用于】 金属陶瓷
【用于】 45 钢
【测度关系】
【物理量-单位】 帕斯卡
【物理量-度量方法】 三点抗弯测试
【物理量-度量方法】 四点测试方法

◎抗拉强度

【基本信息】
【英文名】 tensible strength；strength
【拼音】 kang la qiang du
【核心词】
【定义】
金属试样拉伸时，在拉断前所能承受的最大负荷所对应的应力，称为抗拉强度。它表示金属材料在拉力作用下抵抗破坏的最大应力。
【来源】《机械加工工艺辞典》
【分类信息】
【CLC 类目】
(1) TB33　复合材料
(2) TB33　金属复合材料
(3) TB33　脱氧
(4) TB33　金属-非金属复合材料
(5) TB33　焊接材料
【IPC 类目】
(1) C22C23/02　铝做次主要成分的〔2〕
(2) C22C23/02　含锰的〔2〕
(3) C22C23/02　铁基合金，如合金钢（铸铁合金入 37/00）〔2〕
(4) C22C23/02　含铅、硒、碲或锑或含大于 0.04%（质量分数）的硫〔2〕
(5) C22C23/02　链节由平行的传动销连接，带或不带滚柱
【词条属性】
【特征】
【特点】 记作 σ_b

【特点】 材料对最大均匀变形的抗力
【特点】 代号 σ_c
【因素】
【影响因素】 合金元素含量
【影响因素】 轧制工艺
【影响因素】 热处理工艺
【影响因素】 消除应力工艺
【影响因素】 材料内部组织结构
【影响因素】 材料的加工硬化能力
【词条关系】
【层次关系】
【参与构成】 拉伸性能
【类分】 轴拉强度
【类分】 劈拉强度
【类分】 弯折强度
【类属】 力学性能指标
【实例-概念】 工艺性能
【应用关系】
【用于】 复合材料
【用于】 金属材料
【用于】 合金钢
【用于】 无机非金属材料
【用于】 低碳钢
【用于】 非淬硬中碳钢
【用于】 退火球墨铸铁
【用于】 淬硬工具钢
【用于】 淬硬高强度钢
【测度关系】
【物理量-单位】 兆帕(MPa)
【物理量-度量方法】 拉伸试验
【物理量-度量工具】 万能材料试验机

◎抗剪强度

【基本信息】
【英文名】 shear strength;shearing strength
【拼音】 kang jian qiang du
【核心词】
【定义】
材料所能承受的最大剪应力。
【来源】《中国土木建筑百科辞典·建筑结构》
【分类信息】
【CLC 类目】
(1) TV432 砂浆
(2) TV432 防渗土料
(3) TV432 地质地理勘测
(4) TV432 煤灰、煤渣利用
(5) TV432 工程材料试验
【IPC 类目】
C09D5/16 防污涂料;水下涂料〔6〕
【词条属性】
【状况】
【应用场景】 土力学
【应用场景】 木材
【应用场景】 钢材
【因素】
【影响因素】 材料内部结构
【影响因素】 材料力学性能
【影响因素】 应力
【影响因素】 载荷形式
【影响因素】 外力作用时间
【影响因素】 温度
【词条关系】
【等同关系】
【基本等同】 剪切强度
【层次关系】
【概念-实例】 0Cr12Mn5Ni4Mo3Al(1212 MPa)
【概念-实例】 0Cr15Ni7Mo2Al(918 MPa)
【概念-实例】 15CrMnMoVA(740 MPa)
【概念-实例】 16MnR(421 MPa)
【概念-实例】 16Mng(375 MPa)
【概念-实例】 20CrMnTi(756 MPa)
【概念-实例】 20Mn2A(730 MPa)
【概念-实例】 20R(317 MPa)
【概念-实例】 30CrMnSiA(735 MPa)
【概念-实例】 30CrMnSiNi2A(1000 MPa)
【概念-实例】 40CrNi2Si2MoVA(1285 MPa)
【概念-实例】 ZG28CrMnSiNi2(952 MPa)

【概念-实例】 ZG22CrMnMo(1014 MPa)
【类属】 强度指标
【应用关系】
【用于】 金属材料
【测度关系】
【物理量-单位】 兆帕(MPa)
【物理量-度量方法】 直剪试验
【物理量-度量方法】 三轴试验
【物理量-度量方法】 抗剪断强度试验
【物理量-度量方法】 剪切试验

◎抗腐蚀性

【基本信息】
【英文名】 corrosion resistance
【拼音】 kang fu shi xing
【核心词】
【定义】
在腐蚀介质中,金属材料抵抗各种腐蚀形态的能力。
【来源】《海洋大辞典》
【分类信息】
【CLC 类目】
(1) TG132　特种物理性质合金
(2) TG132　钢铁工业
(3) TG132　复合材料
【IPC 类目】
(1) C23C18/36　使用次磷酸盐的〔5〕
(2) C23C18/36　防止船体污染的(防污染漆入 C09D5/16)〔3〕
(3) C23C18/36　没有磷-碳键的〔4〕
(4) C23C18/36　铝的提炼
【词条属性】
【特征】
【特点】 利用抗腐蚀性生产保护性腐蚀产物膜
【特点】 提高热力学温度性
【特点】 阻滞阴极过程
【特点】 阻滞阳极过程
【特点】 用于研究晶间腐蚀
【特点】 用于研究应力腐蚀断裂
【特点】 用于研究点蚀和缝隙腐蚀
【特点】 用于研究电化学腐蚀
【特点】 用于研究电偶腐蚀
【特点】 用于研究穿晶腐蚀
【特点】 用于研究氢损伤
【状况】
【现状】 铝具有很好的抗腐蚀性
【现状】 铁的抗腐蚀性差
【因素】
【影响因素】 合金成分
【影响因素】 组织
【影响因素】 介质种类
【影响因素】 介质浓度
【影响因素】 介质温度
【影响因素】 材料强度
【词条关系】
【层次关系】
【附件-主体】 含钼不锈钢
【附件-主体】 哈氏合金 B
【附件-主体】 哈氏合金 C
【附件-主体】 钛(Ti)
【附件-主体】 钽(Ta)
【附件-主体】 镍(Ni)
【附件-主体】 蒙耐尔合金
【附件-主体】 316SST
【附件-主体】 316 L SST
【附件-主体】 耐蚀铸铁
【附件-主体】 耐蚀低合金钢
【附件-主体】 不锈钢
【测度关系】
【物理量-度量方法】 盐雾试验
【物理量-度量工具】 电极电位

◎抗磁性

【基本信息】
【英文名】 diamagnetism
【拼音】 kang ci xing
【核心词】

【定义】

物质的磁化率为负值,磁导率略小于 1 的磁性。又称逆磁性。它是一切物质都具有的一种磁性。1845 年 M. 法拉第(Faraday)在实验中发现大多数物质,如木材、牛肉、铋、锑等,在磁场中受到排斥力的作用,有对抗磁场的倾向,并首次将这些物体和这种磁性分别称为抗磁体和抗磁性。虽然 1778 年 A. 布鲁格曼斯(Brugmans)和 1827 年 L. 贝利夫(Baillif)已发现铋受磁铁排斥的现象,但并未进一步研究和对这种磁现象定名。现代原子和物质结构理论已经阐明,具有满充电子壳层的原子及由这些原子组成的物质,在外磁场作用下,所获得的合磁矩方向与外加磁场方向相反。因而表征这种物质磁性的磁化率 x(物质的磁化强度与外加磁场强度之比)为负值,且远小于 1($|x|\approx10^{-7}\sim10^{-6}$);相应的磁导率 μ(定义 $\mu=1+x$)便略小于 1。

【来源】《材料科学技术百科全书·上卷》

【分类信息】

【CLC 类目】

(1) T 工业技术

(2) T 电工材料

(3) T 工程材料学

(4) T 机械制造用材料

(5) T 建筑材料

(6) T 金属学与金属工艺

(7) T 冶金工业

(8) T 一般性问题

(9) T 热学

(10) T 特种结构材料

【IPC 类目】

(1) F24F3/12 以加热和冷却除外的其他方式处理空气为特征的(3/02,3/06 优先;各个处理设备见相应的各个小类)

(2) F24F3/12 利用电磁波〔3〕

【词条属性】

【特征】

【数值】 磁化率约为-1E-06

【特点】 组成抗磁性物质的原子具有满充的电子壳层,无内禀原子磁矩,因而称这种原子为抗磁性原子

【特点】 一切物质都具有抗磁性;物质的抗磁性也可根据唯象的楞次定律加以解释

【特点】 一切物质都具有抗磁性

【特点】 物质的抗磁性也可根据唯象的楞次定律加以解释

【特点】 在磁场梯度为 dH/dx、磁场强度为 H 的磁场中,质量 m 的抗磁性物质受到的磁力为 $F_m=\mu_0 mx(d_H/d_x)H$

【特点】 运动的电子在磁场中受电磁感应而表现出的属性

【特点】 所有物质都具有抗磁性

【状况】

【应用场景】 测定半导体中载流子(电子和空穴)的符号和有效质量,可推测该组织发生的病变(如癌变)

【时间】

【起始时间】 1845 年

【词条关系】

【等同关系】

【基本等同】 弱磁性

【层次关系】

【并列】 顺磁性

【概念-实例】 磁性材料

【组织-材料】 磁合金

【测度关系】

【物理量-度量方法】 磁导率

【物理量-度量方法】 楞次定律

【物理量-度量工具】 磁化强度

【物理量-度量工具】 磁场强度

【物理量-度量工具】 电磁感应定律

【物理量-度量工具】 磁化率

◎开坯

【基本信息】

【英文名】 blooming;cogging

【拼音】 kai pi

【核心词】

【定义】

钢锭或连铸坯在初轧机、钢坯连轧机、三辊式轧机、锻锤或水压机上进行的首次塑性加工称为开坯,目的是为各类轧机提供生产成品用的坯料。

【来源】《中国冶金百科全书·金属塑性加工》

【分类信息】

【CLC 类目】

TF777　连续铸钢、近终形铸造

【IPC 类目】

(1) C21D8/00　通过伴随有变形的热处理或变形后再进行热处理来改变物理性能(除需成型的工件外不需要再加热的锻造,或轧制成型的硬化工件或材料入 1/02)〔3〕

(2) C21D8/00　金属轧制的方法或制造实心半成品或成型截面的轧机(17/00～23/00优先;与被轧材料成分有关的入 3/00;通过同时在两个或多个区段轧制延展封闭形金属带入5/00;作为部件的金属轧机机座入 13/00;在用移动轧辊形成铸型壁的铸型中连续铸造入B22D11/06);轧机机列内的加工序列;轧制车间的布置,如机座的分组,轧道的顺序或分轧道变换的顺序

(3) C21D8/00　需要或允许专门轧制方法或程序的特殊成分合金材料的轧制(除由此获得的结构强化和机械性质外,改变合金的特殊冶金性质入 C21D,C22F)

(4) C21D8/00　用热处理法或用热加工或冷加工法改变有色金属或合金的物理结构(金属的机械加工设备入 B21,B23,B24)

(5) C21D8/00　每一种成分的重量都小于50%的合金〔2〕

【词条属性】

【特征】

【特点】　热轧开坯第一道次加工率要小

【特点】　改善钢锭组织和缺陷

【特点】　开坯可改变毛坯形状,有利于镦粗、拔长等基本工序

【特点】　开坯后可确定毛坯准确尺寸

【特点】　有利于节省材料

【特点】　轧制开坯通常用大辊径轧机

【特点】　冷轧时轧机工作辊径一般都比较小

【特点】　开坯前钢锭加热必须均匀彻底

【特点】　采用材料锻造温度的上限温度

【特点】　钢锭开坯后需进行锻后热处理

【词条关系】

【层次关系】

【类分】　初轧开坯

【类分】　连轧开坯

【类分】　三辊开坯

【类分】　锻压开坯

【类分】　轧制开坯

【类分】　旋锻开坯

【类分】　二次开坯

【应用关系】

【使用】　坯料

【使用】　开坯机

【用于】　初轧

【用于】　锻锤

【用于】　三辊式轧制

【生产关系】

【工艺-设备工具】　初轧机

【工艺-设备工具】　钢坯连轧机

【工艺-设备工具】　三辊式轧机

【工艺-设备工具】　锻锤

【工艺-设备工具】　水压机

◎均匀腐蚀

【基本信息】

【英文名】　homogeneous corrosion

【拼音】　jun yun fu shi

【核心词】

【定义】

腐蚀均匀也叫作全面腐蚀,腐蚀分布在整个金属表面上。从重量来说,均匀腐蚀代表了腐蚀对金属的最大破坏。从技术层面来说,这

类腐蚀在生产生活中危害不是很大,因为其发生在全部的表面,易于发现和控制,一般在工程设计时即可以进行控制。

【分类信息】

【CLC 类目】

(1) TB3 工程材料学

(2) TB3 化学工业

(3) TB3 机械制造用材料

(4) TB3 建筑材料

(5) TB3 金属学与热处理

【IPC 类目】

C22C19/07 钴基合金〔2〕

【词条属性】

【特征】

【特点】 全面腐蚀

【特点】 腐蚀分布于材料整个表面

【特点】 使得材料整体减薄

【特点】 可形成腐蚀产物膜,使腐蚀减慢

【优点】 可以使材料整体均匀减薄

【因素】

【影响因素】 材料成分和组织是否均匀

【词条关系】

【等同关系】

【基本等同】 全面腐蚀

【层次关系】

【并列】 局部腐蚀

【并列】 点蚀

【并列】 缝隙腐蚀

【并列】 应力腐蚀

【并列】 腐蚀疲劳

【并列】 晶间腐蚀

【并列】 磨损腐蚀

【并列】 氢脆

【概念-实例】 电化学腐蚀

【类属】 腐蚀性

【测度关系】

【物理量-度量方法】 腐蚀速度

◎聚合物

【基本信息】

【英文名】 polymer;polymeric

【拼音】 ju he wu

【核心词】

【定义】

由单体聚合而成的分子量较高的化合物。其中相对分子质量较低的称为“低聚物”,如三聚甲醛;相对分子质量高达数千以上的,称为“高聚物”,如聚氯乙烯等。

【来源】《中国百科大辞典》

【分类信息】

【CLC 类目】

(1) T 工业技术

(2) T 化学工业

(3) T 金属学与金属工艺

(4) T 金属学与热处理

(5) T 石油、天然气工业

(6) T 冶金工业

(7) T 一般性问题

(8) T 非金属复合材料

(9) T 油田应用化学

(10) T 特种结构材料

(11) T 高分子材料

(12) T 复合材料

【IPC 类目】

(1) C08F10/00 只有一个碳碳双键的不饱和脂族烃的均聚物或共聚物〔2〕

(2) C08F10/00 聚合工艺过程〔2〕

(3) C08F10/00 用后处理进行化学改性(接枝聚合物、嵌段聚合物、与不饱和单体或与聚合物交联入 251/00 至 299/00,对于共轭二烯橡胶入 C08C;一般交联入 C08J)〔2〕

(4) C08F10/00 薄膜或片材的制造〔2〕

(5) C08F10/00 使用有机配料〔2〕

【词条属性】

【特征】

【缺点】 化学稳定性较差

【特点】 高分子化合物

【特点】　相对分子质量很大
【特点】　具有“多分散性”
【特点】　分子链结构
【特点】　近程结构
【特点】　结构单元原子在空间的不同排列出现旋光异构和几何异构
【优点】　有较好的绝缘性和耐腐蚀性能
【优点】　较好的可塑性和高弹性
【状况】
【应用场景】　导电高分子聚合物
【应用场景】　液晶高分子聚合物
【应用场景】　聚合物电池
【应用场景】　彩屏手机
【时间】
【起始时间】　19 世纪中期
【词条关系】
【等同关系】
【俗称为】　高分子化合物
【层次关系】
【概念-实例】　脱氢聚合物
【概念-实例】　生物聚合物
【概念-实例】　遥爪聚合物
【概念-实例】　聚合物磁体
【概念-实例】　有机硅聚合物
【概念-实例】　塑料
【概念-实例】　橡胶
【概念-实例】　纤维
【构成成分】　高聚物、低聚物、无机聚合物
【类分】　高聚物
【类分】　低聚物
【类分】　无机聚合物
【类分】　多相聚合物
【类分】　碳链聚合物
【类分】　杂链聚合物
【类分】　元素有机聚合物
【类分】　交替共聚物
【类分】　无规共聚物
【类分】　嵌段共聚物
【类分】　接枝共聚物
【应用关系】
【用于】　聚合物合金
【用于】　聚合物混凝土
【用于】　聚合物载色体

◎居里温度

【基本信息】
【英文名】　curie temperature; curie point
【拼音】　ju li wen du
【核心词】
【定义】

铁磁性或亚铁磁性与顺磁性之间的转变温度。

【来源】《金属功能材料词典》
【分类信息】
【CLC 类目】
(1) O482.5　磁学性质
(2) O482.5　固体性质
(3) O482.5　磁性材料
(4) O482.5　其他特种性质合金
(5) O482.5　特种电磁性质合金
【IPC 类目】
(1) H01L41/187　陶瓷合成物〔5〕
(2) H01L41/187　也含其他铅化合物的〔6〕
(3) H01L41/187　以锆酸铅和钛酸铅为基料的〔6〕
(4) H01L41/187　以钛酸铅为基料的〔6〕
(5) H01L41/187　以氧化钒、氧化铌、氧化钽、氧化钼或氧化钨，或与其他氧化物的固溶体如钒酸盐、铌酸盐、钽酸盐、钼酸盐或钨酸盐为基料的〔6〕
【词条属性】
【特征】
【数值】　功率类的材料居里温度 230 ℃以下
【数值】　高导类的 120°以下
【数值】　钕铁硼的居里温度是 320 ～

380 ℃

【数值】 铁的居里温度是 770 ℃

【数值】 铁氧体 450 ℃ 左右

【数值】 铝镍钴 860～900 ℃

【数值】 钐钴 450～840 ℃

【数值】 铁硅合金的居里温度是 690 ℃

【数值】 钴的居里温度约 1131 ℃

【特点】 低于居里点温度时该物质成为铁磁体

【特点】 温度高于居里点温度时,该物质成为顺磁体

【特点】 磁芯温度一旦超过其居里温度,它的磁导率会急剧下降

【特点】 不同材质的磁芯所承受的居里温度不固定

【特点】 一般用 T_c 表示

【时间】

【起始时间】 19 世纪末

【因素】

【影响因素】 磁铁烧结形成的晶体结构

【影响因素】 杂质

【影响因素】 冷却时候的环境

【影响因素】 合金成分比率

【影响因素】 烧结工艺

【词条关系】

【等同关系】

【基本等同】 磁性转变点

【缩略为】 T_c

【测度关系】

【度量方法-物理量】 软磁粉末

【物理量-单位】 摄氏度(℃)

【物理量-度量工具】 居里温度测试仪

◎静液挤压

【基本信息】

【英文名】 hydrostatic extrusion; isostatic extrusion

【拼音】 jing ye ji ya

【核心词】

【定义】

以流体为压力介质作用于被加工材料,使其流出模口成型的塑性加工工艺。主要用于生产金属管材、棒材、型材和线材,也可用于高密度塑料的成型。

【来源】《材料科学技术百科全书·上卷》

【分类信息】

【CLC 类目】

(1) T 工业技术

(2) T 机械制造工艺

(3) T 金属学与金属工艺

(4) T 金属学与热处理

(5) T 金属压力加工

(6) T 冶金工业

(7) T 冶金技术

(8) T 铸造

(9) T 裸电线

(10) T 粉末冶金(金属陶瓷工艺)

(11) T 粉末成型、烧结及后处理

【词条属性】

【特征】

【缺点】 模具寿命低

【缺点】 成本高

【缺点】 操作不方便

【缺点】 辅助操作时间长

【缺点】 工作危险性大

【数值】 静压力:(1000～2000)MPa

【特点】 单位压力高

【特点】 流体为压力介质

【特点】 流体流出模口成型

【特点】 通过模孔变形获得所需形状

【优点】 应力均匀

【优点】 无摩擦力

【优点】 降低能耗损耗

【优点】 长细比不受限制

【优点】 产品机械性能高

【优点】 产品尺寸精度高

【优点】 产品表面粗糙度低

【状况】

【应用场景】 大变形量线材
【应用场景】 大变形量的型材
【应用场景】 挤压低塑性材料
【应用场景】 异型材挤压
【应用场景】 难加工材料挤压
【应用场景】 高温合金挤压
【应用场景】 难熔金属材料挤压
【应用场景】 粉体材料挤压
【应用场景】 包覆材料挤压
【时间】
【起始时间】 1952 年
【因素】
【影响因素】 工件温度
【影响因素】 压力
【影响因素】 模具形状
【词条关系】
【层次关系】
【并列】 普通挤压
【类分】 冷挤
【类分】 温挤
【类分】 热挤
【类分】 增压挤压
【类分】 背压挤压
【类分】 连续挤压
【类分】 厚膜挤压
【类分】 黏塑性介质挤压
【应用关系】
【使用】 坯料
【使用】 凸模
【使用】 高压介质
【用于】 航空制造工程
【生产关系】
【工艺-材料】 管材
【工艺-材料】 棒材
【工艺-材料】 型材
【工艺-材料】 线材
【工艺-材料】 高速钢
【工艺-材料】 钛合金
【工艺-材料】 镍基合金
【工艺-材料】 台阶轴
【工艺-材料】 内外花键轴
【工艺-材料】 齿轮
【工艺-材料】 精密型材
【工艺-材料】 薄壁管材
【工艺-材料】 超细线材
【工艺-材料】 铜包铝
【工艺-材料】 钛包铜
【工艺-材料】 铜管
【工艺-材料】 稀缺金属细线
【工艺-材料】 铝合金管材
【工艺-材料】 铌钛超导线
【工艺-材料】 高密度塑料
【工艺-材料】 铝合金
【工艺-材料】 铜合金
【工艺-材料】 复合材料
【工艺-设备工具】 液压机

◎精铸

【基本信息】
【英文名】 investment casting;precision casting;precision cast
【拼音】 jing zhu
【核心词】
【定义】
即精密铸造,用精密铸型获得铸件的总称。精密铸造生产的铸件不仅尺寸精度高,而且表面光洁,轮廓和线条清晰,可不加工或少加工。
【来源】《材料大辞典》
【分类信息】
【CLC 类目】
(1) T 工业技术
(2) T 机械制造工艺
(3) T 机械制造用材料
(4) T 金属学与金属工艺
(5) T 金属学与热处理
(6) T 冶金工业
(7) T 冶金技术
(8) T 铸造

(9) T 精密铸造

(10) T 特种机械性质合金

【IPC 类目】

(1) B21D15/04 横向的,如螺旋形的

(2) B21D15/04 模型;未列入其他类的模型的制作

(3) B21D15/04 带螺旋齿的〔3〕

(4) B21D15/04 气缸、活塞、轴承壳或类似薄壁件的铸造

【词条属性】

【特征】

【缺点】 设备和模具的价格昂贵

【缺点】 所需材料和设备较多

【缺点】 与锻、轧、焊、冲等相比污染较大

【特点】 特种铸造

【特点】 精密铸造

【特点】 有相对准确的形状

【特点】 较高的铸造精度

【特点】 获得的零件一般不需再进行机加工

【特点】 用于毛坯成型

【优点】 形状准确

【优点】 精度高

【优点】 近净形成性

【优点】 零件尺寸和重量适应范围宽

【优点】 金属种类几乎不受限制

【优点】 零件有耐磨、耐腐蚀、吸震等综合性能

【状况】

【前景】 铸件产品接近零部件产品

【现状】 欧美及我国发展迅速

【应用场景】 电子工业

【应用场景】 石油工业

【应用场景】 化工工业

【应用场景】 能源

【应用场景】 交通运输

【应用场景】 轻工业

【应用场景】 纺织工业

【应用场景】 制药工业

【应用场景】 医疗器械

【应用场景】 泵和阀的制造

【时间】

【起始时间】 青铜器时代

【因素】

【影响因素】 工艺方案

【影响因素】 工艺参数

【词条关系】

【等同关系】

【全称是】 精密铸造

【层次关系】

【构成成分】 金属熔炼、铸型造型、金属浇注、铸后处理

【类分】 熔模铸造

【类分】 离心铸造

【类分】 压力铸造

【类分】 低压铸造

【类分】 壳型铸造

【类分】 陶瓷型铸造

【类分】 金属型铸造

【类分】 砂型铸造

【类分】 温模

【类属】 特种铸造

【类属】 铸造工艺

【实例-概念】 深加工

【应用关系】

【使用】 液态金属

【使用】 熔模

【使用】 模料

【使用】 黏结剂

【使用】 硬化剂

【使用】 表面活性剂

【生产关系】

【工艺-材料】 铝合金

【工艺-材料】 镁合金

【工艺-材料】 不锈钢

【工艺-材料】 铜合金

【工艺-材料】 黄铜

【工艺-材料】 锌合金

【工艺-材料】 锡青铜

【工艺-材料】 铝青铜
【工艺-材料】 铸铁
【工艺-材料】 铸造合金
【工艺-材料】 球墨铸铁
【工艺-材料】 灰铁
【工艺-材料】 钛合金
【工艺-材料】 精密合金
【工艺-材料】 耐热合金
【工艺-材料】 永磁合金
【工艺-材料】 轴承合金
【工艺-材料】 合金钢
【工艺-材料】 碳钢
【工艺-设备工具】 电炉
【工艺-设备工具】 铸模
【工艺-设备工具】 烘箱
【工艺-设备工具】 加热炉

◎精密电阻合金

【基本信息】
【英文名】 precision resistance alloy
【拼音】 jing mi dian zu he jin
【核心词】
【定义】
(1)仪器仪表用的具有低电阻温度系数和高时间稳定性的精密合金。
【来源】《中国冶金百科全书·金属材料》
(2)在一定温度范围内电阻温度系数很低的一种精密合金。
【来源】《金属材料简明辞典》
(3)在工作温度、环境状态及时间发生变化的条件下,仍然保持其电阻值不变或变化很小,且对铜热电势值较小的电阻合金。
【来源】《金属功能材料词典》
【词条属性】
【特征】
【特点】 基本都是镍基合金
【特点】 都有特定的电阻特性
【特点】 在尽可能宽的温度范围内具有低的电阻温度系数
【特点】 电阻温度系数与温度具有的良好线性关系
【特点】 有大的负电阻温度系数
【特点】 电阻长时间稳定
【特点】 电阻率高
【特点】 电阻值均匀
【特点】 接触电阻低
【特点】 对铜的热电势小
【特点】 噪声电平低
【特点】 加工性好
【优点】 易于拉拔成细丝
【优点】 具有良好力学性能
【优点】 强度高
【优点】 耐磨性好
【优点】 抗弯折性好
【优点】 具有良好抗氧化和抗有机酸、H_2S、盐水等腐蚀能力
【优点】 具有良好包漆性
【状况】
【现状】 中国在20世纪40年代已能制作精密电阻元件
【现状】 20世纪50年代以来已研制、开发并形成6J和4YC精密电阻合金系列
【现状】 20世纪70年代以来,由于非晶技术的发展,高电阻率、低温度系数的新型非晶精密电阻合金正在向实用化方向发展
【应用场景】 制作精密电阻器
【应用场景】 制造标准电位器
【应用场景】 制造精密电位器
【时间】
【起始时间】 1884年
【词条关系】
【层次关系】
【概念-实例】 6J20合金
【概念-实例】 6J22合金
【概念-实例】 Ni-Mo系电阻合金
【概念-实例】 Ni-Mn系电阻合金
【概念-实例】 Cu-Ni系电阻合金
【概念-实例】 Pt基电阻合金

【概念-实例】 Pd 基电阻合金
【概念-实例】 Au 基电阻合金
【概念-实例】 Ag 基电阻合金
【概念-实例】 Fe32Mn3Al7Cr 反铁磁精密电阻合金
【概念-实例】 Fe-Mn-Al-Cr 系反铁磁精密电阻合金
【概念-实例】 Fe32Mn3Al8Cr 反铁磁精密电阻合金
【概念-实例】 6JG 精密高电阻合金
【概念-实例】 Ni-Cr-Al-Mn-Si 精密电阻合金
【概念-实例】 Cu10Ni15MnAlTi 弹性合金
【类分】 铜锰系电阻合金
【类分】 铜镍系电阻合金
【类分】 镍铬系改良型电阻合金
【类分】 贵金属精密电阻合金
【类属】 电阻合金
【类属】 镍基合金
【应用关系】
【用于】 温度补偿的精密电阻
【生产关系】
【材料-工艺】 热锻
【材料-工艺】 真空感应炉熔炼
【材料-工艺】 铸造
【材料-工艺】 热处理
【材料-工艺】 酸洗
【材料-工艺】 成品热处理
【材料-工艺】 回火
【材料-工艺】 冷轧

◎精炼剂

【基本信息】
【英文名】 refining agent
【拼音】 jing lian ji
【核心词】
【定义】

精炼剂是白色粉末状或颗粒状熔剂。由多种无机盐干燥处理后,按一定比例混合配制而成。

【分类信息】
【CLC 类目】
(1) T 工业技术
(2) T 化学工业
(3) T 金属学与金属工艺
(4) T 金属学与热处理
(5) T 炼钢
(6) T 铁合金冶炼
(7) T 冶金工业
(8) T 一般工业技术
(9) T 一般性问题
(10) T 有色金属冶炼
【IPC 类目】
(1) C21C7/04 添加处理剂去除杂质
(2) C21C7/04 用熔炼法
(3) C21C7/04 使用精炼或脱氧的专用添加剂
(4) C21C7/04 镁的提取〔2〕
(5) C21C7/04 锌基合金〔2〕
【词条属性】
【特征】
【特点】 白色粉末状或颗粒状熔剂
【特点】 部分组元在高温下易分解
【特点】 生成的气体易于氢反应
【特点】 与夹杂的吸附强
【特点】 生成的气体能迅速从熔体中逸出
【特点】 组元兼有清渣剂的作用
【特点】 多种无机盐干燥处理后,按一定比例混合配制而成
【优点】 去除夹杂
【状况】
【应用场景】 清除铝液内部的氢
【应用场景】 清除铝液内部浮游的氧化夹杂
【应用场景】 铝电解过程
【应用场景】 铜电解过程
【应用场景】 常用牌号铝合金

【应用场景】 钢水脱氧
【应用场景】 纯铝熔炼
【应用场景】 纯铝除气精炼
【应用场景】 纯铝清渣
【因素】
【影响因素】 组元成分
【词条关系】
【应用关系】
【材料-加工设备】 电炉
【材料-加工设备】 真空炉
【使用】 稀土元素
【使用】 钇
【用于】 精炼
【用于】 电解铜
【用于】 铝电解
【用于】 真空熔炼
【用于】 电炉熔炼
【用于】 湿法冶炼
【用于】 脱氢
【用于】 脱硫
【用于】 脱氮
【用于】 脱碳
【用于】 脱氧
【用于】 炼钢
【生产关系】
【材料-原料】 稀土氧化物
【原料-材料】 铝合金
【原料-材料】 镁合金

◎精炼

【基本信息】
【英文名】 refining;refinement
【拼音】 jing lian
【核心词】
【定义】

(1)由粗金属除去杂质的提纯过程叫作精炼。

【来源】《中国成人教育百科全书·化学·化工》

(2)利用待精炼的金属和其中的杂质在精炼过程中的不同行为,以获得工业纯金属或高纯金属。

【来源】《中国百科大辞典》

(3)将转炉、平炉或电炉中初炼过的钢液在真空、惰性气体或还原性气氛的容器中进行脱气、脱氧、脱硫、去除夹杂物和进行成分微调等的冶炼操作。

【来源】《金属功能材料词典》

【分类信息】
【CLC 类目】
(1) TF821　铝
(2) TF821　冶炼计算
(3) TF821　钢铁冶炼(黑色金属冶炼,总论)
【IPC 类目】
(1) C22C1/06　使用精炼或脱氧的专用添加剂
(2) C22C1/06　熔融铁类合金的处理,如不包括在 1/00 到 5/00 组的钢(铸造成型过程中熔融金属的处理入 B22D1/00,27/00;黑色金属的重熔入 C22B)
(3) C22C1/06　用熔炼法
(4) C22C1/06　脱磷;脱硫〔3〕
(5) C22C1/06　真空处理
【词条属性】
【特征】
【特点】 可以脱氢
【特点】 可以脱氧
【特点】 可以脱硫
【特点】 可以脱碳
【特点】 可对非金属夹杂物进行形态控制
【特点】 可以对钢液成分及温度进行微调及均匀化
【特点】 脱氮
【特点】 脱磷
【特点】 RH 法周期短
【特点】 RH 法生产力大

【特点】 RH 法精炼效果好
【优点】 RH 法容易操作
【词条关系】
【层次关系】
【参与构成】 熔铸
【参与构成】 等离子电弧熔炼
【概念-实例】 LF 法
【概念-实例】 VD 法
【概念-实例】 VOD 法
【概念-实例】 RH 法
【概念-实例】 SKF 法
【类分】 脱氢
【类分】 脱氧
【类分】 脱碳
【类分】 脱硫
【类分】 脱氮
【类分】 脱磷
【类分】 氧化精炼
【类分】 硫化精炼
【类分】 电解精炼
【类分】 蒸馏精炼
【类分】 沉淀精炼
【类分】 碱性精炼
【类分】 氯化精炼
【类分】 区域提纯
【类分】 喷射冶金
【类分】 真空冶金
【类属】 炼钢
【实例-概念】 深加工
【组成部件】 电弧熔炼
【应用关系】
【使用】 精炼剂
【用于】 超纯铁素体不锈钢
【用于】 厚板钢
【用于】 硅钢
【生产关系】
【工艺-材料】 汽车钢
【工艺-材料】 黑色金属
【工艺-材料】 有色金属
【工艺-设备工具】 AOD 炉
【工艺-设备工具】 LF 精炼炉
【工艺-设备工具】 VOD 钢包精炼炉

◎晶体结构

【基本信息】
【英文名】 crystal structures;structure
【拼音】 jing ti jie gou
【核心词】
【定义】
(1)组成物质的基本粒子(原子、离子和分子)在晶体中的空间排布称为晶体结构。
【来源】《教师百科辞典》
(2)结构基元(原子、离子、分子或其他原子集团)在晶体内部呈一定周期性排列而形成的各种三维对称图形。
【来源】《金属功能材料词典》
【分类信息】
【CLC 类目】
(1) O76 晶体结构
(2) O76 络合物化学(配位化学)
(3) O76 元素有机聚合物
(4) O76 铜族金属有机化合物
(5) O76 邻二氮杂茂(吡唑)族
【IPC 类目】
(1) A61K47/02 无机化合物〔5〕
(2) A61K47/02 以结构或组成为特点的〔4〕
(3) A61K47/02 镍、钴或铁〔2〕
(4) A61K47/02 镍的化合物
(5) A61K47/02 用助滤剂〔3〕
【词条属性】
【特征】
【特点】 质点分布呈周期性排列
【特点】 只存在 1,2,3,4,6 次对称轴
【特点】 空间点阵只能有 14 种形式
【特点】 具有自范性
【特点】 晶面角遵循守恒定律
【特点】 具有解理性

【特点】　呈各向异性
【特点】　具有对称性
【时间】
【起始时间】　18 世纪中叶
【词条关系】
【层次关系】
【概念-实例】　A_1 型
【概念-实例】　A_2 型
【概念-实例】　A_3 型
【类分】　原子晶体结构
【类分】　分子晶体结构
【类分】　金属晶体
【类分】　离子晶体结构
【类分】　共价晶体结构
【类分】　正交结构
【类分】　四方结构
【类分】　菱面体结构
【类分】　钙钛矿型结构
【类分】　反萤石型结构
【类分】　闪锌矿结构
【类分】　萤石型
【类分】　尖晶石结构
【类分】　六方紧密堆积结构
【类分】　金红石型结构
【类分】　刚玉型结构
【类分】　石墨结构
【类分】　硅酸盐晶体结构
【类分】　体心立方晶格
【类分】　面心立方晶格
【主体-附件】　空间群
【主体-附件】　晶胞内各原子的坐标键长
【主体-附件】　晶胞内各原子的坐标参数
【主体-附件】　晶胞内各原子的坐标键角
【组成部件】　空间点阵
【组成部件】　结构基元
【应用关系】
【使用】　扫描电镜

◎晶粒细化

【基本信息】
【英文名】　grain refining; grain refinement
【拼音】　jing li xi hua
【核心词】
【定义】

铸锭整个截面上具有均匀、细小的等轴晶，这是因为等轴晶各向异性小，加工时变形均匀、性能优异、塑性好，利于铸造及随后的塑性加工。

【分类信息】
【CLC 类目】
(1) TG292　轻金属铸造
(2) TG292　其他特种性质合金
(3) TG292　金属的晶体缺陷理论
(4) TG292　合金铸造
(5) TG292　轻有色金属及其合金
【IPC 类目】
(1) C22C1/06　使用精炼或脱氧的专用添加剂
(2) C22C1/06　铝基合金
(3) C22C1/06　前面未述及的影响晶粒结构或组织的方法;其成分的选择
(4) C22C1/06　使用母(中间)合金〔2〕
(5) C22C1/06　铝做次主要成分的〔2〕
【词条属性】
【特征】
【优点】　可使材料机械性能变好
【优点】　使材料具有超塑性
【优点】　使材料具有良好的抗腐蚀能力
【优点】　使材料的耐磨损能力增强
【优点】　能阻止裂纹的传播和扩展
【优点】　使材料具有较高的断裂韧性
【优点】　超细晶粒材料具有很高的延展性能
【优点】　使材料具有很高的屈服性能
【状况】
【应用场景】　金属材料
【应用场景】　变形合金研究领域

【应用场景】 粉末冶金
【应用场景】 镁铝合金
【因素】
【影响因素】 形核率
【影响因素】 长大速度
【影响因素】 过冷度
【词条关系】
【等同关系】
【基本等同】 细化晶粒
【层次关系】
【并列】 晶粒粗化
【类分】 形变处理细化法
【类分】 挤压细化
【类分】 轧制细化
【类分】 锻造细化
【类分】 等径角挤压法
【类分】 物理场细化
【类分】 脉冲电流处理
【类分】 磁场处理
【类分】 超声波处理
【类分】 机械物理细化方法
【类分】 化学细化法
【类分】 添加细化剂
【应用关系】
【使用】 变质处理
【使用】 振动方法
【使用】 脉冲电流
【使用】 机械搅拌
【使用】 超声振动
【用于】 Mg-Gd-Y 镁合金
【用于】 Al-5Ti-1B 合金
【用于】 TiAl 基合金
【用于】 高强 7000 系铝合金
【用于】 Mg-Al 合金
【用于】 Al-Si 合金
【用于】 热轧钢材
【用于】 1Cr18Ni9Ti 钢
【生产关系】
【工艺-材料】 合金钢
【工艺-材料】 非晶材料
【工艺-材料】 单晶体
【工艺-材料】 高温合金
【工艺-设备工具】 结晶器
【工艺-设备工具】 搅拌器

◎晶粒度

【基本信息】
【英文名】 crystallite size;grain fineness
【拼音】 jing li du
【核心词】
【定义】

(1)用于描述单相合金中晶粒大小及复相合金中连续分布的基体相晶粒大小的性能指标。

【来源】《现代材料科学与工程辞典》

(2)评定多晶体中晶粒平均大小的尺度。

【来源】《金属材料简明辞典》
【分类信息】
【CLC 类目】
(1) TG135 特种机械性质合金
(2) TG135 特种结构材料
(3) TG135 锗主族(第ⅣA 族)元素的无机化合物
(4) TG135 粉末冶金制品及其应用
(5) TG135 金属材料
【IPC 类目】
(1) C22C29/08 以碳化钨为基料的〔4〕
(2) C22C29/08 用粉末冶金法(1/08 优先)〔2〕
(3) C22C29/08 轴承保持架〔2〕
(4) C22C29/08 滚珠保持架
(5) C22C29/08 以碳化硼为基料的〔6〕
【词条属性】
【特征】
【特点】 是指单位体积的晶粒数目
【特点】 是指单位面积内的晶粒数目(ZS)
【特点】 是指晶粒的平均线长度(或直径)
【特点】 晶粒度越大越好

【特点】　标准晶粒度共分 8 级

【特点】　1～4 级为粗晶粒

【特点】　5～8 级为细晶粒

【特点】　材料的屈服强度 σ_s 与晶粒直径 d 符合 Hall-Petch 公式

【特点】　晶粒越细小，材料的强度越高

【特点】　晶粒细小还可以提高材料的塑性和韧性

【特点】　0 级以下为超粗晶粒

【特点】　8 级以上超细晶粒

【因素】

【影响因素】　冷却速度

【影响因素】　变质处理

【影响因素】　震动搅拌

【影响因素】　形核率

【影响因素】　晶粒长大速率

【影响因素】　加热温度和保温时间

【影响因素】　加热速度

【影响因素】　钢的化学成分

【影响因素】　脱氧剂

【影响因素】　原始组织

【词条关系】

【等同关系】

【俗称为】　晶粒尺寸

【层次关系】

【类分】　粗晶粒

【类分】　细晶粒

【类分】　起始晶粒度

【类分】　实际晶粒度

【类分】　本质晶粒度

【类分】　奥氏体晶粒度

【类分】　铁素体晶粒度

【测度关系】

【物理量-度量方法】　比较法

【物理量-度量方法】　直测计算法

【物理量-度量方法】　面积计算法

【物理量-度量方法】　渗碳法

【物理量-度量方法】　氧化法

【物理量-度量方法】　铁素体网法

【物理量-度量方法】　渗碳体网法

【物理量-度量方法】　直接淬硬法

【物理量-度量方法】　模拟渗碳体法

【物理量-度量方法】　网状珠光体法

【物理量-度量工具】　金相显微镜

◎晶间腐蚀

【基本信息】

【英文名】　intercrystalline corrosion; intergranular corrosion

【拼音】　jing jian fu shi

【核心词】

【定义】

(1)沿着或紧挨着金属晶粒边界发生的金属腐蚀。

【来源】《中国冶金百科全书·金属材料》

(2)腐蚀时，沿晶界破坏称为晶间腐蚀。

【来源】《口腔医学辞典》

(3)金属或合金的晶粒边界受到化学侵蚀而破坏的现象。

【来源】《现代材料科学与工程辞典》

(4)防止方法：通常采用降低钢中的碳含量和加钛、铌稳定化元素，防止不锈钢敏化态晶间腐蚀；发展含杂质元素极低的高纯不锈钢，解决固溶态的晶间腐蚀。此外可采用适当热处理，添加或调整合金元素，改善介质条件，电化学保护等防蚀措施。

【分类信息】

【CLC 类目】

(1) TG172　各种类型的金属腐蚀

(2) TG172　其他腐蚀

(3) TG172　热处理工艺

(4) TG172　化工机械与设备的腐蚀与防腐蚀

(5) TG172　核电厂(核电站)

【IPC 类目】

(1) C22C21/06　镁做次主要成分的〔2〕

(2) C22C21/06　用于冷却的〔2〕

(3) C22C21/06　不限于仅在 17/00，19/

00,21/00 中之一组中所述及的方法进行轧管,如组合加工(25/00 优先)

(4) C22C21/06 含氮的化合物

(5) C22C21/06 含硅的〔2〕

【词条属性】

【特征】

【缺点】 使金属脆性增加降低强度

【缺点】 金属表面呈蜂窝状

【缺点】 使金属容易破碎

【缺点】 导致构件破坏存在安全隐患

【特点】 焊接过程中易引起晶间腐蚀

【特点】 晶界含杂质时易引起晶间腐蚀

【特点】 奥氏体不锈钢敏化态晶间腐蚀发生在活化-钝化电位区和过钝化以上的电位区

【特点】 腐蚀常出现在焊接件的焊缝热影响区

【特点】 铝基合金热处理不当时也会产生晶间腐蚀

【特点】 重量上损失很小

【特点】 破坏晶粒间的结合

【词条关系】

【等同关系】

【基本等同】 粒间腐蚀

【层次关系】

【并列】 均匀腐蚀

【概念-实例】 不锈钢晶间腐蚀

【概念-实例】 镍基合金晶间腐蚀

【概念-实例】 铝合金晶间腐蚀

【概念-实例】 镁合金晶间腐蚀

【概念-实例】 焊接接头晶间腐蚀

【概念-实例】 奥氏体不锈钢晶间腐蚀

【概念-实例】 0Cr15Ni75Fe 合金晶间腐蚀

【概念-实例】 0Ni65Mo28Fe5V 合金晶间腐蚀

【概念-实例】 0Cr16Ni60Mo16W4 合金晶间腐蚀

【概念-实例】 铝铜合金晶间腐蚀

【概念-实例】 铝铜镁合金晶间腐蚀

【类属】 局部腐蚀

【类属】 腐蚀

【应用关系】

【使用】 使用敏化处理方法

◎金属型铸造

【基本信息】

【英文名】 permanent mold casting;gravity die casting;metal mold casting

【拼音】 jin shu xing zhu zao

【核心词】

【定义】

俗称硬模铸造、永久型铸造。用重力浇注将熔融金属浇入金属铸型获得铸件的方法。金属型铸造时,为控制熔融金属的凝固速度,保护型腔表面与延长金属型寿命,在型腔内均须涂覆耐火涂料,并将铸型预热后浇注。与砂型铸造相比,金属型铸造导热性好,铸件晶粒细小,组织致密,机械性能高,尺寸精确,表面光洁,且铸型寿命高,不用砂或少用砂(有时可用砂芯),改善了生产环境,容易实现铸造过程机械化与自动化。由于工艺装备成本高,制造周期长,一般只用于成批生产。由于铸件退让性差,对大型薄壁或形状复杂、断面尺寸过大的铸件,以及铸造工艺性能差的合金材料不宜采用。

【来源】《中国百科大辞典 4》

【分类信息】

【CLC 类目】

(1) T 工业技术

(2) T 机械制造工艺

(3) T 金属学与金属工艺

(4) T 冶金工业

(5) T 冶金机械、冶金生产自动化

(6) T 冶金技术

(7) T 铸造

【IPC 类目】

C22C45/00 非晶态合金〔5〕

【词条属性】

【特征】

【缺点】 铸件退让性差

【缺点】 不适宜大型薄壁或形状复杂、断面尺寸过大的铸件
【缺点】 不适宜铸造工艺性能差的合金材料
【缺点】 金属型结构复杂
【缺点】 要求高
【缺点】 加工周期长
【缺点】 成本高
【缺点】 激冷作用大
【缺点】 无透气性
【缺点】 铸件中容易出现冷隔、浇不足及裂纹等缺陷
【缺点】 灰铸铁件中还容易出现白口
【数值】 加工余量 0.3～0.8 mm，特殊情况可以增加到 1.2 mm
【特点】 使用的型芯一般为金属芯
【特点】 也可使用砂芯或石膏芯
【特点】 液体金属在重力作用下浇入金属型内
【优点】 造型工艺简单
【优点】 生产效率高
【优点】 污染小
【优点】 劳动条件好
【优点】 机械化和自动化
【优点】 铸件尺寸精度高
【优点】 粗糙度低
【优点】 加工余量小
【优点】 导热好
【优点】 铸件晶粒细小
【优点】 组织致密
【优点】 机械性能高
【优点】 铸型寿命高
【状况】
【应用场景】 生产中小型铝、镁合金铸件
【应用场景】 航空工业
【应用场景】 汽车工业
【应用场景】 拖拉机工业
【时间】
【起始时间】 1842 年
【因素】
【影响因素】 工作温度
【影响因素】 合金浇注温度
【影响因素】 合金浇注速度
【影响因素】 铸件在铸型中的停留时间
【影响因素】 所用涂料
【词条关系】
【等同关系】
【俗称为】 硬模铸造
【俗称为】 永久型铸造
【层次关系】
【并列】 砂型铸造
【并列】 离心铸造
【并列】 熔模铸造
【并列】 压力铸造
【并列】 低压铸造
【并列】 壳型铸造
【并列】 陶瓷型铸造
【构成成分】 金属熔炼、铸型造型、浇注、铸后处理、预热、出型、抽芯
【类属】 铸造工艺
【类属】 金属铸造
【类属】 精密铸造
【类属】 特种铸造
【类属】 精铸
【应用关系】
【使用】 液态金属
【使用】 金属型芯
【使用】 风冷
【使用】 水冷
【使用】 涂料
【使用】 喷涂
【使用】 耐火材料
【使用】 黏结剂
【用于】 球墨铸铁
【用于】 灰铁
【生产关系】
【工艺-材料】 铸造合金
【工艺-材料】 铜合金

【工艺-材料】 铸造铝合金
【工艺-材料】 镁合金
【工艺-材料】 铝合金
【工艺-材料】 黄铜
【工艺-材料】 铝锡合金
【工艺-材料】 锌合金
【工艺-材料】 锡青铜
【工艺-材料】 铝青铜
【工艺-材料】 铸铁
【工艺-设备工具】 铸模
【工艺-设备工具】 喷灯
【工艺-设备工具】 电阻加热器
【工艺-设备工具】 煤气
【工艺-设备工具】 烘箱

◎金属间化合物

【基本信息】
【英文名】 intermetallic compounds;intermetallic
【拼音】 jin shu jian hua he wu
【核心词】
【定义】
(1)金属与金属,或金属与准金属(如 H,B,N,S,P,C,Si 等)形成的化合物。
【来源】《现代材料科学与工程辞典》
(2)两种金属的原子按一定比例化合,形成与原来两者的晶格均不同的合金组成物。
【来源】《金属功能材料词典》
(3)在一定条件下,两种金属的原子按一定比例化合,形成与原来两种组分均不同的晶格的合金或化合物。
【来源】《化学词典》
【分类信息】
【CLC 类目】
(1) TG131 合金学理论
(2) TG131 中子衍射及其应用
(3) TG131 特种热性质合金
(4) TG131 合金学与各种性质合金
(5) TG131 复合材料
【IPC 类目】
(1) C22C1/04 用粉末冶金法(1/08 优先)〔2〕
(2) C22C1/04 铝基合金
(3) C22C1/04 用熔融态覆层材料且不影响形状的热浸镀工艺;其所用的设备〔4〕
(4) C22C1/04 以采用特殊材料为特征的〔3〕
(5) C22C1/04 仅以金属材料组成为特征的金属材料镀覆,即不以镀覆工艺为特征(26/00,28/00 优先)〔4〕
【词条属性】
【特征】
【特点】 原子的排列遵循某种高度有序化的规律
【特点】 具有金属光泽
【特点】 具有金属导电性
【特点】 具有导热性
【特点】 晶体结构以面心立方结构为基料的长程有序结构
【特点】 晶体结构以体心立方结构为基料的长程有序结构
【特点】 晶体结构以密排六方结构为基料的长程有序结构
【特点】 晶体结构长周期超点阵
【特点】 高硬度
【特点】 高熔点
【特点】 高的抗蠕变性能
【特点】 低塑性
【特点】 具有电学性能
【特点】 具有磁学性能
【特点】 具有声学性质
【状况】
【应用场景】 航空航天领域
【时间】
【起始时间】 19 世纪 30 年代
【因素】
【影响因素】 温度
【影响因素】 压强
【影响因素】 原子百分比

【影响因素】 吉布斯自由能
【影响因素】 原子尺寸因素
【影响因素】 原子序数因素
【影响因素】 电化学因素
【影响因素】 价电子因素
【词条关系】
【层次关系】
【参与构成】 磁性材料
【概念-实例】 Cu6Sn5
【概念-实例】 Cu3Sn
【概念-实例】 CuZn
【概念-实例】 InSb
【概念-实例】 GaAs
【概念-实例】 CdSe
【概念-实例】 Ni3Al
【类分】 σ 相
【类分】 Laves 相
【类分】 几何密排相
【类分】 拓扑密排相
【类分】 Cr3Si(β-W)相
【类分】 χ 相
【类分】 μ 相
【组织-材料】 超合金
【应用关系】
【用于】 半导体材料
【用于】 储氢材料
【生产关系】
【材料-工艺】 机械合金化
【材料-工艺】 感应熔炼
【材料-工艺】 真空电弧熔炼
【材料-工艺】 砂型铸造
【材料-工艺】 熔模铸造
【材料-工艺】 近净成形铸造
【材料-工艺】 喷射铸造
【材料-工艺】 低压铸造

◎金属基复合材料

【基本信息】
【英文名】 metal-base composites; metal matrix composite
【拼音】 jin shu ji fu he cai liao
【核心词】
【定义】
用纤维、颗粒、晶须增强的金属、合金或金属间化合物。
【来源】《中国冶金百科全书·金属材料》
【分类信息】
【CLC 类目】
(1) TB331　金属复合材料
(2) TB331　复合材料
(3) TB331　金属-非金属复合材料
(4) TB331　粉末成型、烧结及后处理
【IPC 类目】
(1) C22C47/00　制造含有金属或非金属纤维或细丝的合金〔7〕
(2) C22C47/00　含非金属的合金(1/08优先)
(3) C22C47/00　按质量分数至少为5%但小于50%的,无论是本身加入的还是原位形成的氧化物、碳化物、硼化物、氮化物、硅化物或其他金属化合物,如氮氧化合物、硫化物的有色合金〔2〕
(4) C22C47/00　用于从浆料中制造铸件
(5) C22C47/00　金属粉末与非金属粉末的混合物(1/08 优先)〔2〕
【词条属性】
【特征】
【优点】 耐磨性能好
【优点】 阻尼性好
【优点】 不吸湿
【优点】 不老化
【优点】 无污染
【其他物理特性】
【电导率】 导电性能好
【热导率】 导热性能好
【热膨胀系数】 热膨胀系数小
【力学性能】
【冲击韧性】 冲击韧性较好

【抗剪强度】 抗剪强度较高

【疲劳极限】 疲劳力学性能较强

【词条关系】

【层次关系】

【类分】 纤维增强金属基复合材料

【类分】 晶须增强金属基复合材料

【类分】 颗粒增强金属基复合材料

【类分】 铝基复合材料

【类分】 镁基复合材料

【类分】 铜基复合材料

【类分】 钛基复合材料

【类分】 高温合金基复合材料

【类分】 金属件化合物基复合材料

【类分】 难熔金属基复合材料

【类分】 铌基合金

【类分】 金属基纤维增强材料

【类分】 金属基颗粒增强材料

【类属】 复合材料

【类属】 金属材料

【应用关系】

【材料-部件成品】 飞机涡轮发动机

【材料-部件成品】 火箭发动机热区

【材料-部件成品】 超音速飞机表面材料

【材料-部件成品】 汽车活塞

【材料-部件成品】 制动机部件

【材料-部件成品】 连杆

【材料-部件成品】 机器人部件

【材料-部件成品】 计算机部件

【材料-部件成品】 运动器材

【材料-部件成品】 水上漂浮金属

【使用】 包覆型粉末

【用于】 航空航天

【用于】 军事工业

【用于】 汽车工业

【用于】 机械工业

◎金属复合材料

【基本信息】

【英文名】 metallic composite

【拼音】 jin shu fu he cai liao

【核心词】

【定义】

金属复合材料,是指利用复合技术或多种化学、力学性能不同的金属,在界面上实现冶金结合而形成的复合材料。

【来源】 百度百科

【分类信息】

【CLC 类目】

(1) TG306 压力加工工艺

(2) TG306 专科目录

(3) TG306 汽车材料

(4) TG306 金属复合材料

(5) TG306 工业部门经济

【IPC 类目】

(1) C22C47/08 通过把纤维或细丝与熔融金属接触,如把纤维或细丝置于铸型中浸渗〔7〕

(2) C22C47/08 用于制造衬套或包覆层,如耐磨金属的

(3) C22C47/08 涂层粉末〔6〕

(4) C22C47/08 包含粉末的包覆〔2〕

(5) C22C47/08 汽缸;汽缸盖(一般的入F16J)

【词条属性】

【特征】

【特点】 具有良好的热膨胀性能

【优点】 具有良好的耐磨损性

【时间】

【起始时间】 爆炸焊接不锈复合钢板的方法在国内外的开发和应用均起步稍晚;20 世纪 60 年代开发,70 年代发展成熟进入商业化生产

【力学性能】

【抗拉强度】 抗拉强度较高

【条件断裂韧度】 断裂韧性较好

【条件断裂韧度】 冲击韧性较好

【词条关系】

【层次关系】

【类分】 爆炸钛-钢复合板

【类分】　轧制钛-钢复合板
【类分】　爆炸-轧制钛-钢复合板
【类属】　复合材料
【实例-概念】　蠕变断裂
【应用关系】
【材料-部件成品】　压力容器
【用于】　石油工业
【用于】　化学工业
【用于】　船舶工业
【用于】　冶金工业
【用于】　矿山
【用于】　机械工业
【用于】　电力工业
【用于】　水力
【用于】　交通
【用于】　环保
【用于】　食品工业
【用于】　酿造业
【用于】　制药
【生产关系】
【材料-工艺】　固-液相结合法
【材料-工艺】　固相间结合法
【材料-工艺】　叠板热轧法
【材料-工艺】　扩散压接法
【材料-工艺】　堆焊法
【材料-工艺】　堆焊热轧法
【材料-工艺】　爆炸焊接
【材料-工艺】　热轧轧制
【材料-原料】　高温超导材料

◎金属粉末

【基本信息】
【英文名】　metallic powder
【拼音】　jin shu fen mo
【核心词】
【定义】

尺寸小于 1 mm 的金属颗粒集合体，包括单一金属粉末、合金粉末及具有金属性质的某些金属难熔化合物粉末。

【来源】《中国冶金百科全书·金属材料》
【分类信息】
【CLC 类目】
（1）TF12　粉末冶金（金属陶瓷工艺）
（2）TF12　冶金工业
（3）TF12　粉末成型、烧结及后处理
（4）TF12　粉末冶金制品及其应用
【IPC 类目】
（1）C23C26/00　未列入 2/00 至 24/00 各组中的镀覆〔4〕
（2）C23C26/00　粉末涂料（5/46 优先）〔4〕
（3）C23C26/00　金属〔2〕
（4）C23C26/00　和润滑有关的结构
（5）C23C26/00　用粉末冶金法（金属粉末制造入 B22F）
【词条属性】
【特征】
【特点】　具有金属性能
【状况】
【应用场景】　陶器着色
【应用场景】　首饰着色
【应用场景】　装饰
【时间】
【起始时间】　20 世纪初，美国人库利吉（W. D. Coolidge）用氢还原氧化钨生产钨粉以制取钨丝，是近代金属粉末生产的开端
【词条关系】
【层次关系】
【参与组成】　喂料
【概念-实例】　钼粉
【类分】　单一金属粉末
【类分】　合金粉末
【类分】　难熔化合物粉末
【类分】　预混合粉
【类属】　松散状物质
【应用关系】
【材料-部件成品】　含油多孔轴承
【材料-部件成品】　多孔过滤器
【材料-部件成品】　粉末冶金制品

【使用】 松装密度
【使用】 水雾化工艺
【使用】 振实密度
【用于】 粉末冶金
【用于】 温模
【用于】 压制成型
【用于】 预合金粉
【生产关系】
【材料-工艺】 还原法
【材料-工艺】 雾化法
【材料-工艺】 电解法
【材料-工艺】 机械粉碎法
【材料-工艺】 羰基法
【材料-工艺】 直接化合法
【原料-材料】 硬质合金
【原料-材料】 含油轴承

◎金属材料

【基本信息】
【英文名】 metal materials;metallic materials
【拼音】 jin shu cai liao
【核心词】
【定义】
(1)由金属元素或以金属为主要元素构成的材料。
【来源】《中国军事后勤百科全书·十一物资勤务卷》
(2)金属经过熔炼和各种加工后制成的材料,称为金属材料。
【来源】《机械加工工艺辞典》
(3)通常指碳素钢、合金钢、铸铁、青铜、硬铝等由金属元素,或者主要由金属元素组成的材料。
【来源】《金属材料简明辞典》
【分类信息】
【CLC类目】
(1) TB30 工程材料一般性问题
(2) TB30 特种结构材料
(3) TB30 造船用材料
(4) TB30 功能材料
【IPC类目】
(1) C22F1/00 用热处理法或用热加工或冷加工法改变有色金属或合金的物理结构(金属的机械加工设备入B21,B23,B24)
(2) C22F1/00 铝做次主要成分的〔2〕
(3) C22F1/00 淬火设备
(4) C22F1/00 含有氟化物或络合氟化物的〔4,5〕
【词条属性】
【特征】
【特点】 几乎都是具有晶格结构的固体
【特点】 由金属键结合而成
【特点】 具有导电性、导热性
【特点】 表面具有色彩与光泽
【特点】 良好的展延性
【特点】 可制成金属间化合物
【特点】 能与金属或非金属在熔融状态下形成合金
【特点】 金属元素除贵金属外,化学性能活泼,易锈易蚀
【特点】 具有可锻性
【特点】 具有可焊性
【状况】
【现状】 技术单一
【现状】 技术水平偏低
【现状】 缺乏先进的设备
【现状】 人才短缺
【现状】 2009—2012年,金属制品行业有巨大的发展
【应用场景】 零件制造
【应用场景】 机械制造
【应用场景】 航空工业
【应用场景】 汽车工业
【应用场景】 建筑行业
【应用场景】 金属制品制造
【应用场景】 金属工具制造
【词条关系】
【层次关系】
【材料-组织】 腐蚀疲劳

【类分】 有色金属材料
【类分】 重金属
【类分】 贵金属
【类分】 纯金属
【类分】 合金
【类分】 特种金属材料
【类分】 结构钢
【类分】 不锈钢
【类分】 精密合金
【类分】 稀有金属
【类分】 稀土金属
【类分】 准晶金属材料
【类分】 金属基复合材料
【类分】 泡沫金属
【类分】 Fe-Ni 合金
【类属】 材料
【类属】 金属材料金属间化合物
【实例-概念】 蠕变断裂
【应用关系】
【使用】 使用寿命
【使用】 使用温度
【使用】 深加工
【使用】 膨胀系数
【使用】 抗剪强度
【使用】 抗压强度
【使用】 抗弯强度
【使用】 抗拉强度
【使用】 腐蚀试验
【使用】 布氏硬度
【使用】 洛氏硬度
【使用】 维氏硬度
【使用】 温度系数
【使用】 腐蚀疲劳
【使用】 温压成型
【使用】 高速压制
【使用】 粉末不锈钢
【使用】 预合金粉
【使用】 等离子雾化
【使用】 水雾化工艺
【使用】 激光粒度
【使用】 粒状珠光体
【使用】 激光重熔
【用于】 丝材
【用于】 集装箱
【用于】 日用金属制品

◎金属表面

【基本信息】
【英文名】 metal surface;metallic surface
【拼音】 jin shu biao mian
【核心词】
【定义】

表面是指金属表层一个或数个原子层的区域。由于表面粒子(分子或原子)没有邻居粒子,使其物理性和化学性与固体内部明显不同。

【来源】 百度百科
【分类信息】
【CLC 类目】
(1) TG115.28　无损探伤
(2) TG115.28　特种结构材料
【IPC 类目】
(1) C09D5/08　抗腐蚀涂料
(2) C09D5/08　使用 pH 为 6～8 的水溶液的〔4,5〕
(3) C09D5/08　还含有磷酸盐〔4,5〕
(4) C09D5/08　化学后处理〔4〕
(5) C09D5/08　使用次磷酸盐的〔5〕
【词条属性】
【特征】
【特点】 金属表面处缺陷较多
【词条关系】
【层次关系】
【构成成分】 表面粗糙度

◎金相组织

【基本信息】
【英文名】 metallographic structure;microstructure

【拼音】 jin xiang zu zhi
【核心词】
【定义】
指金属组织中化学成分、晶体结构和物理性能相同的组成,其中包括固溶体、金属化合物及纯物质。
【分类信息】
【CLC 类目】
(1) TB331 金属复合材料
(2) TB331 钢的组织与性能
(3) TB331 特种机械性质合金
(4) TB331 轻金属铸造
(5) TB331 黑色金属
【IPC 类目】
(1) C23C8/20 渗碳〔4〕
(2) C23C8/20 含锰的〔2〕
(3) C23C8/20 锡基合金
(4) C23C8/20 在生产钢板或带钢时(8/12 优先)〔3〕
(5) C23C8/20 使用精炼或脱氧的专用添加剂
【词条属性】
【特征】
【特点】 可描述金属金相的具体形态
【特点】 奥氏体具有顺磁性
【特点】 铁素体具有体心立方点阵
【特点】 奥氏体呈八面体晶格
【特点】 奥氏体呈规则多边形
【因素】
【影响因素】 温度
【影响因素】 加工变形
【影响因素】 浇注情况
【影响因素】 化学成分
【词条关系】
【层次关系】
【构成成分】 合金元素、铁、碳
【类分】 奥氏体
【类分】 宏观组织
【类分】 珠光体
【类分】 上贝氏体
【类分】 下贝氏体
【类分】 马氏体
【类分】 回火马氏体
【类分】 回火屈氏体
【类分】 回火索氏体
【类分】 莱氏体
【类分】 织构
【应用关系】
【使用】 金相显微镜
【用于】 铸铁
【用于】 磨具钢
【用于】 管线钢
【用于】 低合金钢

◎金丝

【基本信息】
【英文名】 gold wire
【拼音】 jin si
【核心词】
【定义】
直径 1 mm 以下的丝状金。
【来源】《中国冶金百科全书·金属材料》
【分类信息】
【CLC 类目】
TG139 其他特种性质合金
【IPC 类目】
(1) C07C 无环或碳环化合物
(2) C07C 含直接与环相连的氧原子者,例如醌类、维生素 K1、地蒽酚〔7〕
【词条属性】
【特征】
【数值】 含金 99.99%以上
【特点】 具有高的尺寸精度
【特点】 具有较高的表面质量
【特点】 具有较高的清洁性
【特点】 力学性能均匀稳定
【优点】 具有良好的延展性
【优点】 具有良好的电导性

【优点】 具有良好的热压性能
【词条关系】
【等同关系】
【基本等同】 丝状金
【层次关系】
【类分】 普通金丝
【类分】 键合金丝
【类分】 球焊金丝
【应用关系】
【材料-部件成品】 集成电路
【材料-部件成品】 半导体器件
【材料-部件成品】 连接引线

◎金合金

【基本信息】
【英文名】 billon;gold alloy
【拼音】 jin he jin
【核心词】
【定义】

以金为主要组分与其他元素组成的贵金属材料。

【来源】《中国冶金百科全书·金属材料》
【分类信息】
【IPC 类目】

(1) C25D3/62 含金质量分数超过 50%的〔2〕

(2) C25D3/62 金的〔2〕

(3) C25D3/62 贵金属或以它们为基料的合金

(4) C25D3/62 金基合金〔2〕

(5) C25D3/62 银基合金〔2〕

【词条属性】
【特征】
【特点】 有着极高的抗腐蚀性
【特点】 有良好的导电性
【特点】 有良好的导热性
【特点】 对红外线的反射能力接近 100%
【优点】 具有良好的延展性
【状况】

【应用场景】 金合金主要应用于饰品、钎焊料、电接触材料、电子工业、医疗器械、医药行业

【因素】

【影响因素】 铅、锑、铋、碲等元素被认为是金合金中的有害元素,它们使合金脆化,应控制其含量

【影响因素】 钴和镍的强化作用较显著

【影响因素】 铁的加入使金的电阻率显著增加

【词条关系】
【层次关系】
【并列】 铝合金
【并列】 铋合金
【并列】 钌合金
【并列】 铼合金
【并列】 铑合金
【材料-组织】 二次马氏体
【类分】 金铬合金
【类分】 金铂合金
【类分】 金锆合金
【类分】 金钛合金
【类分】 金硅合金
【类分】 金锗合金
【类分】 金锡合金
【类分】 金锑合金
【类分】 红铜

◎金箔

【基本信息】
【英文名】 gold foil;goldleaf
【拼音】 jin bo
【核心词】
【定义】

用轧制、锤打或真空蒸镀法制造的厚度为 0.1 μm 左右的薄片状金。

【来源】《中国冶金百科全书·金属材料》
【分类信息】
【IPC 类目】

(1) B21B1/40　用于轧制有特殊问题的薄箔,如由于太薄的问题

(2) B21B1/40　需要或允许专门轧制方法或程序的特殊成分合金材料的轧制(除由此获得的结构强化和机械性质外,改变合金的特殊冶金性质入 C21D,C22F)

(3) B21B1/40　应用特殊的光学效果(以特殊灯光效果为特征的设计或图案入 B44F1/00,如可变的图片入 1/10)

(4) B21B1/40　用热处理法或用热加工或冷加工法改变有色金属或合金的物理结构(金属的机械加工设备入 B21,B23,B24)

(5) B21B1/40　每一种成分的重量都小于 50%的合金〔2〕

【词条属性】

【特征】

【数值】　含金量 99.99%

【特点】　化学性质稳定

【特点】　具有良好的抗氧化能力

【特点】　防潮湿能力好

【特点】　耐腐蚀性能好

【特点】　防虫咬

【特点】　防辐射

【状况】

【应用场景】　装饰

【时间】

【起始时间】　最早发现制作金箔的是古埃及尼罗河流域

【词条关系】

【层次关系】

【类属】　箔材

【实例-概念】　薄膜

【应用关系】

【材料-部件成品】　工艺礼品

【用于】　食品

【用于】　医疗

【用于】　美容行业

【用于】　建筑装饰

【用于】　白酒行业

【生产关系】

【材料-原料】　纯金

◎界面反应

【基本信息】

【英文名】　interface reaction

【拼音】　jie mian fan ying

【核心词】

【定义】

异相(各环境介质)间的化学反应。根据两相之间接触表面的特性及表面上的各种化学物质种类、含量、存在状态及性质,且在一定的条件下发生的各种化学反应。

【来源】　《环境科学大辞典》

【分类信息】

【CLC 类目】

(1) TB331　金属复合材料

(2) TB331　复合材料

(3) TB331　金属-非金属复合材料

(4) TB331　碰撞与散射

(5) TB331　磁性材料、铁氧体

【IPC 类目】

(1) C22C　合金

(2) C22C　铝基合金

(3) C22C　铝〔7〕

(4) C22C　离子注入〔4〕

【词条属性】

【状况】

【现状】　界面反应已成为研究化学污染在大气、水及土壤环境中迁移转化规律和循环过程等问题的重要内容

【词条关系】

【层次关系】

【类分】　液-液界面反应

【类分】　固-液界面反应

【类分】　固-气界面反应

【类分】　液-气界面反应

【类分】　固-固界面反应

◎介质

【基本信息】

【英文名】 medium

【拼音】 jie zhi

【核心词】

【定义】

(1)在化学上是指化学反应在其中进行的媒介物质。

【来源】《中国百科大辞典》

(2)某些波状运动,如声波、光波中,则称为传播的物质为这些波状运动的介质。

(3)一种物质存在于另一种物质内部时,后者是前者的介质。

【分类信息】

【CLC 类目】

(1) X74 石油、天然气工业废物处理与综合利用

(2) X74 化学元素与无机化合物

(3) X74 有机化学一般性问题

(4) X74 吸附

(5) X74 引力理论

【IPC 类目】

(1) C09D11/00 油墨

(2) C09D11/00 带锥形塞子〔2〕

(3) C09D11/00 提升阀,即带有闭合元件的切断装置,闭合元件至少有打开和闭合运动的分力垂直于闭合面(隔膜阀入 7/00)

(4) C09D11/00 其中介质凝结和蒸发,如热管〔4〕

(5) C09D11/00 释放的热量被传输给传热流体的,如空气、水

【词条属性】

【特征】

【特点】 决定能量的传播方向

【特点】 决定能量的传播速度

【词条关系】

【等同关系】

【基本等同】 媒质

【层次关系】

【类分】 气体介质

【类分】 液体介质

【类分】 固体介质

【类分】 光介质

【类分】 电介质

◎介电常数

【基本信息】

【英文名】 dielectric constant

【拼音】 jie dian chang shu

【核心词】

【定义】

介质在外加电场时会产生感应电荷而削弱电场,原外加电场(真空中)与介质中电场的比值即为相对介电常数。

【来源】《金属功能材料词典》

【分类信息】

【CLC 类目】

(1) TB34 功能材料

(2) TB34 电学性质

(3) TB34 材料结构及物理性质

(4) TB34 半导体陶瓷材料

(5) TB34 绝缘漆(油)、胶合剂

【IPC 类目】

(1) H01B3/12 陶瓷

(2) H01B3/12 以钛酸盐为基料的〔6〕

(3) H01B3/12 形成工艺;准备制造陶瓷产品的无机化合物的加工粉末〔6〕

(4) H01B3/12 陶瓷电介质〔2,6〕

(5) H01B3/12 以氧化钛或钛酸盐为基料的(也含氧化锆或氧化铪,锆酸盐或铪酸盐入 35/49)〔6〕

【词条属性】

【特征】

【数值】 HCOOH(甲酸)的介电常数为 58.5

【数值】 H_2O(水)的介电常数为 78.5

【数值】 $HCON(CH_3)_2$(N,N-二甲基甲酰胺)的介电常数为 36.7

【数值】 CH_3OH(甲醇)的介电常数为32.7

【数值】 C_2H_5OH(乙醇)的介电常数为24.5

【数值】 CH_3COCH_3(丙酮)的介电常数为20.7

【数值】 n-$C_6H_{13}OH$(正己醇)13.3的介电常数为13.3

【数值】 CH_3COOH(乙酸或醋酸)的介电常数为6.15

【数值】 C_6H_6(苯)的介电常数为2.28

【数值】 CCl_4(四氯化碳)的介电常数为2.24

【数值】 n-C_6H_{14}(正己烷)的介电常数为1.88

【数值】 以ε表示,$\varepsilon=\varepsilon_r\times\varepsilon_0$,$\varepsilon_0$为真空绝对介电常数,$\varepsilon_0=8.85E-12$ F/m

【特点】 可以判别高分子材料的极性大小

【特点】 介电常数随分子偶极矩和可极化性的增大而增大

【特点】 表征溶剂对溶质分子溶剂化及隔开离子的能力

【特点】 介电常数大的溶剂,有较大隔开离子的能力

【特点】 介电常数大的溶剂,具有较强的溶剂化能力

【特点】 介电常数是指物质保持电荷的能力

【特点】 介电常数大于3.6的物质为极性物质

【特点】 介电常数在2.8～3.6范围内的物质为弱极性物质

【特点】 介电常数小于2.8为非极性物质

【词条关系】

【等同关系】

【基本等同】 电容率

【基本等同】 相对电容率

【测度关系】

【物理量-度量工具】 电极板

◎结晶器

【基本信息】

【英文名】 mould;mold

【拼音】 jie jing qi

【核心词】

【定义】

(1)承接从中间罐注入的钢水并使之按规定断面形状凝固成坚固坯壳的连续铸钢设备。

【来源】 《中国冶金百科全书·钢铁冶金》

(2)半连续铸锭时,熔体在其中完成凝固结晶并成型用的部件。

【来源】 《中国冶金百科全书·金属塑性加工》

【分类信息】

【CLC类目】

(1) TF341.6 连续铸钢设备

(2) TF341.6 连续铸钢、近终形铸造

(3) TF341.6 方坯连铸

(4) TF341.6 板坯连铸

(5) TF341.6 浇注机械

【IPC类目】

(1) B22D11/059 铸模材料或板料〔7〕

(2) B22D11/059 铵的卤化物

(3) B22D11/059 无环或碳环化合物

(4) B22D11/059 铸模的制造或校准〔7〕

【词条属性】

【特征】

【特点】 结构简单

【特点】 生产强度较低

【特点】 良好的导热性

【特点】 结构刚性好

【特点】 装拆和调整方便

【特点】 工作寿命长

【特点】 振动时惯性力小

【特点】 便于制造维护

【词条关系】

【层次关系】

【参与组成】 电渣炉

【参与组成】 连铸机

【类分】 蒸发结晶器

【类分】 冷却结晶器

【类分】 母液循环结晶器

【类分】 晶浆循环结晶器

【类分】 连续结晶器

【类分】 间歇结晶器

【类分】 漏斗形结晶器

【类分】 H2 结晶器

【类分】 平行板形直结晶器

【类分】 管式结晶器

【类分】 组合式结晶器

【类分】 整体式结晶器

【类分】 调宽结晶器

【类分】 压力水膜结晶器

【类分】 热顶结晶器

【类分】 喷淋式结晶器

【组成部件】 蛇管

【组成部件】 结晶槽

【组成部件】 搅拌器

【组成部件】 漏钢检测装置

【应用关系】

【部件成品-材料】 铜合金

【用于】 钢水快速冷却

【生产关系】

【设备工具-工艺】 晶粒细化

【设备工具-工艺】 单晶制备技术

◎结晶过程

【基本信息】

【英文名】 crystallization

【拼音】 jie jing guo cheng

【核心词】

【定义】

结晶过程为有色金属提取冶金单元操作之一，可分为诱导、成核和晶体长大 3 个步骤，同时伴有小晶体附聚成多晶体，或因搅拌、碰撞而使晶体发生破裂或磨蚀等现象。

【来源】《中国冶金百科全书 · 有色金属冶金》

【分类信息】

【CLC 类目】

（1）TQ170.1　基础理论

（2）TQ170.1　工程材料一般性问题

【IPC 类目】

（1）C21D9/02　用于弹簧

（2）C21D9/02　医用、牙科用或梳妆用的配制品

（3）C21D9/02　用含碳和氮原子链为链键连接的，如席夫碱〔4〕

【词条属性】

【特征】

【特点】 结晶过程可分为诱导、成核和晶体长大 3 个步骤

【词条关系】

【层次关系】

【概念-实例】 单晶

【概念-实例】 多晶

【类分】 诱导

【类分】 形核

【类分】 长大

【类分】 结晶温度

【类分】 溶解

【类分】 析晶

【类分】 养晶

◎结构件

【基本信息】

【英文名】 structural component; structural parts

【拼音】 jie gou jian

【核心词】

【定义】

（1）具有一定形状结构，并能够承受载荷的作用的构件，称为结构件。

(2)用某种材料制成的,具有一定形状,并能够承受载荷的实体。

【分类信息】

【CLC 类目】

TD355 回采工作面支护

【IPC 类目】

(1) F16B19/08 空心铆钉;多部分组成的铆钉

(2) F16B19/08 压力元件,如压力片,用于离合片或薄片;压力元件的导向装置

(3) F16B19/08 以结构或组成为特点的〔4〕

(4) F16B19/08 产生变化的照明效果的装置和系统〔7〕

(5) F16B19/08 流体导向装置,如扩压器

【词条属性】

【特征】

【特点】 具有铸造性

【特点】 具有冷成型性

【特点】 具有热成型性

【特点】 具有可焊性

【特点】 具有切削加工性

【状况】

【应用场景】 金属材料

【应用场景】 非金属材料

【应用场景】 高分子材料

【应用场景】 复合材料

【应用场景】 机械工业

【应用场景】 建筑行业

【应用场景】 汽车行业

【应用场景】 航空行业

【词条关系】

【层次关系】

【概念-实例】 钢窗

【概念-实例】 梁

【概念-实例】 柱

【概念-实例】 板

【概念-实例】 Ti-1023 合金复杂结构件

【概念-实例】 Ti-22Al-25Nb 合金板材

【概念-实例】 飞机结构件

【概念-实例】 框

【概念-实例】 7075 铝合金车身结构件

【概念-实例】 支架

【概念-实例】 支撑定位架

【概念-实例】 内部骨架

【概念-实例】 钣金件

【概念-实例】 冲压件

【概念-实例】 精密机加工件

【类分】 钛合金结构件

【类分】 钢结构件

【类分】 汽车结构件

【类属】 结构材料

【应用关系】

【材料-加工设备】 加热炉

【使用】 热轧

【使用】 焊管

【使用】 Fe-Ni 合金

【使用】 粉末冶金钛合金

【生产关系】

【材料-工艺】 热轧

【材料-工艺】 焊接工艺

【材料-工艺】 压制成型

◎结构材料

【基本信息】

【英文名】 structural material; construction material

【拼音】 jie gou cai liao

【核心词】

【定义】

(1)因其力学性能(主要是强度和塑性)而在工程结构上获得广泛应用的材料。

【来源】《现代材料科学与工程辞典》

(2)结构材料是以力学性能为基础,以制造受力构件所用材料,当然,结构材料对物理或化学性能也有一定要求,如光泽、热导率、抗辐照、抗腐蚀和抗氧化等。

【分类信息】
【CLC 类目】
(1) TB30　工程材料一般性问题
(2) TB30　金属复合材料
(3) TB30　特种结构材料
(4) TB30　产品
【IPC 类目】
(1) C25D1/00　电铸〔2〕
(2) C25D1/00　加入多孔物质〔4〕
(3) C25D1/00　具有分子筛特性但不具有碱交换特性的化合物〔6〕
(4) C25D1/00　铜做次主要成分的〔2〕
(5) C25D1/00　多晶型结晶硅,如硅质岩〔6〕
【词条属性】
【特征】
【特点】　一般具有良好的力学性能
【词条关系】
【层次关系】
【概念-实例】　钢筋
【概念-实例】　水泥
【概念-实例】　沙子
【概念-实例】　石子
【概念-实例】　特殊钢
【概念-实例】　铝型材
【概念-实例】　模具钢
【概念-实例】　不锈钢
【概念-实例】　合金结构钢
【概念-实例】　轴承钢
【概念-实例】　高合金钢
【概念-实例】　低合金钢
【类分】　铝合金
【类分】　结构件
【类属】　材料
【实例-概念】　蠕变断裂
【应用关系】
【使用】　工业纯钛
【使用】　使用寿命
【使用】　深加工
【使用】　丝材
【使用】　铌合金

◎矫顽力

【基本信息】
【英文名】　coercive force;coercivity
【拼音】　jiao wan li
【核心词】
【定义】
(1)标志反磁化过程难易程度的主要参数。
【来源】《金属功能材料词典》
(2)为了使已磁化的铁磁性物质失去磁性而必须加的与原磁化方向相反的外磁场强度。
【来源】《金属材料简明辞典》
(3)在单调变化磁场的作用下,磁性合金从技术饱和磁化状态退到磁通密度(磁极化强度、磁化强度)为零时的磁场强度 Hcb(Hcj、Hcm),单位为 A/m(或 kA/m)。
【来源】《中国冶金百科全书·金属材料》
【分类信息】
【CLC 类目】
(1) O484.4　薄膜的性质
(2) O484.4　磁学性质
(3) O484.4　薄膜物理学
(4) O484.4　特种结构材料
(5) O484.4　固体物理学
【IPC 类目】
(1) H01F1/057　和第ⅢA 族元素,如 Nd2Fe14B〔6〕
(2) H01F1/057　以铁氧体为基料的〔2,6〕
(3) H01F1/057　含有钴的(10/13 优先)〔3,7〕
(4) H01F1/057　用阴极溅射方法〔3〕
(5) H01F1/057　颗粒状的〔6〕
【词条属性】
【特征】
【数值】　Hcb≤1 kA/m 的合金称为软磁

合金

【数值】 Hcb 在 1～20 kA/m 的合金称为半硬磁合金

【数值】 矫顽力 Hcb>20 kA/m 的合金称为永磁合金

【特点】 矫顽力 Hcb 在数值上总是小于剩磁 Jr

【特点】 剩磁 Jr 在数值上是矫顽力 Hcb 的理论极限。

【特点】 是技术磁性的重要参数之一

【特点】 矫顽力的大小代表了材料被磁化的难易程度

【特点】 矫顽力来源于不可逆的磁化过程

【特点】 磁性材料饱和磁化

【状况】

【应用场景】 制造变压器铁芯

【应用场景】 制造电磁铁

【应用场景】 制造永磁体

【因素】

【影响因素】 杂质

【影响因素】 气孔

【影响因素】 应力

【影响因素】 磁铁性物质性质有关

【影响因素】 磁铁性物质原先的磁化强度

【影响因素】 材料的饱和磁化强度

【影响因素】 磁晶

【词条关系】

【层次关系】

【概念-实例】 纯铁的 Hc 约为 4 A/m

【概念-实例】 铁镍钴的 Hc 约为 5E+04 A/m

【概念-实例】 稀土永磁材料,Hc=1E+07 A/m

【概念-实例】 NdFeB永磁的 Hc=8E+05 A/m

【概念-实例】 铁镍合金的 Hc=2 A/m

【类分】 磁感矫顽力

【类分】 内禀矫顽力

【测度关系】

【物理量-单位】 A/m(或 kA/m)

◎浇铸

【基本信息】

【英文名】 casting;cast

【拼音】 jiao zhu

【核心词】

【定义】

(1)在常压或低压下,将液态单体、树脂或其混合物注入模内,借冷却或加热和催化剂的作用,使其发生化学变化而固化成制品的方法。

【来源】《中国百科大辞典》

(2)把熔化了的金属或合金倒入模型而铸成物件。

【来源】《现代汉语大词典·上册》

【分类信息】

【CLC 类目】

O632 碳链聚合物

【IPC 类目】

(1) C21C7/06 脱氧,如镇静〔2〕

(2) C21C7/06 浇铸成型,即将模制材料引入模型或没有显著模制压力的两个封闭表面之间;所用的设备(41/00 优先)〔4〕

(3) C21C7/06 汽缸盖

(4) C21C7/06 反射器

(5) C21C7/06 专门适合车辆(用于车辆的信号或照明装置的设置及其安装或支撑,或电路一般入 B60Q)〔7〕

【词条属性】

【特征】

【缺点】 生产周期较长

【缺点】 成型后须进行机械加工

【特点】 浇铸成型一般不施加压力

【特点】 对设备和模具的强度要求不高

【特点】 对制品尺寸限制较小

【特点】 制品中内应力较低

【特点】 生产投资较少

【特点】 铁水温度不够不浇
【特点】 铁水牌号不对不浇
【特点】 不挡渣不浇
【特点】 砂箱不干不浇
【特点】 不放外浇口不浇
【特点】 铁水不够不浇
【词条关系】
【等同关系】
【基本等同】 铸塑
【层次关系】
【参与构成】 熔模铸造
【参与构成】 熔铸
【类分】 灌注
【类分】 嵌铸
【类分】 静态浇铸
【应用关系】
【使用】 酚醛树脂
【使用】 丙烯酸酯系树脂
【使用】 酚醛树脂和环氧树脂
【使用】 硝酸纤维素和醋酸纤维素
【使用】 不饱和聚酯
【使用】 聚酰胺
【使用】 聚乙烯
【使用】 聚氨酯
【使用】 聚乙烯醇
【使用】 硅树脂
【使用】 热塑性橡胶
【生产关系】
【工艺-材料】 坯料
【工艺-材料】 钢铁材料

◎浇注温度

【基本信息】
【英文名】 pouring temperature; casting temperature
【拼音】 jiao zhu wen du
【核心词】
【定义】
把熔融金属、混凝土等注入模具进行金属部件的铸造,或水泥板及混凝土建筑成型时的温度称为浇注温度。
【分类信息】
【CLC 类目】
(1) TG132.3 特种热性质合金
(2) TG132.3 汽车材料
【IPC 类目】
(1) C03C3/066 含锌〔4〕
(2) C03C3/066 含磷、铌或钽〔4〕
(3) C03C3/066 用熔炼法〔2〕
(4) C03C3/066 用熔炼法
(5) C03C3/066 含钛或锆的〔2〕
【词条属性】
【特征】
【特点】 影响铸件质量
【特点】 温度过高会使缩孔体积增大
【特点】 温度过高会使晶粒变粗
【特点】 温度过高能增加补缩能力
【特点】 温度过低金属液流动性差
【特点】 温度过低补缩能力差
【因素】
【影响因素】 合金成分
【影响因素】 铸件重量
【影响因素】 铸件壁厚
【影响因素】 铸件结构特点
【影响因素】 铸型条件
【词条关系】
【层次关系】
【概念-实例】 4 mm 厚灰铸铁浇注温度 1360～1450 ℃
【概念-实例】 4～10 mm 厚灰铸铁浇注温度 1360～1430 ℃
【概念-实例】 10～20 mm 厚灰铸铁浇注温度1360～1400 ℃
【概念-实例】 20～50 mm 厚灰铸铁浇注温度 1310～1380 ℃
【概念-实例】 50～100 mm 厚灰铸铁浇注温度 1250～1340 ℃
【概念-实例】 100～150 mm 厚灰铸铁浇

注温度 1230～1300 ℃

【概念-实例】 大于 150 mm 厚灰铸铁浇注温度 1220～1280 ℃

【实例-概念】 使用温度

【应用关系】

【用于】 铸造

◎碱土金属

【基本信息】

【英文名】 alkaline earth metal

【拼音】 jian tu jin shu

【核心词】

【定义】

周期系第ⅡA 族的主族元素。包括铍、镁、钙、锶、钡、镭 6 种金属元素,其中后面 4 种是典型的碱土金属。古代炼丹家称钙、锶、钡的氧化物为土,且这些氧化物又都呈碱性,故此得名。碱土金属化学性质活泼,在自然界中均以化合物形态存在。

【来源】《金属材料简明辞典》

【分类信息】

【CLC 类目】

(1) TQ520.1 基础理论

(2) TQ520.1 镧系元素(稀土元素)

(3) TQ520.1 色谱分析

(4) TQ520.1 催化

【IPC 类目】

(1) B01J23/02 碱或碱土金属,或铍的〔2〕

(2) B01J23/02 含酚基的〔4〕

(3) B01J23/02 以一种结构未知的或不完全确定的化合物和一种非高分子化合物的混合物做添加剂为特征的润滑组合物,这些化合物的每一种均是主要成分〔4〕

(4) B01J23/02 含铝或镓〔4〕

【词条属性】

【特征】

【特点】 其单质为灰色至银白色金属

【特点】 硬度比碱金属略大

【特点】 具有良好的导电性能

【特点】 具有良好的导热能力

【特点】 具有较高的熔点

【特点】 比较柔软

【特点】 具有良好的范性

【特点】 电负性很弱

【特点】 化学性质活泼仅次于碱金属

【状况】

【现状】 碱土金属都以化合物的形式存在

【时间】

【起始时间】 1798 年法国人沃克兰(L. N. Vauquelin)发现铍的氧化物。

【起始时间】 1828 年,德国化学家沃勒(F.Whler)和法国化学家比西(A.A.B.Bussy)各自用钾还原氯化铍的方法,分别制得单质的铍

【起始时间】 镁由汉弗莱·戴维爵士于 1808 年首次制得

【起始时间】 钙由 1808 年首次由汉弗莱·戴维爵士离析出来

【起始时间】 1808 年,英国戴维用电解法从锶土 $SrCO_3$ 中提取发现了锶

【起始时间】 1808 年,英国戴维用电解法从重土中获得钡

【起始时间】 镭是居里夫妇在 1898 年从沥青铀矿中发现的第 3 个天然放射性元素

【其他物理特性】

【密度】 镁的密度为 1.74 g/cm^3

【密度】 钙的密度为 1.54 g/cm^3

【密度】 锶的密度为 2 g/cm^3

【密度】 钡的密度为 3.51 g/cm^3

【密度】 镭的密度为 6.0 g/cm^3

【密度】 铍的密度为 1.85/cm^3

【熔点】 铍的熔点为 1283 ℃

【熔点】 镁的熔点为 648.8 ℃

【熔点】 钙的熔点为(839±2) ℃

【熔点】 锶的熔点为 769 ℃

【熔点】 钡的熔点为熔点 725 ℃

【熔点】 镭的熔点为熔点 700 ℃

【词条关系】

【层次关系】
【类分】 铍
【类分】 镁
【类分】 钙
【类分】 锶
【类分】 钡
【类分】 镭
【应用关系】
【用于】 化学工业
【用于】 原子能工业
【用于】 合金材料
【生产关系】
【原料-材料】 低熔点合金
【原料-材料】 脱氧剂
【原料-材料】 干燥剂
【原料-材料】 碱源

◎碱金属

【基本信息】
【英文名】 alkali metal;alkali
【拼音】 jian jin shu
【核心词】
【定义】

元素周期表第ⅠA族中的Li,Na,K,Rb,Cs和Fr共6个元素,它们都是一价金属。碱金属具有很强的化学活性,能与其他元素形成简单或复杂化合物,从不以游离状态存在,它们的氢氧化物易溶于水,呈强碱性。其盐类是典型的离子型化合物,而且绝大多数易溶于水。

【来源】《金属功能材料词典》
【分类信息】
【CLC类目】
(1) O643.36　催化剂
(2) O643.36　基础理论
(3) O643.36　化工用管道及配件
(4) O643.36　燃料
(5) O643.36　色谱分析
【IPC类目】
C03C3/091　含铝〔4〕
【词条属性】
【特征】
【数值】 其原子最外层仅有1个电子 ns^1
【数值】 其原子次外层有8个电子 s^2p^6
【数值】 钠在地壳中的丰度为2.83%
【数值】 钾在地壳中的丰度为2.59%
【特点】 具有很强的金属性
【特点】 具有很高的化学活泼性
【特点】 其氧化物和氢氧化物易溶于水
【特点】 其氧化物和氢氧化物呈强碱性
【特点】 其盐类易溶于水
【特点】 密度小
【特点】 熔点较低
【特点】 导电性良好
【特点】 银白色光泽
【特点】 还原性强
【特点】 其盐类是典型的离子型化合物
【特点】 同一周期中碱金属元素的原子半径最大
【其他物理特性】
【比热容】 锂的比热容为3.940 J/(g·K)
【比热容】 钠的比热容为1.227 J/(g·K)
【比热容】 钾的比热容为0.737J/(g·K)
【密度】 锂的密度为0.535 g/cm^3
【密度】 钠的密度为0.971 g/cm^3
【密度】 钾的密度为0.862 g/cm^3
【密度】 铯的密度为1.879 g/cm^3
【密度】 铷的密度为1.532 g/cm^3
【热膨胀系数】 锂的线膨胀系数为6.0E+05 K^{-1}
【热膨胀系数】 钠的线膨胀系数为7.2E+05 K^{-1}
【热膨胀系数】 钾的线膨胀系数为8.3E+05 K^{-1}
【熔点】 锂的熔点为1336 ℃
【熔点】 钠的熔点为882 ℃
【熔点】 钾的熔点为754.5 ℃
【词条关系】
【层次关系】

【参与构成】 氯化钠
【参与构成】 氢氧化钠
【参与构成】 氯化钾
【参与构成】 氢氧化钾
【类分】 锂
【类分】 钾
【类分】 钠
【类分】 铷
【类分】 铯
【类分】 钫
【组成部件】 卤化物
【应用关系】
【用于】 化学工业
【用于】 原子能工业
【用于】 冶金
【用于】 医疗
【用于】 光电池
【用于】 化学电池
【用于】 还原剂

◎尖晶石

【基本信息】
【英文名】 spinel;spinelle
【拼音】 jian jing shi
【核心词】
【定义】

(1)由二价金属氧化物和三价金属氧化物按摩尔比 1∶1 形成的矿物的总称。

【来源】《中国土木建筑百科辞典·工程材料·上》

(2)尖晶石是镁铝氧化物组成的矿物,因为含有镁、铁、锌、锰等元素,种类很多,如铝尖晶石、铁尖晶石、锌尖晶石、锰尖晶石、铬尖晶石等。由于含有不同的元素,不同的尖晶石可以有不同的颜色,如镁尖晶石在红色、蓝色、绿色、褐色或无色之间;锌尖晶石则为暗绿色;铁尖晶石为黑色等。尖晶石呈坚硬的玻璃状八面体或颗粒或块体。它们出现在火成岩、花岗伟晶岩和变质石灰岩中。有些透明且颜色漂亮的尖晶石可作为宝石,有些作为含铁的磁性材料。用人工的方法已经可以造出 200 多个尖晶石品种。

【分类信息】
【CLC 类目】
(1) TB383 特种结构材料
(2) TB383 基础理论
(3) TB383 生产工艺
(4) TB383 装饰工业和精密仪器原料
(5) TB383 固体缺陷
【IPC 类目】
(1) C04B35/443 镁铝尖晶石〔6〕
(2) C04B35/443 含有或不含有黏土的整块耐火材料或耐火砂浆
(3) C04B35/443 以氧化镁为基料的〔6〕
(4) C04B35/443 以氧化铝为基料的〔6〕
(5) C04B35/443 以铁氧体为基料的〔2,6〕
【词条属性】
【特征】
【数值】 折射率:1.718(-0.008,+0.017),锌尖晶石为 1.805,铁尖晶石为 1.835,铬尖晶石可高达 2.00,无双折射率
【数值】 色散:0.02
【数值】 硬度:摩氏硬度 8
【数值】 密度:3.57～3.90 g/cm^3,一般为 3.60 g/cm^3,含锌高的品种(锌尖晶石)可达 4.60 g/cm^3
【特点】 颜色:有红色、橙红色、粉红色、紫红、无色、黄色、橙黄、褐色、蓝色、绿色和紫色等多种颜色
【特点】 光泽及透明度:玻璃至亚金刚光泽,透明至半透明
【特点】 光性特征:均质体
【特点】 发光性:红色、橙色尖晶石在长波紫外光下呈弱至强红色-橙色荧光,短波下无色至弱红色-橙色荧光;黄色尖晶石在长波紫外光下弱至中等强度褐黄色,短波下无色至褐黄色;绿色尖晶石长波紫外光下无色至中的

橙色-橙红色荧光。无色尖晶石无荧光。

【特点】 吸收光谱:红色和粉红色尖晶石由山铬致色,在黄绿区以 550 nm 为中心有宽吸收带,紫区吸收,红区有多条荧光线,被描述为风琴管状;蓝色尖晶石由铁或偶由钴致色,主要吸收带在蓝区,以 458 nm 吸收带为最强,还有 478 nm 等几条较弱的带;锌尖晶石的吸收光谱与蓝色尖晶石的相似,只是弱些;合成蓝色尖晶石主要由钴致色,吸收光谱中有 3 条较强的吸收带,分别为绿色、黄色和橙黄色区,其中绿色区的吸收带最窄

【特点】 特殊光学效应:星光效应(四射星光、六射星光)稀少,变色效应

【特点】 结晶特点:晶体常呈八面体晶形和磨蚀卵石,有时为八面体与菱形十二面体和立方体聚形,具有特征的尖晶石律双晶,即以{111}为双晶结合面构成的接触双晶

【特点】 解理:解理不发育,常见贝壳状断口

【词条关系】

【层次关系】

【类分】 红色尖晶石

【类分】 蓝色尖晶石

【类分】 橙色尖晶石

【类分】 无色尖晶石

【类分】 绿色尖晶石

【类分】 变色尖晶石

【类分】 星光尖晶石

【类分】 铝尖晶石

【类分】 铁尖晶石

【类分】 锌尖晶石

【类分】 锰尖晶石

【类分】 铬尖晶石

【实例-概念】 矿石

◎夹杂

【基本信息】

【英文名】 complicated;complex;concomitant

【拼音】 jia za

【核心词】

【定义】

固体金属中残留的外来物质质点。一般为氧化物、硫化物或合金组分的硅酸盐,也可以是从熔炉衬或钢包衬中来的耐火材料颗粒。

【来源】《金属功能材料词典》

【分类信息】

【CLC 类目】

(1) TB33　复合材料

(2) TB33　优质钢

(3) TB33　非金属复合材料

(4) TB33　结构力学

(5) TB33　连续铸钢、近终形铸造

【IPC 类目】

(1) C22B9/02　用熔析、过滤、离心分离、蒸馏或超声波作用精炼

(2) C22B9/02　使用精炼或脱氧的专用添加剂

(3) C22B9/02　在生产具有特殊电磁性能的产品时〔3〕

(4) C22B9/02　金属精炼或重熔的一般方法;金属电渣或电弧重熔的设备〔5〕

(5) C22B9/02　铝基合金

【词条属性】

【特征】

【特点】 降低材料的机械性能

【特点】 降低塑性

【特点】 降低韧性

【特点】 降低疲劳极限

【特点】 降低材料加工性能

【特点】 使材料具有各向异性

【词条关系】

【层次关系】

【类分】 氧化物

【类分】 硫化物

【类分】 硅酸盐

【类分】 金属夹杂物

【类分】 非金属夹杂物

【类分】 氮化物

【类分】 A类
【类分】 B类
【类分】 C类
【类分】 D类
【类分】 DS类

◎加热元件

【基本信息】
【英文名】 heating element
【拼音】 jia re yuan jian
【核心词】
【定义】
与电源连接能够将电能转变成热能的元件,又称为电热元件。它由发热导体及其附件组成,用于间接电阻加热。
【来源】《中国电力百科全书·用电卷》
【分类信息】
【CLC类目】
U668　造船用材料
【IPC类目】
(1) F24H1/20　用浸没加热元件的,如电气元件或炉管
(2) F24H1/20　在系统的单独设备中对传热流体进行电加热的
(3) F24H1/20　欧姆电阻加热的
(4) F24H1/20　只采用电阻加热的,如在楼板下面加热的
(5) F24H1/20　应用电加热(23/10优先)
【词条属性】
【特征】
【特点】 应用广泛
【特点】 结构简单
【特点】 性能可靠
【特点】 使用寿命长
【时间】
【起始时间】 早在20世纪30年代,英国霍特波因特公司就将金属管状电热元件应用于家用电器上
【词条关系】
【等同关系】
【基本等同】 电热元件
【层次关系】
【类分】 单一电热元件
【类分】 复合电热元件
【类分】 金属电热元件
【类分】 非金属电热元件
【类分】 金属管状
【类分】 石英管状
【类分】 陶瓷管状
【类分】 板状
【类分】 方形
【类分】 椭圆形
【类分】 圆形
【类分】 陶瓷包覆状电热元件
【应用关系】
【部件成品-材料】 钨合金

◎加热器

【基本信息】
【英文名】 heater;calorifier
【拼音】 jia re qi
【核心词】
【定义】
工业上用于加热流体的换热器。
【来源】《现代汉语大词典·上册》
【分类信息】
【IPC类目】
(1) F24H1/20　用浸没加热元件的,如电气元件或炉管
(2) F24H1/20　应用微波的(一般利用微波加热入H05B6/64)〔5〕
(3) F24H1/20　控制或安全装置的配置或安装(控制阀入F16K;燃烧器的安全装置入F23D;燃烧控制装置入F23N;包括有加热器的系统的见有关小类,如控制供热系统的入F24D19/10;电加热设备的自动转换入H05B1/02)
(4) F24H1/20　控制或安全装置的配置或安装(开关入H01H;电加热的电路配置入

H05B）

（5）F24H1/20　连续流动加热器，即仅在水流动时产生热的加热器，如水与加热介质直接接触的（1/50 优先）〔5〕

【词条关系】

【层次关系】

【类属】　压力容器

【应用关系】

【使用】　粉末冶金钛合金

【生产关系】

【设备工具-工艺】　再结晶退火

◎加热炉

【基本信息】

【英文名】　heating furnace；furnace

【拼音】　jia re lu

【核心词】

【定义】

（1）热加工时将金属加热到轧制、挤压或锻造温度的加热设备。

【来源】　《中国冶金百科全书·金属塑性加工》

（2）工业生产上用于加热材料或工件的设备。

【来源】　《金属材料简明辞典》

【分类信息】

【CLC 类目】

（1）TE624　炼油工艺过程

（2）TE624　化工用炉灶、化工窑

（3）TE624　泵站（压缩机）设备

（4）TE624　冶金炉理论

（5）TE624　炉设备

【IPC 类目】

（1）F24H7/02　释放的热量被传输给传热流体的，如空气、水

（2）F24H7/02　加热钢锭用的炉子，即均热炉

（3）F24H7/02　玻璃制品的钢化

（4）F24H7/02　重物用的滑板或轨道

【词条属性】

【特征】

【特点】　高耗能

【特点】　资源耗费量大

【特点】　多用电能作为主要能源

【状况】

【应用场景】　化工行业

【应用场景】　冶金行业

【应用场景】　机械行业

【应用场景】　电子行业

【应用场景】　轻工业

【应用场景】　制药行业

【词条关系】

【层次关系】

【附件-主体】　电炉熔炼

【类分】　燃料加热炉

【类分】　电阻加热炉

【类分】　感应加热炉

【类分】　微波加热炉

【类分】　均热炉

【类分】　室状加热炉

【类分】　连续式加热炉

【类分】　推钢式连续加热炉

【类分】　步进式连续加热炉

【类分】　转底式加热炉

【类分】　斜底式加热炉

【类分】　链式加热炉

【类分】　辊底式加热炉

【应用关系】

【加工设备-材料】　铼合金

【加工设备-材料】　铌合金

【加工设备-材料】　磷铜

【加工设备-材料】　带钢

【加工设备-材料】　结构件

【加工设备-材料】　合金钢

【加工设备-材料】　不锈钢

【加工设备-材料】　13Cr 油管

【加工设备-材料】　中板

【加工设备-材料】　中厚板

【加工设备-材料】 渗氮钢
【用于】 热处理
【用于】 表面处理
【生产关系】
【设备工具-工艺】 精铸
【设备工具-工艺】 热轧
【设备工具-工艺】 调质处理
【设备工具-工艺】 金属加热
【设备工具-工艺】 金属轧制
【设备工具-工艺】 金属挤压
【设备工具-工艺】 金属锻造
【设备工具-工艺】 轧钢
【设备工具-工艺】 渗硼
【设备工具-工艺】 完全退火
【设备工具-工艺】 热处理制度
【设备工具-工艺】 脆化

◎加工硬化

【基本信息】
【英文名】 work hardening;work-hardening
【拼音】 jia gong ying hua
【核心词】
【定义】

(1)在不加热的条件下通过锤击和冷轧强化金属。

【来源】《麦克米伦百科全书》

(2)金属冷变形时随着变形程度的累积,金属的变形抗力提高而塑性下降的现象,又称为应变硬化。

【来源】《中国冶金百科全书·金属塑性加工》

(3)金属材料在塑性形变过程中,流变应力随应变量提高的现象。

【来源】《现代材料科学与工程辞典》

【分类信息】
【CLC 类目】
(1) TG506.7 各种材料切削加工
(2) TG506.7 合金钢
(3) TG506.7 粉末成型、烧结及后处理
(4) TG506.7 特种机械性质合金
【IPC 类目】

(1) B21B37/74 温度控制,如通过冷却或加热轧辊或产品(37/32,37/44 优先)〔6〕

(2) B21B37/74 退火方法

(3) B21B37/74 适用于加工回转外表面的

(4) B21B37/74 用抛光或其他类似的方法

(5) B21B37/74 用于轧制长度限定的板,如折叠板、叠合板(1/40 优先;轧制前将板折叠或轧制后分离成层入 47/00)〔2〕

【词条属性】
【特征】
【缺点】 给金属的进一步加工带来困难
【特点】 使金属材料塑性下降
【特点】 使金属材料强度和硬度提高
【优点】 提高金属耐磨性
【因素】
【影响因素】 应变速率
【影响因素】 变形温度
【影响因素】 点阵类型
【影响因素】 金属种类
【词条关系】
【等同关系】
【基本等同】 冷作硬化
【基本等同】 应变硬化
【基本等同】 形变强化
【层次关系】
【类属】 硬化
【应用关系】
【使用】 位错
【用于】 金属零件
【用于】 金属构件
【用于】 低碳钢
【用于】 冷拉钢丝
【用于】 刀具
【用于】 铝线
【用于】 铜线

【用于】 不锈钢
【用于】 TA15 钛合金
【用于】 304 奥氏体不锈钢
【用于】 高锰钢
【用于】 镁合金
【用于】 twip 钢
【用于】 钛镍形状记忆合金
【生产关系】
【工艺-材料】 难熔金属

◎加工性能

【基本信息】
【英文名】 processability;working qualities
【拼音】 jia gong xing neng
【核心词】
【定义】
材料适应实际生产工艺要求的能力。
【来源】《金属材料简明辞典》
【分类信息】
【CLC 类目】
(1) TB332　非金属复合材料
(2) TB332　产品及检验
(3) TB332　金属的分析试验(金属材料试验)
(4) TB332　特种机械性质合金
【词条属性】
【词条关系】
【层次关系】
【类分】 膨胀系数
【类分】 溶度
【类属】 使用性能

◎技术指标

【基本信息】
【英文名】 technical indicator;technical index
【拼音】 ji shu zhi biao
【核心词】
【定义】
评价产品技术性能的指标。
【来源】《军事大辞海·上》
【分类信息】
【CLC 类目】
(1) TQ630　一般性问题
(2) TQ630　配煤
(3) TQ630　冶金炉
(4) TQ630　钻探机械及仪表
(5) TQ630　气化方法

◎技术标准

【基本信息】
【英文名】 technical standard
【拼音】 ji shu biao zhun
【核心词】
【定义】
指规定和衡量标准化对象的技术特性的标准。
【来源】《工业工程实用手册》
【分类信息】
【CLC 类目】
(1) X321　区域环境规划与管理
(2) X321　工业部门经济
(3) X321　世界进出口贸易概况
(4) X321　线路规划、勘测与设计
(5) X321　勘测
【IPC 类目】
(1) B63H23/34　螺旋桨轴;明轮轴;螺旋桨轴上的附装(一般轴入 F16C;一般轴上构件的附装入 F16D1/06)
(2) B63H23/34　未列入或与以前各组无关的部件或零件(控制入 15/00)
(3) B63H23/34　钒的提取〔2〕
(4) B63H23/34　黄铜轴衬;轴瓦;衬套
(5) B63H23/34　用于旋转轴的其他密封

◎记忆合金

【基本信息】
【英文名】 memory alloy
【拼音】 ji yi he jin

【核心词】
【定义】
又称为形状记忆合金。能在某一温度下成为一种形状,而在另一温度下又变回到原始形状的一类合金。
【来源】《科学技术社会辞典·化学》
【分类信息】
【CLC 类目】
TG139 其他特种性质合金
【IPC 类目】
(1) F16K31/70 机械致动的,如由双金属片制动〔4〕
(2) F16K31/70 提升阀,即带有闭合元件的切断装置,闭合元件至少有打开和闭合运动的分力垂直于闭合面(隔膜阀入 7/00)
(3) F16K31/70 通过热敏元件操纵单个阀门或风门的
(4) F16K31/70 提供自动阻尼调整的特殊装置(9/53,9/56 优先)〔5,6〕
(5) F16K31/70 用固体或半固体材料,如用黏性物质作为减振介质
【词条关系】
【等同关系】
【全称是】 形状记忆合金
【应用关系】
【使用】 镍基合金

◎挤压比

【基本信息】
【英文名】 extrusion ratio
【拼音】 ji ya bi
【核心词】
【定义】
挤压筒腔的横断面面积同挤压制品总横断面面积之比,也叫作挤压系数。挤压比是挤压生产中用于表示金属变形量大小的参数,用 λ 表示。
【来源】《中国冶金百科全书·金属塑性加工》
【分类信息】
【CLC 类目】
TB331 金属复合材料
【IPC 类目】
(1) H01L39/12 按材料区分的〔2〕
(2) H01L39/12 超导体、超导电缆或超导传输线(按陶瓷形成的工艺或陶瓷组合物性质区分的超导体入 C04B35/00;按材料特性区分的应用超导电性的零部件或设备入 H01L39/12)〔2,4〕
(3) H01L39/12 在机械压力下浸渗或铸造〔7〕
(4) H01L39/12 锌或镉做次主要成分的〔2〕
(5) H01L39/12 高熔点或难熔金属或以它们为基料的合金

◎集成电路

【基本信息】
【英文名】 integrated circuit
【拼音】 ji cheng dian lu
【核心词】
【定义】
将若干电路元器件不可分离地连在一起,并在电气上互连,以致对于制定技术条件、试验、使用和维护来说,都可视为不可分割的一种电子电路。
【来源】《中国电力百科全书·电工技术基础卷》
【分类信息】
【IPC 类目】
(1) F21L4/00 具有机内电池或电池组〔7〕
(2) F21L4/00 应用 21/06 至 21/326 中的任一小组都包括的方法,在器件组装之前制造或处理部件,如容器(容器、封装、填料、安装架本身入 23/00)〔2〕
(3) F21L4/00 发动机未经允许而使用的预防(车辆的入 B60R25/04;点火闭锁装置入 H01H27/00)

(4) F21L4/00　含氮的

(5) F21L4/00　半导体〔2〕

【词条属性】

【特征】

【特点】　集成电路的体积小

【特点】　集成电路的重量轻

【特点】　集成电路的引出线少

【特点】　集成电路的焊接点少

【特点】　集成电路的寿命长

【特点】　集成电路的可靠性高

【特点】　集成电路的性能好

【时间】

【起始时间】　是20世纪50年代后期至60年代发展起来的一种新型半导体器件

【起始时间】　1947年:美国贝尔实验室的约翰·巴丁、布拉顿、肖克莱三人发明了晶体管,这是微电子技术发展中第一个里程碑

【词条关系】

【等同关系】

【基本等同】　微电路

【基本等同】　微芯片

【基本等同】　芯片

【层次关系】

【类分】　芯片制造技术

【类分】　设计技术

【类分】　薄膜集成电路

【类分】　厚膜集成电路

【类分】　模拟集成电路

【类分】　数字集成电路

【类分】　模混合集成电路

【类分】　半导体集成电路

【类分】　膜集成电路

【类分】　小规模集成电路

【类分】　中规模集成电路

【类分】　大规模集成电路

【类分】　超大规模集成电路

【类分】　特大规模集成电路

【类分】　巨大规模集成电路

【类分】　双极型集成电路

【类分】　单极型集成电路

【类分】　电视机用集成电路

【类分】　音响用集成电路

【类分】　影碟机用集成电路

【类分】　录像机用集成电路

【类分】　电脑用集成电路

【类分】　电子琴用集成电路

【类分】　通信用集成电路

【类分】　照相机用集成电路

【类分】　遥控集成电路

【类分】　语言集成电路

【类分】　报警器用集成电路

【类分】　专用集成电路

【类分】　标准通用集成电路

【主体-附件】　半导体材料

【主体-附件】　半导体装置

【主体-附件】　被动元件

【应用关系】

【部件成品-材料】　金丝

【使用】　磷铜

【使用】　铜合金

【使用】　导电油墨

◎基体金属

【基本信息】

【英文名】　basis metal;matrix metal

【拼音】　ji ti jin shu

【核心词】

【定义】

合金中含量最多的金属元素,如碳钢是铁基合金,硬铝是铝基合金,黄铜是铜基合金等;待切割或待焊接的金属;在焊接后未熔化的那部分金属。

【来源】《金属材料简明辞典》

【分类信息】

【CLC类目】

TQ153　电镀工业

【IPC类目】

(1) C22C1/10　含非金属的合金(1/08优

先)

(2) C22C1/10　在有机溶液中〔5〕

(3) C22C1/10　制品为丝状或颗粒状(利用纤维或细丝与熔融金属接触使合金中含有纤维或细丝入 C22C47/08)〔3〕

(4) C22C1/10　仅在3位被取代者〔7〕

(5) C22C1/10　按质量分数至少为5%但小于50%的,无论是本身加入的还是原位形成的氧化物、碳化物、硼化物、氮化物、硅化物或其他金属化合物,如氮氧化合物、硫化物的有色合金〔2〕

【词条属性】

【因素】

【影响因素】　镍量小于50%的铁镍合金中铁是基体金属,镍量大于50%的铁镍合金中镍是基体金属

【影响因素】　铁碳合金中铁是基体金属

【词条关系】

【层次关系】

【实例-概念】　碳钢是铁基合金

【实例-概念】　硬铝是铝基合金

【实例-概念】　黄铜是铜基合金

◎机械性能

【基本信息】

【英文名】　mechanical property

【拼音】　ji xie xing neng

【核心词】

【定义】

又称为“力学性能”。材料在不同工作条件下(载荷、速度、温度等),从开始受力(静力或动力)至破坏的全过程中呈现的力学特征。

【来源】《金属材料简明辞典》

【分类信息】

【CLC类目】

(1) TB332　非金属复合材料

(2) TB332　特种结构材料

(3) TB332　轴流式

(4) TB332　薄膜技术

(5) TB332　凝胶及软胶

【IPC类目】

(1) C08K3/22　金属的〔2〕

(2) C08K3/22　与羟芳基化合物〔5〕

【词条属性】

【因素】

【影响因素】　钢材经过冷加工后,在常温下存放15～20天,或加热至100～200 ℃并保持2小时左右,这个过程称为时效处理;所谓时效敏感性:因时效作用导致钢材性能改变的程度;一般情况下,钢材机械强度提高,会导致塑性和韧性降低

【影响因素】　通常说一种金属机械性能不好,是指它易折,易断,或者是没有良好的打磨延展性;一般情况下,纯金属的机械强度都要弱于合金的强度,举例来说就是钢的性能好于纯铁

【词条关系】

【等同关系】

【基本等同】　力学性能

【层次关系】

【类分】　弹性

【类分】　塑性

【类分】　刚度

【类分】　时效敏感性

【类分】　强度

【类分】　硬度

【类分】　冲击韧性

【类分】　疲劳强度

【类分】　断裂韧性

【测度关系】

【物理量-度量方法】　拉伸

【物理量-度量方法】　压缩

【物理量-度量方法】　扭转

【物理量-度量方法】　冲击

【物理量-度量方法】　循环载荷

◎机械加工

【基本信息】

【英文名】　machine work; mechanical treatment

【拼音】 ji xie jia gong

【核心词】

【定义】

(1)一般指金属材料的切削加工。广义地讲,也包括非金属材料(如塑料、木材等)的切削加工和部分压力加工(如滚压、校直等)。

【来源】《金属材料简明辞典》

(2)机械加工是指通过一种机械设备对工件的外形尺寸或性能进行改变的过程。

【来源】 百度百科

【分类信息】

【CLC 类目】

(1) TH711　长度计量仪器

(2) TH711　工艺设计

(3) TH711　焊接工艺

(4) TH711　提升机

(5) TH711　造船用材料

【IPC 类目】

(1) C04B41/91　包括从被处理的制品上除去部分材料的,如蚀刻〔4〕

(2) C04B41/91　旋转轴,加工作主轴

(3) C04B41/91　淬火设备

(4) C04B41/91　一般机器或发动机;一般的发动机装置;蒸汽机

(5) C04B41/91　驱动机构

【词条属性】

【状况】

【现状】 随着现代机械加工的快速发展,机械加工技术快速发展,慢慢地涌现出了许多先进的机械加工技术方法,如微型机械加工技术、快速成形技术、精密超精密加工技术等

【应用场景】 各种金属零件加工

【应用场景】 钣金、箱体、金属结构

【应用场景】 钛合金、高温合金、非金属等机械加工

【应用场景】 风洞燃烧室设计制造

【应用场景】 非标设备设计制造

【应用场景】 模具设计制造

【词条关系】

【层次关系】

【概念-实例】 铸造

【概念-实例】 锻造

【概念-实例】 冲压

【概念-实例】 焊接

【概念-实例】 加工余量

【概念-实例】 设计基准

【概念-实例】 工艺基准

【类分】 切削加工

【类分】 压力加工

【实例-概念】 表面处理

【实例-概念】 设计基准

【实例-概念】 工艺基准

【应用关系】

【使用】 表面粗糙度

【使用】 坯料

【使用】 人工时效

【生产关系】

【工艺-设备工具】 数显铣床

【工艺-设备工具】 数显成型磨床

【工艺-设备工具】 数显车床

【工艺-设备工具】 电火花机

【工艺-设备工具】 万能磨床

【工艺-设备工具】 激光焊接

【工艺-设备工具】 内圆磨床

【工艺-设备工具】 外圆磨床

【工艺-设备工具】 精密车床

【工艺-设备工具】 中走丝

【工艺-设备工具】 快走丝

【工艺-设备工具】 慢走丝

◎机械合金化

【基本信息】

【英文名】 mechanical alloying

【拼音】 ji xie he jin hua

【核心词】

【定义】

(1)固态反应非晶化的一种方法。将两种

金属粉末(晶态)在高能球磨机中进行球磨,在初期阶段,金属粉末被钢球撞击和夹挤,发生严重的冷变形和冷焊接而形成特征的层状微结构。随着球磨时间的进行,金属粉末的层状微结构精细化,层厚迅速减薄,产生高纯净度的界面,通过这种界面扩散,形成非晶态界面层,随着这一过程的继续进行,最后全部非晶化。

【来源】《金属功能材料词典》

(2)用高能研磨机或球磨机实现固态合金化的过程。机械合金化是一个通过高能球磨使粉末经受反复的变形、冷焊、破碎,从而达到元素间原子水平合金化的复杂物理化学过程。

【来源】 百度百科

【分类信息】

【CLC 类目】

(1) TG139 其他特种性质合金

(2) TG139 金属复合材料

(3) TG139 合金学理论

(4) TG139 特种结构材料

(5) TG139 粉末成型、烧结及后处理

【IPC 类目】

(1) C22C33/02 用粉末冶金法(金属粉末制造入 B22F)

(2) C22C33/02 金属粉末与非金属粉末的混合物(1/08 优先)〔2〕

(3) C22C33/02 金属粉末的专门处理;如使之易于加工,改善其性质;金属粉末本身,如不同成分颗粒的混合物(C04,C08 优先)

(4) C22C33/02 铜基合金

(5) C22C33/02 用粉末冶金法(1/08 优先)〔2〕

【词条属性】

【特征】

【缺点】 机械合金化制备的 TiAl 基合金粉末的固结致密与成形较为困难,因此关于机械合金化制备 TiAl 基合金块体材料及其力学性能方面的研究报道,目前仍为鲜见

【特点】 采用 MA 工艺制备的材料具有均匀细小的显微组织和弥散的强化相,力学性能往往优于传统工艺制备的同类材料

【优点】 避开普通冶金方法的高温熔化、凝固过程,在室温下实现合金化,得到均匀的具有精细结构的合金,且产量较高,因而已成为生产常规手段难以制备的合金及新材料的好方法

【时间】

【起始时间】 机械合金化制粉技术最早是美国国际镍公司的本杰明(Benjamin)等人于1969 年前后研制成功的一种新的制粉技术

【因素】

【影响因素】 研磨装置

【影响因素】 研磨速度

【影响因素】 研磨时间

【影响因素】 研磨介质

【影响因素】 球料比

【影响因素】 充填率

【影响因素】 气体环境

【影响因素】 过程控制剂

【影响因素】 研磨温度

【词条关系】

【等同关系】

【缩略为】 MA

【生产关系】

【工艺-材料】 弥散强化高温合金

【工艺-材料】 准晶

【工艺-材料】 固溶体

【工艺-材料】 金属间化合物

【工艺-材料】 纳米材料

【工艺-材料】 超合金

【工艺-材料】 三元合金

【工艺-材料】 弹性合金

【工艺-材料】 粉末高温合金

【工艺-材料】 金属基颗粒增强材料

◎混合稀土

【基本信息】

【英文名】 mischmetal

【拼音】 hun he xi tu

【核心词】

【定义】

(1)稀土金属混合物的简称。稀土金属的性质非常相近,很难分离,故常以稀土金属混合物的形式供应。

【来源】《金属材料简明辞典》

(2)由稀土矿中提取出含有镧、铈、镨、钕及少量钐、铕、钆混合的氧化物或氯化物经熔盐电解制出的金属。

(3)稀土总量大于98%,铈大于48%的轻稀土。

【分类信息】

【CLC类目】

(1) TG139　其他特种性质合金

(2) TG139　复合材料

【IPC类目】

(1) H01M4/38　元素或合金的〔2〕

(2) H01M4/38　稀土金属的提取

(3) H01M4/38　镍基合金〔2〕

(4) H01M4/38　含碳或氧或氢及其他元素的材料为基础燃料的燃料电池;不含碳、氧、氢只含其他元素的材料为基础燃料的燃料电池〔2〕

(5) H01M4/38　铝做次主要成分的〔2〕

【词条属性】

【特征】

【缺点】　对水稍微有危害的,不要让未稀释或者大量产品接触地下水,水道或者污水系统

【数值】　混合稀土的相对分子质量:564.17

【数值】　密度(25 ℃):6.67 g/mL

【数值】　混合稀土的熔点为648 ℃。

【特点】　贮存远离氧化物、空气、氧、水分和酸

【特点】　性状:无色或者银灰色块状物

【特点】　混合稀土与水反应释放可燃性气体

【状况】

【应用场景】　混合稀土可作打火石、合金添加剂和贮氢材料等

【词条关系】

【层次关系】

【类属】　稀土金属

【类属】　稀土元素

【类属】　混合物

◎混合物

【基本信息】

【英文名】　mixture

【拼音】　hun he wu

【核心词】

【定义】

由两种或两种以上物质掺和在一起的集合体。

【来源】《热工技术词典》

【分类信息】

【CLC类目】

(1) TQ560.71　种类、组成和性质

(2) TQ560.71　晶体的力学性质

(3) TQ560.71　风险评价

(4) TQ560.71　固体性质

(5) TQ560.71　脱硫与固硫

【IPC类目】

(1) C09B67/22　不同颜料或染料的混合,或颜料或染料的固体溶液〔3〕

(2) C09B67/22　铁基合金,如合金钢(铸铁合金入37/00)〔2〕

(3) C09B67/22　相态变化是由液体到蒸汽或相反〔2〕

(4) C09B67/22　无环或碳环化合物

(5) C09B67/22　用熔炼法

【词条属性】

【特征】

【特点】　没有固定的化学式,无固定组成和性质,组成混合物的各种成分之间没有发生化学反应,保持着原来的性质

【特点】　混合物可以用物理方法将所含物质加以分离

【特点】　没有经化学合成而组成

【词条关系】
【层次关系】
【并列】 纯净物
【概念-实例】 空气
【概念-实例】 溶液
【概念-实例】 浊液
【概念-实例】 合金
【概念-实例】 胶体
【类分】 混合料
【类分】 液体混合物
【类分】 固体混合物
【类分】 气体混合物
【类分】 均匀混合物
【类分】 非均匀混合物
【类分】 混合稀土
【生产关系】
【材料-工艺】 过滤
【材料-工艺】 蒸馏
【材料-工艺】 萃取
【材料-工艺】 重结晶

◎混合料

【基本信息】
【英文名】 mixture
【拼音】 hun he liao
【核心词】
【定义】

一种或多种聚合物与其他组分如填料、增塑剂、催化剂和着色剂等的混合物。

【来源】 百度百科
【分类信息】
【CLC 类目】
(1) TE626 石油产品
(2) TE626 连续铸钢设备
(3) TE626 不定形耐火材料
(4) TE626 矿石预处理、烧结、团矿
(5) TE626 特种机械性质合金
【IPC 类目】
(1) C04B28/18 含氧化硅-石灰型混合物的〔4〕
(2) C04B28/18 硅酸盐水泥〔4〕
(3) C04B28/18 石英;砂〔4〕
【词条属性】
【特征】

【特点】 方便好用直接用于炉衬打结,中间包打包,省去人工拌料、装袋、装斗等烦琐环节,混合料的使用并且显著提高炉龄,节约能耗

【特点】 打炉方便,拆炉容易
【状况】

【应用场景】 广泛用于0.5～80 T的中频无芯感应电炉

【词条关系】
【层次关系】
【类属】 混合物

◎回收率

【基本信息】
【英文名】 recovery rate
【拼音】 hui shou lü
【核心词】
【定义】

(1)产品中所含某有用成分与给矿中所含该有用成分的质量百分数。选矿回收率反映给矿中有用成分在选矿产品中回收的程度,是计算选矿效率、评价选矿技术水平和选矿厂工作质量的一项重要指标。

【来源】 《中国冶金百科全书·选矿》

(2)选矿作业的目的是把原矿中的金属选入精矿,这个选分过程的完全程度用精矿中的金属重量对原矿中该金属重量的比来评定,这个比值叫作金属回收率。

【分类信息】
【CLC 类目】
(1) TD953 贵重金属矿选矿
(2) TD953 有色金属矿选矿
(3) TD953 金属废料
(4) TD953 硫及其无机化合物

（5）TD953　地下开采方法

【IPC 类目】

（1）C22B7/00　处理非矿石原材料，如废料，用以生产有色金属或其化合物

（2）C22B7/00　硫酸〔5〕

（3）C22B7/00　分离；纯化〔5〕

（4）C22B7/00　贵金属的提炼

【词条属性】

【特征】

【特点】　提高金属回收率，意味着尽最大可能将原矿中的金属选别出来，减少金属损失

【特点】　金属回收率的高低标志着选矿厂管理的工作好坏和技术操作水平的高低

【因素】

【影响因素】　影响回收率的因素包括：技术操作条件和主要工种间的密切配合

【词条关系】

【层次关系】

【类分】　直接回收率

【类分】　总回收率

◎回火

【基本信息】

【英文名】　tempering

【拼音】　hui huo

【核心词】

【定义】

（1）将经过淬火或其他热处理的金属材料，通过加热和保温使其中的非平衡组织、结构适当地转向平衡态，获得预期性能的金属热处理工艺。

【来源】　《中国冶金百科全书·金属材料》

（2）将经过淬火的工件重新加热到低于下临界温度 Ac_1（加热时珠光体向奥氏体转变的开始温度）的适当温度，保温一段时间后在空气或水、油等介质中冷却的金属热处理工艺。

【来源】　百度百科

【分类信息】

【CLC 类目】

（1）TG156.9　特殊热处理

（2）TG156.9　钢的组织与性能

（3）TG156.9　钢

（4）TG156.9　金相学（金属的组织与性能）

（5）TG156.9　金属物理学

【IPC 类目】

（1）F23D14/82　防止逆燃或回爆的（14/70 优先；在燃气供给管道中的入 A62C4/02）〔4〕

（2）F23D14/82　燃烧器的配置或安装（燃烧器本身入 F23D）

（3）F23D14/82　预混的气体燃烧器，即其中气态的燃料在进入燃烧区前与助燃空气混合的〔4〕

（4）F23D14/82　以出口或喷嘴出口的形状或排列为特征的，如环形结构的〔4〕

（5）F23D14/82　铁基合金，如合金钢（铸铁合金入 37/00）〔2〕

【词条属性】

【特征】

【特点】　消除工件淬火时产生的残留应力，防止变形和开裂

【特点】　调整工件的硬度、强度、塑性和韧性，达到使用性能要求

【特点】　稳定组织与尺寸，保证精度

【特点】　改善和提高加工性能；因此，回火是工件获得所需性能的最后一道重要工序；通过淬火和回火的相配合，才可以获得所需的力学性能

【因素】

【影响因素】　对一般回火过程的影响：合金元素硅能推迟碳化物的形核和长大，并有力地阻滞 ε-碳化物转变为渗碳体；钢中加入 2% 左右硅可以使 ε-碳化物保持到 400 ℃

【影响因素】　合金元素对淬火后的残留奥氏体量也有很大影响；残留奥氏体围绕马氏

体板条成细网络;经 300 ℃ 回火后这些奥氏体分解,在板条界产生渗碳体薄膜;残留奥氏体含量高时,这种连续薄膜很可能是造成回火马氏体脆性(300～350 ℃)的原因之一

【词条关系】

【层次关系】

【概念-实例】 回火脆性

【类分】 低温回火

【类分】 中温回火

【类分】 高温回火

【类属】 热处理

【应用关系】

【工艺-组织】 马氏体

【工艺-组织】 魏氏组织

【工艺-组织】 粒状珠光体

【工艺-组织】 二次马氏体

【工艺-组织】 无碳化物贝氏体

【工艺-组织】 粒状贝氏体

【生产关系】

【工艺-材料】 铝合金

【工艺-材料】 回火马氏体

【工艺-材料】 回火屈氏体

【工艺-材料】 回火索氏体

【工艺-材料】 硬质合金

【工艺-材料】 精密电阻合金

【工艺-材料】 汽车钢

【工艺-材料】 马氏体不锈钢

◎黄铜

【基本信息】

【英文名】 brass

【拼音】 huang tong

【核心词】

【定义】

锌为主要合金元素的铜基合金。呈黄色而得名。铜锌二元合金称为简单黄铜。

【来源】《现代材料科学与工程辞典》

【分类信息】

【CLC 类目】

(1) TF811　铜

(2) TF811　耐蚀材料

(3) TF811　汽车材料

【IPC 类目】

(1) C22C9/04　锌做次主要成分的〔2〕

(2) C22C9/04　含铜重量超过 50%的〔2〕

(3) C22C9/04　带摩擦元件

(4) C22C9/04　带用于分离的安全元件的联轴器

(5) C22C9/04　有非电辅助动力的〔2〕

【词条属性】

【特征】

【特点】 当含锌量小于 35% 时,锌能溶于铜内形成单相 α,称为单相黄铜,塑性好,适于冷热加压加工

【特点】 当含锌量为 36%～46%时,有 α 单相还有以铜锌为基料的 β 固溶体,称为双相黄铜,β 相使黄铜塑性减小而抗拉强度上升,只适于热压力加工

【特点】 有很好的延展性;导热和导电性能较好

【状况】

【应用场景】 古代主要用于器皿、艺术品及武器铸造;现广泛地应用于电气、轻工、机械制造、建筑工业、国防工业等领域

【时间】

【起始时间】 世界上发现最早的铜制品主要是在西亚;目前世界上最早的冶炼铜发现于中国的陕西

【其他物理特性】

【比热容】 24.440 J/(mol · K)

【电阻率】 1.75E-08 Ω · m

【密度】 8.50～8.80 g/cm^3

【热导率】 401 W/(m.K)

【热膨胀系数】 (25 ℃)16.5E-06/K

【熔点】 1357.77 K(1083.4 ℃)

【力学性能】

【硬度】 3.0(莫氏硬度)

【词条关系】

【层次关系】
【并列】　磷铜
【并列】　青铜
【材料-组织】　织构
【构成成分】　铜、锌
【类分】　铅黄铜
【类分】　锡黄铜
【类分】　锰黄铜
【类分】　铁黄铜
【类分】　镍黄铜
【类属】　铜
【应用关系】
【使用】　硬钎焊
【生产关系】
【材料-工艺】　金属型铸造
【材料-工艺】　精铸
【材料-原料】　锰黄铜

◎黄金

【基本信息】
【英文名】　gold
【拼音】　huang jin
【核心词】
【定义】
黄金是化学元素金(化学元素符号 Au)的单质形式,是一种软的、金黄色的、抗腐蚀的贵金属。
【来源】　百度百科
【分类信息】
【CLC 类目】
(1) TD953　贵重金属矿选矿
(2) TD953　金
(3) TD953　有色金属工业
【IPC 类目】
(1) C25C1/20　贵金属的〔2〕
(2) C25C1/20　贵金属的提炼
(3) C25C1/20　电解槽的结构部件,或其组合件;电解槽的维护或操作(生产铝的入3/06 至 3/22)〔2〕
(4) C25C1/20　焙烧工艺过程(1/16 优先)
(5) C25C1/20　所用的设备
【词条属性】
【特征】
【特点】　当金被熔化时发出的蒸汽是绿色的;冶炼过程中它的金粉通常是啡色;若将它铸成薄薄的一片,它更可以传送绿色的光线
【特点】　黄金易锻造、易延展,可碾成厚度为 0.001 mm 的透明和透绿色的金箔;0.5 g 的黄金可拉成 160 m 长的金丝。
【特点】　金的化学性质稳定,具有很强的抗腐蚀性
【特点】　金具有亲硫性,常与硫化物如黄铁矿、毒砂、方铅矿、辉锑矿等密切共生;易与亲硫的银、铜等元素形成金属互化物
【状况】
【现状】　世界每年矿产黄金 2600 t 左右
【应用场景】　用于储备和投资的特殊通货,同时又是首饰业、电子业、现代通信、航天航空业等部门的重要材料。
【其他物理特性】
【比热容】　0.128 J/(g·K)
【电导率】　4.52E+05/(cm·Ω)
【电阻率】　2.05E-08(Ω·m)
【密度】　19.32 g/cm^3(293 K)
【密度】　19.32 g/cm^3(20 ℃)
【热膨胀系数】　1.42E-05/K
【熔点】　1064.43 ℃
【力学性能】
【硬度】　2.5
【词条关系】
【层次关系】
【类分】　赤金
【类分】　色金
【类分】　混色金
【类分】　K 金
【类属】　金
【类属】　贵金属

◎还原性

【基本信息】

【英文名】 reducibility

【拼音】 huan yuan xing

【核心词】

【定义】

还原性是指在化学反应中原子、分子或离子失去电子的能力。物质含有的粒子失电子能力越强,物质本身的还原性就越强;反之越弱,而其还原性就越弱。

【来源】 百度百科

【分类信息】

【CLC 类目】

O61 无机化学

【IPC 类目】

(1) C04B35/49 又含氧化钛或钛酸盐的〔3,6〕

(2) C04B35/49 陶瓷电介质〔2,6〕

(3) C04B35/49 迭层电容器(4/33 优先)〔2,6〕

(4) C04B35/49 人工甜味剂〔2〕

【词条属性】

【特征】

【特点】 还原性:K>Ca>Na>Mg>Al>Mn>Zn>Cr>Fe>Ni>Sn>Pb>(H)>Cu>Hg>Ag>Pt>Au

【特点】 碱性越强,对应元素还原性越强

【特点】 还原性:负极金属>正极金属

【特点】 变价元素位于最高价态时只有氧化性;处于最低价态时只有还原性;处于中间价态时,既有氧化性又有还原性

【特点】 对于金属还原剂来说,金属单质的还原性强弱一般与金属活动性顺序相一致,即越位于后面的金属,越不容易失电子,还原性越弱

【特点】 对于金属还原剂来说,金属单质的还原性强弱一般与金属活动性顺序相一致,即越位于后面的金属,越不容易失电子,还原性越弱

【特点】 金属阳离子氧化性的顺序 $K^+ < Ca^{2+} < Na^+ < Mg^{2+} < Al^{3+} < Mn^{2+} < Zn^{2+} < Cr^{3+} < Fe^{2+} < Ni^{2+} < Sn^{2+} < Pb^{2+} < (H^+) < Cu^{2+} < Fe^{3+} < Hg^{2+} < Ag^+ < Pt^{2+} < Au^{2+}$

【特点】 非金属活动性顺序:F—Cl—Br—I—S

【词条关系】

【层次关系】

【并列】 氧化性

【附件-主体】 电极电位

【概念-实例】 还原剂

◎还原剂

【基本信息】

【英文名】 reductant

【拼音】 huan yuan ji

【核心词】

【定义】

(1)使金属化合物得到电子还原为金属,或使高价化合物得到电子还原成低价化合物的冶金过程,称为还原过程。

【来源】《中国冶金百科全书·有色金属冶金》

(2)还原剂是在氧化还原反应里,失去电子或有电子偏离的物质。还原剂本身具有还原性,被氧化,其产物叫作氧化产物。还原与氧化反应是同时进行的,即还原剂在与被还原物进行氧化反应的同时,自身也被氧化,而成为氧化物。所含的某种物质的化合价升高的反应物是还原剂。

【分类信息】

【CLC 类目】

(1) TF111 金属冶炼

(2) TF111 电镀、电解工业

(3) TF111 电力工业

(4) TF111 特种结构材料

【IPC 类目】

(1) C21B13/10 在床式炉中

(2) C21B13/10 用固体碳质还原剂

(3) C21B13/10 一般机器或发动机;一

般的发动机装置;蒸汽机

(4) C21B13/10　使用还原剂的〔4,5〕

【词条属性】

【特征】

【特点】 容易失去电子

【特点】 容易有电子偏离

【特点】 还原剂失去电子自身被氧化变成氧化产物

【特点】 还原剂的化合价由低变高

【词条关系】

【层次关系】

【并列】 氧化剂

【并列】 抗氧化剂

【概念-实例】 钠

【概念-实例】 铝

【概念-实例】 锌

【概念-实例】 铁

【概念-实例】 氢化铝锂

【概念-实例】 锂

【概念-实例】 钾

【概念-实例】 碳

【概念-实例】 硫

【概念-实例】 CO

【概念-实例】 SO_2

【概念-实例】 H_2O_2

【概念-实例】 H_2S

【概念-实例】 NH_3

【概念-实例】 HCl

【概念-实例】 CH_4

【概念-实例】 Na_2SO_3

【概念-实例】 $FeSO_4$

【概念-实例】 $SnCl_2$

【概念-实例】 $H_2C_2O_4$

【概念-实例】 KBH_4

【概念-实例】 $NaBH_4$

【概念-实例】 C_2H_5OH

【实例-概念】 还原性

【应用关系】

【使用】 碱金属

【使用】 银粉

【使用】 轻金属

【生产关系】

【材料-工艺】 化学镀

【材料-工艺】 还原法

◎还原法

【基本信息】

【英文名】 regression method; regression approach

【拼音】 huan yuan fa

【核心词】

【定义】

粉末冶金中生产金属粉末的主要方法。其基本原理是:采用对氧的亲和力较大的还原剂将金属氧化物中的金属以粉末状还原出来。

【来源】《金属材料简明辞典》

【分类信息】

【CLC 类目】

(1) O571.42　各种类型的核反应

(2) O571.42　金属复层保护

(3) O571.42　特种结构材料

(4) O571.42　废水的处理与利用

【IPC 类目】

(1) C22B26/22　镁的提取〔2〕

(2) C22B26/22　用铝、其他金属或硅

(3) C22B26/22　通过化学方法(3/26,3/42 优先)〔5〕

(4) C22B26/22　硫化氢

(5) C22B26/22　无环或碳环化合物

【词条属性】

【特征】

【特点】 用来制取金属粉末最广泛的方法

【特点】 具有较好的经济性

【特点】 还原剂对氧的亲和力必须大于金属对氧的亲和力

【因素】

【影响因素】 在还原过程中,还原进行的速度、还原过程与还原条件有关

【词条关系】

【层次关系】

【并列】 氧化法

【并列】 破碎法制粉

【类分】 固体碳还原

【类分】 气体还原

【类分】 金属热还原

【类分】 气相氢还原

【类分】 气相金属热还原

【类分】 置换溶液氢还原

【类分】 置换金属热还原

【生产关系】

【工艺-材料】 金属粉末

【工艺-材料】 还原剂

◎化学气相沉积

【基本信息】

【英文名】 chemical vapor deposition;CVD

【拼音】 hua xue qi xiang chen ji

【核心词】

【定义】

通过气相进行的化学反应制取金属及金属化合物的特殊制品,以及提纯金属或金属化合物的方法。由于化学气相沉积法的英文缩写词为 CVD,故又称为 CVD 法。所生产的特殊制品有涂层、球形粉末和异形体等。

【来源】《中国冶金百科全书·有色金属冶金》

【分类信息】

【CLC 类目】

(1) TB383 特种结构材料

(2) TB383 材料腐蚀与保护

(3) TB383 非金属复合材料

(4) TB383 薄膜的生长、结构和外延

【IPC 类目】

(1) C23C16/27 仅沉积金刚石〔7〕

(2) C23C16/27 碳的制备(使用超高压,如用于金刚石的生成入 B01J3/06;用晶体生长法入 C30B);纯化

(3) C23C16/27 通过气态化合物分解且表面材料的反应产物不留存于镀层中的化学镀覆,如化学气相沉积(CVD)工艺(反应溅射或真空蒸发入 14/00)〔4,7〕

(4) C23C16/27 氧化物〔4〕

(5) C23C16/27 仅沉积碳〔4〕

【词条属性】

【特征】

【特点】 在中温或高温下,通过气态的初始化合物之间的气相化学反应而形成固体物质沉积在基体上

【特点】 可以在常压或者真空条件下(负压进行沉积,通常真空沉积膜层质量较好)。

【特点】 采用等离子和激光辅助技术可以显著地促进化学反应,使沉积可在较低的温度下进行

【特点】 涂层的化学成分可以随气相组成的改变而变化,从而获得梯度沉积物或者得到混合镀层

【特点】 可以控制涂层的密度和涂层纯度

【特点】 绕镀件好

【特点】 沉积层通常具有柱状晶体结构,不耐弯曲,但可通过各种技术对化学反应进行气相扰动,以改善其结构

【特点】 可以通过各种反应形成多种金属、合金、陶瓷和化合物涂层

【状况】

【现状】 目前,化学气相淀积已成为无机合成化学的一个新领域

【应用场景】 化学气相淀积法已经广泛用于提纯物质、研制新晶体、淀积各种单晶、多晶或玻璃态无机薄膜材料

【词条关系】

【层次关系】

【概念-实例】 半导体材料

【类属】 气相沉积

【生产关系】

【工艺-材料】 薄膜

【工艺-材料】 超导薄膜

【工艺-材料】 氧化物
【工艺-材料】 硫化物
【工艺-材料】 氮化物
【工艺-材料】 碳化物
【工艺-材料】 玻璃态无机薄膜材料
【工艺-材料】 多晶材料
【工艺-材料】 单晶材料

◎化学镀

【基本信息】
【英文名】 autocatalytic plating; electroless plating
【拼音】 hua xue du
【核心词】
【定义】
使镀件浸没于特种镀液中,不用外加电流,利用金属的催化作用并通过可控制的氧化还原反应,使镀液中的金属离子沉积到镀件表面上的表面防护处理方法,又称为自催化镀或无电镀。
【来源】《中国冶金百科全书 · 金属材料》
【分类信息】
【CLC 类目】
(1) TQ153.2　合金的电镀
(2) TQ153.2　特种结构材料
(3) TQ153.2　材料腐蚀与保护
(4) TQ153.2　单一金属的电镀
(5) TQ153.2　加工、修饰及装配
【IPC 类目】
(1) C23C18/36　使用次磷酸盐的〔5〕
(2) C23C18/36　待镀材料的预处理〔4〕
(3) C23C18/36　仅为金属材料覆层〔4〕
(4) C23C18/36　用铁、钴或镍之一种镀覆;用这些金属之一种与磷或硼所成的混合物镀覆〔4,5〕
(5) C23C18/36　有机物表面,如树脂的〔4〕
【词条属性】
【特征】
【特点】 化学镀针孔小
【特点】 不需要直流电源设备
【特点】 能在非导体上沉积
【优点】 化学镀工艺简便
【优点】 化学镀节能、环保
【优点】 化学镀使用范围广
【优点】 镀金层均匀
【优点】 装饰性好
【优点】 能提高产品的耐蚀性和使用寿命
【优点】 能提高加工件的耐磨导电性
【优点】 润滑性能好
【状况】
【应用场景】 化学镀技术已在电子、阀门制造、机械、石油化工、汽车、航空航天等工业中得到广泛的应用
【词条关系】
【等同关系】
【基本等同】 无电解镀
【基本等同】 自催化镀
【基本等同】 化学浸镀
【层次关系】
【并列】 离子镀
【概念-实例】 敏化
【概念-实例】 化学镀 Ni-P
【应用关系】
【用于】 镀锡
【生产关系】
【工艺-材料】 镁合金
【工艺-材料】 镀层
【工艺-材料】 主盐
【工艺-材料】 还原剂
【工艺-材料】 络合剂(配位剂)
【工艺-材料】 缓冲剂
【工艺-材料】 稳定剂
【工艺-材料】 加速剂
【工艺-材料】 其他添加剂

◎化合物半导体

【基本信息】
【英文名】 compound semi-conductor

【拼音】 hua he wu ban dao ti

【核心词】

【定义】

(1)由两种或两种以上元素以确定的原子配比形成,并具有确定的禁带宽度和能带结构等性质的化合物半导体材料。

【来源】《现代材料科学与工程辞典》

(2)化合物半导体多指晶态无机化合物半导体,即是指由两种或两种以上元素以确定的原子配比形成的化合物,并具有确定的禁带宽度和能带结构等半导体性质。

【分类信息】

【IPC 类目】

(1) C30B29/48 A(Ⅱ)B(Ⅵ)化合物〔3〕

(2) C30B29/48 双坩埚法〔3〕

(3) C30B29/48 利用受激发射的器件

(4) C30B29/48 含硫、硒或碲的化合物〔3〕

(5) C30B29/48 二元化合物〔3〕

【词条属性】

【特征】

【特点】 掺杂性

【特点】 热敏性

【特点】 光敏性

【特点】 负电阻率温度特性

【特点】 整流特性

【特点】 导电性能具有可控性

【特点】 在光照和热辐射条件下,其导电性有明显的变化

【状况】

【前景】 半导体化学的研究对象主要是高纯物质,在半导体技术中,随着半导体朝高频、大功率、高集成化方向发展,对半导体材料及在制作半导体器件、集成电路过程中所用的各种试剂的纯度,提出了越来越高的要求,有害杂质含量不超过 $10^{-8}\%\sim10^{-6}\%$,有的甚至要求杂质含量 $10^{-10}\%\sim10^{-9}\%$

【应用场景】 GaAs 单晶是目前生产工艺最成熟、产量最大、应用面最广的化合物半导体材料,是重要的半导体光电子材料(主要采用电性单晶衬底)和重要的微电子材料(主要采用半绝缘单晶衬底)

【应用场景】 InP 是一种重要的光电子和微电子基础材料,用于制造光纤通信用的激光器、探测器、网络光通信用的集成电路、高频微波及毫微波器件等

【时间】

【起始时间】 半导体化学是在 1948 年发明晶体管之后逐渐形成的,是一门交叉学科,涉及无机化学、有机化学、分析化学、物理化学、高分子化学、晶体化学、配位化学和放射化学等许多领域的理论和内容

【词条关系】

【层次关系】

【概念-实例】 砷化镓

【概念-实例】 磷化铟

【概念-实例】 硫化镉

【概念-实例】 碲化铋

【概念-实例】 氧化亚铜

【概念-实例】 镓铝砷

【概念-实例】 铟镓砷磷

【概念-实例】 磷砷化镓

【概念-实例】 硒铟化铜

【概念-实例】 SeN

【概念-实例】 YN

【概念-实例】 La_2S_3

【类分】 第ⅢA～第ⅤA 族化合物半导体

【类分】 第ⅡA～第ⅥA 族化合物半导体

【类分】 晶态无机化合物

【类分】 有机化合物半导体

【类分】 氧化物半导体

【类分】 晶态无机化合物半导体

【类分】 非晶态无机化合物半导体

【类分】 晶态无机化合物固溶体半导体

【类分】 元素半导体

【类分】 二元化合物半导体

【类分】 三元化合物半导体

【类分】 固溶体半导体

【类分】 玻璃半导体

【类分】 有机半导体
【类分】 GaAsAl
【类分】 GaAsP
【类属】 半导体
【生产关系】
【材料-工艺】 布里奇曼法
【材料-工艺】 液封直拉法
【材料-工艺】 垂直梯度凝固法
【材料-工艺】 外延法
【材料-工艺】 化学气相沉积法

◎弧焊

【基本信息】
【英文名】 arc welding
【拼音】 hu han
【核心词】
【定义】
弧焊又称为电弧焊，它的原理是利用电弧放电（俗称电弧燃烧）所产生的热量将焊条与工件互相熔化并在冷凝后形成焊缝，从而获得牢固接头的焊接过程。
【分类信息】
【IPC 类目】
(1) F28F21/08　金属的
(2) F28F21/08　喷嘴（喷射或喷涂用的喷嘴入 B05B）〔4〕
(3) F28F21/08　滑阀的
(4) F28F21/08　用加强或不加强的，薄片或条带绕制的
(5) F28F21/08　带围绕其中心旋转的圆形闭合板
【词条属性】
【特征】
【数值】 焊条电弧焊焊接设备的空载电压一般为 50～90 V，而人体所能承受的安全电压为 30～45 V，由此可见，手工电弧焊焊接设备，会对人造成生命危险，施焊时，必须穿戴好劳保用品
【数值】 弯边接头：适用于厚度<3 mm 的薄件
【数值】 平坡口：适用于 3～8 mm 的较薄件
【数值】 V 型坡口：适用于厚度 6～20 mm 的工件（单面焊接）
【数值】 X 型坡口：适用于厚度 12～40 mm 的工件，并有对称型与不对称型 X 坡口之分（双面焊接）
【数值】 U 型坡口：适用于厚度 20～50 mm 的工件（单面焊接）
【数值】 双 U 型坡口：适用于厚度 30～80 mm 的工件（双面焊接）
【数值】 坡口角度通常取 60°～70°，采用钝边（也叫作根高）的目的是防止焊件烧穿，而间隙则是为了便于焊透
【特点】 适用于各种金属材料、各种厚度、各种结构形状的焊接
【特点】 焊条电弧焊设备轻便，搬运灵活，可以在任何有电源的地方进行焊接作业
【特点】 焊条电弧焊是用手工操纵焊条进行焊接工作的，可以进行平焊、立焊、横焊和仰焊等多位置焊接
【特点】 在焊接前清理焊接表面，以免影响电弧引燃和焊缝的质量
【特点】 准备好接头形式（坡口形式）
【特点】 坡口的形状和尺寸主要取决于被焊材料及其规格（主要是厚度），以及采取的焊接方法、焊缝形式等
【特点】 坡口的作用是使焊条、焊丝或焊炬（气焊时喷射乙炔-氧气火焰的喷嘴）能直接伸入坡口底部以保证焊透，并有利于脱渣和便于焊条在坡口内做必要的摆动，以获得良好的熔合
【状况】
【应用场景】 电弧焊的应用范围十分广泛，如挖掘机斗齿、装载机铲刀刃、推土机刃板、破碎机、螺旋输送机、搅拌机叶片、铁路道轨、锻锤、传动齿轮的轮缘、各种模具、碎渣机、球磨机、机床设备等

【词条关系】

【等同关系】

【全称是】 电弧焊

【层次关系】

【并列】 气焊

【并列】 铝热焊

【并列】 电渣焊

【并列】 高能焊

【并列】 电阻焊

【类分】 氩弧焊

【类分】 埋弧焊

【类分】 二氧化碳保护焊

【类分】 离子保护焊

【类分】 手工电弧焊

【类分】 交流电源的焊条电弧焊

【类分】 直流电源的焊条电弧焊

【类属】 熔焊

◎厚板

【基本信息】

【英文名】 thick plate

【拼音】 hou ban

【核心词】

【定义】

厚度在 4 mm 以上的板材。厚钢板的厚度范围为 4～120 mm;20 mm 以下的称为中厚板,60 mm 以上的是特厚板,最大厚度可达 500 mm。厚钢板的宽度范围为 600～3800 mm,最大可达 5000 mm。

【来源】《中国冶金百科全书·金属塑性加工》

【分类信息】

【CLC 类目】

O342 结构力学

【IPC 类目】

(1) F16B5/10 用接合销钉连接(通过转动锁定的紧固器件入 21/02)

(2) F16B5/10 平动〔5〕

(3) F16B5/10 饰面,如为了防御天气变化,或者为了装饰的需要

(4) F16B5/10 用于两种交换介质的固定板或层压通道的热交换设备,各介质与通道不同的侧面接触

【词条属性】

【状况】

【应用场景】 广泛用来制造各种容器、炉壳、炉板、桥梁及汽车静钢钢板、低合金钢钢板、桥梁用钢板、造船钢板、锅炉钢板、压力容器钢板、花纹钢板、汽车大梁钢板。拖拉机某些零件及焊接构件。

【词条关系】

【层次关系】

【并列】 薄板

【概念-实例】 Q245R

【概念-实例】 Q345R

【概念-实例】 14Cr1MoR

【概念-实例】 15CrMoR

【概念-实例】 Q235q

【概念-实例】 Q345q

【概念-实例】 A32

【概念-实例】 D32

【概念-实例】 A36

【概念-实例】 D36

【类分】 中厚板

【类分】 特厚板

【类分】 容器用钢板

【类分】 汽车大梁钢

【类分】 锅炉钢板

【类分】 造船钢板

【类分】 桥梁用钢板

【类属】 板材

【实例-概念】 板带

【应用关系】

【部件成品-材料】 工业纯钛

◎合金元素

【基本信息】

【英文名】 alloying elements;alloy elements

【拼音】 he jin yuan su

【核心词】

【定义】

(1)构成合金的每一种元素。

【来源】《现代材料科学与工程辞典》

(2)指的是在炼金属的时候为达到某几种性能需要的有目的地加入的一定量一种或多种的金属或非金属元素。

【分类信息】

【CLC 类目】

(1) TG113.22 物理性能

(2) TG113.22 重有色金属及其合金

(3) TG113.22 金属复合材料

(4) TG113.22 金属材料

【IPC 类目】

(1) C22C1/02 用熔炼法

(2) C22C1/02 含钒的〔2〕

(3) C22C1/02 按质量分数至少为 5%但小于 50%的,无论是本身加入的还是原位形成的氧化物、碳化物、硼化物、氮化物、硅化物或其他金属化合物,如氮氧化合物、硫化物的有色合金〔2〕

(4) C22C1/02 含大于 1.5%(质量分数)的锰〔2〕

(5) C22C1/02 镁基合金

【词条属性】

【特征】

【缺点】 磷是钢中有害元素

【数值】 磷量小于 0.045%

【数值】 钢中硅含量一般为 0.15%~4%

【数值】 优质钢要求小于 0.040%

【特点】 组成合金的化学元素

【特点】 影响合金固溶体 α-Fe(Me)

【特点】 影响合金渗碳体 Fe_3C 和 Me_3C

【特点】 影响合金碳化物 TiC,NbC,WC,VC 等

【特点】 影响非金属夹杂 MnS,MnO,SiO_2,Al_2O_3

【特点】 Cu,Pb 以游离状态存在

【状况】

【现状】 工业上运用最广泛的一种材料

【应用场景】 合金钢

【应用场景】 微合金钢

【应用场景】 合金结构钢

【应用场景】 低合金高强度钢

【应用场景】 超高强度钢

【应用场景】 时效硬化合金钢

【应用场景】 氮化铝弥散强化钢

【应用场景】 相变诱发塑性钢

【应用场景】 奥氏体形变热处理钢

【应用场景】 trip 钢

【应用场景】 IN 钢

【应用场景】 低屈服点钢

【应用场景】 无间隙原子钢

【词条关系】

【层次关系】

【参与构成】 金相组织

【概念-实例】 锰

【概念-实例】 硅

【概念-实例】 钨

【概念-实例】 铬

【概念-实例】 钼

【概念-实例】 钛

【概念-实例】 锆

【概念-实例】 镍

【概念-实例】 钒

【概念-实例】 钴

【概念-实例】 铝

【概念-实例】 铌

【概念-实例】 硼

【概念-实例】 磷

【概念-实例】 氮

【概念-实例】 氧

【概念-实例】 硫

【类分】 金属元素

【类分】 非金属元素

【类属】 化学元素

【应用关系】

【使用】 Delta 合金分析仪
【用于】 成分设计

◎合金丝

【基本信息】
【英文名】 alloy wire;alloy fiber
【拼音】 he jin si
【核心词】
【定义】
金属合金盘条、盘园或金属合金棒为原材,通过拔丝设备、退火设备等专业设备。经过多次拉拔—退火—再拉拔—再退火等工序,加工成各类不同规格和型号的丝(线)产品。
【分类信息】
【IPC 类目】
(1) F01 一般机器或发动机;一般的发动机装置;蒸汽机
(2) F01 仅含金属元素的〔4〕
(3) F01 旋转装置,如带有螺旋状推进表面(在运送时暂时贮存细丝状材料的装置入 51/20;控制张力的从动旋转装置入 59/18)
(4) F01 旋转器具
【词条属性】
【特征】
【数值】 镍铬合金丝直径范围为 0.03 mm~1.0 mm
【数值】 钼钨合金丝直径范围为(30~800)E-06 m
【数值】 杜美合金丝含有 42%镍
【特点】 较高的电阻率
【特点】 较高的耐热性
【特点】 较高的可塑性
【特点】 1963 年,研制出直径 0.009 mm 的特细镍铬丝
【状况】
【应用场景】 原子弹
【应用场景】 卫星
【应用场景】 电子管
【应用场景】 电灯泡
【应用场景】 放电管
【词条关系】
【层次关系】
【概念-实例】 5154
【概念-实例】 3J21
【概念-实例】 MoW20
【概念-实例】 MoW50
【概念-实例】 ZJ31
【概念-实例】 Ti-45Nb
【构成成分】 铬、硼、镍、铜、钯、硅、钨、银
【类分】 钼钨合金丝
【类分】 杜美合金丝
【类分】 电阻合金丝
【类分】 高温合金丝
【类分】 铜基电阻和金丝
【类分】 铁基电阻合金丝
【类分】 铜镍基电阻合金丝
【类分】 银基电阻合金丝
【类分】 镍铬合金丝
【类分】 钴铁基合金丝
【应用关系】
【材料-加工设备】 拔丝设备
【材料-加工设备】 退火设备
【用于】 工业电炉
【用于】 家用电器
【用于】 远红外装置
【用于】 软玻璃的封接 材料
【用于】 等离子雾化
【生产关系】
【材料-工艺】 拔拉
【材料-工艺】 退火
【材料-工艺】 再拔拉
【材料-工艺】 再退火

◎合金管

【基本信息】
【英文名】 alloy pipe;compo pipe
【拼音】 he jin guan
【核心词】

【定义】

是无缝钢管的一种,其性能要比一般的无缝钢管高很多,因为这种钢管里面含铬比较多,其耐高温、耐低温、耐腐蚀的性能是其他无缝钢管无法相比的,所以合金管在石油、航天、化工、电力、锅炉、军工等行业的用途比较广泛。

【来源】 百度百科

【分类信息】

【IPC 类目】

(1) B21C5/00　压尖;强制压尖

(2) B21C5/00　使用心轴(心轴入 3/16)

(3) B21C5/00　冷却;所用设备

(4) B21C5/00　拉拔材料的冷却、加热或润滑(3/14 优先)

(5) B21C5/00　用拉拔方式制造金属板、金属线、金属棒、金属管

【词条属性】

【特征】

【优点】 具有良好的耐高温性能

【优点】 具有良好的耐低温性能

【优点】 具有良好的耐腐蚀性能

【状况】

【应用场景】 合金管在石油、航天、化工、电力、锅炉、军工等行业的用途比较广泛

【词条关系】

【层次关系】

【类分】 钯合金管

【类分】 ABS 合金管

【类分】 无缝钢管

【类分】 焊接钢管

【类分】 结构用无缝钢管

【类分】 输送流体用无缝钢管

【类分】 低中压锅炉用无缝钢管

【类分】 高压锅炉用无缝钢管

【类分】 船舶用碳钢和碳锰钢无缝钢管

【类分】 高压化肥设备用无缝钢管

【类分】 石油裂化用无缝钢管

【类分】 气瓶用无缝钢管

【类分】 液压支柱用热轧无缝钢管

【类分】 柴油机用高压无缝钢管

【类分】 冷拔或冷轧精密无缝钢管

【类分】 冷拔无缝钢管异形钢管

【类分】 液压和气动筒用精密内径无缝钢管

【类分】 锅炉、热交换器用不锈钢无缝钢管

【类分】 结构用不锈钢无缝钢管

【类分】 汽车半轴套管用无缝钢管

【类分】 套管和油管规范

【类分】 管线管

◎合金粉末

【基本信息】

【英文名】 powdered alloy

【拼音】 he jin fen mo

【核心词】

【定义】

(1)由两种或两种以上组元经部分或完全合金化而形成的金属粉末。

【来源】《中国冶金百科全书 · 金属材料》

(2)通常是由雾化制粉法制取的,以固溶体和金属间化合物形式构成的完全合金化粉。凡能熔融液化的合金,均可由雾化制粉法制成粉末。

【分类信息】

【CLC 类目】

(1) TF125　粉末冶金制品及其应用

(2) TF125　劳动生理学

(3) TF125　粉末的制造方法

(4) TF125　环境污染的控制及其排除

【IPC 类目】

(1) C22C33/02　用粉末冶金法(金属粉末制造入 B22F)

(2) C22C33/02　用粉末冶金法(1/08 优先)〔2〕

(3) C22C33/02　以镀覆材料为特征的〔4〕

(4) C22C33/02　覆层中临时形成液相的〔4〕

(5) C22C33/02　氧化物、硼化物、碳化物、氮化物、硅化物或其混合物〔4〕

【词条属性】

【状况】

【应用场景】 在当代粉末冶金领域中,雾化预合金粉是品种最多、产量最大、应用最广和性能最为理想的合金粉

【应用场景】 用铝合金粉可生产高性能轻金属合金材料,供航天、航空和汽车工业上制造异型结构件和零部件

【应用场景】 钛合金已在航空发动机、战斗机和直升机上得到应用

【应用场景】 钛合金粉还可制造医用镶嵌骨骼

【应用场景】 稀土钴合金粉可借助粉末黏结或液相烧结方法制造永磁体

【应用场景】 镍合金粉在制造高温合金材料、磁性材料和热喷涂层上得到广泛应用

【应用场景】 铜合金粉可广泛用于制造机械零件、多孔过滤器、含油轴承、装饰品和热喷涂(焊)硬面材料

【词条关系】

【层次关系】

【类分】 铁合金粉

【类分】 铜合金粉

【类分】 镍合金粉

【类分】 钴合金粉

【类分】 铝合金粉

【类分】 钛合金粉

【类分】 贵金属合金粉

【类分】 锡金属合金粉

【类属】 金属粉末

【应用关系】

【使用】 松装密度

【使用】 振实密度

【使用】 费氏粒度

【生产关系】

【材料-工艺】 二流雾化法

【工艺-材料】 电接触材料

◎合金材料

【基本信息】

【英文名】 alloy material

【拼音】 he jin cai liao

【核心词】

【定义】

由两种或两种以上的金属元素,或金属与非金属元素通过熔炼、烧结或其他方法组合而成的具有金属特性的物质。

【来源】《金属材料简明辞典》

【分类信息】

【CLC 类目】

(1) TG249.9　其他特种铸造

(2) TG249.9　合金铸造

(3) TG249.9　合金学理论

【IPC 类目】

(1) C22C9/04　锌做次主要成分的〔2〕

(2) C22C9/04　铜基合金

(3) C22C9/04　ABS 聚合物〔2〕

(4) C22C9/04　非晶态合金〔5〕

(5) C22C9/04　含镍的〔2〕

【词条属性】

【特征】

【特点】 通常情况下,合金材料有多项性能优于纯金属,故在应用材料中大多使用合金

【特点】 大多数合金材料的熔点低于其组分中任一种组成金属的熔点

【特点】 大多数合金材料的硬度一般比其组分中任一金属的硬度大

【特点】 大多数合金材料的导电性低于任一组分金属

【特点】 大多数合金材料的导热性低于任一组分金属

【状况】

【应用场景】 高强度铝合金广泛应用于制造飞机、舰艇和载重汽车等,可增加它们的载重量及提高运行速度,并具有抗海水侵蚀,避磁性等特点

【词条关系】

【等同关系】
【缩略为】　合金
【层次关系】
【材料-组织】　腐蚀疲劳
【概念-实例】　铼合金
【概念-实例】　钯合金
【概念-实例】　铅合金
【类分】　二元合金
【类分】　多元合金
【类分】　混合物合金
【类分】　固熔体合金
【类分】　金属互化物合金
【类分】　铑合金
【类分】　钌合金
【类分】　铝合金
【类分】　锰黄铜
【类分】　铌合金
【类分】　三元合金
【类分】　粉末不锈钢
【类分】　Fe-Ni 合金
【类属】　镁合金
【实例-概念】　蠕变断裂
【应用关系】
【使用】　碱土金属
【使用】　烧结炉
【使用】　使用寿命
【使用】　使用温度
【使用】　深加工
【使用】　轻金属
【使用】　有色金属

◎焊条

【基本信息】
【英文名】　electrode;welding rod
【拼音】　han tiao
【核心词】
【定义】
(1)涂有药皮的供手工电弧焊用的金属焊接材料。
【来源】《中国冶金百科全书·金属材料》
(2)在气焊或电焊时,填充在焊接工件的接合处的金属条。
【来源】《新华汉语词典》
(3)手工电弧焊接时,用来导电并产生电弧的金属电极。
【来源】《金属材料简明辞典》
【分类信息】
【CLC 类目】
TG455　堆焊及补焊
【IPC 类目】
(1) B23K35/40　钎焊或焊接用焊丝或焊条的制造(涉及单项技术的加工见有关类,如 B05D,B21C)
(2) B23K35/40　离合器制动器组合
(3) B23K35/40　用于钎焊或焊接连接的工件特殊形状的边缘部分;由此形成焊缝的填充
(4) B23K35/40　以轴承或润滑零件为特征的(一般轴承入 F16C;一般润滑入 F16N)〔3〕
(5) B23K35/40　其中介质凝结和蒸发,如热管〔4〕
【词条属性】
【特征】
【缺点】　焊缝的冲击性能差
【缺点】　碱性焊条操作性差
【数值】　直径为 3～6 mm
【特点】　焊条的材料通常跟工件的材料相同
【优点】　焊接工艺性能好
【优点】　碱性焊条脱硫、脱磷能力强
【优点】　药皮有去氢作用
【优点】　焊接接头含氢量很低
【状况】
【现状】　焊接工艺中应用广泛
【应用场景】　焊接低碳不锈钢
【词条关系】
【等同关系】

【全称是】 电焊条
【层次关系】
【概念-实例】 GMT-ZT65 铸铁焊条
【概念-实例】 GMT-ZT60 铸铁焊条
【概念-实例】 GMT-ZT50 铸铁焊条
【概念-实例】 GMT-ZT40 铸铁焊条
【概念-实例】 GMT-ZT30 铸铁焊条
【概念-实例】 GMT-ZT20 铸铁焊条
【构成成分】 锰、硅、铬、镍、硫、磷
【类分】 特殊用途焊条
【类分】 铝及铝合金焊条
【类分】 铜及铜合金焊条
【类分】 铸铁焊条
【类分】 镍和镍合金焊条
【类分】 低温钢焊条
【类分】 堆焊焊条
【类分】 耐热钢焊条
【类分】 结构钢焊条
【类分】 碱性焊条
【类分】 酸性焊条
【类分】 盐基型焊条
【类分】 石墨型焊条
【类分】 低氢型焊条
【类分】 纤维素型焊条
【类分】 氧化铁型焊条
【类分】 钛铁矿型焊条
【类分】 氧化钛钙型焊条
【类分】 氧化钛型焊条
【类分】 GMT-ZT65 铸铁焊条
【类分】 GMT-ZT50 铸铁焊条
【类分】 GMT-ZT40 铸铁焊条
【类分】 GMT-ZT30 铸铁焊条
【类分】 GMT-ZT20 铸铁焊条
【类属】 钢丝
【组成部件】 药皮
【组成部件】 焊芯
【应用关系】
【使用】 线材
【生产关系】
【材料-工艺】 焊接

◎焊丝

【基本信息】
【英文名】 welding wire;wire
【拼音】 han si
【核心词】
【定义】

(1)作为填充金属或同时起导电作用的丝状金属焊接材料。

【来源】《中国冶金百科全书·金属材料》

(2)焊接时作为填充金属或同时用来导电的金属丝。

【来源】《集装箱运输业务技术辞典·上册》

(3)焊接时受电弧、气体火焰或其他焊接热源熔化,用以填满金属连接处的金属丝(外表面不涂药皮)。

【来源】《金属材料简明辞典》

【分类信息】
【IPC 类目】
(1) F28F21/08　金属的
(2) F28F21/08　铵或胺盐〔4〕
(3) F28F21/08　埋弧焊
(4) F28F21/08　锅筒;箱式联箱;所用附件(用金属板制造锅炉入 B21D51/24;一般压力容器入 F16J12/00;一般压力容器用的盖或类似封闭件入 F16J13/00)
(5) F28F21/08　与 C10M 小类有关的引得表
【词条属性】
【特征】
【缺点】 焊丝制造过程复杂
【缺点】 送丝较实心焊丝困难
【缺点】 焊丝外表容易锈蚀
【数值】 ϕ0.8 mm
【数值】 ϕ1.2 mm
【数值】 ϕ1.6 mm
【数值】 ϕ2.0 mm

【数值】　ϕ2.4 mm
【数值】　ϕ3.2 mm
【数值】　ϕ4.0 mm
【数值】　ϕ5.0 mm
【特点】　缠绕成盘
【特点】　填充金属
【特点】　导电电极
【特点】　卷成圆形或异形
【特点】　焊接过程中有异味
【优点】　对各种钢材的焊接适应性强
【优点】　调整焊剂的成分和比例极为方便和容易
【优点】　工艺性能好
【优点】　焊缝成形美观
【优点】　熔敷速度快
【优点】　可用较大焊接电流进行全位置焊接

【词条关系】
【层次关系】
【参与构成】　焊道
【参与组成】　氩弧焊
【参与组成】　熔焊
【概念-实例】　DY-YD423
【概念-实例】　DY-YD14
【概念-实例】　DY-YD600
【概念-实例】　DY-YD350
【概念-实例】　DY-YA309
【概念-实例】　DY-YA308
【概念-实例】　DY-YR312
【概念-实例】　YJ502Ni
【概念-实例】　DY-YR302
【概念-实例】　DY-YJ607
【概念-实例】　DY-YJ507
【概念-实例】　DY-YJ502
【概念-实例】　LM504
【概念-实例】　LM462
【概念-实例】　LM430
【概念-实例】　LM414N
【概念-实例】　LM414
【概念-实例】　LM001
【概念-实例】　LZ603
【概念-实例】　LZ601
【概念-实例】　LZ590
【概念-实例】　LZ430
【概念-实例】　LZ414N
【概念-实例】　LZ411
【概念-实例】　LZ410
【概念-实例】　LZ409
【概念-实例】　LQ439
【概念-实例】　LQ423
【概念-实例】　LQ337
【概念-实例】　LQ212
【概念-实例】　LQ172
【概念-实例】　LQ122
【类分】　实心焊丝
【类分】　铜合金焊丝
【类分】　铝合金焊丝
【类分】　镍合金焊丝
【类分】　不锈钢焊丝
【类分】　低合金钢焊丝
【类分】　低碳钢焊丝
【类分】　有色金属焊丝
【应用关系】
【用于】　焊缝
【用于】　填充金属
【用于】　导电电极
【生产关系】
【材料-工艺】　焊接
【材料-工艺】　拉拔加工

◎焊料

【基本信息】
【英文名】　solder; welding compound
【拼音】　han liao
【核心词】
【定义】

即焊接材料，指焊接金属制件时所用的合金。焊料应具有如下基本特征：熔点较低、黏合力较强,焊接处有足够的强度和韧性等。

【来源】《中国成人教育百科全书·化学·化工》

【分类信息】

【CLC 类目】

TF803.3 电炉熔炼

【IPC 类目】

(1) C22C13/00 锡基合金

(2) C22C13/00 主要成分在 400 ℃ 以下熔化

(3) C22C13/00 含有非熔块添加剂的玻璃料熔封成分,即用作不相同材料之间的封接料,如玻璃与金属;玻璃焊料〔4〕

(4) C22C13/00 半导体〔2〕

(5) C22C13/00 钎焊,如硬钎焊或脱焊(3/00 优先;仅以使用特殊材料或介质为特征的入 35/00;制造印刷电路的浸沾或波峰钎焊入 H05K3/34)〔5〕

【词条属性】

【特征】

【特点】 具有较低的熔点

【特点】 具有较强的黏合力

【特点】 凝固后能够保证较高的强度

【特点】 凝固后能够保证较高的韧性

【词条关系】

【层次关系】

【并列】 钎料

【类属】 有色金属材料

【应用关系】

【使用】 磷铜

【生产关系】

【材料-原料】 锡合金

【材料-原料】 铱合金

【材料-原料】 易熔合金

◎焊接性能

【基本信息】

【英文名】 welding performance; welding property

【拼音】 han jie xing neng

【核心词】

【定义】

(1)焊接特性是金属材料通过加热、加压或两者并用的焊接方法把两个或两个以上的金属材料焊接在一起的特性。

(2)焊接性能主要指钢材的可焊性,也就是钢材之间通过焊接方法连接在一起的结合性能,是钢材固有的焊接特性。

【分类信息】

【CLC 类目】

U668.2 金属材料

【IPC 类目】

(1) C22C38/22 含钼或钨的〔2〕

(2) C22C38/22 洗涤底漆

(3) C22C38/22 含钛或锆的〔2〕

(4) C22C38/22 含铜的〔2〕

【词条属性】

【特征】

【数值】 当碳当量小于(0.4%～0.6%)时,钢的焊接性能良好

【数值】 当碳当量为 0.4%～0.6%时,焊接性能相对较差

【数值】 当碳当量大于(0.4%～0.6%)时,焊接性能很不好,必须预热到较高温度

【特点】 焊接性能包括两方面:接合性能和使用性能

【特点】 把金属材料在焊接时产生裂纹的敏感性及焊接接头区力学性能的变化作为评价材料焊接性能的主要指标

【特点】 焊接过程中,焊接器件经历焊接热过程、冶金反应,以及焊接应力和变形的作用,因而带来化学成分、金相组织、尺寸和形状的变化,使焊接接头的性能往往不同于母材,有时甚至不能满足使用要求

【状况】

【应用场景】 含碳量大于 0.25%的钢材不应用于制造锅炉、压力容器的承压元件

【因素】

【影响因素】 焊接材料中合金元素是影响焊缝组织和性能的重要因素,随着合金成分和含量的变化,焊缝的组织和性能将发生相应的改变

【影响因素】 金属中含碳量的多少决定了它的焊接性能;钢中含碳量增加,淬硬倾向就增大,塑性则下降,容易产生焊接裂纹;含碳量越高,可焊性越差

【词条关系】

【等同关系】

【缩略为】 焊接性

【缩略为】 可焊性

【层次关系】

【类属】 使用性能

【类属】 保护电弧焊

【测度关系】

【度量方法-物理量】 钎料

◎焊接接头

【基本信息】

【英文名】 welded splice; welded joint; weld joint

【拼音】 han jie jie tou

【核心词】

【定义】

(1)用焊接方法连接的接头。包括焊缝、熔合区、热影响区。

【来源】《中国土木建筑百科辞典·工程施工》

(2)焊接接头,指两个或两个以上零件要用焊接组合的接点。或指两个或两个以上零件用焊接方法连接的接头,包括焊缝、熔合区和热影响区。

【分类信息】

【CLC 类目】

(1) TG407 焊接接头的力学性能及其强度计算

(2) TG407 无机物腐蚀

(3) TG407 钢轨

(4) TG407 时效处理

(5) TG407 塔式化工设备

【IPC 类目】

(1) B23K35/30 主要成分在 1550 ℃ 以下熔化

(2) B23K35/30 铁基合金,如合金钢(铸铁合金入 37/00)〔2〕

(3) B23K35/30 有关此小类的工艺,专用于特殊产品或特殊用途但仅未列入前述大组之一中(不用钎焊或焊接的加工方法制造管材或型棒入 B21C37/04,37/08)

(4) B23K35/30 含大于 1.5%(质量分数)的锰〔2〕

(5) B23K35/30 现场重新修复或修理磨损或损坏的部件,如用嵌入材料法或焊接修补钢轨(31/04 至 31/12 优先);现场加热或冷却部件,如用于缩小接头间隙、硬化钢轨

【词条属性】

【特征】

【特点】 焊接接头系数是指对接焊接接头强度与母材强度之比值;用以反映由于焊接材料、焊接缺陷和焊接残余应力等因素使焊接接头强度被削弱的程度,是焊接接头力学性能的综合反映

【特点】 焊接接头形式主要有对接接头、T 形接头、角接接头、搭接接头 4 种

【特点】 焊接接头包括:焊缝区、熔合区、热影响区

【因素】

【影响因素】 影响焊缝化学成分和焊接接头组织的因素,都影响焊接接头的性能

【影响因素】 不同焊接方法的热源,其温度高低和热量集中程度不同;因此,热影响区的大小和焊接接头组织粗细都不相同,接头的性能也就不同

【词条关系】

【层次关系】

【主体-附件】 焊缝区

【主体-附件】 热影响区

【主体-附件】 熔合区

【应用关系】

【使用】 保护电弧焊

◎焊接工艺

【基本信息】

【英文名】 welding technique

【拼音】 han jie gong yi

【核心词】

【定义】

从焊接开始到焊接结束以形成合格焊缝的工艺措施。以一系列焊接工艺参数规定其过程。

【来源】《中国土木建筑百科辞典·建筑结构》

【分类信息】

【CLC 类目】

(1) U671.83 焊接工艺

(2) U671.83 矿井瓦斯

(3) U671.83 焊接工艺

(4) U671.83 工厂设备及安装

(5) U671.83 塔式化工设备

【IPC 类目】

(1) B23K35/36 非金属成分,如涂料、焊剂的选择(35/34 优先);与非金属成分的选择相结合的钎焊或焊接材料的选择,两种选择都很重要(适当钎焊或焊接材料的选择入 35/24)〔2〕

(2) B23K35/36 空气调节、空气加湿或通风装置的支承〔6〕

(3) B23K35/36 带近乎平的隔膜

(4) B23K35/36 分离或净化气体或液体的装置(在分析器或精馏器内的入 33/00);气化液态制冷剂剩余物的装置,如用加热(40/00 优先)〔5〕

(5) B23K35/36 焊接连接;黏接连接

【词条属性】

【特征】

【特点】 焊接工艺主要根据被焊工件的材质、牌号、化学成分,焊件结构类型,焊接性能要求来确定

【特点】 确定焊接方法后,再制定焊接工艺参数,焊接工艺参数的种类各不相同,如手弧焊主要包括:焊条型号(或牌号)、直径、电流、电压、焊接电源种类、极性接法、焊接层数、道数、检验方法等

【因素】

【影响因素】 不同的焊接方法有不同的焊接工艺

【词条关系】

【层次关系】

【概念-实例】 电子束焊

【主体-附件】 预热

【主体-附件】 焊条条件

【主体-附件】 坡口形式

【主体-附件】 工艺参数

【主体-附件】 热处理

【应用关系】

【使用】 钎料

【使用】 易熔合金

【生产关系】

【工艺-材料】 熔模

【工艺-材料】 结构件

◎焊缝

【基本信息】

【英文名】 weld;welding seam

【拼音】 han feng

【核心词】

【定义】

(1)焊后在焊件接头处所形成的连接焊件的金属体

【来源】《中国土木建筑百科辞典·工程施工》

(2)俗称焊道。由焊条或焊丝熔化后在被连构件间形成的金属条缝。

【来源】《中国土木建筑百科辞典·建筑结构》

【分类信息】
【CLC 类目】
（1）TG40　焊接一般性问题
（2）TG40　焊接缺陷及质量检查
（3）TG40　合金学与各种性质合金
（4）TG40　特种结构材料
【IPC 类目】
（1）F16L13/02　焊接接头
（2）F16L13/02　用焊接的
（3）F16L13/02　波纹管、膨胀褶皱管或瓦楞管的使用
（4）F16L13/02　容器的安装装置
（5）F16L13/02　安装在公路或铁路车辆上的；用于车间内的人力移动式悬臂起重机；浮游起重机（车辆或船只方面入 B60～B63）
【词条属性】
【特征】
【缺点】　易有缺陷
【缺点】　降低承载能力
【缺点】　产生应力集中
【缺点】　降低疲劳强度
【缺点】　易引起焊件破裂导致脆断
【缺点】　易引起固体加杂
【缺点】　外观质量粗糙
【缺点】　鱼鳞波高低
【缺点】　焊缝与母材非圆滑过渡
【特点】　小于 25 mm
【优点】　制造焊缝操作简单
【优点】　适应性强
【词条关系】
【层次关系】
【参与构成】　焊缝宽度
【类分】　直角焊缝
【类分】　对接焊缝
【类分】　单面焊双面成形焊缝
【类分】　单面焊缝
【类分】　船形焊缝
【类分】　角焊缝
【类分】　平焊缝
【类分】　二级焊缝
【类分】　一级焊缝
【类分】　缝焊缝
【类分】　点焊缝
【类分】　槽焊缝
【类分】　封底焊缝
【类分】　带钝边 J 形焊缝
【类分】　带钝边 U 形焊缝
【类分】　带钝边单边 V 形焊缝
【类分】　带钝边 V 形焊缝
【类分】　V 形焊缝
【类分】　I 形焊缝
【类分】　卷边焊缝
【组成部件】　余高
【组成部件】　焊缝宽度
【组成部件】　熔深
【组成部件】　焊缝成形系数
【组成部件】　焊缝计算厚度
【应用关系】
【使用】　钎料
【使用】　焊丝

◎海绵钛

【基本信息】
【英文名】　titanium sponge；sponge titanium
【拼音】　hai mian tai
【核心词】
【定义】
金红石矿（TiO_2）经氯化生成四氯化钛，再用活性元素镁或钠还原得到呈海绵状的金属钛。
【来源】《现代材料科学与工程辞典》
【分类信息】
【CLC 类目】
（1）F426　工业部门经济
（2）F426　有色金属冶金工业
（3）F426　期刊目录、报纸目录
（4）F426　钛
（5）F426　化学试验法

【IPC 类目】

(1) C22B34/12 钛的提取〔2〕

(2) C22B34/12 仅渗一种元素〔4〕

(3) C22B34/12 钛基合金〔2〕

(4) C22B34/12 还原成金属的一般方法

(5) C22B34/12 用铝、其他金属或硅

【词条属性】

【特征】

【数值】 纯度一般为 99.1%~99.7%

【数值】 杂质元素氧含量为 0.06%~0.20%

【特点】 呈海绵状

【时间】

【起始时间】 18 世纪末期,英国牧师兼业余矿物学家威廉·格列戈尔(William Gregor)和德国的化学家 M·H·克拉普罗特(M. H. Klaproth)先后于 1791 年和 1795 年分别从一种黑色的磁铁矿砂和一种非磁性的氧化物矿中发现了一种新元素(被他们分别称为"墨纳昆"和"钛土")。几年后证明,从这两种矿物中发现的所谓"墨纳昆"和"钛土"其实是同一种元素的氧化物,并以希腊神话中的大力神泰坦来命名这种新元素

【力学性能】

【硬度】 硬度(HB)为 100~157

【词条关系】

【层次关系】

【类分】 WHTi0

【类分】 WHTi1

【类分】 WHTi2

【类分】 WHTi3

【类分】 WHTi4

【生产关系】

【材料-工艺】 沸腾氯化

【材料-工艺】 熔盐氯化

【材料-工艺】 竖炉氯化

【材料-工艺】 镁还原法

【材料-工艺】 真空蒸馏

【材料-原料】 钛矿石

【原料-材料】 钛材

【原料-材料】 钛粉

【原料-材料】 钛构件

【原料-材料】 粉末冶金钛合金

◎过时效

【基本信息】

【英文名】 over ageing;overaging

【拼音】 guo shi xiao

【核心词】

【定义】

过时效是指当时效温度超过正常时效温度,也就是达到峰值硬度时的温度及时间,此时,材料内部的析出相开始长大,间距变大,宏观表现为材料的强度降低,塑韧性有所提高。

【分类信息】

【CLC 类目】

TG115 金属的分析试验(金属材料试验)

【IPC 类目】

(1) C22F1/043 以硅做次主要成分的合金的〔4〕

(2) C22F1/043 硅做次主要成分的〔2〕

(3) C22F1/043 用于金属薄板

(4) C22F1/043 电渣重熔〔3〕

(5) C22F1/043 镁做次主要成分的〔2〕

【词条属性】

【特征】

【缺点】 降低材料强度

【特点】 晶格畸变减小

【特点】 时效强度减弱

【特点】 合金软化

【特点】 球化析出相

【优点】 提高材料塑性

【状况】

【应用场景】 铝合金

【应用场景】 IF 钢

【应用场景】 双相钢

【应用场景】 低碳钢

【词条关系】

【层次关系】
【参与构成】　时效温度
【参与构成】　时效时间
【类分】　软化处理
【类分】　稳定化处理
【应用关系】
【用于】　7150 铝合金
【用于】　AA2195 铝锂合金
【用于】　7055 铝合金
【用于】　Si-Mn 双相钢
【用于】　碳锰钢
【用于】　6082-T6 铝合金
【用于】　IF 钢
【用于】　CAPL 低碳钢薄板
【用于】　DP590

◎过渡金属

【基本信息】
【英文名】　transition metal;transition metals
【拼音】　guo du jin shu
【核心词】
【定义】
原子的电子结构为$(n-1)d^{1\sim10}ns^{0\sim2}$($n$ 表示主量子数,上标 1～10;0～2 分别表示 d 电子数为 1～10 个,s 表示电子数为 0～2 个)类型的元素称为过渡族金属。
【来源】　《固体物理学大辞典》
【分类信息】
【CLC 类目】
(1) O643.3　催化
(2) O643.3　硅有机化合物
(3) O643.3　煤的热解与转化
(4) O643.3　特种结构材料
(5) O643.3　镧系元素(稀土元素)
【IPC 类目】
(1) C08F4/642　4/64 组包括的组分与一种有机铝化合物〔5〕
(2) C08F4/642　载体〔2〕
(3) C08F4/642　钛、锆、铪或它们的化合物〔2〕
【词条属性】
【特征】
【特点】　以氧化物形式存在
【特点】　以硫化物的形式存在
【特点】　某些以单质存在
【特点】　易失电子
【特点】　有变价态
【特点】　属于强氧化剂
【特点】　易形成配合物
【特点】　存在六方紧堆
【特点】　存在面心立方紧堆
【特点】　存在体心立方晶格
【特点】　金属光泽
【特点】　强度高
【特点】　延展性好
【特点】　密度、硬度大
【特点】　熔沸点高
【优点】　加工性能好
【状况】
【应用场景】　刀具钢
【应用场景】　高温发动机
【应用场景】　玻璃
【应用场景】　铸币
【应用场景】　不锈钢
【应用场景】　镍镉电池
【应用场景】　工具枢轴
【应用场景】　电阻元件
【应用场景】　热电偶
【应用场景】　仪表仪器
【时间】
【起始时间】　1953 年发现 Co
【起始时间】　1951 年发现 Ni
【起始时间】　1982 年提出 Ru
【起始时间】　1803 年发现 Pd
【起始时间】　1803 年发现 Os
【起始时间】　1803 年发现 Ir
【起始时间】　1748 年发现 Pt
【词条关系】

【层次关系】
【类分】 Sc-钪
【类分】 Ti-钛
【类分】 V-钒
【类分】 Cr-铬
【类分】 Mn-锰
【类分】 Fe-铁
【类分】 Co-钴
【类分】 Ni-镍
【类分】 Cu-铜
【类分】 Zn-锌
【类分】 Y-钇
【类分】 Zr-锆
【类分】 Nb-铌
【类分】 Mo-钼
【类分】 Ru-钌
【类分】 Tc-锝
【类分】 Rh-铑
【类分】 Pd-钯
【类分】 Ag-银
【类分】 Cd-镉
【类分】 Lu-镥
【类分】 Hf-铪
【类分】 Ta-钽
【类分】 W-钨
【类分】 Os-锇
【类分】 Re-铼
【类分】 Ir-铱
【类分】 Pt-铂
【类分】 Au-金
【类分】 Hg-汞
【类分】 Lr-铹
【类分】 Rf-𬬻
【类分】 Db-𬭊
【类分】 Sg-𬭳
【类分】 Bh-𬭛
【类分】 Hs-𬭶
【类分】 Mt-鿏
【类分】 Ds-𫟼
【类分】 Rg-𬬭

◎贵金属合金

【基本信息】
【英文名】 precious metal alloy; noble metal alloy
【拼音】 gui jin shu he jin
【核心词】
【定义】
以一种贵金属为基体,加入其他元素组成的合金。具有贵金属的特性。
【来源】《金属材料简明辞典》
【分类信息】
【IPC 类目】
(1) C22F1/14 贵金属或以它们为基料的合金
(2) C22F1/14 银基合金〔2〕
(3) C22F1/14 直接电阻加热〔5〕
(4) C22F1/14 喷嘴;坩埚喷嘴板(37/095 优先)〔5〕
(5) C22F1/14 含铜重量超过 50%的〔2〕
【词条属性】
【特征】
【特点】 少(批量和数量少)、小(单件物品和元器件的体积小)、精(技术要求高,常用于关键的部位)、广(几乎所有的现代科学技术领域和工业生产部门都需要)和贵(价格较昂贵)
【时间】
【起始时间】 1763 年制得金铂合金
【起始时间】 1847 年,除锇和钌外,贵金属都可以熔炼
【词条关系】
【等同关系】
【学名是】 铂族金属
【层次关系】
【类分】 铱合金
【类分】 铑合金
【类分】 钌合金

【类属】 有色金属材料
【组成部件】 白银
【生产关系】
【材料-工艺】 电弧熔炼

◎贵金属

【基本信息】
【英文名】 noble metal;precious metals
【拼音】 gui jin shu
【核心词】
【定义】
(1)金、银和铂族等稀有、价值高的有色金属的统称。
【来源】 《军事大辞海·下》
(2)指金、银、铂系(钌、铑、钯、锇、铱、铂)等金属,是有色金属的一类。
【来源】 《中国百科大辞典》
(3)地壳中储藏量较少、价格较高的金属。
【来源】 《汉语同韵大词典》
【分类信息】
【CLC 类目】
(1) TF83　贵金属及铂族金属冶炼
(2) TF83　区域矿产、矿产分布
(3) TF83　特种结构材料
(4) TF83　极谱分析
(5) TF83　元素及化合物的分离方法
【IPC 类目】
(1) C22B11/00　贵金属的提炼
(2) C22B11/00　铂系金属的〔2〕
(3) C22B11/00　处理非矿石原材料,如废料,用以生产有色金属或其化合物
(4) C22B11/00　在液相中〔2,3〕
(5) C22B11/00　贵金属的〔2〕
【词条属性】
【特征】
【数值】 原子配位数为 12
【特点】 拥有美丽的色泽
【特点】 对化学药品的抵抗力相当大
【特点】 不易引起化学反应
【特点】 具有独特的物理和化学性能
【特点】 现代工业中的维生素
【特点】 现代新金属
【特点】 具有很强的原子键
【特点】 原子间力大
【特点】 堆积密度大
【特点】 熔点高
【特点】 金和银位于化学元素周期表中第ⅠB 族
【特点】 铂族位于化学元素周期表第ⅧB族元素
【特点】 钌、铑、钯、银比重较小
【特点】 钌、铑、钯、银为轻贵金属
【特点】 锇、铱、铂、金比重较大
【特点】 锇、铱、铂、金为重贵金属
【词条关系】
【等同关系】
【学名是】 铂族金属
【层次关系】
【概念-实例】 白银
【概念-实例】 纯银
【概念-实例】 纯金
【概念-实例】 金
【概念-实例】 银
【概念-实例】 钌
【概念-实例】 铑
【概念-实例】 钯
【概念-实例】 锇
【概念-实例】 铱
【概念-实例】 铂
【类分】 黄金
【类分】 白银
【类分】 铂金
【类分】 稀金
【类属】 金属材料
【组成部件】 铂电阻
【应用关系】

【用于】 国际储备
【用于】 黄金、白银饰品
【用于】 工业与高新技术产业
【用于】 保值、增值需要
【用于】 航天
【用于】 航空
【用于】 航海
【用于】 导弹
【用于】 火箭
【用于】 微电子技术
【用于】 废气净化
【生产关系】
【材料-工艺】 提纯
【材料-工艺】 保护电弧焊
【材料-工艺】 真空退火
【材料-工艺】 电弧熔炼
【材料-工艺】 电子束熔炼
【原料-材料】 电接触材料
【原料-材料】 电阻材料
【原料-材料】 测温材料
【原料-材料】 饰品
【原料-材料】 氢气净化材料
【原料-材料】 器皿材料
【原料-材料】 磁性与弹性材料
【原料-材料】 贵金属复合材料
【原料-材料】 电子浆料
【原料-材料】 催化剂
【原料-材料】 超导材料

◎硅青铜

【基本信息】
【英文名】 silicon bronze
【拼音】 gui qing tong
【核心词】
【定义】

以硅为主要合金元素的青铜。工业上应用的硅青铜除含硅外,还含有少量的锰、镍、锌或其他元素。

【来源】 《中国冶金百科全书·金属材料》
【分类信息】
【词条属性】
【特征】
【数值】 Si 3.5-3-1.5 化学成分:m(Sb)≤0.002%,m(Fe)为1.2%~1.8%,m(Ni)≤0.2%,m(Si)为3.0%~4.0%,m(Sn)≤0.25%,m(Pb)≤0.03%,m(Cu)余量,m(Zn)为2.5%~3.5%,m(Mn)为0.5%~0.9%,m(P)≤0.03%,m(As)≤0.002%,m(杂质总和)≤1.1%
【数值】 含硅2.75%~3.5%的青铜
【特点】 硅青铜的结晶温度范围较小
【特点】 无磁性
【特点】 冲击时不发生火花
【优点】 硅青铜的力学性能较锡青铜高
【优点】 具有良好的耐蚀性能
【优点】 具有良好的耐磨性能
【优点】 具有良好的焊接性能
【优点】 具有良好的电导性
【优点】 具有良好的塑性
【状况】
【应用场景】 铜的代用品
【词条关系】
【层次关系】
【并列】 铝青铜
【并列】 磷青铜
【参与构成】 硅
【参与构成】 铜
【参与构成】 锰
【参与构成】 镍
【参与构成】 锌
【概念-实例】 QSi 3-1
【概念-实例】 QSi 1-3
【概念-实例】 QSi 3.5-3-1.5 硅青铜
【类属】 铜合金
【类属】 青铜
【应用关系】

【材料-部件成品】　高强度加工线
【材料-部件成品】　导电极
【用于】　机械工业
【用于】　化工工业
【用于】　石油工业
【用于】　船舶工业
【生产关系】
【材料-工艺】　扩散退火
【原料-材料】　轴套材料

◎管坯

【基本信息】
【英文名】　tube blank
【拼音】　guan pi
【核心词】
【定义】
生产热轧无缝管用的坯料。
【来源】　《实用轧钢技术手册》
【分类信息】
【CLC 类目】
（1）TF341.6　连续铸钢设备
（2）TF341.6　连续铸钢、近终形铸造
（3）TF341.6　工业部门经济
【IPC 类目】
（1）F16L9/02　金属的（9/16 至 9/22 优先；散热片管入 F28F）
（2）F16L9/02　不限于仅在 17/00，19/00，21/00 中之一组中所述及的方法进行轧管，如组合加工（25/00 优先）
（3）F16L9/02　专门适用于这些产品的成形方法，如将薄层依次施加于成形基底上
（4）F16L9/02　具有嵌入管壁内的加强层的（11/11 优先）〔2〕
（5）F16L9/02　锻压、锤击或压制的方法（用于加工金属板或金属管、棒或型材入 B21D；用于加工线材入 B21F）；其专用设备或附件
【词条属性】
【特征】
【数值】　管坯直径为 75 mm 时允许偏差为-0.5～1.0 mm
【数值】　管坯的直径为 80～90 mm 时，允许偏差为-1.3~0.8 mm
【数值】　管坯直径为 95～120 mm 时，允许偏差为-1.7~1.0 mm
【数值】　管坯长度：一般为 2.3～6 m
【数值】　弯曲度：无矫直设备时局部弯曲度每米不超过 10 mm，总弯曲度不超过总长的 1.0%
【数值】　管径直径不大于 96 mm 时，切斜小于 6 mm
【数值】　管坯直径为 95～120 mm 时，切斜度小于 8 mm
【数值】　剥皮或扒皮后的管坯表面粗糙度 *Ra* 为 25 μm
【特点】　管坯表面质量直接影响到成品钢管的外表面质量
【因素】
【影响因素】　管坯表面质量直接影响到成品钢管的外表面质量
【影响因素】　低倍组织会影响管坯的性能
【词条关系】
【层次关系】
【类分】　结构管与输送管管坯
【类分】　锅炉管管坯
【类分】　石油钻采与地质钻探管管坯
【类分】　化肥与化肥管管坯
【类分】　精密合金管管坯
【类分】　高温合金管管坯
【类属】　坯料
【应用关系】
【材料-部件成品】　管道
【生产关系】
【材料-原料】　实心圆钢
【材料-原料】　方坯
【材料-原料】　空心坯

◎管道

【基本信息】

【英文名】 conduit;pipeline

【拼音】 guan dao

【核心词】

【定义】

(1)又称管路、管线。由若干根管(子)直接焊接、黏接成或用各种型号管道连接配件连接成的输送流体的设施。

【来源】《中国土木建筑百科辞典·建筑设备工程》

(2)管道是用管子、管子连接件和阀门等连接成的用于输送气体、液体或带固体颗粒的流体的装置。

【来源】 百度百科

【分类信息】

【CLC 类目】

(1) TE973 油气管道

(2) TE973 油气储运设备的腐蚀与防护

(3) TE973 油气储运安全技术

(4) TE973 管道输送

(5) TE973 油气储存损耗及预防措施

【IPC 类目】

(1) F24C15/20 烹调烟气的排除(从烹调器皿中取出或凝结烹蒸调汽的该烹调器皿的元件、零部件或附件入 A47J36/38)〔5〕

(2) F24C15/20 提升阀,即带有闭合元件的切断装置,闭合元件至少有打开和闭合运动的分力垂直于闭合面(隔膜阀入 7/00)

(3) F24C15/20 排水、通风或充气的装置(排水阀入 F16K,如 F16K21/00;通风阀或充气阀入 F16K24/00)〔3〕

(4) F24C15/20 用套或管座连接(13/00,17/00,19/00 优先;专用于与塑料制成的或用于由塑料制成的管的连接安装或其他装配入 47/00;专用于脆性材料管入 49/00)

(5) F24C15/20 使用马达

【词条属性】

【特征】

【特点】 当流体的流量已知时,管径的大小取决于允许的流速或允许的摩擦阻力(压力降);流速大时管径小,但压力降值增大

【词条关系】

【层次关系】

【材料-组织】 磨损腐蚀

【类分】 压力管道

【类分】 超高分子聚乙烯管

【类分】 超高分子聚乙烯复合管

【类分】 寸胶管道

【类分】 金属管道

【类分】 非金属管道

【类分】 真空管道

【类分】 低压管道

【类分】 高压管道

【类分】 超高压管道

【类分】 低温管道

【类分】 常温管道

【类分】 中温管道

【类分】 高温管道

【类分】 给排水管道

【类分】 压缩空气管道

【类分】 氢气管道

【类分】 氧气管道

【类分】 乙炔管道

【类分】 热力管道

【类分】 燃气管道

【类分】 燃油管道

【类分】 剧毒流体管道

【类分】 有毒流体管道

【类分】 酸碱管道

【类分】 锅炉管道

【类分】 制冷管道

【类分】 净化纯气管道

【类分】 纯水管道

【组成部件】 管子

【组成部件】 管子连接件

【组成部件】 阀门

【应用关系】

【部件成品-材料】　管线钢
【部件成品-材料】　管坯
【使用】　铜管
【使用】　电解铜
【用于】　给水
【用于】　排水
【用于】　供热
【用于】　供煤气
【用于】　石油
【用于】　天然气
【生产关系】
【材料-工艺】　螺纹连接
【材料-工艺】　法兰连接
【材料-工艺】　承插连接
【材料-工艺】　焊接

◎管材

【基本信息】
【英文名】　pipe;tube
【拼音】　guan cai
【核心词】
【定义】

具有空芯截面而且长度远大于外径(或边长)的一种金属材料。截面通常为圆形,也可为扁形、方形或异形。

【来源】《金属材料简明辞典》
【分类信息】
【CLC 类目】
(1) TG394　高压液体成型
(2) TG394　塑性冷冲
(3) TG394　造船用材料
(4) TG394　工业部门经济
(5) TG394　非金属复合材料
【IPC 类目】
(1) F16L9/12　有加固或不加固的塑料的(9/16 至 9/22 优先)
(2) F16L9/12　带由管端或在管端内形成管套或管座的〔2〕
(3) F16L9/12　仅包含有或没有加强的金属层和塑料层的〔6〕
(4) F16L9/12　焊接连接;黏接连接
(5) F16L9/12　生产管状物品(24/00 优先)〔4〕
【词条属性】
【特征】
【缺点】　施工技术要求较高
【数值】　使用年限可以长达 50 年
【特点】　具有足够的强度
【特点】　耐磨性
【特点】　冲击韧性
【特点】　足够的硬度
【优点】　PPR 管材价格适中
【优点】　耐热耐腐蚀
【优点】　性能稳定
【优点】　不结垢
【优点】　PVC 管材加工性能良好
【优点】　制造成本低
【优点】　耐腐蚀
【词条关系】
【层次关系】
【并列】　丝材
【类分】　输送流体用无缝钢管
【类分】　流体输送用不锈钢无缝钢管
【类分】　低压锅炉用无缝钢管
【类分】　石油裂化用无缝钢管
【类分】　水管
【类分】　异径管
【类分】　软管
【类分】　镀锌管
【类分】　复合管
【类分】　纤维管
【类分】　铜管
【类分】　UPVC 管
【类分】　PVC 管
【类分】　PPR 管
【类分】　钢管
【类分】　无缝管
【类分】　焊管

【类分】 管道用钢管
【类分】 热工设备用管
【类分】 机械工业用管
【类分】 石油地质钻探用管
【类分】 化学工业用管
【应用关系】
【部件成品-材料】 工业纯钛
【使用】 冷变形
【使用】 形变热处理
【使用】 冷拔
【使用】 精轧
【用于】 深冲
【用于】 建筑工程
【用于】 化工厂
【用于】 电厂
【用于】 高压锅炉
【生产关系】
【材料-工艺】 热轧
【材料-工艺】 静液挤压
【材料-工艺】 离心铸造
【材料-工艺】 轧制
【材料-工艺】 挤压
【材料-工艺】 锻造
【材料-工艺】 拉拔
【材料-工艺】 焊接
【材料-原料】 铝材
【材料-原料】 难熔金属
【材料-原料】 铌合金
【材料-原料】 铍青铜
【材料-原料】 铅合金
【材料-原料】 方坯
【材料-原料】 亚共析钢
【原料-材料】 成形剂

◎固溶强化

【基本信息】
【英文名】 solid solution strengthening; solution strengthening
【拼音】 gu rong qiang hua
【核心词】
【定义】
(1)在合金中当溶质原子以固溶形式溶入基体中,使合金发生强化,称为固溶强化。
【来源】《固体物理学大辞典》
(2)固溶体的强度高于纯组元的现象。
【来源】《现代材料科学与工程辞典》
(3)采用添加溶质元素使固溶体强度升高的现象称为固溶强化。
【来源】《实用轧钢技术手册》
【分类信息】
【CLC 类目】
(1) TG132.3　特种热性质合金
(2) TG132.3　粉末成型、烧结及后处理
(3) TG132.3　特种机械性质合金
(4) TG132.3　金属表面防护技术
(5) TG132.3　合金学与各种性质合金
【IPC 类目】
(1) H01J　电子管或放电灯
(2) H01J　按成分区分的合金〔5,6〕
(3) H01J　铝做次主要成分的〔2〕
(4) H01J　含铝或硅的
(5) H01J　金属连续铸造,即长度不限的铸造(金属拉拔、金属挤压入 B21C)
【词条属性】
【特征】
【特点】 利用晶格畸变实现强化
【特点】 位错运动的阻力增大
【特点】 合金固溶体的强度与硬度增加
【特点】 韧性和塑性有所下降
【特点】 溶质原子的原子分数越高,强化作用也越大
【特点】 溶质原子与基体金属的原子尺寸相差越大,强化作用也越大
【特点】 间隙型溶质原子比置换原子具有较大的固溶强化效果
【特点】 溶质原子与基体金属的价电子数目相差越大,固溶强化效果越明显
【特点】 加入的合金元素越多,强化效果

越大

【特点】 溶质对为错的钉扎

【特点】 溶质与位错的化学交互作用

【特点】 溶质与位错的电交互作用

【特点】 周围溶质的应力场对位错滑动的阻碍作用

【因素】

【影响因素】 相对原子尺寸大小

【影响因素】 相对原子价

【影响因素】 溶质和溶剂间某些化学和物理差别

【影响因素】 溶质种类

【影响因素】 固溶体浓度

【影响因素】 溶剂和溶质原子尺寸差

【影响因素】 电子浓度

【影响因素】 溶质原子的强化效应

【影响因素】 弹性性质

【影响因素】 电学性质

【词条关系】

【等同关系】

【基本等同】 零维强化

【层次关系】

【并列】 形变强化

【并列】 沉淀硬化

【并列】 沉淀强化

【概念-实例】 马氏体强化

【概念-实例】 固溶处理

【概念-实例】 铜基减摩材料

【类分】 间隙固溶强化

【类分】 置换固溶强化

【类分】 均匀强化

【类分】 非均匀强化

【实例-概念】 强韧化

【应用关系】

【使用】 快速冷却

【使用】 位错

【生产关系】

【工艺-材料】 钼基合金

【工艺-材料】 难熔金属

【工艺-材料】 铌合金

【工艺-材料】 镍基合金

【工艺-材料】 青铜

◎钴合金

【基本信息】

【英文名】 co alloy;cobalt alloy

【拼音】 gu he jin

【核心词】

【定义】

以钴为基料加入其他元素组成的合金。

【来源】《军事大辞海・下》

【分类信息】

【CLC 类目】

(1) TQ153.2　合金的电镀

(2) TQ153.2　单一金属的电镀

(3) TQ153.2　特种电磁性质合金

(4) TQ153.2　特种热性质合金

(5) TQ153.2　电镀工业

【IPC 类目】

(1) B22D11/057　铸模的制造或校准〔7〕

(2) B22D11/057　铸模材料或板料〔7〕

(3) B22D11/057　合金的〔2〕

(4) B22D11/057　以施镀制品为特征的电镀〔2〕

(5) B22D11/057　未列入 3/04 至 3/50 各组之金属的〔2〕

【词条属性】

【特征】

【特点】 抗弯强度高

【特点】 抗压强度高

【特点】 冲击韧性好

【特点】 弹性模量高

【特点】 热膨胀系数小

【特点】 抗热疲劳性能

【特点】 钴是具有光泽的钢灰色金属

【特点】 钴是铁磁性的

【状况】

【前景】 超微 Ni-Co 合金粉

【词条关系】
【层次关系】
【并列】 铝合金
【并列】 铋合金
【并列】 铼合金
【并列】 铑合金
【概念-实例】 铝镍钴合金
【概念-实例】 铜钴合金
【概念-实例】 铬钴合金
【概念-实例】 钨铬钴合金
【概念-实例】 铁钴合金
【概念-实例】 钛钴合金
【类分】 变形合金
【类分】 稀土钴硬磁合金
【类分】 铸造合金
【类分】 1～5 型合金
【类分】 2～17 型合金
【类属】 三元合金
【类属】 硬质合金
【应用关系】
【材料-部件成品】 燃气轮机
【材料-部件成品】 喷气发动机
【材料-部件成品】 精密直流电机
【材料-部件成品】 家用电器
【材料-部件成品】 磁轴承
【材料-部件成品】 打印机
【材料-部件成品】 医疗器械
【材料-部件成品】 耐热部件
【用于】 电子
【用于】 催化剂

◎共晶合金

【基本信息】
【英文名】 eutectic alloy;eutectic alloys
【拼音】 gong jing he jin
【核心词】
【定义】

从一定成分的液体合金,在一定温度下,同时结晶出两种晶体(形成机械混合物),这一转变称为共晶转变,这一成分称为共晶合金,进行共晶转变的温度称为共晶温度。

【来源】《机械加工工艺辞典》
【分类信息】
【IPC 类目】
(1) B32B15/00　实质上由金属组成的层状产品
(2) B32B15/00　金属〔4〕
(3) B32B15/00　与金属制品黏接
【词条属性】
【特征】
【特点】 有固定的熔点
【特点】 具有良好的铸造性能
【特点】 熔点低
【特点】 没有先共晶相
【特点】 存在结晶温度间隔
【特点】 具有一定的力学性能
【状况】
【应用场景】 机械工业
【因素】
【影响因素】 冷却速度
【影响因素】 加热温度
【影响因素】 液体金属振动
【影响因素】 冷却分凝
【词条关系】
【层次关系】
【材料-组织】 $\alpha+\beta$ 两相混合组织
【概念-实例】 Au-20Sn 共晶合金
【概念-实例】 金锡共晶合金
【概念-实例】 硅铝共晶合金
【概念-实例】 Ni-Sn 共晶合金
【概念-实例】 Al-Cu-Si 共晶合金
【概念-实例】 钛硅共晶合金
【概念-实例】 铅铋共晶合金
【概念-实例】 铝铜共晶合金
【概念-实例】 Fe-B 共晶合金
【概念-实例】 Ag-Cu 共晶合金
【概念-实例】 硅铝明
【概念-实例】 共晶白口铁

【构成成分】　镍、锡、铝、硅、镁、铬、钼、银、金
【应用关系】
【使用】　烧结炉
【生产关系】
【材料-工艺】　定向凝固

◎共晶反应

【基本信息】
【英文名】　eutectic reaction
【拼音】　gong jing fan ying
【核心词】
【定义】
合金结晶时的液固反应之一。一定成分的液相在恒定温度下同时结晶为两个确定成分的固相的反应。
【来源】《金属功能材料词典》
【分类信息】
【IPC 类目】
(1) B22D17/00　压力铸造或喷射模铸造，即铸造时金属是用高压压入铸模的〔3〕
(2) B22D17/00　有开或闭孔隙的合金
(3) B22D17/00　合金的制造(不特别限定用于合金制造的粉末冶金设备或方法入B22F；用电热法入C22B4/00；用电解法入C25C)
【词条属性】
【特征】
【特点】　发生共晶反应时有三相共存，它们各自的成分是确定的，反应在恒温下平衡地进行
【特点】　只有共晶合金才能发生共晶反应
【特点】　非共晶合金不会发生共晶反应
【特点】　共晶反应产物为两种固相机械地混合在一起，具有有固定化学成分的组织，成为共晶体
【词条关系】
【层次关系】
【并列】　包晶反应
【并列】　亚共晶反应
【并列】　过共晶反应
【并列】　共析反应
【并列】　伪共晶反应
【参与构成】　液相
【参与构成】　奥氏体
【参与构成】　渗碳体
【参与构成】　共晶点
【概念-实例】　共晶相图
【类属】　平衡相变
【应用关系】
【工艺-组织】　共晶体

◎工业纯钛

【基本信息】
【英文名】　commercial pure titanium
【拼音】　gong ye chun tai
【核心词】
【定义】
钛含量不低于98%、含有少量氧、氮、氢、碳、硅和铁等杂质的致密金属钛。
【来源】《中国冶金百科全书·金属材料》
【分类信息】
【CLC 类目】
TG13　合金学与各种性质合金
【IPC 类目】
(1) C25D5/28　难熔金属表面的〔2〕
(2) C25D5/28　一般以其形态或物理性质为特点的催化剂〔2〕
(3) C25D5/28　金的〔2〕
(4) C25D5/28　制备催化剂之一般方法；催化剂活化的一般方法〔4〕
(5) C25D5/28　难熔金属或以其为基料之合金的〔2〕
【词条属性】
【特征】
【数值】　在882.5 ℃以下，钛是密排六方晶体的α-Ti(α相)
【数值】　在882.5 ℃以上，钛是体心立方

晶体的β-Ti(β相)

【数值】 纯钛的超导临界温度为0.38～0.4 K。

【数值】 钛的磁导率为1.00004

【特点】 无磁性

【特点】 导热系数较低

【特点】 密度低

【特点】 强度高

【特点】 易于熔焊

【特点】 易于钎焊

【特点】 具有优异的抗腐蚀性能

【特点】 抗阻尼性能强

【特点】 耐低温

【特点】 吸气性能高

【特点】 钛的导热性较差

【特点】 钛的导热性和导电性能较差

【时间】

【起始时间】 1948年美国杜邦(Du-pont)公司生产出了第一批商业性海绵钛,从此开创了世界钛工业生产的历史

【其他物理特性】

【比热容】 钛的热容为0.126卡/(克原子·度)

【密度】 工业纯钛的密度为4.51 g/cm^3

【熔点】 熔化温度范围为1640～1671 ℃

【力学性能】

【断面收缩率】 断面收缩率可达70%～80%

【延伸率】 工业纯钛的延伸率可达50%～60%

【因素】

【影响因素】 铁属于β相稳定元素

【影响因素】 氧能提高钛的室温抗拉强度,降低钛的塑性

【影响因素】 氮能提高钛的室温抗拉强度,降低钛的塑性

【影响因素】 碳能提高钛的室温抗拉强度,降低钛的塑性

【影响因素】 氢对钛性能的主要影响表现为“氢脆”,当钛中氢含量达到一定量后,将会大幅度提高钛对缺口的敏感性,从而急剧地降低缺口试样的冲击韧性等性能

【词条关系】

【层次关系】

【概念-实例】 ASTM-Gr-4

【概念-实例】 ASTM-Gr-3

【概念-实例】 ASTM-Gr-2

【概念-实例】 ASTM-Gr-1

【概念-实例】 JIS-classl

【概念-实例】 JIS-class2

【概念-实例】 JIS-class3

【概念-实例】 IMI-115

【概念-实例】 IMI-130

【概念-实例】 IMI-125

【概念-实例】 DIN-3.7025

【概念-实例】 DIN-3.7035

【概念-实例】 DIN-3.7055

【概念-实例】 DIN-3.7065

【概念-实例】 TA1

【概念-实例】 TA2

【概念-实例】 TA3

【概念-实例】 ZTA1

【概念-实例】 ZTA2

【概念-实例】 ZTA3

【实例-概念】 纯金属

【应用关系】

【材料-部件成品】 薄板

【材料-部件成品】 厚板

【材料-部件成品】 棒材

【材料-部件成品】 线材

【材料-部件成品】 管材

【材料-部件成品】 锻件

【材料-部件成品】 铸件

【材料-部件成品】 人造骨

【材料-部件成品】 人造关节

【用于】 生物工程材料

【用于】 结构材料

【用于】 电力

【用于】 石油化工
【用于】 制盐
【用于】 冶金
【用于】 化工
【用于】 轻工
【用于】 宇航
【用于】 医疗器械
【生产关系】
【材料-工艺】 沸腾氯化

◎各向异性

【基本信息】
【英文名】 anisotropism;anisotropy
【拼音】 ge xiang yi xing
【核心词】
【定义】

(1)材料在各个方向的力学性能不相同的特性。

【来源】《中国土木建筑百科辞典·工程力学》

(2)晶体的各向异性即沿晶格的不同方向,原子排列的周期性和疏密程度不尽相同,由此导致晶体在不同方向的物理化学特性也不同,这就是晶体的各向异性。

【来源】 百度百科
【分类信息】
【CLC 类目】
(1) O241.82　偏微分方程的数值解法
(2) O241.82　工程材料力学(材料强弱学)
(3) O241.82　磁学性质
(4) O241.82　数值分析
(5) O241.82　薄膜的性质
【IPC 类目】
(1) C09J9/02　导电的黏合剂〔5〕
(2) C09J9/02　基于液晶的,如单位液晶显示管(液晶材料入 C09K19/00)〔2〕
(3) C09J9/02　至少含 1 个杂环〔4〕
(4) C09J9/02　一般以组分的光、电或物理性质为特征的〔4〕
【词条属性】
【特征】
【特点】 物理性质随测量方向而变化
【特点】 化学性质随测量方向而变化
【特点】 力学性能随测量方向而变化
【因素】
【影响因素】 材料质地不均匀导致各方面强度不一致
【词条关系】
【等同关系】
【基本等同】 非均质性
【层次关系】
【并列】 各向同性
【概念-实例】 木材各向异性
【类分】 弹性各向异性
【类分】 电各向异性
【类分】 视各向异性
【类分】 点各向异性
【类分】 宏观各向异性
【类分】 微观各向异性

◎各向同性

【基本信息】
【英文名】 isotropism;isotropy
【拼音】 ge xiang tong xing
【核心词】
【定义】

又称为“同向性”或“均质性”。非晶体的特性之一。指物体的物理、化学、机械等性能不因其方向不同而有所变化的特性,即在不同方向测得的性能数值基本相同。

【来源】《金属材料简明辞典》
【分类信息】
【CLC 类目】
(1) TB33　复合材料
(2) TB33　地下地球物理勘探
(3) TB33　马尔可夫过程
(4) TB33　工程材料一般性问题

(5) TB33　概率论(概率论、或然率论)

【IPC 类目】

(1) C08G83/00　在 2/00 到 81/00 组中未包括的高分子化合物〔2〕

(2) C08G83/00　供防光,尤其是防阳光的屏帘或其他构造;为隐避或显露用的类似屏帘(用于可卷式的闭合装置的操纵、导向或固定的设施或设备入 9/56;自由悬挂柔性的屏帘入 A47H23/00)

(3) C08G83/00　关于物理性质,如硬度

(4) C08G83/00　掺杂剂或电荷传递剂〔4〕

(5) C08G83/00　纤维素衍生物〔2〕

【词条属性】

【特征】

【特点】　物理性质不随量度方向变化

【特点】　化学性质不随量度方向变化

【状况】

【应用场景】　所有的气体、液体(液晶除外)及非晶质物体都显示各向同性

【应用场景】　由于晶粒在空间方位上排列是无规则的,所以金属的整体表现出各向同性

【词条关系】

【等同关系】

【基本等同】　均质性

【层次关系】

【并列】　各向异性

【概念-实例】　气体

【概念-实例】　液体

【概念-实例】　非晶质物体

【概念-实例】　金属

【概念-实例】　岩石

◎锆合金

【基本信息】

【英文名】　zirconium alloy

【拼音】　gao he jin

【核心词】

【定义】

以锆为基料添加其他元素组成的合金,是一类广泛用于核反应堆的难熔金属材料。

【来源】《中国冶金百科全书·金属材料》

【分类信息】

【CLC 类目】

(1) TF841.4　锆、铪

(2) TF841.4　普通水冷却反应堆(轻水堆)

(3) TF841.4　结构材料

(4) TF841.4　反应堆材料及其性能

(5) TF841.4　金属腐蚀与保护、金属表面处理

【IPC 类目】

(1) C22C16/00　锆基合金〔2〕

(2) C22C16/00　核反应堆

(3) C22C16/00　高熔点或难熔金属或以它们为基料的合金

(4) C22C16/00　阴极还原其全部离子所制得的合金〔2〕

【词条属性】

【特征】

【数值】　纯锆的转变温度为 862 ℃。

【数值】　Zr-2.5Nb 合金有明显的淬火强化效应,这种合金加热到 β 区或($\alpha+\beta$)高温区,经过水中淬火后,其室温抗拉强度可达 90 kgN/mm^2

【数值】　Zr-2.5Nb 合金淬火后再经 500 ℃ 适当时效处理,其强度不降低,而塑性却显著提高

【特点】　具有较低的原子热中子吸收截面

【特点】　锆合金在 300～400 ℃ 的高温高压水和蒸汽中有良好的耐蚀性能、适中的力学性能、较低的原子热中子吸收截面(锆为 0.18 靶恩),对核燃料有良好的相容性

【特点】　锆合金对多种酸(如盐酸、硝酸、硫酸和醋酸)、碱和盐有优良的抗蚀性

【特点】　锆与氧、氮等气体有强烈的亲和力

【特点】 锆具有优异的发光特性

【特点】 锆和锆合金都有同质异晶转变，高温相是体心立方结构的β-Zr，低温相是密排六方结构的α-Zr

【特点】 Zr-2.5Nb 合金有极好的耐腐蚀性能

【特点】 锆和锆合金塑性好

【特点】 锆的基本性质是：易被氧、氮、氢等污染，易黏模具，有同质异晶转变

【特点】 锆和锆合金具有良好的熔焊性能

【状况】

【现状】 目前，从海绵锆到锆合金，已实现锆合金工业化生产的国家有美国、俄罗斯、法国、德国、加拿大和中国等

【应用场景】 核反应堆对锆合金构件的要求是尺寸精度高，显微组织要求严格，性能稳定

【应用场景】 使用最广的无缝锆管加工的主要工序：配制自耗电极、熔铸、锻造、热挤（管坯）、冷加工、精整

【时间】

【起始时间】 纯锆就其强度和抗蚀性能来说，都不能满足核燃料包壳和压力管的要求；20 世纪 40 年代末，美国为了探索锆在水冷反应堆中的应用，着手研究锆合金

【起始时间】 到 20 世纪 50 年代中期，研制成具有优良综合性能的 Zr-2 合金（Zirca-loy-2），并用作世界第一艘核潜艇“舡鱼”号的核燃料包壳材料，后来又制成 Zr-4（Zircaloy-4），Zr-1Nb 和 Zr-2.5Nb 合金

【因素】

【影响因素】 锆合金和工业锆的转变温度受合金元素和杂质元素的影响：铁、镍、铬、铌的加入缩小α-Zr 相区，使转变温度降低

【影响因素】 氧、氮、锡扩大α-Zr 相区，使锆和锆合金转变温度升高

【影响因素】 锆合金的织构对其强度、蠕变性能、氢化物取向、辐照生长等有重要影响

【词条关系】

【层次关系】

【并列】 铝合金

【并列】 铋合金

【并列】 钌合金

【并列】 铼合金

【并列】 铑合金

【概念-实例】 Zr-2 合金

【概念-实例】 Zr-2.5Nb 合金

【概念-实例】 Zr-1Nb 合金

【类分】 锆锡合金

【类分】 锆铌合金

【类属】 有色金属材料

【实例-概念】 难熔金属

【应用关系】

【材料-部件成品】 水冷核反应堆的堆芯结构材料

【材料-部件成品】 耐蚀部件

【材料-部件成品】 制药器件

【材料-部件成品】 非蒸散型消气剂

【用于】 电真空工业

【用于】 灯泡工业

【用于】 核工业

◎高周疲劳

【基本信息】

【英文名】 high cycle fatigue；high-cycle fatigue

【拼音】 gao zhou pi lao

【核心词】

【定义】

一种应力较低、频率较高和大于 5×10^4 循环数下发生疲劳断裂的现象。

【来源】《现代材料科学与工程辞典》

【分类信息】

【CLC 类目】

（1）TG113.25　机械性能（力学性能）

（2）TG113.25　机械性能（力学性能）试验

（3）TG113.25　钢的组织与性能

【IPC 类目】

(1) C23C14/48　离子注入〔4〕

(2) C23C14/48　以镀层材料为特征的(14/04优先)〔4〕

【词条属性】

【特征】

【数值】 破坏循环次数一般高于(1～10)E+04

【特点】 作用于零件或构件的应力水平较低

【特点】 循环应力明显低于屈服强度

【特点】 高周疲劳材料处于弹性范围,应力与应变线性相关

【因素】

【影响因素】 应力

【影响因素】 温度

【影响因素】 腐蚀介质

【影响因素】 试样表面尺寸

【影响因素】 尺寸因素

【影响因素】 合金成分

【影响因素】 非金属夹杂物及冶金缺陷

【影响因素】 显微组织

【词条关系】

【等同关系】

【俗称为】 高循环疲劳

【层次关系】

【概念-实例】 弹簧的疲劳

【概念-实例】 传动轴的疲劳

【应用关系】

【使用】 S—N曲线

【使用】 旋转弯曲疲劳试验及

【用于】 铝合金

【用于】 ZK60镁合金晶间腐蚀

【用于】 GW103K镁合金

【用于】 DZ468合金

【用于】 TA15钛合金

【用于】 ZG20SiMn铸钢

【用于】 镍基单晶高温合金

【用于】 TRIP钢

【用于】 超高强度钢

【用于】 压铸镁合金AZ91D

◎高温硬度

【基本信息】

【英文名】 hardness of metal at high temperature;hot hardness

【拼音】 gao wen ying du

【核心词】

【定义】

表征金属材料在高温下的软硬程度的参数。

【来源】《中国土木建筑百科辞典·工程力学》

【分类信息】

【CLC类目】

TG161　钢的热处理

【IPC类目】

(1) C22C29/10　以碳化钛为基料的〔4〕

(2) C22C29/10　以碳化物或碳氮化物为基料的〔4〕

(3) C22C29/10　用粉末冶金法(1/08优先)〔2〕

(4) C22C29/10　含铌或钽的〔2〕

(5) C22C29/10　以碳化钨为基料的〔4〕

【词条属性】

【状况】

【应用场景】 在航空、航天领域里,材料的高温硬度是非常重要的性能

【应用场景】 在火箭制造中,材料的高温硬度是非常重要的性能

【因素】

【影响因素】 材料高温硬度与材料的组织及其结构有关

【影响因素】 材料高温硬度与材料的化学成分有关

【词条关系】

【层次关系】

【类属】 高温力学性能

【类属】 高温强度

【测度关系】
【物理量-度量方法】　压印法
【物理量-度量方法】　一端平压法
【物理量-度量方法】　相互压入法
【物理量-度量工具】　高温硬度计

◎高温强度

【基本信息】
【英文名】　high temperature strength; high-temperature strength
【拼音】　gao wen qiang du
【核心词】
【定义】
(1)金属在高温加载条件下抵抗变形和断裂的能力。
(2)高温下金属材料的力学性能。
【来源】　《实用机械工程材料手册》
【分类信息】
【CLC 类目】
(1) TB39　其他材料
(2) TB39　复合材料
(3) TB39　矿石预处理、烧结、团矿
(4) TB39　化工机械与仪器、设备
(5) TB39　金属复合材料
【IPC 类目】
(1) C04B35/66　含有或不含有黏土的整块耐火材料或耐火砂浆
(2) C04B35/66　以氧化镁为基料的〔6〕
(3) C04B35/66　以氧化钙为基料的〔6〕
(4) C04B35/66　含钴的〔2〕
(5) C04B35/66　开或堵出铁口、出渣口
【词条属性】
【特征】
【特点】　应变速度越高,材料的高温强度也越高
【特点】　晶界强化可以提高高温强度
【状况】
【应用场景】　电站设备零件制造
【应用场景】　石油化工设备零部件制造
【应用场景】　航空发动机设备零件制造
【因素】
【影响因素】　时间
【影响因素】　应力
【影响因素】　应变
【影响因素】　化学成分
【影响因素】　冶炼工艺
【影响因素】　组织结构
【影响因素】　热处理工艺
【词条关系】
【层次关系】
【概念-实例】　高温短时拉伸强度
【概念-实例】　蠕变
【概念-实例】　持久强度
【类分】　高温蠕变强度
【类分】　松弛稳定性
【类分】　高温短时拉伸性能
【类分】　高温硬度
【类属】　耐热性
【类属】　耐高温性
【应用关系】
【使用】　等温线法
【使用】　时间—温度参数法
【使用】　最小约束法
【使用】　状态方程法
【用于】　热力管道
【用于】　高温部件
【用于】　发动机涡轮盘
【用于】　发动机叶片

◎高温力学性能

【基本信息】
【英文名】　mechanical behavior under high temperature
【拼音】　gao wen li xue xing neng
【核心词】
【定义】
高温下材料因抵抗外力作用而产生各种变形和应力的能力,如强度、弹性、塑性等。

【来源】 百度百科

【分类信息】

【CLC 类目】

(1) O344.1 塑性力学基本理论

(2) O344.1 机械试验法

(3) O344.1 工程材料力学(材料强弱学)

(4) O344.1 金属复合材料

(5) O344.1 复合材料

【IPC 类目】

(1) C04B35/622 形成工艺;准备制造陶瓷产品的无机化合物的加工粉末〔6〕

(2) C04B35/622 含氧化锆或锆英石($ZrSiO_4$)的〔6〕

(3) C04B35/622 锌或镉做次主要成分的〔2〕

(4) C04B35/622 以氧化物为基料的〔6〕

(5) C04B35/622 用熔炼法

【词条属性】

【状况】

【应用场景】 在航空、航天领域里,材料的高温力学性能是非常重要的

【应用场景】 在火箭制造中,材料的高温力学性能是非常重要的

【因素】

【影响因素】 材料高温力学性能同常温力学性能一样,与材料的组织及其结构有关

【影响因素】 在高温下,由于液相的出现,液相的性质、数量及分布状态,对材料的力学性能影响极大

【影响因素】 高温力学性能与材料其组分的强度、弹性、塑性和黏结性等力学性能的总和有关

【词条关系】

【层次关系】

【类分】 高温蠕变性能

【类分】 高温持久强度

【类分】 高温松弛稳定性

【类分】 高温短时拉伸性能

【类分】 高温硬度

【类分】 高温疲劳性能

【类分】 高温持久硬度

【类属】 力学性能

【测度关系】

【物理量-度量工具】 MTS 810 材料试验机

◎高温合金

【基本信息】

【英文名】 superalloy;super alloy

【拼音】 gao wen he jin

【核心词】

【定义】

(1)在高温下具有高的抗氧化性、抗蠕变性与持久强度的合金,也叫耐热合金。

【来源】《中国成人教育百科全书·化学·化工》

(2)铁基、镍基和钴基高温合金的总称,又称超合金。

【来源】《现代科学技术名词选编》

(3)在 600～1200 ℃ 高温下能承受一定应力并具有抗氧化和抗腐蚀能力的合金。又称为“超合金”或“耐热合金”。

【来源】《金属材料简明辞典》

【分类信息】

【CLC 类目】

(1) TG132.3 特种热性质合金

(2) TG132.3 金属的蠕变和疲劳

(3) TG132.3 金属热力学

(4) TG132.3 文摘、索引

【IPC 类目】

(1) C30B11/00 正常凝固法或温度梯度凝固法的单晶生长,如 Bridgman-Stockbarger 法(13/00,15/00,17/00,19/00 优先;保护流体下的入 27/00)〔3〕

(2) C30B11/00 涂瓷料前金属表面的化学处理(金属工件的清洗和脱脂入 C23G)

(3) C30B11/00 搪瓷;釉(陶瓷用冷釉入 C04B41/86);含有非熔块添加剂的玻璃料熔封成分〔4〕

(4) C30B11/00　影响金属温度，如用加热或冷却铸型(连续铸造中底部开口铸模的冷却入 11/055)〔1,7〕

(5) C30B11/00　镍基合金〔2〕

【词条属性】

【特征】

【缺点】　合金化程度较高

【优点】　具有优异的高温强度

【优点】　良好的抗氧化

【优点】　抗热腐蚀性能

【优点】　良好的疲劳性能

【优点】　良好的断裂韧性

【状况】

【前景】　提高合金的工作温度

【前景】　改善中温或高温下承受各种载荷的能力

【前景】　延长合金寿命

【前景】　合金的防护涂层材料和工艺

【现状】　1200 ℃ 高温材料和 1500 ℃ 高温材料目前中国还没有使用

【时间】

【起始时间】　20 世纪 30 年代后期

【力学性能】

【抗拉强度】　800 MPa

【词条关系】

【等同关系】

【基本等同】　超合金

【基本等同】　耐热合金

【层次关系】

【材料-组织】　单一奥氏体组织

【概念-实例】　GH4169 合金

【概念-实例】　GH1015(GH15)

【概念-实例】　GH3030(GH30)

【概念-实例】　K419 合金

【概念-实例】　DD402 单晶合金

【概念-实例】　FGH95

【概念-实例】　MA956

【概念-实例】　Ti3Al 基合金

【构成成分】　铬、钴、铝、钛、镍、钼、钨、η 相

【类分】　钌合金

【类分】　铌合金

【类分】　镍合金

【类分】　760 ℃ 高温材料

【类分】　1200 ℃ 高温材料

【类分】　1500 ℃ 高温材料

【类分】　铁基高温合金

【类分】　镍基高温合金

【类分】　变形高温合金

【类分】　铸造高温合金

【类分】　粉末冶金高温合金

【类分】　固溶强化型

【类分】　沉淀强化型

【类分】　氧化物弥散强化型

【类分】　纤维强化型

【类分】　粉末高温合金

【实例-概念】　超塑性

【主体-附件】　晶界析出

【应用关系】

【材料-部件成品】　涡轮叶片

【材料-部件成品】　导向叶片

【材料-部件成品】　涡轮盘

【材料-部件成品】　高压压气机盘

【材料-部件成品】　燃烧室

【材料-部件成品】　能源转换装置

【使用】　真空炉

【使用】　脱溶

【使用】　水雾化工艺

【使用】　硬钎焊

【使用】　微晶金属材料

【用于】　军民用燃气涡轮发动机

【用于】　航空

【用于】　舰艇

【用于】　工业用燃气轮机

【用于】　核反应堆

【用于】　石油化工

【用于】　煤的转化

【生产关系】

【材料-工艺】 晶粒细化
【材料-工艺】 重熔
【材料-工艺】 固溶处理
【材料-工艺】 非真空感应炉冶炼
【材料-工艺】 冶炼和二次重熔
【材料-工艺】 等离子电弧熔炼
【材料-原料】 纯铁

◎高温超导材料

【基本信息】

【英文名】 high temperature superconducting material

【拼音】 gao wen chao dao cai liao

【核心词】

【定义】

高温超导材料,是具有高临界转变温度(Tc)能在液氮温度条件下工作的超导材料。因主要是氧化物材料,故又称高温氧化物超导材料。

【来源】《中国冶金百科全书·金属材料》

【分类信息】

【CLC 类目】

(1) TM26 超导体、超导体材料

(2) TM26 工程材料一般性问题

(3) TM26 功能材料

【IPC 类目】

(1) H01L27/00 由在一共用基片内或其上形成的多个半导体或其他固体组件组成的器件(适用于该器件或其部件的制造或处理的方法或设备入 21/70,31/00 至 49/00;其零部件入 23/00,29/00 至 49/00;由多个单个固体器件组成的组装件入 25/00;一般电组件的组装件入 H05K)〔2〕

(2) H01L27/00 按材料区分的〔2〕

(3) H01L27/00 氧化镁

(4) H01L27/00 波能法或粒子辐射法(14/32 至 14/48 优先)〔4〕

(5) H01L27/00 氧化物〔3〕

【词条属性】

【特征】

【缺点】 短的相干度

【缺点】 不均匀性

【特点】 具有陶瓷性质

【特点】 超导性能具有很强的各向异性

【特点】 高温超导材料具有明显的层状二维结构

【优点】 具有很高的超导转变温度

【状况】

【前景】 超导技术的发展、应用和普及将会在世界能源方面发挥不朽的作用,将会为世界每年免去不必要的边缘耗散。

【现状】 1986 年 1 月,美国国际商用机器公司设在瑞士苏黎世实验室科学家柏诺兹和缪勒首先发现钡镧铜氧化物是高温超导体,将超导温度提高到 30 K

【现状】 日本东京大学工学部又将超导温度提高到 37 K

【现状】 美籍华裔科学家朱经武将超导温度提高到 40.2 K

【时间】

【起始时间】 1911 年 2 月,昂内斯发现,在 4.3 K 时,铂的电阻是一个定值;他认为这个定值是由杂质引起的,从而昂内斯选择汞作研究对象,因为汞在常温下可以连续用蒸馏法提纯;在 3 K 时,他发现电阻降到 3×10^{-6}以下,这是第一次观察到的超导电性。

【词条关系】

【层次关系】

【参与组成】 超导材料

【类分】 镧钡铜氧体系超导材料

【类分】 钇钡铜氧体系超导材料

【类分】 铋锶钙铜氧体系超导材料

【类分】 铊钡钙铜氧体系超导材料

【类分】 铅锶钇铜氧体系超导材料

【类分】 钡钾铋氧体系超导材料

【应用关系】

【材料-部件成品】 薄膜

【材料-部件成品】 超导薄膜

【材料-部件成品】　高温超导无源微波器件

【材料-部件成品】　滤波器

【材料-部件成品】　延迟线

【使用】　使用温度

【生产关系】

【原料-材料】　单晶块材

【原料-材料】　多晶块材

【原料-材料】　金属复合材料

◎高弹性合金

【基本信息】

【英文名】　spring alloy;high elastic alloy

【拼音】　gao tan xing he jin

【核心词】

【定义】

(1)泛指恒弹性合金以外的其他弹性合金。

【来源】《中国冶金百科全书·金属材料》

(2)高弹性模量合金。

【分类信息】

【词条属性】

【特征】

【特点】　弹性极限高

【特点】　比例极限高

【特点】　疲劳强度高

【特点】　低的弹性滞后

【特点】　应力松弛率低

【特点】　低的弹性后效

【特点】　耐热好

【特点】　耐蚀性能良好

【特点】　导电和磁性性能良好

【词条关系】

【层次关系】

【概念-实例】　0Cr17Ni7Al

【概念-实例】　0Cr15Ni7Mo2Al

【概念-实例】　NiCr15TiAlNb

【概念-实例】　NiCr47Mo3

【概念-实例】　36Ni-Cr-Ti-Al 合金

【类分】　弥散强化合金

【类分】　半奥氏体弥散强化不锈钢

【类分】　镍基合金

【类分】　Ni-Be 合金

【类分】　顺磁性的铌基合金

【类分】　变形强化合金

【类分】　通用弹簧钢

【类分】　不锈弹簧钢

【类分】　非铁磁性耐蚀高弹性合金

【类分】　高温高弹性合金

【类分】　高导电高弹性合金

【类属】　弹性合金

【实例-概念】　弹性变形

【应用关系】

【材料-部件成品】　弹性敏感元件

【材料-部件成品】　储能元件

【用于】　弹簧

【用于】　膜片

【用于】　波纹膜盒

【用于】　发条

【用于】　张丝

【用于】　悬丝

【用于】　力传感器

【用于】　机械制造业

【用于】　精密仪器仪表

【用于】　原子能技术

【用于】　遥控遥测技术

【用于】　无线电电子技术

◎高纯度

【基本信息】

【英文名】　high purity

【拼音】　gao chun du

【核心词】

【定义】

物质含杂质多少的程度。杂质越少,纯度越高。

【来源】《汉语倒排词典》

【分类信息】

【CLC 类目】

(1) O625 芳香族化合物

(2) O625 特种结构材料

【词条属性】

【特征】

【特点】 高纯度金属的杂质通常为 10^{-6} 级(即百万分之几)

【特点】 超纯半导体材料的杂质达 10^{-9} 级(十亿分之几)

【状况】

【前景】 未来高纯度金属将发展到 10^{-12} 级(一万亿分之几)

【现状】 目前工业生产的金属仍是以化学杂质的含量作为标准,即以金属中杂质总含量用百万分之几表示

【应用场景】 现代高技术产业要求制备出超高纯度金属以利于制作高性能器件

【词条关系】

【等同关系】

【缩略为】 高纯

【层次关系】

【并列】 超高纯度

【并列】 超纯度

【并列】 低纯度

◎高比容

【基本信息】

【英文名】 high specific capacitance;high CV

【拼音】 gao bi rong

【核心词】

【定义】

物体的体积和其重量的比值,为比重的倒数,它与状态、温度、压力等因素有关。不同物体的比容不同。

【来源】 《金属材料简明辞典》

【分类信息】

【CLC 类目】

TB44 粉末技术

【词条属性】

【特征】

【特点】 其数值是密度的倒数

【特点】 高比容金属一般具有很小的密度

【因素】

【影响因素】 材料的比容通常与状态、温度、压力等因素有关

【词条关系】

【等同关系】

【基本等同】 比体积

【层次关系】

【并列】 低比容

【概念-实例】 海水比容

【概念-实例】 血细胞比容

【概念-实例】 电容密度

◎覆层

【基本信息】

【英文名】 coating

【拼音】 fu ceng

【核心词】

【定义】

在基体金属表面用作防腐蚀、耐磨或装饰目的而镀装的金属膜层。

【来源】 《中国土木建筑百科辞典·工程材料·上》

【分类信息】

【CLC 类目】

TQ171.77 玻璃纤维

【IPC 类目】

(1) F21S4/00 使用光源串或带的装置或系统〔7〕

(2) F21S4/00 产生变化的照明效果的装置和系统〔7〕

(3) F21S4/00 与照明装置或系统的用途或应用有关的和小类 F21L,S 和 V 结合的引得分类表

(4) F21S4/00 覆层中临时形成液相的〔4〕

(5) F21S4/00 用未列入 2/00 至 26/00 各大组中单一组的方法,抑或用列入 C23C 与

C25C 或 C25D 各小类中方法的组合以获得至少二层叠加层的镀覆〔4〕

【词条属性】

【特征】

【特点】　具有良好的耐腐蚀性能

【特点】　具有良好的耐磨性能

【特点】　增加材料表面的观赏性

【词条关系】

【层次关系】

【类分】　金属覆层

【类分】　非金属覆层

【应用关系】

【用于】　传统工业

【用于】　电子信息工业

【用于】　光学领域

【用于】　航空

【用于】　航天

【用于】　军事装备

【生产关系】

【材料-工艺】　电镀法

【材料-工艺】　金属喷涂法

【材料-工艺】　表面合金化法

【材料-工艺】　热浸金属覆层

【材料-工艺】　包覆法

【材料-工艺】　气相沉积法

◎复合管

【基本信息】

【英文名】　complex pipe;composite pipe

【拼音】　fu he guan

【核心词】

【定义】

(1)又称被覆管。将两种或两种以上不同性质的材料叠合在一起制成的管。

【来源】《中国土木建筑百科辞典·建筑设备工程》

(2)复合管材是以金属管材为基础,内、外焊接聚乙烯、交联聚乙烯等非金属材料成型,具有金属管材和非金属管材的优点。

【分类信息】

【CLC 类目】

(1) TG306　压力加工工艺

(2) TG306　煤气净制

(3) TG306　复合材料

【IPC 类目】

(1) F16L9/147　仅包含有或没有加强的金属层和塑料层的〔6〕

(2) F16L9/147　组合管,即用上述各组中任一组均未完全包括的材料制成(9/16 至 9/22 优先)

(3) F16L9/147　带由管端或在管端内形成管套或管座的〔2〕

(4) F16L9/147　焊接连接;黏接连接

(5) F16L9/147　专门适用于塑料制造的或与塑料制成的管一起用的连接装置或其他配件(填料,用于接头,适于通过流体压力密封入 17/00)

【词条属性】

【特征】

【特点】　具有良好的耐温耐压性能

【特点】　具有较大的线膨胀系数

【特点】　具有良好的隔热保温性能

【特点】　具有良好的抗水锤性能

【特点】　具有良好的耐腐蚀能力

【特点】　具有较轻的质量

【词条关系】

【层次关系】

【类分】　铝塑复合管

【类分】　铜塑复合管

【类分】　钢塑复合管

【类分】　涂塑复合管

【类分】　钢骨架 PE 管

【类属】　管材

◎复合粉

【基本信息】

【英文名】　composite powder

【拼音】　fu he fen

【核心词】
【定义】
每一颗粒由两种或多种不同成分组成的粉末。可分为混合型复合粉和包覆型复合粉。包覆型复合粉体不同于传统的混合型复合粉体,它具有核壳结构,由中心粒子和包覆层组成,包覆型复合粉体中的不同相可以达到一个个颗粒间的混合,而一般复合粉体则实现不了粒子级别上的均匀混合程度。
【来源】 百度百科
【分类信息】
【CLC 类目】
TB33 复合材料
【IPC 类目】
(1) C04B35/622 形成工艺;准备制造陶瓷产品的无机化合物的加工粉末〔6〕
(2) C04B35/622 复合材料〔6〕
(3) C04B35/622 以氧化锌、氧化锡或氧化铋或与其他氧化物的固溶体,如锌酸盐、锡酸盐或铋酸盐,为基料的〔6〕
(4) C04B35/622 以氧化锆或氧化铪或锆酸盐或铪酸盐为基料的〔6〕
(5) C04B35/622 热压法〔6〕
【词条属性】
【特征】
【特点】 一般由很细小的粒子均匀混合而成
【特点】 复合粉中不同种类粒子间的复合方式有混合式和包覆式两种类型
【词条关系】
【等同关系】
【全称是】 复合粉末
【层次关系】
【类分】 混合型复合粉
【类分】 包覆型复合粉
【类分】 混合式复合粉
【类分】 包覆式复合粉
【应用关系】
【使用】 共沉淀法制粉
【生产关系】
【材料-工艺】 物理复合法
【材料-工艺】 化学复合法
【材料-工艺】 研磨复合法
【材料-工艺】 高速机械冲击复合法
【材料-工艺】 机械搅拌复合法
【材料-工艺】 等离子体复合法
【材料-工艺】 溶胶-凝胶(501-Gel)法
【材料-工艺】 共沉淀法
【材料-工艺】 化学气相反应(CVD)法
【材料-工艺】 微胶囊法及微乳液法
【材料-工艺】 气相法
【材料-工艺】 液相法
【材料-工艺】 固相法
【材料-工艺】 机械化学法
【材料-工艺】 气相燃烧法
【材料-工艺】 异相凝聚法
【材料-工艺】 异相聚合法
【材料-工艺】 沉积法
【材料-工艺】 相转移法
【材料-工艺】 高能球磨法

◎复合带

【基本信息】
【英文名】 clad coil
【拼音】 fu he dai
【核心词】
【定义】
用两种或多种材质和性能不同的金属经复合加工实现冶金结合而生产的板带材。
【来源】《中国冶金百科全书·金属塑性加工》
【分类信息】
【IPC 类目】
(1) C23C14/22 以镀覆工艺为特征的〔4〕
(2) C23C14/22 连续镀覆的专用设备;维持真空的装置,如真空锁定器〔4〕
(3) C23C14/22 镍或钴或以它们为基料

的合金

(4) C23C14/22　镍基合金〔2〕

【词条属性】

【特征】

【特点】　具有较高的比强度

【特点】　具有良好的导电性

【特点】　具有良好的导热性

【特点】　具有良好的耐腐蚀性

【特点】　具有良好的减震性

【特点】　具有良好的耐磨性

【词条关系】

【等同关系】

【基本等同】　复合板

【层次关系】

【概念-实例】　不锈钢-钢

【概念-实例】　铜-钢

【概念-实例】　钛-钢

【概念-实例】　钛-不锈钢

【概念-实例】　塑料-青铜-钢

【概念-实例】　铝-铜

【概念-实例】　铝-钛

【类分】　双金属板带

【类分】　复合钢板

【组成部件】　超导带

【应用关系】

【用于】　石油化工

【用于】　汽车

【用于】　船舶

【用于】　航天

【用于】　航空

【用于】　核工业

◎复合材料

【基本信息】

【英文名】　composite;composite material

【拼音】　fu he cai liao

【核心词】

【定义】

(1)由两种或多种材料复合而成的一种多相材料。

【来源】《中国冶金百科全书·金属材料》

(2)由两种或多种性质不同的材料组成的多相材料。

【来源】《现代科学技术名词选编》

【分类信息】

【CLC 类目】

(1) TB332　非金属复合材料

(2) TB332　复合材料

(3) TB332　金属复合材料

(4) TB332　金属-非金属复合材料

(5) TB332　特种结构材料

【IPC 类目】

(1) C08K3/34　含硅化合物〔2〕

(2) C08K3/34　用有机物质处理的配料〔2〕

(3) C08K3/34　在配料的存在下聚合,如增塑剂、染料、填充剂〔2〕

(4) C08K3/34　按质量分数至少为5%但小于50%的,无论是本身加入的还是原位形成的氧化物、碳化物、硼化物、氮化物、硅化物或其他金属化合物,如氮氧化合物、硫化物的有色合金〔2〕

(5) C08K3/34　木质纤维素材料,如木材、稻草、蔗渣〔2〕

【词条属性】

【特征】

【特点】　比强度高

【特点】　比弹性模量高

【特点】　抗疲劳与断裂安全性能好

【特点】　良好的减震性能

【特点】　良好的高温性能

【特点】　可设计性强

【状况】

【前景】　纳米复合材料的研究开发成为新的热点

【现状】　全球复合材料市场快速增长,亚洲尤其中国市场增长较快

【现状】　2003—2008 年中国年均增速为

15%

【应用场景】 航空航天工业
【应用场景】 汽车工业
【应用场景】 铁路建设
【应用场景】 军事领域
【应用场景】 交通运输行业
【应用场景】 日用品
【应用场景】 健身器材制造
【时间】
【起始时间】 20 世纪 40 年代
【词条关系】
【层次关系】
【类分】 金属复合材料
【类分】 金属基复合材料
【类分】 镍基合金
【类分】 热双金属
【类分】 金属与金属复合材料
【类分】 非金属与金属复合材料
【类分】 非金属与非金属复合材料
【类分】 纤维增强复合材料
【类分】 夹层复合材料
【类分】 细粒复合材料
【类分】 混杂复合材料
【类分】 聚合物复合材料
【类分】 陶瓷复合材料
【类分】 结构复合材料
【类分】 功能复合材料
【类分】 C-C 复合材料
【类分】 金属基纤维增强材料
【类分】 金属基颗粒增强材料
【类分】 离合器片
【类分】 刹车片
【类分】 金刚石复合片
【类分】 隐身材料
【类属】 金属陶瓷
【应用关系】
【使用】 使用寿命
【使用】 使用温度
【使用】 深加工
【使用】 强韧化
【使用】 抗弯强度
【使用】 抗拉强度
【用于】 丝材
【生产关系】
【材料-工艺】 静液挤压
【材料-工艺】 手糊成型
【材料-工艺】 喷射成型
【材料-工艺】 纤维缠绕成型
【材料-工艺】 模压成型
【材料-工艺】 拉挤成型
【材料-工艺】 RTM 成型
【材料-工艺】 热压罐成型
【材料-工艺】 粉末冶金
【材料-工艺】 热轧
【材料-工艺】 热拔
【材料-工艺】 热静压
【材料-原料】 碳纤维

◎复合板

【基本信息】
【英文名】 clad plate
【拼音】 fu he ban
【核心词】
【定义】

(1)用两种或多种材质和性能不同的金属经复合加工实现冶金结合而生产的板带材。

【来源】《中国冶金百科全书·金属塑性加工》

(2)只有两种金属单面复合而成的金属板带称为双金属板带;以钢板为基层板覆有其他金属或非金属板的复合板叫作复合钢板,是复合板带材中的主要品种。

【来源】《中国冶金百科全书·金属塑性加工》

【分类信息】
【CLC 类目】
(1) TG456.6 爆炸焊
(2) TG456.6 设计、计算、制图

（3）TG456.6　非金属材料

（4）TG456.6　金属复合材料

（5）TG456.6　复合材料

【IPC 类目】

（1）C04B28/10　石灰水泥或氧化镁水泥〔4〕

（2）C04B28/10　由悬挂的板或铰链的板形成的桌子；壁桌（床桌入 23/00；与其他家具结合的入 83/00；椅子的扶手桌入 A47C）

（3）C04B28/10　用于非金属家具零件，如木制的、塑料制的

（4）C04B28/10　阴离子中含磷的，如磷酸盐〔4〕

（5）C04B28/10　玻璃〔4〕

【词条属性】

【特征】

【优点】　具有良好的耐腐蚀性能

【优点】　具有良好的机械性能

【优点】　节约资源

【优点】　降低成本

【优点】　具有较高的比强度

【优点】　具有良好的导电性

【优点】　具有良好的导热性

【优点】　具有良好的减震性

【优点】　具有良号的耐磨性

【状况】

【应用场景】　自 20 世纪 80 年代以来，爆炸焊的理论和实验技术得到了长足的发展，特别是在应用技术上有了创新，在化工、石油、制药、造船、军事，甚至核工业、航空航天等领域都有广泛应用

【时间】

【起始时间】　爆炸焊最早是由卡尔（L. R. Carl）在 1944 年首先提出来的；他再一次炸药的爆炸试验中，偶尔发现很小的两片黄铜，由于受到爆炸的冲击而焊合在一起了，于是他提出了利用爆炸和超声波技术把金属焊接在一起的设想。十几年后，美国的菲利普杰克（V. Philipchuk）第一次把爆炸焊技术引入到实际工业中

【词条关系】

【等同关系】

【基本等同】　复合带

【基本等同】　复合板带

【层次关系】

【概念-实例】　不锈钢复合材料

【概念-实例】　钛钢复合板

【概念-实例】　不锈钢-钢复合板

【概念-实例】　铜-钢复合板

【概念-实例】　钛-不锈钢复合板

【概念-实例】　塑料-青铜-钢复合板

【概念-实例】　铝-铜复合板

【概念-实例】　铝-钛复合板

【类分】　金属复合板

【类分】　木材复合板

【类分】　彩钢复合板

【类分】　岩棉复合板

【实例-概念】　板带

【应用关系】

【用于】　防腐

【用于】　压力容器制造

【用于】　电建

【用于】　石化

【用于】　医药

【用于】　轻工

【用于】　汽车

【生产关系】

【材料-工艺】　爆炸复合法

【材料-工艺】　爆炸轧制复合

【材料-工艺】　轧制复合

◎腐蚀性

【基本信息】

【英文名】　corrosive property

【拼音】　fu shi xing

【核心词】

【定义】

狭义的腐蚀是指金属与环境间的物理和化学相互作用，使金属性能发生变化，导致金属、

环境及其构成系统受到损伤的现象。

【来源】 百度百科

【分类信息】

【CLC 类目】

(1) TE667 从其他原料提取石油

(2) TE667 副产品回收、化学产品回收

(3) TE667 化工毒物及化工危险品

【IPC 类目】

(1) F04D29/02 特殊材料的选择(用于输送特殊液体入 7/00)

(2) F04D29/02 具有管状柔性件(43/12 优先)

【词条属性】

【特征】

【特点】 腐蚀是一种物理化学电化学变化

【特点】 湿腐蚀指金属在有水存在下的腐蚀,干腐蚀则指在无液态水存在下的干气体中的腐蚀;由于大气中普遍含有水,化工生产中也经常处理各种水溶液,因此湿腐蚀是最常见的,但高温操作时干腐蚀造成的危害也不容忽视

【特点】 湿腐蚀金属在水溶液中的腐蚀是一种电化学反应;在金属表面形成一个阳极和阴极区隔离的腐蚀电池,金属在溶液中失去电子,变成带正电的离子,这是一个氧化过程即阳极过程;与此同时在接触水溶液的金属表面,电子有大量机会被溶液中的某种物质中和,中和电子的过程是还原过程,即阴极过程;常见的阴极过程有氧被还原、氢气释放、氧化剂被还原和贵金属沉积等

【特点】 随着腐蚀过程的进行,在多数情况下,阴极或阳极过程会受到阻滞而变慢,这个现象称为极化,金属的腐蚀随极化而减缓

【特点】 干腐蚀一般指在高温气体中发生的腐蚀,常见的是高温氧化;在高温气体中,金属表面产生一层氧化膜,膜的性质和生长规律决定金属的耐腐蚀性;膜的生长规律可分为直线规律、抛物线规律和对数规律;直线规律的氧化最危险,因为金属失重随时间以恒速上升;抛物线和对数的规律是氧化速度随膜厚增长而下降,较安全,如铝在常温氧化遵循对数规律,几天后膜的生长就停止,因此它有良好的耐大气氧化性

【特点】 均匀腐蚀发生在金属表面的全部或大部,也称为全面腐蚀;多数情况下,金属表面会生成保护性的腐蚀产物膜,使腐蚀变慢;有些金属,如钢铁在盐酸中,不产生膜而迅速溶解;通常用平均腐蚀率(即材料厚度每年损失若干毫米)作为衡量均匀腐蚀的程度,也作为选材的原则,一般年腐蚀率小于 1～1.5 mm,可认为合用(有合理的使用寿命)

【特点】 局部腐蚀只发生在金属表面的局部;其危害性比均匀腐蚀严重得多,它约占化工机械腐蚀破坏总数的 70%,而且可能是突发性和灾难性的,会引起爆炸、火灾等事故

【词条关系】

【层次关系】

【概念-实例】 硫酸

【概念-实例】 硝酸

【概念-实例】 氢氯酸

【概念-实例】 氢溴酸

【概念-实例】 氢碘酸

【概念-实例】 高氯酸

【概念-实例】 王水

【概念-实例】 氢氧化钠

【类分】 湿腐蚀

【类分】 干腐蚀

【类分】 均匀腐蚀

【类分】 局部腐蚀

【类分】 酸性腐蚀

【类分】 碱性腐蚀

【类分】 电化学腐蚀

【类分】 高温氧化

【测度关系】

【度量工具-物理量】 电化学腐蚀

◎腐蚀速度

【基本信息】

【英文名】 corrosion rate

【拼音】 fu shi su du

【核心词】

【定义】

通常表示的是单位时间的腐蚀程度平均值。一般有两种表示方式。①单位时间内单位表面积上金属被腐蚀的重量,单位以 $g/(m^2 \cdot h)$表示。又称为重量腐蚀速度。一般指均匀腐蚀,用以比较不同侵蚀性介质对金属的腐蚀程度。②金属被腐蚀的深度。表示金属被腐蚀的危害,单位以 mm/a 表示。用以估算金属或设备在腐蚀条件下的使用年限。

【来源】《中国土木建筑百科辞典:城镇基础设施与环境工程》

【分类信息】

【IPC 类目】

(1) C02F5/14　含磷的〔3〕

(2) C02F5/14　含大于 1.5%(质量分数)的锰〔2〕

(3) C02F5/14　以铝为基料的〔6〕

(4) C02F5/14　含氮的化合物

(5) C02F5/14　锌、镉或汞的〔2〕

【词条属性】

【特征】

【特点】 按照腐蚀原理所对应的腐蚀速率从快到慢的顺序是:电解原理引起的腐蚀;原电池原理引起的腐蚀;化学腐蚀;有防腐蚀措施的腐蚀

【特点】 金属的腐蚀快慢顺序:电解池的阳极>原电池的负极>化学腐蚀>原电池的正极>电解池的阴极

【因素】

【影响因素】 与构成原电池的材料有关,两极材料的活泼性相差越大,氧化还原反应的速率越快,金属被腐蚀的速率就越快

【影响因素】 与金属所接触的电解质强弱有关,活泼金属在电解质溶液中的腐蚀快于在非电解质溶液中的腐蚀,在强电解质溶液中的腐蚀快于在弱电解质溶液中的腐蚀

【影响因素】 在一定温度范围内,温度越高材料腐蚀速率越快

【影响因素】 一般情况下,压强越高,材料腐蚀速率越快

【词条关系】

【测度关系】

【度量方法-物理量】　均匀腐蚀

【物理量-度量方法】　电化学测试方法

【物理量-度量方法】　机械强度表示法

【物理量-度量方法】　腐蚀深度表示法

【物理量-度量方法】　质量变化表示法

◎腐蚀试验

【基本信息】

【英文名】 corrosion test;corrosion experiment

【拼音】 fu shi shi yan

【核心词】

【定义】

(1)测定金属抗化学浸蚀能力的试验。

【来源】《军事大辞海·下》

(2)探讨和测定金属材料腐蚀机理和耐蚀性能的方法。

【来源】《金属材料简明辞典》

【分类信息】

【CLC 类目】

(1) TQ13　金属元素的无机化合物化学工业

(2) TQ13　造船用材料

【IPC 类目】

C23C28/00　用未列入 2/00 至 26/00 各大组中单一组的方法,抑或用列入 C23C 与 C25C 或 C25D 各小类中方法的组合,以获得至少两层叠加层的镀覆〔4〕

【词条属性】

【特征】

【特点】 评价材料的耐蚀性能

【特点】 在给定环境中确定各种防蚀措

施的适应性、最佳选择、质量控制途径和预计采取这些措施后构件的服役寿命

【特点】 确定环境的侵蚀性

【特点】 研究环境中杂质

【特点】 研究腐蚀产物对环境的污染作用

【特点】 研究腐蚀机制

【特点】 可孤立地研究某一因素的作用或几个因素的共同作用

【特点】 现场挂片试验是实际环境中进行试验

【特点】 结果更具有代表性

【特点】 一般试验方法试验周期长

【特点】 实验室试验可充分利用实验室测验仪器

【特点】 控制设备的严格精确性

【特点】 一般试验的平行试样为3～12个,常用5个

【特点】 试样形状一般为矩形、圆盘形、圆柱形

【特点】 试样尺寸:矩形:50 mm×25 mm

【特点】 圆盘形 ϕ(30～40) mm×(2～3) mm

【特点】 圆柱形 ϕ 10 mm×20 mm

【因素】

【影响因素】 腐蚀介质

【影响因素】 试验温度

【影响因素】 试验时间

【影响因素】 试样暴露的条件

【影响因素】 试样的安放与涂封

【词条关系】

【层次关系】

【类分】 电化学腐蚀

【类分】 实验室试验

【类分】 现场挂片试验

【类分】 实物试验

【类分】 局部腐蚀试验方法

【应用关系】

【使用】 均匀腐蚀

【使用】 表面观察法

【使用】 重量法

【使用】 机械法

【使用】 化学法

【使用】 电化学法

【用于】 金属材料

【用于】 高分子材料

【用于】 混凝土腐蚀

【用于】 陶瓷基复合材料腐蚀

【用于】 玻璃腐蚀

◎腐蚀介质

【基本信息】

【英文名】 corrosion medium;corrosive medium

【拼音】 fu shi jie zhi

【核心词】

【定义】

在温度、湿度、环境杂质、日照、时间等外界因素影响下,能使与其相接触的特定材料产生性质改变或形体破坏的气体、液体或固体。

【来源】《中国土木建筑百科辞典·建筑结构》

【分类信息】

【CLC类目】

(1) TG146.1 重有色金属及其合金

(2) TG146.1 各种类型的金属腐蚀

(3) TG146.1 金属材料

【IPC类目】

(1) B04B1/20 用与转鼓同轴且相对于转鼓转动的螺旋输送器从转鼓里排出固体微粒

(2) B04B1/20 以施镀制品为特征的〔2〕

(3) B04B1/20 含铬的〔2〕

(4) B04B1/20 带径向或切向压紧的填料

(5) B04B1/20 预处理〔2〕

【词条属性】

【特征】

【特点】 具有一定的腐蚀性

【特点】 根据腐蚀速率可以确定腐蚀性

介质的腐蚀能力

【因素】

【影响因素】 不同的腐蚀性介质在不同的浓度、温度，对应不同的材料时的腐蚀速率是不同的，还跟流速、应力有关，而且不同的腐蚀元素组合又会形成新的腐蚀环

【影响因素】 各种腐蚀性介质的腐蚀程度与其材质、工艺状况有关

【词条关系】

【层次关系】

【参与构成】 应力腐蚀开裂

【附件-主体】 电偶腐蚀

【概念-实例】 大气

【概念-实例】 土壤

【概念-实例】 海水

【概念-实例】 无机酸

【概念-实例】 有机酸

【概念-实例】 有机化合物

【概念-实例】 碱

【概念-实例】 盐

【概念-实例】 氟

【概念-实例】 氯

【概念-实例】 溴

【概念-实例】 碘

【概念-实例】 氯化物

【概念-实例】 氧

【概念-实例】 氢

【概念-实例】 二氧化硫

【概念-实例】 硫化氢

【概念-实例】 氮

【概念-实例】 氨

【概念-实例】 液态金属

【概念-实例】 熔盐

【类分】 酸性介质

【类分】 碱性介质

◎缝隙腐蚀

【基本信息】

【英文名】 crevice corrosion；crack corrosion

【拼音】 feng xi fu shi

【核心词】

【定义】

(1)由于狭缝或间隙的存在，在狭缝内或近旁发生的腐蚀。

【来源】《中国冶金百科全书·金属材料》

(2)腐蚀性介质中金属材料的缝隙和其他隐蔽部位经常发生的严重局部腐蚀之一。

【来源】《海洋化学辞典》

(3)防止缝隙腐蚀的措施主要有：选择耐缝隙腐蚀的材料；进行合理的防蚀设计；采用电化学保护和缓蚀剂保护。

(4)产生条件：缝隙宽度、金属或合金、腐蚀介质。

(5)防护措施：合理设计、合理选材、阴极保护、缓蚀剂、恰当地放大。

(6)产生原因：在含有 Cl^- 等的水介质中，由于缝隙内介质溶液的酸化(Cl^-浓度增加，pH下降)、缺氧而引起的钝化膜的局部破坏(氧浓差电池，缝隙缺氧)。

【分类信息】

【CLC 类目】

TQ050.9　化工机械与设备的腐蚀与防腐蚀

【IPC 类目】

(1) C22C38/44　含钼或钨的〔2〕

(2) C22C38/44　铝或铝合金〔4〕

(3) C22C38/44　通过直接使用电能或波能；通过特殊射线〔3〕

(4) C22C38/44　未列入 5/00 到 27/00 组的金属基合金〔2〕

(5) C22C38/44　退火方法

【词条属性】

【特征】

【数值】 缝宽(一般在 0.025～0.1 mm)

【特点】 缝隙必须宽到腐蚀溶液能够进入，但又必须窄到能维持溶液静滞

【特点】 通常发生在金属表面与垫片、垫圈、衬板、表面沉积物等接触的地方，以及搭接

缝、金属重叠处等地方

【特点】 缝隙内为阳极

【特点】 缝隙外大面积为阴极

【特点】 缝内金属与缝外金属构成短路原电池

【特点】 几乎所有的腐蚀介质都能引起金属的缝隙腐蚀

【特点】 既可以表现为全面腐蚀,也可以表现为点蚀形态

【特点】 存在孕育期

【因素】

【影响因素】 金属的性质

【影响因素】 溶液中溶解度的氧浓度

【影响因素】 溶液中氯离子浓度

【影响因素】 温度

【影响因素】 pH

【影响因素】 腐蚀介质的流速

【影响因素】 缝隙几何形状的影响

【词条关系】

【等同关系】

【基本等同】 间隙腐蚀

【层次关系】

【并列】 均匀腐蚀

【概念-实例】 1Cr13 不锈钢与聚四氟乙烯的缝隙腐蚀

【概念-实例】 2Cr13 不锈钢与 1Cr18Ni9Ti 间缝隙腐蚀

【概念-实例】 5083 和 6061 铝合金缝隙腐蚀

【概念-实例】 Q235 碳钢缝隙腐蚀

【概念-实例】 Q345 碳钢缝隙腐蚀

【概念-实例】 22Cr 双相不锈钢缝隙腐蚀

【类分】 衬垫腐蚀

【类分】 沉积腐蚀

【类分】 纤维状腐蚀

【类分】 水线腐蚀

【类属】 局部腐蚀

【类属】 腐蚀

【应用关系】

【用于】 螺栓与螺母之间

【用于】 铆钉与基体之间

【用于】 衬垫或衬圈下面

【用于】 不锈钢

【用于】 铝合金

◎非晶态

【基本信息】

【英文名】 amorphous state

【拼音】 fei jing tai

【核心词】

【定义】

固态物质原子的排列所具有的近程有序、长程无序的状态。对晶体,原子在空间按一定规律作周期性排列,是高度有序的结构,这种有序结构原则上不受空间区域的限制,故晶体的有序结构称为长程有序。具有长程有序特点的晶体,宏观上常表现为物理性质(力学的、热学的、电磁学的和光学的)随方向而变,称为各向异性,熔解时有一定的熔解温度并吸收熔解潜热。

【分类信息】

【CLC 类目】

(1) TG139 其他特种性质合金

(2) TG139 特种结构材料

(3) TG139 特种热性质合金

(4) TG139 钎焊材料

(5) TG139 薄膜的性质

【IPC 类目】

(1) C22C45/00 非晶态合金〔5〕

(2) C22C45/00 钼、钨、铌、钽、钛或锆做主要成分的〔5〕

(3) C22C45/00 镍或钴做主要成分的〔5〕

(4) C22C45/00 基于记录载体和换能器之间的相对运动而实现的信息存贮

(5) C22C45/00 同一分子中含两个羟基的脱水和重排〔3〕

【词条属性】

【特征】

【特点】　非晶态固体与液态一样具有近程有序而长程无序的结构特征；非晶态固体宏观上表现为各向同性，熔解时无明显的熔点，只是随温度的升高而逐渐软化，黏滞性减小，并逐渐过渡到液态

【特点】　可以利用 X 射线衍射图样中是否有清晰的斑点来判断材料是晶态还是非晶态

【特点】　非晶态合金是近年来得到迅速发展、具有广阔应用前景的新材料，目前可用多种方法获得，其中电镀和化学镀方法以其工艺简便、成本低、可大面积镀覆等优点而日益受到人们的重视

【特点】　原子在三维空间呈拓扑无序状排列，不存在长程周期性，但在几个原子间距的范围内，原子的排列仍然有着一定的规律，因此可以认为非晶态合金的原子结构为"长程无序，短程有序"；通常定义非晶态合金的短程有序区小于 1.5 nm，即不超过 4～5 个原子间距，从而与纳米晶或微晶相区别；短程有序可分为化学短程有序和拓扑短程有序两类。

【优点】　近二三十年发展起来的各种新型非晶态材料由于其优异的机械特性（强度高、弹性好、硬度高、耐磨性好等）、电磁学特性、化学特性（稳定性高、耐蚀性好等）、电化学特性及优异的催化活性，已成为一类发展潜力很大的新材料

【状况】

【应用场景】　Ni-P 非晶态合金是非晶态材料中的典型，在计算机硬磁盘、磁记录材料、电子材料、半导体材料等方面具有广泛的用途

【词条关系】

【等同关系】

【基本等同】　玻璃态

【层次关系】

【并列】　准晶态合金

【并列】　晶态

【概念-实例】　金属玻璃

【概念-实例】　非晶硅

【应用关系】

【组织-工艺】　快速凝固

【组织-工艺】　快速冷却

◎非晶硅

【基本信息】

【英文名】　amorphous silicon

【拼音】　fei jing gui

【核心词】

【定义】

amorphous silicon α-Si 又称为无定形硅。单质硅的一种形态。棕黑色或灰黑色的微晶体。硅不具有完整的金刚石晶胞，纯度不高。熔点、密度和硬度也明显低于晶体硅。

【分类信息】

【CLC 类目】

（1）O481.1　能带论

（2）O481.1　半导体性质

（3）O481.1　薄膜的性质

（4）O481.1　薄膜物理学

（5）O481.1　薄膜的生长、结构和外延

【IPC 类目】

（1）C30B28/02　由固态直接制备〔5〕

（2）C30B28/02　硅〔3〕

（3）C30B28/02　具有 21/06，21/16 及 21/18 各组不包括的或有或无杂质，如掺杂材料的半导体的器件〔2〕

（4）C30B28/02　基于液晶的，如单位液晶显示管（液晶材料入 C09K19/00）〔2〕

（5）C30B28/02　封装的或有外壳的〔5〕

【词条属性】

【特征】

【缺点】　寿命短，在光的不断照射下会发生所谓 Staebler-Wronski 效应，光电转化效率会下降到原来的 25%，这本质上正是非晶硅中有太多的以悬键为代表的缺陷，致使结构不稳定

【缺点】　光电转化效率远比晶体硅低，现今市场上的晶体硅的光电转化效率为 12%，最近面世的晶体硅的光电转化效率已经提高到

18%,在实验室里,甚至可以达到29%(对比:绿色植物的叶绿体的光电转化效率小于1%);然而非晶硅的光电转化效率一直没有超过10%

【特点】 可以自由裁剪,因而可以充分利用合成的产品,不像晶体硅不能自由裁剪,制作成器件时材料磨下好多碎末,浪费很大

【特点】 化学性质比晶体硅活泼,可由活泼金属(如钠、钾等)双结非晶硅太阳能电池板在加热下还原四氯化硅,或用碳等还原剂还原二氧化硅制得;结构特征为短程有序而长程无序的α-硅;纯α-硅因缺陷密度高而无法使用;采用辉光放电气相沉积法得到含氢的非晶硅薄膜,氢在其中补偿悬挂链,并进行掺杂和制作pn结

【状况】

【应用场景】 非晶硅光电池已经广为使用,如许多太阳能计算器、太阳能手表、园林路灯和汽车太阳能顶罩等就是用非晶硅作为光电池的基本材料的

【应用场景】 非晶硅在太阳辐射峰附近的光吸收系数比晶体硅大一个数量级;禁带宽度1.7~1.8 eV,而迁移率和少子寿命远比晶体硅低;现已工业应用,主要用于提炼纯硅,制造太阳电池、薄膜晶体管、复印鼓、光电传感器等

【词条关系】

【等同关系】

【基本等同】 无定形硅

【层次关系】

【并列】 单晶硅

【并列】 多晶硅

【实例-概念】 非晶态

【实例-概念】 半导体材料

【应用关系】

【用于】 光电池

【用于】 薄膜晶体管

◎二元合金

【基本信息】

【英文名】 binary alloy;two component alloy

【拼音】 er yuan he jin

【核心词】

【定义】

二元合金,就是由两种金属或金属和非金属形成的合金。

【分类信息】

【CLC类目】

(1) O484 薄膜物理学

(2) O484 其他特种性质合金

【IPC类目】

(1) C21C7/072 用气体处理(7/06,7/064,7/068优先)〔3〕

(2) C21C7/072 非晶态合金〔5〕

(3) C21C7/072 以碳化钨为基料的〔4〕

(4) C21C7/072 金属粉末与非金属粉末的混合物(1/08优先)〔2〕

(5) C21C7/072 铜基合金

【词条属性】

【特征】

【特点】 纯金属的力学性能较差,引入合金元素形成的合金具有明显高于纯金属的力学性能

【状况】

【应用场景】 碳在铁中形成的铁碳合金

【应用场景】 镁铝合金

【词条关系】

【层次关系】

【并列】 三元合金

【并列】 多元合金

【并列】 纯金属

【概念-实例】 金钛合金

【概念-实例】 金锆合金

【概念-实例】 金铂合金

【概念-实例】 金铬合金

【类属】 合金材料

【应用关系】

【使用】 烧结炉

【测度关系】

【物理量-度量方法】 相图

◎惰性气体

【基本信息】

【英文名】 inert gas; noble gas; inactive gas; indifferent gas; inerts

【拼音】 duo xing qi ti

【核心词】

【定义】

（1）稀有气体或惰性气体是指元素周期表上的 18 族元素（IUPAC 新规定，即原来的 0 族）。天然存在的稀有气体有 6 种，即氦（He）、氖（Ne）、氩（Ar）、氪（Kr）、氙（Xe）和具放射性的氡（Rn）。

（2）而 Uuo 是以人工合成的稀有气体，原子核非常不稳定，半衰期很短。

【分类信息】

【CLC 类目】

O483　固体缺陷

【IPC 类目】

（1）C01B31/02　碳的制备（使用超高压，如用于金刚石的生成入 B01J3/06；用晶体生长法入 C30B）；纯化

（2）C01B31/02　用玻璃基体上沉积玻璃法，如用化学气相沉积法（37/016 优先；用涂覆玻璃法的玻璃表面处理入 C03C17/02）〔4〕

（3）C01B31/02　用粉末冶金法（1/08 优先）〔2〕

（4）C01B31/02　气体处理（如气体冲洗）法精炼〔3〕

（5）C01B31/02　窑〔5〕

【词条属性】

【特征】

【数值】 空气中约含 0.94%（体积百分比）的惰性气体，其中绝大部分是氩气

【特点】 在惰性气体元素的原子中，电子在各个电子层中的排列，刚好达到稳定数目；因此原子不容易失去或得到电子，也就很难与其他物质发生化学反应，因此这些元素被称为“惰性气体元素”

【特点】 在原子量较大、电子数较多的惰性气体原子中，最外层的电子离原子核较远，所受的束缚相对较弱；如果遇到吸引电子强的其他原子，这些最外层电子就会失去，从而发生化学反应；1962 年，加拿大化学家首次合成了氙和氟的化合物；此后，氡和氪各自的化合物也出现了

【特点】 惰性气体都是无色、无臭、无味的，微溶于水，溶解度随分子量的增加而增大；惰性气体的分子都是由单原子组成的，它们的熔点和沸点都很低，随着原子量的增加，熔点和沸点增大；它们在低温时都可以液化

【状况】

【应用场景】 利用惰性气体极不活动的化学性质，有的生产部门常用它们来做保护气；例如，在焊接精密零件或镁、铝等活泼金属，以及制造半导体晶体管的过程中，常用氩做保护气；原子能反应堆的核燃料钚，在空气里也会迅速氧化，也需要在氩气保护下进行机械加工；电灯泡里充氩气可以减少钨丝的气化和防止钨丝氧化，以延长灯泡的使用寿命

【应用场景】 惰性气体通电时会发光；世界上第一盏霓虹灯是填充氖气制成的（霓虹灯的英文原意是“氖灯”）；氖灯射出的红光，在空气里透射力很强，可以穿过浓雾；因此，氖灯常用在机场、港口、水陆交通线的灯标上；灯管里充入氩气或氦气，通电时分别发出浅蓝色或淡红色光；有的灯管里充入了氖、氩、氦、水银蒸气等 4 种气体（也有 3 种或 2 种的）的混合物；由于各种气体的相对含量不同，便制得五光十色的各种霓虹灯

【应用场景】 利用稀有气体可以制成多种混合气体激光器；氦-氖激光器就是其中之一；氦氖混合气体被密封在一个特制的石英管中，在外界高频振荡器的激励下，混合气体的原子间发生非弹性碰撞，被激发的原子之间发生能量传递，进而产生电子跃迁，并发出与跃迁相对应的受激辐射波，近红外光；氦-氖激光器可应用于测量和通信

【应用场景】 氦气是除了氢气以外最轻

的气体,可以代替氢气装在飞艇里,不会着火和发生爆炸

【应用场景】 液态氦的沸点为-269 ℃,是所有气体中最难液化的,利用液态氦可获得接近绝对零度(-273.15 ℃)的超低温;氦气还用来代替氮气做人造空气,供探海潜水员呼吸

【应用场景】 氪能吸收X射线,可用作X射线工作时的遮光材料

【应用场景】 氙灯还具有高度的紫外光辐射,可用于医疗技术方面;氙能溶于细胞质的油脂里,引起细胞的麻醉和膨胀,从而使神经末梢作用暂时停止;人们曾试用80%氙和20%氧组成的混合气体,作为无副作用的麻醉剂;在原子能工业上,氙可以用来检验高速粒子、粒子、介子等的存在

【词条关系】

【等同关系】

【基本等同】 稀有气体

【层次关系】

【参与构成】 氩弧焊

【构成成分】 保护电弧焊

【应用关系】

【用于】 等离子雾化

【用于】 粉末冶金钛合金

【用于】 等离子电弧熔炼

◎多元合金

【基本信息】

【英文名】 multicomponent alloy

【拼音】 duo yuan he jin

【核心词】

【定义】

(1)真实世界的所有金属严格意义上来说都是多元合金。

(2)多元合金(multielementalloy),指由两个以上组元形成的合金。如Fe-Cr-Al合金、Ni-Cr-Mo合金和Fe-Cr-Ni-Mo合金等。

【分类信息】

【CLC类目】

TF125 粉末冶金制品及其应用

【IPC类目】

(1) C25C3/12 阳极〔2〕

(2) C25C3/12 阴极还原其全部离子所制得的合金〔2〕

(3) C25C3/12 含铬的〔2〕

(4) C25C3/12 铸铁合金的制造〔2〕

(5) C25C3/12 电缆或电线的,或光缆和电缆,或电线组合的安装

【词条属性】

【状况】

【应用场景】 实用金属材料大部分属于多元合金

【应用场景】 所有工业用钢都是铁基多元合金

【词条关系】

【层次关系】

【并列】 三元合金

【并列】 二元合金

【并列】 纯金属

【类分】 铝合金

【类分】 铌合金

【类属】 合金材料

【应用关系】

【使用】 烧结炉

◎多晶硅

【基本信息】

【英文名】 polycrystalline silicon;polysilicon

【拼音】 duo jing gui

【核心词】

【定义】

(1)多晶硅,是单质硅的一种形态。熔融的单质硅在过冷条件下凝固时,硅原子以金刚石晶格形态排列成许多晶核,如这些晶核长成晶面取向不同的晶粒,则这些晶粒结合起来,就结晶成多晶硅。

(2)多晶硅可做拉制单晶硅的原料,多晶硅与单晶硅的差异主要表现在物理性质方面。

例如,在力学性质、光学性质和热学性质的各向异性方面,远不如单晶硅明显;在电学性质方面,多晶硅晶体的导电性也远不如单晶硅显著,甚至于几乎没有导电性。在化学活性方面,两者的差异极小。

【分类信息】

【CLC 类目】

（1）O484　薄膜物理学

（2）O484　硅及其无机化合物

（3）O484　薄膜技术

（4）O484　特种结构材料

【IPC 类目】

（1）C30B29/06　硅〔3〕

（2）C30B29/06　自熔融液提拉法的单晶生长,如 Czochralski 法（在保护流体下的入 27/00）〔3〕

（3）C30B29/06　硅（形成单晶或有一定结构的均匀多晶材料入 C30B）〔5〕

（4）C30B29/06　由固态直接制备〔5〕

（5）C30B29/06　保护流体下的单晶生长〔3〕

【词条属性】

【特征】

【特点】　溶于氢氟酸和硝酸的混酸中,不溶于水、硝酸和盐酸

【特点】　加热至 800 ℃ 以上即有延性,1300 ℃ 时显出明显变形

【特点】　常温下不活泼,高温下与氧、氮、硫等反应;高温熔融状态下,具有较大的化学活泼性,能与几乎任何材料作用

【特点】　由干燥硅粉与干燥氯化氢气体在一定条件下氯化,再经冷凝、精馏、还原而得

【状况】

【现状】　据不完全统计,2014 年国内多晶硅产能将达到 15 万吨

【应用场景】　从目前国际太阳电池的发展过程可以看出其发展趋势为单晶硅、多晶硅、带状硅、薄膜材料（包括微晶硅基薄膜、化合物基薄膜及染料薄膜）

【应用场景】　具有半导体性质,是极为重要的优良半导体材料,但微量的杂质即可大幅度影响其导电性;电子工业中广泛用于制造半导体收音机、录音机、电冰箱、彩电、录像机、电子计算机等的基础材料

【其他物理特性】

【密度】　2.32～2.34 g/cm^3

【熔点】　1410 ℃

【力学性能】

【硬度】　硬度介于锗和石英之间,室温下质脆,切割时易碎裂

【词条关系】

【层次关系】

【并列】　单晶硅

【并列】　非晶硅

【实例-概念】　半导体材料

【生产关系】

【原料-材料】　单晶硅

◎锻造温度

【基本信息】

【英文名】　forging temperature

【拼音】　duan zao wen du

【核心词】

【定义】

钢等金属材料锻造变形时的温度。当温度超过 300～400 ℃（钢的蓝脆区）,达到 700～800 ℃ 时,变形阻力将急剧减小,变形能也得到很大改善。根据在不同的温度区域进行的锻造,针对锻件质量和锻造工艺要求的不同,可分为冷锻、温锻、热锻 3 个成型温度区域。原本这种温度区域的划分并无严格的界限,一般地讲,在有再结晶的温度区域的锻造叫作热锻,不加热在室温下的锻造叫作冷锻。

【分类信息】

【IPC 类目】

（1）C22C38/18　含铬的〔2〕

（2）C22C38/18　用于传送运动的带有齿或摩擦面的元件;蜗杆;皮带轮;滑轮（提升或

牵引装置用的滑轮组入 B66D3/04)〔4〕

(3) C22C38/18　含大于 1.7%(质量分数)的碳〔2〕

(4) C22C38/18　球棍头

(5) C22C38/18　含大于 1.5%(质量分数)的硅〔2〕

【词条属性】

【特征】

【特点】 在低温锻造时,锻件的尺寸变化很小;在 700 ℃ 以下锻造,氧化皮形成少,而且表面无脱碳现象;因此,只要变形能在成形能范围内,冷锻容易得到很好的尺寸精度和表面光洁度;只要控制好温度和润滑冷却,700 ℃ 以下的温锻也可以获得很好的精度

【特点】 热锻时,由于变形能和变形阻力都很小,可以锻造形状复杂的大锻件;要得到高尺寸精度的锻件,可在 900～1000 ℃ 温度域内用热锻加工

【状况】

【应用场景】 锻造生产广泛地应用于冶金、矿山、汽车、拖拉机、收获机械、石油、化工、航空、航天、兵器等工业部门,就是在日常生活中,锻造生产亦具有重要位置

【应用场景】 锻造生产是机械制造工业中提供机械零件毛坯的主要加工方法之一;通过锻造,不仅可以得到机械零件的形状,而且能够改善金属内部组织,提高金属的机械性能和物理性能;一般对受力大、要求高的重要机械零件,大多采用锻造生产方法制造;如汽轮发电机轴、转子、叶轮、叶片、护环、大型水压机立柱、高压缸、轧钢机轧辊、内燃机曲轴、连杆、齿轮、轴承,以及国防工业方面的火炮等重要零件,均采用锻造生产

【词条关系】

【层次关系】

【并列】 变形抗力

【参与组成】 热锻

【参与组成】 塑性变形

【实例-概念】 使用温度

◎断面收缩率

【基本信息】

【英文名】 contraction of area;reduction of area

【拼音】 duan mian shou suo lü

【核心词】

【定义】

(1)指试样拉断处横截面积的缩减量与原始横截面积之比,即 $\psi=(F_0-F_k)/F_0\times100\%$。

【来源】《口腔医学辞典》

(2)金属试样在拉断后,其缩颈处横截面积的最大缩减量与原横截面面积的百分比,称为断面收缩率。

【来源】《机械加工工艺辞典》

【分类信息】

【CLC 类目】

TF777　连续铸钢、近终形铸造

【IPC 类目】

(1) B21C1/00　用拉拔方式制造金属板、金属线、金属棒、金属管

(2) B21C1/00　含钴的〔2〕

(3) B21C1/00　用于线材;带材

(4) B21C1/00　镁或镁基合金

(5) B21C1/00　含硼的〔2〕

【词条属性】

【特征】

【特点】 材料塑性指标

【特点】 与试样长度无关

【特点】 用 ψ 表示

【特点】 断面收缩率越高,钢材塑性越大

【特点】 五种拉伸性能指标之一

【特点】 拉伸性能指标

【因素】

【影响因素】 碳含量

【影响因素】 磷含量

【影响因素】 硫含量

【影响因素】 锰含量

【影响因素】 硅含量

【影响因素】 工艺参数

【影响因素】 轧制工艺

【影响因素】 热处理状态
【影响因素】 样品加工中的表面应力
【影响因素】 夹杂物含量
【影响因素】 杂质含量
【影响因素】 测试时样品的装夹
【影响因素】 材料的硬化指数
【词条关系】
【等同关系】
【缩略为】 面缩率
【层次关系】
【参与构成】 拉伸性能
【概念-实例】 Q235 钢 $\psi=60\%\sim70\%$
【实例-概念】 收缩率
【测度关系】
【物理量-单位】 百分比
【物理量-度量方法】 拉伸试验
【物理量-度量工具】 液压式万能试验机
【物理量-度量工具】 卡尺

◎断裂韧性

【基本信息】
【英文名】 fracture toughness; the fracture toughness
【拼音】 duan lie ren xing
【核心词】
【定义】
(1)带裂纹的金属材料及其构件,抵抗裂纹开裂和扩展的能力。
【来源】《中国冶金百科全书·金属塑性加工》
(2)材料抵抗裂纹扩展的能力。
【来源】《机械加工工艺辞典》
【分类信息】
【CLC 类目】
(1) TB332　非金属复合材料
(2) TB332　复合材料
(3) TB332　固溶处理、脱溶处理
(4) TB332　钛副族(第ⅣB 族金属元素)
【IPC 类目】
(1) C04B35/622　形成工艺;准备制造陶瓷产品的无机化合物的加工粉末〔6〕
(2) C04B35/622　复合材料〔6〕
(3) C04B35/622　焙烧或烧结工艺(33/32 优先)〔6〕
(4) C04B35/622　以氧化锆或氧化铪或锆酸盐或铪酸盐为基料的〔6〕
(5) C04B35/622　以氧化铝为基料的〔6〕
【词条属性】
【特征】
【特点】 度量材料的韧性好坏
【特点】 韧性参数
【特点】 与裂纹本身的大小、形状及外加应力大小无关
【特点】 材料固有的特性
【特点】 应力强度因子的临界值
【特点】 试样类型:三点弯曲试样 SE(B)
【特点】 试样类型:紧凑拉伸试验过 C(T)
【因素】
【影响因素】 材料本身
【影响因素】 热处理工艺
【影响因素】 加工工艺
【影响因素】 化学成分
【影响因素】 细化晶粒的合金元素
【影响因素】 强烈固溶强化的合金元素
【影响因素】 形成金属间化合物并呈第二相析出的合金元素
【影响因素】 陶瓷材料中提高材料强度的组元
【影响因素】 高分子材料中增强结合键的元素
【影响因素】 组织结构
【影响因素】 温度
【影响因素】 应变速率
【影响因素】 晶粒尺寸
【影响因素】 基体相结构
【影响因素】 夹杂和第二相
【影响因素】 显微组织
【影响因素】 特殊改性处理工艺

【词条关系】

【层次关系】

【并列】 冲击韧性

【类属】 机械性能

【组成部件】 平面应变断裂韧性 KIc

【组成部件】 临界裂纹扩展能量释放率 GIc

【组成部件】 临界裂纹顶端张开位移 δc

【组成部件】 临界 J 积分 JIc

【应用关系】

【使用】 压痕法

【用于】 线弹性断裂力学

【用于】 结构设计

【用于】 材料选择

【用于】 校核结构的安全性

【用于】 判断材料的脆断趋向

【用于】 超高强度钢

【用于】 中低强度钢

【用于】 陶瓷材料

【用于】 高分子材料

【测度关系】

【物理量-度量方法】 折叠压痕法(IM)

【物理量-度量方法】 SENB 法

◎镀银

【基本信息】

【英文名】 silver plating; silver coating; deargentation; silvering

【拼音】 du yin

【核心词】

【定义】

镀银最早用的光亮剂二硫化碳是 Milword 和 Lyons 在 1847 年发表的专利中提出的,现在还在使用,仅稍加改变而已。镀银层比镀金价格便宜得多,而且具有很高的导电性,光反射性和对有机酸和碱的化学稳定性,故使用面比黄金广得多。早期主要用于装饰品和餐具上,近来在飞机和电子制品上的应用越来越多。

【分类信息】

【CLC 类目】

(1) TQ153.1 单一金属的电镀

(2) TQ153.1 粉末的制造方法

(3) TQ153.1 粉末冶金制品及其应用

(4) TQ153.1 电镀工业

(5) TQ153.1 特种结构材料

【IPC 类目】

(1) C25D3/46 银的〔2〕

(2) C25D3/46 镀贵金属〔4,5〕

(3) C25D3/46 至少一种涂层是有机材料〔3〕

(4) C25D3/46 还原法或置换法,如无电流镀(18/54 优先)〔4〕

(5) C25D3/46 抛物面的〔4〕

【词条属性】

【特征】

【缺点】 由于银原子容易扩散和沿质料外貌滑移,在潮湿大气中易孕育产生“银须”造成短路,故银镀层不宜在印刷电路板中利用

【特点】 为了防止银镀层变色,通常要进行镀后处理,经常是浸亮、化学和电化学钝化,镀贵金属或有数金属或涂包围层等

【状况】

【应用场景】 镀银层很容易抛光,有很强的反光本领和良好的导热、导电、焊接性能;银镀层最早应用于装饰;在电子工业、通信配置和仪器仪表制造业中,普遍采用镀银以降低金属零件的电阻,提高金属的焊接本领

【应用场景】 探照灯及其他反射器中的金属反光镜也需要镀银

【应用场景】 我们日常使用的热水壶里面的胆就是经过化学镀银处理的;由于银镀层是光亮反光的,对于热量所产生的红外辐射能很好的反射回去,以达到更好的保温效果;所以镀银的热水壶就具有更好的保温的作用

【词条关系】

【层次关系】

【实例-概念】 镀层

【应用关系】

【使用】　离子镀

【生产关系】

【工艺-材料】　白银

◎镀锌

【基本信息】

【英文名】　galvanization; galvanize; galvanizing; sherardize; zinc coat; zinc plating; zincing; zinc-plating

【拼音】　du xin

【核心词】

【定义】

镀锌是指在金属、合金或者其他材料的表面镀一层锌以起美观、防锈等作用的表面处理技术。主要采用的方法是热镀锌。

【分类信息】

【CLC 类目】

(1) TQ153.1　单一金属的电镀

(2) TQ153.1　电镀工业

【IPC 类目】

(1) C23C2/06　锌或镉或以其为基料的合金〔4〕

(2) C23C2/06　后处理(2/14 优先)〔4〕

(3) C23C2/06　用于金属薄板

(4) C23C2/06　锌的〔2〕

(5) C23C2/06　加热后处理,如在油浴中处理〔4〕

【词条属性】

【特征】

【特点】　镀锌溶液有氰化物镀液和无氰镀液两类;氰化物镀液中分微氰、低氰、中氰、和高氰几类;无氰镀液有碱性锌酸盐镀液、铵盐镀液、硫酸盐镀液及无氨氯化物镀液等;氰化镀锌溶液均镀能力好,得到的镀层光滑细致,在生产中被长期采用;但由于氰化物剧毒,对环境污染严重,近年来已趋向于采用低氰、微氰、无氰镀锌溶液

【特点】　冷镀锌也叫电镀锌,是利用电解设备将管件经过除油、酸洗后放入成分为锌盐的溶液中,并连接电解设备的负极,在管件的对面放置锌板,连接在电解设备的正极接通电源,利用电流从正极向负极的定向移动就会在管件上沉积一层锌,冷镀管件是先加工后镀锌

【特点】　在装有镀件、玻璃球、锌粉、水和促进剂的旋转滚筒内,作为冲击介质的玻璃球随着滚筒转动,与镀件表面发生摩擦和锤击产生机械物理能量,在化学促进剂的作用下,将镀涂的锌粉“冷焊”到镀件表面上,形成光滑、均匀和细致的具有一定厚度的镀层

【优点】　①外观光滑,无锌瘤、毛刺,呈银白色;②厚度均为可控,在 5～10^7 μm 之内任意选择;③无氢脆、无温度危害,可保证材料力学性能不变;④可代替部分需热镀锌的工艺;⑤耐腐蚀性好,中性盐雾试验达 240 h

【优点】　硫酸盐镀锌主要用在镀铁丝、钢带、钢板等形状简单,连续化生产性强的行业

【状况】

【应用场景】　钢钉、铁钉、紧固件、自来水管接头、脚手架扣件、钢丝绳马钢夹头等

【应用场景】　电镀锌所涉及的领域越来越广泛,紧固件产品的应用已遍及机械制造、制作镀锌勾花网、电子、精密仪器、化工、交通运输、航天等在国民经济中有重大意义

【词条关系】

【层次关系】

【实例-概念】　镀层

【应用关系】

【使用】　离子镀

◎镀锡

【基本信息】

【英文名】　tin-plating; tinning; terne; tinplating; tin coating; tinglaze

【拼音】　du xi

【核心词】

【定义】

镀锡及其合金是一种可焊性良好并具有一定耐蚀能力的涂层,电子元件、印制线路板中广

泛应用。锡层的制备除热浸、喷涂等物理法外，电镀、浸镀及化学镀等方法因简单易行已在工业上广泛应用。

【分类信息】

【CLC 类目】

TQ153.1 单一金属的电镀

【IPC 类目】

(1) C23C2/08 锡或锡合金〔4〕

(2) C23C2/08 锡的〔2〕

(3) C23C2/08 含锡重量超过 50%的〔2〕

(4) C23C2/08 以所用镀液有机组分为特征的〔2〕

(5) C23C2/08 专门适用于金属轧机或其加工产品的控制设备或方法(专用于金属轧机的方法或设备 38/00)

【词条属性】

【特征】

【特点】 浸镀锡是把工件浸入含有欲镀出金属盐的溶液中,按化学置换原理在工件表面沉积出金属镀层;这与一般的化学镀原理不同,因其镀液中不含还原剂;与接触镀也不一样,接触镀是把工件浸入欲镀出金属盐溶液中时必须与一活泼金属紧密连接,该活泼金属为阳极进入溶液放出电子,溶液中电位较高的金属离子得到电子后沉积在工件表面;浸镀锡只在铁、铜、铝及其各自的合金上进行

【特点】 化学镀锡:铜或镍自催化沉积用的还原剂均不能用来还原锡;最简单的解释是因为锡表面上析氢过电位高,而上述还原剂均为析氢反应,所以不可能将锡离子还原为锡单质;要化学镀锡就必须选择另一类不析氢的强还原剂,如 Ti^{3+}, V^{2+}, Cr^{2+} 等,只有用 T^{3+}/Ti^{4+} 系的报道

【状况】

【应用场景】 因锡镀层无毒性,大量用在与食品及饮料接触之物件中;最大用途就是制造锡罐,其他如厨房用具、食物刀叉、烤箱等

【应用场景】 因锡容易焊接,导电性良好,广泛应用在电器及电子需要焊接的零件上

【应用场景】 改善铜线的焊接性及铜线与绝缘皮之间壁障作用

【应用场景】 因锡柔软,可防止刮伤,作为一种固体润滑剂

【应用场景】 锡镀层可以防止钢氮化

【词条关系】

【层次关系】

【实例-概念】 镀层

【应用关系】

【使用】 离子镀

【使用】 化学镀

◎镀层

【基本信息】

【英文名】 coating;plating

【拼音】 du ceng

【核心词】

【定义】

为了美观或防止腐蚀而涂在某些物品上的金属表面涂上一层塑料,或者一层稀薄的金属或为仿造某种贵重金属,在普通金属的表面镀上这种贵重金属的薄层称为镀层。

【分类信息】

【CLC 类目】

(1) TG174.443 热浸法

(2) TG174.443 铀及铀合金的冶炼和加工

(3) TG174.443 电解与电极作用

(4) TG174.443 单一金属的电镀

(5) TG174.443 加热、冷却机械

【IPC 类目】

(1) C25D15/00 含嵌入材料,如颗粒、须、丝之覆层的电解或电泳生产〔2〕

(2) C25D15/00 使用次磷酸盐的〔5〕

(3) C25D15/00 合金的〔2〕

(4) C25D15/00 锌或镉或以其为基料的合金〔4〕

(5) C25D15/00 仅为金属材料覆层〔4〕

【词条属性】

【特征】

【特点】　电镀(Electroplating)就是利用电解原理在某些金属表面上镀上一薄层其他金属或合金的过程,是利用电解作用使金属或其他材料制件的表面附着一层金属膜的工艺,从而起到防止金属氧化(如锈蚀),提高耐磨性、导电性、反光性、抗腐蚀性(硫酸铜等)及增进美观等作用;不少硬币的外层亦为电镀。

【特点】　离子镀在真空条件下,利用气体放电使气体或被蒸发物质部分电离,并在气体离子或被蒸发物质离子的轰击下,将蒸发物质或其反应物沉积在基片上的方法;其中包括磁控溅射离子镀、反应离子镀、空心阴极放电离子镀(空心阴极蒸镀法)、多弧离子镀(阴极电弧离子镀)等

【特点】　化学镀　(Electroless plating)也称为无电解镀或者自催化镀(Auto-catalytic plating),是在无外加电流的情况下借助合适的还原剂,使镀液中金属离子还原成金属,并沉积到零件表面的一种镀覆方法;化学镀技术是在金属的催化作用下,通过可控制的氧化还原反应产生金属的沉积过程;与电镀相比,化学镀技术具有镀层均匀、针孔小、不需直流电源设备、能在非导体上沉积和具有某些特殊性能等特点

【词条关系】

【层次关系】

【概念-实例】　镀锡

【概念-实例】　镀锌

【概念-实例】　镀银

【概念-实例】　镀铬

【生产关系】

【材料-工艺】　化学镀

【材料-工艺】　离子镀

【材料-工艺】　电镀

◎定向凝固

【基本信息】

【英文名】　directional solidification; unidirectional solidification

【拼音】　ding xiang ning gu

【核心词】

【定义】

(1)液态金属在凝固过程中使成核的晶粒沿最有利的方向生长。

【来源】《现代材料科学与工程辞典》

(2)由一端向另一端单方向进行的凝固过程。

【来源】《金属材料简明辞典》

(3)熔体沿固定方向顺序凝固的过程。

【来源】《金属功能材料词典》

【分类信息】

【CLC 类目】

(1) TG111.4　金属的液体结构和凝固理论

(2) TG111.4　浇注及凝固

(3) TG111.4　特种热性质合金

(4) TG111.4　特种结构材料

(5) TG111.4　金属复合材料

【IPC 类目】

(1) C30B11/00　正常凝固法或温度梯度凝固法的单晶生长,如 Bridgman-Stockbarger 法(13/00,15/00,17/00,19/00 优先;保护流体下的入 27/00)〔3〕

(2) C30B11/00　影响金属温度,如用加热或冷却铸型(连续铸造中底部开口铸模的冷却入 11/055)〔1,7〕

(3) C30B11/00　区域熔融法单晶生长;区域熔融法精炼(17/00 优先;改变所处理固体之横截面的入 15/00;在保护流体下的入 27/00;具有一定结构的均匀多晶材料的生长入 28/00;特定材料的区域精炼,见该材料的相应小类)〔3,5〕

(4) C30B11/00　纯化(用区域熔融入 C30B13/00)〔5〕

(5) C30B11/00　以籽晶,如其结晶取向为特征的〔3〕

【词条属性】

【特征】

【特点】　产品具有优良的抗热冲击性能

【特点】　较长的疲劳寿命

【特点】 较好的蠕变抗力

【时间】

【起始时间】 1965 年

【词条关系】

【层次关系】

【类分】 传统的定向凝固技术

【类分】 发热剂法(EP 法)

【类分】 功率降低法(PD 法)

【类分】 高速凝固法(HRS 法)

【类分】 液态金属冷却法(LMC 法)

【类分】 新型的定向凝固技术

【类分】 区域熔化液态金属冷却法(ZMLMC 法)

【类分】 深过冷定向凝固(DUDS 法)

【类分】 电磁约束成形定向凝固技术(DSEMS)

【类分】 激光超高温度梯度快速定向凝固(LRM)

【生产关系】

【工艺-材料】 单晶体

【工艺-材料】 共晶合金

【工艺-材料】 耐热合金

【工艺-材料】 磁性材料

【工艺-材料】 航空和地面燃机涡轮叶片

【工艺-材料】 自生复合材料

【工艺-材料】 功能晶体

【工艺-材料】 铸锭

【工艺-材料】 泡沫金属

◎电阻合金

【基本信息】

【英文名】 electroresistance alloy; resistance alloys

【拼音】 dian zu he jin

【核心词】

【定义】

(1)具有低电阻温度系数和高电阻时间稳定性的合金。

【来源】《现代材料科学与工程辞典》

(2)具有很高的电阻率或电阻温度系数很小的一类合金。

【来源】《金属材料简明辞典》

(3)以电阻特性为主要技术特征的一类金属功能材料。

【来源】《金属功能材料词典》

【分类信息】

【词条属性】

【特征】

【特点】 镍铬、镍铬铁合金具有较高而稳定的电阻率

【特点】 耐腐蚀

【特点】 表面抗氧化性能好

【特点】 在高温下有较好的强度搞震动

【特点】 变形性能好

【特点】 有良好的加工性能和可焊性

【特点】 铁铬铝合金是一种高电阻合金材料

【特点】 电阻率高

【特点】 电阻温度系数小

【特点】 耐高温寿命长

【特点】 重量轻

【特点】 价格便宜

【特点】 精密电阻器用电阻合金的受热温度较低

【词条关系】

【层次关系】

【概念-实例】 20Cr-80Ni 合金

【概念-实例】 应变康铜合金(Cu-Ni-Mn)

【概念-实例】 50Ni-10Co-Fe 合金

【类分】 电热合金

【类分】 精密电阻合金

【类分】 应变电阻合金

【类分】 热敏电阻合金

【类分】 镍铬、镍铬铁合金

【类分】 精密电阻器用电阻合金

【类分】 变阻器用电阻合金

【类分】 发热体用电阻合金

【类属】 精密合金

【应用关系】
【使用】 银合金
【用于】 工业电炉
【用于】 家用电器
【用于】 机械制造
【用于】 发热元件
【用于】 电阻变阻器
【用于】 红外线加热装置
【生产关系】
【原料-材料】 电炉的发热元件
【原料-材料】 精密电阻元件

◎电子束熔炼

【基本信息】
【英文名】 electron beam melting
【拼音】 dian zi shu rong lian
【核心词】
【定义】

(1)电子束熔炼(electron beam melting),高真空下,将高速电子束流的动能转换为热能作为热源来进行金属熔炼的一种真空熔炼方法。简称EBM。

(2)在高真空条件下,阴极由于高压电场的作用被加热而发射出电子,电子汇集成束,电子束在加速电压的作用下,以极高的速度向阳极运动,穿过阳极后,在聚焦线圈和偏转线圈的作用下,准确地轰击到结晶器内的底锭和物料上,使底锭被熔化形成熔池,物料也不断地被熔化滴落到熔池内,从而实现熔炼过程,这就是电子束熔炼原理。

【分类信息】
【CLC类目】
TF13 真空冶金
【IPC类目】
(1) F27D3/04 推杆或推料设备
(2) F27D3/04 利用电流、激光辐射或等离子体(3/11优先)〔6〕
(3) F27D3/04 有一层或多层不用粉末制造,如用整体金属制造
(4) F27D3/04 锆基合金〔2〕
(5) F27D3/04 覆层中临时形成液相的〔4〕

【词条属性】
【特征】

【特点】 电子束熔炼的工艺特点是在高真空环境下进行熔炼(熔炼真空度一般在10^{-3}～10^{-1} Pa),熔炼时熔池的温度及其分布可控,熔池的维持时间可在很大的范围内调整;熔炼是在水冷铜坩埚(结晶器)内进行的,可以有效地避免金属液被耐火材料污染

【特点】 电子束熔炼可除去大多数金属中的氢,且氢的去除很容易,一般在炉料被熔清之前即已基本完成;由于真空度高,熔池温度及处于液态的时间可控,脱氮效果也很高

【特点】 在电子束熔炼温度下,凡是比基体金属蒸气压高的金属杂质均会不同程度地得以挥发去除

【特点】 氧化物及氮化物夹杂物在电子束熔炼温度及真空度下,有可能分解出氧原子及氮原子而被去除;氧原子还可以通过碳氧反应而被去掉

【特点】 锭子自下而上的顺序凝固特点有利于非金属夹杂物的上浮

【因素】

【影响因素】 主要有熔化功率、熔化速度、比电能、真空度和漏气速率等,如熔炼次数、自耗电极与坩埚直径比、冷却速率及铸锭冷却制度等也须注意合理选择;在诸参数中,熔化功率、熔化速度及比电能是影响铸锭质量最重要的因素

【影响因素】 熔炼初期,真空度比较低,炉料及坩埚都处在常温下,熔池尚未形成,熔化功率应低一些,熔速应慢一些;熔化末期,为了消除铸锭顶部缩孔,熔化功率及熔速必须有一个逐步下降的过程,以完成补材料的平均比热容,补缩时间的长短与铸锭的大小及熔化金有关;而在熔炼中间大部分的正常熔化期内,熔化功率及熔速应保持稳定

【词条关系】

【层次关系】

【类属】 真空炉

【类属】 真空熔炼

【实例-概念】 冶金

【生产关系】

【材料-工艺】 难熔金属

【工艺-材料】 贵金属

【工艺-材料】 超合金

◎电子束焊

【基本信息】

【英文名】 electron beam welding; electrons leaves welding; electron beam bonding

【拼音】 dian zi shu han

【核心词】

【定义】

电子束焊是利用加速和聚焦的电子束轰击置于真空或非真空中的焊件所产生的热能进行焊接的方法。

【分类信息】

【CLC 类目】

(1) TG456.3 真空电子束焊

(2) TG456.3 复合材料

【IPC 类目】

(1) F01D1/04 工作流体基本上沿轴向通过

(2) F01D1/04 由阀控制的〔6〕

【词条属性】

【特征】

【特点】 电子束焊接的基本原理是电子枪中的阴极由于直接或间接加热而发射电子,该电子在高压静电场的加速下再通过电磁场的聚焦就可以形成能量密度极高的电子束,用此电子束去轰击工件,巨大的动能转化为热能,使焊接处工件熔化,形成熔池,从而实现对工件的焊接

【特点】 电子束焊机用高压电源在操作时必须与有关系统进行连锁保护,主要有真空连锁、阴极连锁、闸阀连锁、聚焦连锁等,以确保设备和人身安全;高压电源必须符合 EMC 标准,具有软起动功能,防止突然合闸对电源的冲击

【特点】 ①电子束焊接的能量密度高,可焊接一般电弧焊难以实现的焊缝;②电子束焊接是在真空中进行,焊缝的化学成分稳定且纯净,接头强度高,焊缝质量高;③电子束焊接速度快,热影响区小,焊接热变形小;④电子束焊接适用于焊接几乎所有的金属材料,尤其适合铝材焊接;⑤电子束焊接可获得深宽比大的焊缝[20:(1~50):1],焊接厚件时可以不开坡口一次成形;⑥电子束焊接结合计算机技术,实现了工艺参数的精确控制,使焊接过程完全自动化

【状况】

【现状】 电子束焊机用高压电源的技术要求由于在国内外还没有一个统一的标准,根据一些厂商提出的技术要求主要为纹波系数和稳定度,纹波系数要求小于 1%,稳定度为 ±1%,几乎所有的电子束焊机制造商都提出这样要求;其中德国 PTR 公司还提出了中压型的技术要求,它要求相对纹波系数小于 0.5%,稳定度为 ±0.5%,同时还提出了重复性要求小于 0.5%

【词条关系】

【层次关系】

【并列】 爆炸焊接

【并列】 电弧焊

【并列】 氩弧焊

【类属】 熔焊

【实例-概念】 焊接工艺

【实例-概念】 熔焊

◎电子管

【基本信息】

【英文名】 (electron) tube; radio tube; (electron) valve; electronic valve; evacuated tube

【拼音】 dian zi guan

【核心词】
【定义】

(1)电子管,是一种最早期的电信号放大器件。被封闭在玻璃容器(一般为玻璃管)中的阴极电子发射部分、控制栅极、加速栅极、阳极(屏极)引线被焊在管基上。利用电场对真空中的控制栅极注入电子调制信号,并在阳极获得对信号放大或反馈振荡后的不同参数信号数据。

(2)电子管早期应用于电视机、收音机扩音机等电子产品中,近年来逐渐被半导体材料制作的放大器和集成电路取代,但目前在一些高保真的音响器材中,仍然使用低噪声、稳定系数高的电子管作为音频功率放大器件(香港人称使用电子管功率放大器为“胆机”)。

【分类信息】

【IPC 类目】

(1) C01G35/00　钽的化合物

(2) C01G35/00　铌的化合物

(3) C01G35/00　通过电感应〔3〕

(4) C01G35/00　无机材料的〔2〕

(5) C01G35/00　溅射〔4〕

【词条属性】

【特征】

【优点】　由于电子管体积大、功耗大、发热厉害、寿命短、电源利用效率低、结构脆弱而且需要高压电源的缺点,它的绝大部分用途已经被固体器件晶体管所取代。优点:①电子管负载能力强;②线性性能优于晶体管;③工作频率高;④高频大功率领域的工作特性要比晶体管更好,所以仍然在一些地方(如大功率无线电发射设备,高频介质加热设备)继续发挥着不可替代的作用

【优点】　由于电子管体积大、功耗大、发热厉害、寿命短、电源利用效率低、结构脆弱而且需要高压电源的缺点,它的绝大部分用途已经被固体器件晶体管所取代;优点:①电子管负载能力强;②线性性能优于晶体管;③工作频率高;④高频大功率领域的工作特性要比晶体管更好,所以仍然在一些地方(如大功率无线电发射设备,高频介质加热设备)继续发挥着不可替代的作用

【词条关系】

【层次关系】

【参与组成】　扫描电镜

【组成部件】　半导体材料

【组成部件】　导电极

【组成部件】　电极板

【应用关系】

【部件成品-材料】　钨丝

【使用】　铼合金

◎电热合金

【基本信息】

【英文名】　electrical heating alloy; electrothermal alloy

【拼音】　dian re he jin

【核心词】

【定义】

(1)电性合金的一种,又称为发热体用合金。

【来源】《金属材料简明辞典》

(2)将电能转变为热能,且能在一定高温下长期工作的电阻合金

【来源】《金属功能材料词典》

【分类信息】

【IPC 类目】

(1) F24C7/04　加热元件直接辐射供热的(7/10 优先)

(2) F24C7/04　电极的配置(温度的自动控制入 G05D23/00;放电设备入 H01T;电极进给或导引装置入 H05B7/10;利用电极的位置自动控制功率入 H05B7/144)〔3〕

【词条属性】

【特征】

【缺点】　室温韧性较低

【数值】　工作温度可达 1200～1400 ℃

【特点】　单相固溶体

【优点】 电阻率大

【优点】 耐热疲劳

【优点】 抗腐蚀

【优点】 高温形状稳定性好

【优点】 具有良好的抗氧化性

【时间】

【起始时间】 1906 年

【其他物理特性】

【电阻率】 95～160 μΩ · cm

【词条关系】

【层次关系】

【材料-组织】 奥氏体

【概念-实例】 20Cr80Ni

【概念-实例】 17Cr5AlFe

【概念-实例】 25Cr5AlFe

【概念-实例】 28Cr8Al1TiFe

【构成成分】 Cr-铬、Ni-镍、铝、铁

【类分】 铍青铜

【类分】 丝材

【类分】 圆线材

【类分】 扁带材

【类属】 特殊钢

【类属】 电阻合金

【生产关系】

【材料-工艺】 电弧炉

【材料-工艺】 真空感应炉

【原料-材料】 电炉

◎电偶腐蚀

【基本信息】

【英文名】 galvanic corrosion

【拼音】 dian ou fu shi

【核心词】

【定义】

(1)由于腐蚀电位不同,造成同一介质中异种金属接触处的局部腐蚀,就是电偶腐蚀(Galvanic corrosion),又称为接触腐蚀或双金属腐蚀。

(2)合金中呈现不同电极电位的金属相、化合物、组分元素的贫化或富集区,以及氧化膜等也都可能与金属间发生电偶现象,钝化与浓差效应也会形成电偶型的腐蚀现象,这些微区中的电偶现象通常称为腐蚀微电池,不称作电偶腐蚀。

【分类信息】

【CLC 类目】

TG172 各种类型的金属腐蚀

【IPC 类目】

(1) C23F11/173 高分子化合物〔4〕

(2) C23F11/173 牺牲阳极用的材料〔5〕

(3) C23F11/173 金属层的

(4) C23F11/173 滑动面主要由塑料构成(33/22 至 33/28 优先)

(5) C23F11/173 含氮的(5/14 优先)〔3〕

【词条属性】

【特征】

【特点】 两种金属构成宏电池,产生电偶电流,使电位较低的金属(阳极)溶解速度增加,电位较高的金属(阴极)溶解速度减小;所以,阴极是受到阳极保护的;阴阳极面积比增大,介质电导率减小,都使阳极腐蚀加重

【特点】 电偶腐蚀的主要防止措施:①选择在工作环境下电极电位尽量接近(最好不超过 50 mV)的金属作为相接触的电偶对;②减小较正电极电位金属的面积,尽量使电极电位较负的金属表面积增大;③尽量使相接触的金属电绝缘,并使介质电阻增大;④充分利用防护层,或设法外加保护电位;选择防护方法时应考虑面积律的影响,以及腐蚀产物的影响等

【词条关系】

【层次关系】

【并列】 电化学腐蚀

【类属】 海洋腐蚀

【主体-附件】 腐蚀介质

【主体-附件】 电解质

【应用关系】

【使用】 电极电位

◎电炉熔炼

【基本信息】

【英文名】 electric smelting

【拼音】 dian lu rong lian

【核心词】

【定义】

电炉是把炉内的电能转化为热量对工件加热的加热炉,同燃料炉比较,电炉的优点有:炉内气氛容易控制;物料加热快;加热温度高;温度容易控制等。利用电炉对金属及合金进行熔炼的过程称为电炉熔炼。

【分类信息】

【CLC 类目】

(1) TF641　铬铁

(2) TF641　镍铁

(3) TF641　有色金属工业

【IPC 类目】

(1) F16L33/20　用工具在软管上收缩或在软管内膨胀的不可分环,管套,或类似件;使用这些元件的装置

(2) F16L33/20　被挤压金属或模具或类似零件的润滑,如润滑剂的物理状态,加润滑剂的适宜位置(化学成分见有关类)

(3) F16L33/20　锰的提取

(4) F16L33/20　长形的实心物或空心物的离心铸造,如管在绕其纵向轴线旋转的铸型中铸造

(5) F16L33/20　金属挤压;冲挤

【词条属性】

【特征】

【特点】 电炉熔炼可分为电阻炉、感应炉、电弧炉、等离子炉、电子束炉等

【优点】 电炉熔炼的优点有:炉内气氛容易控制,甚至可抽成真空;物料加热快,加热温度高,温度容易控制;生产过程较易实现机械化和自动化;劳动卫生条件好;热效率高;产品质量好,且更加环保,有利于缓解日趋严重的环境问题

【状况】

【现状】 20 世纪 50 年代以来,由于对高级冶金产品需求的增长和电费随电力工业的发展而下降,电炉在冶金炉设备中的比额逐年上升

【应用场景】 冶金工业上电炉主要用于钢铁、铁合金、有色金属等的熔炼、加热和热处理

【应用场景】 埋弧电炉,又称为还原电炉或矿热电炉;电极一端埋入料层,在料层内形成电弧并利用料层自身的电阻发热加热物料;常用于冶炼铁合金

【应用场景】 真空电弧炉用于熔炼特殊钢、活泼的和难熔的金属如钛、钼、铌

【应用场景】 等离子炉是等离子体从等离子枪喷口喷出后,形成高速高温的等离子弧焰,温度比一般电弧高得多。最常用的工作气体是氩,它是单原子气体,容易电离,而且是惰性气体,可以保护物料;工作温度可达 20 000 ℃;用于熔炼特殊钢、钛和钛合金、超导材料等;炉型有配置水冷铜结晶器炉、中空阴极式炉、配置感应加热的等离子炉、有耐火材料炉衬的等离子炉等

【词条关系】

【层次关系】

【参与组成】 熔铸

【类分】 电弧熔炼

【类分】 等离子熔炼

【类属】 熔炼

【实例-概念】 冶金

【主体-附件】 加热炉

【应用关系】

【使用】 铜管

【使用】 中间合金

【使用】 精炼剂

【生产关系】

【工艺-材料】 无氧铜

◎电流效率

【基本信息】

【英文名】 current efficiency

【拼音】 dian liu xiao lü

【核心词】

【定义】

所谓电流效率是指电解时,在电极上实际沉积或溶解的物质的量与按理论计算出的析出或溶解量之比,通常用符号 η 表示。

【分类信息】

【CLC 类目】

(1) TQ138.1 铁系元素的无机化合物

(2) TQ138.1 理论与计算

(3) TQ138.1 单一金属的电镀

(4) TQ138.1 铁系金属元素

(5) TQ138.1 电镀、电解工业

【IPC 类目】

(1) C25B3/04 还原法〔2〕

(2) C25B3/04 无机化合物或非金属的电解生产〔2〕

(3) C25B3/04 带有隔膜〔7〕

(4) C25B3/04 氧化法〔2〕

(5) C25B3/04 有机化合物的电解生产〔2〕

【词条属性】

【特征】

【特点】 $\eta = m' \div m \times 100\% = m' \div (I \cdot t \cdot k) \times 100\%$,$\eta$ 为电流效率;m'为实际产物质量;m 为按法拉第定律获得的产物质量;I 为电流强度(单位为 A),t 为通电时间(单位为 h),k 为电化当量[单位为 g/(A · h)]M 为按理论计算出的应析出或溶解物质的量;K,I,t 为法拉第第一定律中已经出现过的物理量:电化当量、电流和电解时间

【特点】 由不同电镀液或不同镀种所获得的镀层的重量与理论值的比率可知,不同镀液或镀种的电流效率有很大差别

【词条关系】

【应用关系】

【用于】 导电极

【用于】 电解质

【测度关系】

【度量工具-物理量】 电解槽

◎电流密度

【基本信息】

【英文名】 current density

【拼音】 dian liu mi du

【核心词】

【定义】

矢量是描述电路中某点电流强弱和流动方向的物理量。其大小等于单位时间内通过某一单位面积的电量,方向向量为单位面积相应截面的法向量,指向由正电荷通过此截面的指向确定。因为导线中不同点上与电流方向垂直的单位面积上流过的电流不同,为了描写每点的电流情况,有必要引入一个矢量场——电流密度 J,即面电流密度。每点的 J 的方向定义为该点的正电荷运动方向,J 的大小则定义为过点并与 J 垂直的单位面积上的电流。

【分类信息】

【CLC 类目】

(1) TQ153 电镀工业

(2) TQ153 电铸

(3) TQ153 粉末的制造方法

(4) TQ153 单一金属的电镀

【IPC 类目】

(1) C25D3/56 合金的〔2〕

(2) C25D3/56 无机化合物或非金属的电解生产〔2〕

(3) C25D3/56 用阴极工艺方法〔2〕

(4) C25D3/56 氧化法〔2〕

(5) C25D3/56 铝或以其为基料的合金〔2〕

【词条属性】

【特征】

【特点】 单位:安培每平方米,记作 A/m^2;它在物理中一般用 J 表示,公式:$J = I/S$,I 和 J 都是描写电流的物理量,I 是标量,描写一个面的电流情况,J 是矢量场,描写每点的电流情况

【特点】 电流密度时常可以近似为与电场成正比,以方程表达为 $J = \sigma E$;其中,E 是电场,J 是电流密度,σ 是电导率,是电阻率的

倒数

【特点】 对于电力系统和电子系统的设计而言,电流密度是很重要的;电路的性能与电流量紧密相关,而电流密度又是由导体的物体尺寸决定;例如,随着集成电路的尺寸越变越小,虽然较小的元件需要的电流也较小,为了要达到芯片内含的元件数量密度增高的目标,电流密度会趋向于增高

【特点】 在高频频域,由于趋肤效应,传导区域会更加局限于表面附近,因而促使电流密度增高

【特点】 电流密度过高会产生不理想后果;大多数电导体的电阻是有限的正值,会以热能的形式消散功率;为了避免电导体因过热而被熔化或发生燃烧,并且防止绝缘材料遭到损坏,电流密度必须维持在过高值以下;假若电流密度过高,材料与材料之间的互联部分会开始移动,这种现象称为电迁移(electromigration)。在超导体里,过高的电流密度会产生很强的磁场,这会使得超导体自发地丧失超导性质

【词条关系】

【层次关系】

【附件-主体】 超导态

【附件-主体】 电解槽

【附件-主体】 半导体材料

◎电解质

【基本信息】

【英文名】 electrolyte;electrolytic

【拼音】 dian jie zhi

【核心词】

【定义】

电解质是溶于水溶液中或在熔融状态下就能够导电(自身电离成阳离子与阴离子)的化合物。可分为强电解质和弱电解质。

【分类信息】

【CLC 类目】

(1) O484.4　薄膜的性质

(2) O484.4　特种结构材料

(3) O484.4　薄膜的生长、结构和外延

(4) O484.4　功能材料

【IPC 类目】

(1) H01M8/10　固体电解质的燃料电池〔2〕

(2) H01M8/10　具有有机电解质的〔2〕

(3) H01M8/10　零部件(非活性部件的入2/00;电极的入4/00)〔2〕

(4) H01M8/10　薄膜、膜或隔膜〔2〕

(5) H01M8/10　零部件(非活性部件的入2/00,电极的入4/00)〔2〕

【词条属性】

【特征】

【特点】 电解质是溶于水溶液中或在熔融状态下就能够导电(自身电离成阳离子与阴离子)的化合物;可分为强电解质和弱电解质

【特点】 强电解质是在水溶液中或熔融状态中几乎完全发生电离的电解质,弱电解质是在水溶液中或熔融状态下不完全发生电离的电解质;强弱电解质导电的性质与物质的溶解度无关

【特点】 强电解质一般有:强酸、强碱、活泼金属氧化物和大多数盐,如碳酸钙、硫酸铜;也有少部分盐不是电解质

【特点】 弱电解质(溶解的部分在水中只能部分电离的化合物,弱电解质是一些具有极性键的共价化合物),一般有:弱酸、弱碱,如醋酸、一水合氨($NH_3 \cdot H_2O$),以及少数盐,如醋酸铅、氯化汞;另外,水是极弱电解质

【状况】

【应用场景】 电能转变为化学能的过程,即直流电通过电解槽,在电极—溶液界面上进行电化学反应的过程;例如,水的电解,电解槽中阴极为铁板,阳极为镍板,电解液为氢氧化钠溶液;通电时,在外电场的作用下,电解液中的正、负离子分别向阴、阳极迁移,离子在电极—溶液界面上进行电化学反应;在阴极上进行还原反应

【因素】

【影响因素】 电解质的键型不同,电离程度就不同

【影响因素】 相同类型的共价化合物由于键能不同,电离程度也不同

【影响因素】 电解质的溶解度也直接影响着电解质溶液的导电能力

【影响因素】 电解质溶液的浓度不同,电离程度也不同

【影响因素】 溶剂的性质也直接影响电解质的强弱

【词条关系】

【层次关系】

【参与组成】 电解槽

【参与组成】 电解法

【附件-主体】 电偶腐蚀

【应用关系】

【使用】 电流效率

【使用】 溶度

【用于】 电解铜

◎电解液

【基本信息】

【英文名】 electrolyte

【拼音】 dian jie ye

【核心词】

【定义】

(1)电解液是一个意义广泛的名词,用于不同行业其代表的内容相差较大;有生物体内的电解液(又称电解质),也有应用于电池行业的电解液,以及电解电容器、超级电容器等行业的电解液

(2)电解液是化学电池、电解电容等使用的介质(有一定的腐蚀性),为他们的正常工作提供离子;并保证工作中发生的化学反应是可逆的

【分类信息】

【CLC 类目】

(1) TG175.3 有色金属及其合金

(2) TG175.3 电化学工业

(3) TG175.3 晶体生长理论

(4) TG175.3 铜

(5) TG175.3 钛副族(第ⅣB 族金属元素)

【IPC 类目】

(1) C25D1/04 丝;带;箔〔2〕

(2) C25D1/04 电解槽或其组合件;电解槽构件;电解槽构件的组合件,如电极-膜组合件〔2,7〕

(3) C25D1/04 电解水法〔2〕

(4) C25D1/04 电解槽的结构部件,或其组合件;电解槽的维护或操作(生产铝的入3/06 至 3/22)〔2〕

(5) C25D1/04 带有隔膜〔7〕

【词条属性】

【特征】

【缺点】 在高温环境下容易挥发、渗漏,对寿命和稳定性影响很大,在高温高压下电解液还有可能瞬间汽化,体积增大引起爆炸(就是我们常说的爆浆)

【缺点】 电解液所采用的离子导电法,其导电率很低,只有 0.01 S(电导率,欧姆的倒数)/cm,这造成电容的 ESR 值(等效串联电阻)特别高

【特点】 铝电解液电容器的电解液含 GBL 等主要溶剂

【特点】 超级电容器电解液含碳酸丙烯酯或乙腈主要溶剂

【特点】 锂锰一次电池电解液含碳酸丙烯酯、乙二醇二甲醚等主要溶剂

【优点】 使用电解液做阴极有不少好处:首先,在于液体与介质的接触面积较大,这样对提升电容量有帮助;其次,使用电解液制造的电解电容,最高能耐 260 ℃的高温,这样就可以通过波峰焊(波峰焊是 SMT 贴片安装的一道重要工序),同时耐压性也比较强

【优点】 使用电解液做阴极的电解电容,当介质被击穿后,只要击穿电流不持续,那么电容能够自愈

【词条关系】

【层次关系】
【参与构成】　电池

◎电解铜

【基本信息】
【英文名】　electrolytic copper
【拼音】　dian jie tong
【核心词】
【定义】

将粗铜(含铜 99%)预先制成厚板作为阳极,纯铜制成薄片作为阴极,以硫酸(H_2SO_4)和硫酸铜($CuSO_4$)的混合液作为电解液。通电后,铜从阳极溶解成铜离子(Cu^{2+})向阴极移动,到达阴极后获得电子而在阴极析出纯铜(又称为电解铜)。

【分类信息】
【IPC 类目】
(1) C25D1/04　丝;带;箔〔2〕
(2) C25D1/04　铜的〔2〕
(3) C25D1/04　用作金属图形的材料的应用〔3〕
(4) C25D1/04　铜的〔2〕
(5) C25D1/04　分离用的化合物〔2〕

【词条属性】
【特征】

【特点】　阴极铜的品质要求:铜精矿由电解精炼法或电解沉积法生产得到阴极铜;按国标 GB/T 467—1997《阴极铜》的规定,阴极铜按化学成分分为高纯阴极铜(Cu-CATH-1)和标准阴极铜(Cu-CATH-2)和两个牌号

【特点】　阴极铜的试验方法:高纯阴极铜化学成分的仲裁分析方法按 GB/T 13293—1991《高纯阳极铜化学分析方法》的规定进行,标准阴极铜化学成分的仲裁分析方法按 GB/T 5121—1996《铜及铜合金化学分析方法》的规定进行,表面质量用目视检测

【状况】

【应用场景】　铜在电气、电子工业中应用最广、用量最大,占总消费量一半以上;用于各种电缆、导线,电机和变压器的绕阻,以及开关和印刷线路板等

【应用场景】　在机械和运输车辆制造中,用于制造工业阀门和配件、仪表、滑动轴承、模具、热交换器和泵等

【应用场景】　在化学工业中广泛应用于制造真空器、蒸馏锅、酿造锅等

【应用场景】　在国防工业中用以制造子弹、炮弹、枪炮零件等,每生产 100 万发子弹,需用铜 13～14 t

【应用场景】　在建筑工业中,用作各种管道、管道配件、装饰器件等

【词条关系】
【等同关系】
【基本等同】　纯铜
【基本等同】　阴极铜
【应用关系】
【使用】　铅合金
【使用】　湿法冶金
【使用】　电解槽
【使用】　电解质
【使用】　精炼剂
【用于】　子弹
【用于】　绕阻
【用于】　电子工业
【用于】　管道
【用于】　化学工业
【生产关系】
【材料-工艺】　电解法
【原料-材料】　紫铜
【原料-材料】　箔材

◎电解槽

【基本信息】
【英文名】　electric tank; electrolytic tank; electrolysing cell; electrolysis bath
【拼音】　dian jie cao
【核心词】
【定义】

(1)电解槽由槽体、阳极和阴极组成,多数用隔膜将阳极室和阴极室隔开。按电解液的不同分为水溶液电解槽、熔融盐电解槽和非水溶液电解槽三类。当直流电通过电解槽时,在阳极与溶液界面处发生氧化反应,在阴极与溶液界面处发生还原反应,以制取所需产品。

(2)对电解槽结构进行优化设计,合理选择电极和隔膜材料,是提高电流效率、降低槽电压、节省能耗的关键。

【分类信息】

【CLC 类目】

(1) TQ114.26　生产过程

(2) TQ114.26　烧碱(氢氧化钠)工业

(3) TQ114.26　有色冶金机械

(4) TQ114.26　铝

(5) TQ114.26　一般性问题

【IPC 类目】

(1) C25C3/08　电解槽的结构,如底、壁、阴极〔2〕

(2) C25C3/08　电解槽或其组合件;电解槽构件;电解槽构件的组合件,如电极-膜组合件〔2,7〕

(3) C25C3/08　用电解法〔5〕

(4) C25C3/08　电解水法〔2〕

(5) C25C3/08　电解槽的结构部件,或其组合件;电解槽的维护或操作(生产铝的入3/06至3/22)〔2〕

【词条属性】

【特征】

【特点】　为防止阴、阳两极产物混合,避免可能发生的有害反应,在电解槽中,基本上都用隔膜将阴、阳极室隔开;隔膜需有一定的孔隙率,能使离子通过,而不使分子或气泡通过,当有电流流过时,隔膜的欧姆电压降要低;隔膜由惰性材料制作,如氯碱工业中长期使用的石棉隔膜

【状况】

【应用场景】　阳极分可溶性和不可溶性两类;在精炼铜用的电解槽中,阳极材料为可溶性的待精炼的粗铜;它在电解过程中溶入溶液,以补充在阴极上从溶液中析出的铜;在电解水溶液(如食盐水溶液)用的电解槽中,阳极为不溶性的,它们在电解过程基本不发生变化,但对在电极表面上所进行的阳极反应常具有催化作用;在化学工业中,大多采用不溶性阳极

【应用场景】　在熔融盐电解槽中,因电解温度比水溶液电解槽中高得多,对阳极材料要求更严,电解熔融氢氧化钠,一般可用钢铁、镍及其合金;电解熔融氯化物,只能用石墨

【应用场景】　为了提高产品质量,也可采用特殊的阴极材料,如在水银法电解食盐水溶液制取烧碱的汞阴极中,利用汞析氢过电位高的特点,使钠离子放电,生成钠汞齐,然后在专用的设备中,用水分解钠汞齐制取高纯度、高浓度碱液;另外,为了节约电能也可采用耗氧阴极,使氧在阴极还原,以代替析氢反应,按理论计算可降低槽电压1.23 V

【词条关系】

【层次关系】

【主体-附件】　电流密度

【组成部件】　电解质

【组成部件】　电极板

【应用关系】

【用于】　电解铜

【生产关系】

【设备工具-工艺】　铝电解

【测度关系】

【物理量-度量工具】　电流效率

◎电接触材料

【基本信息】

【英文名】　electric contact materials

【拼音】　dian jie chu cai liao

【核心词】

【定义】

(1)电接触材料是制备电力、电器电路中通、断控制及负载电流电器(如开关、继电器、起动器及仪器仪表等)的关键材料。

（2）电接触材料的分类有：①按材料分类，分别为纯金属、合金、电镀、复合电接触材料；②按电器工作电压分类，可分为低压电接触材料和高压电接触材料；③按电器工作气氛分类，有真空电接触材料和气氛保护电接触材料。

【分类信息】

【CLC 类目】

TB383　特种结构材料

【IPC 类目】

（1）H01H1/02　按所用材料区分

（2）H01H1/02　银基合金〔2〕

（3）H01H1/02　铂系金属基合金〔2〕

（4）H01H1/02　含非金属的合金（1/08 优先）

（5）H01H1/02　仅沉积一种其他的金属元素〔4〕

【词条属性】

【特征】

【特点】　电接触材料的基本要求为：良好的导电导热性；低的接触电阻和温升；抗熔焊和抗环境介质污染

【特点】　在 $AgSnO_2$ 复合材料中加入适量的 Y_2O_3 可以使银基体与 SnO_2 颗粒的润湿性、材料的加工性及电性能更佳

【特点】　银基电接触材料主要有 AgW，AgC，AgWC，AgNi 和 AgMeO 等系列二元合金电接触材料

【特点】　贵金属基电接触材料具有较高的导电与导热性、高化学稳定性、低而稳定的接触电阻、高抗熔焊性和高抗电弧侵蚀等优良性能，一直被认为是最好的电接触材料，尤其在接通和断开装置中表现出优异的综合性能，因此在许多电接触应用领域都选择其作为触点材料

【特点】　AuAgCd，AuAgIn 和 AuAgCdIn 系列的主要优点是具有稳定的接触性能、良好的抗硫化腐蚀性能和抗有机污染能力

【状况】

【现状】　电接触材料是电器开关的核心组件和关键材料，负担接通、断开电路及负载电流的任务，材料性能决定了电器开关的开断能力和接触可靠性；由于这类温控器要求技术含量高，此前中国这类电接触复合材料主要依赖进口

【应用场景】　Au-Ni 系中 Ni 含量为 1%～20%，一般还需加入少量的 Zr，Cu 或 Co 等元素以提升产品熔焊性能

【应用场景】　Au-Mo 系触头材料用粉末冶金法制造，Mo 粉末粒度小于 3 μm，粉末配比［m(Au)/m(Mo)］为 3 ∶1；此系列电接触材料具有小的接触电阻和黏接倾向，广泛应用于计算机主板、通信电话技术中

【应用场景】　AuFeNi 系和 AuAgFeNi 系可用作密封继电器中的触点材料

【应用场景】　在电触头材料中，当同时被要求满足化学性能绝对稳定和抗烧损强度大时，铂族金属就起到了无可替代的作用；作为触头材料的铂基合金主要是 $PtIr_{10}$ 合金，其特点是抗电侵蚀性能好，不容易生弧；钯基合金触头材料主要是：PdAgCo35-5，PdAgCu20-30 和PdAgCu36-4等，它们可用作断开触点和滑动触点

【词条关系】

【层次关系】

【概念-实例】　金锆合金

【应用关系】

【使用】　银合金

【使用】　使用温度

【使用】　铑合金

【生产关系】

【材料-工艺】　合金粉末

【材料-原料】　贵金属

◎电极电位

【基本信息】

【英文名】　electrode potential

【拼音】　dian ji dian wei

【核心词】

【定义】

(1)金属浸于电解质溶液中,显示出电的效应,即金属的表面与溶液间产生电位差,这种电位差称为金属在此溶液中的电位或电极电位。

(2)标准电极电位是以标准氢原子作为参比电极,即氢的标准电极电位值定为0,与氢标准电极比较,电位较高的为正,电位较低者为负。例如,氢的标准电极电位 $H_2 \leftrightarrow H^+$ 为0.000 V,锌标准电极电位 $Zn \leftrightarrow Zn^{2+}$ 为-0.762 V,铜的标准电极电位 $Cu \leftrightarrow Cu^{2+}$ 为+0.337 V。

(3)金属浸在只含有该金属盐的电解溶液中,达到平衡时所具有的电极电位,叫作该金属的平衡电极电位。当温度为25 ℃,金属离子的有效浓度为1 mol/L(即活度为1)时测得的平衡电位,叫作标准电极电位。

【分类信息】

【IPC类目】

(1) C23C18/48 用合金镀覆〔4,5〕

(2) C23C18/48 水、废水、污水或污泥的处理

(3) C23C18/48 阴极保护的专用缓蚀电极;其制造;电流的导入〔5〕

(4) C23C18/48 工件或钎焊区的预处理,如电镀(用特殊方法预先加工表面入有关处理或被处理材料的组如C04B,C23C)

(5) C23C18/48 包含金属或合金的导电材料〔3〕

【词条属性】

【特征】

【特点】 单个的电极电位是无法测量的,因为当用导线连接溶液时,又产生了新的溶液,即电极界面,形成了新的电极,这时测得的电极电位实际上已不再是单个电极的电位,而是两个电极的电位差了;同时,只有将欲研究的电极与另一个作为电位参比标准的电极电位组成原电池,通过测量该原电池的电动势,才能确定所研究的电极的电位

【状况】

【应用场景】 物质的还原态的还原能力自下而上依次增强;物质的氧化态的氧化能力自上而下依次增强;具体地说,电对的电极电位数值越小,在表中的位置越高,物质的还原态的还原能力越强,电对的电极电位数值越大,在表中的位置越低,物质的氧化态的氧化能力越强。例如,电对 Zn^{+2}/Zn 的标准电极电位的数值为-0.76 V较Cu数值+0.34 V为小,所以Zn原子较Cu原子容易失去电子,即Zn是较强的还原剂

【应用场景】 物质的还原态的还原能力越强,其对应的氧化态的氧化能力就越弱,标准电极电位越小;物质氧化态的氧化能力越强,其对应的还原态的还原能力就越弱,标准电极电位越大

【应用场景】 只有电极电位数值较小的物质的还原态与电极电位数值较大的物质的氧化态之间才能发生氧化还原反应,两者电极电位的差别越大,反应就进行得越完全

【词条关系】

【层次关系】

【主体-附件】 阳极氧化

【主体-附件】 还原性

【应用关系】

【用于】 电偶腐蚀

【测度关系】

【度量工具-物理量】 抗腐蚀性

【物理量-度量方法】 电化学腐蚀

◎电化学腐蚀

【基本信息】

【英文名】 galvanic corrosion; electrochemical corrosion

【拼音】 dian hua xue fu shi

【核心词】

【定义】

电化学腐蚀就是金属和电解质组成两个电极,组成腐蚀原电池。例如,铁和氧,因为铁的电极电位总比氧的电极电位低,所以铁是阳极,遭到腐蚀。特征是在发生氧腐蚀的表面会形成

许多直径不等的小鼓包，次层是黑色粉末状溃疡腐蚀坑陷。

【分类信息】

【CLC 类目】

（1）O613.72　硅

（2）O613.72　电化学、电解、磁化学

（3）O613.72　特种结构材料

（4）O613.72　其他特种性质合金

（5）O613.72　金属-非金属复合材料

【IPC 类目】

（1）F16L25/02　专用于接头两管端互相电绝缘〔2〕

（2）F16L25/02　半导体材料的〔2〕

（3）F16L25/02　以结构和材料的组合为特征的电极〔5〕

（4）F16L25/02　以密封方式为特征〔5〕

（5）F16L25/02　浸蚀〔2〕

【词条属性】

【特征】

【缺点】　由于金属表面与铁垢之间的电位差异，从而引起金属的局部腐蚀，而且这种腐蚀一般是坑蚀，主要发生在水冷壁管有沉积物的下面，热负荷较高的位置；如喷燃器附近，炉管的向火侧等处，所以非常容易造成金属穿孔或超温爆管；尽管铜铁的高价氧化物对钢铁会产生腐蚀，但腐蚀作用是有限的，有氧补充时，该腐蚀将会继续进行并加重

【特点】　金属的腐蚀原理有多种，其中电化学腐蚀是最为广泛的一种；当金属被放置在水溶液中或潮湿的大气中，金属表面会形成一种微电池，也称为腐蚀电池（其电极习惯上称阴、阳极）

【特点】　腐蚀电池的形成原因主要是由于金属表面吸附了空气中的水分，形成一层水膜，因而使空气中 CO_2，SO_2，NO_2 等溶解在这层水膜中，形成电解质溶液，而浸泡在这层溶液中的金属又总是不纯的，如工业用的钢铁，实际上是合金，即除铁之外，还含有石墨、渗碳体及其他金属和杂质，它们大多数没有铁活泼；这样形成的腐蚀电池的阳极为铁，而阴极为杂质，又由于铁与杂质紧密接触，使得腐蚀不断进行

【状况】

【应用场景】　根据原电池正极不受腐蚀的原理，常在被保护的金属上连接比其更活泼的金属，活泼金属作为原电池的负极被腐蚀，被保护的金属作为正极受到了保护；例如，在船舶底下吊一个锌块，可以保护船体的钢铁不受电化学腐蚀，而去腐蚀锌块

【词条关系】

【层次关系】

【并列】　电偶腐蚀

【类属】　腐蚀试验

【类属】　腐蚀性

【实例-概念】　均匀腐蚀

【实例-概念】　表面处理

【测度关系】

【度量方法-物理量】　电极电位

【度量方法-物理量】　耐腐蚀性

【物理量-度量工具】　腐蚀性

【物理量-度量工具】　电化学工作站

◎电弧熔炼

【基本信息】

【英文名】　arc smelting

【拼音】　dian hu rong lian

【核心词】

【定义】

电弧熔炼是利用电能在电极与电极或电极与被熔炼物料之间产生电弧来熔炼金属的电热冶金方法。电弧可以用直流电产生，也可以用交流电产生。当使用交流电时，两电极之间会出现瞬间的零电压。在真空熔炼的情况下，由于两电极之间气体密度很小，容易导致电弧熄灭，所以真空电弧熔炼一般都采用直流电源。

【分类信息】

【IPC 类目】

（1）C22C45/00　非晶态合金〔5〕

（2）C22C45/00　以硼化物为基料的〔4〕

(3) C22C45/00 利用离心力〔3〕

(4) C22C45/00 金属或合金〔6〕

(5) C22C45/00 用压实和烧结两种方法(用铸造入3/17)〔6〕

【词条属性】

【状况】

【应用场景】 非真空直接加热式三相电弧熔炼法;这是炼钢常用的方法;炼钢电弧炉就是非真空直接加热式三相电弧炉中最主要的一种;人们通常说的电弧炉,就是指的这一种炉子;为了得到高合金钢,必须往钢中加入合金成分,调整钢中含碳量及其他合金成分含量,脱除有害杂质硫、磷、氧、氮及非金属夹杂物至产品规定的范围以下

【应用场景】 直接加热式真空电弧炉熔炼法;它主要用来熔炼钛、锆、钨、钼、钽、铌等活泼和高熔点金属及它们的合金,也用来熔炼耐热钢、不锈钢、工具钢、轴承钢等合金钢;经直接加热式真空自耗电弧炉熔炼出来的金属,其气体和易挥发杂质含量下降,铸锭一般不会出现中心疏松,锭子结晶较均匀,金属性能得到改善;直接加热式真空自耗电弧炉熔炼存在的问题是较难调整金属(合金)的成分

【应用场景】 间接加热式电弧熔炼的电弧产生在两根石墨电极之间,炉料被电弧间接加热;这种熔炼方法主要用来熔炼铜和铜合金;间接加热式电弧熔炼由于噪声大、熔炼金属质量较差,正逐渐被其他熔炼方法所取代

【词条关系】

【层次关系】

【参与组成】 精炼

【概念-实例】 非真空直接加热电弧炉

【概念-实例】 直接加热真空电弧炉

【概念-实例】 间接加热式电弧熔炼

【类属】 冶金

【类属】 电炉熔炼

【生产关系】

【工艺-材料】 贵金属

【工艺-材料】 贵金属合金

◎电弧焊

【基本信息】

【英文名】 arc welding

【拼音】 dian hu han

【核心词】

【定义】

利用电极和焊件之间或两电极之间所产生的电弧,将焊件局部熔化,达到焊合的焊接方法。

【来源】《中国百科大辞典》

【分类信息】

【IPC类目】

(1) B23K5/00 气体火焰焊接

(2) B23K5/00 火花隙;应用火花隙的过压避雷器;火花塞;电晕装置;产生被引入非密封气体的离子

(3) B23K5/00 电子管或放电灯

(4) B23K5/00 碳的制备(使用超高压,如用于金刚石的生成入B01J3/06;用晶体生长法入C30B);纯化

(5) B23K5/00 电极或电极系统的制造

【词条属性】

【特征】

【缺点】 易引起触电事故,火灾爆炸事故,致人灼伤,引起电光性眼炎,具有光辐射作用;易产生有害的气体和烟尘,高空坠落,中毒、窒息等

【数值】 空载电压一般为50~90 V

【数值】 明弧焊的焊接电弧温度可达4200 ℃以上

【状况】

【现状】 目前,无论国内、国外,手工电弧焊仍是焊接的主要方法之一

【应用场景】 储罐、船舶结构、桥梁等现场施焊均多采用电弧焊

【时间】

【起始时间】 俄国人1892年发明了电弧焊

【词条关系】

【等同关系】

【缩略为】　弧焊

【层次关系】

【并列】　电子束焊

【类分】　手工电弧焊

【类分】　埋弧焊

【类分】　半自动(电弧)焊

【类分】　自动(电弧)焊

【类属】　熔焊

【类属】　焊接方法

【组成部件】　包覆药皮的焊条

【组成部件】　焊件

【应用关系】

【使用】　焊道

【使用】　电焊条

【用于】　碳钢焊接

【用于】　低合金结构钢焊接

【用于】　高强度钢焊接

【用于】　超高强度钢焊接

【用于】　不锈钢焊接

【用于】　铝合金焊接

【生产关系】

【工艺-材料】　钢筋

【工艺-设备工具】　交流电焊机

【工艺-设备工具】　直流电焊机

◎电导率

【基本信息】

【英文名】　conductivity; electroconductibility; specific conductance; electrical conductivity

【拼音】　dian dao lü

【核心词】

【定义】

(1)电导率,物理学概念,指在介质中该量与电场强度之积等于传导电流密度,也可以称为导电率。对于各向同性介质,电导率是标量;对于各向异性介质,电导率是张量。生态学中,电导率是以数字表示的溶液传导电流的能力。单位以西门子每米(S/m)表示。

(2)当1安培(1A)电流通过物体的横截面并存在1伏特(1V)电压时,物体的电导率就是1 S。西门子实际上等效于安培/伏特。如果G是电导率(单位西门子),I是电流(使用安培),E是电压(单位伏特),则G=I/E。

(3)电导率和电阻也有关系,如果R是一个组件和设备的电阻(单位欧姆),电导率为G(单位西门子),则G=1/R。

【分类信息】

【CLC类目】

(1) TB383　特种结构材料

(2) TB383　非金属复合材料

(3) TB383　电学性质

【IPC类目】

(1) H01M10/02　零部件(非活性部件的入2/00;电极的入4/00)〔2〕

(2) H01M10/02　铜基合金

(3) H01M10/02　辅助装置或方法,如用于压力控制的,用于流体循环的〔2〕

(4) H01M10/02　以硫化物或硒化物为基料的〔6〕

【词条属性】

【因素】

【影响因素】　电导率与温度具有很大相关性;金属的电导率随着温度的升高而减小;半导体的电导率随着温度的升高而增加;在一段温度值域内,电导率可以被近似为与温度成正比;为了要比较物质在不同温度状况的电导率,必须设定一个共同的参考温度;电导率与温度的相关性,时常可以表达为,电导率对上温度线图的斜率

【影响因素】　固态半导体的掺杂程度会造成电导率很大的变化;增加掺杂程度会造成电导率增高;水溶液的电导率高低相依于其内含溶质盐的浓度,或其他会分解为电解质的化学杂质;水样本的电导率是测量水的含盐成分、含离子成分、含杂质成分等的重要指标;水越纯净,电导率越低(电阻率越高);水的电导率时常以电导系数来记录;电导系数是水在25 ℃

温度的电导率

【影响因素】 有些物质会有异向性(anisotropic)的电导率,必须用 3×3 矩阵来表达(使用数学术语,第二阶张量,通常是对称的)

【词条关系】

【测度关系】

【度量方法-物理量】 导电性

◎点蚀

【基本信息】

【英文名】 pitting;pitting corrosion

【拼音】 dian shi

【核心词】

【定义】

(1)产生点状的金属腐蚀,且从金属表面向内部扩展,形成孔穴。

【来源】《中国冶金百科全书·金属材料》

(2)金属材料接触某些溶液,表面上产生点状或局部腐蚀。蚀孔随时间的延续不断地加深,甚至穿孔。

【来源】《金属功能材料词典》

【分类信息】

【CLC 类目】

(1) TG171 金属腐蚀理论

(2) TG171 不锈钢、耐酸钢

(3) TG171 海水腐蚀、水腐蚀

(4) TG171 复合材料

(5) TG171 特种结构材料

【IPC 类目】

(1) C22C38/44 含钼或钨的〔2〕

(2) C22C38/44 含硼的〔2〕

(3) C22C38/44 铁基合金,如合金钢(铸铁合金入 37/00)〔2〕

(4) C22C38/44 金属的

(5) C22C38/44 有正齿轮的(11/14 优先)

【词条属性】

【特征】

【特点】 孔径(小)(一般直径只有几微米)

【特点】 洞口有(腐蚀产物)遮盖

【特点】 金属损失量(小)

【特点】 蚀孔通常沿(重力)方向生长

【特点】 点蚀的发生过程可分为形核(孕育)和发展(生长)两个阶段;可观察到的点蚀斑点出现之前称为形核阶段,表面膜薄弱的地方如晶界、活性夹杂、位错等表面缺陷常成为点蚀源;形核时间可由数月到数年,这取决于金属和腐蚀环境的种类

【因素】

【影响因素】 局部的耐点蚀能力

【影响因素】 钢中的夹杂物

【影响因素】 硫含量

【影响因素】 钢的基体抗点蚀能力

【影响因素】 影响基体耐蚀性的合金元素主要是铬、钼、氮 3 个元素

【影响因素】 与材料性能、接触面压力、载荷循环次数等因素有关

【词条关系】

【等同关系】

【全称是】 点腐蚀

【俗称为】 孔蚀

【俗称为】 小孔腐蚀

【层次关系】

【并列】 均匀腐蚀

【类分】 疲劳点蚀

【类分】 不锈钢点蚀

◎点焊

【基本信息】

【英文名】 spot welding

【拼音】 dian han

【核心词】

【定义】

(1)焊接方法的一种,通常把焊接物放在两电极中间,通电后,利用焊接物本身的电阻生热来熔接。适于焊接金属薄板。

【来源】《汉语倒排词典》

(2)焊件装配成搭接接头,并压紧在两电

极之间,利用电阻热来熔化母材金属,形成焊点的电阻焊方法。点焊适用于薄板的搭接接头。

【来源】《集装箱运输业务技术辞典·上册》

(3)是接触焊的一种,焊接时,将焊件搭接装配后,压紧在两圆柱形电极之间,并通以很大电流,使两焊件接触处被加热到熔化温度,形成液态熔池。断电后,在电极压力的作用下凝固形成焊点,这种焊接方法,称为点焊。适宜于厚度小于 5～6 mm 的薄板焊接。

【来源】《机械加工工艺辞典》

【分类信息】

【CLC 类目】

(1) TG405　疲劳强度问题

(2) TG405　各种金属材料和构件的焊接

(3) TG405　金属焊接性及其试验方法

(4) TG405　车身

(5) TG405　加压焊

【IPC 类目】

(1) B23K11/30　关于电极的特性(电极的形状或成分入 35/00)

(2) B23K11/30　用刚性构件制作的围栏,如具有附加的铁丝填充物或具有支柱

(3) B23K11/30　供在各种相对位置连接相似元件而设计的

(4) B23K11/30　边坡或斜坡的稳定

(5) B23K11/30　专门作为电极使用的(用于电弧焊或电弧切割的导电嘴入 9/26)

【词条属性】

【特征】

【特点】　点焊接头的形成过程包括预压、通电加热和冷却结晶 3 个连续阶段

【特点】　预压使焊接处有良好的接触,必要时可在此阶段提高预压力或通以较小电流进行预热

【特点】　加热阶段,由于电流分布、导热条件及金属变形的综合作用,在接触面间形成被塑性环包围的熔核

【特点】　冷却结晶阶段仍处于压力作用下,有时亦可提高压力以消除凝固缺陷或通以较小电流进行焊后热处理

【特点】　点焊是一种高速、经济的连接方法

【特点】　点焊要求金属要有较好的塑性

【词条关系】

【层次关系】

【类分】　单面点焊

【类分】　双面点焊

【类分】　间接点焊

【类分】　单点点焊

【类分】　双点点焊

【类分】　多点点焊

【类属】　焊接

【应用关系】

【用于】　低碳钢焊接

【用于】　可淬硬钢焊接

【用于】　不锈钢焊接

【用于】　耐热合金焊接

【用于】　铝合金焊接

【用于】　钛合金焊接

【用于】　镀锌板焊接

【用于】　金属构件焊接

【用于】　钢筋网焊接

【用于】　汽车装配生产线

【用于】　飞机装配生产线

【用于】　电子装配生产线

【用于】　家用电器装配生产线

【生产关系】

【工艺-设备工具】　点焊机

◎低周疲劳

【基本信息】

【英文名】　low cycle fatigue;low-cycle fatigue

【拼音】　di zhou pi lao

【核心词】

【定义】

(1)结构经过几次或几十次反复的大变形

造成的疲劳。其应力水平大部分都超过屈服强度。记录反复的力—变形曲线即为反映结构或构件恢复力特性的滞回曲线。在低周疲劳条件下结构或构件多次超越屈服强度,其破坏准则应考虑损伤积累的影响,其中包括多次大变形与能量的吸收及耗散因素。

【来源】《中国土木建筑百科辞典·建筑结构》

(2)低周疲劳:又称条件疲劳极限,或"低循环疲劳"。参照零件工作周期可能作用的次数下能承受的应力极限值(可以有效发挥材料的作用)。

【来源】 百度百科

【分类信息】

【CLC 类目】

(1) TG132.3　特种热性质合金

(2) TG132.3　机械性能(力学性能)试验

(3) TG132.3　疲劳理论

(4) TG132.3　断裂理论

(5) TG132.3　工程材料试验

【IPC 类目】

(1) C23C14/48　离子注入〔4〕

(2) C23C14/48　以镀层材料为特征的(14/04 优先)〔4〕

【词条属性】

【力学性能】

【疲劳极限】 $10^2 \sim 10^5$ 次

【词条关系】

【等同关系】

【基本等同】 疲劳极限

【基本等同】 低循环疲劳

【俗称为】 条件疲劳极限

◎低温超导材料

【基本信息】

【英文名】 low temperature superconducting material

【拼音】 di wen chao dao cai liao

【核心词】

【定义】

具有低临界转变温度($Tc<30$ K),在液氦温度条件下工作的超导材料。

【分类信息】

【CLC 类目】

TF351　有色冶金机械

【词条属性】

【状况】

【应用场景】 低温超导金属 Nb(铌),Tc 为 9.3 K,已制成薄膜材料用于弱电领域

【应用场景】 NbTi 合金的超导电性和加工性能均优于 NbZr 合金,其使用已占低温超导合金的 95%左右;NbTi 合金可用一般难熔金属的加工方法加工成合金,再用多芯复合加工法加工成以铜(或铝)为基体的多芯复合超导线,最后用冶金方法使其最终合金由 β 单相转变为具有强钉扎中心的两相($\alpha+\beta$)合金,以满足使用要求。

【应用场景】 化合物低温超导材料有 NbN($Tc=16$ K)、Nb_3Sn($Tc=18.1$ K) 和 V_3Ga ($Tc=16.8$ K);NbN 多以薄膜形式使用,由于其稳定性好,已制成实用的弱电元器件;Nb_3Sn 是脆性化合物,它和 V_3Ga 可以纯铜或青铜合金为基体材料,采用固态扩散法制备;为了提高 Nb_3Sn(V_3Ga)的超导性能和改善其工艺性能,有时加入一些合金元素,如 Ti,Mg 等

【应用场景】 用超导材料输电发电站通过漫长的输电线向用户送电;由于电线存在电阻,使电流通过输电线时电能被消耗一部分,如果用超导材料做成超导电缆用于输电,那么在输电线路上的损耗将降为零

【应用场景】 超导发电机制造大容量发电机,关键部件是线圈和磁体;由于导线存在电阻,造成线圈严重发热,如何使线圈冷却成为难题;如果用超导材料制造超导发电机,线圈是由无电阻的超导材料绕制的,根本不会发热,冷却难题迎刃而解,而且功率损失可减少 50%

【应用场景】 磁力悬浮高速列车要使列车速度达到 500 km/h,普通列车是绝对办不到

的;如果把超导磁体装在列车内,在地面轨道上敷设铝环,利用它们之间发生相对运动,使铝环中产生感应电流,从而产生磁排斥作用,把列车托起离地面约 10 cm,使列车能悬浮在地面上而高速前进

【应用场景】 可控热核聚变时能释放出大量的能量;为了使核聚变反应持续不断,必须在 108 ℃ 下将等离子约束起来,这就需要一个强大的磁场,而超导磁体能产生约束等离子所需要的磁场

【词条关系】

【层次关系】

【参与组成】 超导材料

【概念-实例】 NbTi

【概念-实例】 NbN

【构成成分】 超导性

【组成部件】 超导体

【应用关系】

【使用】 使用温度

◎低密度

【基本信息】

【英文名】 low density metal foam

【拼音】 di mi du

【核心词】

【定义】

(1)在惯性约束核聚变(CIF)激光实验中,为了实现对超热电子的有效抑制,人们设计制成了一种特殊的金属材料——高 Z(原子序数)低密度金属材料。这种材料具有极低的密度,其密度约为固体密度的 1%(最低达 0.5%固体密度)。因其密度低,且具有类似于泡沫的微结构,故被称为金属沫。

【来源】《低密度金属泡沫的研制》

(2)泡沫金属的制备有粉末冶金法和电镀法,前者通过向熔体金属添加发泡剂制得泡沫金属;后者通过电沉积工艺在聚氨酯泡沫塑料骨架上复制成泡沫金属。

【分类信息】

【CLC 类目】

TB331　金属复合材料

【IPC 类目】

C08J5/18　薄膜或片材的制造〔2〕

【词条属性】

【特征】

【特点】 最大的特点就是超常的低密度和巨大的比表面积;金属泡沫的电阻率和光学吸收系数大幅度增大,表面吸附能力和化学活性大幅度增强

【特点】 当泡沫金属承受压力时,由于气孔塌陷导致的受力面积增加和材料应变硬化效应,使得泡沫金属具有优异的冲击能量吸收特性

【状况】

【应用场景】 金属泡沫的各种特性可望应用于气敏材料、温敏材料、分子筛、催化剂载体、吸光(吸波)材料及电子发射材料

【应用场景】 泡沫铝及其合金质轻,具有吸音、隔热、减振、吸收冲击能和电磁波等特性,适用于导弹、飞行器和其回收部件的冲击保护层,汽车缓冲器,电子机械减振装置,脉冲电源电磁波屏蔽罩等

【应用场景】 泡沫镍由于有连通的气孔结构和高的气孔率,因此具有高通气性、高比表面积和毛细力,多作为功能材料,用于制作流体过滤器、雾化器、催化器、电池电极板和热交换器等

【应用场景】 泡沫铜的导电性和延展性好,且制备成本比泡沫镍低,导电性能更好,可将其用于制备电池负极(载体)材料、催化剂载体和电磁屏蔽材料;特别是泡沫铜用于电池作为电极的基体材料,具有一些明显的优点,但由于铜的耐腐蚀性能不如镍好,因而也限制了它的一些应用

【词条关系】

【等同关系】

【基本等同】 金属泡沫

【应用关系】

【用于】 冲击保护层

【用于】 汽车缓冲器
【用于】 流体过滤器
【用于】 电磁屏蔽
【生产关系】
【材料-工艺】 气相蒸发
【材料-工艺】 粉末冶金法
【材料-工艺】 电镀
【材料-工艺】 粉末冶金

◎导热性

【基本信息】
【英文名】 thermal conductivity
【拼音】 dao re xing
【核心词】
【定义】

金属传导热量的能力称为导热性。一般用导热系数 λ 来表示,它的物理意义是单位长度金属上温差为 1 ℃ 时,单位时间内通过单位面积,由高温传递到低温端的热量。

【来源】 《机械加工工艺辞典》
【分类信息】
【CLC 类目】
(1) TF351 有色冶金机械
(2) TF351 金属-非金属复合材料
【IPC 类目】
(1) C09K5/14 固体材料,如粉末或颗粒〔7〕
(2) C09K5/14 为便于冷却或加热对材料或造型的选择,如散热器〔2〕
(3) C09K5/14 传热、热交换或储热的材料,如制冷剂;用于除燃烧外的化学反应方式制热或制冷的材料〔2〕
(4) C09K5/14 具有毛细结构管束的〔6〕
(5) C09K5/14 铜基合金
【词条属性】
【特征】
【特点】 导热性能好的物体,往往吸热快,散热也快
【特点】 合金的导热性比纯金属差
【特点】 银的导热性是最好的
【状况】
【应用场景】 一般来说,在焊接、铸造、锻造和热处理等工艺就必须考虑其导热性,防止材料在加热或冷却过程中其内外温差过大,从而对材料造成变形和破坏等因素
【其他物理特性】
【热导率】 银的是 418.6 W/(m·K)
【热导率】 铜约 393.5 W/(m·K)
【热导率】 铝约 211.9 W/(m·K)
【热导率】 钨约 166.2 W/(m·K)
【热导率】 镁约 153.7 W/(m·K)
【因素】
【影响因素】 物体的热导率
【影响因素】 外界与材料本身的温度差
【影响因素】 空气的湿度
【影响因素】 环境温度
【影响因素】 物体的厚度
【词条关系】
【等同关系】
【基本等同】 热导率
【层次关系】
【并列】 导电性
【类分】 纯金属导热性
【类分】 合金导热性
【类分】 非金属导热性
【类属】 物理特性
【应用关系】
【使用】 热导系数
【测度关系】
【度量方法-物理量】 导热系数 λ

◎导电性

【基本信息】
【英文名】 conductivity;electrical conductivity
【拼音】 dao dian xing
【核心词】
【定义】

金属材料传导电流的能力,称为导电性。

导电性是金属材料的物理性能之一。

【来源】《机械加工工艺辞典》

【分类信息】

【CLC 类目】

(1) TB332　非金属复合材料

(2) TB332　金属复合材料

(3) TB332　特种结构材料

(4) TB332　化合物半导体

(5) TB332　各种用途的胶粘剂

【IPC 类目】

(1) C09D5/24　导电涂料

(2) C09D5/24　碳〔2〕

(3) C09D5/24　导电的黏合剂〔5〕

(4) C09D5/24　铜基合金

(5) C09D5/24　分散在不导电的有机材料中的导电材料〔3〕

【词条属性】

【特征】

【特点】 各种金属的导电性各不相同,通常银的导电性最好,其次是铜和金

【特点】 一般来说金属、半导体、电解质溶液或熔融态电解质和一些非金属都可以导电

【特点】 非电解质物体导电的能力是由其原子外层自由电子数及其晶体结构决定的,若金属含有大量的自由电子,就容易导电;而大多数非金属由于自由电子数很少,故不容易导电

【特点】 电解质导电是因为离子化合物溶解或熔融时产生阴阳离子,从而具有了导电性

【特点】 由于晶体结构原因,石墨导电,金刚石不导电

【状况】

【应用场景】 从物理性质区分金属和非金属,金属一般具有导电性、导热性、延展性,有金属光泽,并且大多数是固体,只有汞常温下是液体;而非金属大多是绝缘体,只有少数非金属是导体(碳)或半导体(硅)

【其他物理特性】

【电导率】 银的 15.86 ρ/(nΩ · m)

【电导率】 铜为 16.78 ρ/(nΩ · m)

【电导率】 金为 24 ρ/(nΩ · m)

【电导率】 铝为 26.548 ρ/(nΩ · m)

【电导率】 钙为 39.1 ρ/(nΩ · m)

【电导率】 铍为 40 ρ/(nΩ · m)

【电导率】 镁为 44.5 ρ/(nΩ · m)

【电导率】 锌为 51.96 ρ/(nΩ · m)

【电导率】 钼为 52 ρ/(nΩ · m)

【电导率】 铱为 53 ρ/(nΩ · m)

【电导率】 钨为 56.5 ρ/(nΩ · m)

【电导率】 钴为 66.4 ρ/(nΩ · m)

【电导率】 镉为 68.3 ρ/(nΩ · m)

【电导率】 镍为 68.4 ρ/(nΩ · m)

【电导率】 铟为 83.7 ρ/(nΩ · m)

【电导率】 铁为 97.1 ρ/(nΩ · m)

【电导率】 铂为 106 ρ/(nΩ · m)

【电导率】 锡为 110 ρ/(nΩ · m)

【电导率】 铷为 125 ρ/(nΩ · m)

【电导率】 铬为 129 ρ/(nΩ · m)

【电导率】 镓为 174 ρ/(nΩ · m)

【电导率】 铊为 180 ρ/(nΩ · m)

【电导率】 铯为 200 ρ/(nΩ · m)

【电导率】 铅为 206.84 ρ/(nΩ · m)

【电导率】 锑为 390 ρ/(nΩ · m)

【电导率】 钛为 420 ρ/(nΩ · m)

【电导率】 汞为 984 ρ/(nΩ · m)

【电导率】 锰为 1850 ρ/(nΩ · m)

【因素】

【影响因素】 温度

【影响因素】 材料本身材料

【影响因素】 合金化

【影响因素】 冷变形

【词条关系】

【层次关系】

【并列】 导热性

【并列】 绝缘体

【并列】 半导体

【并列】 导电体

【测度关系】

【物理量-单位】 ρ/(nΩ·m)

【物理量-度量方法】 电导率

◎弹性元件

【基本信息】

【英文名】 elastic component

【拼音】 tan xing yuan jian

【核心词】

【定义】

弹性元件是悬架系统中承受并传递垂直载荷,以及具有缓和及抑制路面引起冲击的元件。其作用是承受和传递垂直载荷,缓和并抑制不平路面所引起的冲击。弹性元件根据所选用材料不同分为金属和非金属两大类。

【分类信息】

【CLC 类目】

TG13 合金学与各种性质合金

【IPC 类目】

(1) F23Q2/34 零件或附件

(2) F23Q2/34 搬运薄的或细丝状材料,如薄板、条材、缆索

(3) F23Q2/34 锁定装置

(4) F23Q2/34 惯性件是弹性设置的〔6〕

(5) F23Q2/34 具有固定式导风装置,如具有风道或风筒(3/02 优先)

【词条属性】

【特征】

【特点】 弹性元件在工作中具有两种基本效应:弹性效应和非弹性效应;所谓弹性效应是指弹性元件的变形仅是由于受载荷的影响所表现出来的性质,其具体参数为体现载荷和变形的刚度和灵敏度;而非弹性效应是指弹性元件的变形受其他因素(如时间、温度、材料性质等)的影响所表现出来的性质,如弹性滞后、弹性后效和松弛等,温度变化能使弹性元件的弹性模量和几何尺寸产生变化

【状况】

【应用场景】 汽车悬架系统中采用的弹性元件主要有钢板弹簧、螺旋弹簧、扭杆弹簧、气体弹簧和橡胶弹簧等

【应用场景】 钢板弹簧是汽车悬架中应用最广泛的一种弹性元件,它是由若干片等宽但不等长(厚度可以相等,也可以不相等)的合金弹簧片组合而成的一根近似等强度的弹性梁

【应用场景】 螺旋弹簧广泛地应用于独立悬架,特别是前轮独立悬架中;然而在有些轿车的后轮非独立悬架中,其弹性元件也采用螺旋弹簧;螺旋弹簧与钢板弹簧比较,具有以下优点:无须润滑,不忌泥污;安置它所需的纵向空间不大;弹簧本身质量小;螺旋弹簧本身没有减振作用,因此在螺旋弹簧悬架中必须另装减振器;此外,螺旋弹簧只能承受垂直载荷,故必须装设导向机构以传递垂直力以外的各种力和力矩

【应用场景】 扭杆弹簧本身是一根由弹簧钢制成的杆;扭杆断面通常为圆形,少数为矩形或管形;其两端形状可以做成花键、方形、六角形或带平面的圆柱形等,以便一端固定在车架上,另一端固定在悬架的摆臂上;摆臂则与车轮相连;当车轮跳动时,摆臂便绕着扭杆轴线而摆动,使扭杆产生扭转弹性变形,借以保证车轮与车架的弹性联系;有的扭杆由一些矩形断面的薄条(扭片)组合而成,这样,弹簧更为柔软

【应用场景】 橡胶弹簧由橡胶制成;为增加弹簧行程,常将它做成中空状。橡胶弹簧具有隔音、工作无噪声、不需润滑和变刚度等优点;但有易老化、怕油污和行程小,以及只能承受压缩和扭转载荷等缺点;橡胶弹簧主要用于做副簧和缓冲块

【因素】

【影响因素】 温度

【影响因素】 载荷时间

【影响因素】 材料性质

【词条关系】

【层次关系】

【概念-实例】 弹簧

【概念-实例】 钢板弹簧
【概念-实例】 扭杆弹簧
【概念-实例】 气体弹簧
【概念-实例】 橡胶弹簧
【实例-概念】 弹性
【实例-概念】 弹性变形
【应用关系】
【使用】 弹性合金
【用于】 机械工业
【用于】 汽车悬架

◎弹性模量

【基本信息】
【英文名】 elastic modulus; modulus
【拼音】 tan xing mu liang
【核心词】
【定义】
符号为 E;等于物体的正应力与线应变之比(表征材料的刚度),$E=\sigma/\varepsilon$。E 又称为杨氏模量。
【来源】《科技编辑大辞典》
【分类信息】
【CLC 类目】
(1) TB332　非金属复合材料
(2) TB332　复合材料
(3) TB332　液体分子运动论
(4) TB332　特种结构材料
(5) TB332　机械试验法
【IPC 类目】
(1) A61L27/06　钛或钛合金〔7〕
(2) A61L27/06　钛基合金〔2〕
【词条属性】
【特征】
【特点】 弹性模量是工程材料重要的性能参数,从宏观角度来说,弹性模量是衡量物体抵抗弹性变形能力大小的尺度,从微观角度来说,则是原子、离子或分子之间键合强度的反映
【特点】 弹性模量越大,越不容易发生形变
【时间】
【起始时间】 始于 1807 年
【力学性能】
【弹性模量】 低碳钢杨氏模量(196～216) GPa
【弹性模量】 合金钢杨氏模量(186～216) GPa
【弹性模量】 低碳钢剪切弹性模量(78.4～81.2) GPa
【弹性模量】 合金钢剪切弹性模量(75～81.2) GPa
【弹性模量】 灰铸铁杨氏模量(78.5～157) GPa
【弹性模量】 灰铸铁剪切弹性模量(31.9～61.8) GPa
【弹性模量】 铜及其合金杨氏模量(72.6～128) GPa
【弹性模量】 铜及其合金剪切弹性模量(27.7～45.1) GPa
【弹性模量】 铝合金杨氏模量 70 GPa
【弹性模量】 铝合金剪切弹性模量 26.3 GPa
【因素】
【影响因素】 键合方式
【影响因素】 晶体结构
【影响因素】 化学成分
【影响因素】 微观组织
【影响因素】 温度
【词条关系】
【等同关系】
【基本等同】 弹性模数
【层次关系】
【类分】 正弹性模量
【类分】 剪切弹性模量
【类分】 原点切线弹性模量
【类分】 切线弹性模量
【类分】 割线弹性模量
【类分】 弦弹性模量
【类分】 体积弹性模量
【类分】 静态弹性模量

【类分】 动态弹性模量

【测度关系】

【度量方法-物理量】 弹性变形

【物理量-度量方法】 直接拉伸法

【物理量-度量方法】 电阻应变法

【物理量-度量方法】 弯曲挠度法

【物理量-度量方法】 柔度修正法

【物理量-度量方法】 超声法

【物理量-度量方法】 共振法

【物理量-度量方法】 声频法

◎弹性极限

【基本信息】

【英文名】 elastic limit

【拼音】 tan xing ji xian

【核心词】

【定义】

(1)材料或构件在外力作用下产生变形后,保证在外力除去后变形全部消失而恢复原状的最大应力值。

【来源】《中国百科大辞典》

(2)材料在拉伸试验时,弹性极限 σ_e 是材料产生完全弹性变形时所能承受的最大应力值,即 $\sigma_e = P_e / F_o$

【分类信息】

【IPC 类目】

(1) C22C45/10 钼、钨、铌、钽、钛或锆做主要成分的〔5〕

(2) C22C45/10 非晶态合金〔5〕

(3) C22C45/10 高熔点或难熔金属或以它们为基料的合金

(4) C22C45/10 钛基合金〔2〕

【词条属性】

【特征】

【特点】 公式:$\sigma_B = P_E / F_0$

【特点】 应力低于弹性极限时材料的变形是弹性的

【特点】 应力超过此值时材料将出现残余变形,即进入塑性状态

【特点】 在比例极限内(有时也称在弹性极限内),应力与应变成正比,这就是胡克定律

【词条关系】

【等同关系】

【基本等同】 弹性限界

【基本等同】 弹性限度

【层次关系】

【并列】 屈服强度

【测度关系】

【度量方法-物理量】 弹性变形

◎弹性合金

【基本信息】

【英文名】 elastic alloy

【拼音】 tan xing he jin

【核心词】

【定义】

具有高的弹性极限、低的滞弹性效应的精密合金。

【来源】《现代材料科学与工程辞典》

【分类信息】

【IPC 类目】

(1) F16J15/08 只带金属填料

(2) F16J15/08 在相对固定的面之间(15/46,15/48 优先)

(3) F16J15/08 金基合金〔2〕

【词条属性】

【特征】

【特点】 除了具有良好的弹性性能之外,还具有无磁性、微塑性、变形抗力高、硬度高、电阻率低、弹性模量温度系数小、内耗小等性能

【优点】 具有高的弹性极限、比例极限、持久极限,低的弹性后效、弹性滞后、应力松弛,具有一定的弹性模量和切变模量;有些合金还具有低的弹性模量(切变模量)温度系数高的机械品质因数

【状况】

【前景】 综上所述,高弹性合金的发展动向主要包括两个方面:一是微量合金化的途径

研究；二是新型高弹性合金的研制，包括开发以稀有金属、稀土元素和金属间化合物为基料的合金，发展具有形状记忆效应的合金，非晶态合金与微晶合金的应用及发展金属-金属型、金属-非金属型复合材料

【应用场景】 广泛用于制造电子工业、控制技术、信息技术、原子能和仪器仪表等领域中的弹性元件

【词条关系】

【层次关系】

【概念-实例】 Ni36CrTiAl

【概念-实例】 Ni36CrTiAlMo5

【概念-实例】 Ni36CrTiAlMo8

【概念-实例】 Co40NiCrMo

【概念-实例】 Co40NiCrMoW

【概念-实例】 Co40TiAl

【概念-实例】 Elgiloy

【概念-实例】 Nivaflex

【概念-实例】 铜钛

【概念-实例】 磷青铜

【概念-实例】 德银

【概念-实例】 NiBe2

【概念-实例】 ЭП578

【概念-实例】 Inconel 718

【概念-实例】 Rene 95

【概念-实例】 55NbTi-Al

【概念-实例】 Nb25-Ti

【概念-实例】 Nb-10Ti-5Mo

【概念-实例】 Ni42CrTiAl

【概念-实例】 Ni43CrTiAl

【概念-实例】 Ni42CrTiAlMoCu

【概念-实例】 Co-elinvar

【概念-实例】 Nb-Zr 系

【构成成分】 铁、镍、铬、铌、钛、铍、钴、铝、钼、铜、锰、钨、锗

【类分】 铌合金

【类分】 恒弹性合金

【类分】 高弹性合金

【类分】 高温高弹性合金

【类分】 高温恒弹性合金

【类分】 耐蚀高弹性合金

【类分】 耐蚀恒弹性合金

【类分】 高导电高弹性合金

【类分】 磁-弹合金

【类分】 非铁磁性弹性合金

【类分】 无磁或弱磁恒弹性合金

【类属】 精密合金

【应用关系】

【材料-部件成品】 弹簧

【材料-部件成品】 膜盒

【材料-部件成品】 膜片

【材料-部件成品】 游丝

【材料-部件成品】 发条

【材料-部件成品】 张丝

【材料-部件成品】 悬丝

【材料-部件成品】 延迟线

【材料-部件成品】 振子

【材料-部件成品】 机械滤波器

【使用】 真空炉

【用于】 弹性元件

【生产关系】

【材料-工艺】 机械合金化

【材料-工艺】 粉末冶金法

【材料-工艺】 快速凝固法

【材料-工艺】 真空熔炼法

◎弹性变形

【基本信息】

【英文名】 elastic deformation；elastic strain

【拼音】 tan xing bian xing

【核心词】

【定义】

材料在外力作用下产生变形，当外力取消后，材料变形即可消失并能完全恢复至原来形状的性质称为弹性。这种可恢复的变形称为弹性变形。

【分类信息】

【CLC 类目】

(1) O343　弹性力学

(2) O343　猛性炸药

(3) O343　加热、冷却机械

(4) O343　复合材料

(5) O343　石油、天然气

【IPC 类目】

(1) F16B39/28　用螺母或螺栓上的特殊元件,或螺母或螺栓的特殊形状(39/26 优先;锁紧螺母入 39/12)

(2) F16B39/28　用管钩、管卡,或其他可拆卸的或可嵌入的锁紧件(37/084 优先)〔5〕

(3) F16B39/28　使用弹簧作为弹性件,如金属弹簧〔6〕

(4) F16B39/28　在接合与脱开之间径向运动〔5〕

(5) F16B39/28　弹簧、减振器、减震器,或使用液体或相当物作为减震介质的类似结构运动阻尼器(5/00 优先;阀与可充气弹性体的连接入 B60C29/00;带流体制动系统的门操作设备入 E05F)

【词条属性】

【特征】

【特点】　弹性变形的重要特征是其可逆性,即受力作用后产生变形,卸除载荷后,变形消失,这反映了弹性变形决定于原子间结合力这一本质现象

【特点】　原子处于平衡位置时,其原子间距为 r,势能 U 处于最低位置,相互作用力为零,这是最稳定的状态;当原子受力后将偏离其平衡位置,原子间距增大时将产生引力;原子间距减小时将产生斥力;这样,外力去除后,原子都会回到其原来的位置,所产生的变形便会消失,这就是弹性变形

【特点】　因物体受力情况不同,在弹性限度内,弹性形变有 4 种基本类型:即拉伸与压缩形变、切变、弯曲形变和扭转形变。

【特点】　胡克定律的表达式为 $F=k\cdot x$ 或 $\Delta F=k\cdot\Delta x$,其中 k 是常数,是物体的劲度(倔强)系数;在国际单位制中,F 的单位是牛(N),x 的单位是米(m),它是形变量(弹性形变),k 的单位是牛/米(N/m);劲度系数在数值上等于弹簧伸长(或缩短)单位长度时的弹力

【状况】

【应用场景】　冲裁材料时,板料分离的第一阶段即弹性变形,之后产生塑性变形和开裂阶段

【应用场景】　弹簧、橡胶都是应用弹性变形

【词条关系】

【层次关系】

【并列】　塑性变形

【概念-实例】　高弹性合金

【概念-实例】　弹性元件

【概念-实例】　弹簧

【概念-实例】　橡胶

【测度关系】

【物理量-度量方法】　弹性模量

【物理量-度量方法】　弹性极限

◎单晶体

【基本信息】

【英文名】　single crystal;monocristal

【拼音】　dan jing ti

【核心词】

【定义】

所谓单晶(Monocrystal;monocrystalline;singlecrystal),即结晶体内部的微粒在三维空间呈有规律地、周期性地排列,或者说晶体的整体在三维方向上由同一空间格子构成,整个晶体中质点在空间的排列为长程有序。

【分类信息】

【IPC 类目】

(1) C30B15/00　自熔融液提拉法的单晶生长,如 Czochralski 法(在保护流体下的入 27/00)〔3〕

(2) C30B15/00　硅酸盐〔3〕

(3) C30B15/00　氧化物〔3〕

(4) C30B15/00　溶液冷却法〔3〕

【词条属性】

【特征】

【特点】　单晶整个晶格是连续的,具有重要的工业应用;由于熵效应导致了固体微观结构的不理想,如杂质、不均匀应变和晶体缺陷,有一定大小的理想单晶在自然界中是极为罕见的,而且也很难在实验室中生产

【特点】　在自然界中,不理想的单晶可以非常巨大,如已知一些矿物,如绿宝石、石膏、长石形成的晶体可达数米

【特点】　均匀性:晶体内部各个部分的宏观性质是相同的;各向异性:晶体中不同的方向上具有不同的物理性质;固定熔点:晶体具有周期性结构,熔化时,各部分需要同样的温度;规则外形:理想环境中生长的晶体应为凸多边形;对称性:晶体的理想外形和晶体内部结构都具有特定的对称性

【特点】　单晶生长制备方法大致可以分为气相生长、溶液生长、水热生长、熔盐法、熔体法;最常见的技术有提拉法、坩埚下降法、区熔法、定向凝固法等

【词条关系】

【等同关系】

【基本等同】　单晶

【层次关系】

【并列】　多晶

【概念-实例】　单晶硅

【概念-实例】　单晶块材

【概念-实例】　绿宝石

【应用关系】

【使用】　籽晶

【生产关系】

【材料-工艺】　坩埚下降法

【材料-工艺】　熔盐法

【材料-工艺】　水热生长法

【材料-工艺】　溶液生长法

【材料-工艺】　气相沉积生长法

【材料-工艺】　定向凝固

【材料-工艺】　晶粒细化

◎单晶硅

【基本信息】

【英文名】　monocrystallinesilicon

【拼音】　dan jing gui

【核心词】

【定义】

(1)硅的单晶体。具有基本完整的点阵结构的晶体。不同的方向具有不同的性质,是一种良好的半导材料。

(2)纯度要求达到99.9999%,甚至达到99.9999999%以上。用于制造半导体器件、太阳能电池等。用高纯度的多晶硅在单晶炉内拉制而成。

【分类信息】

【CLC类目】

(1) O782　晶体生长工艺

(2) O782　锯及锉刀

(3) O782　各种材料刀具

(4) O782　硅及其无机化合物

(5) O782　硅(Si)

【IPC类目】

(1) C30B15/00　自熔融液提拉法的单晶生长,如Czochralski法(在保护流体下的入27/00)〔3〕

(2) C30B15/00　硅〔3〕

(3) C30B15/00　熔融液或已结晶化材料的加热〔3〕

(4) C30B15/00　承载熔融液的坩埚或容器〔3〕

(5) C30B15/00　硅;其化合物(21/00,23/00优先;过硅酸盐入15/14;碳化物入31/36)〔3〕

【词条属性】

【状况】

【现状】　日本、美国和德国是主要的硅材料生产国;中国硅材料工业与日本同时起步,但总体而言,生产技术水平仍然相对较低,而且大部分为2.5英寸、3英寸、4英寸和5英寸硅锭和小直径硅片;中国消耗的大部分集成电路及

其硅片仍然依赖进口;但我国科技人员正迎头赶上,于 1998 年成功地制造出了 12 英寸单晶硅,标志着我国单晶硅生产进入了新的发展时期;全世界单晶硅的产能为 1 万吨/年,年消耗量为 6000~7000 t

【应用场景】 用于制造半导体器件、太阳能电池等

【应用场景】 单晶硅是制造半导体硅器件的原料,用于制大功率整流器、大功率晶体管、二极管、开关器件等;在开发能源方面是一种很有前途的材料

【应用场景】 单晶硅按晶体生长方法的不同,分为直拉法(CZ)、区熔法(FZ)和外延法;直拉法、区熔法生长单晶硅棒材,外延法生长单晶硅薄膜;直拉法生长的单晶硅主要用于半导体集成电路、二极管、外延片衬底、太阳能电池

【词条关系】

【层次关系】

【并列】 多晶硅

【并列】 非晶硅

【类属】 硅

【实例-概念】 半导体材料

【实例-概念】 单晶体

【应用关系】

【使用】 籽晶

【用于】 太阳能电池

【用于】 半导体器件

【生产关系】

【材料-工艺】 区域熔炼

【材料-原料】 多晶硅

◎催化活性

【基本信息】

【英文名】 catalytic activity

【拼音】 cui hua huo xing

【核心词】

【定义】

(1)催化活性,指物质的催化作用的能力,是催化剂的重要性质之一。

(2)工业生产上常以每单位容积(或质量)催化剂在单位时间内转化原料反应物的数量来表示,如每立方米催化剂在每小时内能使原料转化的千克数。

(3)由于固体催化剂作用是一种表面现象,催化活性与固体的比表面积的大小、表面上活性中心的性质和单位表面积上活性中心的数量有关。

(4)为了描述不同物质的催化活性的差异,也常将每单位表面积的催化剂在单位时间内能转化原料的数量称为比活性;将每个活性中心在 1 s 内转化的分子数称为周转数或转化数。

【分类信息】

【CLC 类目】

(1) TB383 特种结构材料

(2) TB383 催化剂

(3) TB383 同位素交换反应

(4) TB383 燃烧、爆炸和爆破

【IPC 类目】

(1) C08F10/00 只有一个碳碳双键的不饱和脂族烃的均聚物或共聚物〔2〕

(2) C08F10/00 乙烯〔2〕

(3) C08F10/00 4/64 组包括的组分与一种有机铝化合物〔5〕

(4) C08F10/00 选自铁族金属或铂族金属〔2〕

(5) C08F10/00 选自钛、锆、铪、钒、铌或钽〔2〕

【词条属性】

【特征】

【特点】 催化剂的活性并非一成不变,由于催化剂中毒、烧结等原因,催化剂在使用过程中会逐渐衰退,最终失去活性

【特点】 在工业装置中使用时所表现出的催化活性,不一定与实验室结果相同,因为它还与反应器的设计、操作条件、反应物的纯度、催化剂使用剂齿(表示催化剂使用过的时间)有关

【特点】 催化即通过催化剂改变反应物的活化能,改变反应物的化学反应速率,反应前后催化剂的量和质均不发生改变的反应

【状况】

【应用场景】 化学反应,工业生产

【应用场景】 高活性的催化剂能在较低的温度下表现催化活性;有些物质在浓度很低或比表面积很小的情况下就能表现催化活性,如某些金属材料容器的器壁亦可能对所贮物质起催化作用

【应用场景】 常用的工业催化剂多为比表面积较大的材料,例镍块对于油脂加氢制硬化油不表现明显的催化活性,而高分散度的镍则为良好的催化剂

【词条关系】

【等同关系】

【俗称为】 比活性

【层次关系】

【参与组成】 化学工业

【参与组成】 化工工业

【概念-实例】 镍

【概念-实例】 钛合金

【生产关系】

【工艺-材料】 制备

【测度关系】

【度量方法-物理量】 催化剂

◎磁性材料

【基本信息】

【英文名】 magnetic material

【拼音】 ci xing cai liao

【核心词】

【定义】

一切能显示磁性的物质,或可由磁场感应或能改变磁化强度的物质。按照磁性的强弱,物质可以分为抗磁性、顺磁性、铁磁性、反铁磁性和亚铁磁性等几类。

【来源】 《现代科学技术名词选编》

【分类信息】

【CLC 类目】

(1) TM271　磁性材料、铁磁材料

(2) TM271　特种结构材料

(3) TM271　电磁场理论的应用

(4) TM271　功能材料

(5) TM271　黄色、橙色和红色颜料

【IPC 类目】

(1) C02F1/48　用磁场或电场的(1/46 优先)〔3〕

(2) C02F1/48　非金属物质,如铁氧体〔6〕

(3) C02F1/48　以铁氧体为基料的〔2,6〕

(4) C02F1/48　使用磁铁

(5) C02F1/48　专门用的喷射器

【词条属性】

【特征】

【特点】 磁性材料与信息化、自动化、机电一体化、国防、国民经济的方方面面紧密相关

【特点】 磁性材料是指由过渡元素铁、钴、镍及其合金等能够直接或间接产生磁性的物质

【特点】 一般来讲软磁性材料剩磁较小,硬磁性材料剩磁较大

【状况】

【应用场景】 磁电共存这一基本规律导致了磁性材料必然与电子技术相互促进而发展,如光电子技术促进了光磁材料和磁光材料的研制;磁性半导体材料和磁敏材料和器件可以应用于遥感、遥测技术和机器人;人们正在研究新的非晶态和稀土磁性材料(如 FeNa 合金);磁性液体已进入实用阶段。某些新的物理和化学效应的发现(如拓扑效应)也给新材料的研制和应用(如磁声和磁热效应的应用)提供了条件

【应用场景】 永磁材料有多种用途:①基于电磁力作用原理的应用主要有:扬声器、话筒、电表、按键、电机、继电器、传感器、开关等;②基于磁电作用原理的应用主要有:磁控管和行波管等微波电子管、显像管、钛泵、微波铁氧

体器件、磁阻器件、霍尔器件等;③基于磁力作用原理的应用主要有:磁轴承、选矿机、磁力分离器、磁性吸盘、磁密封、磁黑板、玩具、标牌、密码锁、复印机、控温计等;其他方面的应用还有:磁疗、磁化水、磁麻醉等。

【应用场景】 软磁材料的应用甚广,主要用于磁性天线、电感器、变压器、磁头、耳机、继电器、振动子、电视偏转轭、电缆、延迟线、传感器、微波吸收材料、电磁铁、加速器高频加速腔、磁场探头、磁性基片、磁场屏蔽、高频淬火聚能、电磁吸盘、磁敏元件(如磁热材料作开关)等

【时间】

【起始时间】 11世纪就发明了制造人工永磁材料的方法

【词条关系】

【层次关系】

【材料-组织】 柱状晶

【概念-实例】 AlNi(Co)合金

【概念-实例】 FeCr(Co)合金

【概念-实例】 FeCrMo 合金

【概念-实例】 FeAlC 合金

【概念-实例】 FeCo(V)(W)合金

【概念-实例】 Re-Co 合金

【概念-实例】 Re-Fe 合金

【概念-实例】 AlNi(Co)合金

【概念-实例】 FeCrCo 合金

【概念-实例】 PtCo 合金

【概念-实例】 MnAlC 合金

【概念-实例】 CuNiFe 合金

【概念-实例】 AlMnAg 合金

【概念-实例】 $MO_6Fe_2O_3$ 铁氧体

【概念-实例】 MnBi

【概念-实例】 FeNi(Mo)薄片

【概念-实例】 FeSi 薄片

【概念-实例】 FeAl 薄片

【概念-实例】 Fe 基薄片

【概念-实例】 Co 基薄片

【概念-实例】 FeNi 基薄片

【概念-实例】 FeNiCo 基薄片

【概念-实例】 FeNi(Mo)粉料

【概念-实例】 FeSiAl 粉料

【概念-实例】 羰基铁粉料

【概念-实例】 铁氧体粉料

【概念-实例】 尖晶石型:$MOFe_2O_3$

【概念-实例】 磁铅石型:$Ba_3Me_2Fe_{24}O_{41}$

【构成成分】 金属间化合物、钴元素

【类分】 永磁材料

【类分】 单晶磁性材料

【类分】 多晶磁性材料

【类分】 非晶磁性材料

【类分】 薄膜磁性材料

【类分】 塑性磁性材料

【类分】 液体磁性材料

【类分】 块体磁性材料

【类分】 软磁粉末

【实例-概念】 抗磁性

【应用关系】

【使用】 纳米材料

【使用】 真空炉

【使用】 纯铁

【生产关系】

【材料-工艺】 快速凝固

【材料-工艺】 真空烧结

【材料-工艺】 定向凝固

【材料-原料】 精矿粉

【原料-材料】 永磁体

◎磁体

【基本信息】

【英文名】 magnetic body;magnet

【拼音】 ci ti

【核心词】

【定义】

(1)磁体是指能够产生磁场的物质或材料。磁体是一种很神奇的物质,它有以至于无形的力,既能把一些东西吸过来,又能把一些东西排开。在我们周围,有很多磁体。

(2)磁体:一般定义为能够吸引铁、钴、镍

一类物质的物体。磁体一般又分为永磁体和软磁体。永磁体,即能够长期保持其磁性的磁体,永磁体是硬磁体,不易失磁,也不易被磁化。软磁体,作为导磁体和电磁铁的材料大都是,软磁体极性是随所加磁场极性而变化的。

【分类信息】

【IPC 类目】

(1) C02F1/48　用磁场或电场的(1/46 优先)〔3〕

(2) C02F1/48　改变流体黏性调整阻尼性质的装置,如电磁〔5〕

(3) C02F1/48　通过电法或磁法

(4) C02F1/48　磁力弹簧;流体磁力弹簧

(5) C02F1/48　采用磁力或电支承装置〔2〕

【词条属性】

【特征】

【特点】　磁体具有两极性,磁性北极 N,磁性南极 S,斩断后仍是两极 N 极、S 极;单个磁极不能存在;同时,磁体具有指向性,如果把一个磁体悬挂起来,就会发现它的南极指向地理南磁极左右,北极指向北磁极左右

【特点】　磁极间具有相互作用,同名磁极相斥、异名磁极相吸;磁体周围存在着一种物质,能使磁针偏转,这种物质在物理学上被称作磁场;磁场的分布通常用磁感线来表示

【词条关系】

【层次关系】

【参与构成】　磁化

【参与组成】　电磁感应

【概念-实例】　电磁透镜

【类分】　永磁体

【类分】　软磁合金

【测度关系】

【物理量-度量工具】　磁场强度

◎磁化率

【基本信息】

【英文名】　magnetic susceptibility

【拼音】　ci hua lü

【核心词】

【定义】

(1)磁化率,表征磁介质属性的物理量。常用符号 *cm* 表示,等于磁化强度 M 与磁场强度 H 之比,即 $M=cmH$ 对于顺磁质,$cm>0$,对于抗磁质,$cm<0$,其值都很小。对于铁磁质,*cm* 很大,且还与 H 有关(即 M 与 H 之间有复杂的非线性关系)。对于各向同性磁介质,*cm* 是标量;对于各向异性磁介质,磁化率是一个二阶张量。

(2)某一物质的磁化率可以用体积磁化率 κ 或者质量磁化率 χ 来表示。体积磁化率无量纲参数。在 CGS 单位系统下的磁化率值是 SI 下的 $1/4\pi$ 倍,即 $1\text{CGSM}=4\pi SI$,数值上 $\chi(\text{CGS})=\chi(SI)/4\pi$。体积磁化率除以密度即为质量磁化率,亦即 $\chi=\kappa/\rho$,其单位为 m^3/kg。

(3)还可以定义摩尔磁化率为 1 摩尔物质的磁化率 $\chi^M=\chi_m^M$。式中,M 是分子量。

【分类信息】

【CLC 类目】

(1) O482.5　磁学性质

(2) O482.5　碱土金属(第ⅡA 族金属元素)

(3) O482.5　应用光学

(4) O482.5　磁化学分析法

(5) O482.5　聚酰胺

【IPC 类目】

(1) C02F1/48　用磁场或电场的(1/46 优先)〔3〕

(2) C02F1/48　具有隔热措施的(一般隔热入 F16L59/00)

(3) C02F1/48　可磁化的或磁性的涂料或漆〔2〕

(4) C02F1/48　用于物体或物料贮存或运输的容器,如袋、桶、瓶子、箱盒、罐头、纸板箱、板条箱、圆桶、罐、槽、料仓、运输容器;所用的附件、封口或配件;包装元件;包装件

(5) C02F1/48　水瓶;饭盒;杯子

【词条属性】

【特征】

【特点】 物质的磁性与组成它的原子、离子或分子的微观结构有关,在反磁性物质中,由于电子自旋已配对,故无永久磁矩;但是内部电子的轨道运动,在外磁场作用下产生的拉摩进动,会感生出一个与外磁场方向相反的诱导磁矩,所以表示出反磁性;其χM就等于反磁化率χ反,且$\chi M<0$;在顺磁性物质中,存在自旋未配对电子,所以具有永久磁矩;在外磁场中,永久磁矩顺着外磁场方向排列,产生顺磁性

【特点】 顺磁性物质的摩尔磁化率χ_m是摩尔顺磁化率与摩尔反磁化率之和,即$\chi_m=\chi_{顺}+\chi_{反}$;通常$\chi_{顺}$比$\chi_{反}$大1～3个数量级,所以这类物质总表现出顺磁性,其$\chi_m>0$

【词条关系】

【层次关系】

【并列】 磁化曲线

【并列】 磁滞回线

【并列】 退磁曲线

【并列】 电磁感应

【测度关系】

【度量工具-物理量】 抗磁性

【物理量-度量方法】 磁化

◎磁合金

【基本信息】

【英文名】 magnetic alloy

【拼音】 ci he jin

【核心词】

【定义】

制造永久磁铁的合金,磁能很强,用铁加镍、铝、钴等制成。

【分类信息】

【IPC类目】

(1) G08B13/24 靠干扰电磁场分布的

(2) G08B13/24 非晶态合金,如金属玻璃〔5,6〕

(3) G08B13/24 消除应力

(4) G08B13/24 在生产具有特殊电磁性能的产品时〔3〕

【词条关系】

【层次关系】

【材料-组织】 抗磁性

【应用关系】

【使用】 熔模

◎电磁感应

【基本信息】

【英文名】 electromagnetic induction; electromagnetic resonance; electrofield; inductive charging

【拼音】 dian ci gan ying

【核心词】

【定义】

(1)电磁感应是指因为磁通量变化产生感应电动势的现象。电磁感应现象的发现,是电磁学领域中最伟大的成就之一。它不仅揭示了电与磁之间的内在联系,而且为电与磁之间的相互转化奠定了实验基础,为人类获取巨大而廉价的电能开辟了道路,在实用上有重大意义。

(2)电磁感应现象的发现,标志着一场重大的工业和技术革命的到来。事实证明,电磁感应在电工、电子技术、电气化、自动化方面的广泛应用对推动社会生产力和科学技术的发展发挥了重要的作用。

【分类信息】

【CLC类目】

(1) TG115.28 无损探伤

(2) TG115.28 复合气象仪器、自动化装备

(3) TG115.28 金属复合材料

【IPC类目】

(1) F24H9/18 炉箅、燃烧器或加热元件的配置或安装(燃烧器入F23D;炉箅入F23H;电热元件入H05B)

(2) F24H9/18 用管子分开的,如弯成蛇形的

(3) F24H9/18　感应加热〔3〕

(4) F24H9/18　贮水加热器(1/50 优先;用于集中供热的水加热炉入 1/22)〔5〕

(5) F24H9/18　除炉子外特殊用途的感应加热设备〔3〕

【词条属性】

【特征】

【特点】　电磁感应(Electromagnetic induction)现象是指放在变化磁通量中的导体,会产生电动势;此电动势称为感应电动势或感生电动势,若将此导体闭合成一回路,则该电动势会驱使电子流动,形成感应电流(感生电流);迈克尔·法拉第是一般被认定为于 1831 年发现了电磁感应的人,虽然 Francesco Zantedeschi 在 1829 年的工作可能对此有所预见

【特点】　电磁感应中的能量关系:电磁感应是一个能量转换过程,如可以将重力势能、动能等转化为电能、热能等

【状况】

【应用场景】　电磁感应在电工、电子技术、电气化、自动化方面具有广泛应用

【应用场景】　若闭合电路为一个 n 匝的线圈,则又可表示为:式中 n 为线圈匝数;$\Delta\Phi$ 为磁通量变化量,单位 Wb(韦伯);Δt 为发生变化所用时间,单位为 s;ε 为产生的感应电动势,单位为 V(伏特,简称伏);电磁感应俗称磁生电,多应用于发电机

【应用场景】　话筒是把声音转变为电信号的装置,它是利用电磁感应现象制成的,当声波使金属膜片振动时,连接在膜片上的线圈(叫作音圈)随着一起振动,音圈在永久磁铁的磁场里振动,其中就产生感应电流(电信号),感应电流的大小和方向都变化,变化的振幅和频率由声波决定,这个信号电流经扩音器放大后传给扬声器,从扬声器中就发出放大的声音

【应用场景】　汽车车速表:永久磁铁转动的速度和汽车行驶速度成正比;当汽车行驶速度增大时,在速度盘中感应的电流及相应的带动速度盘转动的力矩将按比例地增加,使指针转过更大的角度,因此车速不同指针指出的车速值也相应不同;当汽车停止行驶时,磁铁停转,弹簧游丝使指针轴复位,从而使指针指在"0"处

【应用场景】　感应加热法:广泛用于钢件的热处理,如淬火、回火、表面渗碳等,如齿轮、轴等只需要将表面淬火提高硬度、增加耐磨性,可以把它放入通有高频交流的空心线圈中,表面层在几秒钟内就可上升到淬火需要的高温,颜色通红,而其内部温度升高很少,然后用水或其他淬火剂迅速冷却就可以了,其他的热处理工艺,可根据需要的加热深度选用中频或工频等

【应用场景】　冶炼锅内装入被冶炼的金属,让高频交变电流通过线圈,被冶炼的金属中就产生很强的涡流,从而产生大量的热使金属熔化这种冶炼方法速度快,温度容易控制,能避免有害杂质混入被冶炼的金属中,适于冶炼特种合金和特种钢

【应用场景】　无心式感应熔炉的用途是熔炼铸铁、钢、合金钢和铜、铝等有色金属。所用交流的频率要随坩埚能容纳的金属质量多少来选择,以取得最好的效果;例如,5 kg 的用 20 kHz,100 kg 的用 2.5 kHz,5 t 的用 1～50 kHz。

【应用场景】　变压器:法拉第定律所预测的电动势,同时也是变压器的运作原理;当线圈中的电流转变时,转变中的电流生成一转变中的磁场;在磁场作用范围中的第二条电线,会感受到磁场的转变,于是自身的耦合磁通量也会转变($d\Phi B/dt$);因此,第二个线圈内会有电动势,这电动势被称为感应电动势或变压器电动势;如果线圈的两端是连接着一个电负载的话,电流就会流动

【因素】

【影响因素】　电路是闭合且流通的

【影响因素】　穿过闭合电路的磁通量发生变化

【影响因素】　电路的一部分在磁场中做切割磁感线运动(切割磁感线运动就是为了保

证闭合电路的磁通量发生改变,只能部分切割,全部切割无效,如果缺少一个条件,就不会有感应电流产生)。

【词条关系】

【层次关系】

【并列】 磁化率

【组成部件】 磁体

【应用关系】

【使用】 磁场强度

【用于】 电工技术

【用于】 电子技术

【用于】 自动化技术

【用于】 感应加热

【用于】 变压器

◎磁导率

【基本信息】

【英文名】 permeability; initial permeability

【拼音】 ci dao lü

【核心词】

【定义】

(1)磁体在某种均匀介质中的磁感应强度与在真空中磁感应强度的比值。

【来源】《地震学辞典》

(2)符号为μ,磁通密度与磁场强度之比,即$\mu=B/H$。

【来源】《科技编辑大辞典》

【分类信息】

【CLC类目】

(1) TM277 铁氧体、氧化物磁性材料

(2) TM277 粉末成型、烧结及后处理

(3) TM277 功能材料

(4) TM277 微波吸收材料

(5) TM277 特种机械性质合金

【IPC类目】

(1) H01F1/34 非金属物质,如铁氧体〔6〕

(2) H01F1/34 以铁氧体为基料的〔2,6〕

(3) H01F1/34 含氧化锌的〔2,6〕

(4) H01F1/34 非金属物质,如铁氧体〔6〕

(5) H01F1/34 含氧化锌的〔2,6〕

【词条属性】

【特征】

【数值】 顺磁质$\mu_r>1$

【数值】 抗磁质$\mu_r<1$

【数值】 $\mu_0=4\pi\times10^7$特斯拉·米/安,是真空磁导率

【因素】

【影响因素】 磁场强度H

【影响因素】 磁感应强度B

【词条关系】

【层次关系】

【类分】 相对磁导率

【类分】 绝对磁导率

【类分】 真空磁导率

【测度关系】

【度量方法-物理量】 抗磁性

【物理量-单位】 特斯拉·米/安

◎磁场强度

【基本信息】

【英文名】 magnetic field intensity; magnetic field strength

【拼音】 ci chang qiang du

【核心词】

【定义】

(1)磁场强度描写磁场性质的物理量。用H表示。其定义式为$H=B/\mu_0-M$,式中B是磁感应强度,M是磁化强度,μ_0是真空中的磁导率,$\mu_0=4\pi\times10^{-7}$韦伯/(米·安)。H的单位是安/米。在高斯单位制中H的单位是奥斯特。1安/米$=4\pi\times10^{-3}$奥斯特。

(2)库仑通过实验得到两个点磁荷之间相互作用力的规律,称为磁库仑定律,表示为$F_m=\kappa qm_1qm_2/\gamma2r$,式中$\kappa$是比例系数,与式中各量的单位选取有关,$qm_1$,$qm_2$表示每个点磁荷的数值,$r$是两个点磁荷之间的距离,$\gamma$是两

者连线上的单位矢量。按照磁荷观点,仿照电场强度的定义规定磁场强度 H 是这样一个矢量:其大小等于单位点磁荷在磁场中某点所受的力,其方向为正磁荷在该点所受磁场力的方向。表为 $H=F_m/qm_0$,式中 qm_0 是试探点磁极的磁荷,F_m 为 qm_0 在磁场中所受的磁力。

【分类信息】

【CLC 类目】

(1) TB381　智能材料

(2) TB381　特种发动机

(3) TB381　永磁材料、永久磁铁

(4) TB381　发光学

【IPC 类目】

(1) C02F1/48　用磁场或电场的(1/46 优先)〔3〕

(2) C02F1/48　利用磁场的,如磁控溅射〔5〕

(3) C02F1/48　采用物理方法进行沉淀,如采用照射,振动

(4) C02F1/48　改变流体黏性调整阻尼性质的装置,如电磁〔5〕

(5) C02F1/48　通过电法或磁法

【词条属性】

【特征】

【特点】　在顺磁质和抗磁质中式 $B=\mu H$ 成立;由式可知 B 与 H 成正比且方向一致;在 H 具有一定对称性的情况下,可用有介质存在时的安培环路定理求得 H,再用上式求得 B;这种方法也可用来近似计算软铁磁材料中的 H、B;在硬磁材料中一般 H、B、M 方向均不同,它们之间的关系只能用公式 $H=B/\mu_0-M$ 表示

【状况】

【现状】　1824 年,西莫恩·泊松发展出一种物理模型,比较能够描述磁场;泊松认为磁性是由磁荷产生的,同类磁荷相排斥,异类磁荷相吸引;他的模型完全类比现代静电模型;磁荷产生磁场,就如同电荷产生电场一般;这理论甚至能够正确地预测储存于磁场的能量

【词条关系】

【层次关系】

【并列】　磁感应强度

【并列】　磁化强度

【并列】　真空磁导率

【概念-实例】　铁氧体

【概念-实例】　永磁体

【概念-实例】　电磁透镜

【应用关系】

【用于】　电磁感应

【测度关系】

【度量工具-物理量】　磁体

【度量工具-物理量】　抗磁性

【物理量-度量工具】　磁选

◎纯银

【基本信息】

【英文名】　fine silver;pure silver

【拼音】　chun yin

【核心词】

【定义】

(1)纯银,即为含量接近 100%的金属银。但由于银是一种活跃的金属,容易与空气中的硫起化学反应,生成硫化银而使其变黑,因此生活中的“纯银”一般指含量 99.99%的白银或者含量 92.5%的 925 纯银。

(2)银的化学符号 Ag,来自于银的拉丁文名称 Argentum,是“浅色、明亮”的意思。

(3)银是白色有光泽的金属,原子结构是面心立方结构

【分类信息】

【IPC 类目】

(1) H01C10/00　可调电阻器〔2〕

(2) H01C10/00　焙烧或烧结工艺(33/32 优先)〔6〕

(3) H01C10/00　以氧化锌、氧化锡或氧化铋或与其他氧化物的固溶体,如锌酸盐、锡酸盐或铋酸盐为基料的〔6〕

(4) H01C10/00　以钛酸钡为基料的〔6〕

(5) H01C10/00　贵金属的提炼

【词条属性】

【特征】

【特点】 银溶于硝酸,生成硝酸银;银不易与硫酸反应,因此硫酸在珠宝制造中,能用于清洗银焊及退火后留下的氧化铜火痕;银易与硫及硫化氢反应生成黑色的硫化银,这在失去光泽的银币或其他物品上很常见;银在高温下可以和氧气反应,生成棕色的氧化银

【特点】 银的活动性比氢弱,因此它不能与酸反应制换氢气;它的活动性比铜(Cu)、汞(Hg)弱,比铂(Pt)、金(Au)强

【特点】 银并不会对人的身体产生毒性,但长期接触银金属和无毒银化合物也会引致银质沉着症;因为身体色素产生变化,皮肤表面会显出灰蓝色;虽无毒性,但仍会影响外观

【状况】

【应用场景】 纯银是一种美丽的银白色的金属,它具有很好的延展性,其导电性和导热性银条在所有的金属中都是最高的;银常用来制作灵敏度极高的物理仪器元件,各种自动化装置、火箭、潜水艇、计算机、核装置及通信系统,所有这些设备中的大量的接触点都是用银制作的;在使用期间,每个接触点要工作上百万次,必须耐磨且性能可靠,能承受严格的工作要求,银完全能满足种种要求;如果在银中加入稀土元素,性能就更加优良;用这种加稀土元素的银制作的接触点,寿命可以延长好几倍

【应用场景】 银在化学化工方面有两个主要的应用:一是用作催化剂,如广泛用于氧化还原反应和聚合反应,用于处理含硫化物的工业废气等;二是电子电镀工业制剂,如银浆、氰化银钾等

【应用场景】 银作为效用广泛的抗菌剂正在进行新的应用;其中一方面就是将硝酸银溶于海藻酸盐中,用于防止伤口的感染,尤其是烧伤伤口的感染;2007 年,一个公司设计出一种表面镀上银的玻璃杯,这种杯子号称具有良好的抗菌性;除此之外,美国食品和药品管理协会(FDA)也审批通过了一种内层镀银的导气管的应用,因为研究表明这种导气管能够有效地降低导气管型肺炎

【其他物理特性】

【比热容】 232 J/(kg·K)

【电导率】 6.3E+07/(m·Ω)

【电阻率】 1.586E−08 Ω·m(20 ℃)

【密度】 10.49 g/cm^3

【热导率】 429 W/(m·K)

【熔点】 961.93 ℃

【词条关系】

【等同关系】

【基本等同】 白银

【层次关系】

【实例-概念】 纯金属

【实例-概念】 贵金属

【实例-概念】 抗菌材料

【实例-概念】 催化剂

【应用关系】

【用于】 珠宝首饰

【用于】 化学工业

【用于】 高压触点

【用于】 电镀

◎纯铜

【基本信息】

【英文名】 fine copper

【拼音】 chun tong

【核心词】

【定义】

(1)含铜量最高的铜,因为颜色紫红又称紫铜,主成分为铜加银,含量为 99.5%~99.95%。

(2)主要杂质元素:磷、铋、锑、砷、铁、镍、铅、锡、硫、锌、氧等。

(3)用于制作导电器材、高级铜合金、铜基合金。

(4)中国紫铜加工材按成分可分为:普通紫铜(T_1,T_2,T_3)、无氧铜(无氧铜、银无氧铜、锆无氧铜和弥散无氧铜)、磷脱氧铜、添加少量

合金元素的特种铜(砷铜、碲铜、银铜、硫铜和锆铜)四类

【分类信息】

【CLC 类目】

TG115.5　机械性能(力学性能)试验

【IPC 类目】

(1) C22C9/00　铜基合金

(2) C22C9/00　冷却;所用设备

(3) C22C9/00　铜的〔2〕

(4) C22C9/00　风口

(5) C22C9/00　电开关;继电器;选择器;紧急保护装置

【词条属性】

【特征】

【特点】　纯铜电阻率理论值:如果把各种材料制成长 1 m、横截面积 1 mm^2 的导线,在 20 ℃ 时测量它们的电阻(称为这种材料的电阻率)并进行比较,则银的电阻率最小;其次是按铜、铝、钨、铁、锰铜、镍铬合金的顺序,电阻率依次增大

【状况】

【应用场景】　紫铜的电导率和热导率仅次于银,广泛用于制作导电、导热器材

【应用场景】　紫铜在大气、海水和某些非氧化性酸(盐酸、稀硫酸)、碱、盐溶液及多种有机酸(醋酸、柠檬酸)中,有良好的耐蚀性,用于化学工业

【应用场景】　紫铜有良好的焊接性,可经冷、热塑性加工制成各种半成品和成品

【其他物理特性】

【电阻率】　1.75E-08 Ω·m

【密度】　8.960 g/cm^3

【热膨胀系数】　(25 ℃) 16.5E-06(m·K)

【熔点】　(1083.4±0.2) ℃

【力学性能】

【弹性模量】　(110～128) GPa

【硬度】　莫氏硬度:3.0;维氏硬度:(343～369) MPa;布氏硬度:(235～878) MPa

【词条关系】

【等同关系】

【基本等同】　电解铜

【俗称为】　紫铜

【层次关系】

【参与组成】　白铜

【类分】　普通紫铜

【类分】　无氧铜

【类分】　磷脱氧铜

【实例-概念】　纯金属

【实例-概念】　导电材料

【实例-概念】　耐蚀材料

【应用关系】

【用于】　化学工业

【生产关系】

【材料-工艺】　热塑性加工

【材料-工艺】　焊接

【原料-材料】　磷铜

【原料-材料】　磷青铜

【原料-材料】　特种铜

【原料-材料】　青铜

◎纯金属

【基本信息】

【英文名】　simple metal;fine metal

【拼音】　chun jin shu

【核心词】

【定义】

(1)纯金属是指不含其他杂质或其他金属成分的金属。纯金属具有较高的导电性、导热性和良好的塑性等优点,但由于其性能的局限性,不能满足各种不同场合的使用要求。

(2)所有的纯金属都是含有一定数量的杂质,这些杂质无法去除。实际的纯金属本质上都是合金。

【分类信息】

【CLC 类目】

TM26　超导体、超导体材料

【IPC 类目】

(1) C25C3/36　阴极还原其全部离子所制得的合金〔2〕

(2) C25C3/36　镀覆工艺的控制或调节(一般控制或调节入 G05)〔4〕

(3) C25C3/36　锂的提取〔2〕

(4) C25C3/36　装料装置的配置〔4〕

(5) C25C3/36　非晶态合金〔5〕

【词条属性】

【特征】

【特点】 纯金属的力学性能不高,以强度为例,纯金属的强度一般较低,铁的抗拉强度约为 200 MPa,纯铝的抗拉强度约为 100 MPa,显然不适合用于工程中各种结构的用材

【特点】 纯金属种类有限,制取困难,价格相对较高,因此在各行业上应用较少

【特点】 实际上,工程中使用的金属材料都是合金,如碳钢、合金钢、铸铁、铜合金、钔合金,尤其是铁、碳为主要成分的合金

【特点】 铜:纯铜又称为紫铜,密度为 8.94 g/cm^3,熔点为 1083 ℃,无磁性;有良好的导电,导热性能及抗蚀性,还具有很高的化学稳定性(铜的化合物都有毒)

【特点】 铅:铅又叫青铅,外观呈蓝灰色;铅的强度和硬度极低,能用发切断,在常温下加工不会产生加硬化现象;密度为 11.34 g/cm^3,因密度较大,常用于制造弹头;铅的电阻大,导热性差,熔点为 327 ℃,常用于制造保险丝

【特点】 锡:锡是银白色而略带蓝色的金属;其密度为 7.2 g/cm^3,熔点为 232 ℃;锡的强度低,在室温下没有加工硬化的现象;锡的塑性极好,还具有很好的抗蚀性

【特点】 镍:镍是银白色金属,抛光后能长期保持美丽的光泽,密度为 8.9 g/cm^3,熔点为 1455 ℃,在温度低于 360 ℃时有磁性;镍具有良好的电真空性能,在高温高真空中挥发性很小,是电真空仪器的重要材料

【特点】 锑:锑是银白色金属,由于杂质的影响,略带蓝色,杂质越多,蓝色越深;纯锑又叫星锑;很脆,无延展性,所以不单独使用,锑的密度为 6.7 g/cm^3,熔点为 630 ℃,凝固时略有膨胀,因此,锑主要用于与铅锡等配制合金

【特点】 锌:锌是一种白色略带浅蓝色光泽金属,在空气中因氧化而呈灰色,密度为 7.1 g/cm^3,熔点为 419 ℃;在常温下很脆,但加热到 100～150 ℃时,就变得富有韧性而易于进行压力加工,温度再升至 200 ℃时则脆性增高,可破碎成粉末

【特点】 汞:汞又叫水银,银白色;熔点为 −38.87 ℃,在常温下为液体,密度为 13.5 g/cm^3,常温下最重的液体;汞不易氧化和腐蚀,广泛用于气压计温度计等检测仪器

【特点】 铋:铋的表面呈白色或粉红色,密度为 9.8 g/cm^3,熔点为 277 ℃,主要用于制造低熔点合金、药物及化学试剂等

【词条关系】

【层次关系】

【并列】 二元合金

【并列】 多元合金

【概念-实例】 纯金

【概念-实例】 纯铜

【概念-实例】 纯银

【概念-实例】 工业纯钛

【类属】 金属材料

【组成部件】 杂质

【应用关系】

【材料-部件成品】 电真空仪

◎纯金

【基本信息】

【英文名】 fine gold;pure gold

【拼音】 chun jin

【核心词】

【定义】

(1)金是一种金属元素,化学符号是 Au,原子序数是 79。

(2)金的单质(游离态形式)通称为黄金,是一种广受欢迎的贵金属,在很多世纪以来一直都被用作货币、保值物及珠宝。在自然界中,

金以单质的形式出现在岩石中的金块或金粒、地下矿脉及冲积层中。黄金亦是货币金属之一。

【分类信息】

【IPC类目】

(1) C25C1/20　贵金属的〔2〕

(2) C25C1/20　固态组分或液态组分,如焰熔法〔3〕

(3) C25C1/20　石英〔3〕

(4) C25C1/20　砷的提取〔2〕

(5) C25C1/20　氰化法

【词条属性】

【特征】

【特点】　金的单质在室温下为固体,密度高、柔软、光亮、抗腐蚀,其展性及延性均是已知金属中最高的

【特点】　金是一种过渡金属,在溶解后可以形成+3价及+1价正离子;金与大部分化学物都不会发生化学反应,但可以被氯、氟、王水及氰化物侵蚀;金能够被水银溶解,形成汞齐(但这并非化学反应);能够溶解银及贱金属的硝酸不能溶解金;以上两个性质成为黄金精炼技术的基础,分别称为"加银分金法"(inquartation)及"金银分离法"(parting)

【特点】　延性:金是延性及展性最高的金属;1 g金可以打成1 m^2 薄片,或者说一盎司金可以打成300平方英尺;金叶甚至可以被打薄至半透明,透过金叶的光会显露出绿蓝色,因为金反射黄色光及红色光能力很强;纳米级金材料的延展性显著不同,极脆,易碎,300个原子厚的金箔须用红松鼠毛靠静电吸起,否则极易遭到破坏

【特点】　高纯度金单晶可反射红外线

【状况】

【应用场景】　用作国际储备;这是由黄金的货币商品属性决定的;由于黄金的优良特性,历史上黄金充当货币的职能,如价值尺度、流通手段、储藏手段、支付手段和世界货币

【应用场景】　用作珠宝装饰;华丽的黄金饰品一直是一个人的社会地位和财富的象征

【应用场景】　在工业与科学技术上的应用;金的合金中具有各种触媒性质;金还有良好的工艺性,极易加工成超薄金箔、微米金丝和金粉;金很容易镀到其他金属和陶器及玻璃的表面上,在一定压力下金容易被熔焊和锻焊;金可制成超导体与有机金等;正因为有这么多有益性质,使它有理由广泛用到最重要的现代高新技术产业中去,如电子技术、通信技术、宇航技术、化工技术、医疗技术等

【其他物理特性】

【比热容】　0.13 kJ/(kg·K)

【密度】　19.32 g/cm^3(20 ℃)

【熔点】　1064.18 ℃

【词条关系】

【等同关系】

【基本等同】　国际货币

【层次关系】

【实例-概念】　纯金属

【实例-概念】　贵金属

【应用关系】

【用于】　珠宝首饰

【用于】　电子技术

【用于】　通信技术

【用于】　化工技术

【用于】　医疗技术

【生产关系】

【原料-材料】　金箔

◎储氢材料

【基本信息】

【英文名】　hydrogen-storing alloys; hydrogen storage material

【拼音】　chu qing cai liao

【核心词】

【定义】

储氢材料一类能可逆地吸收和释放氢气的材料。最早发现的是金属钯,一体积钯能溶解几百体积的氢气,但钯很贵,缺少实用价值。

【分类信息】

【CLC 类目】

(1) TB34 功能材料

(2) TB34 其他特种性质合金

(3) TB34 工业部门经济

(4) TB34 轻有色金属及其合金

(5) TB34 特种结构材料

【IPC 类目】

(1) C01B31/02 碳的制备(使用超高压,如用于金刚石的生成入 B01J3/06;用晶体生长法入 C30B);纯化

(2) C01B31/02 氢;含氢混合气;从含氢混合气中分离氢(用物理方法分离气体入 B01D);氢的净化(用固体碳质物料生产水煤气或合成气入 C10J;含一氧化碳的可燃气化学组合物的净化或改性入 C10K)〔3〕

(3) C01B31/02 镁基合金

(4) C01B31/02 基于镁或铝的合金〔2〕

(5) C01B31/02 用粉末冶金法(1/08 优先)〔2〕

【词条属性】

【特征】

【缺点】 氢能汽车商业化的障碍是成本高,高在氢气的储存,液氢和高压气氢不是商业化氢能;大多数储氢合金自重大,寿命也是个问题;自重低的镁基合金很难常温储放氢,配位氢化物的可逆储放氢等需进一步开发研究,碳材料吸附储氢受到重视,但基础研究不够,能否实用化还是个问号

【特点】 20 世纪 70 年代以后,由于对氢能源的研究和开发日趋重要,首先要解决氢气的安全贮存和运输问题,储氢材料范围日益扩展至过渡金属的合金;如镧镍金属间化合物就具有可逆吸收和释放氢气的性质:每克镧镍合金能贮存 0.157 L 氢气,略为加热,就可以使氢气重新释放出来;$LaNi_5$ 是镍基合金,铁基合金可用作储氢材料的有 TiFe,每克 TiFe 能吸收贮存 0.18 L 氢气;其他还有镁基合金,如 Mg_2Cu,Mg_2Ni 等,都较便宜

【特点】 $MmNi_{3.55}Co_{0.75}Mn_{0.47}Al_{0.3}$(Mm 混合稀土,主要成分 La,Ce,Pr,Nd)广泛用于镍/氢电池

【状况】

【现状】 用储氧合金来制作飞机和汽车氢燃料发动机,虽然处于研究、试验阶段;但前景看好;氢能交通工具具有热效率高,对环境无污染的优点;氢气是价廉又安全方便的二次能量;国外对氢燃料汽车进行了试验,用 200 kg 的 TiFe 合金储氢,共行驶了 130 km;目前存在的最大困难是储氧材料重量要比油箱重量大得多,影响车辆的速度

【应用场景】 当核动力装置中发生了氢、氘、氚的泄漏现象,将是十分危险之事,人根本无法进入现场;所以用储氢合金来吸收、去除泄漏的氢、氘、氚是一个理想的方法,可以确保安全;储氢材料还可以用来对氢、氘、氚进行分离,工艺简单,能耗少、效果好

【应用场景】 金属氢化物——镍电池是取替镉-镍电池的一种无污染高功率新型碱性电池;目前已经进入了商品产业化;传统的镉-镍电池已不适应当现代社会发展的要求。首先是重金属镉对环境有严重的污染,对人体有毒害,而且价格非常高,性能也并不完美;家用电器、计算机的高速发展,对小型化高容量电池的需求量越来越多;电动自行车、电动汽车的发展也迫切希望用氢化物——镍电池来代替传统的铅酸电池,以提高电池的能量密度,并减少对环境的污染

【应用场景】 储氢合金的应用方面很多,除以上介绍的内容外,还在空调与制冷、热泵、热-压传感器、加氢和脱氢反应催化剂等方面都可得到应用

【词条关系】

【层次关系】

【概念-实例】 钯合金

【概念-实例】 钛合金

【概念-实例】 镁合金

【概念-实例】 Mm 混合稀土

【概念-实例】　镍氢电场
【概念-实例】　TiFe
【概念-实例】　Mg_2Cu
【概念-实例】　Mg_2Ni
【概念-实例】　镧镍合金
【应用关系】
【材料-部件成品】　稀土氧化物
【使用】　纳米材料
【使用】　金属间化合物
【使用】　钛合金
【用于】　脱氢催化剂
【生产关系】
【材料-工艺】　快速凝固

◎冲压成形

【基本信息】
【英文名】　stamping;forming
【拼音】　chong ya cheng xing
【核心词】
【定义】

将纤维增强热塑性片状模塑料在适当温度下预热后，装到冷金属模里快速加压成型的方法。

【来源】《中国土木建筑百科辞典 · 工程材料 · 上》
【分类信息】
【CLC 类目】
（1）TG386　冷冲压工艺
（2）TG386　各种钢的冶炼
（3）TG386　冷冲机械设备
（4）TG386　优质钢
（5）TG386　汽车制造工艺
【IPC 类目】
（1）C23C2/26　后处理(2/14 优先)〔4〕
（2）C23C2/26　锌或镉或以其为基料的合金〔4〕
（3）C23C2/26　用刚性设备或工具的冲压
（4）C23C2/26　用于生产无光表面，如在塑料或玻璃上
（5）C23C2/26　铁基合金，如合金钢(铸铁合金入 37/00)〔2〕
【词条属性】
【特征】
【优点】　可得到轻量、高刚性制品
【优点】　生产性良好，适合大量生产、成本低
【优点】　可得到品质均一的制品
【优点】　材料利用率高、剪切性及回收性良好
【状况】
【现状】　全世界的钢材中，有 60%～70%是板材，其中大部分经过冲压制成成品
【应用场景】　汽车的车身、底盘、油箱、散热器片，锅炉的汽包，容器的壳体，电机、电器的铁芯硅钢片等都是冲压加工的；仪器仪表、家用电器、自行车、办公机械、生活器皿等产品中，也有大量冲压件
【应用场景】　消费电子产品、机械、五金、运输工具等产业均少不了冲压成型的存在
【词条关系】
【层次关系】
【类分】　热流动冲压成型
【类分】　冲切加工
【类分】　压合加工
【类属】　固态冲压成型
【组成部件】　紧固件
【组成部件】　导向零件
【组成部件】　支撑固定零件
【组成部件】　卸料及压料零件
【组成部件】　定位零件
【组成部件】　成型零件
【应用关系】
【使用】　变形抗力
【生产关系】
【工艺-材料】　熔模
【工艺-材料】　热轧钢板
【工艺-材料】　冷轧钢板
【工艺-材料】　热轧钢带

【工艺-材料】 冷轧钢带
【工艺-材料】 电镀锌钢板
【工艺-材料】 热浸性电镀锌钢板
【工艺-材料】 铝片
【工艺-材料】 铜片
【工艺-设备工具】 冲孔模
【工艺-设备工具】 折弯模
【工艺-设备工具】 整平模
【工艺-设备工具】 剪切模
【工艺-设备工具】 拉伸模
【工艺-设备工具】 连续模
【工艺-设备工具】 凸模
【工艺-设备工具】 凹模

◎冲击韧性

【基本信息】
【英文名】 impact toughness;toughness
【拼音】 chong ji ren xing
【核心词】
【定义】
在冲击荷载作用下,材料变形和破坏过程中吸收机械能的能力。通常以带切口的试样在受冲弯曲而被切断破坏时,在断口处每单位截面积上所需的功来计算。
【来源】《金属功能材料词典》
【分类信息】
【CLC 类目】
(1) TG40 焊接一般性问题
(2) TG40 油气储运设备的腐蚀与防护
(3) TG40 优质钢
(4) TG40 黑色金属
(5) TG40 金属的分析试验(金属材料试验)
【IPC 类目】
(1) C21D9/36 用于滚珠;滚柱
(2) C21D9/36 通过伴随有变形的热处理或变形后再进行热处理来改变物理性能(除需成型的工件外不需要再加热的锻造,或轧制成型的硬化工件或材料入 1/02)〔3〕
(3) C21D9/36 滚珠、滚子或滚柱,如用于轴承
(4) C21D9/36 含镍的
(5) C21D9/36 含硅化合物〔2〕
【词条属性】
【特征】
【特点】 工程上常用一次摆锤冲击弯曲试验来测定材料的冲击韧性
【特点】 通常用冲击载荷试样被折断而消耗的冲击功 A_k 来衡量冲击韧性的大小,单位为焦耳(J)
【特点】 夹杂物会使材料的冲击韧性降低
【特点】 偏析会使材料的冲击韧性降低
【特点】 气泡会使材料的冲击韧性降低
【特点】 内部裂纹会使材料的冲击韧性降低
【特点】 晶粒粗化会使材料的冲击韧性降低
【特点】 冲击韧度指标的实际意义在于揭示材料的变脆倾向
【状况】
【应用场景】 冲击韧性试验
【因素】
【影响因素】 材料的内部结构缺陷
【影响因素】 材料显微组织的变化
【词条关系】
【层次关系】
【并列】 断裂韧性
【类分】 低温韧性
【类属】 机械性能
【应用关系】
【使用】 缺口
【测度关系】
【物理量-度量方法】 冲击值
【物理量-度量方法】 冲击韧性试验

◎赤泥

【基本信息】
【英文名】 red mud;bauxite residue

【拼音】 chi ni

【核心词】

【定义】

(1)赤泥是制铝工业提取氧化铝时排出的污染性废渣,一般平均每生产 1 t 氧化铝,附带产生 1.0～2.0 t 赤泥。中国作为世界第四大氧化铝生产国,每年排放的赤泥高达数百万吨。

(2)赤泥矿物成分复杂,采用多种方法对其进行分析,主要有以下几种方法:偏光显微镜、扫描显微镜、差热分析仪、X 衍射、化学全分析、红外吸收光谱和穆斯堡尔谱法等 7 种方法进行测定,其结果是赤泥的主要矿物为文石和方解石,含量为 60%～65%,其次是蛋白石、三水铝石、针铁矿,含量最少的是钛矿石、菱铁矿、天然碱、水玻璃、铝酸钠和火碱。其矿物成分复杂,且不符合天然土的矿物组合。在这些矿石中,文石、方解石和菱铁矿,既是骨架,又有一定的胶结作用;而针铁矿、三水铝石、蛋白石、水玻璃起胶结作用和填充作用。

【分类信息】

【CLC 类目】

(1) X758　有色金属工业

(2) X758　冶金工业

(3) X758　固体废物的处理与利用

(4) X758　土壤污染及其防治

(5) X758　资源开发与利用

【IPC 类目】

(1) C01F7/46　氧化铝、氢氧化铝或铝酸盐的提纯〔5〕

(2) C01F7/46　用碱金属氢氧化物处理含铝矿石

(3) C01F7/46　氧化铝;氢氧化铝;铝酸盐

(4) C01F7/46　碱金属铝酸盐的制备;从碱金属铝酸盐制备铝的氧化物或氢氧化物

(5) C01F7/46　从碱金属铝酸盐制氧化铝或氢氧化铝

【词条属性】

【特征】

【缺点】 赤泥中含有多种微量元素,而放射性主要来自于镭、钍、钾,一般内外照白指数均在 2.0 以上,所以属于危险固体废物

【缺点】 由于赤泥中含有大量的强碱性化学物质,稀释 10 倍后其 pH 仍为 11.25～11.50(原土为 12 以上),极高的 pH 决定了赤泥对生物和金属、硅质材料的强烈腐蚀性;高碱度的污水渗入地下或进入地表水,使水体 pH 升高,以致超出国家规定的相应标准,同时由于 pH 的高低常常影响水中化合物的毒性,因此还会造成更为严重的水污染

【特点】 赤泥的 pH 很高,其中:浸出液的 pH 为 12.1～13.0,氟化物含量 11.5～26.7 mg/L;赤泥的 pH 为 10.29～11.83,氟化物含量 4.89～8.6 mg/L

【特点】 按 GB 5058—1985 有色金属工业固体废物污染控制标准,因赤泥的 pH 小于 12.5,氟化物含量小于 50 mg/L,故赤泥属于一般固体废渣;但赤泥附液 pH 大于 12.5,氟化物含量小于 50 mg/L,污水综合排放划分为超标废水,因此,赤泥(含附液)属于有害废渣(强碱性土)

【状况】

【现状】 借助赤泥高钙、高硅而低铁的特点,利用赤泥烧制水泥成为一条可喜的废渣利用途径。但是相对于赤泥巨大的排放量,有限的利用率仍然不能减缓赤泥给社会、环境带来的沉重负担;放眼 21 世纪,资源、能源、环境成为这个时代最大的问题,而工业废渣能否最大限度的利用又牵扯到这些问题的有效解决

【应用场景】 从铝土矿中熔出三氧化二铝,对排出的赤泥再进行选矿处理(赤泥选矿选用的是某公司的高梯度磁选机),提选出其中的铁矿物,有效用于钢铁冶炼,剩余物可制成免烧砖,用作建筑材料

【其他物理特性】

【密度】 赤泥的物理性质:颗粒直径 0.088～0.25 mm,比重 2.7～2.9,容重 0.8～1.0,熔点 1200～1250 ℃

【词条关系】
【层次关系】
【附件-主体】 铝材
【实例-概念】 工业废渣
【实例-概念】 水污染
【组成部件】 文石
【组成部件】 方解石
【组成部件】 蛋白石
【组成部件】 三水铝石
【组成部件】 针铁矿
【应用关系】
【用于】 免烧砖
【用于】 建筑材料

◎成形性能

【基本信息】
【英文名】 formability
【拼音】 cheng xing xing neng
【核心词】
【定义】
板料对于某种成形工艺方法的适应程度的性能。
【来源】《金属功能材料词典》
【分类信息】
【CLC 类目】
(1) U465.1 黑色金属
(2) U465.1 汽车材料
(3) U465.1 粉末的制造方法
(4) U465.1 压力加工工艺
(5) U465.1 轧制工艺
【IPC 类目】
(1) H01J61/00 气体或蒸汽放电灯(用于奶制品消毒的入 A23C;用于医疗的入 A61N)
(2) H01J61/00 拉拔材料的冷却、加热或润滑(3/14 优先)
(3) H01J61/00 具有降低摩擦制品或材料的制造〔2〕
(4) H01J61/00 管壳;容器
【词条属性】
【特征】
【优点】 探究金属材料等对冲压成型的承受能力
【因素】
【影响因素】 拉伸速度
【影响因素】 变形量
【影响因素】 样品尺寸
【词条关系】
【层次关系】
【类分】 胀成形性能
【类分】 拉伸成形性能
【类分】 扩孔成形性能
【类分】 弯曲成形性能
【类属】 使用性能
【测度关系】
【度量方法-物理量】 杯突值 IE
【度量方法-物理量】 极限拉伸比 LDR
【度量方法-物理量】 极限扩孔率
【度量方法-物理量】 最小相对弯曲半径
【度量方法-物理量】 锥杯值
【度量方法-物理量】 凸耳率
【度量方法-物理量】 方板对角拉伸实验皱高
【度量方法-物理量】 张拉弯曲回弹值
【度量方法-物理量】 塑性应变比
【度量方法-物理量】 应变硬化指数
【度量方法-物理量】 塑性应变比平面各向异性度

◎沉淀硬化

【基本信息】
【英文名】 precipitation hardening;precipitation-hardening
【拼音】 chen dian ying hua
【核心词】
【定义】
经固溶处理后得到的过饱和固溶体,在较低温度下随着时间变化而发生的脱溶分解。随着时效温度和固溶体合金成分的不同,时效脱溶过程中会析出各种弥散分布的亚稳定沉淀相,这种亚稳定沉淀相与母相共格或局部共格,使合金强化。

【来源】《金属功能材料词典》

【分类信息】

【IPC 类目】

(1) C21D6/02　沉淀硬化〔2〕

(2) C21D6/02　电机

(3) C21D6/02　基于记录载体和换能器之间的相对运动而实现的信息存贮

(4) C21D6/02　零件或附件

(5) C21D6/02　往复运动切刀型的

【词条属性】

【特征】

【特点】　沉淀硬化机制:即某些合金的过饱和固溶体在室温下放置或者将它加热到一定温度,溶质原子会在固溶点阵的一定区域内聚集或组成第二相,从而导致合金的硬度升高的现象

【特点】　沉淀硬化奥氏体耐热钢与镍基高温合金相比,由于有较差的组织稳定性,不可能使强化相γ'相的数量超过20%,且γ'相稳定的最高温度的限制,以及析出微量脆性相的倾向,因而限制了它的高温强化效果和进一步提高使用温度;只能在750 ℃和750 ℃以下作为高强度耐热钢使用

【状况】

【应用场景】　沉淀硬化的热处理工艺过程为固溶处理+时效处理;沉淀硬化机制为弥散强化

【应用场景】　奥氏体沉淀不锈钢在固溶处理后或经冷加工后,在400～500 ℃或700～800 ℃进行沉淀硬化处理,可以获得很高的强度

【应用场景】　沉淀硬化奥氏体耐热钢是在奥氏体基体上通过第二相沉淀强化的耐热钢,用于制造600～750 ℃的燃气轮机部件

【应用场景】　沉淀硬化奥氏体耐热钢是在18/8和18/12铬-镍不锈钢的基础上发展起来的;为保证有足够的抗氧化性,铬含量均在12%以上,加入足够量的镍以稳定奥氏体组织;根据镍含量不同,有低镍、25%、35%、45%不同类型,第二相沉淀强化元素有钛、铝、铌、钒等,固溶强化元素有钨、钼等,还有硼、锆、铈、镁等微量元素强化晶界

【词条关系】

【等同关系】

【基本等同】　沉淀强化

【基本等同】　析出强化

【层次关系】

【并列】　固溶强化

【并列】　弥散强化

【并列】　第二相强化

【并列】　位错强化

【并列】　细晶强化

【类分】　沉淀硬化奥氏体耐热钢

【应用关系】

【用于】　0Cr17Ni4Cu4Nb 钢

【用于】　0Cr17Ni7Al 钢

【用于】　0Cr15Ni25Ti2MoVB 钢

【用于】　GH132 钢

【生产关系】

【工艺-材料】　铍青铜

【工艺-材料】　马氏体不锈钢

◎沉淀强化

【基本信息】

【英文名】　precipitation strengthening

【拼音】　chen dian qiang hua

【核心词】

【定义】

过饱和固溶体随温度下降或在长时间保温过程中发生脱溶分解,在金属材料的基体中析出分散的细小沉淀相,阻碍位错运动而产生的强化作用。

【来源】《金属功能材料词典》

【分类信息】

【CLC 类目】

(1) TG146.2　轻有色金属及其合金
(2) TG146.2　钢的组织与性能
(3) TG146.2　钢
(4) TG146.2　特种机械性质合金
(5) TG146.2　金属复合材料
【IPC 类目】
(1) H01J　电子管或放电灯
(2) H01J　按成分区分的合金〔5,6〕
(3) H01J　有色金属或金属化合物的铸造,其冶金性质对于铸造方法是重要的;其成分选择
(4) H01J　铜基合金
(5) H01J　铜或铜基合金
【词条属性】
【特征】
【特点】　合金通过相变得到的合金元素与基体元素的化合物会引起合金强化
【特点】　强化机理:①Kelly,A-Nicholson R. B.理论(切过理论):位错移动切过沉淀相颗粒上,在颗粒边界上形成宽度为 b 的台阶,增大颗粒的表面积,产生反向畴界能
【特点】　强化机理:②Orowan E.理论(绕过理论):颗粒强度较高时,位错运动受阻,发生弯曲,直到相遇,分成一个位错环和一个与原位错相同的位错,即绕过沉淀相,增加位错数量,并对后续位错运动产生阻碍作用,引起强化
【词条关系】
【等同关系】
【基本等同】　沉淀硬化
【基本等同】　析出强化
【层次关系】
【并列】　固溶强化
【并列】　弥散强化
【并列】　位错强化
【并列】　第二相强化
【并列】　细晶强化
【类分】　切过理论
【类分】　绕过理论
【类属】　强化方式
【应用关系】
【用于】　低氮低钒 D36 船板钢
【用于】　14MnNbRE 钢
【用于】　42CrMo 钢
【用于】　40MnVTi 钢
【用于】　H13 热作模具钢
【用于】　15MnVN 钢
【用于】　14MnMoVN 钢
【用于】　15MnVN 厚钢板
【用于】　Super 304H 钢
【用于】　Q420FRE 耐火钢
【用于】　16MnSiVN 钢
【用于】　FV520(B)钢
【用于】　09CuPTiRE 钢
【用于】　35MnVN 钢
【生产关系】
【工艺-材料】　难熔金属
【工艺-材料】　铌合金

◎超塑性

【基本信息】
【英文名】　superplasticity;superplastic
【拼音】　chao su xing
【核心词】
【定义】
一般工业用金属的室温延伸率大都在百分之几到百分之几十的范围,而某些金属在特定的组织状态下(主要是超细晶粒)、特定的温度范围内和一定的变形速度下表现出极高的塑性,延伸率可达百分之几百甚至百分之几千,这种现象称为“超塑性”。
【来源】　《金属材料简明辞典》
【分类信息】
【CLC 类目】
(1) TG13　合金学与各种性质合金
(2) TG13　特种机械性质合金
(3) TG13　压力加工工艺
(4) TG13　合金学理论
(5) TG13　其他特种性质合金

【IPC 类目】

(1) C22C14/00 钛基合金〔2〕

(2) C22C14/00 通过粉末冶金,即通过加工金属粉末与纤维或细丝的混合物〔7〕

(3) C22C14/00 通过变形改变铁或钢的物理性能(金属机械加工设备入 B21,B23,B24)

(4) C22C14/00 用熔炼法

【词条属性】

【特征】

【数值】 延伸率 $\delta>200\%$

【数值】 现在超塑性合金已有一个长长的清单,最常用的铝、镍、铜、铁、合金均有 10~15 个牌号,它们的延伸率在 200%~2000%;如铝锌共晶合金为 1000%,铝铜共晶合金为 1150%,纯铝高达 6000%,碳和不锈钢在 150%~800%,钛合金在 450%~1000%

【特点】 大延伸、无缩颈、小应力、易成形

【特点】 产生超塑性的条件有:细晶粒(<10 μm);一定温度范围($T\geqslant 0.4\ T_m$);较低的应变速率($\leqslant 10^{-2}$/s);应变速率敏感系数 m 值要大($\geqslant 0.3$)

【状况】

【应用场景】 在航天、汽车、车厢制造等部门中广泛采用

【时间】

【起始时间】 早在 20 世纪 30 年代就发现了

【力学性能】

【延伸率】 $\delta>200\%$

【词条关系】

【层次关系】

【概念-实例】 铝

【概念-实例】 镁

【概念-实例】 钛

【概念-实例】 不锈钢

【概念-实例】 高温合金

【构成成分】 铝、镁、钛、铜、碳、铬、锆

【类分】 细晶超塑性

【类分】 相变超塑性

【应用关系】

【使用】 延伸率

【用于】 塑性加工成型

【用于】 热处理工艺

【测度关系】

【物理量-度量方法】 延伸率

◎超合金

【基本信息】

【英文名】 super alloy

【拼音】 chao he jin

【核心词】

【定义】

(1)超合金又称高温合金。铁基、镍基和钴基高温合金的总称。在高温时有很高的持久、蠕变和疲劳强度,其使用温度可达 1100 ℃左右。

(2)其典型组织为:奥氏体基体和弥散分布于其中的强化相,它可以是碳化物相、金属间化合物相或稳定化合物质点。

(3)根据合金成分和使用上的需求,可选择电弧炉、感应炉、真空感应炉进行一次熔炼,或用真空白耗炉或电渣炉对母合金进行重熔,还有用电子束或低压等离子体作为高热能源进行熔炼的工艺。在铸造工艺上,除常规的精密铸造外,定向结晶和单晶技术已得到广泛应用,快速凝固粉末冶金和机械合金化工艺也是两种制备方法。

【分类信息】

【CLC 类目】

TG13 合金学与各种性质合金

【IPC 类目】

(1) C22C19/05 含铬的〔2〕

(2) C22C19/05 铬或铬基合金

(3) C22C19/05 合金〔3〕

(4) C22C19/05 正常凝固法或温度梯度凝固法的单晶生长,如 Bridgman-Stockbarger 法(13/00,15/00,17/00,19/00 优先;保护流体下的入 27/00)〔3〕

(5) C22C19/05 渗铝〔4〕

【词条属性】

【特征】

【特点】 常见的超合金(高温合金)有镍基合金 Inconel 718, Inconel 625, Nimonic 263, Nimonic 901, Hastelloy C-276 等;铁基合金 A286, AM350, N 155 等;钴基合金 Haynes 188, Stellite 31 等

【状况】

【应用场景】 高温合金广泛应用于航空、航天、舰船、机车、发电及石油化工等工业中

【词条关系】

【等同关系】

【基本等同】 高温合金

【层次关系】

【材料-组织】 弥散强化

【材料-组织】 奥氏体

【材料-组织】 碳化物

【材料-组织】 金属间化合物

【应用关系】

【材料-加工设备】 电弧炉

【材料-加工设备】 感应炉

【材料-加工设备】 真空感应炉

【用于】 航天

【用于】 航空

【生产关系】

【材料-工艺】 粉末冶金法

【材料-工艺】 精密铸造

【材料-工艺】 定向结晶

【材料-工艺】 机械合金化

【材料-工艺】 电子束熔炼

【材料-工艺】 低压等离子熔炼

◎超导性

【基本信息】

【英文名】 superconductivity

【拼音】 chao dao xing

【核心词】

【定义】

1911 年,荷兰莱顿大学的 H·卡茂林·昂内斯意外地发现,将汞冷却到-268.98 ℃ 时,汞的电阻突然消失;后来他又发现许多金属和合金都具有与上述汞相类似的低温下失去电阻的特性,由于它的特殊导电性能,H·卡茂林·昂内斯称之为超导态。卡茂林由于他的这一发现获得了 1913 年诺贝尔奖。

【分类信息】

【CLC 类目】

(1) TM26 超导体、超导体材料

(2) TM26 激光物理和基本理论

(3) TM26 量子论

(4) TM26 统计物理学

(5) TM26 工程材料一般性问题

【IPC 类目】

C01B35/04 金属硼化物〔2〕

【词条属性】

【状况】

【现状】 在我国关于超导的研发中,超导材料经营经历了低温到高温的研发,第一代材料已经研究成熟,第二代材料由于其成本低更适用于产业化运作而被市场看好;超导产品品类逐渐增加,现已进行产业化运作的有超导电缆、超导限流器、超导滤波器、超导储能等。虽然与国际尚有一定的差距,但部分领域的研发已经处于国际先进水平

【现状】 由于超导技术壁垒高,虽然各类超导材料企业及电线电缆类生产企业相继进入超导产业市场,但全球仅少数研究机构掌握相关技术,且尚未有企业实现大规模商业化生产,市场呈现垄断格局,因此市场的最先进入者将因丰富的运行经验占据明显的优势地位,成为市场的领导者

【应用场景】 利用材料的超导电性可制作磁体,应用于电机、高能粒子加速器、磁悬浮运输、受控热核反应、储能等;可制作电力电缆,用于大容量输电(功率可达 10 000 MVA);可制作通信电缆和天线,其性能优于常规材料

【应用场景】 利用材料的完全抗磁性可

制作无摩擦陀螺仪和轴承

【应用场景】　利用约瑟夫森效应可制作一系列精密测量仪表、辐射探测器、微波发生器和逻辑元件等;利用约瑟夫森结做计算机的逻辑和存储元件,其运算速度比高性能集成电路的快 10～20 倍,功耗只有 1/4

【词条关系】

【等同关系】

【基本等同】　超导态

【层次关系】

【参与构成】　超导材料

【参与构成】　超导薄膜

【参与构成】　超导带

【参与构成】　超导线

【参与构成】　低温超导材料

【组成部件】　高温超导无源微波器件

◎超导线

【基本信息】

【英文名】　superconducting cable

【拼音】　chao dao xian

【核心词】

【定义】

超导电缆是指利用在超低温下出现失阻现象(超导状态)的某些金属、合金及其金属化合物作为导体的电力电缆。

【分类信息】

【IPC 类目】

(1) H01L29/24　除掺杂材料或其他杂质外,只包括未列入 29/16,29/18,29/20,29/22 各组中的无机半导体材料的(含有有机材料入 51/00)〔2〕

(2) H01L29/24　主要由其他非金属物质组成的

(3) H01L29/24　以硼化物、氮化物或硅化物为基料的〔4,6〕

(4) H01L29/24　形成工艺;准备制造陶瓷产品的无机化合物的加工粉末〔6〕

【词条属性】

【特征】

【特点】　科学家做出了目前已知最细的超导线,线宽约为 10 nm;当超导线宽越来越细的时候,超导的性质会越来越差

【特点】　当超导态的波函数自发变成另一个超导态的波函数的时候,这时会出现一个电压也就是会产生不为零的电阻;这种行为所产生的电阻即便是将温度降至绝对零度也不会消失

【特点】　哈佛大学的 MichealTinkham 利用钼锗合金镀在直径 10～20 nm 的纳米管上来研究这种效应

【状况】

【现状】　对目前一般使用的电脑而言,线宽还没有到达会出现这种影响的程度;不过若以后使用这种超导线来制造电脑线路的话,对电脑影响最大的不会是因为温度所产生的热效应,而将可能是这种因为量子效应所产生的影响

【现状】　美国:2006 年,13.2 kV/3 kA,200 m 长三相高温超导电缆在 Ohio State Columbus City Bixby 变电站并网行;2007—2008 年,34.5 kV/800 A,350 m 长三相高温超导电缆在 New York State Albany 挂网运行;2008 年,138 kV/2.4 kA,600 m 长超导电缆在 New York Long Island Holbrook 变电站通电运行

【现状】　日本:2004 年,Fumkawa Electric 公司示范运行了 500 m,77 kV/1 kA 单芯冷绝缘高温超导电缆;2008 年,Furukawa Electric 公司、Chubu Electric Power 公司和 Yokohama 大学合作研制了 10 m 长基于 YBCO 涂层的超导电缆;2007—2011 年,Sumitomo Electric Industries 公司研发了 30 m 长,66 kV/200 MVA 第二代高温超导电缆,并安装在 Asahi 变电站投入实际运行

【现状】　中国:2004 年,北京云电英纳超导电缆有限公司设计的 33.5 m 长,35 kV/2 kA 三相交流高温超导电缆在云南普吉变电站挂网运行,这是我国第一根实际并网运行的高温超

导电缆;2004 年年底,中国科学院电工研究所与甘肃长通电缆公司联合研发的 75 m,10.5 kV/1.5 kA 三相交流高温超导电缆系统在甘肃长通电缆公司车间并网运行

【词条关系】

【层次关系】

【并列】 超导带

【参与构成】 超导材料

【构成成分】 超导性

◎超导体

【基本信息】

【英文名】 superconductor;cryogenic conductor;superconducting material

【拼音】 chao dao ti

【核心词】

【定义】

(1)超导是指导电材料在温度接近绝对零度的时候,物体分子热运动下材料的电阻趋近于 0 的性质。“超导体”是指能进行超导传输的导电材料。零电阻和抗磁性是超导体的两个重要特性。

(2)人类最初发现物体的超导现象是在 1911 年。当时荷兰科学家海克·卡末林·昂内斯(Heike Kamerlingh Onnes,1853—1926 年)等人发现,某些材料在极低的温度下,其电阻完全消失,呈超导状态。使超导体电阻为零的温度,叫作超导临界温度。

(3)通过材料对于磁场的响应可以把它们分为第一类超导体和第二类超导体:对于第一类超导体只存在一个单一的临界磁场,超过临界磁场的时候,超导性消失;对于第二类超导体,他们有两个临界磁场值,在两个临界值之间,材料允许部分磁场穿透材料。

(4)通过材料达到超导的临界温度可以把它们分为高温超导体和低温超导体:高温超导体通常指它们的转变温度达到液氮温度(大于 77 K);低温超导体通常指它们需要其他特殊的技术才可以达到它们的转变温度。

(5)通过材料可以将它们分为化学材料超导体,如铅和水银;合金超导体,如铌钛合金;氧化物超导体,如钇钡铜氧化物;有机超导体,如碳纳米管。

【分类信息】

【CLC 类目】

(1) TM26 超导体、超导体材料

(2) TM26 固体性质

【IPC 类目】

(1) H01L39/24 制造或处理列入 39/00 组内的器件或其部件所特有的方法或设备(对此非特有的方法或设备入 21/00,从其他材料分离出超导材料的磁性分离,如用 Meissner 效应的入 B03C1/00)〔2〕

(2) H01L39/24 复合氧化物〔3〕

(3) H01L39/24 在基体上或线芯上的薄膜或线〔4〕

(4) H01L39/24 导体或电缆制造的专用设备或方法

(5) H01L39/24 金属硼化物〔2〕

【词条属性】

【状况】

【应用场景】 超导发电机在电力领域,利用超导线圈磁体可以将发电机的磁场强度提高到 5 万～6 万高斯,并且几乎没有能量损失,这种发电机便是交流超导发电机;超导发电机的单机发电容量比常规发电机提高 5～10 倍,达 10 GW,而体积却减少 1/2,整机重量减轻 1/3,发电效率提高 50%

【应用场景】 磁流体发电机:磁流体发电机同样离不开超导强磁体的帮助;磁流体发电,是利用高温导电性气体(等离子体)做导体,并高速通过磁场强度为 5 万～6 万高斯的强磁场而发电;磁流体发电机的结构非常简单,用于磁流体发电的高温导电性气体还可重复利用

【应用场景】 超导输电线路:超导材料还可以用于制作超导电线和超导变压器,从而把电力几乎无损耗地输送给用户;据统计,用铜或铝导线输电,约有 15%的电能损耗在输电线路

上,光是在中国,每年的电力损失即达 1000 多亿度;若改为超导输电,节省的电能相当于新建数十个大型发电厂

【词条关系】

【等同关系】

【基本等同】　超导态

【层次关系】

【参与构成】　高温超导无源微波器件

【参与组成】　超导薄膜

【参与组成】　超导带

【参与组成】　低温超导材料

【组成部件】　高温超导材料

【组成部件】　铅锶钇铜氧体系超导材料

【应用关系】

【用于】　超导发电机

【用于】　超导输电线路

【用于】　磁流体发电机

【生产关系】

【原料-材料】　超导材料

◎超导态

【基本信息】

【英文名】　superconducting state

【拼音】　chao dao tai

【核心词】

【定义】

(1)超导态是一些物质在超低温下出现的特殊物态。是由荷兰物理学家卡麦林·昂纳斯(1853—1926 年)最先发现。超导态的发现,尤其是它奇特的性质,引起全世界的关注,人们纷纷投入了极大的力量研究超导,至今它仍是十分热门的科研课题。

(2) 1911 年夏天,卡麦林·昂纳斯用水银做实验,发现温度降到 4.173 K 的时候(约 -269 ℃),水银开始失去电阻。接着他又发现许多材料都有这种特性:在一定的临界温度(低温)下失去电阻。

(3)超导体所处的物态就是"超导态",超导态在高效率输电、磁悬浮高速列车、高精度探测仪器等方面将会给人类带来极大的益处。

【分类信息】

【CLC 类目】

(1) TM26　超导体、超导体材料

(2) TM26　凝聚态物理学

(3) TM26　磁学性质

(4) TM26　特种结构材料

【IPC 类目】

F24H1/10　连续流动加热器,即仅在水流动时产生热的加热器,如水与加热介质直接接触的(1/50 优先)〔5〕

【词条属性】

【状况】

【现状】　在 1986 年的材料研究上,温度必须冷却在-273 ℃,逼近绝对零度时可产生这类超导现象;而材料研究的进步,仍然需要达到 -243 ℃,最高温度值也必须有-238 ℃

【词条关系】

【等同关系】

【基本等同】　超导性

【基本等同】　超导材料

【基本等同】　超导体

【层次关系】

【概念-实例】　超导薄膜

【概念-实例】　超导带

【主体-附件】　电流密度

◎超导带

【基本信息】

【英文名】　superconducting tapes

【拼音】　chao dao dai

【核心词】

【定义】

超导材料制成的带材。

【分类信息】

【IPC 类目】

(1) H01L39/24　制造或处理列入 39/00 组内的器件或其部件所特有的方法或设备(对此非特有的方法或设备入 21/00,从其他材料

分离出超导材料的磁性分离,如用 Meissner 效应的入 B03C1/00)〔2〕

(2) H01L39/24　波能法或粒子辐射法(14/32 至 14/48 优先)〔4〕

(3) H01L39/24　后处理〔4〕

(4) H01L39/24　在金属基体或在硼或硅基体上〔4〕

(5) H01L39/24　以镀覆方法为特征的(16/04 优先)〔4〕

【词条属性】

【状况】

【现状】 Bi 系带材是一种多芯结构带材,带材包含的芯的数量决定其电输运能力的大小,其中最具代表的 Bi 2223 是最早实现商业化生产的高温超导带材;目前工业上进行加工生产 Bi 系高温超导带材的方法主要是粉末套管法;其主要工艺是将超导粉末加入到镀有银的金属套管里,经过反复多次的拉伸、乳制和热处理,最终形成 Bi 系高温超导带材

【现状】 YBCO 超导材料是一种陶瓷材料,比较脆弱,而且晶粒之间的连接比较弱,所以 Bi 系带材的制备技术已经不适用于 YBCO;将 YBCO 带材备成层状结构,将脆弱的陶瓷超导层加工到金属基底上;目前主要采用沉积和喷涂镀膜等方法来制备 YBCO 带材

【现状】 目前,美国、日本和欧洲等许多发达国家的高温超导带材的应用已经进入了大规模的高温超导产品研发和生产阶段

【应用场景】 高温超导带材已被广泛应用于军事、医疗、航天、交通和电力系统等方面

【应用场景】 高温超导带材已被广泛应用于高温超导磁体、高温超导磁悬浮、核磁共振(MRI)、超导储能装置、超导变压器、超导电机、超导限流器等方面

【时间】

【起始时间】 1992 年,日本 Lijima 等人采用离子束辅助沉积技术(IBAD)在多晶随机取向的 Hastelloy 金属基带上制备了立方织构(双轴取向)的缓冲层 YSZ(钇稳定氧化锆),然后在其上外延沉积了 YBCO 薄膜,其 Jc 值超过 10^5 A/cm^2(77 K,0 T)

【起始时间】 1997 年美国橡树岭国家实验室(ORNL)通过轧制和再结晶退火获得了具有稳定的双轴取向(立方织构) Ni 基带,在这种基带上采用外延生长薄膜的方法制备了 Pd、Ag、CeO_2(氧化铈)、YSZ 等过渡层,过渡层都很好地沿袭了上一层的织构,最终获得了多层膜结构基带 YSZ/CeO_2/Pd/Ni,然后在其上采用脉冲激光沉积方法外延生长 YBCO 薄膜

【词条关系】

【层次关系】

【并列】 超导线

【参与组成】 超导材料

【参与组成】 板带

【参与组成】 复合带

【构成成分】 超导性

【实例-概念】 超导态

【组成部件】 超导体

【生产关系】

【材料-工艺】 气相沉积

◎超导材料

【基本信息】

【英文名】 superconducting material

【拼音】 chao dao cai liao

【核心词】

【定义】

(1)超导是指某些物质在一定温度条件下(一般为较低温度)电阻降为零的性质。

(2)1911 年荷兰物理学家 H · 卡茂林 · 昂内斯发现汞在温度降至 4.2 K 附近时突然进入一种新状态,其电阻小到实际上测不出来,他把汞的这一新状态称为超导态。以后又发现许多其他金属也具有超导电性。低于某一温度出现超导电性的物质称为超导体。

(3) 1933 年,荷兰的迈斯纳和奥森菲尔德共同发现了超导体的另一个极为重要的性质——当金属处在超导状态时,这一超导体内

的磁感应强度为零，却把原来存在于体内的磁场排挤出去。对单晶锡球进行实验发现：锡球过渡到超导态时，锡球周围的磁场突然发生变化，磁力线似乎一下子被排斥到超导体之外去了，人们将这种现象称之为“迈斯纳效应”。

(4)现有的高温超导体还处于必须用液态氮来冷却的状态，但它仍旧被认为是20世纪最伟大的发现之一。

【分类信息】

【CLC类目】

(1) TM26　超导体、超导体材料

(2) TM26　薄膜技术

【IPC类目】

(1) C01B35/04　金属硼化物〔2〕

(2) C01B35/04　制造或处理列入39/00组内的器件或其部件所特有的方法或设备(对此非特有的方法或设备入21/00，从其他材料分离出超导材料的磁性分离，如用Meissner效应的入B03C1/00)〔2〕

(3) C01B35/04　利用介电常数的热变化的，如在居里点以上或以下工作的〔2〕

(4) C01B35/04　绕成螺旋形或盘旋形的

(5) C01B35/04　应用超导电性的器件、制造或处理这些器件或其部件所特有的方法或设备(由在一共用基片内或其上形成的多个固体组件组成的器件入27/00；按陶瓷形成的工艺或陶瓷组合物性质区分的超导体入C04B35/00；超导体、超导电缆或传输线入H01B12/00；超导线圈或绕组入H01F；利用超导电性的放大器入H03F19/00)〔2,4〕

【词条属性】

【特征】

【特点】　超导元素：在常压下有28种元素具超导电性，其中铌(Nb)的T_c最高，为9.26 K；电工中实际应用的主要是铌和铅(Pb，T_c = 7.201 K)，已用于制造超导交流电力电缆、高Q值谐振腔等

【状况】

【应用场景】　利用材料的超导电性可制作磁体，应用于电机、高能粒子加速器、磁悬浮运输、受控热核反应、储能等；可制作电力电缆，用于大容量输电(功率可达10000 MVA)；可制作通信电缆和天线，其性能优于常规材料

【应用场景】　利用材料的完全抗磁性可制作无摩擦陀螺仪和轴承

【应用场景】　利用约瑟夫森效应可制作一系列精密测量仪表、辐射探测器、微波发生器和逻辑元件等；利用约瑟夫森结做计算机的逻辑和存储元件，其运算速度比高性能集成电路的快10～20倍，功耗只有1/4

【词条关系】

【等同关系】

【基本等同】　超导态

【层次关系】

【概念-实例】　超导薄膜

【概念-实例】　高温超导无源微波器件

【概念-实例】　钡钾铋氧体系超导材料

【概念-实例】　铅锶钇铜氧体系超导材料

【概念-实例】　铊钡钙铜氧体系超导材料

【概念-实例】　镧钡铜氧体系超导材料

【概念-实例】　钇钡铜氧体系超导材料

【概念-实例】　铋锶钙铜氧体系超导材料

【构成成分】　超导性、超导线

【组成部件】　低温超导材料

【组成部件】　高温超导材料

【组成部件】　超导带

【应用关系】

【使用】　难熔金属

【使用】　铌合金

【生产关系】

【材料-工艺】　快速凝固

【材料-原料】　超导体

【材料-原料】　贵金属

◎超导薄膜

【基本信息】

【英文名】　superconducting thin film

【拼音】　chao dao bao mo

【核心词】

【定义】

(1)利用蒸发、喷涂等方法淀积的厚度小于 1 μm 的超导材料。

(2)超导薄膜除几何尺寸与块状超导体不同外,其结构和超导性质也有较大差别。对于块状超导体,磁场穿透层很薄,可以忽略不计,具有完全的抗磁性。但是超导薄膜的磁场穿透层与薄膜相比,就不能忽略不计。此外,当超导薄膜厚度很小时(小于 10 nm),它的超导临界转变温度将下降。

(3)已实用的超导薄膜分为低温和高温两类。低温超导薄膜是制造电子器件的主要薄膜材料。高熔点超导薄膜,主要是难熔金属及其合金薄膜。

【分类信息】

【CLC 类目】

(1) TM26 超导体、超导体材料

(2) TM26 薄膜物理学

(3) TM26 薄膜的生长、结构和外延

(4) TM26 超导电性

【IPC 类目】

(1) H01B12/06 在基体上或线芯上的薄膜或线〔4〕

(2) H01B12/06 硼化物〔4〕

(3) H01B12/06 氧化物(14/10 优先)〔4〕

(4) H01B12/06 制造或处理列入 39/00 组内的器件或其部件所特有的方法或设备(对此非特有的方法或设备入 21/00,从其他材料分离出超导材料的磁性分离,如用 Meissner 效应的入 B03C1/00)〔2〕

(5) H01B12/06 适用于在真空中或特殊气氛中处理炉料的

【词条属性】

【特征】

【特点】 低温超导薄膜是制造电子器件的主要薄膜材料;与高温超导薄膜相比,其在均匀性、一致性及隧道结制备和集成电路工艺方面具有优势;在液氦温区由于热噪声低,故低温超导薄膜制成的电子器件灵敏度高,为高温超导薄膜器件所不及

【特点】 低温超导薄膜又分为低熔点超导薄膜,如 Pb,In,Sn,Al 等低熔点金属及其合金薄膜

【特点】 高熔点超导薄膜,主要是难熔金属及其合金薄膜,已应用的是 Nb 超导薄膜;化合物超导薄膜,具有实用价值的是 NbN,Nb_3Sn 和 Nb_3Ge 薄膜。

【特点】 高温超导薄膜在液氮温度下工作,已研究并有实用价值的有钇系薄膜、铋系薄膜和铊系薄膜;铊系氧化物是超导临界温度最高的超导体,达 125 K;高温超导薄膜的质量和性能均已达到相当高的水准,利用高温超导薄膜制成的超导量子干涉器和微波器件等,其性能均达到实用要求

【特点】 分子束外延法简称 MBE,指在超高真空中,通过超导薄膜诸组分元素的分子束流,直接喷射到一定温度的衬底表面形成薄膜。其优点在于生长速率小,生长温度低,生长的开始结束可瞬间完成,实现组分突变,并有二维生长模式,可原位监测,提供信息

【优点】 节约无线频段:超导薄膜将从根本上解决这个问题,现在的信号是弧形的,两边是没有用处的干扰信号,频段资源的浪费很大;而通过超导薄膜的信号边缘比较垂直,这样就大幅度地节约电信频段

【优点】 用超导薄膜制备的超导滤波器,它可以用于中国的移动通信机站,它有 4 个优点:第一个是可以提高移动通信的抗干扰能力;第二个是提高移动通信的通信质量;第三个可以是移动通信的面积增加一倍;第四个可以使手机所需要的发射功率降低一半

【时间】

【起始时间】 日本物质材料研究机构和早稻田大学联合研究小组近日发现,添加硼的金刚石薄膜在极低温状态下可进入超导状态,这一新的超导材料有望用于开发新型超导薄膜

和超导元件;在此之前俄罗斯的研究小组曾发现,通过高温高压合成的金刚石微粒子在绝对温度 2.3 K 时,成为超导材料;但由于是微粒子,很难应用于开发新元件,而添加硼后生成的金刚石薄膜超导材料更适于工业应用

【起始时间】 中国在此领域一直处于前沿,并一直不懈地进行着研究;1998 年 7 月 24 日,北京有色金属研究总院研制成功我国第一根由铋系高温超导材料制造的输电电缆,性能达到世界先进水平

【词条关系】

【层次关系】

【概念-实例】 NbN

【概念-实例】 Nb_3Sn

【概念-实例】 Nb_3Ge

【概念-实例】 钇系薄膜

【概念-实例】 铋系薄膜

【概念-实例】 铊系薄膜

【构成成分】 超导性

【实例-概念】 薄膜

【实例-概念】 超导材料

【实例-概念】 超导态

【组成部件】 超导体

【应用关系】

【部件成品-材料】 高温超导材料

【用于】 超导滤波器

【生产关系】

【材料-工艺】 化学气相沉积

◎残余应力

【基本信息】

【英文名】 residual stresses;residual stress

【拼音】 can yu ying li

【核心词】

【定义】

金属塑性加工过程完成后仍残存于制品内的附加应力。

【来源】《中国冶金百科全书·金属塑性加工》

【分类信息】

【CLC 类目】

(1) TB302.3　机械试验法

(2) TB302.3　复合材料

(3) TB302.3　金属复合材料

(4) TB302.3　焊接接头的力学性能及其强度计算

(5) TB302.3　工程材料试验

【IPC 类目】

(1) C21D10/00　用热处理或变形以外的方法来改变物理性能〔3〕

(2) C21D10/00　通过伴随有变形的热处理或变形后再进行热处理来改变物理性能(除需成型的工件外不需要再加热的锻造,或轧制成型的硬化工件或材料入 1/02)〔3〕

(3) C21D10/00　有关此小类的工艺,专用于特殊产品或特殊用途但仅未列入前述大组之一中(不用钎焊或焊接的加工方法制造管材或型棒入 B21C37/04,37/08)

(4) C21D10/00　表面的

(5) C21D10/00　与轮辋构成非整体单辐板体

【词条属性】

【特征】

【缺点】 使构件的强度降低、降低工件疲劳极限、造成应力腐蚀和脆性断裂,由于残余应力的松弛,使构件产生变形,影响了构件的尺寸精度

【特点】 当构件存在压缩残余应力时,该构件的疲劳强度会有所提高,而存在拉伸残余应力时,其疲劳强度会有所下降

【特点】 残余应力测量技术分为 3 种:破坏法、半破坏法和非破坏法

【特点】 破坏法包括:截面法和剥层法;半破坏法包括:钻孔法、逐层钻孔法、环芯法和裂纹柔度法

【特点】 残余应力消除方法:时效消除法、机械拉伸法、模冷压法和振动消除法等

【特点】 非破坏法包括:X 射线衍射法、

超声波法和中子衍射法等

【时间】

【起始时间】 1912 年 Matrens 和 Heyn 提出物理模型,说明了残余应力的概念

【词条关系】

【等同关系】

【基本等同】 内应力

【基本等同】 固有应力

【基本等同】 残留应力

【层次关系】

【概念-实例】 激光冲击强化

【类分】 内应力

【类分】 热应力

【类分】 相变应力

【类分】 收缩应力

【类分】 第一类内应力

【类分】 第二类内应力

【类分】 第三类内应力

【类分】 宏观残余应力

【类分】 微观残余应力

【类分】 点阵畸变

【类分】 残余压应力

【类分】 残余拉应力

【类分】 铸造残余应力

【类分】 焊接残余应力

【类分】 淬火残余应力

【实例-概念】 应力状态

【应用关系】

【使用】 人工时效

【组织-工艺】 人工时效

◎薄膜

【基本信息】

【英文名】 thin film;film;diaphragm

【拼音】 bao mo

【核心词】

【定义】

薄膜材料是指厚度介于单原子到几毫米间的薄金属或有机物层。电子半导体功能器件和光学镀膜是薄膜技术的主要应用。

【分类信息】

【CLC 类目】

(1) TB383 特种结构材料

(2) TB383 薄膜物理学

(3) TB383 薄膜的性质

(4) TB383 薄膜的生长、结构和外延

【IPC 类目】

(1) C08J5/18 薄膜或片材的制造〔2〕

(2) C08J5/18 溅射〔4〕

(3) C08J5/18 利用磁场的,如磁控溅射〔5〕

(4) C08J5/18 以场致发光材料的化学成分或物理组成或其配置为特征的

(5) C08J5/18 含有机发光材料〔2〕

【词条属性】

【状况】

【应用场景】 锗薄膜:稀有金属,无毒无放射性,主要用于半导体工业,塑料工业,红外光学器件,航天工业,光纤通信等;透光范围 2000~14000 nm,$n=4$(n 为材料的折射率)甚至更大,937 ℃时熔化并且在电子枪中形成一种液体,然后在 1400 ℃轻易蒸发;用电子枪蒸发时它的密度比整体堆积密度低,而用离子助镀或者激光蒸镀可以得到接近于松散密度;在锗基板上与 THF4 制备几十层的 8000~12000 nm 带通滤光片,如果容室温度太高吸收将有重大变化,在 240~280 ℃范围内,在从非晶体到晶体转变的过程中 GE 有一个临界点

【应用场景】 铝(Al):不管是装饰膜还是专业膜都是普遍用于蒸发/溅镀镜膜,常用钨丝来蒸发铝丝,在紫外域中它是普通金属中反射性能最好的一种,在红外域中不用 Cu,Ag,Au;铝原先有一个比较高的拉应力,在不透明厚度时,该拉应力降低到一个小的压应力,并且蒸着以后拉应力进一步降低;其膜的有效厚度为 50 NM 以上

【应用场景】 银(Ag):如果蒸着速度足够快并且基板温度不很高时,银和铝一样具有良

好的反射性,这是在高速低温下大量集结的结果,这一集结同时导致更大的吸收;银通常不浸湿钨丝,但是往往形成具有高表面张力的液滴,它可以用一高紧密性的螺旋式钨丝来蒸发,从而避免液滴下掉;有人先在一个 V 形钨丝上绕几圈铂丝接着绕上银丝,银丝可以浸湿铂丝但没有浸湿钨丝

【应用场景】　金(Au):金在红外线 1000 nm 波长以上是已知材料中具有最高反射性的材料,作为一种贵重金属,它具有较强的化学坚硬性,由于它的可塑性因而抗擦伤性能低,Au 可用钨或氮化硼舟皿或者电子枪来蒸发(不能与铂舟蒸发,它与铂很快合金);金对玻璃表面的附着力低,因而通常使用一层铬作为胶质层;也可以用氧离子助镀使金的附着力得到上百倍的改善,在不透明性达到即中止 IAD,并且最后的薄膜中不含有氧,掺氧将降低薄膜的反射率

【词条关系】

【层次关系】

【概念-实例】　铝箔

【概念-实例】　金箔

【概念-实例】　超导薄膜

【概念-实例】　薄膜集成电路

【应用关系】

【部件成品-材料】　高温超导材料

【使用】　靶材

【生产关系】

【材料-工艺】　化学气相沉积

【材料-工艺】　气相沉积

【材料-工艺】　电镀

【材料-工艺】　溅射

◎薄板

【基本信息】

【英文名】　sheet metal; sheet; lamina; lamel; ply; panel; claustrum; thin plate;

【拼音】　bao ban

【核心词】

【定义】

(1)薄钢板是指厚度不大于 3 mm 的钢板。常用的薄钢板分为板材和卷板供货。

(2)薄板按钢种分,有普通钢、优质钢、合金钢、弹簧钢、不锈钢、工具钢、耐热钢、轴承钢、硅钢和工业纯铁薄板等。

(3)按专业用途分,有油桶用板、搪瓷用板、防弹用板等。

(4)按表面涂镀层分,有镀锌薄板、镀锡薄板、镀铅薄板、塑料复合钢板等。

【分类信息】

【CLC 类目】

(1) O343　弹性力学

(2) O343　弹性体的振动

(3) O343　加工性试验法

(4) O343　轧制工艺

(5) O343　生产过程与设备

【IPC 类目】

(1) C03B15/02　板玻璃的拉引

(2) C03B15/02　一般机器或发动机;一般的发动机装置;蒸汽机

(3) C03B15/02　用于两种交换介质的固定板或层压通道的热交换设备,各介质与通道不同的侧面接触

(4) C03B15/02　安装在天花板、墙或楼板上的,或邻近天花板、墙或楼板上的〔4〕

(5) C03B15/02　小孔结构、筛、栅、蜂窝状物〔2〕

【词条属性】

【特征】

【缺点】　保温性能差、运行时噪声较大、防静电差

【特点】　淬透性低;一般情况下,碳钢水淬的最大淬透直径只有 10~20 mm。

【特点】　强度和屈强比较低,如普通碳钢 Q235 钢的 σ_s 为 235 MPa,而低合金结构钢 16Mn 的 σ_s 则为 360 MPa 以上;40 钢的 σ_s/σ_b 仅为 0.43,远低于合金钢

【特点】　回火稳定性差;由于回火稳定性

差,碳钢在进行调质处理时,为了保证较高的强度需采用较低的回火温度,这样钢的韧性就偏低;为了保证较好的韧性,采用高的回火温度时强度又偏低,所以碳钢的综合机械性能水平不高

【优点】 良好的加工性,连接简单,安装方便,质轻,并具有一定的机械强度及良好的防火性能,密封效果好

【状况】

【应用场景】 汽车、电器设备、车辆、农机具、容器、钢制家具

【词条关系】

【等同关系】

【基本等同】 薄钢板

【层次关系】

【并列】 厚板

【参与构成】 板材

【类属】 板材

【实例-概念】 低合金钢

【实例-概念】 低合金高强度钢

【实例-概念】 板带

【应用关系】

【部件成品-材料】 工业纯钛

【使用】 铌合金

【使用】 冷变形

【用于】 汽车

【用于】 电气设备

【用于】 容器

【生产关系】

【材料-工艺】 热轧

【材料-工艺】 冷轧

◎箔材

【基本信息】

【英文名】 foil;metal foil

【拼音】 bo cai

【核心词】

【定义】

(1)极薄的金属片或带材。大多数金属及它们的合金都能制成箔材,如金、银、铜、铁、锡、锌、铅、镍、铝、钨、钼、钽、铌、钛,以及钢、不锈钢、镍基和钴基合金等,其中用量最大的是铝箔。

(2)不同国家对不同品种箔材的厚度极限有不同的规定,如中国规定铝箔的最大厚度为0.20 mm,铜镍铅锌钢等箔材的最大厚度为0.05 mm;美国规定铝箔的最大厚度为0.051 mm(0.002英寸),钢及精密合金箔的最大厚度为0.127 mm(0.005英寸)。

【分类信息】

【IPC类目】

(1) C25D17/10　电极〔2〕

(2) C25D17/10　丝;带;箔〔2〕

(3) C25D17/10　高熔点或难熔金属或以它们为基料的合金

(4) C25D17/10　利用磨损带,如易受侵蚀的、可变形的、有回弹力的偏压零件〔6〕

(5) C25D17/10　应用21/06至21/326中的任一小组都包括的方法,在器件组装之前制造或处理部件,如容器(容器、封装、填料、安装架本身入23/00)〔2〕

【词条属性】

【特征】

【特点】 工业上也采用电解沉积法制造印刷电路板用的铜箔

【特点】 用真空蒸镀法制造包装用的铝箔

【特点】 用锤锻拍打法生产金箔

【状况】

【应用场景】 钢及合金箔主要用于电子、航空航天、仪器仪表等部门

【应用场景】 铁镍软磁合金箔材用于制作微型高频脉冲变压器、开关线圈、磁记录器、磁放大器等的铁芯

【应用场景】 钛合金箔用于制作喷气发动机燃烧管上的饰网、航天飞机防热系统中的金属复合防热瓦和钛多层壁

【应用场景】 不锈钢箔用于制作精密仪

器中高灵敏度压力元件上的隔片、蒸汽涡轮发动机中主要结构材料和热交换材料等

【词条关系】

【层次关系】

【并列】 丝材

【类分】 金箔

【类分】 铝箔

【类分】 铜箔

【实例-概念】 板带

【应用关系】

【使用】 冷轧

【使用】 冷变形

【用于】 仪器仪表

【用于】 铁芯

【用于】 金属复合放热瓦

【用于】 热交换材料

【生产关系】

【材料-工艺】 真空蒸馏

【材料-工艺】 电解沉积

【材料-工艺】 真空蒸镀

【材料-工艺】 锤锻

【材料-原料】 电解铜

◎铂族金属

【基本信息】

【英文名】 platinum group metals; platinum metal

【拼音】 bo zu jin shu

【核心词】

【定义】

(1)在矿物分类中,铂族元素矿物属于自然铂亚族,包括铱(Ir)、铑(Rh)、钯(Pd)和铂(Pt)的自然元素矿物。它们彼此之间广泛存在类质同象置换现象,从而形成一系列类质同象混合晶体,由铂族元素矿物熔炼的金属有钯(Pd)、铑(Rh)、铱(Ir)、铂(Pt)等。

(2)铂族金属均为过渡金属,有多个化合价,其稳定的化合价为:钌+3价,铑+3价,钯+2价、+4价,锇+3价、+4价,铱+3价、+4价,铂+2价、+4价。它们都有强烈生成配合物的倾向,最常见的配位数为4和6。

【分类信息】

【CLC类目】

(1) TF833　铂(白金)

(2) TF833　汽车

(3) TF833　有色金属冶金工业

(4) TF833　贵金属及铂族金属冶炼

【IPC类目】

(1) C22B11/00　贵金属的提炼

(2) C22B11/00　有自清理装置,如连续或催化清理、静电清理的炉或灶〔3〕

(3) C22B11/00　底板(75/20优先)

(4) C22B11/00　工艺过程的化学平衡〔2〕

【词条属性】

【特征】

【特点】 除锇和钌为钢灰色外,其余均为银白色;熔点高、强度大、电热性稳定、抗电火花蚀耗性高、抗腐蚀性优良、高温抗氧化性能强、催化活性良好

【特点】 铂具有优良的热电稳定性、高温抗氧化性和高温抗腐蚀性;钯能吸收比其体积大2800倍的氢,且氢可以在钯中自由通行;铱和铑能抗多种氧化剂的侵蚀,有很好的机械性能;钌能与氨结合,但不起化学反应,类似某些细菌所特有的性能;锇很脆和很硬,体积弹性模量最大;锇、钌都易氧化,其氧化物有刺激性,毒性大等

【优点】 铂还有良好的塑性和稳定的电阻与电阻温度系数,可锻造成铂丝、铂箔等;它不与氧直接化合,不被酸、碱侵蚀,只溶于热的王水中

【优点】 钯可溶于浓硝酸,室温下能吸收其体积350～850倍的氢气;铑和铱不溶于王水,能与熔融氢氧化钠和过氧化钠反应,生成溶解于酸的化合物

【优点】 锇与钌不溶于王水,却易氧化成四氧化物

【状况】

【现状】 铂族金属的世界产量从1969年开始超过100 t,80年代末便翻了一番,达到200 t(张文朴,1997),90年代初年产近300 t

【应用场景】 铂族金属及其合金的主要用途为制造催化剂;其活性、稳定性和选择性都好,化学工业上的很多过程(如炼油工业中的铂重整工艺)都使用铂族催化剂;氨氧化制硝酸时,使用铂铑合金网作催化剂

【应用场景】 铂铑合金对熔融的玻璃具有特别的抗蚀性,可用于制造生产玻璃纤维的坩埚;生产优质光学玻璃时,为防止熔融的玻璃被玷污,也必须使用铂制坩埚和器皿

【应用场景】 铂铱、铂铑、铂钯合金有很高的抗电弧烧损能力,被用作电接点合金,这是铂的主要用途之一;铂铱合金和铂钌合金用于制造航空发动机的火花塞接点

【应用场景】 铂和铂合金广泛用于制造各种首饰特别是镶钻石的戒指、表壳和饰针;铂或钯的合金也可用作牙科材料

【应用场景】 铂、钯和铑可作电镀层,常用于电子工业和首饰加工中;银和铂表面镀铑,可增强表面的光泽和耐磨性

【应用场景】 涂钌和铂的钛阳极代替了电解槽中的石墨阳极,提高了电解效率,并延长电极寿命,是氯碱工业中一项重要的技术改进,为钌在工业上使用开辟了新途径;锇铱合金可制造笔尖和唱针;钯合金还用于制造氢气净化材料和高温钎焊焊料等;在化学工业中还使用包铂设备

【词条关系】

【等同关系】

【俗称为】 贵金属

【俗称为】 贵金属合金

【层次关系】

【类分】 钯合金

【类分】 铂合金

【类分】 铱合金

【类分】 铑合金

【主体-附件】 钯合金

【应用关系】

【用于】 催化剂

【用于】 坩埚

【用于】 首饰

【用于】 电镀层

【用于】 阳极

◎铂合金

【基本信息】

【英文名】 platinum alloy

【拼音】 bo he jin

【核心词】

【定义】

(1)铂是一种化学元素,俗称白金,属于铂系元素,它的化学符号Pt,是贵金属之一。相对原子质量195.078,略小于金的相对原子质量,原子序数78,属于过渡金属。

(2)铂与其他金属混合而成的合金,如与钯、铑、钇、钌、钴、锇、铜等。尽管铂硬度比金高,但作为镶崁之用尚嫌不足,必须与其他金属合金,方能用来制作首饰。

【分类信息】

【IPC类目】

(1) C02F1/461 用电解法〔5〕

(2) C02F1/461 含锆、钛、钽或铌〔4〕

(3) C02F1/461 含硼〔4〕

(4) C02F1/461 含锗〔4〕

(5) C02F1/461 选择性吸收指定波长辐射的玻璃〔4〕

【词条属性】

【特征】

【特点】 虽然王水能溶解铂,但这与铂的状态有关,致密的铂在常温下的王水溶解速度非常慢,直径1 mm的铂丝要4～5 h才能完全溶解。铂黑(铂粉)在加热时能与浓硫酸反应,生成$Pt(SO_4)_2$,SO_2和水;氯铂酸的制法是把铂金属溶解在王水中;这个反应的产物是H_2PtCl_6,而非以前认为的含氮铂化合物;氯铂

酸是一红棕色固体,可从蒸发其溶液取得

【状况】

【应用场景】 首饰业使用铂、钌合金和铂、铱合金较多;在欧洲和香港使用铂、钴合金用于浇铸;在日本用铂(85%),钯合金制造链条。国际上铂金饰的戳记是 Pt, Plat 或 Platinum 的字样,并以纯度之千分数字代表其纯度,如 Pt 900 表示纯度是 90.0%;在日本铂金饰品的规格标示有 Pt 1000、Pt 950、Pt 900、Pt 850

【词条关系】

【层次关系】

【并列】 铝合金

【并列】 铋合金

【并列】 钌合金

【并列】 铼合金

【并列】 铑合金

【类属】 铂族金属

【类属】 有色金属材料

【应用关系】

【材料-部件成品】 铂电阻

◎铂电阻

【基本信息】

【英文名】 PT 100;PT 1000

【拼音】 bo dian zu

【核心词】

【定义】

(1)简称为铂热电阻,它的阻值会随着温度的变化而改变。它有 PT 100 和 PT 1000 等系列产品。

(2)PT 后的 100 即表示它在 0 ℃ 时阻值为 100 Ω,在 100 ℃ 时它的阻值约为 138.5 Ω。它的工作原理:当 PT 100 在 0 ℃时他的阻值为 100 Ω,它的阻值会随着温度上升,且是呈匀速增长的。

【分类信息】

【CLC 类目】

(1) P414.5　辐射和温度测定仪器

(2) P414.5　炼焦炉

(3) P414.5　空调器

【IPC 类目】

(1) C21B7/24　探料尺或其他检测装置

(2) C21B7/24　汽化设备(燃烧器中利用直接喷射作用将液滴或汽化液体喷入燃烧空间的入 F23D11/44)〔5〕

(3) C21B7/24　冷却;所用设备

(4) C21B7/24　控制或安全装置的配置或安装

【词条属性】

【特征】

【数值】 50 ℃:80.31 Ω

【状况】

【应用场景】 医疗、电机、工业、温度计算、卫星、气象、阻值计算等高精温度设备,应用范围非常之广泛

【应用场景】 常见的 PT 100 感温元件有陶瓷元件、玻璃元件和云母元件,它们是由铂丝分别绕在陶瓷骨架、玻璃骨架和云母骨架上再经过复杂的工艺加工而成

【词条关系】

【层次关系】

【参与组成】 贵金属

【应用关系】

【部件成品-材料】 铂合金

【用于】 医疗

【用于】 电机

【用于】 温度计算

【用于】 卫星

【用于】 气象

【用于】 阻值计算

◎表面粗糙度

【基本信息】

【英文名】 surface roughness

【拼音】 biao mian cu cao du

【核心词】

【定义】

(1)表面粗糙度是指加工表面具有的较小间距和微小峰谷的不平度。

(2)其两波峰或两波谷之间的距离(波距)很小(在 1 mm 以下),它属于微观几何形状误差。表面粗糙度越小,则表面越光滑。

(3)表面粗糙度一般是由所采用的加工方法和其他因素所形成的。例如,加工过程中刀具与零件表面间的摩擦、切屑,分离时表面层金属的塑性变形及工艺系统中的高频振动等。由于加工方法和工件材料的不同,被加工表面留下痕迹的深浅、疏密、形状和纹理都有差别。

(4)评定依据:取样长度、评定长度和基准线。

【分类信息】

【CLC 类目】

(1) TG54 铣削加工及铣床

(2) TG54 表面光洁度(表面粗糙度)的测量及其量仪

(3) TG54 车削加工及车床(旋床)

(4) TG54 特种结构材料

(5) TG54 薄膜的生长、结构和外延

【IPC 类目】

(1) C25D1/04 丝;带;箔〔2〕

(2) C25D1/04 铜的〔2〕

(3) C25D1/04 由几个零件组成

(4) C25D1/04 防滑材料;研磨材料(含高分子物质的磨料或摩擦体或者成型磨料的制造入 C08J5/14)〔4〕

(5) C25D1/04 载体或集电器〔2〕

【词条属性】

【特征】

【特点】 影响耐磨性,表面越粗糙,配合表面间的有效接触面积越小,压强越大,摩擦阻力越大,磨损就越快

【特点】 影响配合的稳定性,对间隙配合来说,表面越粗糙,就越易磨损,使工作过程中间隙逐渐增大;对过盈配合来说,由于装配时将微观凸峰挤平,减小了实际有效过盈,降低了连接强度

【特点】 影响疲劳强度,粗糙零件的表面存在较大的波谷,它们像尖角缺口和裂纹一样,对应力集中很敏感,从而影响零件的疲劳强度

【特点】 影响耐腐蚀性,粗糙的零件表面,易使腐蚀性气体或液体通过表面的微观凹谷渗入金属内层,造成表面腐蚀

【特点】 影响密封性,粗糙的表面之间无法严密地贴合,气体或液体通过接触面间的缝隙渗漏

【特点】 影响接触刚度,接触刚度是零件结合面在外力作用下,抵抗接触变形的能力,机器的刚度在很大程度上取决于各零件之间的接触刚度

【特点】 影响测量精度,零件被测表面和测量工具测量面的表面粗糙度都会直接影响测量的精度,尤其是在精密测量时

【状况】

【应用场景】 在机床上,用普通刀具将工件尺寸加工到基本到位后,再用豪克能金属表面加工设备的豪克能刀具代替原普通刀具再加工一遍,即可使被加工工件表面粗糙度 Ra 值轻松达到 0.2 以下;且工件的表面显微硬度提高 20%以上;并大幅度提高了工件的表面耐磨性和耐腐蚀性

【应用场景】 测量方法:比较法测量简便,使用于车间现场测量,常用于中等或较粗糙表面的测量;方法是将被测量表面与标有一定数值的粗糙度样板比较来确定被测表面粗糙度数值的方法;比较时可以采用的方法:$Ra > 1.6\ \mu m$ 时用目测,Ra 为 0.4～1.6 μm 时用放大镜,$Ra < 0.4\ \mu m$ 时用比较显微镜

【词条关系】

【层次关系】

【参与构成】 金属表面

【概念-实例】 表面抛光

【应用关系】

【用于】 机械加工

【用于】 切削加工

【测度关系】

【物理量-度量方法】　基准线
【物理量-度量方法】　取样长度
【物理量-度量方法】　评定长度

◎表面处理

【基本信息】

【英文名】　surfacing; surface treatment; top dressing

【拼音】　biao mian chu li

【核心词】

【定义】

(1)表面处理是在基体材料表面上人工形成一层与基体的机械、物理和化学性能不同的表层的工艺方法。

(2)表面处理的目的是满足产品的耐蚀性、耐磨性、装饰或其他特种功能要求。

(3)对于金属铸件,我们比较常用的表面处理方法是:机械打磨,化学处理,表面热处理和喷涂表面。表面处理就是对工件表面进行清洁、清扫、去毛刺、去油污和去氧化皮等。

(4)根据使用的方法不同,可将表面处理技术分为5种:电化学法、化学方法、热加工法和真空法。

【分类信息】

【CLC类目】

(1) TB332　非金属复合材料
(2) TB332　其他特种性质合金
(3) TB332　非金属材料
(4) TB332　特种结构材料

【IPC类目】

(1) C23C26/00　未列入2/00至24/00各组中的镀覆〔4〕
(2) C23C26/00　含有磷酸盐的〔4,5〕
(3) C23C26/00　用有机物质处理的配料〔2〕
(4) C23C26/00　铝或以其为基料的合金〔2〕
(5) C23C26/00　主链中含硅〔4〕

【词条属性】

【特征】

【缺点】　化学处理适应于对薄板件清理,但缺点是:若时间控制不当,即使加缓蚀剂,也能使钢材产生过蚀现象,对于较复杂的结构件和有孔的零件,经酸性溶液酸洗后,浸入缝隙或孔穴中的余酸难以彻底清除;若处理不当,将成为工件以后腐蚀的隐患,且化学物易挥发,成本高,处理后的化学排放工作难度大;若处理不当,将对环境造成严重的污染;随着人们环保意识的提高,此种处理方法正被机械处理法取代

【状况】

【应用场景】　为了把物体表面所附着的各种异物(如油污、锈蚀、灰尘、旧漆、膜等)去除,提供适合于涂装要求的良好基底,以保证涂膜具有良好的防腐蚀性能、装饰性能及某些特种功能,在涂装之前必须对物体表面进行预处理;人们把进行这种处理所做的工作,统称为涂装前(表面)处理或(表面)预处理,如刮刀、钢丝刷或砂轮等;用手工可以除去工件表面的锈迹和氧化皮,但手工处理劳动强度大、生产效率低,质量差,清理不彻底

【应用场景】　主要是利用酸性或碱性溶液与工件表面的氧化物及油污发生化学反应,使其溶解在酸性或碱性的溶液中,以达到去除工件表面锈迹氧化皮及油污,再利用尼龙制成的毛刷辊或304#不锈钢丝(耐酸碱溶液制成的钢丝刷辊,清扫干净便可达到目的

【应用场景】　化学转化膜处理在电解质溶液中,金属工件在无外电流作用,由溶液中化学物质与工件相互作用从而在其表面形成镀层的过程,称为化学转化膜处理,如金属表面的发蓝、磷化、钝化、铬盐处理等

【应用场景】　化学镀在电解质溶液中,工件表面经催化处理,无外电流作用,在溶液中由于化学物质的还原作用,将某些物质沉积于工件表面而形成镀层的过程,称为化学镀,如化学镀镍、化学镀铜等

【应用场景】　热浸镀金属工件放入熔融金属中,令其表面形成涂层的过程,称为热浸

镀,如热镀锌、热镀铝等

【应用场景】 化学热处理工件与化学物质接触、加热,在高温态下令某种元素进入工件表面的过程,称为化学热处理,如渗氮、渗碳等

【词条关系】

【层次关系】

【概念-实例】 机械加工

【概念-实例】 电化学腐蚀

【概念-实例】 高压水除磷

【概念-实例】 电化学法

【概念-实例】 化学方法

【概念-实例】 热加工法

【概念-实例】 机械打磨

【概念-实例】 喷涂表面

【概念-实例】 渗碳

【概念-实例】 渗氮

【类分】 阳极氧化

【实例-概念】 深加工

【组成部件】 表面抛光

【应用关系】

【工艺-组织】 磨损腐蚀

【使用】 预处理

【使用】 加热炉

【使用】 磨损腐蚀

【使用】 物理气相沉积(PVD)

【使用】 激光重熔

【测度关系】

【物理量-度量工具】 取样长度

【物理量-度量工具】 评定长度

【物理量-度量工具】 基准线

◎变质处理

【基本信息】

【英文名】 modification

【拼音】 bian zhi chu li

【核心词】

【定义】

变质处理就是向金属液体中加入一些细小的形核剂(又称为孕育剂或变质剂),使它在金属液中形成大量分散的人工制造的非自发晶核,从而获得细小的铸造晶粒,达到提高材料性能的目的。

【分类信息】

【CLC 类目】

(1) TG146.1 重有色金属及其合金

(2) TG146.1 工程材料力学(材料强弱学)

【IPC 类目】

(1) C22C33/10 包括添加镁的方法〔2〕

(2) C22C33/10 变质铝硅合金

(3) C22C33/10 用熔炼法

(4) C22C33/10 采用铸型或型芯铸造,其中一部分铸型或型芯影响高导热性过程,如冷硬铸造;其专门适用的铸型或附件(金属连续注入底部开口铸模的直接冷硬铸造入 11/049)〔1,7〕

【词条属性】

【状况】

【前景】 低成本、高效、无污染、多功能化的复合变质是变质处理的发展趋势;含稀土元素的变质和复合变质是铸造 Al-Si 合金变质处理的发展趋势

【应用场景】 在铁水中加入硅铁、硅钙合金都能细化石墨

【应用场景】 锶盐变质剂存在着与锶变质相同的变质潜伏期现象;将锶盐与钠盐或磷盐复合变质能够消除这种现象;所研究的变质剂加入量小,提高合金的力学性能和使用性能;真空蒸发处理能够有效地降低铝合金中的杂质锌量,向铝合金中吹入氟利昂与氮气的混合气体或加入六氯乙烷熔剂都能够非常有效地降低铝合金中的杂质镁量,根据铝合金的含镁量确定氟利昂的吹入量或六氯乙烷的加入量

【应用场景】 铝合金中加入钠,作为变质剂

【应用场景】 铜合金中加入铋和锂作为变质剂。

【应用场景】 人工降雨
【词条关系】
【等同关系】
【基本等同】 活化粒子
【层次关系】
【实例-概念】 铸造工艺
【应用关系】
【使用】 包晶反应
【用于】 晶粒细化
【用于】 形核
【生产关系】
【工艺-材料】 变质剂

◎变形铝合金

【基本信息】
【英文名】 wrought aluminium alloy;deforming aluminium alloy
【拼音】 bian xing lü he jin
【核心词】
【定义】

(1)变形铝合金是通过冲压、弯曲、轧、挤压等工艺使其组织、形状发生变化的铝合金。

(2)铝合金是工业中应用最广泛的一类有色金属结构材料,在航空、航天、汽车、机械制造、船舶及化学工业中已大量应用。工业经济的飞速发展,对铝合金焊接结构件的需求日益增多,使铝合金的焊接性研究也随之深入。目前铝合金是应用最多的合金。

【分类信息】
【CLC 类目】
(1) TG249.2　压力铸造
(2) TG249.2　有色金属冶金工业
(3) TG249.2　合金学与各种性质合金
【IPC 类目】
(1) C22C21/10　锌做次主要成分的〔2〕
(2) C22C21/10　合金的制造(不特别限定用于合金制造的粉末冶金设备或方法入 B22F;用电热法入 C22B4/00;用电解法入 C25C)
(3) C22C21/10　按质量分数至少为 5% 但小于 50%的,无论是本身加入的还是原位形成的氧化物、碳化物、硼化物、氮化物、硅化物或其他金属化合物,如氮氧化合物、硫化物的有色合金〔2〕
(4) C22C21/10　铝基合金
【词条属性】
【特征】
【特点】 形变铝合金又分为不可热处理强化型铝合金和可热处理强化型铝合金。不可热处理强化型不能通过热处理来提高机械性能,只能通过冷加工变形来实现强化,它主要包括高纯铝、工业高纯铝、工业纯铝及防锈铝等。可热处理强化型铝合金可以通过淬火和时效等热处理手段来提高机械性能,它可分为硬铝、锻铝、超硬铝和特殊铝合金等
【状况】
【应用场景】 各种飞机都以铝合金作为主要结构材料。飞机上的蒙皮、梁、肋、桁条、隔框和起落架都可以用铝合金制造。飞机依用途的不同,铝的用量也不一样。着重于经济效益的民用机因铝合金价格便宜而大量采用,如波音 767 客机采用的铝合金约占机体结构重量 81%
【应用场景】 军用飞机因要求有良好的作战性能而相对地减少铝的用量,如最大飞行速度为马赫数 2.5 的 F-15 高性能战斗机仅使用 35.5%铝合金
【应用场景】 有些铝合金有良好的低温性能,在-253～-183 ℃下不冷脆,可在液氢和液氧环境下工作,它与浓硝酸和偏二甲肼不起化学反应,具有良好的焊接性能,因而是制造液体火箭的好材料
【词条关系】
【层次关系】
【类分】 铝合金
【类分】 硬铝
【类分】 超硬铝
【类分】 特殊铝合金

【类属】 变形合金
【应用关系】
【使用】 铝材
【用于】 航空航天
【用于】 汽车工业
【用于】 船舶工业
【用于】 机械工业
【生产关系】
【材料-工艺】 挤压
【材料-工艺】 轧制
【材料-工艺】 冲压
【材料-工艺】 变形抗力

◎变形抗力

【基本信息】
【英文名】 deformation resistance
【拼音】 bian xing kang li
【核心词】
【定义】
(1)指在一定变形条件下,所研究的变形物体或其单元体能够实现塑性变形的应力强度。
【来源】 《实用轧钢技术手册》
(2)塑性变形时,变形金属抵抗塑性变形的力称为变形抗力。
【分类信息】
【CLC 类目】
(1) TG333.7　板材轧机与带材轧机
(2) TG333.7　合金学与各种性质合金
【IPC 类目】
(1) F16L3/123　沿着约束表面延伸的〔5〕
(2) F16L3/123　用于轧制长度限定的板,如折叠板、叠合板(1/40 优先;轧制前将板折叠或轧制后分离成层入 47/00)〔2〕
(3) F16L3/123　钟罩式炉所使用的零件、辅助设备或专用设备〔3〕
(4) F16L3/123　镁或镁基合金
(5) F16L3/123　用热处理法或用热加工或冷加工法改变有色金属或合金的物理结构(金属的机械加工设备入 B21,B23,B24)
【词条属性】
【特征】
【数值】 同一金属材料,在一定变形温度,变形速度和变形程度下,以单向压缩(或拉伸时)的屈服应力的大小度量其变形抗力
【特点】 变形抗力与变形力数值相等,方向相反
【特点】 变形抗力受到变形温度、变形速率、变形程度和微合金化的影响
【特点】 变形温度对变形抗力的影响最为巨大,随着变形温度的升高,变形抗力降低
【特点】 一般情况下,随着变形速度的增加,变形抗力亦增加,增加的程度与变形温度有密切的关系
【特点】 当变形量减小时,变形抗力随变形程度的增加而增加,由于小变形量只产生加工硬化
【特点】 微合金元素 V,Nb,Ti 溶入钢中,使钢的变形抗力提高
【词条关系】
【层次关系】
【并列】 锻造温度
【应用关系】
【用于】 冲压成形
【用于】 轧制工艺
【用于】 锻造工艺
【用于】 冷拔工艺
【生产关系】
【工艺-材料】 变形合金
【工艺-材料】 变形高温合金
【工艺-材料】 变形镁合金
【工艺-材料】 变形铝合金
【测度关系】
【物理量-度量方法】 拉伸试验法
【物理量-度量方法】 压缩试验法
【物理量-度量方法】 扭转试验法

◎变形合金

【基本信息】

【英文名】 deformation alloy

【拼音】 bian xing he jin

【核心词】

【定义】

(1)或称为有色加工产品,指以机械加工方法生产出来的各种管、捧、线、型、板、箔、条、带等有色半成品材料。

(2)或称为有色加工产品,指以机械加工方法生产出来的各种管、棒、线、型、板、箔、条、带等有色半成品材料。

【分类信息】

【IPC 类目】

(1) C22F1/057　以铜做次主要成分的合金的〔4〕

(2) C22F1/057　用热处理法或用热加工或冷加工法改变有色金属或合金的物理结构(金属的机械加工设备入 B21,B23,B24)

(3) C22F1/057　带填料函

(4) C22F1/057　铸铝或铸镁

(5) C22F1/057　每一种成分的质量分数都小于 50%的合金〔2〕

【词条属性】

【特征】

【特点】 变形合金是指可用挤压、轧制、锻造和冲压等塑性成形方法加工的合金

【特点】 通常用于难以塑性变形、压力加工性能差的金属,大多数镁/铝/镍基高温合金有较好的铸造性能,与铸造合金相比,变形合金具有更高的强度、更好的塑性及更多样化的规格

【词条关系】

【层次关系】

【类分】 变形镁合金

【类分】 变形铝合金

【类分】 变形高温合金

【类属】 钴合金

【类属】 合金

【生产关系】

【材料-工艺】 自然时效

【材料-工艺】 变形抗力

◎铋合金

【基本信息】

【英文名】 bismuth alloy

【拼音】 bi he jin

【核心词】

【定义】

(1)铋同铅、锡、锑、铟等金属组成的合金,称之为铋合金。广泛应用于印刷、铸铁、报警装置等各个方面。

(2)铋合金的分类:锡铋合金、铅铋合金、铋铝合金

【分类信息】

【IPC 类目】

(1) C25D3/60　含锡重量超过 50%的〔2〕

(2) C25D3/60　半导体〔2〕

(3) C25D3/60　容器;封接(23/12,23/34,23/48,23/552 优先)〔2,5〕

(4) C25D3/60　电池箱、套或罩(塑性加工或塑态物质的加工入 B29)〔2〕

(5) C25D3/60　锡基合金

【词条属性】

【特征】

【特点】 锡铋合金属于环保型合金;常温下,呈固态、银白色,熔点为 138 ℃,固液体积收缩率为 0.051%,具有较强的渗透性;低熔点锡铋模具合金用于制作薄板冷冲压模具,能压制铜、铝、钢、不锈钢等板材

【特点】 铋合金具有凝固时不收缩的特性

【状况】

【应用场景】 铅铋合金又被称为低温合金或低熔点合金或易熔合金;主要是由熔点较低的铅和铋组成的,还加入了其他的一些金属,用以调节合金的熔点;铅铋合金可作为反应堆的冷却剂 铅铋共晶合金(LBE)的熔点虽然比

钠稍高,但其化学活性较弱

【应用场景】 铋铝配制的合金做弯曲薄壁管的填充料,能保持管内壁平滑光洁,且填料可多次反复使用

【应用场景】 铋合金常作为铸铁、钢和铝合金的添加剂,以改善合金的切削性能;含锑11%的铋合金用于制造红外线检测计;铋锡和铋镉合金用于制造硒整流器的辅助电极

【应用场景】 利用铋在磁场作用下电阻率急剧减小的特性制作磁力测定仪;铋锰合金可用作永磁材料;铋的热中子吸收截面很小并且熔点低、沸点高,可用作核反应堆的传热介质

【应用场景】 用于制低熔合金,在消防和电气安全装置上有特殊的重要性

【词条关系】

【层次关系】

【并列】 铝合金

【并列】 钯合金

【并列】 铂合金

【并列】 锆合金

【并列】 钴合金

【并列】 铼合金

【并列】 金合金

【并列】 钌合金

【并列】 钼合金

【并列】 铅合金

【并列】 铑合金

【并列】 铌合金

【参与构成】 钡钾铋氧体系超导材料

【参与构成】 铋锶钙铜氧体系超导材料

【类属】 有色金属材料

【应用关系】

【用于】 软钎料

【用于】 印刷

【用于】 铸铁添加剂

【用于】 消防装置

【用于】 核反应堆

【用于】 硒镇流器电极

◎保护气氛

【基本信息】

【英文名】 protective atmosphere

【拼音】 bao hu qi fen

【核心词】

【定义】

(1)具有防蚀组分的封闭气体环境。

(2)保护气氛是指防止金属材料退火时因高温而氧化,利用惰性气体或还原性气体形成保护氛围,同时起到传热的作用的气体。

【分类信息】

【CLC类目】

(1) TB383 特种结构材料

(2) TB383 发光学

(3) TB383 复合材料

【IPC类目】

(1) C22C1/04 用粉末冶金法(1/08优先)〔2〕

(2) C22C1/04 镁基合金

(3) C22C1/04 烃与矿物油的共聚物,如石油树脂〔2〕

(4) C22C1/04 硅或硼的碳化物

(5) C22C1/04 烧瓷釉专用炉

【词条属性】

【特征】

【特点】 保护气氛可分为吸热型气氛、放热型气氛、氨分解气氛、氨燃烧气氛和氮基气氛等

【优点】 在保护气氛下,可以隔绝氧气,同时保护气氛可以作为传热介质,有利于退火材料的受热均匀

【状况】

【现状】 常见的保护气氛有水蒸气、酒精气体、氮气、氨分解氢保护等

【词条关系】

【等同关系】

【基本等同】 保护气体

【层次关系】

【构成成分】 氢气、氮气、氨气、丙烷、丁

烷、丙烯

【类分】　放热型气氛

【类分】　吸热型气氛

【类分】　滴注式气氛

【类分】　氨分解气氛

【类分】　氨燃烧气氛

【类分】　氮基气氛

【应用关系】

【用于】　保护电弧焊

【生产关系】

【工艺-设备工具】　保护气氛连续炉

【工艺-设备工具】　保护气氛电渣炉

【工艺-设备工具】　气氛保护电镀槽

◎保护电弧焊

【基本信息】

【英文名】　shielded arc welding

【拼音】　bao hu dian hu han

【核心词】

【定义】

气体保护电弧焊利用气体(如惰性气体、二氧化碳等)作为保护介质的电弧焊。它包括钨极惰性气体保护焊(TIG)和熔化极气体保护焊(GMAW)。两者的差别在于所用的电极不同,前者用的是非熔化电极钨棒,后者用的是熔化电极焊丝。

【词条属性】

【特征】

【缺点】　因为氩气稀缺、焊接成本较高,故目前TIG和MIG焊主要用来焊接易氧化的有色金属(铝、镁及其合金)、稀有金属(钼、钛、镍及其合金)和不锈钢等

【特点】　CO_2焊接成本低,生产率高,适用范围广泛;但因电弧气氛具有较强的氧化性,易使合金元素烧损、产生气孔,以及焊接过程中易产生金属飞溅,故必须采用含有脱氧剂的焊丝及专用的焊接电源

【特点】　在一种气体中加入一定分量的另一种或两种气体后,可以分别在细化熔滴、减少飞溅、提高电弧的稳定性、改善熔深及提高电弧的温度等方面获得满意的效果。

【特点】　常用的混合气体有:①Ar+He,广泛用于大厚度铝板及高导热材料的焊接,以及不锈钢的高速机械化焊接;②$Ar+H_2$,利用混合气体的还原性来焊接镍及其合金,可以消除镍焊缝中的气孔;③$Ar+O_2$混合气体(O_2量为1%),特别适用于不锈钢MIG焊接,能克服单独用氩气时的阴极飘移现象;④$Ar+CO_2$或$Ar+CO_2+O_2$,适于焊接低碳钢和低合金钢,焊缝成形、接头质量及电弧稳定性和熔滴过渡都非常满意

【状况】

【应用场景】　TIG焊能获得焊接质量优良的焊缝,它的缺点是焊接能量有限,不适合焊接厚件,尤其是导热性能较强的金属;为了克服这一缺点,1948年产生了熔化金属极惰性气体保护电弧焊(MIG),这种方法利用金属焊丝作为电极,电弧产生在焊丝和工件之间,焊丝不断送进,并熔化过渡到焊缝中去;因此这种方法所用焊接电流可大幅度提高,适合于中、厚板的焊接

【词条关系】

【层次关系】

【参与构成】　惰性气体

【参与构成】　CO_2

【概念-实例】　氩弧焊

【概念-实例】　CO_2气保焊

【概念-实例】　混合气体气保焊

【类分】　焊接性能

【应用关系】

【使用】　保护气氛

【用于】　焊接接头

【生产关系】

【工艺-材料】　贵金属

◎包晶反应

【基本信息】

【英文名】　peritectic reaction

【拼音】　bao jing fan ying

【核心词】

【定义】

包晶反应为有些合金当凝固到一定温度时,已结晶出来的一定成分的(旧)固相与剩余液相(有确定成分)发生反应生成另一种(新)固相的恒温转变过程。

【分类信息】

【CLC 类目】

TG132.3 特种热性质合金

【IPC 类目】

(1) H01B12/00 超导体、超导电缆或超导传输线(按陶瓷形成的工艺或陶瓷组合物性质区分的超导体入 C04B35/00;按材料特性区分的应用超导电性的零部件或设备入 H01L39/12)〔2,4〕

(2) H01B12/00 液相外延层生长〔3〕

(3) H01B12/00 复合氧化物〔3〕

【词条属性】

【特征】

【特点】 由于反应的产物(新固相)在反应物(旧固相+旧液相)的界面形成,像蛋壳一样将旧固相包围,从而阻碍了反应的继续进行,因此,通常情况下,包晶反应是无法彻底的完成的

【特点】 反应不均匀

【状况】

【应用场景】 利用包晶反应的不均匀、不彻底性,可以构建细小颗粒的耐磨组织

【应用场景】 利用包晶反应的不均匀、不彻底性,可以进一步细化组织,从而得到细晶、超细晶组织

【词条关系】

【层次关系】

【并列】 共晶反应

【并列】 包析反应

【概念-实例】 Cu-Zn 相图

【概念-实例】 铁碳相图

【概念-实例】 Ti-Al 相图

【概念-实例】 Pt-Ag 相图

【概念-实例】 Cu-Cd 相图

【应用关系】

【用于】 变质处理

【用于】 耐磨材料

【用于】 细晶组织

◎棒材

【基本信息】

【英文名】 bar

【拼音】 bang cai

【核心词】

【定义】

长度和截面周长之比相当大的直条金属材料。

【分类信息】

【CLC 类目】

(1) TG335.13 连续轧制

(2) TG335.13 生物材料学

(3) TG335.13 特种机械性质合金

(4) TG335.13 连续铸钢、近终形铸造

(5) TG335.13 非金属复合材料

【IPC 类目】

(1) C21D8/00 通过伴随有变形的热处理或变形后再进行热处理来改变物理性能(除需成型的工件外不需要再加热的锻造,或轧制成型的硬化工件或材料入 1/02)〔3〕

(2) C21D8/00 用于磁致伸缩器件的〔2〕

(3) C21D8/00 用于弹簧

(4) C21D8/00 和磁性过渡金属的,如 $SmCo_5$〔6〕

(5) C21D8/00 磁致伸缩器件〔2〕

【词条属性】

【特征】

【特点】 横截面形状为圆形、方形、六角形、八角形等简单图形

【特点】 长度相对横截面尺寸来说比较大

【状况】

【现状】 不锈钢棒材目前应用较多

【词条关系】
【层次关系】
【并列】　丝材
【类分】　玻璃棒
【类分】　塑料棒
【类分】　橡胶棒
【类分】　木棒
【类分】　铜棒
【类分】　铝棒
【类分】　钢棒
【类属】　钢铁材料
【应用关系】
【部件成品-材料】　工业纯钛
【使用】　精轧
【使用】　精整
【使用】　低碳钢
【用于】　丝材
【生产关系】
【材料-工艺】　静液挤压
【材料-工艺】　连轧
【材料-原料】　铝材
【材料-原料】　难熔金属
【材料-原料】　铌合金
【材料-原料】　铍青铜
【材料-原料】　铅合金
【材料-原料】　方坯

◎半导体材料

【基本信息】
【英文名】　semiconductor material
【拼音】　ban dao ti cai liao
【核心词】
【定义】

(1)半导体材料是一类具有半导体性能(导电能力介于导体与绝缘体之间,电阻率在1 mΩ·cm～1 GΩ·cm)、可用来制作半导体器件和集成电路的电子材料。

(2)自然界的物质、材料按导电能力大小可分为导体、半导体和绝缘体三大类。半导体的电阻率在1 mΩ·cm～1 GΩ·cm范围(上限按谢嘉奎《电子线路》取值,还有取其1/10或10倍的;因角标不可用,暂用当前描述)。在一般情况下,半导体电导率随温度的升高而减小,这与金属导体恰好相反。

【分类信息】
【CLC类目】
(1) TB383　特种结构材料
(2) TB383　电化学保护
(3) TB383　半导体性质
(4) TB383　氢气
【IPC类目】

(1) H01L21/20　半导体材料在基片上的沉积,如外延生长〔2〕

(2) H01L21/20　用作转换器件的〔2〕

(3) H01L21/20　应用珀耳贴效应;应用能斯特—厄廷豪森效应(热电元件入H01L35/00,37/00)

【词条属性】
【特征】

【特点】　元素半导体:在元素周期表的第ⅢA族至第ⅦA族分布着11种具有半导性半导体材料半导体材料的元素;C,P,Se具有绝缘体与半导体两种形态;B,Si,Ge,Te具有半导性;Sn,As,Sb具有半导体与金属两种形态;P的熔点与沸点太低,Ⅰ的蒸汽压太高、容易分解,所以它们的实用价值不大;As,Sb,Sn的稳定态是金属,半导体是不稳定的形态

【特点】　按化学组成来分,可将半导体材料分为元素半导体、无机化合物半导体、有机化合物半导体和非晶态及液态半导体

【特点】　制备不同的半导体器件对半导体材料有不同的形态要求,包括单晶的切片、磨片、抛光片、薄膜等;半导体材料的不同形态要求对应不同的加工工艺;常用的半导体材料制备工艺有提纯、单晶的制备和薄膜外延生长

【特点】　无机化合物半导体:分为二元系、三元系、四元系等

【特点】　有机化合物半导体:已知的有机

半导体有几十种,熟知的有萘、蒽、聚丙烯腈、酞菁和一些芳香族化合物等,它们作为半导体尚未得到应用

【状况】

【前景】 有机半导体是一种塑料材料,其拥有的特殊结构让其具有导电性;在现代电子设备中,电路使用晶体管控制不同区域之间的电流;科学家们对新的有机半导体材料进行了研究并探索了其结构与电学属性之间的关系

【应用场景】 Ge,Si 仍是所有半导体材料中应用最广的两种材料

【词条关系】

【层次关系】

【参与组成】 电子管

【附件-主体】 集成电路

【概念-实例】 单晶硅

【概念-实例】 硅

【概念-实例】 非晶硅

【概念-实例】 多晶硅

【实例-概念】 区域熔炼

【实例-概念】 化学气相沉积

【主体-附件】 电流密度

【应用关系】

【使用】 纳米材料

【使用】 薄膜外延生长

【使用】 金属间化合物

【生产关系】

【材料-原料】 铟

◎板坯

【基本信息】

【英文名】 slab

【拼音】 ban pi

【核心词】

【定义】

钢坯的一种,为钢水通过连铸机连铸形成,一般铸坯宽厚比大于 3 的即称为板坯,其主要用于轧制板材,但尚未开始轧制。

【分类信息】

【CLC 类目】

(1) TF777 连续铸钢、近终形铸造

(2) TF777 板坯连铸

(3) TF777 优质钢

【IPC 类目】

(1) C21D8/02 在生产钢板或带钢时(8/12 优先)〔3〕

(2) C21D8/02 用于金属薄板

(3) C21D8/02 在生产具有特殊电磁性能的产品时〔3〕

(4) C21D8/02 含硅的〔2〕

(5) C21D8/02 金属在连续浇铸后立即轧制(金属轧机机座入 13/22;连续铸造入 B22D11/00,如进入带滚子的铸型入 B22D11/06)〔3〕

【词条属性】

【特征】

【特点】 截面的高宽比值较大,一般大于 3

【特点】 主要用来轧制板材

【优点】 连铸板坯可避免形成缩孔和空洞,无切头切尾损失,金属收得率大幅度提高

【优点】 连铸板坯的纵向成分偏差比铸锭的小,可控制在 10%以内

【优点】 连铸板坯的组织致密,有良好的机械性能

【词条关系】

【层次关系】

【类分】 厚板坯

【类分】 薄板坯

【类属】 坯料

【类属】 连铸坯

【类属】 钢坯

【应用关系】

【用于】 轧制板材

【生产关系】

【材料-工艺】 连续铸造

◎板带

【基本信息】

【英文名】 steel plate and strip

【拼音】 ban dai

【核心词】

【定义】

宽厚比值一般大于10的扁平断面钢材或其他金属。切成定尺的单张产品叫作钢板，而成卷供应的产品叫作带卷或板卷，统称为板带钢。板带钢的用途十分广泛，有通用钢材之称，可以随意切断分离和拼凑组合，它有巨大的包容和覆盖能力，并能承受冲压、弯曲等成型的深度加工。

【分类信息】

【CLC类目】

F426　工业部门经济

【IPC类目】

(1) F16L9/16　用加强或不加强的，薄片或条带绕制的

(2) F16L9/16　含镍的

(3) F16L9/16　同步啮合

(4) F16L9/16　具有为获得多速比，如近乎无级变速，而形成或配置齿的齿轮

(5) F16L9/16　有套筒的轧辊〔5〕

【词条属性】

【特征】

【特点】 板带钢按厚度尺寸一般分为厚板、薄板和极薄带材或箔材三大类

【特点】 板带钢按不同用途分为造船板、锅炉板、桥梁板、压力容器板、汽车板、屋面板、深冲板、焊管坯、电工钢板、航空结构钢板、有机涂层钢板、镀层钢板、复合板及不锈耐酸、耐热等特殊用途钢板

【特点】 板带钢按轧制方法分为热轧板带钢和冷轧板带钢，以及轧后剪切纵边的剪边钢板和纵边轧制的齐边钢板

【特点】 中国标准规定，厚度4～200 mm的钢板为厚板，0.2～4 mm的为薄板，0.2 mm以下者为极薄带材或箔材；中国习惯上称4～20 mm的厚板为中厚板，20～60 mm的为厚板，60 mm以上的为特厚板；厚板的最大厚度可达500 mm以上，而轧制的极薄带材最薄可达0.001 mm

【词条关系】

【等同关系】

【俗称为】 板材

【层次关系】

【概念-实例】 薄板

【概念-实例】 厚板

【概念-实例】 箔材

【概念-实例】 造船板

【概念-实例】 锅炉板

【概念-实例】 桥梁板

【概念-实例】 压力容器板

【概念-实例】 汽车板

【概念-实例】 深冲板

【概念-实例】 焊管坯

【概念-实例】 电工钢板

【概念-实例】 航空结构钢板

【概念-实例】 有机涂层钢板

【概念-实例】 镀层钢板

【概念-实例】 复合板

【概念-实例】 不锈耐酸、耐热板

【组成部件】 超导带

【生产关系】

【材料-工艺】 热轧轧制

【材料-工艺】 冷轧

◎板材

【基本信息】

【英文名】 plate

【拼音】 ban cai

【核心词】

【定义】

经初步机械加工后的木材，其宽度为厚度的3倍以上(包括3倍)，称为板材。

【来源】《简明林业辞典》

【分类信息】

【CLC 类目】

(1) TG386　冷冲压工艺

(2) TG386　高温合金轧制

(3) TG386　金属材料

(4) TG386　冷冲原理

(5) TG386　压力加工工艺

【IPC 类目】

(1) F16B5/00　薄板或板的相互连接或与其平行的条或杆的连接(黏接入 11/00;销钉连接入 13/00;销包括可变形元件的入 19/00;壁的护板入 E04F13/00;标牌、板、面板或牌与支承结构紧固、易拆卸元件,如证书与标牌、板、面板或牌紧固入 G09F7/00)

(2) F16B5/00　镁氯氧水泥,如索勒尔水泥〔4〕

(3) F16B5/00　与胀套结合

(4) F16B5/00　富硅材料;硅酸盐〔4〕

(5) F16B5/00　用铆接(铆钉入 19/04)

【词条属性】

【特征】

【特点】　板材是用平辊轧出,故改变产品规格较简单容易,调整操作方便,易于实现全面计算机控制和进行自动化生产

【特点】　板材的形状简单,可成卷生产,且在国民经济中用量最大,故必须而且能够实现高速度的连轧生产

【特点】　由于宽厚比和表面积都很大,故生产中轧制压力很大,可达数百万至数千万牛顿,因此轧机设备复杂庞大,而且对产品宽、厚尺寸精度和板形及表面质量的控制也变得十分困难和复杂

【特点】　板材产品外形扁平,宽厚比大,单位体积的表面积也很大

【特点】　可任意剪裁、弯曲、冲压、焊接、制成各种制品构件,使用灵活方便

【特点】　可弯曲、焊接成各类复杂断面的型钢、钢管、大型工字钢、槽钢等结构件,故称为“万能钢板”

【词条关系】

【等同关系】

【学名是】　板带

【层次关系】

【并列】　丝材

【构成成分】　薄板

【类分】　薄板

【类分】　中板

【类分】　厚板

【类分】　特厚板

【类分】　热轧钢板

【类分】　冷轧钢板

【类分】　镀锌板

【类分】　镀锡板

【类分】　复合钢板

【类分】　彩色涂层钢板

【类分】　桥梁钢板

【类分】　锅炉钢板

【类分】　造船钢板

【类分】　装甲钢板

【类分】　汽车钢板

【类分】　屋面钢板

【类分】　结构钢板

【类分】　电工钢板

【类分】　弹簧钢板

【类分】　热轧板

【类分】　中厚板

【应用关系】

【部件成品-材料】　优质碳素结构钢

【材料-加工设备】　二辊可逆式轧机

【材料-加工设备】　三辊劳特式轧机

【材料-加工设备】　四辊可逆式轧机

【材料-加工设备】　万能式轧机

【材料-加工设备】　二辊不可逆式叠板轧机

【材料-加工设备】　炉卷轧机

【材料-加工设备】　行星轧机

【使用】　形变热处理

【使用】　精整

【用于】　深冲

【生产关系】

【材料-工艺】 热轧

【材料-工艺】 深冲

【材料-工艺】 全纵轧法

【材料-工艺】 全横轧法

【材料-工艺】 横轧-纵轧法

【材料-工艺】 角轧-纵轧法

【材料-工艺】 平面形状控制轧法

【材料-工艺】 调宽轧制

【材料-工艺】 自由程序轧制技术

【材料-工艺】 薄板坯连铸连轧技术(CSP)

【材料-工艺】 薄板坯连续铸轧工艺(ISP)

【材料-工艺】 张力轧制

【材料-工艺】 软化退火

【材料-工艺】 连轧

【材料-工艺】 脆化

【材料-原料】 铝材

【材料-原料】 难熔金属

【材料-原料】 铌合金

【材料-原料】 铅合金

【材料-原料】 扁锭

【材料-原料】 初轧板坯

【材料-原料】 连铸板坯

【材料-原料】 压铸坯

【材料-原料】 方坯

◎白银

【基本信息】

【英文名】 silver

【拼音】 bai yin

【核心词】

【定义】

(1)白银,即银,因其色白,故称白银,与黄金相对。多用其作货币及装饰品。古代做通货时称为白银。纯白银颜色白,掺有杂质,金属光泽,质软,掺有杂质后变硬,颜色呈灰、红色。

(2)银在自然界中虽然也有单质存在,但绝大部分是以化合态的形式存在。

【分类信息】

【CLC 类目】

TF8 有色金属冶炼

【IPC 类目】

(1) C22B11/00 贵金属的提炼

(2) C22B11/00 氯化法

(3) C22B11/00 用有机黏合剂

(4) C22B11/00 锰的提取

(5) C22B11/00 自溶液〔2〕

【词条属性】

【特征】

【特点】 导电性能佳

【特点】 溶于硝酸、硫酸中

【特点】 化学符号 Ag

【特点】 常温下,卤素能与银缓慢地化合,生成卤化银

【特点】 银的特征氧化数为+1,其化学性质比铜差,常温下,甚至加热时也不与水和空气中的氧作用,但久置空气中能变黑,失去银白色的光泽,这是因为银和空气中的 H_2S 化合成黑色 Ag_2S 的缘故

【优点】 银的导热性和导电性在金属中名列前茅

【优点】 银具有很高的延展性,因此可以碾压成只有 0.3 μm 厚的透明箔,1 g 重的银粒就可以拉成约 2 km 长的细丝

【状况】

【应用场景】 白银的主要用途主要建立在三大支柱上:工业、摄影和珠宝银器;这三大类的白银总需求占到白银需求的 85%左右

【应用场景】 电子电器是用银量最大的行业,其使用分为电接触材料、复合材料和焊接材料;银和银基电接触材料可以分为:纯 Ag 类、银合金类、银-氧化物类、烧结合金类;全世界银和银基电接触材料年产量 2900～3000 t;复合材料是利用复合技术制备的材料,分为银 合金复合材料和银基复合材料;从节银技术来看,银复合材料是一类大有发展前途的新材料;银

的焊接材料如纯银焊料、银-铜焊料等

【应用场景】 卤化银感光材料是用银量最大的领域之一;目前生产和销售量最大的几种感光材料是摄影胶卷、相纸、X 光胶片、荧光信息纪录片、电子显微镜照相软片和印刷胶片等;20 世纪 90 年代,世界照相业用银量在6000～6500 t;由于电子成像、数字化成像技术的发展,使卤化银感光材料用量有所减少,但卤化银感光材料的应用在某些方面尚不可替代,仍有很大的市场空间

【应用场景】 银在这方面有两个主要的应用,一是银催化剂,如广泛用于氧化还原和聚合反应,用于处理含硫化物的工业废气等;二是电子电镀工业制剂,如银浆、氰化银钾等

【应用场景】 银具有诱人的白色光泽,较高的化学稳定性和收藏观赏价值,深受人们(特别是妇女)的青睐,因此有女人的金属之美称,广泛用作首饰、装饰品、银器、餐 具、敬贺礼品、奖章和纪念币;银首饰在发展中国家有广阔的市场,银餐具备受家庭欢迎;银质纪念币设计精美,发行量少,具有保值增值功能,深受钱币收藏家和钱币投资者的青睐

【其他物理特性】

【密度】 10.5 g/cm^3

【熔点】 熔点 960.5 ℃

【词条关系】

【等同关系】

【基本等同】 纯银

【层次关系】

【参与构成】 银合金

【参与组成】 贵金属合金

【附件-主体】 卤化银感光材料

【类属】 贵金属

【实例-概念】 贵金属

【应用关系】

【材料-部件成品】 银粉

【用于】 电子电器

【用于】 卤化银感光材料

【用于】 装饰品

【用于】 货币

【生产关系】

【材料-工艺】 镀银

◎白铜

【基本信息】

【英文名】 cupronickel

【拼音】 bai tong

【核心词】

【定义】

白铜是以镍为主要添加元素的铜基合金,呈银白色,有金属光泽,故名白铜。铜镍之间彼此可无限固溶,从而形成连续固溶体,即不论彼此的比例多少,而恒为 α-单相合金。当把镍熔入红铜里,含量超过 16% 以上时,产生的合金色泽就变得洁白如银,镍含量越高,颜色越白。白铜中镍的含量一般为 25%。

【分类信息】

【IPC 类目】

(1) C22C9/04 锌做次主要成分的〔2〕

(2) C22C9/04 镍或钴做次主要成分的〔2〕

(3) C22C9/04 装配、支架、封装或外壳〔6〕

(4) C22C9/04 为压电谐振器(压电材料的选择入 H01L41/00)

(5) C22C9/04 锰做次主要成分的〔2〕

【词条属性】

【特征】

【缺点】 白铜的缺点是主要添加元素镍属于稀缺的战略物资,价格比较昂贵

【特点】 纯铜加镍能显著提高强度、耐蚀性、硬度、电阻和热电性,并降低电阻率温度系数;因此白铜较其他铜合金的机械性能、物理性能都异常良好,延展性好、硬度高、色泽美观、耐腐蚀、富有深冲性能

【特点】 加有锰、铁、锌、铝等元素的白铜合金称为复杂白铜(即三元以上的白铜),包括铁白铜、锰白铜、锌白铜和铝白铜等;在复杂白

铜中,用第二种主要元素符号及铜含量以外的成分数字组表示各种元素的含量,如 BMn3-12 表示镍含量约为 3%,锰含量约为 12%

【特点】 在普通白铜中,字母 B 表示加镍的含量,如 B5 表示镍含量约为 5%,其余约为铜含量;型号有 B0.6,B19,B25 和 B30

【状况】

【应用场景】 广泛使用于造船、石油化工、电器、仪表、医疗器械、日用品、工艺品等领域,并且还是重要的电阻及热电偶合金

【其他物理特性】

【密度】 在铜和镍之间,8.88～8.9 g/cm^3

【词条关系】

【层次关系】

【并列】 磷铜

【并列】 青铜

【构成成分】 镍合金

【类属】 铜合金

【类属】 铜基合金

【组成部件】 纯铜

【组成部件】 镍

【应用关系】

【用于】 造船业

【用于】 石油化工

【用于】 电器制造

【用于】 仪表

【用于】 医疗器械

【用于】 日用品

【用于】 工艺品

【用于】 热电偶合金

【生产关系】

【材料-工艺】 扩散退火

◎靶材

【基本信息】

【英文名】 target;target material

【拼音】 ba cai

【核心词】

【定义】

镀膜靶材是通过磁控溅射、多弧离子镀或其他类型的镀膜系统,在适当工艺条件下溅射在基板上形成各种功能薄膜的溅射源。简单来说,靶材就是高速荷能粒子轰击的目标材料,用于高能激光武器中,不同功率密度、不同输出波形、不同波长的激光与不同的靶材相互作用时,会产生不同的杀伤破坏效应。

【分类信息】

【CLC 类目】

(1) TF124 粉末成型、烧结及后处理

(2) TF124 特种结构材料

(3) TF124 粉末冶金制品及其应用

(4) TF124 薄膜的生长、结构和外延

【IPC 类目】

(1) C23C14/34 溅射〔4〕

(2) C23C14/34 利用磁场的,如磁控溅射〔5〕

(3) C23C14/34 以镀层材料为特征的(14/04 优先)〔4〕

(4) C23C14/34 金属材料、硼或硅〔4〕

(5) C23C14/34 氧化物(14/10 优先)〔4〕

【词条属性】

【特征】

【特点】 通常分类:金属靶材、陶瓷靶材和合金靶材

【状况】

【应用场景】 蒸发磁控溅射镀膜是加热蒸发镀膜、铝膜等;更换不同的靶材(如铝、铜、不锈钢、钛、镍靶等),即可得到不同的膜系(如超硬、耐磨、防腐的合金膜等)

【应用场景】 在半导体集成电路制造过程中,以电阻率较低的铜导体薄膜代替铝膜布线

【应用场景】 在平面显示器产业中,各种显示技术(如 LCD,PDP,OLED 及 FED 等)的同步发展,有的已经用于电脑及计算机的显示器制造

【应用场景】 钨-钛靶材作为光伏电池镀

膜材料是最近发展起来的,它作为第三代太阳能电池的阻挡层是最佳选择

【词条关系】

【层次关系】

【概念-实例】 钨-钛靶材

【应用关系】

【材料-部件成品】 太阳电池

【用于】 薄膜

【用于】 显示器产业

◎钯合金

【基本信息】

【英文名】 palladium

【拼音】 ba he jin

【核心词】

【定义】

(1)钯是第五周期第ⅧB族铂系元素的成员,是1803年由英国化学家武拉斯顿从铂矿中发现的化学元素,是航天、航空等高科技领域及汽车制造业不可缺少的关键材料。

(2)工业生产可从矿石中用干法制造;亦可以铜、镍的硫化矿制取铜、镍的生产过程中生成的副产物为原料,用湿法冶炼制得。湿法把已提取镍、铜后的残留组分作为原料,加入王水进行抽提,过滤,向滤液中加入氨和盐酸进行反应,生成氯钯酸铵沉淀。经精炼,过滤,把氯钯酸铵用氢气还原,约制得99.95%钯成品。

【分类信息】

【CLC类目】

TG139 其他特种性质合金

【IPC类目】

(1) C10G45/10 含铂族金属或其化合物的〔3〕

(2) C10G45/10 也含其他铅化合物的〔6〕

(3) C10G45/10 以所用镀液有机组分为特征的〔2〕

(4) C10G45/10 无机酸的〔2〕

(5) C10G45/10 以所用的催化剂为特征〔3〕

【词条属性】

【特征】

【数值】 元素含量:在太阳中的含量:3.0E-09;太平洋表面:1.9E-14;地壳中含量:6.0E-10

【特点】 晶胞为面心立方晶胞,每个晶胞含有4个金属原子

【特点】 钯是银白色过渡金属,较软,有良好的延展性和可塑性,能锻造、压延和拉丝;块状金属钯能吸收大量氢气,使体积显著胀大,变脆乃至破裂成碎片

【特点】 钯是银白色过渡金属,较软,有良好的延展性和可塑性,能锻造、压延和拉丝;块状金属钯能吸收大量氢气,使体积显著胀大,变脆乃至破裂成碎片

【特点】 工业生产可从矿石中用干法制造;亦可以铜、镍的硫化矿制取铜、镍的生产过程中生成的副产物为原料,用湿法冶炼制得

【状况】

【应用场景】 钯在化学中主要做催化剂

【应用场景】 主要用于制催化剂,还用于制造牙科材料、手表和外科器具等

【应用场景】 钯与钌、铱、银、金、铜等熔成合金,可提高钯的电阻率、硬度和强度,用于制造精密电阻、珠宝饰物等;而最常见和最有市场价值的钯金首饰是钯金的合金

【其他物理特性】

【密度】 12.02 g/cm^3(20 ℃)

【熔点】 1554 ℃,熔点是铂族金属中最低的

【词条关系】

【层次关系】

【并列】 铝合金

【并列】 铋合金

【并列】 钌合金

【并列】 铼合金

【并列】 铑合金

【并列】 铌合金

【附件-主体】　铂族金属
【类属】　铂族金属
【类属】　有色金属材料
【实例-概念】　合金材料
【实例-概念】　储氢材料
【应用关系】
【用于】　精密电阻
【生产关系】
【材料-工艺】　湿法冶炼

◎奥氏体

【基本信息】
【英文名】　austenite；austenitic
【拼音】　ao shi ti
【核心词】
【定义】

碳在面心立方结构的 γ-Fe 中的间隙固溶体叫作奥氏体。一般用 γ 或 A 表示。它因纪念早期的冶金学家 William Robert Austen 而得名。

【来源】《固体物理学大辞典》
【分类信息】
【CLC 类目】
(1) TG335.5　板材、带材、箔材轧制
(2) TG335.5　金属的组织
(3) TG335.5　金属固体相结构和相转变
(4) TG335.5　金属的范性形变、回复和再结晶
(5) TG335.5　钢的组织与性能
【IPC 类目】
(1) C22C38/00　铁基合金，如合金钢(铸铁合金入 37/00)〔2〕
(2) C22C38/00　通过伴随有变形的热处理或变形后再进行热处理来改变物理性能(除需成型的工件外不需要再加热的锻造，或轧制成型的硬化工件或材料入 1/02)〔3〕
(3) C22C38/00　含钼或钨的〔2〕
(4) C22C38/00　阶段冷却淬火〔3〕
(5) C22C38/00　材料的选择

【词条属性】
【特征】
【数值】　实际上碳在奥氏体中的最大溶解度为 2.11%(质量分数)
【数值】　γ-Fe 的八面体间隙的半径仅为 0.052 nm，比碳原子的半径 0.086 nm 小
【特点】　等轴状的多边形晶粒
【特点】　为面心立方结构，碳氮等间隙原子均位于奥氏体晶胞八面体间隙中心，及面心立方晶胞的中心和棱边的中点
【特点】　碳原子溶入奥氏体中，使奥氏体晶格点阵发生均匀对等的膨胀，点阵常数随着碳含量的增加而增大
【特点】　碳原子溶入奥氏体中，使奥氏体晶格点阵发生均匀对等的膨胀，点阵常数随着碳含量的增加而增大
【其他物理特性】
【热导率】　14.6 ℃/m
【词条关系】
【层次关系】
【并列】　珠光体
【并列】　马氏体
【参与构成】　碳
【参与组成】　莱氏体
【参与组成】　魏氏组织
【参与组成】　无碳化物贝氏体
【构成成分】　共晶反应
【类分】　残余奥氏体
【类属】　金相组织
【实例-概念】　固溶体
【主体-附件】　晶粒粗化
【组织-材料】　超合金
【组织-材料】　奥氏体不锈钢
【组织-材料】　电热合金
【组织-材料】　铸铁
【组织-材料】　合金铸铁
【组织-材料】　超高强度钢
【组织-材料】　灰铸铁
【组织-材料】　镍基高温合金

【组织-材料】 低合金钢
【组织-材料】 耐热钢
【组织-材料】 耐热铸铁
【组织-材料】 耐磨钢
【组织-材料】 低温钢
【组织-材料】 弹簧钢
【组织-材料】 铸钢
【组织-材料】 高铬铸铁
【组织-材料】 因瓦合金
【组织-材料】 带材
【组织-材料】 钢铁材料
【组织-材料】 弹簧钢丝
【组织-材料】 耐磨材料
【组织-材料】 无磁钢
【组织-材料】 连铸坯
【组织-材料】 中锰钢
【组织-材料】 建筑用钢
【组织-材料】 黑色金属
【应用关系】
【组织-工艺】 快速冷却
【组织-工艺】 淬火
【组织-工艺】 热处理制度
【组织-工艺】 脆化
【组织-工艺】 等温退火
【组织-工艺】 再结晶退火
【组织-工艺】 扩散退火

◎γ 相

【基本信息】
【英文名】 gamma phase
【拼音】 γ xiang
【核心词】
【定义】
碳在 γ-Fe 中的固溶体,具有面心立方晶格。
【分类信息】
【CLC 类目】
TG135 特种机械性质合金
【IPC 类目】
(1) C30B5/00 自凝胶的单晶生长(在保护流体下的入 27/00)〔3〕
(2) C30B5/00 在生产具有特殊电磁性能的产品时〔3〕
(3) C30B5/00 多步法渗多种元素〔4〕
(4) C30B5/00 金属材料用其他方法清洗或除油;金属材料用有机溶剂清洗或除油的设备
(5) C30B5/00 卤化物〔3〕
【词条属性】
【词条关系】
【层次关系】
【并列】 α 相
【并列】 β 相
【并列】 η 相
【并列】 δ 相
【类属】 相结构
【组织-材料】 镍基高温合金

◎β 相

【基本信息】
【英文名】 beta phase
【拼音】 β xiang
【核心词】
【定义】
具有体心立方结构的金属间化合物,其化学式为 CuZn。
【分类信息】
【CLC 类目】
TG135 特种机械性质合金
【IPC 类目】
(1) G21C 核反应堆
(2) G21C 高熔点或难熔金属或以它们为基料的合金
(3) G21C 锆基合金〔2〕
(4) G21C 直接电阻加热
(5) G21C 氧化物;氢氧化物
【词条属性】
【特征】

【特点】 β 相是高温稳定相
【特点】 熔点之上的液态铁为 β 相
【词条关系】
【层次关系】
【并列】 α 相
【并列】 γ 相
【并列】 δ 相
【并列】 η 相
【类属】 相结构

◎α 相

【基本信息】
【英文名】 alpha phase
【拼音】 α xiang
【核心词】
【定义】

为碳在 α-Fe 中的固溶体，具有体心立方晶格。

【分类信息】
【CLC 类目】
(1) TG135　特种机械性质合金
(2) TG135　热力学
(3) TG135　合金学与各种性质合金
(4) TG135　其他特种性质合金
【IPC 类目】
(1) C01B21/068　与硅〔3〕
(2) C01B21/068　以氮化硅为基料的〔6〕
(3) C01B21/068　氧化铝；氢氧化铝；铝酸盐
(4) C01B21/068　氢氧化铝的脱水
(5) C01B21/068　直接电阻加热
【词条属性】
【特征】
【特点】 α 相是低温稳定相
【特点】 常温的铁是 α 相
【词条关系】
【层次关系】
【并列】 η 相
【并列】 δ 相
【并列】 γ 相
【并列】 β 相
【类属】 相结构

◎熔模铸造

【基本信息】
【英文名】 investment casting
【拼音】 rong mu zhu zao
【核心词】
【定义】

熔模铸造又称为失蜡铸造，包括压蜡、修蜡、组树、沾浆、熔蜡、浇铸金属液及后处理等工序。失蜡铸造是用蜡制作所要铸成零件的蜡模，然后蜡模上涂以泥浆，这就是泥模。泥模晾干后，再焙烧成陶模。一经焙烧，蜡模全部熔化流失，只剩陶模。一般制泥模时就留下了浇注口，再从浇注口灌入金属熔液，冷却后，所需的零件就制成了。

【分类信息】
【CLC 类目】
(1) T　工业技术
(2) T　机械制造工艺
(3) T　金属学与金属工艺
(4) T　炼钢
(5) T　冶金工业
(6) T　冶金技术
(7) T　铸造
(8) T　合成胶粘剂
【IPC 类目】
(1) C22C19/03　镍基合金〔2〕
(2) C22C19/03　含锡的〔2〕
(3) C22C19/03　熔模
【词条属性】
【特征】
【缺点】 工艺过程复杂
【缺点】 工艺过程不易控制
【缺点】 使用和消耗的材料较贵
【特点】 失蜡铸造
【特点】 铸造过程融掉蜡模

【优点】 铸造的铜器无范痕,也无垫片痕迹

【优点】 铸造镂空的器物效果好

【优点】 铸件有高的尺寸精度

【优点】 铸件有高的表面光洁度

【优点】 减少了机械加工工作

【优点】 可以铸造各种合金的复杂铸件

【状况】

【前景】 随着人们对生产和质量控制固有规律的掌握和传感器技术的发展,计算机在熔模铸造中的应用也日趋广泛;诸如铸件凝固过程的数值模拟、工艺和模具设计 CAD、模具制造 CAM、检测过程的 CAT、专家系统及生产管理等

【现状】 铸造是现代机械制造工业的基础工艺之一,因此铸造业的发展标志着一个国家的生产实力;我国已经成为世界铸造机械大国之一,在铸造机械制造行业取得了很大的成绩

【应用场景】 目前,除宇航和兵器工业外,熔模铸造几乎应用于所有的工业部门,特别是在电子器件、能源化工、交通运输、食品医疗、办公机械、泵阀机具等方面

【时间】

【起始时间】 世界上最早的失蜡铸件出土于西亚的两河流域,距今约 3000 年前的早期青铜器时代;我国的失蜡法至迟起源于春秋时期;河南淅川下寺 2 号楚墓出土的春秋时代的铜禁是迄今所知的最早的失蜡法铸件

【其他物理特性】

【熔点】 蜡基模料,熔点一般为 60～70 ℃;树脂基模料,熔点为 70～120 ℃。

【因素】

【影响因素】 熔模制造

【影响因素】 浇注过程

【影响因素】 脱模过程

【影响因素】 工艺方案

【影响因素】 工艺参数(如铸造圆角,拨模斜度、加工余量、工艺筋等)

【词条关系】

【等同关系】

【基本等同】 熔模精密铸造

【俗称为】 失蜡铸造

【层次关系】

【并列】 熔铸

【并列】 砂型铸造

【并列】 离心铸造

【并列】 压力铸造

【并列】 低压铸造

【并列】 壳型铸造

【并列】 陶瓷型铸造

【并列】 金属型铸造

【构成成分】 压蜡、修蜡、组树、沾浆、熔蜡、浇铸、后处理

【类分】 温模

【类属】 铸造工艺

【类属】 特种铸造

【类属】 精铸

【应用关系】

【使用】 液态金属

【使用】 蜡模

【使用】 模料

【使用】 黏结剂

【使用】 硬化剂

【使用】 表面活性剂

【使用】 耐火材料

【生产关系】

【工艺-材料】 钛合金

【工艺-材料】 铸造铝合金

【工艺-材料】 熔模

【工艺-材料】 青铜

【工艺-材料】 耐热合金

【工艺-材料】 精密合金

【工艺-材料】 永磁合金

【工艺-材料】 轴承合金

【工艺-材料】 铜合金

【工艺-材料】 坯料

【工艺-材料】 碳钢

【工艺-材料】 合金钢
【工艺-材料】 不锈钢
【工艺-材料】 球墨铸铁
【工艺-材料】 金属间化合物
【工艺-设备工具】 铸模
【测度关系】
【物理量-度量方法】 收缩率

◎腐蚀疲劳

【基本信息】
【英文名】 corrosion fatigue;corrosive fatigue;corrosion-fatigue
【拼音】 fu shi pi lao
【核心词】
【定义】

(1)金属材料在腐蚀性介质与交变应力或重复应力共同作用下引起材料断裂的现象。腐蚀疲劳是应力腐蚀形式之一,几乎能产生一般性腐蚀的金属和合金均会产生腐蚀疲劳,且在气相和液相环境下均可发生。

【来源】《中国百科大辞典》

(2)化工设备中许多金属材料构件皆工作在腐蚀的环境中,同时还承受着交变载荷的作用。与惰性环境中承受交变载荷的情况相比,交变载荷与侵蚀性环境的联合作用往往会显著降低构件疲劳性能,这种疲劳损伤现象称为腐蚀疲劳。

【分类信息】
【CLC 类目】
(1) TG171 金属腐蚀理论
(2) TG171 辐射腐蚀
(3) TG171 接触腐蚀、缝隙腐蚀、摩擦腐蚀
(4) TG171 土壤腐蚀
(5) TG171 海水腐蚀、水腐蚀
(6) TG171 有机物腐蚀
(7) TG171 其他腐蚀
(8) TG171 防蚀理论
(9) TG171 材料的抗蚀性能
(10) TG171 金属耐蚀材料
(11) TG171 非金属耐蚀材料
(12) TG171 电化学保护
(13) TG171 水及蒸汽的防蚀处理方法
【IPC 类目】
(1) C23C10/04 局部表面上的扩散处理,如使用掩蔽物〔4〕
(2) C23C10/04 渗铬〔4〕
(3) C23C10/04 黑色金属表面的〔4〕
【词条属性】
【特征】
【缺点】 造成材料腐蚀疲劳断裂
【特点】 在交变载荷下,金属承受的最大应变力越大,则至断裂的应变力交变次数 N 越少
【特点】 在交变载荷下,金属承受的最大应变力越小,则至断裂的应变力交变次数 N 越多。
【特点】 在真腐蚀疲劳情况下,即使循环载荷的最大应力强度因子小于腐蚀的临衔力强度因子,腐蚀对疲劳开裂的行为也有一定的影响
【特点】 腐蚀疲劳断裂的腐蚀环境没有特殊性要求,即不需要特定的材料或介质组合
【特点】 环境的腐蚀性增强,腐蚀疲劳破坏的影响增大
【状况】
【应用场景】 电化学腐蚀
【应用场景】 海洋腐蚀
【应用场景】 飞行器制造
【应用场景】 化工设备
【应用场景】 材料科学
【应用场景】 机械加工
【应用场景】 冶金工程
【应用场景】 热工自动化
【应用场景】 船舶工程
【因素】
【影响因素】 循环载荷应力比
【影响因素】 静力作用

【影响因素】 腐蚀环境
【影响因素】 载荷交变幅度
【影响因素】 载荷交变频率
【影响因素】 环境温度
【影响因素】 环境酸碱度
【影响因素】 环境氧化量
【影响因素】 加工工艺
【词条关系】
【等同关系】
【基本等同】 腐蚀损伤
【层次关系】
【并列】 均匀腐蚀
【概念-实例】 腐蚀疲劳断裂
【概念-实例】 腐蚀疲劳极限
【概念-实例】 应力腐蚀疲劳
【构成成分】 机械疲劳、化学腐蚀、应力腐蚀
【类属】 金属腐蚀
【组织-材料】 不锈钢
【组织-材料】 合金材料
【组织-材料】 铜合金
【组织-材料】 铝合金
【组织-材料】 工具钢
【组织-材料】 金属材料
【组织-材料】 耐磨合金
【组织-材料】 耐蚀合金
【应用关系】
【用于】 化工设备
【用于】 金属材料
【用于】 冶金工程
【用于】 机械工程
【用于】 船舶腐蚀与防护
【用于】 航天器制造
【用于】 桥梁工程
【用于】 推进器
【用于】 汽车弹簧
【用于】 矿山绳索
【用于】 轴承
【用于】 船舵
【生产关系】
【工艺-设备工具】 腐蚀疲劳试验机

◎磨损腐蚀

【基本信息】
【英文名】 erosion corrosion; wear corrosion; erosion-corrosion
【拼音】 mo sun fu shi
【核心词】
【定义】

腐蚀磨损是指摩擦副对偶表面在相对滑动过程中,表面材料与周围介质发生化学或电化学反应,并伴随机械作用而引起的材料损失现象,称为腐蚀磨损。腐蚀磨损通常是一种轻微磨损,但在一定条件下也可能转变为严重磨损。

【分类信息】
【CLC 类目】
(1) TF01 冶金原理
(2) TF01 金属的蠕变和疲劳
(3) TF01 金属腐蚀理论
(4) TF01 接触腐蚀、缝隙腐蚀、摩擦腐蚀
(5) TF01 防蚀理论
(6) TF01 材料的抗蚀性能
(7) TF01 金属耐蚀材料
(8) TF01 非金属耐蚀材料
【IPC 类目】
(1) C23C10/02 待被覆材料的预处理,(10/04 优先)〔4〕
(2) C23C10/02 黑色金属表面的〔4〕
(3) C23C10/02 金属材料〔4〕
【词条属性】
【特征】
【缺点】 齿轮的损伤
【缺点】 零件受损,无法正常使用
【特点】 一种化学腐蚀作用为主、并伴有机械磨损的轮齿损伤形式
【特点】 在腐蚀过程中磨损是中等程度的
【特点】 在高温或潮湿的环境中有较严

重后果

【特点】 通常是一种轻微磨损

【特点】 有些情况下,首先产生化学反应,然后才因机械磨损的作用而使被腐蚀的物质脱离本体

【特点】 一些情况是先产生机械磨损,生成磨损颗粒以后紧接着产生化学反应

【优点】 一般情况下氧化膜能使金属表面免于黏着,氧化磨损一般要比黏着磨损缓慢,因而可以说氧化磨损能起到保护摩擦副的作用

【优点】 金属表面也可能与某些特殊介质起作用而生成耐磨性较好的保护膜

【状况】

【前景】 磨损腐蚀机理的研究

【前景】 更加成熟,完备的实验设备

【前景】 针对特定的腐蚀环境,选择合适的材料及热处理工艺

【前景】 研究材料选择与腐蚀磨损关系图,材料热处理工艺选择与腐蚀磨损关系图

【前景】 利用表面改性层提高耐腐蚀磨损的机理

【应用场景】 机械加工

【应用场景】 冶金工程

【应用场景】 齿轮

【应用场景】 电镀与腐蚀

【应用场景】 石油化工

【应用场景】 能源交通

【应用场景】 水利电力

【应用场景】 机械设备

【因素】

【影响因素】 化学反应

【影响因素】 电化学反应

【影响因素】 机械磨损

【影响因素】 氧化膜性质

【影响因素】 载荷影响

【影响因素】 滑动速度影响

【影响因素】 金属表面状态

【影响因素】 电化学介质

【影响因素】 酸碱度

【影响因素】 温度

【影响因素】 机械因素

【词条关系】

【层次关系】

【并列】 均匀腐蚀

【并列】 腐蚀行为

【并列】 磨损行为

【类分】 氧化磨损

【类分】 特殊介质腐蚀磨损

【类分】 气蚀浸蚀磨损

【类分】 微动磨损

【类分】 化学腐蚀

【类分】 机械磨损

【组织-材料】 齿轮

【组织-材料】 泵体

【组织-材料】 叶轮

【组织-材料】 管道

【组织-材料】 不锈钢

【组织-材料】 铸铁

【应用关系】

【用于】 表面处理

【用于】 腐蚀与防护

【用于】 电镀与腐蚀

【用于】 机械工程

【用于】 冶金工业

【用于】 石油化工

【用于】 能源

【用于】 交通

【用于】 水利工程

【用于】 电力工程

【用于】 机械设备

【组织-工艺】 热处理

【组织-工艺】 表面处理

【组织-工艺】 润滑处理

【组织-工艺】 电化学反应

【组织-工艺】 化学反应

【测度关系】

【物理量-度量工具】 稳态磨损腐蚀试验机

【物理量-度量工具】 暂态磨损腐蚀试验机

◎氢脆

【基本信息】

【英文名】 hydrogen embrittlement; hydrogen brittleness

【拼音】 qing cui

【核心词】

【定义】

(1)金属中溶入氢后,在拉伸时塑性指标(主要是断面收缩率)下降的现象。现通常泛指金属中溶入氢后所引起的一系列损伤而使金属力学性能劣化的现象。

【来源】《材料科学技术百科全书》

(2)又称酸脆性。金属与合金在电解过程中或清洗时或在氢介质中,因氢入侵而发生金属与合金的脆化现象。氢是强还原剂,它对高温金属的吸附性很强,溶解在金属中的氢,在铸件、锻件内部会形成白点,引起材料韧性降低、性能下降。氢脆是一种延迟性破坏,即材料在低于抗拉强度的应力作用下,经过一段时间后发生突然断裂。

【来源】《中国百科大辞典》

(3)钢材在冶炼、加工和使用中溶解于钢中的原子氢,在重新聚合成分子氢时产生的巨大应力超过钢的强度极限时,可以在钢内产生微裂纹,导致材料的韧性或塑性下降的现象。

【分类信息】

【CLC 类目】

(1) TF01 冶金原理

(2) TF01 冶炼原理

(3) TF01 金属的晶体缺陷理论

(4) TF01 金属的脆性及断裂

(5) TF01 合金学理论

(6) TF01 黑色金属材料

(7) TF01 钢的热处理

【IPC 类目】

C22B4/06 合金〔2〕

【词条属性】

【特征】

【缺点】 材料塑性和强度降低

【缺点】 导致的开裂或延迟性的脆性破坏

【缺点】 高温高压的氢对钢会导致表面鼓包或皱折

【缺点】 氢与钢中的碳结合,使钢脱碳,或使钢中的硫化物与氧化物还原

【特点】 由金属吸氢引起

【特点】 溶于钢中的氢,聚合为氢分子,造成应力集中,超过钢的强度极限

【特点】 只可防,而不可治

【特点】 氢脆一经产生,就消除不了

【特点】 在尚未出现开裂的情况下可以通过脱氢处理恢复钢材的性能

【特点】 内氢脆是可逆的

【特点】 压力容器的氢脆是指它的器壁受到氢的侵蚀

【特点】 钢的氢脆主要发生在微观组织上

【特点】 钢的腐蚀面常可见到钢的脱碳铁素体

【特点】 氢脆层有沿着晶界扩展的腐蚀裂纹

【特点】 宏观上可以发现氢脆所产生的鼓包

【状况】

【应用场景】 船舶工程

【应用场景】 船舶腐蚀与防护

【应用场景】 电力

【应用场景】 热工自动化

【应用场景】 电厂化学与金属

【应用场景】 机械工程

【应用场景】 腐蚀与保护

【应用场景】 腐蚀类型

【因素】

【影响因素】 操作温度

【影响因素】 氢的分压

【影响因素】 作用时间

【影响因素】 钢的化学成分

【词条关系】

【等同关系】
【俗称为】　白点
【俗称为】　氢损伤
【层次关系】
【并列】　均匀腐蚀
【概念-实例】　白点
【概念-实例】　氢损伤
【概念-实例】　发裂
【概念-实例】　氢鼓泡
【概念-实例】　滞后断裂
【概念-实例】　应力腐蚀
【概念-实例】　氢致滞后断裂
【应用关系】
【用于】　船舶工程
【用于】　船舶腐蚀与防护
【用于】　电力
【用于】　热工自动化
【用于】　电厂化学与金属
【用于】　机械工程
【用于】　腐蚀与保护
【用于】　冶金工程
【用于】　碳钢
【用于】　低合金钢
【组织-工艺】　冶炼
【组织-工艺】　酸洗
【组织-工艺】　电镀
【组织-工艺】　焊接
【组织-工艺】　溶氢
【组织-工艺】　热处理
【组织-工艺】　驱氢处理

◎晶体缺陷

【基本信息】
【英文名】　crystal defects
【拼音】　jing ti que xian
【核心词】
【定义】

（1）晶体缺陷是指晶体内部结构完整性受到破坏的所在位置。按其延展程度可分成点缺陷、线缺陷和面缺陷。

（2）在理想完整的晶体中，原子按一定的次序严格地处在空间有规则的、周期性的格点上。但在实际的晶体中，由于晶体形成条件、原子的热运动及其他条件的影响，原子的排列不可能那样完整和规则，往往存在偏离了理想晶体结构的区域。这些与完整周期性点阵结构的偏离就是晶体中的缺陷，它破坏了晶体的对称性。

【分类信息】
【CLC 类目】
O77　固体缺陷
【词条属性】
【特征】

【特点】　点缺陷，只涉及大约一个原子大小范围的晶格缺陷；它包括：晶格位置上缺失正常应有的质点而造成的空位；由于额外的质点充填晶格空隙而产生的填隙；由杂质成分的质点替代了晶格中固有成分质点的位置而引起的替位等；在类质同象混晶中替位是一种普遍存在的晶格缺陷

【特点】　线缺陷——位错，位错的概念 1934 年由泰勒提出，到 1950 年才被实验所证实，具有位错的晶体结构，可看成是局部晶格沿一定的原子面发生晶格的滑移的产物；滑移不贯穿整个晶格，晶体缺陷到晶格内部即终止，在已滑移部分和未滑移部分晶格的分界处造成质点的错乱排列，即位错；这个分界外，即已滑移区和未滑移区的交线，称为位错线

【特点】　位错线与滑移方向垂直，称为刃位错，也称为棱位错；位错线与滑移方向平行，则称为螺旋位错；刃位错恰似在滑移面一侧的晶格中额外多了半个插入的原子面，后者在位错线处终止

【特点】　螺旋位错在相对滑移的两部分晶格间产生一个台阶，但此台阶到位错线处即告终止，整个面网并未完全错断，致使原来相互平行的一组面网连成了恰似由单个面网所构成的螺旋面

【特点】 面缺陷,是沿着晶格内或晶粒间的某个面两侧大约几个原子间距范围内出现的晶格缺陷

【特点】 面缺陷主要包括堆垛层错及晶体内和晶体间的各种界面,如小角晶界、畴界壁、双晶界面及晶粒间界等

【特点】 晶体缺陷有的是在晶体生长过程中,由于温度、压力、介质组分浓度等变化而引起的;有的则是在晶体形成后,由于质点的热运动或受应力作用而产生;它们可以在晶格内迁移,以至消失;同时又可有新的缺陷产生

【特点】 晶体缺陷的存在对晶体的性质会产生明显的影响;实际晶体或多或少都有缺陷;适量的某些点缺陷的存在可以大幅度增强半导体材料的导电性和发光材料的发光性,起到有益的作用

【词条关系】

【层次关系】

【类分】 位错

【类分】 空位

【类分】 晶界

【类分】 点缺陷

【类分】 线缺陷

【类分】 面缺陷

【类分】 晶格畸变

【类分】 堆垛层错

【类分】 间隙原子

【类属】 晶体学

◎爆炸成形

【基本信息】

【英文名】 explosive forming; dynaforming; detonation forming

【拼音】 bao zha cheng xing

【核心词】

【定义】

爆炸成形是利用爆炸物质在爆炸瞬间释放出巨大的化学能对金属坯料进行加工的高能效成形方法。

【分类信息】

【CLC 类目】

TG392 爆炸成型

【词条属性】

【特征】

【特点】 金属粉末爆炸成形属于非钢模成形法,它利用炸药爆炸时产生的瞬间冲击波的高温、高压,作用于金属粉末中,使颗粒间距离缩短

【优点】 爆炸成形由于在瞬间完成,所以组成相之间几乎没有扩散,而且晶粒来不及长大;爆炸成形能够压出相对密度极高的压坯

【优点】 金属粉末爆炸成形工艺具有高温、高压、瞬间作用的特点,炸药爆炸后在极短的时间内(几微秒)产生的冲击压力可达 10^6 MPa,这样大的压力可直接用于压制超硬粉末材料和生产一般压力机无法压制的大型预成型件

【特点】 爆炸成形时,爆炸物质的化学能在极短时间内转化为周围介质(空气或水)中的高压冲击波,并以脉冲波的形式作用于坯料,使其产生塑性变形并以一定速度贴模,完成成形过程;冲击波对坯料的作用时间为微秒级,仅占坯料变形时间的一小部分;这种高速变形条件,使爆炸成形的变形机理及过程与常规冲压加工有着根本性的差别

【特点】 伦诺(C. R. A. Lennon)等人为了摸索爆炸压制机理,利用直接式爆炸成形装置压制铁、镍、铜、铝金属粉末,研究了不同的冲击能量(压力)与压坯密度的变化关系,比较了铁粉的爆炸压制与等静压制时的行为,确定了爆炸压制机理即能量与压坯密度的关系式

【优点】 可在室温下进行压实,压实密度接近理论密度

【优点】 可在低于一般烧结温度下进行热压实,使压实件具有超细晶粒结构或非平衡结构等

【优点】 能压制各种粉末组合，而没有组成相之间的相互作用

【状况】

【应用场景】 爆炸成型的历史可以追溯到19世纪末期；1876年英国工程师Adamson利用火药棉爆炸研究铁板和钢板承受冲击力时的行为，1888年美国化学家Charles Munroe利用火药棉接触爆炸，借助镂花模板和钢丝网模块在金属表面雕刻图案，都是人类早期从事爆炸成型的实例

【应用场景】 爆炸产生的冲击波在物质中的传播也可以产生神奇的效应；爆炸可以使物质的颗粒尺寸变小，晶格畸变增加，从而产生大量的细观粒子和微观缺陷，因而反应活性大幅度提高；例如，氧化钛粉末经冲击活化后催化活性提高约两个数量级，铁酸锌催化剂经冲击波处理后，在乙醇和硫化氢水溶液脱氢反应的催化活性明显增强，脱氢速率大幅度提高

【词条关系】

【层次关系】

【类属】 塑性变形

【实例-概念】 粉末冶金

【概念-实例】 爆炸焊接

【概念-实例】 爆炸压实

◎扩散焊接

【基本信息】

【英文名】 diffusion welding; diffusion bonding

【拼音】 kuo san han jie

【核心词】

【定义】

扩散焊接，将焊件紧密贴合，在一定温度和压力下保持一段时间，使接触面之间的原子相互扩散形成连接的焊接方法。

【分类信息】

【CLC类目】

TG44　焊接操作

【词条属性】

【特征】

【特点】 焊接温度越高，原子扩散越快；焊接温度一般为材料熔点的0.5～0.8倍；根据材料类型和对接头质量的要求，扩散焊可在真空、保护气体或溶剂下进行，其中以真空扩散焊应用最广

【优点】 扩散焊接压力较小，工件不产生宏观塑性变形，适合焊后不再加工的精密零件

【优点】 这些组合工艺不但能大幅度提高生产率，而且能解决单个工艺所不能解决的问题

【状况】

【应用场景】 扩散焊可与其他热加工工艺联合形成组合工艺，如热耗-扩散焊、粉末烧结-扩散焊和超塑性成形-扩散焊等

【应用场景】 扩散焊已广泛用于反应堆燃料元件、蜂窝结构板、静电加速管、各种叶片、叶轮、冲模、过滤管和电子元件等的制造

【因素】

【影响因素】 影响扩散焊过程和接头质量的主要因素是温度压力扩散时间和表面粗糙度

【词条关系】

【层次关系】

【类属】 焊接方法

【并列】 硬面堆焊

【并列】 气体保护焊

【并列】 电阻焊

【生产关系】

【工艺-材料】 复合材料

◎电阻率

【基本信息】

【英文名】 specific resistance; electrical resistivity

【拼音】 dian zu lü

【核心词】

【定义】

电阻率是用来表示各种物质电阻特性的物理量。某种物质所制成的原件(常温下 20 ℃)的电阻与横截面积的乘积与长度的比值叫作这种物质的电阻率。

【分类信息】

P631.3 电阻率法

【词条属性】

【特征】

【特点】 在温度一定的情况下,有公式 $R=\rho l/s$ 其中的 ρ 就是电阻率,l 为材料的长度,S 为面积;可以看出,材料的电阻大小与材料的长度成正比,而与其截面积成反比

【特点】 电阻率是用来表示各种物质电阻特性的物理量

【特点】 金属材料在温度不高时,ρ 与温度 T(℃)的关系是 $\rho_1=\rho_0(1+\alpha T)$,式中 ρ_1 与 ρ_0 分别是 T ℃和 0 ℃ 时的电阻率;α 是电阻率的温度系数,与材料有关

【数值】 锰铜的 α 约为 0.1/℃,用其制成的电阻器的电阻值在常温范围下随温度变化极小,适合于做标准电阻

【特点】 金属的电阻率较小,合金的电阻率较大,非金属和一些金属氧化物更大,而绝缘体的电阻率极大

【特点】 常态下导电性能最好的依次是银、铜、铝,这 3 种材料是最常用的,常被用来作为导线等

【状况】

【应用场景】 有些金属(如 Nb 和 Pb)或它们的化合物,当温度降到几开尔文或十几开尔文(绝对温度)时,ρ 突然减少到接近零,出现超导现象,超导材料有广泛的应用前景;利用材料的 ρ 随磁场或所受应力而改变的性质,可制成磁敏电阻或电阻应变片,分别被用来测量磁场或物体所受到的机械应力,在工程上获得广泛应用

【应用场景】 电阻率较低的物质被称为导体,常见导体主要为金属,而自然界中导电性最佳的是银,其次为半导体,如硅、锗

【应用场景】 不易导电的物质如玻璃、橡胶等,电阻率较高,一般称为绝缘体;介于导体和绝缘体之间的物质(如硅)则称为半导体

【因素】

【影响因素】 电阻率是用来表示各种物质电阻特性的物理量;某种物质所制成的原件(常温下 20 ℃)的电阻与横截面积的乘积与长度的比值叫作这种物质的电阻率

【影响因素】 电阻率与导体的长度、横截面积等因素无关,是导体材料本身的电学性质,由导体的材料决定

【影响因素】 电阻率不仅与材料种类有关,而且还与温度、压力和磁场等外界因素有关

【词条关系】

【层次关系】

【主体-附件】 试样长度

【主体-附件】 试样横截面积

【主体-附件】 温度

【测度关系】

【物理量-度量方法】 导电性

【物理量-单位】 欧姆·米

【物理量-单位】 欧姆·厘米

【度量方法-物理量】 超导

◎居里点

【基本信息】

【英文名】 curie point; magnetic transition temperature

【拼音】 ju li dian

【核心词】

【定义】

居里点也称为居里温度或磁性转变点,是指材料可以在铁磁体和顺磁体之间改变的温度,即铁磁体从铁磁相转变成顺磁相的相变温度。也可以说是发生二级相变的转变温度。低于居里点温度时该物质成为铁磁体,此时和材料有关的磁场很难改变。当温度高于居里点温度时,该物质成为顺磁体,磁体的磁场很容易随

周围磁场的改变而改变。这时的磁敏感度约为 10^{-6}。

【分类信息】

【CLC 类目】

O551.3　物质的热性质

【词条属性】

【特征】

【特点】　铁磁物质被磁化后具有很强的磁性,但随着温度的升高,金属点阵热运动的加剧会影响磁畴磁矩的有序排列,当温度达到足以破坏磁畴磁矩的整齐排列时,磁畴被瓦解,平均磁矩变为零,铁磁物质的磁性消失变为顺磁物质,与磁畴相联系的一系列铁磁性质(如高磁导率、磁滞回线、磁致伸缩等)全部消失,相应的铁磁物质的磁导率转化为顺磁物质的磁导率

【特点】　磁芯温度一旦超过其居里温度,它的磁导率会急剧下降(按照磁性材料生产厂家的广泛定义,在到达所定义的居里温度之前已经开始急剧下降了);也就说在到达居里温度后,磁芯的电磁效应已无法起到作用,后果很严重

【数值】　锰锌居里温度的常见效应(其他材质居里温度较高),功率类的材料的居里温度在230 ℃ 以下,高导类的在 120 ℃ 以下

【数值】　每种磁性材料皆不同;例如,铁的居里温度约 770 ℃,钴的居里温度约 1131 ℃

【数值】　一般常用的 PC40,PC44 居里温度在 210 ℃

【状况】

【应用场景】　我们使用的电饭锅就利用了磁性材料的居里点的特性;在电饭锅的底部中央装了一块磁铁和一块居里点为 105 ℃ 的磁性材料;当锅里的水分干了以后,食品的温度将从 100 ℃ 上升;当温度到达大约 105 ℃ 时,由于被磁铁吸住的磁性材料的磁性消失,磁铁就对它失去了吸力,这时磁铁和磁性材料之间的弹簧就会把它们分开,同时带动电源开关被断开,停止加热

【词条关系】

【基本等同】　居里温度

【基本等同】　磁性转变温度

【基本等同】　磁性转变点

【测度关系】

【物理量-度量工具】　居里温度测试仪

【物理量-单位】　摄氏度

【物理量-单位】　开尔文

◎屈服点

【基本信息】

【英文名】　yield point;proof stress;breakdown point

【拼音】　qu fu dian

【核心词】

【定义】

钢材或试样在拉伸时,当应力超过弹性极限,即使应力不再增加,而钢材或试样仍继续发生明显的塑性变形,称此现象为屈服,而产生屈服现象时的最小应力值即为屈服点。

【分类信息】

【CLC 类目】

压力加工理论

【词条属性】

【特征】

【特点】　设 P_s 为屈服点 s 处的外力,F_o 为试样断面积,则屈服点 $\sigma_s = P_s/F_o$(MPa),MPa 称为兆帕,等于 N(牛顿)/mm^2

【特点】　屈服强度($\sigma_{0.2}$)有的金属材料的屈服点极不明显,在测量上有困难,因此为了衡量材料的屈服特性,规定产生永久残余塑性变形等于一定值(一般为原长度的 0.2%)时的应力,称为条件屈服强度或简称为屈服强度 $\sigma_{0.2}$

【特点】　具有屈服现象的金属材料,试样在拉伸过程中力不增加(保持恒定)仍能继续伸长时的应力,称为屈服点;若力发生下降时,则应区分上、下屈服点;屈服点的单位为 N/mm^2(MPa)

【特点】　上屈服点:试样发生屈服而力首

次下降前的最大应力;产生原因为开始塑性变形时,位错密度较低,位错运动需要在较大应力下发生

【特点】 下屈服点(σ_{sl})——当不计初始瞬时效应时,屈服阶段中的最小应力

【特点】 F_s 为试样拉伸过程中屈服力(恒定),单位 N(牛顿);S_o 为试样原始横截面积,单位 mm²(平方毫米)

【词条关系】

【基本等同】 屈服强度 $\sigma_{0.2}$

【层次关系】

【组成部件】 屈服强度

【主体-附件】 应力

【主体-附件】 应变

【测度关系】

【物理量-单位】 兆帕

【物理量-度量工具】 拉伸试验机

◎铍铜

【基本信息】

【英文名】 beryllium bronze

【拼音】 pi tong

【核心词】

【定义】

铍铜是以铍为主要合金元素的铜合金,又称之为铍青铜。它是铜合金中性能最好的高级有弹性材料,具有很高的强度、弹性、硬度、疲劳强度,弹性滞后小,耐蚀、耐磨、耐寒,高导电,无磁性,冲击不产生火花等一系列优良的物理、化学和力学性能。

【分类信息】

【CLC 类目】

O614.121 铜

P618.41 铜

TF811 铜

TG146.1 铜

TG457.13 铜

TF824 铍

P618.72 铍

O614.21 铍

【词条属性】

【特征】

【特点】 常用的加工铍青铜有:Cu-2Be-0.3Ni,Cu-1.9Be-0.3Ni-0.2Ti 等

【数值】 铍铜合金在海水中耐蚀速度:(0.011~0.014) mm/年;腐蚀深度:(0.0109~0.0138) mm/年

【数值】 腐蚀后,强度、延伸率均无变化,故在海水中可保持 40 年以上,是海底电缆中继器构造体不可替代的材料;在硫酸介质中:在小于 80% 浓度的硫酸中(室温)年腐蚀深度为 0.0012~0.1175 mm,浓度大于 80% 则腐蚀稍加快

【状况】

【应用场景】 加工铍青铜主要用作各种高级弹性元件,特别是要求具有良好的传导性能,耐腐蚀、耐磨、耐寒、无磁的各种元件,大量用作膜盒、膜片、波纹管、微型开关等

【应用场景】 铸造铍青铜则用于防爆工具,各种模具、轴承、轴瓦、轴套、齿轮和各种电极等

【应用场景】 铍的氧化物和粉尘对人体有害,生产和使用要注意防护

【应用场景】 铍铜是力学、物理、化学综合性能良好的一种合金,经过淬火调质后,具有高的强度、弹性、耐磨性、耐疲劳性和耐热性,同时铍铜还具有很高的导电性、导热性、耐寒性和无磁性;碰击时无火花,易于焊接和钎焊,在大气、淡水和海水中耐腐蚀性极好

【应用场景】 高性能铍铜主要围绕有色金属低压、重力铸造模具使用的各种工况,通过深入研究铍青铜模具材料失效原因、成分和耐金属液浸蚀性内在关系,开发了高导电(热)性、高强度、耐磨性、耐高温性、高韧性、耐金属液浸蚀相结合的高性能铍青铜模具材料,解决了国内有色金属低压、重力铸造模具易裂、易磨损等难题,显著提高了模具寿命、脱模速度和铸件强度

【其他物理特性】
【密度】 8.3 g/cm
【电导率】 ≥18% IACS
【电导率】 抗拉强度≥1000 MPa
【热导率】 ≥105 w/(m · K)(20 ℃)
【力学性能】
【硬度】 ≥(36~42)HRC
【词条关系】
【等同关系】
【基本等同】 铍青铜
【层次关系】
【实例-概念】 弹性合金
【实例-概念】 耐蚀材料
【应用关系】
【用于】 模具
【用于】 轴承
【用于】 轴瓦
【用于】 轴套
【用于】 齿轮
【用于】 电极
【生产关系】
【原料-材料】 防爆工具

◎弹性系数

【基本信息】
【英文名】 elastic coefficient
【拼音】 tan xing xi shu
【核心词】
【定义】
弹性系数计算公式为:$K=\delta F/\delta L$ 是物体所受的应力与应变的比值。
【分类信息】
【CLC 类目】
O369　物理力学
O645.16　物理力学性质
【词条属性】
【特征】
【特点】 弹性模量是描述固体材料抵抗形变能力的物理量;一条长度为 L、截面积为 S 的金属丝在力 F 作用下伸长 ΔL;F/S 叫作胁强,其物理意义是金属丝单位截面积所受到的力;$\Delta L/L$ 叫作胁变,其物理意义是金属丝单位长度所对应的伸长量
【特点】 胁强与胁变之比叫作弹性模量,即 $E=(F/S)/(\Delta L/L)$,也就是材料力学中的弹性模量=线应力/线应变,又称为杨氏模量
【词条关系】
【等同关系】
【基本等同】 弹性模量

◎物理冶金

【基本信息】
【英文名】 physical metallurgy
【拼音】 wu li ye jin
【核心词】
【定义】
研究金属及其合金的组成、组织结构和性能的内在联系,以及在各种条件下的变化规律,为有效地使用金属材料和为发展具有特定性能的金属材料而服务的一门应用科学。
【分类信息】
【CLC 类目】
TF19　其他冶金技术
【词条属性】
【特征】
【特点】 通过非化学方法达到改变金属性能目的的冶金相关知识的学科,其主要为常见的主题包括退火、调幅分解、形核、长大和粒子粗化等冶金过程的原理
【特点】 它是从冶金学的一个分支——金相学直接演变而来的;金属学一词,在中国开始使用是从 20 世纪 50 年代初,是从俄文"Металловедение"翻译过来的,字义与德文的"Metallkunde"一词相当,科学内容和英文的"Physicalmetallurgy"(物理冶金)大致相当
【特点】 金属学以金属电子论、晶体学及合金热力学为理论基础,依靠物理、化学的微观和宏观检测技术,扩展了金相学的内容,保持应

用科学的传统

【特点】 联系成分、处理过程对金属组织结构和性能的影响,研究合金相结构和组织的形成规律,包括:研究合金相的形成,相图原理及其测定,合金元素及微量元素在合金相中的分布等合金组成的规律;研究晶体中原子的扩散过程

【特点】 晶体重构的相变过程,包括金属的凝固与温度压力变化下的固态相变

【特点】 研究晶体缺陷和金属形变过程中的位错运动

【特点】 研究成分及杂质对金属性质的影响,包括超微量元素及微观和宏观偏析

【特点】 联系金属材料的使用,研究材料结构强度和断裂行为

【特点】 研究金属材料在各种不同使用条件下的特性变化等

【特点】 研究金属的强化原理

【状况】

【前景】 应用电子计算机进行图像处理,可以明显地提高电子显微镜的分辨能力,能直接看到金属中单个原子分布的图像;分析电子显微术和各种表面分析设备不断出现,使金属学的发展更加深入;又如应用激冷技术制成的快冷微晶合金和某些合金体系形成的非晶态金属,都各自显示出特有的性能,有很大的理论意义和实用价值,为金属学开拓了新园地

【词条关系】

【等同关系】

【基本等同】 金属学

【层次关系】

【类分】 微合金化

【概念-实例】 退火

【概念-实例】 正火

【概念-实例】 淬火

【概念-实例】 回火

【概念-实例】 固溶处理

【概念-实例】 时效处理

【概念-实例】 化学热处理

【概念-实例】 再结晶

【概念-实例】 回复

【概念-实例】 加工硬化

【概念-实例】 形核

【概念-实例】 长大

【概念-实例】 扩散

◎等温模锻

【基本信息】

【英文名】 isothermal die forging; isothermal precision forging; isothermal forge; isothermal stamping

【拼音】 deng wen mu duan

【核心词】

【定义】

等温模锻在将模具加热到与被加工金属的变形温度相同的温度下,以低应变速率进行的模锻。

【分类信息】

【CLC 类目】

TG27 合金铸造

【词条属性】

【特征】

【特点】 等温模锻的原理是,利用金属材料在适当的高温和应力下,经过长时间的保温发生蠕变,或利用具有应变速率敏感性的材料和相变材料等所出现的超塑性条件,来实现薄壁、高筋、形状复杂或难变形金属的成形

【特点】 等温模锻的关键是带有加热器进行感应加热或电阻加热的模具

【优点】 锻件等温模锻的应用越来越广泛,它不但能够加工难变形的金属与合金,如钦合金、镍基合金等,而且能以小吨位设备锻制投影面积大而薄的锻件,以利于减少金属材料的消耗和机械加工的费用

【缺点】 由于工具要在长时间高温条件下工作,对模具材料要求较高,模具加工制造困难,总能耗也不一定少

【特点】 利用合金在相变温度条件下具

有超塑性这一特点，将锻造温度控制在这个范围内的模锻，或是将材料经过预处理，获得细晶超塑性能，并在超塑性的温度、速度条件下进行的模锻，称为超塑性等温模锻或相变超塑性模锻

【状况】

【应用场景】　对于不具有超塑性的材料，利用金属的高温蠕变特性，来获得低应力大变形的模锻称为热塑性模锻

【词条关系】

【层次关系】

【类属】　模锻

【实例-概念】　高温蠕变

【应用关系】

【用于】　TC18 钛合金盘件

【用于】　高 Nb-TiAl 合金叶片

【用于】　起落架轮毂

【用于】　超高强铝合金

◎粉末模锻

【基本信息】

【英文名】　powder forging

【拼音】　fen mo mu duan

【核心词】

【定义】

以金属粉末为原料，经过压制、烧结、模锻等工序制成所需形状、尺寸和性能的锻件的粉末成型方法。

【分类信息】

【CLC 类目】

TF124　粉末成型、烧结及后处理

【词条属性】

【特征】

【特点】　粉末模锻以金属粉末为原料，经过压制、烧结、模锻等工序制成所需形状、尺寸和性能的锻件的粉末成型方法；它保持了粉末冶金压实制坯的优点，又发挥了锻造变形的特点

【优点】　材料利用率高，可达 90%以上

【优点】　力学性能高，材质均匀无异向性，锻件耐磨性显著提高

【优点】　精度高，表面光洁，利于复杂形状锻件的成形

【优点】　简化生产工艺，生产效率高，容易实现自动化

【优点】　模具使用寿命长

【词条关系】

【等同关系】

【基本等同】　粉末锻造

【层次关系】

【类属】　模锻

【实例-概念】　表面处理

【生产关系】

【工艺-材料】　复合材料

◎喷丸

【基本信息】

【英文名】　shot blasting; Grit blasting; shot peening

【拼音】　pen wan

【核心词】

【定义】

使用丸粒轰击工件表面并植入残余压应力，提升工件疲劳强度的冷加工工艺。

【分类信息】

【CLC 类目】

TG389　有色金属及合金材料冲压

【词条属性】

【特征】

【特点】　喷丸处理是工厂广泛采用的一种表面强化工艺，其设备简单、成本低廉，不受工件形状和位置限制，操作方便，但工作环境较差

【特点】　喷丸广泛用于提高零件机械强度及耐磨性、抗疲劳和耐腐蚀性等；还可用于表面消光、去氧化皮和消除铸、锻、焊件的残余应力等

【数值】　铸钢丸，其硬度一般为 40～50 HRC，加工硬金属时，可把硬度提高到 57～62 HRC；铸钢丸的韧性较好，使用广泛，其使用寿命为铸铁丸的几倍

【数值】 铸铁丸,其硬度为58～65 HRC,质脆而易于破碎;寿命短,使用不广;主要用于需喷丸强度高的场合

【数值】 玻璃丸,硬度较前两者低,主要用于不锈钢、钛、铝、镁及其他不允许铁质污染的材料,也可在钢铁丸喷丸后做第二次加工之用,以除去铁质污染和降低零件的表面粗糙度

【数值】 陶瓷丸的化学成分大致为67%的ZrO_2,31%的SiO_2及以2%的Al_2O_3为主的夹杂物,经熔化、雾化、烘干、选圆、筛分制成的,硬度相当于HRC 57～63;其突出性能是密度比玻璃高、硬度高;最早于20世纪80年代初期用于飞机的零部件强化

【特点】 可以任意使用金属或非金属弹丸,以适应清理工件表面的不同要求

【优点】 清理的灵活性大,容易清理复杂工件的内、外表面和管件的内壁,并且不受场地限制,可将设备安置在特大型工件附近

【优点】 设备结构较简单,整机投资少,易损件少,维修费用低

【缺点】 清理表面易有湿气,容易再生锈

【缺点】 清理效率低,操作人员多,劳动强度大

【缺点】 必须配备大功率的空压站,在清理效果相同的条件下,消耗的能量较大

【特点】 喷丸后的零件不应再进行加热处理;因为加热处理会释放有益的残余压应力

【词条关系】

【层次关系】

【实例-概念】 残余应力

【应用关系】

【用于】 硬化

【生产关系】

【工艺-材料】 铝合金

【工艺-材料】 钛合金

【工艺-材料】 不锈钢

【工艺-材料】 镍基合金

【工艺-材料】 低合金钢

【工艺-材料】 碳钢

◎功能材料

【基本信息】

【英文名】 function materials; speciality materials; fine materials

【拼音】 gong neng cai liao

【核心词】

【定义】

功能材料是指通过光、电、磁、热、化学、生化等作用后具有特定功能的材料。在国外,常将这类材料称为功能材料(Functional materials)、特种材料(Speciality materials)或精细材料(Fine materials)。

【分类信息】

【CLC类目】

TG141 黑色金属材料

TH142.1 黑色金属材料

TU511 黑色金属材料

U214.8 黑色金属材料

【词条属性】

【状况】

【应用场景】 生物活性陶瓷已成为医用生物陶瓷的主要方向;生物降解高分子材料是医用高分子材料的重要方向;医用复合生物材料的研究重点是强韧化生物复合材料和功能性生物复合材料,带有治疗功能的HA生物复合材料的研究也十分活跃

【应用场景】 固体氧化物燃料电池的研究十分活跃,关键是电池材料,如固体电解质薄膜和电池阴极材料,还有质子交换膜型燃料电池用的有机质子交换膜等,都是研究的热点

【应用场景】 直接面临的与环境问题相关的材料技术;例如,生物可降解材料技术,CO_2气体的固化技术,SO_x、NO_x催化转化技术、废物的再资源化技术、环境污染修复技术,材料制备加工中的洁净技术及节省资源、节省能源的技术

【应用场景】 国外在智能材料的研发方面取得很多技术突破,如英国宇航公司在导线传感器,用于测试飞机蒙皮上的应变与温度情

况;英国开发出一种快速反应形状记忆合金,寿命期具有百万次循环,且输出功率高,以它做制动器时,反应时间仅为 10 min;压电材料、磁致伸缩材料、导电高分子材料、电流变液和磁流变液等智能材料驱动组件材料,在航空上的应用取得大量创新成果

【应用场景】 建立总体利用效率达 15%的追尾聚集光式太阳能光电、热电、热交换系统并实用化,建立太阳能综合利用与风力发电耦合的实用型分布式地面电站,并可并网供电

【应用场景】 低成本、高亮度、长寿命白光 LED 节能照明系统产业化并进入普通百姓家庭

【词条关系】

【等同关系】

【基本等同】 特种材料

【基本等同】 精细材料

【层次关系】

【类分】 永磁合金

【类分】 热双金属

【类分】 隐身材料

【概念-实例】 超导材料

【概念-实例】 微电子材料

【概念-实例】 光子材料

【概念-实例】 信息材料

【概念-实例】 能源转换材料

【概念-实例】 储能材料

【概念-实例】 生态环境材料

【概念-实例】 生物医用材料

◎硬磁材料

【基本信息】

【英文名】 magnetically hard material; permanent magnetic material

【拼音】 ying ci cai liao

【核心词】

【定义】

硬磁材料是指磁化后不易退磁而能长期保留磁性的一种铁氧体材料,也称为永磁材料或恒磁材料。

【分类信息】

【CLC 类目】

TM271 硬磁材料

【词条属性】

【特征】

【特点】 硬磁铁氧体的晶体结构大致是六角晶系磁铅石型,其典型代表是钡铁氧体 $BaFe_{12}O_{19}$

【特点】 硬磁材料常用来制作各种永久磁铁、扬声器的磁钢和电子电路中的记忆元件等;硬磁材料的特征是矫顽力(矫顽磁场)高

【优点】 高的最大磁能积;最大磁能积[符号为 $(BH)_m$]是永磁材料单位体积存储和可利用的最大磁能量密度的量度

【优点】 高的矫顽(磁)力;矫顽力[符号为 $(H)_c$]是永磁材料抵抗磁的和非磁的干扰而保持其永磁性的量度

【优点】 高的剩余磁通密度(符号为 B_r)和高的剩余磁化强度(符号为 M_r);它们是具有空气隙的永磁材料的气隙中磁场强度的量度

【优点】 高的稳定性,即对外加干扰磁场和温度、震动等环境因素变化的高稳定性

【状况】

【应用场景】 在电学中硬磁材料的主要作用是产生磁力线,然后让运动的导线切割磁力线,从而产生电流

【应用场景】 铁氧体永磁材料:这是以 Fe_2O_3 为主要组元的复合氧化物强磁材料(狭义)和磁有序材料如反铁磁材料(广义);其特点是电阻率高,特别有利于在高频和微波应用;如钡铁氧体($BaFe_{12}O_{19}$)和锶铁氧体($SrFe_{12}O_{19}$)等都有很多应用

【应用场景】 橡胶磁(Rubber magnet)是铁氧体磁材系列中的一种,由黏结铁氧体料粉与合成橡胶复合经挤出成型、压延成型、注射成型等工艺而制成的具有柔软性、弹性及可扭曲的磁体;可加工成条状、卷状、片状及各种复杂形状

【词条关系】

【等同关系】

【基本等同】 永磁材料
【基本等同】 恒磁材料
【层次关系】
【概念-实例】 钡铁氧体
【类分】 稀土永磁材料
【类分】 金属永磁材料
【类分】 铁氧体永磁材料
【概念-实例】 锶铁氧体
【概念-实例】 钐钴
【概念-实例】 铝镍钴

◎钕铁硼

【基本信息】
【英文名】 NdFeB;Nd-Fe-B
【拼音】 nü tie peng
【核心词】
【定义】

钕铁硼,简单来讲是一种磁铁,和我们平时见到的磁铁所不同的是,其优异的磁性能而被称为“磁王”。钕铁硼中含有大量的稀土元素钕、铁及硼,其特性硬而脆。

【分类信息】
【CLC类目】
TL5035 电源系统
TP303 电源系统
U463.63 电源系统
V242.2 电源系统
TM3 电机
TM5 电器
V243.1 航空通信设备
V243.2 航空雷达
V243.3 航空电视
V243.4 航空天线
V243.5 航空遥控、遥测设备,遥感设备
V243.6 飞机显示设备
【词条属性】
【特征】

【缺点】 工作温度低,温度特性差,且易于粉化腐蚀,必须通过调整其化学成分和采取表面处理方法使之得以改进,才能达到实际应用的要求

【优点】 钕铁硼作为稀土永磁材料的一种具有极高的磁能积和矫顽力,同时高能量密度的优点使钕铁硼永磁材料在现代工业和电子技术中获得了广泛应用,从而使仪器仪表、电声电机、磁选磁化等设备的小型化、轻量化、薄型化成为可能

【特点】 黏结钕铁硼各个方向都有磁性,耐腐蚀;而烧结钕铁硼因易腐蚀,表面需镀层,一般有镀锌、镍、环保锌、环保镍、镍铜镍、环保镍铜镍等

【特点】 烧结钕铁硼一般分为轴向充磁与径向充磁,根据所需要的工作面来定

【数值】 钕铁硼的居里温度为320～460 ℃

【特点】 工艺流程:配料→熔炼制锭/甩带→制粉→压型→烧结回火→磁性检测→磨加工→销切加工→电镀→成品;其中配料是基础,烧结回火是关键

【数值】 居里温度≥312 ℃

【状况】

【应用场景】 烧结钕铁硼永磁材料具有优异的磁性能,广泛应用于电子、电力机械、医疗器械、玩具、包装、五金机械、航天航空等领域,较常见的有永磁电机、扬声器、磁选机、计算机磁盘驱动器、磁共振成像设备仪表等

【应用场景】 纳米(Royce 3010)螯合薄膜无镀层处理可以满足在海洋气候条件使用20～30年,可广泛用于海基风力发电;表面黏结力20 MPa以上,可用广泛于永磁高速电机、特种电机、电动汽车电机、特高压、高压直流供电系统、快速充电系统和航空航天军工等领域

【其他物理特性】
【密度】 7.4～7.6 g/m^3
【热导率】 热传导系数7.7 Kcal/(mh℃)
【电阻率】 电阻率1.4E+06 Ω · m
【力学性能】
【硬度】 维氏硬度530

【抗压强度】 80 kg/mm²

【抗弯强度】 24 kn/mm²

【抗弯强度】 杨氏模量 1.7E+04 kg/mm²

【词条关系】

【等同关系】

【基本等同】 磁钢

【俗称为】 钕铁硼磁铁

【层次关系】

【实例-概念】 永磁材料

【类分】 烧结钕铁硼

【类分】 黏结钕铁硼

【并列】 铁氧体磁性材料

【类属】 稀土永磁材料

【应用关系】

【用于】 电子

【用于】 电力机械

【用于】 医疗器械

【用于】 五金机械

【用于】 航天航空

【生产关系】

【材料-原料】 纯铁

【材料-原料】 钕

【材料-原料】 工业纯铁

【材料-原料】 硼

◎稀土永磁材料

【基本信息】

【英文名】 rare earth permanent magnetic material

【拼音】 xi tu yong ci cai liao

【核心词】

【定义】

稀土永磁材料是指稀土金属和过渡族金属形成的合金经过一定的工艺制成的永磁材料。稀土永磁材料已在机械、电子、仪表和医疗等领域获得了广泛应用。

【词条属性】

【特征】

【数值】 SmCo 磁体的磁能积在 15～30 MGOe,NdFeB 系磁体的磁能积在 2～50 MGOe,被称为"永磁王",是目前磁性最高的永磁材料

【缺点】 钐钴永磁体,尽管其磁性能优异,但含有储量稀少的稀土金属钐和钴稀缺、昂贵的战略金属钴,因此,它的发展受到了很大的限制

【优点】 稀土永磁材料是现在已知的综合性能最高的一种永磁材料,它比 20 世纪 90 年代使用的磁钢的磁性能高 100 多倍,比铁氧体、铝镍钴性能优越得多,比昂贵的铂钴合金的磁性能还高一倍

【优点】 稀土永磁材料的使用,促进了永磁器件向小型化发展,提高了产品的性能,发展极为迅速

【特点】 在应用稀土的各个领域中,稀土永磁材料是发展速度最快的一个;它不仅给稀土产业的发展带来了巨大的推动力,也对许多相关产业产生相当深远的影响

【状况】

【应用场景】 稀土永磁材料已成为电子技术通信中的重要材料,用在人造卫星、雷达方面的行波管、环行器中,以及微型电机、微型录音机、航空仪器、电子手表、地震仪和其他一些电子仪器上;稀土永磁应用已渗透到汽车、家用电器、电子仪表、核磁共振成像仪、音响设备、微特电机、移动电话等方面

【应用场景】 随着科技的进步,稀土永磁材料不仅应用在计算机、汽车、仪器、仪表、家用电器、石油化工、医疗保健、航空航天等行业中的各种微特电机,以及核磁共振设备、电器件、磁分离设备、磁力机械、磁疗器械等需产生强间隙磁场的元器件中,而且风力发电、新能源汽车、变频家电、节能电梯、节能石油抽油机等新兴领域对高端稀土永磁材料的需求也日益增长,应用市场空间巨大

【词条关系】

【层次关系】

【类属】 永磁材料

【类属】 硬磁材料

【类分】 钕铁硼

【类分】 钐钴

【应用关系】

【用于】 微特电机

◎压力浇铸

【基本信息】

【英文名】 pressure pouring; pressured teeming

【拼音】 ya li jiao zhu

【核心词】

【定义】

压力铸造是近代金属加工工艺中发展较快的一种少无切削的特种铸造方法。它是将熔融金属在高压高速下充填铸型,并在高压下结晶凝固形成铸件的过程。

【分类信息】

【CLC 类目】

TG249.2 压力铸造

【词条属性】

【特征】

【特点】 压力浇铸金属收得率高,铸坯的成分均匀、组织致密、表面质量好;这种铸坯为消除铸态组织所需的金属塑性加工压缩比可较其他浇铸法的产品为低

【特点】 与连续铸钢法比较,压力浇铸法投资少,但生产能力低,成本略高;提高石墨铸模、升液管的使用寿命,降低模子涂料费用,是降低生产成本的关键

【特点】 压力浇铸是一种在可控制压力下将钢液直接浇铸成板坯、方坯或空心坯等的方法

【优点】 由于用这种方法生产产品具有生产效率高、工序简单、铸件公差等级较高、表面粗糙度好、机械强度大,可以省去大量的机械加工工序和设备,节约原材料等优点

【特点】 压铸工艺是将压铸机、压铸模和合金三大要素有机地组合而加以综合运用的过程;而压铸时金属按填充型腔的过程,是将压力、速度、温度及时间等工艺因素得到统一的过程;同时,这些工艺因素又相互影响,相互制约,并且相辅相成;只有正确选择和调整这些因素,使之协调一致,才能获得预期的结果

【状况】

【应用场景】 通过一根插在盛钢桶(钢包)钢液中的陶瓷注管(升液管),利用空气压力将钢水提升,从石墨模子底部进口,压入石墨模腔内冷凝成型;压力浇铸适用于生产表面质量要求高、规格尺寸变化多的钢坯;多用于浇铸不锈钢坯;最大板坯尺寸达 230 mm×2050 mm×9500 mm

【因素】

【影响因素】 压射力是压铸机压射机构中推动压射活塞运动的力,它是反映压铸机功能的

【影响因素】 比压:压室内熔融金属在单位面积上所受的压力称为比压;比压也是压射力与压室截面积的比值关系换算的结果,其计算公式为比压=压射力/压室截面积

【影响因素】 压射速度:通常以冲头速度和内浇口速度两种;压射速度慢速冲头推动金属液至内浇口 0.3 m/s;快速内浇口填充满型腔 4～9 m/s,快压射作用的影响,提高压射速度,功能转为热能,流动性好,有利于消除流痕,冷隔等缺陷,提高机械性能和珍面质量

【影响因素】 速度选择:直浇道 15～25 m/s;横浇道 20～35 m/s,内浇口碑载道70 m/s,薄铸件 3 mm 以下的选用内浇口速度 38～46 m/s,厚铸件 5 mm 选用内浇口速度 46～40 m/s,较厚铸件 5 mm 以上选用内浇口速度 47～27 mm/s

【词条关系】

【等同关系】

【基本等同】 压铸

【层次关系】

【类属】 浇铸

【并列】 离心浇铸

【生产关系】

【工艺-材料】 铝合金

【工艺-材料】 镁合金

【工艺-材料】 锌合金

【工艺-材料】 锌铝合金

【工艺-设备工具】 压铸机

◎焊接材料

【基本信息】

【英文名】 welding material; welding consumables

【拼音】 han jie cai liao

【核心词】

【定义】

焊接材料是指焊接时所消耗材料的通称，如焊条、焊丝、金属粉末、焊剂、气体等。焊接行业发展迅速，主要分为氩焊、CO_2 焊接、氧切割、电焊。

【分类信息】

【CLC 类目】

TG421　电焊材料

TG423　埋弧自动焊材料

TG424　气焊材料

【词条属性】

【特征】

【特点】 氩焊主要用的焊接材料有：氩焊机(必备)、氩焊枪(小气管2个，含布套、主线、枪头、钨针夹、瓷咀、铜头各1个)主要用氩焊丝(型号比较普通的有308、316……)、不锈钢焊条、钨针(一般规格为1.6 mm×150 mm，2.4 mm×175 mm，3.2 mm×175 mm)氩焊帽

【特点】 CO_2 焊接主要用的焊接材料有：CO_2 焊机(必备，分为很多种类，根据不同的行业用不同的焊机)，CO_2 焊枪、CO_2 前枪体、弯管、绝缘体、连接体、导电咀、CO_2 焊丝和 CO_2 手提焊帽

【特点】 自保护焊接指的是焊接时无须外加保护介质，只凭借焊丝自身的药芯进行保护的焊接方式，一般也称为明弧焊接

【特点】 不锈钢焊条通常有钛钙型和低氢型两种；焊接电流尽可能采用直流电源，有利于克服焊条发红和熔深浅；钛钙型药皮的焊条不适合做全位置焊接，只适宜平焊和平角焊；低氢型药皮的焊条可做全位置焊接

【特点】 不锈钢焊条在使用时应保持干燥；为防止产生裂纹、凹坑、气孔等缺陷，钛钙型药皮焊前经150～250 ℃ 烘干1 h，低氢型药皮焊前经200～300 ℃ 烘干1 h；不能多次重复烘干，否则药皮易脱落

【特点】 焊口清理干净，同时防止焊条沾上油及其他脏物，以免增加焊缝含碳量并影响焊接质量

【特点】 为防止加热而产生晶间腐蚀，焊接电流不宜过大，一般应比碳钢焊条低20%左右，电弧不要过长，层间快冷，以窄道焊为宜

【特点】 焊条中被药皮包覆的金属芯称为焊芯；焊芯一般是一根具有一定长度及直径的钢丝；焊接时，焊芯有两个作用：一是传导焊接电流，产生电弧把电能转换成热能；二是焊芯本身熔化为填充金属与母材金属熔合形成焊缝；用于焊接的专用钢丝可分为碳素结构钢钢丝、合金结构钢钢丝和不锈钢钢丝三类

【特点】 压涂在焊芯表面的涂层称为药皮；在光焊条外面涂一层由各种矿物等组成的药皮，能使电弧燃烧稳定，焊缝质量得到提高；药皮中要加入一些还原剂，使氧化物还原，以保证焊缝质量

【词条关系】

【层次关系】

【类分】 焊丝

【类分】 焊条

【概念-实例】 药芯焊丝

【组成部件】 药皮

【应用关系】

【用于】 硬面堆焊

【用于】 气体保护焊

【用于】 电弧焊

【用于】 电子束焊

◎药芯焊丝

【基本信息】

【英文名】 flux cored wire; fcaw; flux cored electrode

【拼音】 yao xin han si

【核心词】

【定义】

药芯焊丝又称为管状焊丝或,可以通过调整药粉的合金成分种类和比例,很方便地设计出各种不同用途(耐磨、高强、耐热、耐蚀和耐低温等)的焊接材料,因为它的合金成分可灵活调整,所以药芯焊丝的许多品种是实心焊丝无法冶炼和轧制的。同时药芯焊丝由于产品结构的特点,焊接工艺性能及焊接效率相比实芯焊丝,手工焊条更有优势。

【词条属性】

【特征】

【特点】 早在20世纪50年代初气保护药芯焊丝便已开始开发问市,但至1957年才开始在商业上广泛使用;此种方法可说是取自埋弧焊与CO_2焊接(指实心)的优点组合而成,焊剂包在焊丝内,借由外围CO_2气体的保护,可使焊接时产生较柔和且稳定的电弧;低飞溅也为其特点

【特点】 药芯焊丝按生产特点又分为有缝和无缝药芯焊丝;无缝药芯焊丝的成品丝可进行镀铜处理,焊丝保管过程中的防潮性能及焊接过程中的导电性均优于有缝药芯焊丝

【特点】 新型金属粉末包药焊线,适合于各种热作模具钢之重建堆焊与修护焊接;对于热切模的生产,同样可以通过堆焊制作刀口;由于Cr,Mo含量高,有很优良地高温硬度与热传导率

【特点】 基础型粉末包药焊线,适合于各种热作模具钢之填充堆焊与重建修护焊接;焊后熔金不须硬化热处理可直接使用,无须软化退火可直接上中心加工机加工;由于Mo含量高,有很优良地热传导率与抗热磨损能力

【特点】 前已述及药芯焊丝突显了许多焊接方法的有利特性;例如,焊剂部分扮演了与被覆焊条能改善熔填金属化学成分与机械性之功能,生产效率上又有气体保护金属电弧焊及埋弧焊的特点

【优点】 对各种钢材的焊接,适应性强,调整焊剂(通用型药芯焊丝常称添加物为药芯,焊剂的说法只在特定的药芯焊丝中出现)的成分和比例极为方便和容易,可以提供所要求的焊缝化学成分

【优点】 工艺性能好,焊缝成形美观,采用气渣联合保护,获得良好成形;加入稳弧剂使电弧稳定,熔滴过渡均匀

【优点】 熔敷速度快,生产效率高,在相同焊接电流下药芯焊丝的电流密度大,熔化速度快,其熔敷率为85%~90%,生产率比焊条电弧焊高3~5倍

【优点】 可用较大焊接电流进行全位置焊接

【缺点】 焊丝制造过程复杂

【缺点】 焊接时,送丝较实心焊丝困难

【缺点】 焊丝外表容易锈蚀,粉剂易吸潮,因此对药芯焊丝保存—管理的要求更为严格

【特点】 由于氮与氧可使焊道金属造成气孔或脆化,焊剂中必须添加强脱氧剂如Al粉和弱脱氧剂锰与硅等,至于自保护药芯焊丝,焊剂中另需添加Al为除氮剂;以上添加除氧剂及除氮剂目的均在于净化熔填金属

【特点】 钙、钾、钠等硅硅酸盐类物质为焊渣(又称熔渣)形成剂,添加在焊剂中可以有效保护熔池不受大气污染,焊渣可使焊道具有较佳的外观而且快速冷却后又可以支撑全姿势焊接时的熔池;焊渣的覆盖更可缓和熔填金属冷却速率,此功能对低合金钢的焊接尤其重要

【特点】 钠及钾可以使电弧保持柔和顺畅而且降低飞溅

【特点】 锰、硅、钼、铬、碳、镍及钒等合金元素的添加,可以提高(改善)熔填金属的强度、延性、硬度及韧性等

【词条关系】

【层次关系】

【类属】 焊丝
【类分】 无缝药芯焊丝
【类分】 有缝药芯焊丝
【实例-概念】 焊接材料
【实例-概念】 焊丝
【类分】 金属粉芯药芯焊丝
【类分】 氧化钛型
【类分】 钛钙型
【类分】 氟钙型
【应用关系】
【用于】 气体保护焊

◎钴基高温合金

【基本信息】
【英文名】 cobalt-based superalloy
【拼音】 gu ji gao wen he jin
【核心词】
【定义】

钴基合金是以钴作为主要成分，含有相当数量的镍、铬、钨和少量的钼、铌、钽、钛、镧等合金元素，偶尔也还含有铁的一类合金。

【分类信息】
【CLC 类目】
O614.81 钴
P618.62 钴
TF816 钴
TG146.1 钴
【词条属性】
【特征】

【特点】 根据合金中成分不同，它们可以制成焊丝、粉末，用于硬面堆焊、热喷涂、喷焊等工艺，也可以制成铸锻件和粉末冶金件

【特点】 钴基高温合金的典型牌号有：Hayness188，Haynes25（L-605），Alloy S-816，UMCo-50，MP-159，FSX-414，X-40，Stellite6B 等；中国相应牌号有：GH5188（GH188），GH159，GH605，K640，DZ40M 等

【特点】 与其他高温合金不同，钴基高温合金不是由与基体牢固结合的有序沉淀相来强化，而是由已被固溶强化的奥氏体 fcc 基体和基体中分布少量碳化物组成

【特点】 铸造钴基高温合金却是在很大程度上依靠碳化物强化；纯钴晶体在 417 ℃ 以下是密排六方（hcp）晶体结构，在更高温度下转变为 fcc；为了避免钴基高温合金在使用时发生这种转变，实际上所有钴基高温合金由镍合金化，以便在室温到熔点温度范围内使组织稳定化

【特点】 钴基高温合金具有平坦的断裂应力—温度关系，但在 1000 ℃ 以上却显示出比其他高温下具有优异的抗热腐蚀性能

【特点】 钴基高温合金中碳化物的热稳定性较好；温度上升时，碳化物集聚长大速度比镍基合金中的 γ 相长大速度要慢，重新回溶于基体的温度也较高（最高可达 1100 ℃），因此在温度上升时，钴基合金的强度下降一般比较缓慢

【特点】 钴基合金有很好的抗热腐蚀性能，一般认为，钴基合金在这方面优于镍基合金的原因，是钴的硫化物熔点（如 $Co-Co_4S_3$ 共晶，877 ℃），比镍的硫化物熔点（如 $Ni-Ni_3S_2$ 共晶，645 ℃）高，并且硫在钴中的扩散率比在镍中低得多

【缺点】 钴基高温合金抗氧化能力通常比镍基合金低得多

【词条关系】
【层次关系】
【类属】 钴合金
【类属】 高温合金
【材料-组织】 碳化物强化相
【应用关系】
【材料-部件成品】 焊丝
【用于】 导向叶片
【用于】 喷嘴
【用于】 航空喷气发动机
【用于】 工业燃气轮机
【材料-工艺】 固溶处理

◎气体保护焊

【基本信息】

【英文名】 gas shielded welding

【拼音】 qi ti bao hu han

【核心词】

【定义】

气保焊指二氧化碳或氩气保护的焊接方法,不用焊条用焊丝。CO_2 焊效率高,氩气保护焊主要焊铝、钛、不锈钢等材料。

【分类信息】

【CLC 类目】

TG446 气体焊

【词条属性】

【特征】

【缺点】 氩弧焊主要应用于铝及铝合金、铜及铜合金、镁及镁合金、钛及钛合金、高温合金等焊接,在许多重要的工业部门都有广泛的应用;氩弧焊除与焊条电弧焊相同的触电、烧伤、火灾以外,还有高频电磁场、点击放射性和比焊打电弧焊强得多的弧光伤害

【缺点】 化学污染是指 CO_2 气保焊接过程中产生的有害气体和烟尘;进行 CO_2 气保焊接时,在焊接区域,电弧周围会产生一些有害物质

【缺点】 CO_2 气保焊高温电弧光产生的紫外线、红外线等

【优点】 焊接成本低,其成本只有埋弧焊、焊条电弧焊的 40%~50%

【优点】 生产效率高,其生产率是焊条电弧焊的 1~4 倍

【优点】 操作简便,明弧,对工件厚度不限,可进行全位置焊接而且可以向下焊接

【优点】 焊缝抗裂性能高,焊缝低氢且含氮量也较少

【优点】 焊后变形较小,角变形为 0.5%,不平度只有 0.3%

【优点】 焊接飞溅小,当采用超低碳合金焊丝或药芯焊丝,或在 CO_2 中加入 Ar,都可以降低焊接飞溅

【特点】 CO_2 保护气体价格低廉,采用短路过渡时焊缝成形良好,加上使用含脱氧剂的焊丝即可获得无内部缺陷的高质量焊接接头;因此这种焊接方法目前已成为黑色金属材料最重要的焊接方法之一

【特点】 氩弧焊电流密度大,热量集中,熔敷率高,焊接速度快;另外,容易引弧,需加强防护;因弧光强烈,烟气大,所以要加强防护

【状况】

【应用场景】 氩弧焊适用于焊接易氧化的有色金属和合金钢(主要用 Al,Mg,Ti 及其合金和不锈钢的焊接);适用于单面焊双面成形,如打底焊和管子焊接;钨极氩弧焊还适用于薄板焊接

【词条关系】

【层次关系】

【类属】 电弧焊

【并列】 扩散焊接

【类分】 二氧化碳气体保护焊

【类分】 氩气保护焊

【类分】 氩弧焊

【应用关系】

【使用】 药芯焊丝

【使用】 焊接材料

◎铁铬铝合金

【基本信息】

【英文名】 iron-chromium-aluminum-alloy; Aludirome; Fe-Cr-Al alloy

【拼音】 tie ge lü he jin

【核心词】

【定义】

铁铬铝合金中含有大量的铬、铝元素。

【词条属性】

【特征】

【特点】 由于合金中含铝量高,是合金具有高的电阻率,最高值达到 1.60 μΩ · m;高电阻率可以有效地将电能转换为而能,还可以节省电热材料

【缺点】　铁铬铝合金的缺点是铁素体合金存在常温脆性、475 ℃ 脆性、1000 ℃ 以上高温脆性

【缺点】　合金的可焊性很差,难修复

【优点】　大气中使用温度高

【数值】　铁铬铝电热合金中的 HRE 合金最高使用温度可达 1400 ℃,而镍铬电热合金中的 $Cr_{20}Ni_{80}$合金最高使用温度为 1200 ℃

【数值】　使用寿命长,在大气中相同的较高使用温度下,铁铬铝元件的寿命可为镍铬元件的 2～4 倍

【数值】　表面负荷高,由于铁铬铝合金允许使用温度高,寿命长,所以元件表面负荷也可以高一些,这不仅使升温快,也可以节省合金材料

【数值】　抗氧化性能好,铁铬铝合金表面上生成的 Al_2O_3 氧化膜结构致密,与基体黏着性能好,不易因散落而造成污染;另外,Al_2O_3 的电阻率高,熔点也高,这些因素决定了 Al_2O_3 氧化膜具有优良的抗氧化性;抗渗碳性能也比镍铬合金表面生成的 Cr_2O_3 好

【数值】　比重小,铁铬铝合金的比重比镍铬合金小,这意味着制作同等的元件时用铁铬铝比用镍铬更省材料

【数值】　电阻率高,铁铬铝合金的电阻率比镍铬合金高,在设计元件时就可以选用较大规格的合金材料,这有利于延长元件使用寿命,对于细合金线这点尤为重要

【数值】　抗硫性能好,对含硫气氛及表面受含硫物质污染时铁铬铝有很好的耐蚀性,而镍铬则会受到严重的侵蚀

【优点】　价格便宜,铁铬铝由于不含较稀缺的镍,故价格比镍铬便宜得多

【状况】

【应用场景】　铁铬铝合金主要用于工业电炉的加热元件,用量占电热合金总量的 90% 左右

【应用场景】　高电阻电热合金(高镍及铁铬铝)、高温合金、精密合金、耐热合金、特种合金、不锈钢等都是常见和常用的镍铬合金

【词条关系】

【层次关系】

【类属】　电热合金

【类属】　电阻合金

【实例-概念】　高温合金

【实例-概念】　精密合金

【实例-概念】　耐热合金

【实例-概念】　特种合金

【实例-概念】　不锈钢

◎镍铬合金

【基本信息】

【英文名】　nichrome;nicochrome

【拼音】　nie ge he jin

【核心词】

【定义】

镍、铬两种金属元素与铁、铝、硅、碳、硫等杂质构成的合金。

【词条属性】

【特征】

【特点】　镍铬丝具有较高的电阻率和耐热性;是电炉、电烙铁、电熨斗等的电热元件

【特点】　医用镍镉合金,主要由镍、铬及其他少量对人体无害的金属元素组成,镍铬合金对人体的不良影响主要是其中的镍引起的

【缺点】　现代医学证明镍对人体有致敏性和致癌性,会引起部分人牙龈轻微发炎,导致烤瓷牙与牙龈接触的地方轻微的红肿,有害牙龈健康,影响美观

【缺点】　镍化学性质不稳定,其金属离子析出后,出现口腔异味,金属离子沉积于颈缘牙龈,使牙龈变黑,烤瓷牙颈缘发黑,影响美观

【特点】　工业用镍镉合金含有铍等有害杂质,铍对人体有致癌作用,是严禁用于人体的

【状况】

【应用场景】　镍铬合金耐腐蚀,价格低廉,是目前我国使用量最多的烤瓷牙内冠

【应用场景】　镍铬合金薄膜是重要的精

密电阻和应变电阻薄膜材料;简述了镍铬合金薄膜的3种制备方法:真空蒸发沉积、磁控溅射沉积和离子束沉积;讨论了基底、工作气压、沉积时间等薄膜制备工艺参数,以及退火工艺对薄膜性能的影响

【应用场景】 常用于切削工具;用喷镀、沉积和高温扩散等方法在钢或铁的表面形成抗腐蚀合金层;重铬酸钾和重铬酸钠是有机合成和石油工业中的强氧化剂;铬黄、铬橙、铬绿等可用作无机颜料

【应用场景】 铁铬铝合金主要用于工业电炉的加热元件,用量占电热合金总量的90%左右

【应用场景】 镍铬合金还可用于制实验室用电阻

【应用场景】 高电阻电热合金(高镍及铁铬铝)、高温合金、精密合金、耐热合金、特种合金、不锈钢等都是常见和常用的镍铬合金

【应用场景】 在长度、横截面积一定时,温度越低,镍铬合金的电阻越大,这与一般的规律是相反的

【词条关系】

【层次关系】

【类属】 电热合金

【实例-概念】 耐蚀材料

【类分】 工业镍铬合金

【类分】 医用镍铬合金

【生产关系】

【材料-原料】 镍合金

【材料-原料】 铬合金

【原料-材料】 牙科合金

◎固溶退火

【基本信息】

【英文名】 solution annealing; solution treatment

【拼音】 gu rong tui huo

【核心词】

【定义】

指将合金加热到高温单相区恒温保持,使过剩相充分溶解到固溶体中后快速冷却,以得到过饱和固溶体的热处理工艺。

【分类信息】

【CLC类目】

TG156.1　加热、保温与冷却

TG156.25　工件的退火

【词条属性】

【特征】

【特点】 主要是改善钢和合金的塑性和韧性,为沉淀硬化处理做好准备等

【特点】 使合金中各种相充分溶解,强化固溶体,并提高韧性及抗蚀性能,消除应力与软化,以便继续加工或成型

【特点】 固溶处理是为了溶解基体内碳化物、γ′相等以得到均匀的过饱和固溶体,便于时效时重新析出颗粒细小、分布均匀的碳化物和γ′等强化相,同时消除由于冷热加工产生的应力,使合金发生再结晶

【状况】

【应用场景】 多种特殊钢、高温合金、特殊性能合金和有色金属;尤其适用于热处理后须要再加工的零件;消除成形工序间的冷作硬化;焊接后工件

【应用场景】 碳在奥氏体不锈钢中的溶解度与温度有很大影响;奥氏体不锈钢在经400～850 ℃的温度范围内时,会有高铬碳化物析出,当铬含量降至耐腐蚀性界限之下,此时存在晶界贫铬,会产生晶间腐蚀,严重时能变成粉末;所以有晶间腐蚀倾向的奥氏体不锈钢应进行固溶热处理或稳定化处理

【应用场景】 与经常规固溶(470 ℃,2 h)+T7652处理的7085铝合金相比,经强化固溶+T7652处理的合金平均晶粒尺寸由28.28188 μm长大至31.18777 μm,硬度由197.93 HV提高到200.18 HV,电导率基本不变,屈服强度从474.8 MPa提升至482 MPa,抗拉强度从537 MPa提升至542.3 MPa,伸长率则由12.575%下降到11.5%,断口裂纹多为沿

晶扩展

【应用场景】 固溶处理对825镍基合金的研究表明：变形量为33.4%的825镍基合金管的开始再结晶温度为850～900 ℃；随着固溶温度的升高，布氏硬度、室温抗拉强度和屈服强度逐渐降低，伸长率逐渐升高；晶粒逐渐长大，晶粒长大过程符合Arrhenius公式，晶粒长大激活能为147.05 kJ/mol

【应用场景】 GH4738是γ′相沉淀强化型难变形镍基高温合金，在我国主要用于地面烟气轮机涡轮盘和叶片材料

【应用场景】 UNS N08028合金作为油气井管使用材料，由于其良好的耐蚀性能及较低的成本被广泛应用，通过不同的固溶处理温度使析出相回溶，改善合金的耐蚀性能

【词条关系】

【等同关系】

【基本等同】 固溶处理

【层次关系】

【并列】 时效处理

【生产关系】

【工艺-设备工具】 真空炉

◎真空淬火

【基本信息】

【英文名】 vacuum hardening

【拼音】 zhen kong cui huo

【核心词】

【定义】

真空热处理是将金属工件在1个大气压以下（即负压下）加热的金属热处理工艺。

【分类信息】

【CLC类目】

TG156.33　表面淬火

TG156.34　工件的淬火

【词条属性】

【特征】

【特点】 真空中的淬火有气淬和液淬两种

【特点】 当前真空高压气冷淬火技术发展较快，相继出现了负压（$<10^5$ Pa）高流率气冷、加压（1～4）$\times10^5$ Pa气冷、高压（5～10）$\times10^5$ Pa气冷、超高压（10～20）$\times10^5$ Pa气冷等新技术，不但大幅度提高了真空气冷淬火能力，且淬火后工件表面光亮度好、变形小，还有高效、节能、无污染等优点

【特点】 真空高压气冷淬火的用途是材料的淬火和回火，不锈钢和特殊合金的固溶、时效，离子渗碳和碳氮共渗，以及真空烧结、钎焊后的冷却和淬火

【优点】 真空状态下淬火，处理后表面很好，无氧化

【特点】 如果需要高的表面质量，工件真空淬火、固溶热处理后的回火和沉淀硬化仍应在真空炉中进行

【状况】

【应用场景】 用6×10^5 Pa高压氮气冷却淬火时，被冷却的负载只能是松散型的，高速钢（如W6Mo5Cr4V2）可淬透至70～100 mm，高合金热作模具钢（如4Cr5MoSiV）可达25～100 mm，金冷作模具钢（如Cr12）可达80～100 mm

【应用场景】 用20×10^5 Pa超高压氮气（或氦气和氮气的混合气）冷却淬火时，被冷却负载是密集的并可捆绑在一起；其密度较6×10^5 Pa氮气冷却时提高80%～150%，可冷却所有的高速钢、高合金钢、热作工模具钢、含铬13%的铬钢和较多的合金油淬钢，如较大尺寸的9Mn2V钢

【现状】 20世纪20年代末，随着电真空技术的发展，出现了真空热处理工艺，当时还仅用于退火和脱气；由于设备的限制，这种工艺较长时间未能获得大的进展；20世纪60—70年代，陆续研制成功气冷式真空热处理炉、冷壁真空油淬炉和真空加热高压气淬炉等，使真空热处理工艺得到了新的发展

【词条关系】

【层次关系】

【类属】 淬火

【类属】 热处理
【类分】 真空气淬
【类分】 真空液淬
【类分】 真空渗碳
【生产关系】
【工艺-设备工具】 真空炉

◎真空钎焊

【基本信息】
【英文名】 vacuum brazing; vacuum braze
【拼音】 zhen kong qian han
【核心词】
【定义】

真空钎焊,是指工件加热在真空室内进行,主要用于要求质量高的产品和易氧化材料的焊接。

【分类信息】
【CLC 类目】
TG454 钎焊
【词条属性】
【特征】

【优点】 真空钎焊,因不用钎剂,显著提高了产品的抗腐蚀性,免除了各种污染、无公害处理的设备费,有好的安全生产条件

【优点】 真空钎焊不仅节省大量价格昂贵的金属钎剂,而且又不需要复杂的焊剂清洗工序,降低了生产成本

【优点】 真空钎焊钎料的湿润性和流动性良好,可以焊更复杂和狭小通道的器件,真空钎焊提高了产品的成品率,获得了坚固又清洁的工作面

【优点】 与其他方法相比,炉子的内部结构及夹具等寿命长,可降低炉子的维修费用

【优点】 适于真空钎焊的材料很多,如铝、铝合金、铜、铜合金、不锈钢、合金钢、低碳钢、钛、镍、因康镍(Inconei)等;设计者根据钎焊器件的用途确定所需的材料,其中铝和铝合金应用得最广泛

【状况】

【应用场景】 美国普·惠公司的 JT9D 发动机蜂窝封严环,由环件和蜂窝夹芯用真空钎焊制成

【应用场景】 黎明发动机制造公司、成都发动机公司、北京航空工艺研究所在 20 世纪 70 年代分别研制出中型单室的真空钎焊电炉

【应用场景】 真空钎焊中小钎头就是一个实例,中小钎头广泛地应用于冶金、地质、煤炭、水利、铁路、军工等建设事业上

【应用场景】 真空钎焊的板翅式机油冷却器就用于车、船上;板翅式机油冷却器具有传热效率高、结构紧凑、重量轻等特点,是当今柴油机冷却器的更新换代产品,已广泛应用于汽车、拖拉机、船用柴油机等领域中

【应用场景】 真空钎焊技术用于机车散热器,压缩机中冷器,氟利昂及烷烃、烯烃类制冷系统,挖掘机油冷却器,燃气轮机回热器和大功率变压器散热器,以及家用电器的应用,如真空钎焊家用空调机和各种电暖器的换热器芯条

【词条关系】
【层次关系】
【类属】 钎焊
【应用关系】
【用于】 航空工业
【用于】 石油化工
【生产关系】
【工艺-设备工具】 真空炉
【工艺-材料】 机车散热器
【工艺-材料】 板翅式机油冷却器
【工艺-材料】 铲敬热器
【工艺-材料】 航空发动机

◎碳化钛基硬质合金

【基本信息】
【英文名】 TiC based cemented carbide
【拼音】 tan hua tai ji ying zhi he jin
【核心词】
【定义】

以碳化钛(TiC)为主要成分,以镍或钼为

黏结剂的硬质合金。

【来源】《金属材料简明辞典》

【分类信息】

【CLC 类目】

(1) TF124　粉末成型、烧结及后处理

(2) TF124　粉末冶金制品及其应用

(3) TF124　硬质合金

(4) TF124　耐磨合金

(5) TF124　车刀

(6) TF124　硬质合金

【IPC 类目】

(1) C22C1/04　用粉末冶金法(1/08 优先)〔2〕

(2) C22C1/04　金属粉末与非金属粉末的混合物(1/08 优先)〔2〕

(3) C22C1/04　碳化物〔7〕

(4) C22C1/04　以碳化物为基料的,但是不含其他金属化合物的〔4〕

(5) C22C1/04　以碳化钛为基料的〔4〕

(6) C22C1/04　用粉末冶金法(金属粉末制造入 B22F)

(7) C22C1/04　含镍的

(8) C22C1/04　含镍的〔2〕

(9) C22C1/04　含钼或钨的〔2〕

(10) C22C1/04　含镍的〔2〕

(11) C22C1/04　含铌或钽的〔2〕

(12) C22C1/04　在机械压力下浸渗或铸造〔7〕

【词条属性】

【特征】

【缺点】　韧性较差

【特点】　高硬度

【特点】　高耐磨性

【特点】　密度稍许降低,合金性能明显下降

【特点】　当镍含量一定时,抗弯强度和硬度随钼含量增加而提高

【特点】　当钼含量增加到一定范围后,强度和硬度则随钼含量增加而降低

【状况】

【应用场景】　各种钢材的切削加工

【应用场景】　耐磨、耐蚀零件

【时间】

【起始时间】　1960 年左右

【词条关系】

【层次关系】

【并列】　碳化钨钴硬质合金

【构成成分】　碳化钛、钼

【应用关系】

【材料-部件成品】　切削刀具

【用于】　切削加工

【生产关系】

【材料-工艺】　粉末冶金

【材料-工艺】　熔渗

【材料-工艺】　自蔓延(SHS)合成

【材料-原料】　碳化钛

【材料-原料】　镍

【材料-原料】　钼

◎钢结硬质合金

【基本信息】

【英文名】　steel bonded carbide

【拼音】　gang jie ying zhi he jin

【核心词】

【定义】

以难熔金属硬质化合物为硬质相、以钢做黏结相制成的硬质合金。

【来源】《中国冶金百科全书 · 金属材料》

【分类信息】

【CLC 类目】

(1) TF121　粉末冶金原理

(2) TF121　粉末成型、烧结及后处理

(3) TF121　粉末冶金制品及其应用

(4) TF121　耐蚀性

(5) TF121　耐热性

(6) TF121　强度、硬度

(7) TF121　塑性

(8) TF121　韧性

(9) TF121　疲劳、蠕变
(10) TF121　可锻性能、冲压性能
(11) TF121　焊接性能
(12) TF121　切削性能
(13) TF121　硬度试验
(14) TF121　拉伸试验
(15) TF121　压缩试验
(16) TF121　弯曲试验
(17) TF121　冲击试验
(18) TF121　疲劳与蠕变试验、断裂韧性试验
(19) TF121　摩擦及磨损试验
(20) TF121　焊接性试验
(21) TF121　切削加工试验
(22) TF121　硬质合金
(23) TF121　耐磨合金
(24) TF121　硬质合金

【IPC类目】
(1) C22C1/04　用粉末冶金法(1/08优先)〔2〕
(2) C22C1/04　金属粉末与非金属粉末的混合物(1/08优先)〔2〕
(3) C22C1/04　碳化物〔7〕
(4) C22C1/04　氮化物〔7〕
(5) C22C1/04　以碳化物、氧化物、硼化物、氮化物或硅化物(如金属陶瓷)或其他金属化合物(如氮氧化合物、硫化物)为基料的合金〔4〕
(6) C22C1/04　以碳化物或碳氮化物为基料的〔4〕
(7) C22C1/04　以碳氮化物为基料的〔4〕
(8) C22C1/04　以碳化钨为基料的〔4〕
(9) C22C1/04　以碳化钛为基料的〔4〕
(10) C22C1/04　以氮化物为基料的〔4〕
(11) C22C1/04　每一种成分的重量都小于50%的合金〔2〕
(12) C22C1/04　用粉末冶金法(金属粉末制造入B22F)
(13) C22C1/04　铁做主要成分的〔5〕

【词条属性】
【特征】
【特点】　兼有碳化物的硬度和耐磨性
【特点】　兼有钢的良好力学性能
【特点】　微细的硬质相均匀弥散地分布于钢的基体中
【特点】　可热处理性
【特点】　可机械加工性
【特点】　钢基体含量一般为50%～75%(质量分数)
【特点】　淬硬状态具有很高的硬度。
【特点】　耐磨性可以与高钴硬质合金接近
【特点】　较高的弹性模量
【特点】　较高的抗压强度
【特点】　较高的耐磨性
【特点】　较高的抗弯强度
【特点】　良好的自润滑性
【特点】　较低的摩擦系数
【特点】　优良的化学稳定性
【特点】　硬质相一般占合金总质量的30%～50%
【优点】　与硬质合金相比,成本低,适用范围更广
【状况】
【现状】　通过选择不同钢种和成分做黏结剂,可制取具有特定性能的合金,以适应各种不同应用领域的要求。
【现状】　钢结硬质合金与普通硬质合金和高速钢的界线正在逐渐消失
【应用场景】　耐磨零件
【应用场景】　机器构件
【时间】
【起始时间】　1955年
【力学性能】
【硬度】　HRC 60～70
【词条关系】
【层次关系】
【材料-组织】　回火马氏体

【构成成分】 碳化钛、氮化钛、碳化钨

【应用关系】

【用于】 模具

【生产关系】

【材料-工艺】 粉末冶金

【材料-工艺】 热处理

【材料-工艺】 熔渗

【材料-工艺】 热压

【材料-工艺】 热等静压

【材料-原料】 碳化钛

【材料-原料】 氮化钛

【材料-原料】 碳化钨粉

【材料-原料】 不锈钢粉

【材料-原料】 羰基铁粉料

【材料-原料】 铁合金粉

◎软磁材料

【基本信息】

【英文名】 soft magnetic materials

【拼音】 ruan ci cai liao

【核心词】

【定义】

在外磁场中很容易磁化和退磁,去掉外磁场后全部或大部分失去剩磁的材料。

【来源】《现代材料科学与工程辞典》

【分类信息】

【CLC 类目】

(1) TM271　软磁材料

(2) TM271　磁性粉末冶金材料

(3) TM271　磁性合金、金属铁磁体

(4) TM271　硅钢片、电工钢、立方织物钢片

(5) TM271　磁介质、坡莫合金

(6) TM271　尖晶石结构铁氧体

(7) TM271　六方晶系结构铁氧体

(8) TM271　石榴石结构铁氧体

(9) TM271　多晶铁氧体

(10) TM271　各种化合物铁氧体

(11) TM271　矩形磁滞回线铁氧体

【IPC 类目】

(1) H01F1/00　按所用磁性材料区分的磁体或磁性物体;按磁性能选择的材料(按其组成区分的磁性薄膜入 10/10)

(2) H01F1/00　金属或合金〔6〕

(3) H01F1/00　压制的、烧结的或黏结在一起的〔6〕

(4) H01F1/00　非金属物质,如铁氧体〔6〕

(5) H01F1/00　软磁材料的〔6〕

(6) H01F1/00　金属或合金〔6〕

(7) H01F1/00　薄片状的(1/147 优先)〔5,6〕

(8) H01F1/00　非晶态的,如非晶氧化物〔6〕

(9) H01F1/00　含有铁或镍的(10/13, 10/16优先)〔3,7〕

(10) H01F1/00　含有钴的(10/13 优先)〔3,7〕

(11) H01F1/00　铁氧体〔3〕

【词条属性】

【特征】

【数值】 $Hc < 100$ A/m

【特点】 低矫顽力

【特点】 高磁导率

【特点】 易于磁化,也易于退磁

【状况】

【应用场景】 电工设备和电子设备

【应用场景】 电机、变压器、继电器、互感器等的铁芯

【应用场景】 电磁铁芯、极靴、继电器、扬声器磁导体、磁屏蔽罩等

【应用场景】 小型变压器、磁放大器、继电器等的铁芯,磁头,超声换能器等

【应用场景】 脉冲变压器材料、电感铁芯和功能磁性材料

【应用场景】 极靴、电机转子与定子、小型变压器铁芯等

【应用场景】 电感元件和变压器元件

【词条关系】

【层次关系】

【概念-实例】 钴镍基非晶态合金
【概念-实例】 坡莫合金
【类分】 软磁粉末
【生产关系】
【材料-工艺】 真空熔炼
【材料-工艺】 冷轧
【材料-工艺】 热处理

◎矩磁材料

【基本信息】
【英文名】 rectangular hysteresis material
【拼音】 ju ci cai liao
【核心词】
【定义】
软磁材料中磁滞回线接近矩形的铁磁材料。
【来源】《中国百科大辞典》
【分类信息】
【CLC 类目】
(1) TM271 软磁材料
(2) TM271 磁带
(3) TM271 磁性粉末冶金材料
(4) TM271 硅钢片、电工钢、立方织物钢片
(5) TM271 磁介质、坡莫合金
(6) TM271 矩形磁滞回线铁氧体
【IPC 类目】
(1) H01F1/00 按所用磁性材料区分的磁体或磁性物体;按磁性能选择的材料(按其组成区分的磁性薄膜入 10/10)
(2) H01F1/00 金属或合金〔6〕
(3) H01F1/00 按其成分区分的合金〔5,6〕
(4) H01F1/00 颗粒状的,如粉末(1/047 优先)〔5,6〕
(5) H01F1/00 压制的、烧结的或黏结在一起的〔6〕
(6) H01F1/00 软磁材料的〔6〕
(7) H01F1/00 金属或合金〔6〕
(8) H01F1/00 薄片状的(1/147 优先)〔5,6〕
(9) H01F1/00 压制的、烧结的或黏结在一起的〔6〕
(10) H01F1/00 非金属物质,如铁氧体〔6〕
(11) H01F1/00 是金属或合金(金属化合物入 10/18)〔3〕
(12) H01F1/00 含有铁或镍的(10/13,10/16 优先)〔3,7〕
(13) H01F1/00 含有钴的(10/13 优先)〔3,7〕
(14) H01F1/00 铁氧体〔3〕
【词条属性】
【特征】
【特点】 具有矩形磁滞回线
【特点】 矩磁比 Br/Bs 通常在 85%以上
【特点】 各向异性
【特点】 矩磁性主要来源于两个方面:晶粒取向和磁畴取向
【特点】 高电阻率
【特点】 低铁损
【特点】 交流磁特性好
【特点】 低矫顽力
【特点】 要求材料纯度高
【特点】 磁性记忆功能
【状况】
【现状】 对于矩磁合金,通过大压下量的冷轧和适当的热处理获得晶粒取向组织
【应用场景】 制造磁放大器、磁调制器、中子功率脉冲变压器、方波变压器和磁心存贮器等
【应用场景】 通常进行纵向磁场退火,处理时的磁场方向与应用时一致
【应用场景】 电子计算机随机存取的记忆装置
【应用场景】 作为磁性涂层可制成磁鼓、磁盘、磁卡和各种磁带等
【词条关系】

◎旋磁材料

【基本信息】

【英文名】 gyromagnetic materials

【拼音】 xuan ci cai liao

【核心词】

【定义】

旋磁材料指具有旋磁性质并适用于微波频段(指 $10^2 \sim 10^5$ MHz 频率范围)的磁性材料。

【来源】《固体物理学大辞典》

【分类信息】

【CLC 类目】

(1) TM272　磁性粉末冶金材料

(2) TM272　尖晶石结构铁氧体

(3) TM272　石榴石结构铁氧体

(4) TM272　多晶铁氧体

【IPC 类目】

(1) H01F1/00　按所用磁性材料区分的磁体或磁性物体;按磁性能选择的材料(按其组成区分的磁性薄膜入 10/10)

(2) H01F1/00　无机材料的(1/44 优先)〔6〕

(3) H01F1/00　压制的、烧结的或黏结在一起的〔6〕

(4) H01F1/00　铁氧体〔3〕

【词条属性】

【特征】

【数值】 居里温度 100～600 ℃

【数值】 微波段介电常数 8～16

【数值】 饱和磁化强度 0.02～0.55 T

【特点】 在高频磁场作用下,平面偏振的电磁波在铁氧体中按一定方向传播时,偏振面会不断绕传播方向旋转

【特点】 铁磁共振线宽小

【特点】 自旋波共振线宽大

【特点】 低频段饱和磁化强度低

【特点】 低频段磁晶各向异性常数小

【特点】 介质损耗低

【特点】 稳定性高

【词条关系】

◎金属磁性材料

【基本信息】

【英文名】 metal magnetic materials

【拼音】 jin shu ci xing cai liao

【核心词】

【定义】

由金属、合金及金属间化合物所组成的磁性材料。

【分类信息】

【CLC 类目】

(1) TM271　软磁材料

(2) TM271　硬磁材料

(3) TM271　磁性粉末冶金材料

(4) TM271　磁性合金、金属铁磁体

(5) TM271　硅钢片、电工钢、立方织物钢片

【IPC 类目】

(1) H01F1/00　按所用磁性材料区分的磁体或磁性物体;按磁性能选择的材料(按其组成区分的磁性薄膜入 10/10)

(2) H01F1/00　金属或合金〔6〕

(3) H01F1/00　含稀土金属的〔5,6〕

(4) H01F1/00　和磁性过渡金属的,如 $SmCo_5$〔6〕

(5) H01F1/00　和第ⅢA 族元素,如 $Nd_2Fe_{14}B$〔6〕

(6) H01F1/00　和第ⅣA 族元素,如 $Gd_2Fe_{14}C$〔6〕

(7) H01F1/00　和第ⅤA 族元素,如 $Sm_2Fe_{17}N_2$〔6〕

(8) H01F1/00　颗粒状的,如粉末(1/047 优先)〔5,6〕

(9) H01F1/00　压制的、烧结的或黏结在一起的〔6〕

(10) H01F1/00　金属或合金〔6〕

(11) H01F1/00　非晶态合金,如金属玻璃〔5,6〕

(12) H01F1/00　薄片状的(1/147 优先)〔5,6〕

(13) H01F1/00　磁性薄膜,如单畴结构的(磁记录载体入 G11B5/00;薄膜磁存储器入 G11C)

(14) H01F1/00　是金属或合金(金属化合物入 10/18)〔3〕

(15) H01F1/00　非晶磁性合金,如金属玻璃〔7〕

(16) H01F1/00　含有铁或镍的(10/13,10/16 优先)〔3,7〕

(17) H01F1/00　含有钴的(10/13 优先)〔3,7〕

【词条属性】

【特征】

【特点】 大多为无序固溶体、有限固溶体及间隙固溶体

【特点】 少数为有序固溶体

【特点】 高饱和磁感应强度

【特点】 高电阻率

【特点】 低损耗

【状况】

【应用场景】 扬声器、话筒、电表、按键、电机、继电器、传感器、开关等

【应用场景】 磁控管和行波管等微波电子管、显像管、钛泵、微波铁氧体器件、磁阻器件、霍尔器件等

【应用场景】 磁轴承、选矿机、磁力分离器、磁性吸盘、磁密封、磁黑板、玩具、标牌、密码锁、复印机、控温计等

【应用场景】 磁性天线、电感器、变压器、磁头、耳机、继电器、振动子、电视偏转轭、电缆、延迟线、传感器、微波吸收材料、电磁铁、加速器高频加速腔、磁场探头、磁性基片、磁场屏蔽、高频淬火聚能、电磁吸盘、磁敏元件(如磁热材料作开关)等

【词条关系】

◎铁氧体磁性材料

【基本信息】

【英文名】 ferrite magnetic material

【拼音】 tie yang ti ci xing cai liao

【核心词】

【定义】

以氧化铁(Fe_2O_3)等为基础,加入碱土金属氧化物烧结成的粉末冶金磁性材料。

【来源】《中国冶金百科全书·金属材料》

【分类信息】

【CLC 类目】

(1) TM277　尖晶石结构铁氧体

(2) TM277　六方晶系结构铁氧体

(3) TM277　石榴石结构铁氧体

(4) TM277　多晶铁氧体

(5) TM277　硬磁铁氧体

(6) TM277　各种化合物铁氧体

(7) TM277　矩形磁滞回线铁氧体

【IPC 类目】

(1) H01F1/06　颗粒状的,如粉末(1/047 优先)〔5,6〕

(2) H01F1/06　压制的、烧结的或黏结在一起的〔6〕

(3) H01F1/06　非金属物质,如铁氧体〔6〕

(4) H01F1/06　颗粒状的,如粉末(1/147 优先)〔5,6〕

(5) H01F1/06　含有铁或镍的(10/13,10/16 优先)〔3,7〕

(6) H01F1/06　铁氧体〔3〕

(7) H01F1/06　正铁氧体〔3〕

(8) H01F1/06　石榴石〔3〕

【词条属性】

【特征】

【特点】 在电性上属于半导体范畴

【特点】 软磁铁氧体电阻率比金属磁性材料大得多

【特点】 软磁铁氧体有较高的介电性能

【特点】 软磁铁氧体在高频下具有比金属磁性材料高得多的磁导率,适用于几千赫到几百兆赫频率下工作

【特点】 软磁铁氧体饱和磁通密度 B_s 低,只有铁的 1/5～1/3

【特点】　永磁铁氧体电阻率高

【特点】　永磁铁氧体涡流损耗小

【特点】　永磁铁氧体矫顽力大

【优点】　原材料来源丰富

【优点】　工艺不复杂

【优点】　成本低

【状况】

【应用场景】　软磁铁氧体较适于高频小功率,弱电场合中应用

【应用场景】　收音机里的天线磁棒

【应用场景】　中频变压器磁心

【应用场景】　电视接收机中的行输出变压器铁芯

【应用场景】　通信线路中的增感器

【应用场景】　滤波器的磁心

【应用场景】　高频磁记录换能器(磁头)

【应用场景】　小型发电机和电动机的永磁体

【应用场景】　制作永磁点火电机、永磁电机、永磁选矿机、永磁吊头、磁推轴承、磁分离器、扬声器、微波器件、磁疗片、助听器等

◎选矿

【基本信息】

【英文名】　mineral processing

【拼音】　xuan kuang

【核心词】

【定义】

根据矿石中不同矿物的物理、化学性质,把矿石破碎磨细以后,采用重选法、浮选法、磁选法、电选法等,将有用矿物与脉石矿物分开,并使各种共生(伴生)的有用矿物尽可能相互分离,除去或降低有害杂质,以获得冶炼或其他工业所需原料的过程。

【分类信息】

【CLC 类目】

(1) TD912　矿石性质及类型

(2) TD912　矿石可选性的研究

(3) TD912　非金属矿选矿

【IPC 类目】

(1) B02C1/02　颚式破碎机或磨粉机

(2) B02C1/02　捣磨机

(3) B02C1/02　用细筛、粗筛、筛分或用气流将固体从固体中分离;适用于散装物料的其他干式分离法,如适于像散装物料那样处理的松散物品的分离

【词条属性】

【特征】

【缺点】　选矿过程中,易产生有害气体,水体污染,固体废料等环境污染问题

【特点】　使矿物中的有用组分富集

【特点】　降低冶炼或其他加工过程中燃料、运输的消耗

【特点】　使低品位的矿石能得到经济利用

【特点】　选矿过程主要由解离和选别两个基本部分构成

【状况】

【现状】　除少数富矿石外,金属和非金属矿石几乎都需选矿

【现状】　选矿经历了从处理粗粒物料到细粒物料,从处理简单矿石到复杂矿石,从单纯使用物理方法向使用物理化学方法与化学方法的发展过程

【现状】　选矿涉及的学科主要有:矿物结晶学、流体动力学、电磁学、物理化学、表面化学、应用数学,以及过程的数学模拟和自动控制等

【词条关系】

【应用关系】

【使用】　筛分

【生产关系】

【工艺-材料】　铝

【工艺-材料】　铜

【工艺-材料】　钛

◎Ni-Cr 系电阻合金

【基本信息】

【英文名】　Ni-Cr resistance alloy

【拼音】 Ni-Cr xi dian zu he jin

【核心词】

【定义】

(1)一种以镍、铬为主要组元的电阻合金。

【来源】《金属材料简明辞典》

(2)由 Ni 和 Cr 制成的电阻合金,通常系指含 Cr 为 20%,Ni 为 80%的合金,或加入少量 Si,Fe 等。

【来源】《金属功能材料词典》

【分类信息】

【CLC 类目】

(1) TB34 功能材料

(2) TB34 低电阻合金

(3) TB34 高电阻合金

(4) TB34 恒电阻合金

(5) TB34 热电元件用合金

【词条属性】

【特征】

【特点】 较高而稳定的电阻率

【特点】 耐腐蚀

【特点】 表面抗氧化性能好

【特点】 在高温下有较好的强度

【特点】 变形性能好

【特点】 良好的加工性能和可焊性

【特点】 单相奥氏体组织

【特点】 无磁性

【特点】 电阻率高

【特点】 电阻温度系数较小

【特点】 具有较高的高温强度和塑性

【特点】 热辐射率高

【特点】 有一定的催化作用

【状况】

【前景】 更高使用温度

【前景】 更长使用寿命

【前景】 更高热效率

【前景】 圆丝(线)向扁丝、宽带及箔材方向发展

【应用场景】 工业电炉、冶金、家用电器,机械制造,发热元件和电阻变阻器等

【其他物理特性】

【比热容】 0.44 J/(g·k)

【电阻率】 1.1 μΩ·m

【密度】 8.4 g/cm^3

【热导率】 60.3 kJ/(m·h·c)

【热膨胀系数】 1.8E-05/℃

【熔点】 1400 ℃

【力学性能】

【抗拉强度】 650 MPa

◎线性膨胀系数

【基本信息】

【英文名】 linear expansion efficient;coefficient of linear extensibility

【拼音】 xian xing peng zhang xi shu

【核心词】

【定义】

物理概念,固态物质温度改变 1 ℃ 时,其长度的变化跟它在 0 ℃ 时长度的比值。

【来源】《百科知识数据辞典》

【分类信息】

【CLC 类目】

(1) O472 热学性质

(2) O472 热膨胀

【词条属性】

【特征】

【数值】 固体线胀系数数量级约为 1E-05

【数值】 混凝土(4.76~12.1)E-06

【数值】 玻璃(4~10)E-06

【数值】 钢 1.10E-05

【数值】 铁 1.22E-05

【数值】 铜 1.71E-05

【特点】 固体的线胀系数一般很小

【特点】 线胀系数约是其体胀系数的 1/3

【特点】 可以是膨胀产生

【特点】 可以是收缩产生

【特点】 可正可负

【特点】 一般线胀系数并不是一个常数

【状况】

【应用场景】　工程技术中选择材料

【应用场景】　判定材料是否满足需求

◎海洋腐蚀

【基本信息】

【英文名】　marine corrosion

【拼音】　hai yang fu shi

【核心词】

【定义】

(1)在海洋环境中所发生的金属腐蚀。

【来源】　《中国冶金百科全书·金属材料》

(2)指处于海洋环境条件下的金属物,由于发生化学和电化学过程而引起的破坏。

【来源】　《地学辞典》

【分类信息】

【CLC 类目】

(1) O346.2　腐蚀疲劳

(2) O346.2　应力腐蚀

(3) O346.2　金属的溶解和腐蚀的电化学理论

(4) O346.2　腐蚀微生物学

(5) O346.2　材料腐蚀与保护

(6) O346.2　海洋石油机械设备的腐蚀与防护

(7) O346.2　金属腐蚀理论

(8) O346.2　海水腐蚀、水腐蚀

(9) O346.2　水中含砂的蚀损

(10) O346.2　船舶抗腐蚀性

【词条属性】

【特征】

【特点】　主要是局部腐蚀

【特点】　金属构件在海洋飞溅区(指风浪、潮汐等激起的海浪、飞沫溅散到的区域)的全面腐蚀速率最高

【特点】　海洋腐蚀常和机械的、物理的、生物的破坏交织在一起

【特点】　海水对有、无钝化膜保护的金属及合金都有很强的腐蚀性

【特点】　是一个复杂的电化学过程,涉及物理、化学、生物及气象等多个学科

【特点】　通过一系列的氧化还原反应来进行

【特点】　海洋环境可划分为 5 个不同的腐蚀区域:海洋大气区、浪花飞溅区、潮差区、海水全浸区、海泥区

【状况】

【现状】　全世界每年因腐蚀造成的经济损失达 6000 亿～12000 亿美元,占各国国民生产总值的 2%～4%

【因素】

【影响因素】　阴、阳离子组成及含量

【影响因素】　溶解氧的含量

【影响因素】　海水温度

【影响因素】　海水流速

【影响因素】　海水 pH

【影响因素】　海洋生物

【影响因素】　海洋大气的相对湿度

【影响因素】　温度

【影响因素】　含盐量

【影响因素】　灰尘

【影响因素】　污染

【词条关系】

【层次关系】

【类分】　电偶腐蚀

【类分】　点腐蚀

【类分】　应力腐蚀

◎面缺陷

【基本信息】

【英文名】　plane defect;planar defects

【拼音】　mian que xian

【核心词】

【定义】

晶体中的一类缺陷。其特点是:在空间一个方向的尺寸较小,在另两个方向的尺寸较大。

【来源】　《金属材料简明辞典》

【分类信息】

【CLC 类目】

(1) O77　点缺陷、面缺陷、体缺陷

(2) O77　金属的晶体缺陷理论

【词条属性】

【特征】

【特点】 面缺陷的种类繁多,金属晶体中的面缺陷主要有两种:晶界和亚晶界

【特点】 由点阵畸变产生

【特点】 影响材料宏观性能

【特点】 面缺陷使晶体产生畸变和畸变能,在一定条件下可以运动,并可以与其他缺陷(空位、位错等)发生交互作用

【词条关系】

【层次关系】

【并列】 点缺陷

【并列】 线缺陷

【类分】 晶界

◎体缺陷

【基本信息】

【英文名】 volume defect; body defects; bulk defects

【拼音】 ti que xian

【核心词】

【定义】

在空间三维方向的尺寸和影响范围均较大的一类晶体缺陷。亦称为三维缺陷。

【来源】《金属材料简明辞典》

【分类信息】

【CLC 类目】

(1) O77　点缺陷、面缺陷、体缺陷

(2) O77　金属的晶体缺陷理论

【词条属性】

【特征】

【特点】 由点阵畸变产生

【特点】 影响材料宏观性能

【因素】

【影响因素】 温度、溶解、挤压、扭曲等

【词条关系】

◎反相畴界

【基本信息】

【英文名】 antiphase boundary; antiphase domain boundary

【拼音】 fan xiang chou jie

【核心词】

【定义】

存在于某些有序合金中的一种面缺陷。

【分类信息】

【CLC 类目】

(1) O763　晶粒间界

(2) O763　点缺陷、面缺陷、体缺陷

(3) O763　金属的晶体缺陷理论

【词条属性】

【特征】

【特点】 相邻晶畴为共格状态

【特点】 晶畴界面处由正常的配对状态转变为非正常配对状态

【特点】 低能量的面缺陷

【特点】 不同的有序结构显示出不同形状的畴界

【特点】 在合金材料的抗形变过程中扮演了重要的角色,并会影响合金发生形变时的途径

【特点】 有序合金特有的结构

【特点】 合金中不同类型的反相畴界的结构与分布将会对材料的磁学性能、力学性能及高温性能产生很大的影响

【状况】

【现状】 可用电子显微镜对薄晶体进行直接观察

【现状】 测量和计算的反相畴界能时较为困难

【应用场景】 无序—有序相变

【应用场景】 有序结构的位错运动

◎磨粒磨损

【基本信息】

【英文名】 abrasive wear; grain-abrasion

【拼音】 mo li mo sun
【核心词】
【定义】
由外界硬质颗粒或硬表面的微峰在摩擦副对偶表面相对运动过程中,引起表面擦伤与表面材料脱落的现象。
【分类信息】
【CLC 类目】
(1) TG111.91　金属的脆性及断裂
(2) TG111.91　摩擦与磨损
【词条属性】
【特征】
【特点】 在摩擦副对偶表面沿滑动方向形成划痕
【特点】 材料本身的硬度和磨粒的硬度是影响磨料磨损的两个最主要的因素。
【特点】 磨粒磨损过程中不只是一种机理而往往有几种机理同时存在,外部条件或内部组织发生变化时,磨损机理也相应地发生变化,从一种机理为主转变为另一种机理为主
【状况】
【现状】 利用表面技术解决
【现状】 主要的磨损机理有:微观切削磨损机理、多次塑变导致断裂的磨损机理、疲劳磨损机理和微观断裂(剥落)磨损机理等
【现状】 是工业中最常见、易见、磨损速率极高的磨损形式,大约有 50%的机械零件的损坏是由于磨粒磨损所致
【应用场景】 农业、工程、矿山、建筑和运输机械

◎黏着磨损

【基本信息】
【英文名】 adhesive wear;adhesion wear
【拼音】 nian zhuo mo sun
【核心词】
【定义】
(1)材料接触表面相对运动产生固相焊合作用,使物质从一表面向另一表面迁移造成的磨损现象。
【来源】《现代材料科学与工程辞典》
(2)由于黏着作用使材料由一表面转移至另一表面所引起的磨损称为黏着磨损。
【来源】《机械加工工艺辞典》
【分类信息】
【CLC 类目】
(1) TG111.6　金属中的扩散
(2) TG111.6　摩擦与磨损
【词条属性】
【特征】
【特点】 磨损量一般随压力的增大逐渐增大
【特点】 滑动速度对黏着磨损有很大的影响
【特点】 温度对黏着磨损有很大的影响
【特点】 按程度分为涂抹、擦伤、黏焊和咬卡等几种
【特点】 由摩擦表面的引力作用引起的
【特点】 密堆六方点阵金属的黏着倾向较面心立方点阵、体心立方点阵要小些
【状况】
【现状】 利用表面处理技术解决
【现状】 是金属摩擦副之间最普遍的一种磨损形式
【现状】 黏着磨损可用艾查德公式计算
【现状】 真空环境的黏着磨损已成为空间技术的核心问题
【应用场景】 轴承、凸轮、蜗轮、齿轮、量具、刃具、模具等

◎疲劳磨损

【基本信息】
【英文名】 fatigue wear;fatigue abrasion
【拼音】 pi lao mo sun
【核心词】
【定义】
(1)又称为表面接触疲劳磨损。两接触表面作滚动或滚动滑动复合摩擦时,表面微小部

分受交变循环的作用,使表面材料疲劳断裂而形成点蚀或剥落的现象。

(2)材料疲劳断裂引起的表面磨损。

【来源】《金属功能材料词典》

【分类信息】

【CLC 类目】

(1) TG111.8 金属的蠕变和疲劳

(2) TG111.8 摩擦与磨损

【词条属性】

【特征】

【特点】 常发生在滚动轴承、齿轮及钢轨与轮箍的接触面上

【特点】 伴随其他磨损形式发生

【特点】 一般在材料表面应力集中或材料缺陷处发生

【状况】

【现状】 利用表面处理技术解决

◎腐蚀磨损

【基本信息】

【英文名】 corrosive wear;corrosion wear

【拼音】 fu shi mo sun

【核心词】

【定义】

摩擦副对偶表面在相对滑动过程中,表面材料与周围介质发生化学或电化学反应,并伴随机械作用而引起的材料损失现象,称为腐蚀磨损。

【分类信息】

【CLC 类目】

(1) TG115.5 摩擦及磨损试验

(2) TG115.5 接触腐蚀、缝隙腐蚀、摩擦腐蚀

(3) TG115.5 工业大气腐蚀

(4) TG115.5 燃料气体腐蚀

(5) TG115.5 含硫气体腐蚀

(6) TG115.5 海水腐蚀、水腐蚀

(7) TG115.5 摩擦与磨损

【词条属性】

【特征】

【特点】 通常是一种轻微磨损,但在一定条件下也可能转变为严重磨损

【特点】 腐蚀介质绝大多数是流体

【特点】 存在腐蚀性介质

【特点】 相对运动的表面

【特点】 湿磨工况条件下,环境最为恶劣,腐蚀促进磨损失重的量也较大,对材料的损坏也最为严重

【状况】

【现状】 常见的腐蚀磨损有氧化磨损和特殊介质腐蚀磨损

【现状】 腐蚀磨损造成的损失占总腐蚀量的9%,磨损量的5%

【现状】 广泛存在于石油、化工、矿山和电力等工业领域的机械设备中

◎磷化工艺

【基本信息】

【英文名】 phosphating process; phosphating technology;phosphatizing technique

【拼音】 lin hua gong yi

【核心词】

【定义】

磷化工艺过程是一种化学与电化学反应形成磷酸盐化学转化膜的过程,所形成的磷酸盐转化膜称之为磷化膜。磷化的目的主要是:给基体金属提供保护,在一定程度上防止金属被腐蚀;用于涂漆前打底,提高漆膜层的附着力与防腐蚀能力;在金属冷加工工艺中起减摩润滑使用。

【分类信息】

【CLC 类目】

(1) TG174.1 防蚀理论

(2) TG174.1 材料的抗蚀性能

(3) TG174.1 电化学保护

(4) TG174.1 各种金属及合金的腐蚀、防腐与表面处理

(5) TG174.1 化学处理(氧化、磷化)、化

学着色

【IPC 类目】

(1) C25B1/00　无机化合物或非金属的电解生产〔2〕

(2) C25B1/00　无机酸的〔2〕

【词条属性】

【特征】

【特点】　磷化成膜

【特点】　磷化处理要求工件表面应是洁净的金属表面

【特点】　包括金属的溶解过程、促进剂的加速过程、磷酸及盐的水解、磷化膜的形成

【特点】　具有自愈性能

【优点】　成本低

【优点】　操作简单

【优点】　耐蚀效果明显

【状况】

【前景】　磷化膜由粗晶厚膜向微晶薄膜型转变

【前景】　促进剂由单一促进剂向多组分加速剂发展

【前景】　低温磷化

【前景】　环保、低成本、高性能磷化

【前景】　无镍磷化技术

【现状】　按磷化成膜体系主要分为：锌系、锌钙系、锌锰系、锰系、铁系、非晶相铁系六大类

【现状】　按磷化膜厚度(磷化膜重)分，可分为次轻量级、轻量级、次重量级、重量级4种

【现状】　按处理温度可分为常温、低温、中温、高温四类

【现状】　促进剂主要分为：硝酸盐型、亚硝酸盐型、氯 酸盐型、有机氮化物型、钼酸盐型等主要类型

【现状】　按材质可分为钢铁件、铝件、锌件以及混合件磷化等

【现状】　常温快速磷化是当前研究最活跃、技术进步最快的磷化技术

【应用场景】　汽车、化工、船舶和家电等行业

◎钛基耐蚀合金

【基本信息】

【英文名】　Ti-based corrosion resistant alloy

【拼音】　tai ji nai shi he jin

【核心词】

【定义】

以钛为基体的金属抗腐蚀材料。

【分类信息】

【CLC 类目】

(1) TG133　耐蚀合金

(2) TG133　钛

(3) TG133　金属耐蚀材料

【词条属性】

【特征】

【缺点】　非氧化性酸存在时耐蚀性不佳

【特点】　比强度高

【特点】　高耐热性

【特点】　无磁性

【特点】　良好的加工性能

【特点】　良好的焊接性能

【状况】

【应用场景】　氧化性腐蚀环境

【应用场景】　海水等含氯化物的腐蚀环境

【应用场景】　航海、石油、化工、医药等行业

【词条关系】

【层次关系】

【并列】　钴基耐蚀合金

◎钴基耐蚀合金

【基本信息】

【英文名】　Co-based corrosion resistant alloy

【拼音】　gu ji nai shi he jin

【核心词】

【定义】

以钴为基体的金属抗腐蚀材料。

【分类信息】

【CLC 类目】

(1) TG133　耐蚀合金

(2) TG133　金属耐蚀材料

【词条属性】

【特征】

【特点】 高的高温强度

【特点】 优异的抗粘连性

【特点】 耐各种形式腐蚀

【状况】

【应用场景】 化工、石油和天然气设备

【应用场景】 电力工业

【应用场景】 燃气涡轮

【应用场景】 航空

【应用场景】 钢铁工业

【词条关系】

【层次关系】

【并列】 钛基耐蚀合金

【并列】 镍基耐蚀合金

【类属】 耐蚀合金

【类属】 钴基合金

【应用关系】

【材料-部件成品】 燃气涡轮发动机

【材料-部件成品】 飞机涡轮发动机

【材料-部件成品】 军民用燃气涡轮发动机

【使用】 热处理

【生产关系】

【材料-工艺】 铸造

【材料-工艺】 粉末冶金

◎贵金属钎料

【基本信息】

【英文名】 brazing material of precious metals

【拼音】 gui jin shu qian liao

【核心词】

【定义】

用于在母材(金属或非金属)不熔化时,以焊接方法精密连接的贵金属材料。

【来源】《中国冶金百科全书·金属材料》

【分类信息】

【CLC 类目】

(1) TG425　软钎焊材料

(2) TG425　硬钎焊材料

(3) TG425　钎焊设备

(4) TG425　钎焊

【词条属性】

【特征】

【特点】 熔化温度适中

【特点】 润湿母材广泛

【特点】 钎接头具有优良的力学性能

【特点】 钎接头具有优良的电学性能

【特点】 钎接头具有优良的化学稳定性

【状况】

【现状】 其产品形态为棒、丝、带、片、箔、粉末、膏状及预先成形的环和框件

【现状】 金、银钎料应用历史悠久

【现状】 钯钎料开发和应用较晚

【现状】 铂、铑、钌等作为钎料合金化元素应用还较少

【现状】 银基合金钎料是贵金属钎料中牌号最多、应用最广、用量最大的一类钎料

【应用场景】 航空、航天和电子工业

【应用场景】 机械、化工、石油、核能、轻工业领域

◎牙科合金

【基本信息】

【英文名】 dental alloy

【拼音】 ya ke he jin

【核心词】

【定义】

牙科合金是用于制作可摘义齿的基托、支架,以及固定修复的嵌体、冠桥的合金材料。

【来源】《中国医学百科全书·六十一口腔医学》

【分类信息】

【CLC 类目】

(1) R318.08　生物材料学

(2) R318.08　其他

(3) R318.08　牙科材料学

(4) R318.08　牙体缺损的修复矫治

(5) R318.08　牙列缺损及牙损伤的修复

【IPC 类目】

(1) A61C11/08　具有把牙壳体固定到牙托上的装置的〔5〕

(2) A61C11/08　假牙;假牙的制造(牙冠入 5/08;植牙入 8/00)〔4〕

(3) A61C11/08　无基底的假体,如牙桥(在口腔内固定假体入 13/225);无基底假体的制造(人造牙入 13/08)〔6〕

(4) A61C11/08　具有基底的假体,如腭或底板;具有基底的假体的制造〔6〕

(5) A61C11/08　基底〔4〕

(6) A61C11/08　用电镀法制造的;表面处理;上珐琅;加香料;防腐〔4〕

(7) A61C11/08　具有陶瓷层金属的〔6〕

(8) A61C11/08　用冲压制造的〔4〕

(9) A61C11/08　用于基底的衬层或软垫(以改进吸附的装置为特征的入 13/24)〔6〕

(10) A61C11/08　假牙;假牙的制作(假牙烧窑入 F27B)

(11) A61C11/08　暂时修复用的假牙;前庭罩〔4〕

(12) A61C11/08　标准型假牙,如预制好的整套牙齿〔4〕

(13) A61C11/08　用于焊接、铸造、模压或熔化的方法或装置〔4〕

(14) A61C11/08　在口腔中紧固小楔牙;牙根销〔4〕

(15) A61C11/08　模型的制造和加工,如初始模、试用托牙;定位销〔4〕

(16) A61C11/08　牙冠;制造牙冠;紧扣于口腔中的牙冠(植牙入 8/00)

【词条属性】

【特征】

【特点】　高的抗腐蚀性能

【特点】　高强度

【特点】　高硬度

【特点】　高耐磨性能

【特点】　良好的加工成形性能

【特点】　良好的生物相容性

【特点】　不失泽不褪色

◎生物医学材料

【基本信息】

【英文名】　biomedical material

【拼音】　sheng wu yi xue cai liao

【核心词】

【定义】

又称生物材料,是一种和生物系统结合,以诊断、治疗或替换机体中的组织、器官或增进其功能的材料。

【来源】《现代科学技术名词选编》

【分类信息】

【CLC 类目】

(1) R318.01　生物力学

(2) R318.01　生物的能量传递

(3) R318.01　生物信息、生物控制

(4) R318.01　移植免疫学

(5) R318.01　生物材料学

【IPC 类目】

(1) A61C13/00　假牙;假牙的制造(牙冠入 5/08;植牙入 8/00)〔4〕

(2) A61C13/00　用电镀法制造的;表面处理;上珐琅;加香料;防腐〔4〕

(3) A61C13/00　具有陶瓷层金属的〔6〕

(4) A61C13/00　假牙;假牙的制作(假牙烧窑入 F27B)

(5) A61C13/00　瓷的或陶瓷的假牙〔4〕

(6) A61C13/00　人造树脂牙〔4〕

(7) A61C13/00　在口腔内紧固假体(在加盖的牙上固定牙冠入 5/08;用于假体的基底入 13/01)〔4〕

(8) A61C13/00　在口腔中紧固小楔牙;

牙根销〔4〕

(9) A61C13/00 在液体中可溶解或可分解的〔7〕

(10) A61C13/00 在液体中可溶解或可分解的〔7〕

(11) A61C13/00 可做堆肥或可生物降解的〔7〕

(12) A61C13/00 可植入血管中的滤器;假肢体,即用于人体各部分的人造代用品或取代物;用于假肢体与人体相连的器械(作为整容物品见相关小类,如假发、发件入 A41G3/00,5/00;人造指甲入 A45D31/00;假牙入 A61C13/00;用于假肢体的材料入 A61 L 27/00;人工心脏入 A61M1/10;人工肾入 A61M1/14)〔4,6〕

(13) A61C13/00 可植入血管内的滤器〔6〕

(14) A61C13/00 能移植到体内的假体〔4〕

(15) A61C13/00 眼睛的组成部分,如晶体、角膜移植物(可取下的接触镜入 G02C7/04);人造眼(用有机塑料材料制造人造眼入 B29C,B29D11/02)〔4〕

(16) A61C13/00 血液泵;人造心脏;助血液循环的机械装置,如内主动脉血液泵(人造心脏膜瓣入 A61F 2/24;心脏刺激器入 A61H 31/00)〔4〕

(17) A61C13/00 可植入体内者〔4〕

(18) A61C13/00 透析系统;人工肾脏;血液供氧(用半透膜分离的一般程序入 B01D 61/00;以材料、制造工艺为特征的半透膜入 B01D71/00)〔4〕

【词条属性】

【特征】

【特点】 与生物系统直接接合

【特点】 组织相容性好

【特点】 可降解

【特点】 耐腐蚀

【特点】 持久

【特点】 良好的力学性能

【特点】 对人体无毒性

【特点】 对人体无致敏性

【特点】 对人体无刺激性

【特点】 无遗传毒性

【特点】 无致癌性

【状况】

【前景】 生物医学纳米材料

【现状】 是研究人工器官和医疗器械的基础

【现状】 是当代材料学科的重要分支

【现状】 是各国科学家竞相进行研究和开发的热点

◎传感器材料

【基本信息】

【英文名】 sensor material

【拼音】 chuan gan qi cai liao

【核心词】

【定义】

又称敏感材料。制作传感器核心器件用材料。

【来源】《现代材料科学与工程辞典》

【分类信息】

【CLC 类目】

(1) S951.4 温度传感器

(2) S951.4 生物传感器

(3) S951.4 压力传感器

(4) S951.4 物理传感器

(5) S951.4 化学传感器

(6) S951.4 智能化传感器

(7) S951.4 传感器的应用

【词条属性】

【状况】

【现状】 半导体传感器主要是硅材料,其次是锗、砷化镓、锑化铟、碲化铅、硫化镉等

【现状】 陶瓷传感器材料主要有氧化铁、氧化锡、氧化锌、氧化锆、氧化钛、氧化铝、钛酸钡等

【现状】 金属用作传感器的功能材料有

铂、铜、铝、金、银、钴合金等

【现状】 有机材料用于传感器还处在开发阶段

【现状】 有机材料用于传感器，所用材料有高分子电解质、吸湿树脂、高分子膜、有机半导体聚咪唑、酶膜等

【应用场景】 制造力敏、热敏、光敏、磁敏、射线敏等传感器

【应用场景】 制造气敏、湿敏、热敏、红外敏、离子敏等传感器

【应用场景】 机械传感器和电磁传感器

◎超塑性合金

【基本信息】

【英文名】 superplastic alloys

【拼音】 chao su xing he jin

【核心词】

【定义】

超塑性合金是指那些具有超塑性的金属材料。

【分类信息】

【CLC 类目】

(1) TG135　超塑性合金

(2) TG135　超塑性成型

【IPC 类目】

(1) B29C33/38　以材料或制造工艺为特点的(33/44 优先;金属模型或其零件的制造入 B22,B23)〔4〕

(2) B29C33/38　将材料供入模型〔4〕

(3) B29C33/38　模型或型芯〔4〕

(4) B29C33/38　加热或冷却

(5) B29C33/38　吹塑法，即在模型内将预型件或型坯吹成要求的形状;所用的设备〔4〕

【词条属性】

【特征】

【缺点】 加工时间较长

【特点】 超塑性，能像饴糖一样伸长 10 倍、20 倍甚至上百倍，既不出现缩颈，也不会断裂

【特点】 最大延伸率可高达 1000%～2000%，个别的达到 6000%

【特点】 金属只有在特定条件下才显示出超塑性

【特点】 微晶超塑性

【特点】 相变超塑性

【优点】 加工可一次成型，节约成本

【状况】

【现状】 各种材料的超塑性成型已发展成流行的新工艺

【现状】 最常用的铝、镍、铜、铁、合金均有 10～15 个牌号

【现状】 已发现 170 多种合金材料具有超塑性。

【应用场景】 加工难变形的合金

【时间】

【起始时间】 1928 年

【因素】

【影响因素】 一定的变形温度

【影响因素】 低的应变速率

【影响因素】 极为细小的等轴晶粒

【影响因素】 组织中的相转变

【词条关系】

◎超导

【基本信息】

【英文名】 superconducting; superconductor; superconductivity

【拼音】 chao dao

【核心词】

【定义】

(1)导电材料在一定条件下电阻变为零的性质。

【来源】《新时期新名词大辞典》

(2)某些金属导体在温度和磁场都小于一定数值的条件下，电阻和体内磁感应强度突然变为零的现象。

【来源】《现代汉语新词语词典》

【分类信息】

【CLC 类目】

(1)O511　超导体物理

(2)O511　超导电性理论

(3)O511　超导材料

(4)O511　超导体性质

(5)O511　超导电性应用

(6)O511　超导合金

(7)O511　超导材料

(8)O511　元素超导体

(9)O511　化合物超导体

(10)O511　金属互化物超导体、超导合金

(11)O511　固溶体超导体

(12)O511　超导磁铁

(13)O511　超导体存贮器

(14)O511　超导计算机

【IPC 类目】

H01B12/00　超导体、超导电缆或超导传输线(按陶瓷形成的工艺或陶瓷组合物性质区分的超导体入 C04B35/00;按材料特性区分的应用超导电性的零部件或设备入 H01L39/12)〔2,4〕

【词条属性】

【特征】

【特点】　超导材料电阻为零

【特点】　超导体内的磁感应强度为零

【特点】　超导现象出现的基本标志是零电阻效应和迈斯纳效应

【状况】

【前景】　高温超导

【前景】　超导输电

【前景】　未来 10 年我国超导市场的规模为 1300 亿～1600 亿人民币,预计到 2020 年,该产值将达到 750 亿美元

【现状】　在常压下有 28 种元素具超导电性,电工中实际应用的主要是铌和铅

【应用场景】　超导列车

【应用场景】　超导船

【应用场景】　无磨损轴承

【应用场景】　制造大型磁体

【应用场景】　超导电缆

【应用场景】　超导限流器

【应用场景】　超导滤波器

【应用场景】　超导储能

【应用场景】　电机、高能粒子加速器、磁悬浮运输、受控热核反应、储能等

【应用场景】　计算机的逻辑和存储元件

【时间】

【起始时间】　1911 年

◎冷脆转变温度

【基本信息】

【英文名】　ductile-brittle transition temperature

【拼音】　leng cui zhuan bian wen du

【核心词】

【定义】

简称 DBTT。材料由塑性突然转变成脆性的温度。

【来源】　《现代材料科学与工程辞典》

【分类信息】

【CLC 类目】

(1) TB301　工程材料力学(材料强弱学)

(2) TB301　物理试验法

(3) TB301　机械试验法

(4) TB301　组织检查法、非破坏性试验法

【词条属性】

【特征】

【特点】　在冷脆转变温度区域以上,金属材料处于韧性状态,断裂形式主要为韧性断裂

【特点】　在冷脆转变温度区域以下,材料处于脆性状态,断裂形式主要为脆性断裂(如解理)

【特点】　冷脆转变温度越低,说明材料的抵抗冷脆性能越高

【状况】

【应用场景】　体心立方晶体金属及合金

【应用场景】　某些密排六方晶体金属及合金

◎超导转变温度

【基本信息】

【英文名】　superconducting transition temperature

【拼音】　chao dao zhuan bian wen du

【核心词】

【定义】

在特定的外界影响(如一特定磁场)下,使超导体呈现为超导态时的温度,用 T_c 表示。

【来源】《英汉—汉英制冷空调辞典》

【分类信息】

【CLC 类目】

(1) TG132.2+6　超导合金

(2) TG132.2+6　超导材料

(3) TG132.2+6　元素超导体

(4) TG132.2+6　化合物超导体

(5) TG132.2+6　金属互化物超导体、超导合金

(6) TG132.2+6　固溶体超导体

(7) TG132.2+6　超导磁铁

【IPC 类目】

(1) G01K1/08　保护装置,如外壳

(2) G01K1/08　支撑;固定装置;在特殊位置安装温度计

(3) G01K1/08　无机材料的

(4) G01K1/08　材料是固体

(5) G01K1/08　温度变化影响磁导率的

(6) G01K1/08　按导电材料特性区分的导体或导电物体;用作导体的材料选择(按材料特性区分的超导体、超导电缆或超导传输线入 12/00;电阻器入 H01C;按材料特性区分的应用超导电性装置的零部件入 H01L39/12)〔4〕

(7) G01K1/08　主要由金属或合金组成的

(8) G01K1/08　包含金属或合金的导电材料〔3〕

【词条属性】

【特征】

【特点】　把 Cooper 电子对解体开来的温度

【状况】

【现状】　转变温度范围较宽的超导体,分为起始转变温度、中转变温度和 0 电阻温度

【现状】　在常压下有 28 种元素具超导电性,其中铌(Nb)的 T_c 最高,为 9.26 K

【应用场景】　超导转变边缘辐射热计

【时间】

【起始时间】　1911 年

◎坡莫合金

【基本信息】

【英文名】　permalloy

【拼音】　po mo he jin

【核心词】

【定义】

镍含量为 35%～90%,并含有少量其他合金元素的高磁导率镍铁合金。

【来源】《中国冶金百科全书・金属材料》

【分类信息】

【CLC 类目】

(1) TM271　软磁材料

(2) TM271　磁性合金、金属铁磁体

(3) TM271　磁介质、坡莫合金

【IPC 类目】

(1) H01F1/00　按所用磁性材料区分的磁体或磁性物体;按磁性能选择的材料(按其组成区分的磁性薄膜入 10/10)

(2) H01F1/00　金属或合金〔6〕

(3) H01F1/00　按其成分区分的合金〔5,6〕

(4) H01F1/00　软磁材料的〔6〕

(5) H01F1/00　金属或合金〔6〕

(6) H01F1/00　按成分区分的合金〔5,6〕

(7) H01F1/00　薄片状的(1/147 优先)〔5,6〕

(8) H01F1/00　磁性薄膜,如单畴结构的(磁记录载体入 G11B5/00;薄膜磁存储器入 G11C)

(9) H01F1/00　是金属或合金(金属化合

物入 10/18)〔3〕

(10) H01F1/00 含有铁或镍的(10/13, 10/16 优先)〔3,7〕

(11) H01F1/00 声频变压器或互感器,即不适用于远超过声频范围的

(12) H01F1/00 仪用互感器〔6〕

【词条属性】

【特征】

【缺点】 力学性能不好

【数值】 起始磁导率μ_i为 37.5～125 mH/m

【数值】 最大磁导率μ_m为 125～375 mH/m

【数值】 矫顽力 Hc 为 0.8 A/m

【特点】 高的弱磁场磁导率

【特点】 饱和磁感应强度一般在 0.6～1.0 T

【优点】 软磁性能优异

【状况】

【现状】 通常在合金中加入少量 Mo 或 Cu 等附加元素,以抑制长程有序的生成

【应用场景】 音频变压器

【应用场景】 互感器

【应用场景】 磁放大器

【应用场景】 磁调制器

【应用场景】 扼流器

【应用场景】 音频磁头

【时间】

【起始时间】 1913 年

【其他物理特性】

【电阻率】 60～85 μΩ · cm

【词条关系】

【层次关系】

【实例-概念】 Fe-Ni 合金

【实例-概念】 软磁材料

【应用关系】

【使用】 软磁粉末

【生产关系】

【材料-工艺】 真空熔炼

【材料-工艺】 热轧

◎铁镍合金

【基本信息】

【英文名】 iron-nickel alloy

【拼音】 tie nie he jin

【核心词】

【定义】

铁镍合金泛指由铁、镍所组成的合金,常被用以专指含镍量为 50%～80%的合金。

【来源】《固体物理学大辞典》

【分类信息】

【CLC 类目】

(1) TM271 软磁材料

(2) TM271 磁性合金、金属铁磁体

(3) TM271 磁介质、坡莫合金

【IPC 类目】

(1) H01F1/00 按所用磁性材料区分的磁体或磁性物体;按磁性能选择的材料(按其组成区分的磁性薄膜入 10/10)

(2) H01F1/00 金属或合金〔6〕

(3) H01F1/00 金属或合金〔6〕

(4) H01F1/00 薄片状的(1/147 优先)〔5,6〕

(5) H01F1/00 含有铁或镍的(10/13, 10/16 优先)〔3,7〕

(6) H01F1/00 使用可移动的屏蔽

(7) H01F1/00 变压器或电感器的一般零部件〔6〕

(8) H01F1/00 电流互感器〔6〕

【词条属性】

【特征】

【缺点】 电阻率不大,只适合在 1 MHz 以下的频率范围工作

【缺点】 磁性能对机械应力比较敏感

【缺点】 工艺因素对磁性能的影响较大

【缺点】 产品性能一致性不易满足

【缺点】 成本高

【特点】 高磁导率

【特点】 低矫顽力

【优点】 加工性能好

【状况】
【现状】 软磁合金中性能类型最多,品种和用途最广,最具代表性的合金
【应用场景】 发夹、手表摆轮和精密仪表
【应用场景】 灵敏继电器
【应用场景】 磁屏蔽
【应用场景】 电话和无线电变压器
【应用场景】 电流互感器
【词条关系】
【等同关系】
【缩略为】 Fe-Ni 合金
【层次关系】
【并列】 铁硅铝合金
【材料-组织】 魏氏组织

◎铁硅铝合金

【基本信息】
【英文名】 sendust;feralsi;durape
【拼音】 tie gui lü he jin
【核心词】
【定义】
成分为含硅 9.6%,含铝 5.4%,其余为铁的合金。
【来源】《金属功能材料词典》
【词条属性】
【特征】
【特点】 原材料中不含贵金属,如 Ni、Mo,成本低于含 Ni 的高磁通磁粉芯和铁镍钼磁粉芯
【特点】 低磁滞系数
【特点】 温度稳定性好
【特点】 有很好的温度补偿作用
【特点】 铁硅铝合金磁粉芯最大磁感应强度达到 10500 高斯
【特点】 损耗远低于铁粉芯
【特点】 高频工作条件下,磁粉芯的温升远低于铁粉芯
【特点】 有很好的直流叠加特性
【特点】 大磁致伸缩系数
【特点】 高电阻率
【状况】
【现状】 价格比铁粉芯略贵
【应用场景】 低噪声滤波器
【应用场景】 开关调整器电感
【应用场景】 功率因数校正脉冲变压器
【应用场景】 回扫变压器
【词条关系】
【层次关系】
【并列】 电磁纯铁
【并列】 铁镍合金
【并列】 铁铝合金
【并列】 铁钴合金
【生产关系】
【材料-工艺】 真空熔炼
【材料-工艺】 粉末冶金

◎铁基非晶态合金

【基本信息】
【英文名】 Fe-based amorphous alloy
【拼音】 tie ji fei jing tai he jin
【核心词】
【定义】
即铁基非晶态软磁合金,由约 80%(原子分数)Fe 和约 20%(原子分数)类金属组成。原子不呈长程有序的一类软磁合金。
【来源】《金属功能材料词典》
【词条属性】
【特征】
【特点】 原子排列在三维空间无长程有序
【特点】 具有类似玻璃的某些结构特征
【特点】 高饱和磁通密度
【特点】 低铁损
【特点】 低密度
【特点】 高电阻
【特点】 容易形成低剩磁状态
【特点】 很高的磁致伸缩效应
【特点】 高的饱和磁感应强度

【优点】 价廉
【状况】
【现状】 通常采用熔体急冷法制备
【现状】 在 Fe80B20 的基础上发展起来的
【应用场景】 制造航空变压器较理想的铁芯材料
【应用场景】 制造脉冲变压器的铁芯材料
【应用场景】 新型传感器材料
【时间】
【起始时间】 1967 年

◎钴基非晶态合金

【基本信息】
【英文名】 Co-based amorphous alloy
【拼音】 gu ji fei jing tai he jin
【核心词】
【定义】

即钴基非晶态软磁合金,以 Co 为基料、含 15%～30%(原子分数)类金属、原子不呈长程有序的一类软磁合金。

【来源】《金属功能材料词典》
【词条属性】
【特征】
【特点】 磁通密度高
【特点】 磁导率高
【特点】 热稳定性好
【特点】 较高的耐磨性
【特点】 较高的耐蚀性
【特点】 原子排列在三维空间无长程有序
【特点】 具有类似玻璃的某些结构特征
【特点】 低矫顽力
【特点】 λS 趋于 0
【特点】 高断裂强度
【特点】 磁晶各向异性常数 K_1 趋向于 0
【状况】
【现状】 是一种性能优良的磁头材料
【现状】 通常采用熔体急冷法制备
【现状】 是非晶态合金中软磁性能最好的材料
【时间】
【起始时间】 1967 年

◎矩磁合金

【基本信息】
【英文名】 rectangular hysteresis alloy
【拼音】 ju ci he jin
【核心词】
【定义】

磁滞回线近似呈矩形,剩磁比(B_r/B_s)通常大于 0.8 的一类软磁合金。

【来源】《金属功能材料词典》
【分类信息】
【CLC 类目】
(1) TM271 软磁材料
(2) TM271 磁性合金、金属铁磁体
(3) TM271 硅钢片、电工钢、立方织物钢片
(4) TM271 磁介质、坡莫合金
【IPC 类目】
(1) G11C 静态存贮器
(2) G11C 按所用磁性材料区分的磁体或磁性物体;按磁性能选择的材料(按其组成区分的磁性薄膜入 10/10)
(3) G11C 按其矫顽力区分的〔6〕
(4) G11C 金属或合金〔6〕
(5) G11C 按成分区分的合金〔5,6〕
【词条属性】
【特征】
【特点】 各向异性
【特点】 易磁化方向具有接近矩形的磁滞回线
【特点】 矩磁比 B_r/B_s 通常在 80%以上
【特点】 矩磁性主要来源于两个方面:晶粒取向和磁畴取向
【特点】 高电阻率
【特点】 低铁损
【特点】 交流磁特性好

【特点】 低矫顽力

【特点】 要求材料纯度高

【状况】

【现状】 通过大压下量的冷轧和适当的热处理获得晶粒取向组织

【现状】 通常进行纵向磁场退火，处理时的磁场方向与应用时一致

【现状】 按其制造方法可分为晶粒取向矩磁合金和磁畴取向矩磁合金

【现状】 采用真空熔炼制备

【应用场景】 制造磁放大器、磁调制器、中子功率脉冲变压器、方波变压器和磁心存贮器等

◎扩散退火

【基本信息】

【英文名】 homogenizing annealing

【拼音】 kuo san tui huo

【核心词】

【定义】

扩散退火又称为均匀化退火，它是将钢锭、铸件或锻坯加热至略低于固相线的温度下长时间保温，然后缓慢冷却以消除化学成分不均匀现象的热处理工艺。

【分类信息】

【CLC 类目】

(1) TG141　黑色金属材料

(2) TG141　钢的组织

(3) TG141　钢的性能

(4) TG141　钢中杂质元素及微量元素对钢性能的影响

(5) TG141　钢的工艺性能

(6) TG141　钢的分析试验

(7) TG141　珠光体钢

(8) TG141　马氏体钢(马丁钢)

(9) TG141　奥氏体钢

(10) TG141　碳钢

(11) TG141　合金钢

(12) TG141　结构钢

(13) TG141　工具钢

(14) TG141　不锈钢、耐酸钢

(15) TG141　热处理质量检查、热处理缺陷及防止

(16) TG141　钢的热处理

(17) TG141　铸铁热处理

【IPC 类目】

(1) C22F1/00　用热处理法或用热加工或冷加工法改变有色金属或合金的物理结构(金属的机械加工设备入 B21，B23，B24)

(2) C22F1/00　用特殊的物理方法(如中子处理)改变有色金属或合金的物理结构

(3) C22F1/00　与改变合金的物理特征有关的，与小类 C21D，C22C 或 F 相关的引得码表

【词条属性】

【特征】

【缺点】 高温扩散退火生产周期长

【缺点】 高温扩散退火消耗能量大

【缺点】 高温扩散退火工件易氧化

【缺点】 高温扩散退火脱碳严重

【缺点】 高温扩散退火成本很高

【数值】 加热温度为熔点以下 100～200 ℃，保温时间 10～15 h

【特点】 扩散退火加热温度很高

【特点】 由于扩散退火需要在高温下长时间加热，因此奥氏体晶粒十分粗大，需要再进行一次正常的完全退火或正火，以细化晶粒、消除过热缺陷

【特点】 将钢锭、铸件或锻坯加热至略低于固相线的温度下长时间保温，然后缓慢冷却以消除化学成分不均匀现象

【优点】 消除铸锭或铸件在凝固过程中产生的枝晶偏析及区域偏析，使成分和组织均匀化

【优点】 降低硬度，改善切削加工性

【优点】 均匀材料组织和成分，改善材料性能或为以后热处理做组织准备

【状况】

【应用场景】 材料科学与工程

【应用场景】 金属学与热处理

【词条关系】

【等同关系】

【俗称为】 均匀化退火

【层次关系】

【并列】 再结晶退火

【并列】 完全退火

【并列】 不完全退火

【并列】 等温退火

【并列】 球化退火

【并列】 去应力退火

【并列】 稳定化退火

【并列】 磁场退火

【并列】 氢气退火

【并列】 可锻化退火

【类属】 热处理

【应用关系】

【工艺-组织】 奥氏体

【工艺-组织】 铁素体

【工艺-组织】 渗碳体

【工艺-组织】 珠光体

【生产关系】

【工艺-材料】 共析钢

【工艺-材料】 过共析钢

【工艺-材料】 亚共析钢

【工艺-材料】 碳钢

【工艺-材料】 奥氏体不锈钢

【工艺-材料】 碳素合金钢

【工艺-材料】 工具钢

【工艺-材料】 锡青铜

【工艺-材料】 硅青铜

【工艺-材料】 白铜

【工艺-材料】 镁合金

【工艺-材料】 合金钢

◎再结晶退火

【基本信息】

【英文名】 recrystallization annealing

【拼音】 zai jie jing tui huo

【核心词】

【定义】

再结晶退火是将冷变形金属加热到规定的温度保温一定时间,然后缓慢冷却至室温的一种热处理操作。

【来源】 材料工程基础

【分类信息】

【CLC 类目】

(1) TG131 合金学理论

(2) TG131 黑色金属材料

(3) TG131 钢的组织

(4) TG131 钢的性能

(5) TG131 钢中杂质元素及微量元素对钢性能的影响

(6) TG131 钢的工艺性能

(7) TG131 钢的分析试验

(8) TG131 珠光体钢

(9) TG131 马氏体钢(马丁钢)

(10) TG131 奥氏体钢

(11) TG131 碳钢

(12) TG131 合金钢

(13) TG131 结构钢

(14) TG131 工具钢

(15) TG131 不锈钢、耐酸钢

(16) TG131 控制金属组织转变的退火

(17) TG131 不同介质的退火

(18) TG131 消除应力退火

(19) TG131 轧制余热退火

(20) TG131 工件的退火

(21) TG131 退火的缺陷和防止

(22) TG131 退火质量检查

【IPC 类目】

(1) C23C10/06 使用气体的〔4〕

(2) C23C10/06 黑色金属表面的〔4〕

(3) C23C10/06 后处理(2/14 优先)〔4〕

(4) C23C10/06 加热后处理,如在油浴中处理〔4〕

【词条属性】

【特征】

【特点】　将金属加热到一定温度，保持足够时间，然后以适宜速度冷却

【特点】　大多数合金的退火加热温度的选择是以该合金系的相图为基础的，如碳素钢以铁碳平衡图为基础

【特点】　各种非铁合金的退火温度则在各该合金的固相线温度以下、固溶度线温度以上或以下的某一温度

【特点】　各种钢（包括碳素钢及合金钢）的退火温度，视具体退火目的的不同而在各该钢种的 Ac_3 以上、Ac_1 以上的某一温度

【特点】　应用于平衡加热和冷却时有固态相变（重结晶）发生的合金

【特点】　重结晶退火也用于非铁合金，如钛合金于加热和冷却时发生同素异构转变，低温为 α 相（密排六方结构），高温为 β 相（体心立方结构），其中间是"$\alpha+\beta$"两相区，即相变温度区间；为了得到接近平衡的室温稳定组织和细化晶粒，也进行重结晶退火，即缓慢加热到高于相变温度区间不多的温度，保温适当时间，使合金转变为 β 相的细小晶粒；然后缓慢冷却下来，使 β 相再转变为 α 相或 $\alpha+\beta$ 两相的细小晶粒

【优点】　降低硬度，改善切削加工性

【优点】　消除残余应力，稳定尺寸，减少变形与裂纹倾向

【优点】　细化晶粒，调整组织，消除组织缺陷

【优点】　均匀材料组织和成分，改善材料性能或为以后热处理做组织准备

【状况】

【应用场景】　材料科学工程

【应用场景】　金属学与热处理

【因素】

【影响因素】　保温温度

【影响因素】　冷却时间

【词条关系】

【等同关系】

【基本等同】　完全退火

【俗称为】　重结晶退火

【层次关系】

【并列】　等温退火

【并列】　球化退火

【并列】　不完全退火

【并列】　均匀化退火

【并列】　去应力退火

【并列】　稳定化退火

【并列】　磁场退火

【并列】　氢气退火

【并列】　可锻化退火

【并列】　扩散退火

【类属】　热处理

【应用关系】

【工艺-组织】　奥氏体

【工艺-组织】　珠光体

【工艺-组织】　渗碳体

【工艺-组织】　铁素体

【生产关系】

【工艺-材料】　合金钢

【工艺-材料】　钛合金

【工艺-材料】　共析钢

【工艺-材料】　过共析钢

【工艺-材料】　亚共析钢

【工艺-材料】　碳钢

【工艺-材料】　低碳钢

【工艺-材料】　中碳钢

【工艺-材料】　高碳钢

【工艺-材料】　奥氏体不锈钢

【工艺-材料】　硅钢

【工艺-设备工具】　感应炉

【工艺-设备工具】　电阻炉

【工艺-设备工具】　加热器

◎等温退火

【基本信息】

【英文名】　isothermal annealing; isothermal anneal; isochronal annealing

【拼音】 deng wen tui huo

【核心词】

【定义】

等温退火是将钢件加热到 Ac_1+(30～50)℃(亚共析钢)或 Ac_1+(30～50)℃(过共析钢),保温后冷到 Ar_1 以下某一温度,并在此温度下等温停留,待相变完全后出炉空冷。

【来源】《机械工程材料》

【分类信息】

【CLC 类目】

(1) TG131 合金学理论

(2) TG131 黑色金属材料

(3) TG131 珠光体钢

(4) TG131 奥氏体钢

(5) TG131 碳钢

(6) TG131 合金钢

(7) TG131 结构钢

(8) TG131 工具钢

(9) TG131 不锈钢、耐酸钢

(10) TG131 电阻炉

(11) TG131 感应加热装置

(12) TG131 接触电热加热装置

(13) TG131 电解液加热装置

(14) TG131 感应器

(15) TG131 火焰表面加热装置

(16) TG131 热处理联合机、自动机

(17) TG131 加热、保温与冷却

(18) TG131 控制金属组织转变的退火

(19) TG131 不同介质的退火

(20) TG131 消除应力退火

(21) TG131 轧制余热退火

(22) TG131 工件的退火

(23) TG131 退火的缺陷和防止

(24) TG131 退火质量检查

【IPC 类目】

(1) C22F1/00 用热处理法或用热加工或冷加工法改变有色金属或合金的物理结构(金属的机械加工设备入 B21,B23,B24)

(2) C22F1/00 黑色金属表面的〔4〕

(3) C22F1/00 后处理〔4〕

(4) C22F1/00 电阻加热蒸发源法或感应加热蒸发源法〔4〕

(5) C22F1/00 加热后处理,如在油浴中处理〔4〕

【词条属性】

【特征】

【数值】 退火温度:1050～1200 ℃

【特点】 等温退火在奥氏体向珠光体转变的恒温下完成

【特点】 等温退火等温处理的前后都可较快地冷却

【特点】 等温退火实际上是完全退火和球化退火的一种特殊冷却方式

【优点】 降低硬度,改善切削加工性

【优点】 消除残余应力,稳定尺寸,减少变形与裂纹倾向

【优点】 细化晶粒,调整组织,消除组织缺陷

【优点】 均匀材料组织和成分,改善材料性能或为以后热处理做组织准备

【状况】

【应用场景】 钢铁工业

【应用场景】 金属学与热处理

【应用场景】 材料科学与工程

【因素】

【影响因素】 等温温度

【影响因素】 冷却速度

【词条关系】

【层次关系】

【并列】 球化退火

【并列】 完全退火

【并列】 均匀化退火

【并列】 去应力退火

【并列】 普通退火

【并列】 再结晶退火

【并列】 扩散退火

【类属】 热处理

【应用关系】

【工艺-组织】　铁素体
【工艺-组织】　渗碳体
【工艺-组织】　奥氏体
【工艺-组织】　层状珠光体
【生产关系】
【工艺-材料】　共析钢
【工艺-材料】　过共析钢
【工艺-材料】　亚共析钢
【工艺-材料】　碳素钢
【工艺-材料】　合金杆
【工艺-材料】　合金钢
【工艺-材料】　钛合金
【工艺-材料】　不锈钢
【工艺-材料】　工具钢
【工艺-材料】　模具钢
【工艺-设备工具】　保温炉
【工艺-设备工具】　感应炉
【工艺-设备工具】　电磁加热炉

◎球化退火

【基本信息】
【英文名】　spheroidizing annealing
【拼音】　qiu hua tui huo
【核心词】
【定义】

球化退火是使钢中碳化物球化,获得粒状珠光体的一种热处理工艺,主要用于共析钢、过共析钢和合金工具钢,其目的是降低硬度、均匀组织、改善切削加工性,并为淬火作组织准备。

【分类信息】
【CLC 类目】
TF4　钢铁冶炼(黑色金属冶炼,总论)
【IPC 类目】

(1) C21D1/00　热处理的一般方法或设备,如退火、硬化、淬火、回火(一般炉子入 F27;电加热本身入 H05B)

(2) C21D1/00　使用火焰

(3) C21D1/00　退火方法

(4) C21D1/00　正火

(5) C21D1/00　软化退火,如球化处理

(6) C21D1/00　加热方法(1/06 优先)

(7) C21D1/00　加热或淬火时

(8) C21D1/00　不包括在上述规定中的复合热处理

(9) C21D1/00　用热处理或变形以外的方法来改变物理性能〔3〕

(10) C21D1/00　热处理过程的控制或调节(一般控制或调节入 G05)〔2〕

(11) C21D1/00　通过热加工法

(12) C21D1/00　在生产钢板或带钢时(8/12 优先)〔3〕

(13) C21D1/00　热处理,如适合于特殊产品的退火、硬化、淬火、回火;所用的炉子(一般炉子入 F27)

(14) C21D1/00　用冷却〔3〕

【词条属性】
【特征】

【数值】　球化退火加热温度为 Ac_1 +(20～40)℃或 Acm－(20～30)℃

【特点】　球化退火得到在铁素体基体上均匀分布的球状或颗粒状碳化物的组织

【特点】　将钢加热到 Ac_1 以上 20～30 ℃,保温一段时间,然后缓慢冷却到略低于 Ac_1 的温度,并停留一段时间,使组织转变完成,得到在铁素体基体上均匀分布的球状或颗粒状碳化物的组织

【特点】　球化退火主要适用于共析钢和过共析钢,如碳素工具钢、合金工具钢、轴承钢等

【特点】　所得组织是片层状珠光体与网状渗碳体,这种组织硬而脆,不仅难以切削加工,且在以后淬火过程中也容易变形和开裂

【特点】　经球化退火得到的是球状珠光体组织,其中的渗碳体呈球状颗粒,弥散分布在铁素体基体上,与片状珠光体相比,不但硬度低,便于切削加工,而且在淬火加热时,奥氏体晶粒不易长大,冷却时工件变形和开裂倾向小

【特点】　对于一些需要改善冷塑性变形

(如冲压、冷镦等)的亚共析钢有时也可采用球化退火

【优点】 球化退火可以降低钢的硬度

【优点】 球化退火可以使钢均匀组织

【优点】 球化退火改善钢的切削加工性能

【优点】 球化前的珠光体细薄、碳化物细小而分散时,经形变热处理而得到的退化珠光体组织等最易于球化,并能缩短球化时间,提高球化质量和钢的疲劳寿命

【状况】

【应用场景】 热处理

【应用场景】 炼钢

【应用场景】 材料科学与工程

【应用场景】 金属学与热处理

【应用场景】 机械工程

【因素】

【影响因素】 加热温度

【影响因素】 冷却方式

【影响因素】 冷却速度

【影响因素】 等温温度

【词条关系】

【层次关系】

【并列】 完全退火

【并列】 等温退火

【并列】 均匀化退火

【并列】 去应力退火

【并列】 再结晶退火

【并列】 扩散退火

【类分】 普通球化退火

【类分】 等温球化退火

【类分】 周期球化退火

【类分】 变形-球化退火

【应用关系】

【工艺-组织】 粒状珠光体

【工艺-组织】 片状珠光体

【工艺-组织】 二次渗碳体

【生产关系】

【工艺-材料】 共析钢

【工艺-材料】 过共析钢

【工艺-材料】 合金钢

【工艺-材料】 碳钢

【工艺-材料】 工具钢

【工艺-材料】 轴承钢

◎织构

【基本信息】

【英文名】 texture

【拼音】 zhi gou

【核心词】

【定义】

多晶体取向分布状态明显偏离随机分布的结构,称为织构。

【分类信息】

【CLC 类目】

(1) TG141 黑色金属材料

(2) TG141 铬及其合金

(3) TG141 锰及其合金

【IPC 类目】

(1) B22D11/112 利用加速冷却〔7〕

(2) B22D11/112 利用气体处理(11/118,11/119 优先)〔7〕

(3) B22D11/112 利用压力〔3〕

(4) B22D11/112 加热或冷却设备

(5) B22D11/112 与改变合金的物理特征有关的,与小类 C21D,C22C 或 F 相关的引得码表

(6) B22D11/112 热处理法,如应变退火(1/12 优先)〔3〕

(7) B22D11/112 以籽晶,如其结晶取向为特征的〔3〕

(8) B22D11/112 控制或调节(一般控制或调节入 G05)〔3〕

(9) B22D11/112 冷凝气化物或材料挥发法的单晶生长〔3〕

(10) B22D11/112 外延层生长〔3〕

(11) B22D11/112 晶须或针状结晶〔3〕

(12) B22D11/112 平面晶体,如板状、窄

条状、圆盘状晶体〔5〕

(13) B22D11/112　几何形状复杂的晶体,如管状、圆筒状的晶体〔5〕

(14) B22D11/112　共析材料的定向分层〔3〕

(15) B22D11/112　单晶或具有一定结构的均匀多晶材料之扩散或掺杂工艺;其所用装置〔3,5〕

(16) B22D11/112　热处理(33/04,33/06优先)〔5〕

【词条属性】

【特征】

【特点】　多晶体在其形成过程中,由于受到外界的力、热、电、磁等各种不同条件的影响,或在形成后受到不同的加工工艺的影响,多晶集合体中的各晶粒就会沿着某些方向排列,呈现出或多或少的统计不均匀分布,即出现在某些方向上聚集排列

【特点】　择优取向的组织结构及规则聚集排列状态类似于天然纤维或织物的结构和纹理

【特点】　形成织构的原因并不限于冷加工,其他的一些冶金或热处理过程,如铸造、电镀、气相沉积、热加工和退火等都可以产生织构

【状况】

【应用场景】　晶体学

【应用场景】　热处理

【应用场景】　材料科学与工程

【应用场景】　金属力学及力学性能

【应用场景】　机械工程

【因素】

【影响因素】　热处理

【影响因素】　冷加工

【词条关系】

【等同关系】

【全称是】　择优取向

【层次关系】

【类分】　铸造织构

【类分】　电镀织构

【类分】　退火织构

【类分】　再结晶织构

【类分】　加工织构

【类分】　深冲织构

【类分】　拉伸织构

【类分】　挤压织构

【类分】　锻造织构

【类分】　轧制织构

【类分】　丝织构

【类分】　板织构

【类分】　单织构

【类分】　双织构

【类属】　金相组织

【组织-材料】　铁磁材料

【组织-材料】　合金钢

【组织-材料】　锰钢

【组织-材料】　金属锌

【组织-材料】　金属锰

【组织-材料】　低碳钢

【组织-材料】　镁合金

【组织-材料】　黄铜

【组织-材料】　铜基合金

【应用关系】

【组织-工艺】　冷加工

【组织-工艺】　铸造

【组织-工艺】　电镀

【组织-工艺】　气相沉积

【组织-工艺】　热加工

【组织-工艺】　热处理

【测度关系】

【物理量-度量方法】　晶向指数

【物理量-度量方法】　极图

【物理量-度量方法】　反极图

【物理量-度量方法】　X 射线衍射

◎激光重熔

【基本信息】

【英文名】　laser remelting; laser reflow

【拼音】　ji guang chong rong

【核心词】

【定义】

激光重熔是用激光束将表面熔化而不加任何金属元素,以达到表面组织改善的目的。

【分类信息】

【CLC 类目】

(1) TG144 铬及其合金

(2) TG144 锰及其合金

(3) TG144 金属陶瓷材料

(4) TG144 钢的热处理

【IPC 类目】

(1) C23C10/02 待被覆材料的预处理,(10/04 优先)〔4〕

(2) C23C10/02 黑色金属表面的〔4〕

(3) C23C10/02 黑色金属表面的处理〔4〕

【词条属性】

【特征】

【特点】 用激光束将材料表面熔化而不加任何金属元素

【特点】 有些铸件的粗大树枝状结晶中常有氧化物和硫化物夹杂,以及金属化合物及气孔等缺陷,如果这些缺陷处于表面部位就会影响到疲劳强度、耐腐蚀性和耐磨性,用激光做表面重熔就可以把杂质、气孔、化合物释放出来,同时由于迅速冷却而使晶粒得到细化

【特点】 与激光淬火工艺相比,激光重熔处理的关键是使材料表面经历了一个快速熔化—凝固过程,所得到的熔凝层为铸态组织

【特点】 激光重熔处理的工件横截面沿深度方向的组织为熔凝层、相变硬化层、热影响区和基材

【优点】 材料表面熔化时一般不添加任何合金元素,熔凝层与材料基体是天然的冶金结合

【优点】 在激光熔凝过程中,可以排除杂质和气体,同时急冷重结晶获得的组织有较高的硬度、耐磨性和抗蚀性

【优点】 激光重熔的熔层薄,热作用区小,对表面粗糙度和工件尺寸影响不大,甚至可以直接使用

【状况】

【应用场景】 表面工程

【应用场景】 金属学

【应用场景】 材料学

【应用场景】 建筑行业

【应用场景】 军事行业

【应用场景】 船舶制造

【应用场景】 机械制造

【应用场景】 陶瓷制造

【应用场景】 表面涂层

【词条关系】

【等同关系】

【俗称为】 液相淬火法

【层次关系】

【并列】 激光淬火

【并列】 感应重熔

【并列】 电子束重熔

【应用关系】

【工艺-组织】 熔凝层

【工艺-组织】 相变硬化层

【工艺-组织】 热影响区

【工艺-组织】 基材区

【用于】 表面处理

【用于】 热处理

【用于】 表面改性

【用于】 金属材料

【生产关系】

【工艺-材料】 镁合金

【工艺-材料】 钴基合金

【工艺-材料】 工具钢

【工艺-材料】 碳钢

【工艺-材料】 合金钢

【工艺-材料】 低合金钢

【工艺-材料】 陶瓷涂层

【工艺-材料】 铬合金

【工艺-材料】 不锈钢

◎有色金属

【基本信息】

【英文名】 non-ferrous metal

【拼音】 you se jin shu

【核心词】

【定义】

有色金属(或称非铁金属)是工业上对金属的一种分类,指除铁、铬、锰外,存在自然界中的金属(不包括人工合成元素)。有色金属相对的是黑色金属。

【分类信息】

【CLC 类目】

(1) TF807　铸锭
(2) TF807　有色冶金工厂
(3) TF807　铜
(4) TF807　铅
(5) TF807　锌
(6) TF807　锡
(7) TF807　镍
(8) TF807　钴
(9) TF807　铋
(10) TF807　锑
(11) TF807　汞(水银)
(12) TF807　镉
(13) TF807　铝
(14) TF807　镁
(15) TF807　钛
(16) TF807　铍
(17) TF807　金
(18) TF807　银
(19) TF807　铂(白金)
(20) TF807　铱
(21) TF807　锇
(22) TF807　钯
(23) TF807　铑
(24) TF807　钌
(25) TF807　其他
(26) TF807　放射性元素冶炼
(27) TF807　半导体元素冶炼

【IPC 类目】

(1) C22B1/00　矿石或废料的初步处理(炉子,烧结设备入 F27B)
(2) C22B1/00　鼓风焙烧
(3) C22B1/00　氯化焙烧
(4) C22B1/00　流态化焙烧
(5) C22B1/00　非焙烧法除硫、磷或砷〔2〕
(6) C22B1/00　结块;制团;黏合;制粒
(7) C22B1/00　在烧结锅内
(8) C22B1/00　无机的〔2〕
(9) C22B1/00　金属废料或合金的〔2〕
(10) C22B1/00　焙烧、烧结或结块矿石的冷却
(11) C22B1/00　贵金属的提炼
(12) C22B1/00　用干法
(13) C22B1/00　氯化法
(14) C22B1/00　氰化法
(15) C22B1/00　铅的提炼
(16) C22B1/00　用干法
(17) C22B1/00　精炼
(18) C22B1/00　用沉淀法,如帕克斯(Parkes)法,从铅中分离金属
(19) C22B1/00　用结晶法,如派梯森(Pattison)法,从铅中分离金属
(20) C22B1/00　铜的提炼
(21) C22B1/00　在鼓风炉中
(22) C22B1/00　在反射炉中
(23) C22B1/00　在转炉中
(24) C22B1/00　精炼
(25) C22B1/00　镉的提炼
(26) C22B1/00　用干法
(27) C22B1/00　精炼
(28) C22B1/00　锌或氧化锌的提取
(29) C22B1/00　矿石的初步处理;氧化锌的初步提纯
(30) C22B1/00　在反射炉中
(31) C22B1/00　在坩埚炉中
(32) C22B1/00　冷凝器;接收器

(33) C22B1/00 用非蒸馏法提取锌
(34) C22B1/00 从马弗炉残渣中
(35) C22B1/00 铝的提炼
(36) C22B1/00 还原法
(37) C22B1/00 用碱金属
(38) C22B1/00 精炼
(39) C22B1/00 镍或钴的提炼
(40) C22B1/00 碱金属、碱土金属或镁的提取〔2〕
(41) C22B1/00 碱金属的提取〔2〕
(42) C22B1/00 镁的提取〔2〕
(43) C22B1/00 所用的设备
(44) C22B1/00 锑、砷或铋的提取
(45) C22B1/00 锑的提取〔2〕
(46) C22B1/00 铋的提取〔2〕
(47) C22B1/00 难熔金属的提取〔2〕
(48) C22B1/00 钛、锆或铪的提取〔2〕
(49) C22B1/00 钛的提取〔2〕
(50) C22B1/00 锆或铪的提取〔2〕
(51) C22B1/00 铌、钽或钒的提取〔2〕
(52) C22B1/00 钒的提取〔2〕
(53) C22B1/00 铌或钽的提取〔2〕
(54) C22B1/00 铬的提取〔2〕
(55) C22B1/00 钼的提取〔2〕
(56) C22B1/00 钨的提取〔2〕
(57) C22B1/00 铍的提取
(58) C22B1/00 合金的制造(不特别限定用于合金制造的粉末冶金设备或方法入 B22F;用电热法入 C22B4/00;用电解法入 C25C)
(59) C22B1/00 用粉末冶金法(1/08 优先)〔2〕
(60) C22B1/00 含铜的〔2〕
(61) C22B1/00 含锡或含铅的〔2〕
(62) C22B1/00 含锌的〔2〕
(63) C22B1/00 含镍的
(64) C22B1/00 含铝或硅的
(65) C22B1/00 含铝的〔2〕
(66) C22B1/00 含钴的〔2〕
(67) C22B1/00 含钛或锆的〔2〕
(68) C22B1/00 含铜的〔2〕
(69) C22B1/00 以镁做次主要成分的合金的〔4〕
(70) C22B1/00 以锌做次主要成分的合金的〔4〕
(71) C22B1/00 以铜做次主要成分的合金的〔4〕
(72) C22B1/00 镁或镁基合金
(73) C22B1/00 铜或铜基合金
(74) C22B1/00 镍或钴或以它们为基料的合金
(75) C22B1/00 铅或铅基合金
(76) C22B1/00 贵金属或以它们为基料的合金
(77) C22B1/00 其他金属或以它们为基料的合金
(78) C22B1/00 高熔点或难熔金属或以它们为基料的合金

【词条属性】

【特征】

【特点】 除铁、铬、锰外,存在自然界中的金属

【特点】 半金属有时会列在有色金属中,而锕系元素有时不列在有色金属中

【特点】 有色金属可以用密度、特性、价格及蕴藏量,分为有色轻金属、有色重金属、抗腐蚀金属及稀有金属四类

【特点】 有色轻金属是密度小于4.5 g/cm^3,且蕴藏量较多的金属,包括铝、镁、钠、钾、钙、锶、钡;这种金属的活性较强,其氧化物及氯化物相当稳定,很难还原

【特点】 有色重金属是密度大于4.5 g/cm^3,且蕴藏量较多的金属,包括铜、镍、铅、锌、锡、锑、钴、汞、镉及铋

【特点】 抗腐蚀金属是包括金、银和铂、铱、钯、钌、铑、锇等铂系元素;其特性是它们对氧和其他试剂不容易反应,在地壳中含量少,价格也较一般金属贵

【特点】 稀有金属是指在自然界中含量很少,分布稀散或是不容易提取的金属;其中可再分为稀有轻金属、稀有高熔点金属、稀有分散金属、稀土金属及稀有放射性金属等 5 种

【状况】

【应用场景】 冶金工业

【应用场景】 金属材料

【应用场景】 建筑材料

【应用场景】 航空航天

【应用场景】 交通运输

【词条关系】

【等同关系】

【俗称为】 非铁金属

【层次关系】

【并列】 黑色金属

【概念-实例】 金属铜

【概念-实例】 金属铝

【概念-实例】 金属锌

【概念-实例】 金属铅

【概念-实例】 金属锡

【概念-实例】 金属镍

【概念-实例】 金属汞

【概念-实例】 金属锑

【概念-实例】 金属镁

【概念-实例】 金属钛

【类分】 轻金属

【类分】 重金属

【类分】 抗腐蚀金属

【类分】 稀有金属

【应用关系】

【材料-加工设备】 烧结炉

【用于】 机械

【用于】 合金材料

【用于】 零件

【用于】 餐具

【用于】 船舶

【用于】 飞行器

【用于】 医疗设备

【用于】 航空零件

【生产关系】

【材料-工艺】 热处理

【材料-工艺】 粉末冶金

【材料-工艺】 烧结

【材料-工艺】 压制成型

【材料-工艺】 压力加工

【材料-工艺】 熔铸

【材料-工艺】 精炼

【材料-工艺】 轧制成型

【材料-工艺】 铸造

【材料-原料】 矿石

◎轻金属

【基本信息】

【英文名】 light metal

【拼音】 qing jin shu

【核心词】

【定义】

轻金属是原子质量较轻的金属。轻金属的一种定义是密度低于 5 g/cm^3 的金属。

【分类信息】

【CLC 类目】

(1) TF111　金属冶炼

(2) TF111　铝

(3) TF111　镁

(4) TF111　钛

(5) TF111　铍

(6) TF111　钙

(7) TF111　锶

【IPC 类目】

(1) C22B1/02　焙烧工艺过程(1/16 优先)

(2) C22B1/02　无机的〔2〕

(3) C22B1/02　精炼

(4) C22B1/02　碱金属、碱土金属或镁的提取〔2〕

(5) C22B1/02　碱金属的提取〔2〕

(6) C22B1/02　碱土金属或镁的提取〔2〕

(7) C22B1/02　镁的提取〔2〕

(8) C22B1/02　轻金属〔2〕

(9) C22B1/02　用铝、其他金属或硅

(10) C22B1/02　铝或铝基合金

(11) C22B1/02　以镁做次主要成分的合金的〔4〕

(12) C22B1/02　镁或镁基合金

【词条属性】

【特征】

【特点】　密度小于 5 g/cm^3

【特点】　一般来说轻金属的毒性较重金属低

【状况】

【应用场景】　冶金工业

【应用场景】　金属学

【应用场景】　化学工业

【应用场景】　机械制造

【应用场景】　建筑行业

【应用场景】　交通运输行业

【应用场景】　船舶工业

【应用场景】　航空航天

【时间】

【起始时间】　19 世纪

【词条关系】

【层次关系】

【并列】　重金属

【概念-实例】　金属铍

【概念-实例】　金属镁

【概念-实例】　金属钠

【概念-实例】　金属铝

【概念-实例】　金属钾

【概念-实例】　金属钙

【概念-实例】　金属锶

【类属】　有色金属

【应用关系】

【用于】　餐具

【用于】　导热剂

【用于】　热交换剂

【用于】　还原剂

【用于】　合金材料

◎半金属

【基本信息】

【英文名】　metalloid; semi-metals

【拼音】　ban jin shu

【核心词】

【定义】

(1)能带理论中,介于金属和半导体之间的材料。

(2)对于不同自旋方向的电子,分别显示出金属性或非金属性的材料。

(3)元素周期表中,介于金属和非金属之间的元素。

【分类信息】

【CLC 类目】

(1) TG111.5　金属固体相结构和相转变

(2) TG111.5　硒及其无机化合物

(3) TG111.5　碲及其无机化合物

(4) TG111.5　硼

【词条属性】

【特征】

【数值】　电阻率介于(1E-05～1E+10) Ω · cm

【特点】　介于金属和非金属之间

【特点】　金属中被电子填充的最高能带是半满的或部分填充的,电子能自由运动

【特点】　元素周期表中处于金属向非金属过渡位置

【特点】　大多为半导体,具有导电性,电阻率介于金属和非金属之间

【特点】　导电性与温度的依存关系通常与金属相反,如果加热半金属,其导电率随温度的升高而上升

【特点】　半金属大都是具有多种不同物理、化学性质的同素异形体,广泛用作半导体材料

【特点】　半金属元素的电负性在 1.8～2.4,大于金属,小于非金属

【特点】　半金属的氧化物与水作用生成弱酸性或弱碱性的溶液

【特点】 半金属与非金属作用时常作为电子给予体,而与金属作用时常作为电子接收体

【优点】 有较高的电导率

【状况】

【应用场景】 军事工业

【应用场景】 金属学

【应用场景】 电器工业

【应用场景】 冶金工业

【应用场景】 材料工程

【应用场景】 矿业加工

【应用场景】 电子工业

【词条关系】

【等同关系】

【基本等同】 准金属

【基本等同】 半导体

【层次关系】

【并列】 金属

【并列】 非金属

【概念-实例】 硼元素

【概念-实例】 硅元素

【概念-实例】 砷元素

【概念-实例】 碲元素

【概念-实例】 硒元素

【概念-实例】 钋元素

【概念-实例】 锗元素

【概念-实例】 锑元素

【类分】 尖晶石结构型半金属材料

【类分】 钙钛矿结构性半金属材料

【类分】 金红石结构型半金属材料

【类分】 Half-Heusler 和 Heusler 结构半金属材料

【类分】 铁磁性半金属

【类分】 亚铁磁性半金属

【类分】 反铁磁性半金属

【类分】 共价键带隙半金属材料

【类分】 电荷传输能带带隙半金属材料

【类分】 d-d 相互作用能带带隙半金属材料

【应用关系】

【用于】 红外探测器

【用于】 半导体

◎非晶态金属

【基本信息】

【英文名】 amorphous metal

【拼音】 fei jing tai jin shu

【核心词】

【定义】

非晶态金属是指在原子尺度上结构无序的一种金属材料。大部分金属材料具有很高的有序结构,原子呈现周期性排列(晶体),表现为平移对称性,或者是旋转对称,镜面对称,角对称(准晶体)等。而与此相反,非晶态金属不具有任何的长程有序结构,但具有短程有序和中程有序。

【分类信息】

【IPC 类目】

(1) C22C1/00　合金的制造(不特别限定用于合金制造的粉末冶金设备或方法入 B22F;用电热法入 C22B4/00;用电解法入 C25C)

(2) C22C1/00　用熔炼法

(3) C22C1/00　含非金属的合金(1/08 优先)

【词条属性】

【特征】

【缺点】 非晶态金属在 500 ℃以上时就会发生结晶化过程,因而使材料的使用温度受到限制

【缺点】 非晶态金属制造成本较高

【缺点】 由于主要是采用急冷法制备材料,使其厚度受到影响

【缺点】 热力学上不稳定,受热有晶化倾向

【缺点】 由于使用 RSP 技术生产非晶合金的规模太小及只限于某些化学成分,并且高的冷却速度就会限制产品的大小和形状

【特点】 原子尺度上结构无序

【特点】 非晶态金属不具有任何的长程有序结构

【特点】 具有短程有序和中程有序

【特点】 可以从其液体状态直接冷却得到

【优点】 强度高而韧性好

【优点】 耐磨性也明显地高于钢铁材料

【优点】 耐蚀性优异

【优点】 非晶态金属结构均匀,没有金属晶体中经常存在的晶粒、晶界和缺陷和不易产生引起电化学腐蚀的阴、阳两极

【优点】 非晶态金属优良的磁学性能

【优点】 电阻率比一般金属晶体高,可以大幅度减少涡流损失

【优点】 非晶态金属有明显的催化性能

【状况】

【前景】 通过非晶相的晶化获得纳晶相,从而制造一种以非晶相为基体的纳晶复合材料,旨在得到好的物理性能,如获得好的软磁性能合金(Fe-Si-B-Nb-Cu 合金,Finement 合金);或者得到好的力学性能,如 Al 和 Mg 基非晶合金中的纳晶相使得该种复合材料具有极高的拉伸强度

【前景】 具有大过冷液体区间和大的玻璃化形成能力的新型系列合金研发

【前景】 探索玻璃化形成能力的原因

【前景】 大块体非晶态合金的制备技术的发明

【应用场景】 材料科学与工程

【应用场景】 材料加工

【应用场景】 化工工业

【应用场景】 海洋工程

【应用场景】 家用电器

【时间】

【起始时间】 20 世纪 30 年代

【词条关系】

【等同关系】

【俗称为】 金属玻璃

【俗称为】 液态金属

【俗称为】 玻璃态

【层次关系】

【材料-组织】 短程有序

【材料-组织】 中程有序

【类分】 过渡族金属-类金属系

【类分】 金属-金属系

【应用关系】

【使用】 微晶模型

【使用】 非晶集团模型

【使用】 连续随机模型

【使用】 硬球随机密堆模型

【用于】 变压器

【用于】 磁头材料

【用于】 电阻器

【用于】 钢琴丝

【用于】 钓鱼竿

【用于】 高尔夫球杆

【用于】 火箭壳体

【用于】 感应器

【生产关系】

【材料-工艺】 物理气相沉积

【材料-工艺】 固相烧结法

【材料-工艺】 离子辐射法

【材料-工艺】 甩带法

【材料-工艺】 连续铸造法

【材料-工艺】 机械法

【材料-工艺】 快速冷却

【材料-工艺】 原子凝聚

【材料-工艺】 溅射

【材料-工艺】 蒸发

【材料-工艺】 沉积

【材料-工艺】 表面非晶化处理

【材料-工艺】 激光表面上釉

【材料-工艺】 离子注入

【材料-工艺】 辐射法

【材料-工艺】 快冷微晶合金

◎微晶金属材料

【基本信息】

【英文名】 microcrystalline metal material

【拼音】 wei jing jin shu cai liao
【核心词】
【定义】
【分类信息】
【CLC 类目】
(1) TG141　黑色金属材料
(2) TG141　铬及其合金
(3) TG141　锰及其合金
(4) TG141　金属陶瓷材料
【IPC 类目】
(1) C21D1/08　使用火焰
(2) C21D1/08　使用母(中间)合金〔2〕
(3) C21D1/08　未列入 5/00 到 27/00 组的金属基合金〔2〕
(4) C21D1/08　使用母(中间)合金〔2〕
【词条属性】
【特征】
【特点】 其冷却速度大于 10^3开/秒(K/s)
【优点】 微晶材料与一般材料相比,增大溶质原子在基体中的固溶极限,从而导致附加固溶强化和时效强化效果,使材料强度增加
【优点】 微晶材料与一般材料相比,使第二相质点细化,材料的晶粒度比常规材料细小1～2 个数量级,材料的强度提高,塑韧性降低,抗蚀性、耐磨性和抗疲劳断裂能力得到改善,并可产生细晶超塑性,有利于加工成形
【优点】 微晶材料与一般材料相比,可形成新的亚稳相,并减少或消除材料中的偏析(材料凝固后其截面上不同部位或晶粒内部产生的化学成分不均匀现象)
【状况】
【应用场景】 汽车行业
【应用场景】 航空工业
【应用场景】 海洋石油
【应用场景】 机械制造
【应用场景】 材料科学
【应用场景】 冶金工程
【词条关系】
【等同关系】
【基本等同】 快冷微晶材料
【层次关系】
【概念-实例】 快冷镁合金
【概念-实例】 快冷铝合金
【概念-实例】 快冷钛合金
【概念-实例】 快冷工具钢
【概念-实例】 快冷高温合金
【概念-实例】 快冷减摩材料
【类属】 微晶材料
【应用关系】
【用于】 高温合金
【用于】 耐磨合金
【用于】 刀具
【用于】 切削工具
【用于】 涡轮叶片
【用于】 隐身材料
【用于】 高密度磁记录材料
【用于】 触媒材料

◎隐身材料

【基本信息】
【英文名】 stealth material
【拼音】 yin shen cai liao
【核心词】
【定义】
隐身材料是指可以降低被探测率,提高自身的生存率的材料,是隐身技术的重要组成部分。
【分类信息】
【CLC 类目】
(1) TG132.5　特种光学性质合金
(2) TG132.5　特种声学性质合金
(3) TG132.5　抗辐照合金
(4) TG132.5　放射性金属及其合金
(5) TG132.5　其他
(6) TG132.5　战机
(7) TG132.5　红外光学材料
(8) TG132.5　红外探测、红外探测器
(9) TG132.5　紫外技术及仪器
(10) TG132.5　激光材料及工作物质

(11) TG132.5 光检测技术

(12) TG132.5 光电子技术的应用

(13) TG132.5 雷达原理

(14) TG132.5 目标信号与干扰信号特性综合统计分析

(15) TG132.5 雷达电子对抗

(16) TG132.5 通信电子对抗

(17) TG132.5 红外电子对抗

(18) TG132.5 激光电子对抗

【IPC 类目】

(1) G02B 光学元件、系统或仪器

(2) G02B 在光波导结构中的(1/017 优先)〔5,7〕

(3) G02B 在光波导结构中的〔5〕

(4) G02B 基于磁-光元件的,如呈现法拉第效应的〔2〕

(5) G02B 基于声-光元件的,如利用声或类似的机械波的可变衍射作用(声光的偏转作用入 1/33)〔3〕

(6) G02B 在光导设备中的〔5〕

(7) G02B 光学装置,如带有液晶单元的偏振器、反射器的结构上的连接〔5〕

(8) G02B 应用干涉作用的〔2〕

(9) G02B 颜色的控制(1/03 至 1/21 优先)〔2〕

(10) G02B 以所用材料为特征的〔7〕

【词条属性】

【特征】

【缺点】 对隐身材料来说,对某种探测手段的隐身性能好,往往对另一种探测手段的隐身性能就不好

【特点】 可以降低被探测率

【特点】 提高自身的生存率

【优点】 增加攻击性,获得最直接的军事效益

【状况】

【前景】 解决隐身材料的相容性问题

【前景】 研制兼容型隐身材料,如雷达波、红外兼容隐身材料,红外、激光兼容隐身材料,雷达波、红外、激光等多种兼容的隐身材料等

【应用场景】 军事领域

【应用场景】 飞机

【应用场景】 主战坦克

【应用场景】 舰船

【应用场景】 箭弹

【应用场景】 国防高技术

【应用场景】 武器装备

【应用场景】 防止空中雷达或红外设备探测、雷达制导武器和激光制导炸弹的攻击

【应用场景】 对于作战飞机,主要防止空中预警机雷达、机载火控雷达和红外设备的探测,主动和半主动雷达、空对空导弹和红外格斗导弹的攻击

【因素】

【影响因素】 材料类型

【影响因素】 使用场景

【词条关系】

【层次关系】

【概念-实例】 雷达吸波材料

【概念-实例】 结构型雷达吸波材料

【概念-实例】 磁损性涂料

【概念-实例】 电损性涂料

【概念-实例】 单一型红外隐身材料

【概念-实例】 复合型红外隐身材料

【概念-实例】 涂料型隐身材料

【概念-实例】 多层隐身材料

【概念-实例】 夹芯材料

【概念-实例】 纳米复合隐身材料

【概念-实例】 电路模拟隐身材料

【概念-实例】 手征隐身材料

【概念-实例】 红外隐身柔性材料

【概念-实例】 红外隐身服

【类分】 声隐身材料

【类分】 雷达隐身材料

【类分】 红外隐身材料

【类分】 可见光隐身材料

【类分】 激光隐身材料

【类分】 隐身涂层材料

【类分】　隐身结构材料
【类属】　复合材料
【类属】　功能材料
【应用关系】
【使用】　纳米材料
【使用】　粉末冶金
【使用】　铁氧体
【使用】　金属纤维
【使用】　碳化硅
【使用】　吸波材料
【使用】　微晶金属材料
【用于】　军工
【生产关系】
【材料-工艺】　粉末冶金
【材料-工艺】　化学气相反应
【材料-工艺】　纳米复合技术
【材料-工艺】　电路模拟技术
【材料-工艺】　涂层工艺

◎阻尼材料

【基本信息】
【英文名】　damping material
【拼音】　zu ni cai liao
【核心词】
【定义】

阻尼材料是指将固体机械振动能转变为热能而耗散的材料,主要用于振动和噪声控制。

【分类信息】
【CLC 类目】
(1)[TH-9]　机械、仪表工业经济
(2)[TH-9]　合金材料
(3)[TH-9]　橡胶
(4)[TH-9]　塑料
(5)[TH-9]　其他非金属材料
(6)[TH-9]　单兵反坦克火箭筒
(7)[TH-9]　车载反坦克火箭筒
(8)[TH-9]　航空反坦克火箭筒
(9)[TH-9]　特种火箭筒
(10)[TH-9]　其他
(11)[TH-9]　火箭炮
(12)[TH-9]　火箭弹(无控火箭弹)
(13)[TH-9]　微波吸收材料
【IPC 类目】
(1) B64B1/26　装在管道内的
(2) B64B1/26　装在短舱内的
(3) B64B1/26　隔音或隔热
(4) B64B1/26　避雷器(捕雷器入 H01C7/12,8/04,H01G9/18,H01T;其电路装置入 H02H);静电放电器(一般入 H05F3/00)
(5) B64B1/26　机械的
(6) B64B1/26　光学的
【词条属性】
【特征】

【特点】　将固体机械振动能转变为热能而耗散

【特点】　材料的阻尼性能可根据它耗散振动能的能力来衡量,评价阻尼大小的标准是阻尼系数

【优点】　阻尼材料的使用增强了汽车的密闭性,降低振动,减少噪音,提高了轿车的舒适性

【优点】　在建筑工程中,阻尼材料的应用,一方面可以降低风振带来的危害,另一方面可以使建筑物的固有周期与地震周期发生偏移,从而将这些自然危害降低到最小,保证了人们的生命财产安全

【优点】　在机械工业中,采用阻尼材料可以最大限度地降低机械噪声和减轻机械振动,使其平稳、安静地运转,提高工作效率,延长设备的使用寿命

【优点】　阻尼材料的使用,可以提高卫星、航天飞船发回信息的准确性和导弹命中的精确性。

【优点】　阻尼材料用于制造推进器、传动部件和舱室隔板,有效地降低了来自于机械零件啮合过程中表面碰撞产生的振动和噪声

【状况】
【应用场景】　汽车工业

【应用场景】 建筑工程
【应用场景】 机械工业
【应用场景】 兵器工业
【应用场景】 现代航天工业
【应用场景】 航空工业
【应用场景】 舰船领域
【词条关系】
【层次关系】
【概念-实例】 水性阻尼涂料
【概念-实例】 约束阻尼涂料
【概念-实例】 丙烯酸酯
【概念-实例】 丁腈
【概念-实例】 硅橡胶
【概念-实例】 聚氨酯
【概念-实例】 聚氯乙烯
【概念-实例】 环氧树脂
【概念-实例】 丁基橡胶
【概念-实例】 特种涂料
【类分】 橡胶阻尼板
【类分】 塑料阻尼板
【类分】 泡沫塑料
【类分】 阻尼复合材料
【类分】 高阻尼合金
【类分】 阻尼涂料
【应用关系】
【用于】 坦克
【用于】 火箭
【用于】 导弹
【用于】 喷气机
【用于】 陀螺仪
【用于】 推进器
【用于】 舱室隔板
【用于】 机械零件
【用于】 继电器
【用于】 印刷电路板

◎等离子电弧熔炼

【基本信息】
【英文名】 plasma melting
【拼音】 deng li zi dian hu rong lian
【核心词】
【定义】

等离子电弧熔炼是用惰性气体(如氩)、还原性气体(如氢气)或两种气体的混合物做介质,温度达 3×10^4 ℃以上的纯净等离子电弧或等离子束做热源进行熔炼的一类冶金方法的总称。可在有炉衬的炉子中进行熔炼,也可以自耗电极的形式熔化提纯。

【分类信息】
【CLC 类目】
(1) TF111 金属冶炼
(2) TF111 金属精炼
(3) TF111 其他冶金技术
(4) TF111 钢铁冶炼(黑色金属冶炼,总论)
(5) TF111 钒铁
(6) TF111 铌铁
(7) TF111 钨铁
【IPC 类目】
(1) C21B15/00 用铁的化合物炼铁的其他方法(还原成金属的一般方法入 C22B5/00;电解法入 C25C1/06)
(2) C21B15/00 炉衬
(3) C21B15/00 碳钢的冶炼,如普通低碳钢、中碳钢或铸钢
(4) C21B15/00 其他炼钢法(直接还原法炼液体钢入 C21B 13/00)
(5) C21B15/00 添加处理剂去除杂质
(6) C21B15/00 用气体处理(7/06,7/064,7/068 优先)〔3〕
(7) C21B15/00 用渣或熔剂作为处理剂(7/06,7/064,7/068 优先)〔3〕
(8) C21B15/00 精炼
(9) C21B15/00 还原法
【词条属性】
【特征】
【缺点】 起步较晚,技术有待于进一步完善

【缺点】　设备投资费用相对较大,等离子枪寿命较低,运行过程中气体和耐火材料消耗较大,导致生产成本较高

【特点】　用惰性气体(如氩)、还原性气体(如氢气)或两种气体的混合物作介质

【特点】　温度达 3×10^4 ℃以上的纯净等离子电弧或等离子束做热源进行熔炼

【特点】　有时它的熔炼对象也可以是非金属材料

【特点】　等离子熔炼的特点是电弧具有超高温并可有效地控制炉内气氛

【特点】　适合于熔炼活泼金属、难熔金属及其合金

【特点】　等离子熔炼主要是基于等离子体的超高温和根据不同的需要可有效地控制炉内气氛以实现特殊金属或合金的熔炼

【优点】　金属的脱硫效果显著

【优点】　可获得夹杂物含量极低的金属

【优点】　金属结晶趋于定向生长并抑制宏观偏析的条件,获得的锭子成分均匀、组织致密

【优点】　在重熔的补缩阶段,等离子电弧比其他二次重熔方法更容易控制温度,因而锭子头部结晶缺陷少,可减少切头率

【状况】

【前景】　等离子熔炼的今后发展取决于技术上和经济上与其他特种熔炼方法甚至炉外精炼方法的竞争

【前景】　一方面要进一步提高等离子熔炼设备的技术性能,并不断降低其操作成本;另一方面要充分发挥其冶金特点生产出特殊质量要求的产品

【应用场景】　冶金工程

【应用场景】　钢铁精炼

【时间】

【起始时间】　18 世纪中叶

【词条关系】

【等同关系】

【缩略为】　Pm

【层次关系】

【构成成分】　熔化、精炼、重熔

【类分】　一次熔炼

【类分】　二次重熔

【类属】　熔炼

【类属】　冶金技术

【类属】　特种熔炼

【应用关系】

【使用】　惰性气体

【使用】　还原性气体

【使用】　氩气

【使用】　氢气

【使用】　等离子电弧

【使用】　等离子束

【使用】　自耗电极

【使用】　等离子体技术

【用于】　活泼金属

【用于】　冶金工程

【用于】　冶金废料

【生产关系】

【工艺-材料】　特殊钢

【工艺-材料】　超低碳不锈钢

【工艺-材料】　高温合金

【工艺-材料】　合金钢

【工艺-材料】　难熔金属

【工艺-材料】　金属钨

【工艺-材料】　金属钼

【工艺-材料】　金属铼

【工艺-材料】　金属钽

【工艺-材料】　金属铌

【工艺-材料】　金属锆

【工艺-材料】　钨合金

【工艺-材料】　钼合金

【工艺-设备工具】　等离子枪

【工艺-设备工具】　熔炼炉

◎单晶制备技术

【基本信息】

【英文名】　crystal preparation technology

【拼音】 dan jing zhi bei ji shu
【核心词】
【定义】

制备单晶的方法统称为单晶制备技术。所谓单晶,即结晶体内部的微粒在三维空间呈有规律地、周期性地排列,或者说晶体的整体在三维方向上由同一空间格子构成,整个晶体中质点在空间的排列为长程有序。

【分类信息】
【CLC 类目】
(1) TG148 金属陶瓷材料
(2) TG148 硅及其无机化合物
(3) TG148 铜的无机化合物
【IPC 类目】
(1) C01B13/16 提纯〔3〕
(2) C01B13/16 用化合物,如盐或氢氧化物的热分解〔3〕
(3) C01B13/16 用添加剂增强稳定性〔3〕
(4) C01B13/16 含碳〔3〕
(5) C01B13/16 含硅〔3〕
(6) C01B13/16 制备〔3〕
(7) C01B13/16 装置
(8) C01B13/16 与硅〔3〕
(9) C01B13/16 浓缩
【词条属性】
【状况】

【现状】 目前除众多的实际工程应用方法外,借助于计算机和数值计算方法的发展,也诞生了不同的晶体生长数值模拟方法;特别是生产前期的分析和优化大直径单晶时,数值计算尤为重要

【应用场景】 化学工艺
【应用场景】 材料科学
【应用场景】 晶体学
【应用场景】 电子工业
【应用场景】 精密仪器
【因素】
【影响因素】 晶体生长温度
【影响因素】 制备工艺
【影响因素】 降温速率
【词条关系】
【层次关系】
【概念-实例】 提拉法
【概念-实例】 坩埚下降法
【概念-实例】 区熔法
【概念-实例】 定向凝固法
【概念-实例】 升华法
【概念-实例】 蒸汽运输法
【概念-实例】 气相反应生长法
【概念-实例】 降温法
【概念-实例】 蒸发法
【概念-实例】 凝胶法
【概念-实例】 水热法
【概念-实例】 焰熔法
【概念-实例】 挥发法
【概念-实例】 扩散法
【概念-实例】 温差法
【概念-实例】 接触法
【概念-实例】 高压釜法
【构成成分】 析出晶核、单晶生长
【类分】 气相生长
【类分】 溶液生长
【类分】 水热生长
【类分】 熔盐法
【类分】 熔体法
【应用关系】
【使用】 籽晶
【使用】 培养料
【生产关系】
【工艺-材料】 单晶
【工艺-材料】 单晶材料
【工艺-设备工具】 晶体生长槽
【工艺-设备工具】 冷凝器
【工艺-设备工具】 结晶器
【工艺-设备工具】 高压釜
【工艺-设备工具】 坩埚

◎Fe-Ni 合金

【基本信息】

【英文名】 permalloy

【拼音】 Fe-Ni he jin

【核心词】

【定义】

铁镍合金是一种在弱磁场中具有高磁导率和低矫顽力的低频软磁材料。

【分类信息】

【CLC 类目】

(1) TF815　镍

(2) TF815　高电阻合金

(3) TF815　软磁合金

(4) TF815　镍

(5) TF815　加热、保温与冷却

(6) TF815　其他有色金属及其合金的热处理

(7) TF815　有色金属(总论)

(8) TF815　粉末冶金材料

【IPC 类目】

(1) B22D11/11　熔融金属的处理〔7〕

(2) B22D11/11　利用真空处理〔7〕

(3) B22D11/11　有色金属或金属化合物的铸造，其冶金性质对于铸造方法是重要的；其成分选择

(4) B22D11/11　由金属粉末制造工件或制品，其特点为用压实或烧结的方法；所用的专用设备

【词条属性】

【特征】

【缺点】 电阻率不大，只适合在 1 MHz 以下的频率范围工作，否则涡流损耗太大

【缺点】 磁性能对机械应力比较敏感

【缺点】 工艺因素对磁性能的影响较大

【缺点】 产品性能一致性不易满足

【缺点】 铁镍合金的成本高

【特点】 铁镍合金具有窄而陡的磁滞回线

【特点】 主要成分之一就是镍，一般情况下铁镍合金的含镍量在 30%～90%范围内

【优点】 磁导率高，在弱、中磁场下尤其明显

【优点】 含 Ni 为 78%的铁镍合金在弱磁场中的磁导率比硅钢高 10～20 倍

【优点】 在铁镍合金中加入钼、锰、钴、铜、铬等元素，可得具有更大初始磁导率 μ_i 和最大磁导率 μ_m 的三元、四元铁镍合金

【优点】 铁镍合金拥有极小的矫顽力

【优点】 加工性能非常好

【优点】 相比较其他的合金而言它拥有更优异的防锈性能

【优点】 经过特定的加工，还可以获得非常不错的磁性能

【状况】

【应用场景】 电话通信

【应用场景】 68Fe+27Ni+5Mo 和 53Fe+42Ni+5Mo，具有很高的热膨胀系数，可用作恒温器的双金属片，热转换器及各种温度调节装置

【应用场景】 46Ni+54Fe，称为代白金，膨胀系数与铂相同，具有良好的抗蚀性，在某些场合可以代替铂

【应用场景】 42Ni+58Fe，可以代替铂用作真空管密封丝

【应用场景】 36Ni+12Cr+52Fe，是一种恒弹性合金，热弹性系数等于零，常用作发夹、手表摆轮和精密仪表零件

【应用场景】 航太工业

【应用场景】 能源工业

【应用场景】 石化工业

【应用场景】 电子工业

【应用场景】 光电工业

【应用场景】 海洋工业

【应用场景】 核能

【应用场景】 热处理产业

【时间】

【起始时间】 20 世纪 30 年代后期

【因素】

【影响因素】 镍元素含量
【影响因素】 添加的合金元素种类及量
【影响因素】 热处理
【影响因素】 压力加工
【词条关系】
【等同关系】
【全称是】 铁镍合金
【层次关系】
【并列】 镍铁合金
【材料-组织】 等轴晶系
【材料-组织】 面心立方
【概念-实例】 坡莫合金
【概念-实例】 因瓦合金
【概念-实例】 可伐合金
【概念-实例】 透磁合金
【构成成分】 镍元素、铁元素、钼、锰元素、钴元素、铜元素
【类属】 镍合金
【类属】 金属材料
【类属】 合金材料
【应用关系】
【用于】 灵敏继电器
【用于】 磁屏蔽
【用于】 电话
【用于】 无线电变压器
【用于】 交流仪表
【用于】 直流仪表
【用于】 电流互感器
【用于】 涡轮叶片
【用于】 结构件
【用于】 耐蚀管线
【用于】 引擎
【用于】 引擎阀门
【用于】 冶金工程
【用于】 机械工程
【生产关系】
【材料-工艺】 热处理
【材料-工艺】 真空冶炼
【材料-工艺】 压力加工
【材料-工艺】 粉末冶金

◎硬钎焊

【基本信息】
【英文名】 brazing
【拼音】 ying qian han
【核心词】
【定义】

是一种焊接方式,将熔点低于欲连接工件之熔填料(钎料)加热至高于熔点,使之具有足够的流动性,利用毛细作用充分填充于两工件间(称为浸润),并待其凝固后将二者接合起来的一种接合法,依据美国焊接学会(AWS)之定义,温度高于840℉(450 ℃)者称为硬钎焊,反之称为软焊软钎焊。

【分类信息】
【CLC 类目】
(1) TG402 焊接传热过程
(2) TG402 焊接结构的应力与变形
(3) TG402 金属焊接性及其试验方法
(4) TG402 焊接接头的力学性能及其强度计算
(5) TG402 软钎焊材料
(6) TG402 硬钎焊材料
(7) TG402 一般焊接工具和设备
(8) TG402 熔焊设备
(9) TG402 钎焊设备
(10) TG402 熔焊
(11) TG402 钎焊
(12) TG402 焊接的应用
【词条属性】
【特征】
【缺点】 接头强度较低,由于使用软熔填料,焊接接头的强度很可能是低于母材金属的强度(与一般电焊接头强度较母材大不同),但大于填充金属
【缺点】 焊接接头在高温下可能会损坏
【缺点】 在工业化生产环境硬焊接头母材需要高度清洁

【缺点】 一些硬焊需要使用适当的助焊剂清洁剂来控制

【缺点】 接头颜色往往与母材金属不同,造成美观上的缺点

【特点】 硬钎焊的钎料熔点高于 450 ℃

【特点】 接头强度较高(大于 200 MPa)

【特点】 硬钎焊的钎料种类繁多

【特点】 属于固相连接

【特点】 钎焊时母材不熔化,采用比母材熔化温度低的钎料,加热温度采取低于母材固相线而高于钎料液相线

【特点】 当被连接的零件和钎料加热到钎料熔化,利用液态钎料在母材表面润湿,铺展与母材相互溶解和扩散和在母材间隙中润湿,毛细流动、填缝与母材相互溶解和扩散而实现零件间的连接

【优点】 接头强度高,有的可在高温下工作

【优点】 变形小

【优点】 实现异种材料结合

【优点】 可拆开

【优点】 由于焊接不熔化接合的母材,它可以允许更严格的公差和产生干净的接头,而无须进行二次加工

【优点】 它可焊不同的金属和非金属材料(如金属化陶瓷)

【优点】 硬焊比起焊接由于受热均匀也产生较少的热变形

【优点】 可焊复杂和多组件的工件

【优点】 硬焊可涂布或包裹母材以达到防护性目的

【优点】 硬焊很容易适应大规模生产,实现自动化,因为各个工艺参数对变化不敏感的缘故

【状况】

【应用场景】 航太工业

【应用场景】 材料科学与工程

【应用场景】 金属学

【应用场景】 机械工程

【应用场景】 焊接工艺

【因素】

【影响因素】 尽可能低的焊接温度

【影响因素】 尽量减少热效应对组装的影响

【影响因素】 保持熔填物/母材的相互作用到最低限度

【影响因素】 最大限度地使用治具或夹具使用

【词条关系】

【等同关系】

【缩略为】 硬焊

【层次关系】

【并列】 软钎焊

【类分】 火炬焊

【类分】 银焊

【类分】 熔炉焊

【类分】 铜焊

【类分】 铸铁焊

【类分】 真空焊

【类分】 浸焊

【类分】 铝基钎焊

【类分】 铜基钎焊

【类分】 银基钎焊

【类分】 锰基钎焊

【类分】 镍基钎焊

【类属】 焊接方式

【应用关系】

【使用】 焊接气体

【使用】 助焊剂

【使用】 熔填料

【使用】 火炬

【使用】 熔炉

【使用】 电感应

【使用】 浸焊

【使用】 电阻焊

【使用】 红外线

【使用】 电子束和激光

【用于】 银

【用于】 铜磷
【用于】 铜
【用于】 黄铜
【用于】 镍合金
【用于】 铜合金
【用于】 中碳钢
【用于】 高碳钢
【用于】 低镍合金
【用于】 铬合金
【用于】 钨合金
【用于】 碳化物
【用于】 不锈钢
【用于】 耐热钢
【用于】 高温合金
【用于】 难熔金属
【用于】 石墨
【用于】 陶瓷
【生产关系】
【工艺-设备工具】 感应炉
【工艺-设备工具】 熔炉
【工艺-设备工具】 烙铁
【工艺-设备工具】 真空炉

◎粉末冶金钛合金

【基本信息】
【英文名】 powder metallurgy titanium
【拼音】 fen mo ye jin tai he jin
【核心词】
【定义】
用粉末冶金的方法制备的钛合金材料。
【分类信息】
【CLC 类目】
(1) TF121 粉末冶金原理
(2) TF121 粉末特性及检验
(3) TF121 粉末的制造方法
(4) TF121 粉末成型、烧结及后处理
(5) TF121 粉末冶金制品及其应用
(6) TF121 钛
(7) TF121 耐蚀合金
(8) TF121 高强度合金
(9) TF121 耐磨合金
【IPC 类目】
(1) B22F1/00 金属粉末的专门处理;如使之易于加工,改善其性质;金属粉末本身,如不同成分颗粒的混合物(C04,C08 优先)
(2) B22F1/00 由金属粉末制造工件或制品,其特点为用压实或烧结的方法;所用的专用设备
(3) B22F1/00 用离心力
(4) B22F1/00 制造多孔工件或制品〔6〕
(5) B22F1/00 用压实和烧结两种方法(用铸造入 3/17)〔6〕
(6) B22F1/00 由金属粉末制造特殊形状的工件或制品
(7) B22F1/00 合金的制造(不特别限定用于合金制造的粉末冶金设备或方法入 B22F;用电热法入 C22B4/00;用电解法入 C25C)
(8) B22F1/00 金属粉末与非金属粉末的混合物(1/08 优先)〔2〕
(9) B22F1/00 钛基合金〔2〕
(10) B22F1/00 用粉末冶金法(金属粉末制造入 B22F)
(11) B22F1/00 含钛或锆的〔2〕
【词条属性】
【特征】
【缺点】 钛的化学活性大,易受气体和坩埚材料等的污染
【缺点】 工艺性能差
【缺点】 航空航天工业
【缺点】 军事工业
【特点】 粉末冶金方法制成
【特点】 主要是在真空或高纯惰性气体保护下采用离心雾化制粉工艺来生产
【优点】 强度高
【优点】 耐蚀性好
【优点】 耐热性高
【优点】 机械性能好
【状况】

【应用场景】 制造化工
【应用场景】 轻工业
【应用场景】 冶金工程
【应用场景】 海洋开发
【应用场景】 航空工业
【应用场景】 汽车工业
【时间】
【起始时间】 20 世纪 50 年代
【因素】
【影响因素】 热处理
【影响因素】 烧结强度
【影响因素】 致密化处理
【词条关系】
【层次关系】
【类分】 钠还原海绵钛粉
【类分】 电解钛粉
【类分】 氢化脱氢钛粉
【类分】 离心雾化钛粉
【应用关系】
【材料-加工设备】 热等静压机
【材料-加工设备】 真空炉
【材料-加工设备】 烧结炉
【材料-加工设备】 雾化设备
【使用】 惰性气体
【用于】 耐蚀合金
【用于】 耐蚀零件
【用于】 过滤零件
【用于】 钛多孔过滤材料
【用于】 预合金
【用于】 钛金属阀门
【用于】 轴套
【用于】 多孔管
【用于】 钛钼耐蚀合金
【用于】 钛-碳化钛耐磨材料
【用于】 航空零件
【用于】 结构件
【用于】 加热器
【用于】 冷凝器
【用于】 贮氢材料
【用于】 形状记忆合金
【生产关系】
【材料-工艺】 真空蒸发法制粉
【材料-工艺】 离心雾化
【材料-工艺】 真空烧结
【材料-工艺】 旋转电极法
【材料-工艺】 热等静压
【材料-原料】 坯料
【材料-原料】 海绵钛
【原料-材料】 预合金粉末

◎水雾化工艺

【基本信息】
【英文名】 water atomization process
【拼音】 shui wu hua gong yi
【核心词】
【定义】

用快速运动的流体冲击或其他方式将金属或合金液体破碎为细小液滴，继之冷凝为固体颗粒的一种生产金属粉末的方法。

【分类信息】
【CLC 类目】

(1) TF123 粉末的制造方法

(2) TF123 粉末冶金制品及其应用

(3) TF123 粉末冶金机械与生产自动化

【IPC 类目】

(1) B05B1/00 带或不带辅助装置，如阀、加热装置的喷嘴、喷头或其他出口（3/00，5/00，7/00 优先，用接触使液体或其他流体物料涂布于表面的装置入 B05C；喷墨印刷机的喷嘴入 B41J2/135；用于容器的闭塞物入 B65D；用于液体扩散的喷嘴如车辆服务站中的入 B67D5/37）

(2) B05B1/00 适合于产生特殊形状或性质，如单独小滴的喷流、喷雾或其他排射（1/26，1/28，1/34 优先）

(3) B05B1/00 形状精细的喷流，如在风挡清洗器中使用的

(4) B05B1/00 能产生不同种类的排射，

如喷流或喷雾(1/16 优先)

(5) B05B1/00　有多个出口孔(1/02,1/26 优先);在出口孔内或出口孔外装有过滤器

(6) B05B1/00　多孔管或多孔槽,如喷雾器喷杆;及其出口部件

(7) B05B1/00　排水口(用于水龙头的防止喷溅装置入 E03C1/08)

(8) B05B1/00　使喷流在排射后分散或偏转的机械装置,如有固定导流片的;用冲击喷流方法使排射液体或其他流体分散

(9) B05B1/00　其他类未列入的喷射设备或装置的零件;附件(对表面涂布液体或其他流体的其他方法所用的附件入 B05C)〔4〕

(10) B05B1/00　喷雾室〔4〕

(11) B05B1/00　喷射装置,用于排放液体或其他流体基本上不与气体或蒸汽混合(11/00 优先)〔3〕

(12) B05B1/00　喷枪(9/03 优先)〔3〕

(13) B05B1/00　以供给液体或其他流体的方法为特点的〔3〕

(14) B05B1/00　金属粉末的专门处理;如使之易于加工,改善其性质;金属粉末本身,如不同成分颗粒的混合物(C04,C08 优先)

(15) B05B1/00　包含粉末的包覆〔2〕

(16) B05B1/00　用粉末冶金法(1/08 优先)〔2〕

(17) B05B1/00　金属粉末与非金属粉末的混合物(1/08 优先)〔2〕

【词条属性】

【特征】

【缺点】　制备的粉末的氧含量高

【数值】　水雾化时金属的流量为 45～90 kg/min

【数值】　水流量为 110～380 L/min

【数值】　水流速为 70～230 m/s

【数值】　水压力为(5.5～25)MPa

【特点】　使金属或合金液体破碎为细小液滴

【特点】　水的黏度大(1.009 mP · s),是氮气(0.0174 mP · s)的 60 倍;同时水的密度比气体大;因此,当速度相同时水雾化的动能大,破碎效率比气体高,能获得较细粒度的粉末

【特点】　水的冷却速度大,通常可达 $10\sim10^5$ K/s,有时可达 10^6 K/s,是获得快速凝固的有效方法

【特点】　最早的快速凝固技术之一

【特点】　雾化制粉时的平均冷却速度正比于热交换率,反比于金属液滴颗粒的尺寸

【优点】　制得的粉末组织结构微细

【优点】　所以制得的粉末无偏析

【优点】　制得的粉末可获得亚稳相

【优点】　可扩大合金元素的固溶度

【优点】　增强合金强化的作用

【优点】　每个颗粒均拥有同样的化学成分

【状况】

【应用场景】　粉末冶金

【应用场景】　机械零件

【应用场景】　粉末预合金

【应用场景】　冶金工程

【应用场景】　材料加工

【应用场景】　有色金属

【因素】

【影响因素】　熔融金属流的内径

【影响因素】　液体冷速度

【词条关系】

【层次关系】

【并列】　气雾化

【并列】　离心雾化

【并列】　惰性气体雾化

【并列】　溶气真空雾化

【并列】　旋转电极雾化

【并列】　气雾化工艺

【构成成分】　熔炼、滴落、雾化、快速凝固

【类分】　高压水雾化

【类属】　雾化工艺

【类属】　双流法

【类属】　二流雾化法

【应用关系】
【使用】 合金液体
【用于】 金属粉末
【用于】 粉末冶金
【用于】 金属材料
【用于】 粗合金粉
【用于】 水
【用于】 油
【用于】 高温合金
【用于】 粉末高速钢
【用于】 粉末不锈钢
【用于】 钛合金
【生产关系】
【工艺-材料】 铁粉
【工艺-材料】 不锈钢粉
【工艺-材料】 铜粉
【工艺-材料】 铜合金粉
【工艺-材料】 铝粉
【工艺-材料】 镍粉
【工艺-设备工具】 电炉
【工艺-设备工具】 感应炉
【工艺-设备工具】 雾化喷嘴
【工艺-设备工具】 中间包

◎高压水雾化

【基本信息】
【英文名】 high pressure water-atomization; high-pressure water atomization
【拼音】 gao ya shui wu hua
【核心词】
【定义】
用高压水将熔融的金属液滴冲散,用来制备金属粉末。
【分类信息】
【CLC 类目】
(1) TF123 粉末的制造方法
(2) TF123 粉末冶金制品及其应用
(3) TF123 粉末冶金机械与生产自动化
【IPC 类目】

(1) B05B1/00 带或不带辅助装置,如阀、加热装置的喷嘴、喷头或其他出口(3/00,5/00,7/00 优先,用接触使液体或其他流体物料涂布于表面的装置入 B05C;喷墨印刷机的喷嘴入 B41J2/135;用于容器的闭塞物入 B65D;用于液体扩散的喷嘴如车辆服务站中的入 B67D5/37)

(2) B05B1/00 适合于产生特殊形状或性质,如单独小滴的喷流、喷雾或其他排射(1/26,1/28,1/34 优先)

(3) B05B1/00 形状精细的喷流,如在风挡清洗器中使用的

(4) B05B1/00 多孔管或多孔槽,如喷雾器喷杆;及其出口部件

(5) B05B1/00 排水口(用于水龙头的防止喷溅装置入 E03C1/08)

(6) B05B1/00 带有加热液体或其他流体的装置,如电加热

(7) B05B1/00 使喷流在排射后分散或偏转的机械装置,如有固定导流片的;用冲击喷流方法使排射液体或其他流体分散

(8) B05B1/00 具有用于将排射液体或其他流体屏蔽,如限定喷射的面积的整体装置;有用于收集液滴或剩余液体或其他流体的整体装置(用于任何这种目的的装置本身入 15/04)

(9) B05B1/00 用于控制流量,如备有可调通道(1/02 优先)

(10) B05B1/00 用于影响液体或其他流体流动性质,如产生涡流(1/30 优先)

(11) B05B1/00 喷雾室〔4〕

(12) B05B1/00 以无气体喷射为特征〔5〕

(13) B05B1/00 金属粉末的专门处理;如使之易于加工,改善其性质;金属粉末本身,如不同成分颗粒的混合物(C04,C08 优先)

(14) B05B1/00 包含粉末的包覆〔2〕

(15) B05B1/00 金属粉末与非金属粉末的混合物(1/08 优先)〔2〕

(16) B05B1/00 使用精炼或脱氧的专用添加剂

【词条属性】

【特征】

【特点】 水的黏度大(1.009 mP · s),是氮气(0.0174 mP · s)的60倍

【特点】 水的密度比气体大;因此,当速度相同时水雾化的动能大,破碎效率比气体高,能获得较细粒度的粉末

【特点】 水的冷却速度大,是获得快速凝固的有效方法

【特点】 制得的粉末组织结构微细,无偏析,甚至可获得亚稳相

【特点】 熔融金属流的内径对雾化效果的影响也很重要

【优点】 制备粉体纯度高

【优点】 制备粉体压缩性能好

【优点】 廉价

【优点】 能耗最低

【状况】

【现状】 在国外,20世纪60年代曾形成水雾化制粉研究的热潮

【应用场景】 制作触媒合金粉末

【应用场景】 制作不锈钢粉

【应用场景】 制备高铝硅合金粉末

【应用场景】 制作铜粉

【因素】

【影响因素】 毛粉的碳氧含量

【影响因素】 毛粉的松比

【影响因素】 毛粉的粒度组成

【影响因素】 毛粉的纯净度

【影响因素】 布料厚度

【影响因素】 带速

【影响因素】 还原温度

【影响因素】 气氛 pH

【影响因素】 粉末颗粒形貌

【词条关系】

【层次关系】

【并列】 超声雾化

【并列】 气雾化

【并列】 激光雾化

【类属】 雾化

【类属】 水雾化工艺

【应用关系】

【用于】 粉末制备

【生产关系】

【工艺-设备工具】 沉淀

【工艺-设备工具】 过滤

【工艺-设备工具】 干燥

【工艺-设备工具】 熔炼

【工艺-设备工具】 雾化

【工艺-设备工具】 粉碎

【工艺-设备工具】 冷却

【工艺-设备工具】 筛分

【工艺-设备工具】 合批

【工艺-设备工具】 生粉高温还原

【工艺-设备工具】 裂化

【设备工具-工艺】 中频金属熔炼炉

【设备工具-工艺】 高频金属熔炼炉

【设备工具-工艺】 中间包

【设备工具-工艺】 雾化器

【设备工具-工艺】 收粉箱

【设备工具-工艺】 干燥炉

【设备工具-工艺】 筛分机械

◎气雾化工艺

【基本信息】

【英文名】 aerosol technology

【拼音】 qi wu hua gong yi

【核心词】

【定义】

利用高速气流作用于熔融液流,使气体动能转化为熔体表面能,进而形成细小的液滴并凝固成粉末颗粒。

【分类信息】

【CLC 类目】

(1) TF123 粉末的制造方法

(2) TF123 粉末冶金机械与生产自动化

【IPC 类目】

(1) B05B1/00 带或不带辅助装置,如

阀、加热装置的喷嘴、喷头或其他出口(3/00,5/00,7/00优先,用接触使液体或其他流体物料涂布于表面的装置入B05C;喷墨印刷机的喷嘴入B41J2/135;用于容器的闭塞物入B65D;用于液体扩散的喷嘴如车辆服务站中的入B67D5/37)

(2) B05B1/00　适合于产生特殊形状或性质,如单独小滴的喷流、喷雾或其他排射(1/26,1/28,1/34优先)

(3) B05B1/00　形状精细的喷流,如在风挡清洗器中使用的

(4) B05B1/00　具有选择效应的出口

(5) B05B1/00　排水口(用于水龙头的防止喷溅装置入E03C1/08)

(6) B05B1/00　带有加热液体或其他流体的装置,如电加热

(7) B05B1/00　使喷流在排射后分散或偏转的机械装置,如有固定导流片的;用冲击喷流方法使排射液体或其他流体分散

(8) B05B1/00　具有用于将排射液体或其他流体屏蔽,如限定喷射的面积的整体装置;有用于收集液滴或剩余液体或其他流体的整体装置(用于任何这种目的的装置本身入15/04)

(9) B05B1/00　用于控制流量,如备有可调通道(1/02优先)

(10) B05B1/00　用气体或蒸汽产生喷流,如从压缩球中〔2,3〕

(11) B05B1/00　在喷射系统中控制排出量的装置或特殊适用的方法(一般控制入G05)〔2〕

(12) B05B1/00　顺序操作或多路出口〔2〕

(13) B05B1/00　调整喷头位置的装置

(14) B05B1/00　喷雾室〔4〕

(15) B05B1/00　以使用气体为特征〔5〕

(16) B05B1/00　在压力的作用下注入液体或其他流体

(17) B05B1/00　金属粉末的专门处理;如使之易于加工,改善其性质;金属粉末本身,如不同成分颗粒的混合物(C04,C08优先)

(18) B05B1/00　包含粉末的包覆〔2〕

(19) B05B1/00　由金属粉末制造工件或制品,其特点为用压实或烧结的方法;所用的专用设备

(20) B05B1/00　用粉末冶金法(1/08优先)〔2〕

(21) B05B1/00　金属粉末与非金属粉末的混合物(1/08优先)〔2〕

【词条属性】

【特征】

【优点】　对环境污染小

【优点】　粉末球形度高

【优点】　含氧量低

【优点】　冷却速率大

【优点】　化学成分均匀

【优点】　消除第二相的宏观偏析

【状况】

【现状】　气雾化生产的粉末占世界粉末总产量的30%～50%

【应用场景】　制粉

【时间】

【起始时间】　19世纪20年代

【因素】

【影响因素】　金属熔体的过热度

【影响因素】　雾化压力

【影响因素】　气液质量比

【影响因素】　气液流率比

【影响因素】　雾化介质

【影响因素】　雾化温度

【影响因素】　雾化时间

【影响因素】　金属熔液流的直径

【影响因素】　金属溶液的表面张力

【影响因素】　金属溶液的黏度

【影响因素】　喷嘴结构特征

【词条关系】

【等同关系】

【基本等同】　气雾化制粉工艺

【层次关系】

【并列】 水雾化工艺
【并列】 超声雾化
【并列】 旋流雾化
【并列】 喷雾机雾化
【并列】 气泡雾化
【并列】 机械雾化
【类属】 粉末制备技术
【类属】 二流雾化法
【生产关系】
【材料-工艺】 镍及镍基合金粉末
【材料-工艺】 不锈钢金属粉末
【材料-工艺】 铁粉
【工艺-设备工具】 雾化
【工艺-设备工具】 分离
【工艺-设备工具】 密封
【工艺-设备工具】 卡定
【工艺-设备工具】 打捞
【工艺-设备工具】 传送
【工艺-设备工具】 支撑
【工艺-设备工具】 配料
【工艺-设备工具】 冶炼
【工艺-设备工具】 预热
【工艺-设备工具】 收粉
【工艺-设备工具】 筛分
【工艺-设备工具】 检验
【工艺-设备工具】 包装
【工艺-设备工具】 粉末后处理
【设备工具-工艺】 高频炉
【设备工具-工艺】 中频炉
【设备工具-工艺】 焦炭炉
【设备工具-工艺】 电弧炉
【设备工具-工艺】 柴油炉

◎氩气雾化

【基本信息】
【英文名】 argon atomized
【拼音】 ya qi wu hua
【核心词】
【定义】

利用高速氩气气流作用于熔融液流,使气体动能转化为熔体表面能,进而形成细小的液滴并凝固成粉末颗粒。

【分类信息】
【CLC 类目】
(1) TF123 粉末的制造方法
(2) TF123 粉末冶金机械与生产自动化
【IPC 类目】
(1) B05B1/02 适合于产生特殊形状或性质,如单独小滴的喷流、喷雾或其他排射(1/26,1/28,1/34 优先)
(2) B05B1/02 具有选择效应的出口
(3) B05B1/02 带有加热液体或其他流体的装置,如电加热
(4) B05B1/02 使喷流在排射后分散或偏转的机械装置,如有固定导流片的;用冲击喷流方法使排射液体或其他流体分散
(5) B05B1/02 具有用于将排射液体或其他流体屏蔽,如限定喷射的面积的整体装置;有用于收集液滴或剩余液体或其他流体的整体装置(用于任何这种目的的装置本身入 15/04)
(6) B05B1/02 用于控制流量,如备有可调通道(1/02 优先)
(7) B05B1/02 其阀门构件成为出口孔的一部分
(8) B05B1/02 用于影响液体或其他流体流动性质,如产生涡流(1/30 优先)
(9) B05B1/02 喷射范围的控制,如遮蔽,侧挡板;剩余材料的收集与重新利用的方法(1/28 优先)
(10) B05B1/02 调整喷头位置的装置
(11) B05B1/02 喷雾室〔4〕
(12) B05B1/02 用喷射的反作用
(13) B05B1/02 以使用气体为特征〔5〕
(14) B05B1/02 喷枪;排射装置(7/14;7/16,7/24 优先)
(15) B05B1/02 包含粉末的包覆〔2〕
(16) B05B1/02 由金属粉末制造工件或

制品，其特点为用压实或烧结的方法；所用的专用设备

(17) B05B1/02　用粉末冶金法(1/08 优先)〔2〕

(18) B05B1/02　金属粉末与非金属粉末的混合物(1/08 优先)〔2〕

【词条属性】

【特征】

【缺点】　粉末中含有少量的空心粉

【缺点】　存在凝固收缩疏松

【缺点】　存在气体陷入疏松

【缺点】　存在间隙疏松

【优点】　可以形成均匀细小的等轴晶粒

【优点】　无宏观偏析

【优点】　消除共晶相

【优点】　没有粉末高温合金中易于出现的原始颗粒边界

【优点】　具有较高的细粉收得率

【优点】　粉末氧含量较低

【优点】　粉末含有较少的非金属夹杂

【状况】

【前景】　未来的粉末高温合金关键材料将主要采用氩气雾化粉，而且采用各种纯洁熔炼技术，向无陶瓷细粉方向发展

【现状】　欧美等先进工业国家主要采用氩气雾化法制粉制备航空发动机粉末盘

【应用场景】　粉末冶金工程

【应用场景】　航空航天

【应用场景】　冶金工程

【应用场景】　合金粉末合成领域

【因素】

【影响因素】　金属过热度

【影响因素】　雾化气压

【影响因素】　气/液比

【影响因素】　初始沉积距离

【词条关系】

【层次关系】

【并列】　等离子旋转电极雾化

【并列】　超声雾化

【并列】　高压气体雾化

【并列】　机械雾化

【并列】　氮气雾化

【类属】　气体雾化

【应用关系】

【用于】　粉末冶金

【用于】　高温合金制备

【用于】　医学

【用于】　机械制造

【用于】　航空航天

【生产关系】

【材料-工艺】　制备单相铁基预合金粉末

【材料-工艺】　钛基非金属合金

【材料-工艺】　高温合金粉末

【材料-工艺】　不锈钢

【工艺-设备工具】　熔炼

【工艺-设备工具】　雾化

【工艺-设备工具】　凝固

【工艺-设备工具】　退火处理

【设备工具-工艺】　熔炼炉

【设备工具-工艺】　雾化塔

【设备工具-工艺】　粉末回收装备

【设备工具-工艺】　真空机组

【设备工具-工艺】　气体稳压调节器

【设备工具-工艺】　供水分配器

【设备工具-工艺】　水流显示器

【设备工具-工艺】　保温室

【设备工具-工艺】　料仓

【设备工具-工艺】　密相输送器

【设备工具-工艺】　包装机

【设备工具-工艺】　旋风分级器

◎氮气雾化

【基本信息】

【英文名】　nitrogen atomization; nitrogen atomizing

【拼音】　dan qi wu hua

【核心词】

【定义】

利用高速氮气气流作用于熔融液流,使气体动能转化为熔体表面能,进而形成细小的液滴并凝固成粉末颗粒。

【分类信息】

【CLC 类目】

(1) TF122 粉末特性及检验

(2) TF122 粉末的制造方法

(3) TF122 粉末冶金机械与生产自动化

【IPC 类目】

(1) B05B1/00 带或不带辅助装置,如阀、加热装置的喷嘴、喷头或其他出口(3/00,5/00,7/00 优先,用接触使液体或其他流体物料涂布于表面的装置入 B05C;喷墨印刷机的喷嘴入 B41J2/135;用于容器的闭塞物入 B65D;用于液体扩散的喷嘴如车辆服务站中的入 B67D5/37)

(2) B05B1/00 适合于产生特殊形状或性质,如单独小滴的喷流、喷雾或其他排射(1/26,1/28,1/34 优先)

(3) B05B1/00 形状精细的喷流,如在风挡清洗器中使用的

(4) B05B1/00 能产生不同种类的排射,如喷流或喷雾(1/16 优先)

(5) B05B1/00 有多个出口孔(1/02,1/26 优先);在出口孔内或出口孔外装有过滤器

(6) B05B1/00 具有选择效应的出口

(7) B05B1/00 用于控制流量,如备有可调通道(1/02 优先)

(8) B05B1/00 在喷射系统中控制排出量的装置或特殊适用的方法(一般控制入 G05)〔2〕

(9) B05B1/00 喷雾器喷杆或类似装置,围绕一轴旋转,不由被排出的液体或其他流体所转动的

(10) B05B1/00 以使用气体为特征〔5〕

(11) B05B1/00 用粉末冶金法(1/08 优先)〔2〕

(12) B05B1/00 金属粉末与非金属粉末的混合物(1/08 优先)〔2〕

【词条属性】

【特征】

【缺点】 硬化层薄而氮化处理时间长

【缺点】 一般均固定效率低

【优点】 氮气沸点低,能吸收大量热量和动能

【优点】 降低氧化爆炸危险系数

【优点】 隔绝氧气,防止发生氧化反应产生危险气体

【优点】 操作简单,对生产安全性要求低

【优点】 液滴凝结速度快,可以快速结成球状

【优点】 粉体具有更好的物理性能

【状况】

【现状】 氮气雾化法生产的微细球形铝粉凭借其优良的理化性能已经占据了广泛的应用领域

【应用场景】 粉末冶金

【应用场景】 冶金工程

【应用场景】 航天航空

【应用场景】 粉末加工

【应用场景】 建筑

【应用场景】 交通

【应用场景】 通信

【应用场景】 电子电器

【因素】

【影响因素】 金属过热度

【影响因素】 雾化气压

【影响因素】 气/液比

【影响因素】 初始沉积距离

【词条关系】

【层次关系】

【并列】 氩气雾化

【并列】 等离子旋转电极雾化

【并列】 超声雾化

【并列】 机械雾化

【并列】 高压气体雾化

【类属】 气体雾化

【应用关系】

【材料-部件成品】　镍基高温合金
【材料-部件成品】　铝粉
【材料-部件成品】　高速钢粉
【用于】　粉末冶金
【生产关系】
【工艺-设备工具】　雾化制粉
【工艺-设备工具】　气力输送
【工艺-设备工具】　粉体冷却
【工艺-设备工具】　粉体收集
【工艺-设备工具】　粉体包装
【工艺-设备工具】　分体分级
【工艺-设备工具】　熔炼
【工艺-设备工具】　凝固
【设备工具-工艺】　熔炼炉
【设备工具-工艺】　雾化塔
【设备工具-工艺】　粉末回收装备
【设备工具-工艺】　真空机组
【设备工具-工艺】　气体稳压调节器
【设备工具-工艺】　供水分配器
【设备工具-工艺】　保温室
【设备工具-工艺】　旋风分级器
【设备工具-工艺】　包装机

◎二流雾化法

【基本信息】
【英文名】　water vapor combined atomization
【拼音】　er liu wu hua fa
【核心词】
【定义】
用高速气流或高压水击碎金属液流，而凝固为金属粉末的方法。
【分类信息】
【CLC 类目】
(1) TF122　粉末特性及检验
(2) TF122　粉末的制造方法
(3) TF122　粉末冶金机械与生产自动化
【IPC 类目】
(1) B03B5/44　特殊介质的应用〔2〕
(2) B03B5/44　适合于产生特殊形状或性质，如单独小滴的喷流、喷雾或其他排射(1/26，1/28，1/34 优先)
(3) B03B5/44　环形、管形或空锥形的
(4) B03B5/44　能产生不同种类的排射，如喷流或喷雾(1/16 优先)
(5) B03B5/44　有多个出口孔(1/02，1/26 优先)；在出口孔内或出口孔外装有过滤器
(6) B03B5/44　具有选择效应的出口
(7) B03B5/44　多孔管或多孔槽，如喷雾器喷杆；及其出口部件
(8) B03B5/44　排水口(用于水龙头的防止喷溅装置入 E03C1/08)
(9) B03B5/44　带有加热液体或其他流体的装置，如电加热
(10) B03B5/44　用于控制流量，如备有可调通道(1/02 优先)
(11) B03B5/44　溢流排放出口
(12) B03B5/44　在喷射系统中控制排出量的装置或特殊适用的方法(一般控制入 G05)〔2〕
(13) B03B5/44　喷雾室〔4〕
(14) B03B5/44　用特殊方法操作
(15) B03B5/44　具有转动部件
(16) B03B5/44　喷枪；排射装置(7/14；7/16，7/24 优先)
(17) B03B5/44　喷射前用于液体或其他流体混合的装置(一般混合入 B01F，如 B01F5/00；混合阀入 F16K11/00)〔2〕
(18) B03B5/44　液体或其他流体的供给由容器中的输出器实现，如隔膜、浮动活塞〔2，3〕
【词条属性】
【特征】
【特点】　通过雾化喷嘴产生高速、高压介质流将熔融体粉碎成细小的液滴
【特点】　这种方法生产的粉体的粒径大概在 30～500 μm
【特点】　制备的粉末的性能较好
【特点】　能生产熔点在 1600～1700 ℃ 以

下的铁粉及其他金属粉体

【特点】 克服液体金属原子间的键合力就能使之分散成为粉末

【特点】 雾化过程所需消耗的外力比机械粉碎法下很多

【优点】 生产成本低

【优点】 设备简单

【优点】 操作安全

【状况】

【前景】 改进雾化喷嘴结构

【前景】 提高雾化介质的压力

【前景】 改善金属液体的雾化状态

【应用场景】 粉末冶金

【应用场景】 材料加工

【应用场景】 工业

【应用场景】 有色金属行业

【应用场景】 黑色金属

【时间】

【起始时间】 二流雾化法起源于20世纪20年代

【词条关系】

【层次关系】

【构成成分】 熔融、快速冷却、快速凝固、熔体粉碎

【类分】 水雾化工艺

【类分】 气雾化工艺

【类分】 平行喷射法

【类分】 垂直喷射法

【类分】 V形喷射法

【类分】 锥形喷射法

【应用关系】

【使用】 水

【使用】 气体

【生产关系】

【工艺-材料】 锌粉

【工艺-材料】 铅粉

【工艺-材料】 锡粉

【工艺-材料】 铝粉

【工艺-材料】 铁粉

【工艺-材料】 铜粉

【工艺-材料】 黄铜粉

【工艺-材料】 青铜粉

【工艺-材料】 合金钢粉

【工艺-材料】 不锈钢粉

【工艺-材料】 合金粉末

【工艺-材料】 高温合金粉

【工艺-材料】 耐热铝合金粉

【工艺-材料】 非晶软磁合金粉

【工艺-材料】 稀土永磁合金粉

【工艺-材料】 锆合金粉

【工艺-设备工具】 雾化喷嘴

◎收粉装置

【基本信息】

【英文名】 powder collecting device

【拼音】 shou fen zhuang zhi

【核心词】

【定义】

将废气中的粉尘,从气流中分离收集的设备。

【分类信息】

【CLC类目】

(1) TF37 粉末冶金机械与生产自动化

(2) TF37 控制机件

(3) TF37 其他传动

【IPC类目】

(1) B22F1/00 金属粉末的专门处理;如使之易于加工,改善其性质;金属粉末本身,如不同成分颗粒的混合物(C04,C08优先)

(2) B22F1/00 其一个或多个零件转动安装〔6〕

(3) B22F1/00 利用振动〔6〕

(4) B22F1/00 同时的

(5) B22F1/00 用物理方法〔3〕

(6) B22F1/00 金属粉末与非金属粉末的混合物(1/08优先)〔2〕

【词条属性】

【特征】

【缺点】　电受粉装置一次性投资高,操作水平高,对粉尘比电阻敏感性高

【缺点】　袋式收粉装置耗用纺织品多,不能处理高温高湿气体

【缺点】　旋风收粉装置收粉效率低,密封要求严格

【缺点】　沉降室设备占地面积大,收粉效率低

【优点】　沉降室结构简单,易于维护

【优点】　旋风收尘器结构简单,能处理高温气体

【优点】　袋式收尘器收尘效率高,运行稳定

【优点】　电收粉装置收粉效率高,处理废气量大

【状况】

【应用场景】　沉降室用于立窑废气的收粉

【应用场景】　旋风收粉装置用于烘干机废气的一级收粉

【应用场景】　袋式收粉装置用于窑尾废气、包装机废气的收粉

【应用场景】　电收粉装置用于生料磨,水泥磨废气的收粉

【因素】

【影响因素】　结构

【影响因素】　排灰装置

【影响因素】　粉尘性质

【影响因素】　气体操作参数

【影响因素】　粉尘比电阻

【影响因素】　气体温度

【影响因素】　含粉浓度

【词条关系】

【层次关系】

【类分】　沉降室

【类分】　旋风收尘器

【类分】　袋式收尘器

【类分】　电收尘器

【类分】　螺旋形

【类分】　扩散型

【类分】　旁路型

【类分】　多管型

【类分】　机械振打式

【类分】　气体反吹式

【组成部件】　收集器

【组成部件】　回收管道

【组成部件】　粉末回收室

【组成部件】　鼓风机

【组成部件】　旋风送料器

【组成部件】　进风口

【组成部件】　出风口

【组成部件】　集灰斗

◎二次还原

【基本信息】

【英文名】　second reduction; secondary reduction

【拼音】　er ci huan yuan

【核心词】

【定义】

二次还原铁粉是指熔融还原法生产的生铁。

【分类信息】

【CLC 类目】

(1)[TB31]　金属材料

(2)[TB31]　粉末的制造方法

(3)[TB31]　粉末成型、烧结及后处理

(4)[TB31]　粉末冶金制品及其应用

【IPC 类目】

(1) B22F1/00　金属粉末的专门处理;如使之易于加工,改善其性质;金属粉末本身,如不同成分颗粒的混合物(C04,C08 优先)

(2) B22F1/00　由金属粉末制造工件或制品,其特点为用压实或烧结的方法;所用的专用设备

(3) B22F1/00　用粉末冶金法(1/08 优先)〔2〕

(4) B22F1/00　金属粉末与非金属粉末

的混合物(1/08 优先)〔2〕

【词条属性】

【特征】

【特点】 燃料用煤而不用焦炭,可不建焦炉,减少污染

【特点】 可用与高炉一样的块状含铁原料或直接用矿粉做原料,如用矿粉做原料,可不建烧结厂或球团厂

【特点】 全用氧气而不用空气,氧气消耗量大

【特点】 可生产出与高炉铁水成分、温度基本相同的铁水,供转炉炼钢

【特点】 除生产铁水外,还产生大量的高热值煤气

【优点】 进一步脱氧

【优点】 进一步脱碳

【优点】 提高总铁含量

【优点】 软化铁粉

【优点】 消除海绵铁在破碎过程中产生的加工硬化

【优点】 提高成品铁粉的压缩性

【状况】

【现状】 目前世界上熔融还原法很多,其中只有 Corex 法技术比较成熟并已形成工业生产规模

【现状】 熔融还原法在我国目前处于实验室试验和半工业试验阶段

【应用场景】 炼铁工业

【因素】

【影响因素】 生粉料层厚度

【影响因素】 精还温度

【影响因素】 还原时间

【影响因素】 还原气体

【影响因素】 铁粉中铁的含量

【影响因素】 铁粉中碳的含量

【影响因素】 保温时间

【影响因素】 气氛含水量

【影响因素】 分解氨中残氨量

【影响因素】 原料液氮中含油量

【词条关系】

【等同关系】

【基本等同】 二次还原铁粉

【层次关系】

【并列】 一次还原

【并列】 固体碳还原

【并列】 联合还原

【并列】 氢气还原

【应用关系】

【用于】 工业纯铁粉生产

【生产关系】

【工艺-材料】 预热

【工艺-材料】 还原

【工艺-材料】 风冷

【工艺-材料】 水冷

【工艺-材料】 破碎

【设备工具-工艺】 推舟炉

【设备工具-工艺】 步进梁式炉

【设备工具-工艺】 钢带连续传送炉

【设备工具-工艺】 辊底传送炉

【设备工具-工艺】 料斗

【设备工具-工艺】 钢带

【设备工具-工艺】 卷扬机

【设备工具-工艺】 卷带机

【设备工具-工艺】 焊接台

【设备工具-工艺】 破碎机

【设备工具-工艺】 滚筒

◎筛分

【基本信息】

【英文名】 screening;sieving;sieve

【拼音】 shai fen

【核心词】

【定义】

筛分是将粒子群按粒子的大小、比重、带电性及磁性等粉体学性质进行分离的方法。

【分类信息】

【CLC 类目】

(1) TD921 选前准备作业

(2) TD921　特殊选矿
(3) TD921　选后处理作业
(4) TD921　非金属矿选矿
(5) TD921　粉末冶金机械与生产自动化

【IPC类目】

(1) B22F1/00　金属粉末的专门处理;如使之易于加工,改善其性质;金属粉末本身,如不同成分颗粒的混合物(C04,C08优先)

(2) B22F1/00　由金属粉末制造工件或制品,其特点为用压实或烧结的方法;所用的专用设备

(3) B22F1/00　其一个或多个零件转动安装〔6〕

(4) B22F1/00　利用振动〔6〕

(5) B22F1/00　合金的制造(不特别限定用于合金制造的粉末冶金设备或方法入B22F;用电热法入C22B4/00;用电解法入C25C)

(6) B22F1/00　用粉末冶金法(1/08优先)〔2〕

(7) B22F1/00　金属粉末与非金属粉末的混合物(1/08优先)〔2〕

【词条属性】

【特征】

【特点】　用带孔的筛面把粒度大小不同的混合物料分成各种粒度级别的作业

【状况】

【前景】　多学科互相渗透交叉

【前景】　依托于计算机技术的物料运动模型

【现状】　注重筛分结果而非筛分的研究

【现状】　对筛分过程认识肤浅

【现状】　不能满足工程需要

【因素】

【影响因素】　粒径范围

【影响因素】　物料中含湿量

【影响因素】　粒子的形状

【影响因素】　筛分装置的参数

【词条关系】

【层次关系】

【类分】　独立分筛

【类分】　辅助筛分

【类分】　准备筛分

【类分】　选择筛分

【类分】　脱水筛分

【应用关系】

【用于】　冶金领域

【用于】　选矿

【用于】　材料加工

【用于】　粮食加工

【用于】　医药

【用于】　化工

【生产关系】

【工艺-材料】　成形剂

【工艺-材料】　预混合粉

【设备工具-工艺】　高压水雾化

【设备工具-工艺】　气雾化工艺

【测度关系】

【物理量-度量工具】　模压筛

【物理量-度量工具】　编织筛

◎气流分级

【基本信息】

【英文名】　air classification;pneumatic grading;air-classification

【拼音】　qi liu fen ji

【核心词】

【定义】

气流分级是利用颗粒在气流中沉降速度差别进行的颗粒分级操作。夹带粉粒的气流通过降低流速、改变流向等方法,使粗粒沉降下来而将细粒带走,从而分离粗细粉粒。

【分类信息】

【CLC类目】

(1) TD921　选前准备作业
(2) TD921　特殊选矿
(3) TD921　黑色金属矿选矿
(4) TD921　有色金属矿选矿
(5) TD921　贵重金属矿选矿

(6) TD921 稀有和少量金属矿选矿

(7) TD921 稀土和分散金属矿选矿

(8) TD921 放射性金属矿选矿

(9) TD921 粉末特性及检验

(10) TD921 粉末冶金制品及其应用

【IPC 类目】

(1) B22F1/00 金属粉末的专门处理;如使之易于加工,改善其性质;金属粉末本身,如不同成分颗粒的混合物(C04,C08 优先)

(2) B22F1/00 仅压实

(3) B22F1/00 其一个或多个零件转动安装〔6〕

(4) B22F1/00 用流体压力

(5) B22F1/00 合金的制造(不特别限定用于合金制造的粉末冶金设备或方法入 B22F;用电热法入 C22B4/00;用电解法入 C25C)

(6) B22F1/00 用粉末冶金法(1/08 优先)〔2〕

(7) B22F1/00 金属粉末与非金属粉末的混合物(1/08 优先)〔2〕

【词条属性】

【特征】

【缺点】 重力分级精度差,不适于精细分级

【缺点】 离心分级不适于高浓度分级

【缺点】 分级室回转型构造复杂,需要动力

【缺点】 分级室回转型构造复杂,需要动力

【优点】 重力分级结构简单,操作压降小

【优点】 惯性分级不需动力,能处理较大的颗粒

【优点】 离心分级可以处理比较细的分级

【优点】 射流式分级可以获得良好的预分散效果,分级效率高

【优点】 分级室回转型可以实现高浓度分级

【状况】

【前景】 完善工艺套配

【前景】 提高自动控制能力

【前景】 开发精度高,处理能力大,能耗低,效率高的精细分级设备

【现状】 具有自主知识产权的技术和设备增多

【现状】 分级技术向细微化和均匀化方向发展

【现状】 分级设备向大型化发展

【应用场景】 化工

【应用场景】 矿物

【应用场景】 磨料

【应用场景】 耐火材料

【应用场景】 陶瓷

【应用场景】 医药

【应用场景】 农药

【应用场景】 食品

【应用场景】 保健品

【应用场景】 新材料

【时间】

【起始时间】 20 世纪 90 年代中期

【因素】

【影响因素】 颗粒的粒径

【影响因素】 颗粒形状

【影响因素】 颗粒密度

【影响因素】 气体黏度

【词条关系】

【层次关系】

【类分】 重力分级

【类分】 惯性分级

【类分】 离心分级

【类分】 射流式分级

【类分】 分级室回转型

【类分】 叶片回转型

【类分】 带颗粒分散型

【生产关系】

【设备工具-工艺】 粗粉分离器

【设备工具-工艺】 驱动电机

【设备工具-工艺】 分级轮

【设备工具-工艺】　细粉出口
【设备工具-工艺】　二次风进口
【设备工具-工艺】　原料入口
【设备工具-工艺】　粗粉出口

◎平均粒度

【基本信息】
【英文名】　average particle size; average size; mean particle size
【拼音】　ping jun li du
【核心词】
【定义】
由符合统计规律的粒度组成计算的平均粒径称为统计平均粒径,是表征整个粉末体的一种粒度参数。
【分类信息】
【CLC类目】
(1) TF122　粉末特性及检验
(2) TF122　粉末冶金制品及其应用
【IPC类目】
(1) B22F1/00　金属粉末的专门处理;如使之易于加工,改善其性质;金属粉末本身,如不同成分颗粒的混合物(C04,C08优先)
(2) B22F1/00　用流体压力
(3) B22F1/00　利用振动〔6〕
(4) B22F1/00　用粉末冶金法(1/08优先)〔2〕
(5) B22F1/00　金属粉末与非金属粉末的混合物(1/08优先)〔2〕
【词条属性】
【特征】
【缺点】　与粉末的实际粒径相差较大
【缺点】　不够准确
【特点】　由符合统计规律的粒度组成计算的平均粒径称为统计平均粒径,是表征整个粉末体的一种粒度参数
【特点】　不同的平均粒度测定方法,都有相应的最简便的计算平均粒径的公式
【优点】　应用方便
【优点】　应用广泛
【优点】　适用场景丰富
【状况】
【应用场景】　冶金领域
【应用场景】　材料科学
【应用场景】　采矿与选矿
【应用场景】　机械加工
【因素】
【影响因素】　颗粒的分布
【影响因素】　测试的方法
【影响因素】　计算公式
【影响因素】　粉末的性质
【词条关系】
【等同关系】
【基本等同】　平均粒径
【层次关系】
【类分】　算数平均粒度
【类分】　长度平均粒度
【类分】　体积平均粒度
【类分】　面积平均粒度
【类分】　体面积平均粒径
【类分】　重量平均粒径
【类分】　比表面平均粒径
【应用关系】
【用于】　磁性材料粉末
【用于】　硬质合金粉末
【用于】　陶瓷建材粉末
【用于】　难熔金属粉末
【用于】　荧光粉
【用于】　国防工业粉末
【测度关系】
【物理量-度量方法】　空气透过法
【物理量-度量方法】　筛分析
【物理量-度量方法】　沉降分析
【物理量-度量方法】　显微镜法
【物理量-度量工具】　平均粒度仪
【物理量-度量工具】　空气泵
【物理量-度量工具】　U形压力计

◎粒度分布

【基本信息】

【英文名】 particle size distribution; size distribution; grain size distribution

【拼音】 li du fen bu

【核心词】

【定义】

将粉末试样按粒度不同分为若干级,每一级粉末(按质量、数量或体积)所占的百分率。

【分类信息】

【CLC 类目】

(1) TF122 粉末特性及检验

(2) TF122 粉末冶金制品及其应用

(3) TF122 粉末冶金机械与生产自动化

【IPC 类目】

(1) B22F1/00 金属粉末的专门处理;如使之易于加工,改善其性质;金属粉末本身,如不同成分颗粒的混合物(C04,C08 优先)

(2) B22F1/00 用粉末冶金法(1/08 优先)〔2〕

(3) B22F1/00 金属粉末与非金属粉末的混合物(1/08 优先)〔2〕

【词条属性】

【状况】

【前景】 建立各种粒度仪的国家标准和配套的标准样品

【前景】 密切关注国外的技术发展动向,积极利用国外的最新研究成果

【前景】 充分利用其他领域的新技术、新工艺提高粒度测试仪器的整体水平

【现状】 我国粒度测试技术研究工作起步于 20 世纪 70 年代

【现状】 在 20 世纪 80 年代初成立了中国颗粒学会

【现状】 经过近 20 年的发展,目前粒度仪器的生产厂家有十余家

【现状】 2002 年产销量预计达 500 台套以上

【现状】 国产粒度仪的市场占有率在 80%以上

【现状】 国产粒度仪的主要性能指标达到了国外 20 世纪 90 年代初中期水平

【因素】

【影响因素】 是否充分解散

【影响因素】 试样浓度

【词条关系】

【等同关系】

【基本等同】 粒子的分散度

【层次关系】

【概念-实例】 D10

【概念-实例】 D50

【概念-实例】 D90

【类分】 区间分布

【类分】 累计分布

【测度关系】

【物理量-度量方法】 直接观察法

【物理量-度量方法】 筛分法

【物理量-度量方法】 沉降法

【物理量-度量方法】 激光法

【物理量-度量方法】 电感应法

【物理量-度量工具】 粒度仪

◎费氏粒度

【基本信息】

【英文名】 faith particle size; fisher particle size

【拼音】 fei shi li du

【核心词】

【定义】

费氏粒度是一种粉末粒度值,测试基本方法为稳流式空气透过法,即在空气流速和压力不变的条件下,测定比表面积和平均粒度

【分类信息】

【CLC 类目】

(1) TF122 粉末特性及检验

(2) TF122 粉末冶金制品及其应用

(3) TF122 化工原料

【IPC 类目】

(1) C22C1/04　用粉末冶金法(1/08 优先)〔2〕

(2) C22C1/04　金属粉末与非金属粉末的混合物(1/08 优先)〔2〕

【词条属性】

【特征】

【特点】　在空气流速和压力不变的条件下,测定比表面积和平均粒度

【特点】　是一种相对的测量方法

【特点】　不能精确地测定出粉末的真实粒度

【特点】　仅用来控制工艺过程和产品的质量

【特点】　取样较多

【特点】　有代表性

【特点】　结果的重现性好

【特点】　对较规则的粉末,同显微镜测定的结果相符合

【特点】　所反映的是粉末的外比表面

【特点】　代表单颗粒或二次颗粒的粒度

【状况】

【应用场景】　化学成分相同和粒度组成相似的粉末

【应用场景】　粉末冶金

【应用场景】　工业

【因素】

【影响因素】　粉末堆积体的孔隙度

【影响因素】　颗粒形状

【影响因素】　粒度

【影响因素】　粒度组成

【影响因素】　粒度分布

【影响因素】　压制方法

【词条关系】

【等同关系】

【全称是】　费歇尔微粉粒度

【层次关系】

【并列】　松装粒度

【并列】　勃氏粒度

【并列】　激光粒度

【类属】　粒度

【应用关系】

【使用】　干燥剂

【使用】　试样管

【使用】　多孔塞

【使用】　滤纸垫

【使用】　粒度读数板

【用于】　粉末冶金

【用于】　医药

【用于】　化工

【用于】　食品

【用于】　染色剂

【用于】　催化剂

【用于】　预合金粉末

【用于】　合金粉末

【测度关系】

【物理量-度量方法】　稳流式空气透过法

【物理量-度量工具】　费歇尔微粉粒度分析仪

【物理量-度量工具】　空气泵

【物理量-度量工具】　过滤器

【物理量-度量工具】　调压阀

【物理量-度量工具】　U 形管压力计

◎激光粒度

【基本信息】

【英文名】　laser particle size; laser particle; laser size

【拼音】　ji guang li du

【核心词】

【定义】

根据颗粒能使激光产生散射这一物理现象测试的颗粒的粒度分布。

【分类信息】

【CLC 类目】

(1) TF122　粉末特性及检验

(2) TF122　粉末冶金制品及其应用

(3) TF122　化工原料

【IPC 类目】

(1) C22C1/04　用粉末冶金法(1/08 优先)〔2〕

(2) C22C1/04　金属粉末与非金属粉末的混合物(1/08 优先)〔2〕

【词条属性】

【特征】

【缺点】　激光粒度数据量庞大

【优点】　粒度分布情况完整

【优点】　粉体样品的粒度大小描述详尽

【状况】

【应用场景】　建材

【应用场景】　化工

【应用场景】　冶金

【应用场景】　能源

【应用场景】　食品

【应用场景】　电子

【应用场景】　地质

【应用场景】　军工

【应用场景】　航空航天

【应用场景】　机械

【应用场景】　高校

【应用场景】　实验室

【应用场景】　粉末冶金

【因素】

【影响因素】　颗粒形状

【影响因素】　电磁干扰

【影响因素】　颗粒的性质

【影响因素】　检测温度

【影响因素】　其他颗粒的影响

【词条关系】

【层次关系】

【并列】　费氏粒度

【概念-实例】　D50

【概念-实例】　D10

【概念-实例】　D90

【概念-实例】　D3

【概念-实例】　D97

【概念-实例】　边界粒径

【概念-实例】　特征粒径

【应用关系】

【使用】　激光技术

【使用】　现代光电技术

【使用】　电子技术

【使用】　精密机械

【使用】　计算机技术

【用于】　粉末冶金

【用于】　冶金工程

【用于】　预合金粉末

【用于】　雾化粉

【用于】　粉末检测

【用于】　金属材料

【用于】　电子

【测度关系】

【物理量-单位】　微米

【物理量-度量工具】　激光粒度仪

◎振实密度

【基本信息】

【英文名】　tap density; tap-density; tapping density

【拼音】　zhen shi mi du

【核心词】

【定义】

振实密度是指在规定条件下容器中的粉末经振实后所测得的单位容积的质量。

【分类信息】

【CLC 类目】

(1) TF122　粉末特性及检验

(2) TF122　粉末冶金制品及其应用

【IPC 类目】

(1) C22C1/04　用粉末冶金法(1/08 优先)〔2〕

(2) C22C1/04　金属粉末与非金属粉末的混合物(1/08 优先)〔2〕

【词条属性】

【特征】

【特点】　在一些工业领域振实密度也称为松装密度

【特点】 将粉末装与特定容器中,在规定条件下振实

【状况】

【应用场景】 工业

【应用场景】 粉末冶金

【应用场景】 医药

【应用场景】 农药

【应用场景】 食品

【应用场景】 化工

【因素】

【影响因素】 颗粒间的黏附力

【影响因素】 相对滑动的阻力

【影响因素】 粉末体空隙被小颗粒填充的程度

【影响因素】 颗粒性状

【影响因素】 颗粒的密度

【影响因素】 颗粒的表面状态

【影响因素】 粉末的粒度

【影响因素】 粒度组成

【词条关系】

【层次关系】

【并列】 真密度

【并列】 松装密度

【并列】 有效密度

【并列】 理论密度

【构成成分】 粉末体积、粉末重量

【类属】 颗粒密度

【类属】 实际密度

【类属】 容量装粉法

【类属】 堆积密度

【应用关系】

【用于】 催化剂

【用于】 发泡材料

【用于】 绝缘材料

【用于】 陶瓷

【用于】 粉末冶金

【用于】 粉体材料

【用于】 金属粉末

【用于】 合金粉末

【用于】 预合金粉末

【测度关系】

【物理量-度量方法】 GB 5162—1985

【物理量-度量工具】 松装密度仪

【物理量-度量工具】 漏斗

【物理量-度量工具】 阻尼板

【物理量-度量工具】 阻尼箱

【物理量-度量工具】 量杯

【物理量-度量工具】 支架

◎粉末流动性

【基本信息】

【英文名】 flowability of powders; powder flowability

【拼音】 fen mo liu dong xing

【核心词】

【定义】

以一定量粉末流过规定孔径的标准漏斗所需要的时间来表示。

【分类信息】

【CLC 类目】

(1) TF122 粉末特性及检验

(2) TF122 粉末冶金制品及其应用

【IPC 类目】

(1) C22C1/04 用粉末冶金法(1/08 优先)〔2〕

(2) C22C1/04 金属粉末与非金属粉末的混合物(1/08 优先)〔2〕

【词条属性】

【特征】

【缺点】 流动性太差,不能有效地流出料斗

【缺点】 流动性差,运输、振动时容易导致结块、团聚现象

【缺点】 在出料、受到振动时会出现偏析、分层现象

【特点】 数值愈小说明该粉末的流动性愈好

【特点】 是粉末的一种工艺性能

【优点】 流动性好,用机械式混合才能达到理想的效果

【优点】 粉末流动性好,可以满足填料或分装时精确度

【状况】

【现状】 新型的粉体流变仪则利用专利的粉末均匀化预处理,通过测量粉末的动力学性质、剪切性质,以及包含压缩性、透气性和密度在内的粉末整体特性,给出粉体流动性质的定量数据

【应用场景】 采矿

【应用场景】 冶金工程

【应用场景】 材料加工

【因素】

【影响因素】 颗粒尺寸

【影响因素】 颗粒形状

【影响因素】 颗粒粗糙度

【影响因素】 颗粒干湿度

【影响因素】 颗粒粒径分布

【影响因素】 颗粒所属环境下空气的湿度

【影响因素】 颗粒静电电压

【影响因素】 颗粒孔隙率

【影响因素】 颗粒温度

【影响因素】 颗粒压缩性

【词条关系】

【应用关系】

【用于】 药学

【用于】 食品工程

【用于】 建筑学

【用于】 化学

【用于】 核科学与技术

【生产关系】

【设备工具-工艺】 Man umit powder rheometer

【设备工具-工艺】 TSI aero-flow powder flowability analyzer

【设备工具-工艺】 Johanson indicizers system

【设备工具-工艺】 Jenike-Schulze ring shear tester

【设备工具-工艺】 标准漏斗

【测度关系】

【单位-物理量】 s/50 g

【度量方法-物理量】 休止角

【度量方法-物理量】 流出速度

【度量方法-物理量】 压缩度

【度量方法-物理量】 内部摩擦系数 μ

◎粉末包装

【基本信息】

【英文名】 powder packaging

【拼音】 fen mo bao zhuang

【核心词】

【定义】

将粉末产品包装成可出售的产品类型。

【分类信息】

【CLC 类目】

(1)[TD-9] 矿山经济

(2)[TD-9] 粉末冶金制品及其应用

【IPC 类目】

(1) A23B4/033 加入化学品(4/037 优先)〔5〕

(2) A23B4/033 以液体或固体形式(其设备入 4/26,4/32)〔5〕

(3) A23B4/033 微生物;酶〔5〕

(4) A23B4/033 无机化合物〔5〕

(5) A23B4/033 加入化学品(5/03,5/035 优先)〔5〕

(6) A23B4/033 无机化合物〔5〕

(7) A23B4/033 用粉末冶金法(1/08 优先)〔2〕

(8) A23B4/033 金属粉末与非金属粉末的混合物(1/08 优先)〔2〕

(9) A23B4/033 氧化铝〔7〕

(10) A23B4/033 铅基合金

(11) A23B4/033 锡基合金

(12) A23B4/033 钛基合金〔2〕

(13) A23B4/033　锆基合金〔2〕
(14) A23B4/033　锌基合金〔2〕
(15) A23B4/033　铜做次主要成分的〔2〕
(16) A23B4/033　铝做次主要成分的〔2〕

【词条属性】
【特征】
【特点】　需计算粉末的量
【特点】　确定粉末储存条件，包括（真空及惰性气体储存等）
【特点】　按照不同需求包装类型不同
【状况】
【前景】　向粉末包装的自动化、机械化发展
【前景】　粉末包装更加精确控制，包括粉末的计量、包装条件等
【现状】　从人工手动包装到如今使用粉末包装机自动包装
【应用场景】　粉末冶金
【应用场景】　农药
【应用场景】　化工
【应用场景】　农业
【应用场景】　食品
【应用场景】　纺织
【应用场景】　农药
【应用场景】　材料加工
【应用场景】　机械加工
【应用场景】　矿物加工
【因素】
【影响因素】　粉末粒度
【影响因素】　粉末性质
【影响因素】　粉末包装机的性能

【词条关系】
【层次关系】
【构成成分】　计量、填料、封合、切断
【类属】　粉末冶金
【类属】　粉末加工
【类属】　材料加工
【应用关系】
【用于】　工业
【用于】　农药
【用于】　农副产品
【用于】　奶粉
【用于】　淀粉
【用于】　兽药
【用于】　预混料
【用于】　添加剂
【用于】　调味品
【用于】　饲料
【用于】　酶制剂
【用于】　医药
【用于】　染色粉
【用于】　调味粉
【生产关系】
【工艺-设备工具】　粉末包装机
【工艺-设备工具】　自动粉剂背封包装机
【工艺-设备工具】　三边封螺杆计量包装机
【工艺-设备工具】　粉剂包装机

◎精矿粉

【基本信息】
【英文名】　concentrate powder; ore concentrates; fine ore
【拼音】　jing kuang fen
【核心词】

【定义】
天然矿石经过破碎、磨碎、选矿等加工处理成矿粉叫作精矿粉。

【分类信息】
【CLC 类目】
(1) TD912　矿石性质及类型
(2) TD912　矿石可选性的研究
(3) TD912　黑色金属矿选矿
(4) TD912　有色金属矿选矿
(5) TD912　贵重金属矿选矿
(6) TD912　稀有和少量金属矿选矿
(7) TD912　稀土和分散金属矿选矿
(8) TD912　放射性金属矿选矿

(9) TD912 冶金工业经济

(10) TD912 粉末特性及检验

(11) TD912 粉末冶金制品及其应用

(12) TD912 粉末冶金机械与生产自动化

【IPC 类目】

(1) B02C1/00 用往复元件破碎或粉碎

(2) B02C1/00 具有单作用颚的

(3) B02C1/00 捣磨机

(4) B02C1/00 破碎堆积的颗粒,如薄片状粉末

(5) B02C1/00 喂料装置

(6) B02C1/00 送料或出料

(7) B02C1/00 用摩擦粉碎

(8) B02C1/00 矿石或废料的初步处理(炉子,烧结设备入 F27B)

(9) B02C1/00 焙烧工艺过程(1/16 优先)

(10) B02C1/00 结块;制团;黏合;制粒

(11) B02C1/00 烧结;结块

(12) B02C1/00 用干法

(13) B02C1/00 精炼

(14) B02C1/00 用干法

(15) B02C1/00 用粉末冶金法(1/08 优先)〔2〕

(16) B02C1/00 金属粉末与非金属粉末的混合物(1/08 优先)〔2〕

【词条属性】

【特征】

【缺点】 对空气造成粉尘污染

【缺点】 对空气造成毒气污染

【缺点】 遇到水和氧气生成强酸,造成腐蚀

【特点】 自热及自燃性

【特点】 流态性

【特点】 大约在 200 目

【特点】 颗粒疏松

【特点】 以浸染状结构为主

【状况】

【前景】 是一种很有发展潜力的新型功能原材料

【现状】 目前铁含量在 60% 以上的精矿粉价格维持在每吨 900 元人民币以上,并呈现上涨的趋势

【应用场景】 化工

【应用场景】 矿物加工

【应用场景】 粉末冶金

【应用场景】 污水处理

【其他物理特性】

【密度】 一般密度在 1754～3030 kg/m^3

【因素】

【影响因素】 颗粒大小

【影响因素】 形状

【影响因素】 密度

【影响因素】 自热性

【影响因素】 自燃性

【影响因素】 腐蚀性

【影响因素】 流动性

【词条关系】

【层次关系】

【构成成分】 铁、氧化硅、氧化钙、氧化镁、氧化铝、氧化钛

【类分】 磁选精矿粉

【类分】 浮选精矿粉

【类分】 重选精矿粉

【生产关系】

【设备工具-工艺】 对辊破碎机

【设备工具-工艺】 高压悬辊磨粉机

【设备工具-工艺】 中速磨粉机

【原料-材料】 电焊条

【原料-材料】 磁性材料

【原料-材料】 磁性元件

【原料-材料】 合金钢材

◎隧道窑

【基本信息】

【英文名】 tunnel kiln; tunnel kilns; tunnel furnace

【拼音】 sui dao yao

【核心词】
【定义】

隧道窑是现代化的连续式烧成的热工设备,广泛用于陶瓷产品的焙烧生产,在磨料等冶金行业中也有应用。

【分类信息】
【CLC 类目】

(1) TD981　黑色金属矿产
(2) TD981　燃料矿产
(3) TD981　金属冶炼
(4) TD981　粉末的制造方法
(5) TD981　粉末成型、烧结及后处理
(6) TD981　粉末冶金制品及其应用
(7) TD981　矿石
(8) TD981　废料
(9) TD981　铸锭
(10) TD981　控制机件
(11) TD981　黑色金属材料
(12) TD981　合金材料
(13) TD981　有色金属材料

【IPC 类目】

(1) B01F11/00　具有抖动、摆动或振动机构的混合机(13/04 优先)
(2) B01F11/00　与安全装置结合的混合机
(3) B01F11/00　供给添加剂、粉料或类似物质〔7〕
(4) B01F11/00　利用保护粉料〔7〕
(5) B01F11/00　熔桶
(6) B01F11/00　控制设备
(7) B01F11/00　应用电效应或磁效应
(8) B01F11/00　带有加热或冷却装置的〔5〕
(9) B01F11/00　加热装置〔5〕
(10) B01F11/00　带有外部加热装置的,即热源不是浇包的一部分〔5〕
(11) B01F11/00　衬里
(12) B01F11/00　矿石或废料的初步处理(炉子,烧结设备入 F27B)
(13) B01F11/00　焙烧工艺过程(1/16 优先)
(14) B01F11/00　鼓风焙烧
(15) B01F11/00　结块;制团;黏合;制粒
(16) B01F11/00　烧结;结块
(17) B01F11/00　在隧道炉内〔2〕
(18) B01F11/00　含生产焦结块用碳质材料的〔2〕
(19) B01F11/00　金属废料或合金的〔2〕
(20) B01F11/00　焙烧、烧结或结块矿石的冷却
(21) B01F11/00　矿石的初步处理;氧化锌的初步提纯
(22) B01F11/00　合金的制造(不特别限定用于合金制造的粉末冶金设备或方法入 B22F;用电热法入 C22B4/00;用电解法入 C25C)
(23) B01F11/00　用粉末冶金法(1/08 优先)〔2〕
(24) B01F11/00　金属粉末与非金属粉末的混合物(1/08 优先)〔2〕

【词条属性】
【特征】

【缺点】　所需材料和设备较多
【缺点】　一次投资较大
【缺点】　灵活性较差
【缺点】　生产技术要求严格
【缺点】　窑车易损坏
【缺点】　维修工作量大
【优点】　生产连续化
【优点】　周期短
【优点】　产量大
【优点】　质量高
【优点】　热利用率高
【优点】　烧成时间减短
【优点】　节省劳力
【优点】　提高质量
【优点】　窑和窑具都耐久

【状况】

【前景】 燃气化

【前景】 轻型化

【前景】 自动化

【前景】 宽体化

【现状】 俄罗斯圣彼得堡地方设计的最新式隧道窑,较为先进

【应用场景】 陶瓷连续烧结

【词条关系】

【层次关系】

【类分】 窑车隧道窑

【类分】 推板隧道窑

【类分】 输送带隧道窑

【类分】 步进隧道窑

【类分】 气垫隧道窑

【组成部件】 窑体

【组成部件】 窑内输送设备

【组成部件】 燃烧设备

【组成部件】 通风设备

【应用关系】

【用于】 陶瓷产品的焙烧生产

【用于】 冶金行业

◎磁选

【基本信息】

【英文名】 magnetic separation; magnetic concentration; magnetic separator

【拼音】 ci xuan

【核心词】

【定义】

磁选系利用矿物磁性的差别来实现矿物分选的方法。磁选的应用则是利用各种矿石或物料的磁性差异,在磁力及其他力作用下进行选别的过程。

【分类信息】

【CLC 类目】

(1)[TD-9] 矿山经济

(2)[TD-9] 矿石性质及类型

(3)[TD-9] 矿石可选性的研究

(4)[TD-9] 电磁选矿

(5)[TD-9] 特殊选矿

(6)[TD-9] 黑色金属矿选矿

(7)[TD-9] 有色金属矿选矿

(8)[TD-9] 贵重金属矿选矿

(9)[TD-9] 稀有和少量金属矿选矿

(10)[TD-9] 稀土和分散金属矿选矿

(11)[TD-9] 放射性金属矿选矿

(12)[TD-9] 粉末冶金机械与生产自动化

【IPC 类目】

(1) B01D11/02 固体的

(2) B01D11/02 带有袋、笼、软管、管、套筒或类似过滤元件的〔5〕

(3) B01D11/02 在带有表面沟槽或类似的实心框架上〔5〕

(4) B01D11/02 附属装置〔5〕

(5) B01D11/02 矿石或废料的初步处理(炉子,烧结设备入 F27B)

(6) B01D11/02 无机的〔2〕

(7) B01D11/02 用干法

(8) B01D11/02 用粉末冶金法(1/08 优先)〔2〕

(9) B01D11/02 金属粉末与非金属粉末的混合物(1/08 优先)〔2〕

【词条属性】

【特征】

【缺点】 只能将有磁性的物质分离出来,不适合没有磁性物质的选矿

【缺点】 对矿石粒度要求较为严格

【缺点】 对需选物质的浓度要求严格

【优点】 较其他选矿工艺更加节能

【优点】 环保,不产生污染

【优点】 无须添加药剂,节约成本

【状况】

【前景】 需要解决磁选技术的合理性

【前景】 在磁选设备设计中应引入风力、离心力、重力、电场力、水能力等力学因素,从而达到高效分选的目的

【现状】 发展弱磁性铁矿石强磁预选

技术
【现状】　高梯度磁选设备永磁化
【现状】　超导高梯度磁选新技术
【现状】　开发大量精矿提纯设备
【应用场景】　赤铁矿选别
【应用场景】　煤粉脱硫
【应用场景】　非金属除杂
【应用场景】　污水处理
【时间】
【起始时间】　磁选专利权已有近 200 年的历史
【因素】
【影响因素】　给入磁选的给矿粒度
【影响因素】　矿浆浓度
【影响因素】　被磁选料的干湿度
【影响因素】　磁选机磁通量大小
【影响因素】　给料速度
【词条关系】
【层次关系】
【并列】　重选
【并列】　微生物选矿
【并列】　浮选
【并列】　电选
【并列】　化学选矿
【类分】　常规磁选
【类分】　低场强磁选
【类分】　尾矿回收磁选
【类属】　选矿方法
【组成部件】　圆筒
【组成部件】　磁系
【组成部件】　槽体
【组成部件】　传动部分
【应用关系】
【材料-加工设备】　筒式磁选选机
【材料-加工设备】　辊式磁选机机
【材料-加工设备】　筒辊式磁选机
【材料-加工设备】　平板磁选机
【用于】　化工
【用于】　环保
【用于】　医药
【生产关系】
【工艺-材料】　海绵铁
【原料-材料】　逆磁体
【原料-材料】　顺磁体
【原料-材料】　反铁磁体
【原料-材料】　亚铁磁体
【原料-材料】　铁磁体
【测度关系】
【度量工具-物理量】　磁场强度
【物理量-单位】　磁场强度——A/m

◎球磨

【基本信息】
【英文名】　milling;ball milling;ball-milling
【拼音】　qiu mo
【核心词】
【定义】
球磨又称为球磨机。磨碎或研磨的一种常用设备。
【分类信息】
【CLC 类目】
(1)[TB31]　金属材料
(2)[TB31]　其他材料
(3)[TB31]　机械原理
(4)[TB31]　黑色金属矿选矿
(5)[TB31]　有色金属矿选矿
(6)[TB31]　贵重金属矿选矿
(7)[TB31]　稀有和少量金属矿选矿
(8)[TB31]　稀土和分散金属矿选矿
(9)[TB31]　放射性金属矿选矿
(10)[TB31]　粉末冶金机械与生产自动化
【IPC 类目】
(1) C22B1/00　矿石或废料的初步处理(炉子,烧结设备入 F27B)
(2) C22B1/00　结块;制团;黏合;制粒
(3) C22B1/00　用干法
(4) C22B1/00　用粉末冶金法(1/08 优

先)〔2〕

(5) C22B1/00　金属粉末与非金属粉末的混合物(1/08 优先)〔2〕

(6) C22B1/00　通过粉末冶金,即通过加工金属粉末与纤维或细丝的混合物〔7〕

(7) C22B1/00　干处理(一般筛选或分选入 B07)

(8) C22B1/00　借助于圆盘

(9) C22B1/00　借助于辊

(10) C22B1/00　直接制成谷粉或粗粉

(11) C22B1/00　联合工序

(12) C22B1/00　用往复元件破碎或粉碎

(13) C22B1/00　破碎堆积的颗粒,如薄片状粉末

(14) C22B1/00　碾磨机,其球或滚子受离心力作用被压向环的内表面,这些球或滚子是由装在中心的构件驱动的(15/02 优先)

(15) C22B1/00　碾磨机,其球或滚子受离心力作用被压向环的内表面,这些球或滚子不是由装在中心的构件而是由其他方式驱动的

【词条属性】

【特征】

【缺点】 体积庞大笨重

【缺点】 运转时有强烈的振动和噪声广泛应用于坚硬物质料粉碎,须有牢固的基础

【缺点】 工作效率低,消耗能量较大

【缺点】 研磨体与机体的摩擦损耗很大,并会污染产品

【特点】 利用下落的研磨体(如钢球、鹅卵石等)的冲击作用及研磨体与球磨内壁的研磨作用而将物料粉碎并混合

【优点】 可用于干磨或湿磨

【优点】 操作条件好,粉碎在密闭机内进行,没有尘灰飞扬

【优点】 运转可靠,研磨体便宜且便于更换

【优点】 可间歇操作,也可连续操作

【优点】 粉碎易爆物料时,磨中可充入惰性气体以代替空气

【状况】

【现状】 球磨工艺能耗增大

【现状】 环境污染问题突出

【现状】 在陶瓷坯料制备中成为一种常用的方法

【因素】

【影响因素】 泥浆的比重

【影响因素】 泥浆的黏度

【影响因素】 研磨体的密度

【影响因素】 研磨体的尺寸

【词条关系】

【等同关系】

【全称是】 球磨机

【层次关系】

【类分】 圆筒球磨

【类分】 锥形球磨

【类分】 管磨(又称管磨机)

【应用关系】

【加工设备-材料】 粉末高温合金

【用于】 物料混合

【用于】 物料粉碎

【用于】 破碎法制粉

【用于】 物料处理

【用于】 粗粒级磨矿

【用于】 中粒级磨矿

【用于】 细粒级磨矿

【用于】 超细磨

【生产关系】

【工艺-材料】 成形剂

◎破碎法制粉

【基本信息】

【英文名】 preparation of powder by crushing method

【拼音】 po sui fa zhi fen

【核心词】

【定义】

利用机械设备或高压气流等使颗粒之间或机械与颗粒之间冲击、碰撞、摩擦,从而制备粉

末的方法。
【分类信息】
【CLC 类目】
(1)[TB31]　金属材料
(2)[TB31]　粉末冶金机械与生产自动化
【IPC 类目】
(1) C04B2/02　石灰〔4〕
(2) C04B2/02　复合材料〔6〕
(3) C04B2/02　矿石或废料的初步处理(炉子,烧结设备入 F27B)
(4) C04B2/02　合金的制造(不特别限定用于合金制造的粉末冶金设备或方法入 B22F;用电热法入 C22B4/00;用电解法入 C25C)
(5) C04B2/02　用粉末冶金法(1/08 优先)〔2〕
(6) C04B2/02　金属粉末与非金属粉末的混合物(1/08 优先)〔2〕
(7) C04B2/02　氧化物混合物,如铝硅酸盐或玻璃〔7〕
(8) C04B2/02　非氧化物为基料的,如非氧化物陶瓷纤维〔7〕
【词条属性】
【特征】
【特点】　利用机械设备或者高压气流等外力
【特点】　物理制粉方法
【特点】　气流粉碎法的物料平均粒度细,一般小于 5 μm
【优点】　气流粉碎法制备的粉末细度均匀,粒度分布较窄、颗粒表面光滑、颗粒形状规则、纯度高活性大、分散性好
【优点】　粉末纯度高
【优点】　合金粉的弥散强化好
【优点】　便于筛分处理,可得到粒度分布窄的粉末
【状况】
【应用场景】　采矿
【应用场景】　矿物加工
【应用场景】　粉末冶金
【应用场景】　材料加工
【应用场景】　冶金工程
【应用场景】　制备合金粉末
【因素】
【影响因素】　破碎装置
【影响因素】　原料的粒度
【影响因素】　破碎条件
【词条关系】
【层次关系】
【并列】　电化学腐蚀法
【并列】　还原法
【并列】　雾化法
【并列】　雾化法制粉
【并列】　旋转电极法
【并列】　超速凝固法
【并列】　水热法
【并列】　熔盐沉淀法
【并列】　电解法
【并列】　热离解法
【并列】　气相沉积法
【并列】　溶胶-凝胶法
【并列】　自蔓延高温合成法
【概念-实例】　球磨破碎法制粉
【概念-实例】　气流破碎法制粉
【类分】　压碎法
【类分】　劈碎法
【类分】　折断法
【类分】　磨剥法
【类分】　冲击法
【类分】　气流破碎法
【类属】　物理法
【应用关系】
【使用】　球磨
【生产关系】
【工艺-材料】　预合金粉末
【工艺-材料】　合金粉
【工艺-材料】　钴粉
【工艺-材料】　铁粉
【工艺-材料】　镍粉
【工艺-设备工具】　球磨机

【工艺-设备工具】 颚式破碎机
【工艺-设备工具】 圆锥破碎机
【工艺-设备工具】 辊式破碎机
【工艺-设备工具】 冲击式破碎机
【工艺-设备工具】 气流破碎机

◎旋转电极雾化

【基本信息】
【英文名】 rotating electrode atomization
【拼音】 xuan zhuan dian ji wu hua
【核心词】
【定义】
用金属或合金制作成一对电极,通过放电使得金属端面与电弧接触区域变成熔融状态,再通过高速旋转的离心力将金属液滴甩出,完成雾化过程。
【分类信息】
【CLC 类目】
TF37 粉末冶金机械与生产自动化
【IPC 类目】
(1) C22B1/243 无机的〔2〕
(2) C22B1/243 有机的〔2〕
(3) C22B1/243 通过物理方法,如通过过滤,通过磁性方法(3/26 优先)〔5〕
(4) C22B1/243 合金的制造(不特别限定用于合金制造的粉末冶金设备或方法入B22F;用电热法入C22B4/00;用电解法入C25C)
(5) C22B1/243 用粉末冶金法(1/08 优先)〔2〕
(6) C22B1/243 金属粉末与非金属粉末的混合物(1/08 优先)〔2〕
(7) C22B1/243 通过粉末冶金,即通过加工金属粉末与纤维或细丝的混合物〔7〕
【词条属性】
【特征】
【特点】 将金属或合金制成自耗电极
【特点】 通过电极高速旋转的离心力将液体抛出并粉碎为细小液滴
【优点】 熔融和雾化金属过程中完全避免了造渣和与耐火材料接触,消除了非金属夹杂物污染源
【优点】 可生产高洁净度的粉末
【优点】 旋转电极法制取的粉末,其粒度分布范围比较窄(50～500 μm)
【优点】 旋转电极法制取的粉末颗粒形状非常接近球形,表面光洁,流动性好,可快速充填复杂形状模中,能保持约 65%理论密度的稳定装填密度
【优点】 旋转电极法制取的粉末,特别适合用于制造完全密实的近终形复杂形状零件
【状况】
【应用场景】 工业
【应用场景】 机械工程
【应用场景】 材料科学
【应用场景】 交通
【应用场景】 航空航天
【应用场景】 粉末冶金
【应用场景】 冶金工程
【词条关系】
【层次关系】
【并列】 水雾化工艺
【类属】 等离子雾化
【类属】 雾化法
【类属】 粉末冶金
【应用关系】
【使用】 氦气
【使用】 自耗电极
【使用】 钨电极
【使用】 氩气
【用于】 旋转电极制粉法
【生产关系】
【工艺-材料】 钛合金
【工艺-材料】 镍基高温合金
【工艺-材料】 合金粉
【工艺-材料】 雾化铁粉
【工艺-材料】 雾化铜粉

【工艺-材料】　雾化镍粉
【工艺-材料】　雾化铝粉
【工艺-设备工具】　等离子旋转电极雾化制粉设备
【工艺-设备工具】　旋转自耗电极
【工艺-设备工具】　等离子炬

◎等离子雾化

【基本信息】
【英文名】　plasma atomization
【拼音】　deng li zi wu hua
【核心词】
【定义】
把固体颗粒注入惰性气体等离子体中,使之在等离子体高温作用下完全蒸发,以蒸汽形式存在,然后利用气淬冷却技术进行快速冷却,使饱和蒸汽快速冷凝、成核、生长而形成超细粉末。
【分类信息】
【CLC 类目】
(1)[TB31]　金属材料
(2)[TB31]　其他材料
(3)[TB31]　粉末技术
(4)[TB31]　粉末冶金机械与生产自动化
【IPC 类目】
(1) C22C1/04　用粉末冶金法(1/08 优先)〔2〕
(2) C22C1/04　金属粉末与非金属粉末的混合物(1/08 优先)〔2〕
【词条属性】
【特征】
【特点】　固体颗粒注入惰性气体等离子体中
【特点】　颗粒以蒸汽形式存在
【优点】　形成的粉末球形度高
【优点】　形成的粉末不易产生成分偏析现象
【优点】　可以形成超细粉末
【优点】　得到的粉末尺寸范围较窄,与快速旋转雾化法在同一范围,窄于气雾化和旋转电极法生产的粉末
【状况】
【应用场景】　日常生活
【应用场景】　工业
【应用场景】　农业
【应用场景】　环保
【应用场景】　军事
【应用场景】　医学
【应用场景】　宇航
【应用场景】　能源
【应用场景】　天体
【词条关系】
【层次关系】
【构成成分】　气淬冷却、快速冷却、冷凝、成核、晶粒生长
【类分】　旋转电极雾化
【类属】　快速凝固
【类属】　雾化法
【应用关系】
【使用】　合金丝
【使用】　合金棒
【使用】　氩气
【使用】　惰性气体
【使用】　等离子
【用于】　喷涂
【用于】　熔炼
【用于】　材料合成
【用于】　废物处理
【用于】　铜粉
【用于】　铝粉
【用于】　粉末冶金
【用于】　金属材料
【用于】　冶金工程
【用于】　等离子法制粉
【用于】　预合金粉末
【生产关系】
【工艺-材料】　雾化铜粉
【工艺-材料】　雾化铁粉

【工艺-材料】 雾化铝粉
【工艺-材料】 雾化合金粉
【工艺-材料】 预合金粉末
【工艺-材料】 部分预合金粉末
【工艺-材料】 超细粉末
【工艺-设备工具】 等离子器
【工艺-设备工具】 等离子枪
【工艺-设备工具】 烧结炉
【工艺-设备工具】 冷凝器
【工艺-设备工具】 喷气设备

◎共沉淀法制粉

【基本信息】
【英文名】 Co precipitation method
【拼音】 gong chen dian fa zhi fen
【核心词】
【定义】

通常是在溶液状态下将不同化学成分的物质混合,在混合液中加入适当的沉淀剂制备前驱体沉淀物,再将沉淀物进行干燥或煅烧,从而制得相应的粉体颗粒。

【分类信息】
【CLC 类目】
(1)[TB31] 金属材料
(2)[TB31] 其他材料
(3)[TB31] 粉末冶金机械与生产自动化
(4)[TB31] 混合过程
(5)[TB31] 搅拌过程
(6)[TB31] 不同物相的混合
(7)[TB31] 混合过程进行方式
(8)[TB31] 新技术的应用
(9)[TB31] 合成
(10)[TB31] 还原、还原剂
(11)[TB31] 氧化、氧化剂
(12)[TB31] 催化过程
【IPC 类目】
(1) C01D1/28 纯化;分离
(2) C01D1/28 一般的还原〔4〕
(3) C01D1/28 一般的氧化〔4〕
(4) C01D1/28 还原〔4〕
(5) C01D1/28 添加剂的使用
(6) C01D1/28 用粉末冶金法(1/08 优先)〔2〕
(7) C01D1/28 金属粉末与非金属粉末的混合物(1/08 优先)〔2〕
【词条属性】
【特征】
【缺点】 所得沉淀物中的杂质的含量及配比难以控制
【缺点】 制备过程中从共沉淀、晶粒长大到沉淀的漂洗、干燥、煅烧的每一个阶段均可能导致晶粒长大及团聚体的形成
【特点】 溶液中含有两种或多种阳离子,它们以均相存在于溶液中
【特点】 加入沉淀剂,经沉淀反应后,可得到各种成分的均一的沉淀
【特点】 是制备含有两种或两种以上金属元素的复合氧化物超细粉体的重要方法
【优点】 通过溶液中的各种化学反应直接得到化学成分均一的纳米粉体材料
【优点】 容易制备粒度小而且分布均匀的纳米粉体材料
【优点】 制备工艺简单
【优点】 成本低
【优点】 制备条件易于控制
【优点】 合成周期短
【优点】 可以使原料细化和均匀混合
【优点】 煅烧温度低和时间短
【优点】 产品性能良好
【状况】
【现状】 已成为目前研究最多的制备方法
【应用场景】 粉末冶金
【应用场景】 制备纳米粉末
【因素】
【影响因素】 化学配比
【影响因素】 溶液浓度
【影响因素】 溶液温度

【影响因素】 分散剂的种类和数量
【影响因素】 混合方式
【影响因素】 搅拌速率
【影响因素】 pH
【影响因素】 洗涤方式
【影响因素】 干燥温度和方式
【影响因素】 煅烧温度和方式
【词条关系】
【等同关系】
【俗称为】 共沉淀法
【层次关系】
【并列】 醇盐法制粉
【并列】 溶胶凝胶法制粉
【并列】 水热合成法制粉
【并列】 机械破碎法制粉
【并列】 构筑法制粉
【并列】 雾化法制粉
【并列】 爆炸法制粉
【并列】 热分解法制粉
【并列】 喷雾干燥法制粉
【并列】 冷冻干燥法制粉
【并列】 气相化学反应法制粉
【并列】 真空蒸发法制粉
【并列】 等离子体法制粉
【并列】 蒸发法制粉
【类分】 单相共沉淀法制粉
【类分】 混合物共沉淀法制粉
【类属】 粉末制备
【类属】 湿法冶金
【类属】 粉末冶金
【类属】 化学方法
【类属】 液相法
【应用关系】
【用于】 粉末冶金
【用于】 冶金工程
【用于】 纳米粉末
【用于】 混合粉
【用于】 复合粉

◎预混合粉

【基本信息】
【英文名】 premixed powder; pre-mixed powder
【拼音】 yu hun he fen
【核心词】
【定义】

预混合粉是将母粉和(除硬脂酸锌以外)其他的成分在添加黏合剂的情况下进行均匀混合而制备的粉末。

【分类信息】
【CLC 类目】
(1) TF37 粉末冶金机械与生产自动化
(2) TF37 合金学理论
(3) TF37 黑色金属材料
(4) TF37 金属陶瓷材料
(5) TF37 各种材料刀具
(6) TF37 合金材料
(7) TF37 有色金属材料
(8) TF37 超导材料
【IPC 类目】
(1) C22B1/02 焙烧工艺过程(1/16 优先)
(2) C22B1/02 结块;制团;黏合;制粒
(3) C22B1/02 烧结;结块
(4) C22B1/02 在烧结锅内
(5) C22B1/02 在隧道炉内〔2〕
(6) C22B1/02 黏合;制团
(7) C22B1/02 用黏结剂〔2〕
(8) C22B1/02 焙烧、烧结或结块矿石的冷却
(9) C22B1/02 用干法
(10) C22B1/02 混合物〔5〕
(11) C22B1/02 合金的制造(不特别限定用于合金制造的粉末冶金设备或方法入 B22F;用电热法入 C22B4/00;用电解法入 C25C)
(12) C22B1/02 使用母(中间)合金〔2〕
(13) C22B1/02 用粉末冶金法(1/08 优

先)〔2〕

(14) C22B1/02 金属粉末与非金属粉末的混合物(1/08 优先)〔2〕

(15) C22B1/02 锡基合金

(16) C22B1/02 铜做次主要成分的〔2〕

(17) C22B1/02 铝做次主要成分的〔2〕

(18) C22B1/02 镍或钴基合金

(19) C22B1/02 镍基合金〔2〕

(20) C22B1/02 钴基合金〔2〕

(21) C22B1/02 镉基合金〔2〕

(22) C22B1/02 铝基合金

(23) C22B1/02 含金刚石合金〔4〕

(24) C22B1/02 以基质材料为特征的〔7〕

【词条属性】

【特征】

【缺点】 制备较复杂

【缺点】 容易掺杂其他杂质粉末

【特点】 将母粉和其他成分及黏结剂混合而成

【特点】 黏合剂在各颗粒周围形成一层均匀的薄膜

【特点】 经过一定的工艺处理后,低密度的细小颗粒(如石墨颗粒)会被均匀的黏接在高密度的粗颗粒(如铁粉颗粒)表面上

【优点】 避免在运输过程中由于密度差异引起的化学成分偏析

【优点】 可以直接上机使用

【优点】 保持了粉的高压缩性能

【优点】 混合粉中各成分混合均匀

【优点】 制品具有较高的尺寸精度和稳定的力学性能

【优点】 粉末流动性好,适合于各种压机使用

【优点】 由于黏合剂的黏接作用,使得生产过程中轻、细粉末飞扬少、损失少,生产环境得到很大改善

【状况】

【应用场景】 机械工程

【应用场景】 机械设备

【应用场景】 机械零件

【应用场景】 粉末冶金

【应用场景】 铁基零件

【应用场景】 汽车零件

【应用场景】 航空航天

【应用场景】 化工设备

【应用场景】 材料科学与工程

【因素】

【影响因素】 合金粉末

【影响因素】 添加成分

【影响因素】 黏结剂种类

【影响因素】 添加剂含量

【词条关系】

【层次关系】

【类属】 合金粉

【类属】 金属粉末

【类属】 铁基粉末

【类属】 混合粉

【应用关系】

【材料-加工设备】 混料机

【材料-加工设备】 烧结炉

【材料-加工设备】 球磨机

【材料-加工设备】 还原炉

【材料-加工设备】 搅拌机

【生产关系】

【材料-工艺】 雾化法

【材料-工艺】 物理法

【材料-工艺】 湿法冶金法

【材料-工艺】 混料

【材料-工艺】 干燥

【材料-工艺】 筛分

【材料-工艺】 粉末冶金

【材料-工艺】 烧结

【材料-工艺】 粉末压制

【材料-原料】 铁粉

【材料-原料】 石墨粉

【材料-原料】 黏结剂

◎预合金粉

【基本信息】

【英文名】 pre-alloyed powder; pre-allioyed powder

【拼音】 yu he jin fen

【核心词】

【定义】

预合金粉即按设计好的成分配比,通过火法冶金等方法将金属制成特定粒度的合金粉末。

【分类信息】

【CLC 类目】

(1) TF37　粉末冶金机械与生产自动化

(2) TF37　有色冶金工厂

(3) TF37　金属陶瓷材料

(4) TF37　各种材料刀具

(5) TF37　强度

(6) TF37　硬度

(7) TF37　材料试验

(8) TF37　黑色金属材料

(9) TF37　合金材料

(10) TF37　有色金属材料

【IPC 类目】

(1) C22B1/02　焙烧工艺过程(1/16 优先)

(2) C22B1/02　结块;制团;黏合;制粒

(3) C22B1/02　烧结;结块

(4) C22B1/02　在烧结锅内

(5) C22B1/02　焙烧、烧结或结块矿石的冷却

(6) C22B1/02　用干法

(7) C22B1/02　所用的设备

(8) C22B1/02　混合物〔5〕

(9) C22B1/02　合金的制造(不特别限定用于合金制造的粉末冶金设备或方法入 B22F;用电热法入 C22B4/00;用电解法入 C25C)

(10) C22B1/02　用粉末冶金法(1/08 优先)〔2〕

(11) C22B1/02　金属粉末与非金属粉末的混合物(1/08 优先)〔2〕

(12) C22B1/02　含金刚石合金〔4〕

(13) C22B1/02　使用母(中间)合金〔2〕

【词条属性】

【特征】

【缺点】 容易掺杂其他杂质粉末

【优点】 可以大幅度提高金刚石工具使用性能

【优点】 预合金粉比机械混合粉末元素分布均匀

【优点】 使金刚石工具根本上避免了成分偏析,使胎体组织均匀、性能趋于一致

【优点】 预合金粉合金化充分,使金刚石工具胎体具有高硬度和高冲击强度

【优点】 可大幅度提高烧结制品的抗压、抗弯强度

【优点】 提高对金刚石的把持力,增加金刚石工具的锋利度,延长工具的使用寿命

【优点】 明显降低金刚石工具成本

【优点】 预先合金化大幅度降低烧结过程中金属原子的扩散所需的激活能

【优点】 烧结性能好

【优点】 烧结温度低

【优点】 烧结时间缩短

【优点】 有利于避免金刚石高温损伤

【优点】 可降低石墨模具用量与电能消耗

【优点】 在切割性能相同的情况下,使用预合金粉可降低金刚石浓度 15%～20%

【优点】 便于产品质量控制

【优点】 预合金粉各元素成分固定,从根本上避免了配混料过程中各种问题的产生

【状况】

【现状】 在化学组分上向低钴与无钴胎体发展

【现状】 预合金粉的使用性能得到进一步的提高

【现状】 产品向胎体全预合金化发展

【现状】 针对国内金刚石工具市场的需

求,国内粉末制造厂家采用不同的方法如湿法冶金法、高压水(气)雾化法、机械合金化法和电解法等生产不同用途的预合金粉以满足国内市场的需求

【应用场景】 航空航天
【应用场景】 国防工业
【应用场景】 电池工业
【应用场景】 热压片
【应用场景】 航空航天
【应用场景】 有色金属
【应用场景】 耐磨材料
【应用场景】 硬质合金
【应用场景】 高铁
【应用场景】 刀具

【词条关系】

【层次关系】

【构成成分】 钴元素、铜元素、铁元素
【类属】 合金粉
【类属】 粉末制品

【应用关系】

【使用】 粉末冶金
【使用】 铜粉
【使用】 金属粉末
【用于】 电池
【用于】 金刚石工具
【用于】 硬质合金
【用于】 金属材料
【用于】 机械工程
【用于】 耐磨材料

【生产关系】

【材料-工艺】 烧结
【材料-工艺】 湿法冶金法
【材料-工艺】 雾化法
【原料-材料】 金刚石工具

◎粉末高温合金

【基本信息】

【英文名】 powder metallurgy superalloy; PM superalloy; powder superalloy

【拼音】 fen mo gao wen he jin

【核心词】

【定义】

用粉末冶金工艺制成的高温合金。高温合金是指能够在 650 ℃ 以上长期使用的,具有良好的抗氧化性,抗腐蚀性能,优异的拉伸、持久、疲劳性能和长期组织稳定性等综合性能的一类材料。

【分类信息】

【CLC 类目】

(1) TF37 粉末冶金机械与生产自动化
(2) TF37 原材料
(3) TF37 高熔点合金、难熔合金、高温合金
(4) TF37 耐热合金
(5) TF37 黑色金属材料
(6) TF37 合金材料

【IPC 类目】

(1) C22B1/02 焙烧工艺过程(1/16 优先)
(2) C22B1/02 结块;制团;黏合;制粒
(3) C22B1/02 在烧结锅内
(4) C22B1/02 焙烧、烧结或结块矿石的冷却
(5) C22B1/02 合金的制造(不特别限定用于合金制造的粉末冶金设备或方法入 B22F;用电热法入 C22B4/00;用电解法入 C25C)
(6) C22B1/02 用粉末冶金法(1/08 优先)〔2〕
(7) C22B1/02 金属粉末与非金属粉末的混合物(1/08 优先)〔2〕
(8) C22B1/02 铁基合金的制造
(9) C22B1/02 用粉末冶金法(金属粉末制造入 B22F)

【词条属性】

【特征】

【缺点】 弥散强化型高温合金必须弥散均匀分布才有强化效果,且它与基体合金比重相差悬殊,无法用常规的熔炼工艺来生产,而只

能采用粉末冶金方法

【缺点】　金属粉末易于氧化和污染

【缺点】　工艺要求严格

【特点】　弥散强化型高温合金是用惰性氧化物来强化

【优点】　弥散强化型高温合金的物理和化学性能高度稳定

【优点】　弥散强化型高温合金,在一般沉淀强化相软化、聚集甚至溶解的温度下,仍保持相当高的强化效果

【优点】　采用粉末冶金工艺,由于粉末颗粒细小,凝固速度快,合金成分均匀,因而产品没有宏观偏析,性能稳定,加工性能良好,而且可以进一步提高合金化程度

【优点】　金属利用率高

【优点】　可以减少机械加工量

【状况】

【前景】　提高抗腐蚀和耐磨蚀性能

【前景】　合金的防护涂层材料和工艺

【前景】　进一步提高合金的工作温度和改善中温或高温下承受各种载荷的能力

【前景】　延长合金寿命

【前景】　采用激冷态合金粉末制造多层扩散连接的空心叶片,从而适应提高燃气温度的需要

【应用场景】　航空

【应用场景】　材料科学与工程

【应用场景】　舰艇

【应用场景】　建筑

【时间】

【起始时间】　20 世纪 60 年代

【因素】

【影响因素】　合金元素

【词条关系】

【等同关系】

【全称是】　粉末冶金高温合金

【层次关系】

【并列】　变形高温合金

【并列】　铸造高温合金

【类分】　弥散强化型

【类分】　沉淀强化型

【类分】　铁基粉末高温合金

【类分】　镍基粉末高温合金

【类分】　钴基粉末高温合金

【类属】　高温合金

【类属】　粉末制品

【应用关系】

【材料-加工设备】　球磨机

【材料-加工设备】　球磨

【用于】　涡轮叶片

【用于】　导向叶片

【用于】　涡轮盘

【用于】　高压压气机盘

【用于】　燃烧室

【用于】　航天飞行器

【用于】　火箭发动机

【用于】　核反应堆

【用于】　石油化工设备

【用于】　能源转换装置

【生产关系】

【材料-工艺】　内氧化

【材料-工艺】　化学共沉淀

【材料-工艺】　选择性还原

【材料-工艺】　机械合金化

【材料-工艺】　高能球磨

【材料-工艺】　粉末冶金

【材料-工艺】　变形工艺

【材料-工艺】　铸造工艺

【材料-工艺】　热等静压

【材料-工艺】　超塑性等温锻造

◎粉末高速钢

【基本信息】

【英文名】　powder high speed steel;PM HSS

【拼音】　fen mo gao su gang

【核心词】

【定义】

采用粉末冶金工艺生产的高速工具钢。高

速工具钢是工具钢的一类,以钨、钼、铬、钒,有时还以钴为主要合金元素的高碳高合金莱氏体钢,通常用作高速切削工具,简称高速钢,俗称锋钢。

【分类信息】

【CLC 类目】

(1) TF121　粉末冶金原理

(2) TF121　粉末特性及检验

(3) TF121　粉末的制造方法

(4) TF121　粉末成型、烧结及后处理

(5) TF121　粉末冶金制品及其应用

(6) TF121　制造用材料

(7) TF121　钢铁冶炼(黑色金属冶炼)(总论)

(8) TF121　黑色金属材料

(9) TF121　不锈钢、耐酸钢

(10) TF121　耐磨钢

(11) TF121　黑色金属材料

(12) TF121　合金材料

【IPC 类目】

(1) C22B1/18　在烧结锅内

(2) C22B1/18　无机的〔2〕

(3) C22B1/18　焙烧、烧结或结块矿石的冷却

(4) C22B1/18　用粉末冶金法(1/08 优先)〔2〕

(5) C22B1/18　金属粉末与非金属粉末的混合物(1/08 优先)〔2〕

(6) C22B1/18　碳〔7〕

(7) C22B1/18　用粉末冶金法(金属粉末制造入 B22F)

(8) C22B1/18　铁或钢的母(中间)合金

(9) C22B1/18　含铬的〔2〕

(10) C22B1/18　含锰的〔2〕

(11) C22B1/18　含铬的〔2〕

【词条属性】

【特征】

【优点】　保持了粉末颗粒状态的细晶结构

【优点】　不论钢锭尺寸和合金元素含量如何,其碳化物总是细小而且均匀分布

【优点】　消除了一般铸锻高速钢所固有的碳化物宏观偏析

【优点】　改善了高速钢的各种性能

【优点】　热加工性好

【优点】　可磨削性好

【优点】　热处理变形小

【优点】　力学性能(韧性、硬度、高温硬度)佳

【优点】　扩大了高速钢合金含量,创造了新的超硬高速钢

【优点】　扩大了使用领域

【优点】　良好的磨削性能

【优点】　良好的热处理尺寸稳定性

【优点】　良好的韧性

【优点】　良好的红硬性

【优点】　良好的耐磨性

【状况】

【应用场景】　粉末冶金

【应用场景】　刀具

【应用场景】　汽车

【应用场景】　机械工程

【应用场景】　各种机床

【应用场景】　高耐磨性的耐热耐磨钢类

【应用场景】　特殊耐热耐磨零部件

【时间】

【起始时间】　20 世纪 70 年代初期,由美国和瑞典首先实现工业化生产。

【力学性能】

【硬度】　HRC 63～70

【因素】

【影响因素】　合金元素

【影响因素】　晶体结构

【影响因素】　碳化物组织

【影响因素】　晶粒大小

【词条关系】

【等同关系】

【基本等同】　PM 高速钢

【全称是】 粉末冶金高速钢
【层次关系】
【并列】 传统高速钢
【并列】 铸锻高速钢
【概念-实例】 ASP23
【概念-实例】 ELMAX
【类分】 钼系粉末高速钢
【类分】 钨系粉末高速钢
【类属】 高速工具钢
【类属】 工具钢
【类属】 合金钢
【类属】 高速钢
【应用关系】
【材料-加工设备】 热等静压机
【材料-加工设备】 锻造机
【材料-加工设备】 轧机
【材料-加工设备】 烧结炉
【使用】 水雾化工艺
【用于】 切削工具
【用于】 机床
【用于】 高载荷模具
【用于】 航空高温轴承
【用于】 冶金工程
【用于】 机械工程
【用于】 耐热零件
【用于】 耐磨零件
【用于】 耐热钢
【用于】 耐磨钢
【生产关系】
【材料-工艺】 雾化法
【材料-工艺】 粉末冶金
【材料-工艺】 锻造
【材料-工艺】 轧制
【材料-原料】 预合金粉末

◎粉末不锈钢

【基本信息】
【英文名】 powder-formed stainless steel
【拼音】 fen mo bu xiu gang
【核心词】
【定义】
粉末冶金不锈钢是用粉末冶金方法制造的不锈钢,它是一种粉末冶金材料,可制成钢材或零件。
【分类信息】
【CLC 类目】
(1) TF121　粉末冶金原理
(2) TF121　粉末特性及检验
(3) TF121　粉末的制造方法
(4) TF121　粉末成型、烧结及后处理
(5) TF121　粉末冶金制品及其应用
(6) TF121　耐磨合金
(7) TF121　铸造合金
(8) TF121　黑色金属材料
(9) TF121　不锈钢、耐酸钢
(10) TF121　耐磨钢
(11) TF121　耐热钢
【IPC 类目】
(1) C22C1/00　合金的制造(不特别限定用于合金制造的粉末冶金设备或方法入 B22F;用电热法入 C22B4/00;用电解法入 C25C)
(2) C22C1/00　用粉末冶金法(1/08 优先)〔2〕
(3) C22C1/00　金属粉末与非金属粉末的混合物(1/08 优先)〔2〕
(4) C22C1/00　含铬的〔2〕
(5) C22C1/00　铁基合金,如合金钢(铸铁合金入 37/00)〔2〕
(6) C22C1/00　含铬的〔2〕
(7) C22C1/00　铁做主要成分的〔5〕
【词条属性】
【特征】
【缺点】 这种钢的热加工性差
【缺点】 焊接时易形成热裂纹
【特点】 使用粉末冶金方法制备
【优点】 可以减少合金元素偏析
【优点】 细化显微组织
【优点】 改善性能

【优点】 节约原材料
【优点】 节约能耗
【优点】 降低成本
【优点】 抗腐蚀性强
【优点】 与普通的铸锻不锈钢材比较,粉末冶金不锈钢材的镍、铬和钼元素的偏析小
【优点】 与普通的铸锻不锈钢材比较,粉末冶金不锈钢材晶粒度细小得多
【优点】 硫化物夹杂细小并均匀分布
【优点】 力学性能和耐腐蚀性能好
【状况】
【应用场景】 机械工程
【应用场景】 材料加工
【应用场景】 机械零件
【应用场景】 汽车行业
【应用场景】 餐具
【应用场景】 厨房设备
【应用场景】 电器用具
【应用场景】 钢管用
【应用场景】 建筑材料
【应用场景】 化学设备
【应用场景】 运输设备
【因素】
【影响因素】 合金成分
【影响因素】 烧结条件
【影响因素】 热处理
【影响因素】 工作条件
【词条关系】
【等同关系】
【全称是】 粉末冶金不锈钢
【层次关系】
【类分】 耐热不锈钢
【类分】 铁素体不锈钢
【类分】 合金钢
【类分】 普通不锈钢
【类分】 易切削钢
【类分】 工具钢
【类分】 结构钢
【类属】 不锈钢
【类属】 钢材
【类属】 粉末制品
【类属】 合金材料
【类属】 粉末合金
【应用关系】
【材料-加工设备】 感应炉
【材料-加工设备】 雾化设备
【材料-加工设备】 冷凝器
【材料-加工设备】 筛分机
【材料-加工设备】 烧结炉
【材料-加工设备】 压机
【使用】 水雾化工艺
【用于】 机械工程
【用于】 金属材料
【用于】 冶金工程
【用于】 机械零件
【用于】 刀具
【用于】 电子部件
【用于】 齿轮
【用于】 锅炉
【用于】 热交换器
【用于】 集装箱
【用于】 化学设备
【生产关系】
【材料-工艺】 熔炼
【材料-工艺】 雾化
【材料-工艺】 冷凝
【材料-工艺】 脱水
【材料-工艺】 干燥
【材料-工艺】 分级
【材料-工艺】 退火
【材料-工艺】 压制成型
【材料-工艺】 烧结

◎软磁粉末

【基本信息】
【英文名】 soft magnetic powder
【拼音】 ruan ci fen mo
【核心词】

【定义】

容易磁化和退磁的粉末材料。

【分类信息】

【CLC 类目】

(1) TF122　粉末特性及检验

(2) TF122　粉末的制造方法

(3) TF122　粉末成型、烧结及后处理

(4) TF122　粉末冶金制品及其应用

(5) TF122　其他有色金属及其合金的热处理

(6) TF122　黑色金属材料

(7) TF122　合金材料

(8) TF122　有色金属材料

【IPC 类目】

(1) C22C1/00　合金的制造(不特别限定用于合金制造的粉末冶金设备或方法入 B22F;用电热法入 C22B4/00;用电解法入 C25C)

(2) C22C1/00　用粉末冶金法(1/08 优先)〔2〕

(3) C22C1/00　金属粉末与非金属粉末的混合物(1/08 优先)〔2〕

(4) C22C1/00　钴基合金〔2〕

(5) C22C1/00　用粉末冶金法(金属粉末制造入 B22F)

(6) C22C1/00　通过粉末冶金,即通过加工金属粉末与纤维或细丝的混合物〔7〕

(7) C22C1/00　铜做次主要成分的〔2〕

【词条属性】

【特征】

【数值】　Hc 不大于 1000 A/m

【特点】　具有低矫顽力

【特点】　具有高磁导率

【特点】　易于磁化

【特点】　易于退磁

【状况】

【前景】　元器件的小型化、片式化、高频化、高性能、低损耗

【前景】　对软磁铁氧体材料及磁芯元件也提出了更高的材料标准和要求

【前景】　最佳的电磁性能及性能的一致性

【前景】　精确的机械尺寸及足够的机械强度和良好的工艺质量(包括外观质量和外形缺陷等)

【现状】　我国大批量产磁性产品的技术性能水平与国际先进水平还有一定的差距

【现状】　中低档产品价格在无利润边缘竞争,无序而无规则

【现状】　企业对高技术应用领域的磁性产品开发力度不够,不能首先占领新应用领域

【现状】　在国内设备制造业没有按照新磁性产品生产需要而更新创新,高档材料的制造设备均靠引进

【现状】　在软磁铁氧体中,目前需求量最大及对性能改进要求最为迫切的材料是高频低功率损耗铁氧体材料和高磁导率铁氧体材料

【应用场景】　电工设备

【应用场景】　电子设备

【应用场景】　雷达

【应用场景】　电视广播

【应用场景】　集成电路

【应用场景】　电子信息产业

【时间】

【起始时间】　工业中的应用始于 19 世纪末

【因素】

【影响因素】　烧结温度

【影响因素】　烧结气氛

【影响因素】　显微结构

【影响因素】　晶粒的大小及分布、晶界结构、烧结密度

【影响因素】　宏观性质与其微观结构

【词条关系】

【层次关系】

【概念-实例】　铁硅合金粉

【概念-实例】　软磁铁氧体

【概念-实例】　镍基粉末

【概念-实例】　铁基粉末

【概念-实例】　硅钢粉末

【类属】　软磁材料

【类属】 软磁合金
【类属】 磁性材料
【应用关系】
【材料-加工设备】 烧结炉
【用于】 电机
【用于】 变压器
【用于】 软磁合金薄带
【用于】 坡莫合金磁粉芯
【用于】 坡莫合金
【用于】 高频电感元件
【用于】 小型电感
【用于】 高频变压器
【用于】 显示器
【用于】 脉冲变压器
【用于】 电感器件
【用于】 扼流圈
【用于】 滤波电感
【用于】 贮能电感
【测度关系】
【物理量-度量方法】 居里温度
【物理量-度量方法】 表观密度
【物理量-度量方法】 磁感应强度
【物理量-度量方法】 磁芯损耗
【物理量-度量工具】 量子理论
【物理量-度量工具】 微磁学
【物理量-度量工具】 晶体学

◎烧结钢

【基本信息】
【英文名】 sintered steel;sintered steels
【拼音】 shao jie gang
【核心词】
【定义】
将钢粉予以压制成型并烧结而制得的材料或产品。
【分类信息】
【CLC 类目】
(1)[T-9] 工业经济
(2)[T-9] 金属材料
(3)[T-9] 功能材料
(4)[T-9] 粉末成型、烧结及后处理
(5)[T-9] 粉末冶金制品及其应用
(6)[T-9] 钢铁冶炼(黑色金属冶炼)(总论)
(7)[T-9] 其他炼钢法
(8)[T-9] 脱模、精整
(9)[T-9] 黑色金属材料
(10)[T-9] 碳钢
(11)[T-9] 合金钢
【IPC 类目】
(1) C22B1/02 焙烧工艺过程(1/16 优先)
(2) C22B1/02 烧结;结块
(3) C22B1/02 焙烧、烧结或结块矿石的冷却
(4) C22B1/02 在马弗炉中
(5) C22B1/02 用粉末冶金法(1/08 优先)〔2〕
(6) C22B1/02 金属粉末与非金属粉末的混合物(1/08 优先)〔2〕
(7) C22B1/02 用粉末冶金法(金属粉末制造入 B22F)
【词条属性】
【特征】
【特点】 是添加碳或合金元素的铁基烧结材料
【特点】 用粉末冶金方法制备
【优点】 较普通材料耐磨性能好
【优点】 耐腐蚀性好
【优点】 耐磨损性能好
【优点】 硬度较高
【优点】 制备零件的机械性能好
【优点】 近净形成性
【状况】
【应用场景】 粉末冶金
【应用场景】 机械工程
【应用场景】 冶金工程
【应用场景】 制备机械设备零部件
【应用场景】 各类工具、刀具等

【应用场景】　基础零件如滚动轴承等
【应用场景】　航空、宇航
【应用场景】　国防工业
【应用场景】　汽车
【因素】
【影响因素】　含碳量
【影响因素】　烧结性能
【词条关系】
【层次关系】
【构成成分】　铁元素、碳元素
【类分】　烧结碳素钢
【类分】　烧结合金钢
【类属】　铁基制品
【类属】　铁基零件
【类属】　铁基合金
【类属】　合金钢
【类属】　粉末制品
【应用关系】
【材料-加工设备】　烧结炉
【使用】　铸造模具
【使用】　黏合剂
【使用】　脱模剂
【使用】　发生炉煤气
【用于】　齿轮
【用于】　轴承
【用于】　表壳
【生产关系】
【材料-工艺】　粉末冶金
【材料-工艺】　烧结
【材料-工艺】　金属注射成型
【材料-工艺】　热压烧结
【材料-工艺】　真空烧结
【材料-工艺】　冷压成型
【材料-工艺】　装粉
【材料-工艺】　脱模
【材料-原料】　预合金钢粉
【材料-原料】　混合粉
【材料-原料】　钢粉
【材料-原料】　塑料黏结剂
【材料-原料】　石墨粉
【材料-原料】　合金粉

◎压制成型

【基本信息】
【英文名】　compression moulding; press forming
【拼音】　ya zhi cheng xing
【核心词】
【定义】

压制成型是先将粉状、粒状或纤维状的塑料放入成型温度下的模具型腔中，然后闭模加压而使其成型并固化的作业。

【分类信息】
【CLC 类目】
（1）TF124　粉末成型、烧结及后处理
（2）TF124　粉末冶金制品及其应用
（3）TF124　粉末冶金机械与生产自动化
【IPC 类目】
（1）C22C1/00　合金的制造（不特别限定用于合金制造的粉末冶金设备或方法入 B22F；用电热法入 C22B4/00；用电解法入 C25C）
（2）C22C1/00　用粉末冶金法（1/08 优先）〔2〕
（3）C22C1/00　金属粉末与非金属粉末的混合物（1/08 优先）〔2〕
（4）C22C1/00　铜做次主要成分的〔2〕
（5）C22C1/00　锡做次主要成分的〔2〕
（6）C22C1/00　含铜的〔2〕
（7）C22C1/00　铁基合金的制造
（8）C22C1/00　用粉末冶金法（金属粉末制造入 B22F）
（9）C22C1/00　使用母（中间）合金〔2〕
【词条属性】
【特征】
【缺点】　整个制作工艺中的成型周期较长，效率低，对工作人员有着较大的体力消耗
【缺点】　不适合对存在凹陷、侧面斜度或小孔等的复杂制品采用模压成型

【缺点】 在制作工艺中,要想完全充模存在一定的难度,有一定的技术需求

【缺点】 在固化阶段结束后,不同的制品有着不同的刚度,对产品性能有所影响

【缺点】 对有很高尺寸精度要求的制品(尤其对多型腔模具),该工艺有所手短

【缺点】 最后制品的飞边较厚,而去除飞边的工作量大

【缺点】 模压成型的不足之处在于模具制造复杂,投资较大,加上受压机限制,最适合于批量生产中小型复合材料制品

【特点】 将粉状、粒状或纤维状的塑料放入成型温度下的模具型腔

【优点】 原料的损失小,不会造成过多的损失(通常为制品质量的2%～5%)

【优点】 制品的内应力很低,且翘曲变形也很小,机械性能较稳定

【优点】 模腔的磨损很小,模具的维护费用较低

【优点】 成型设备的造价较低,其模具结构较简单,制造费用通常比注塑模具或传递成型模具的低

【优点】 可成型较大型平板状制品;模压所能成型的制品的尺寸仅由已有的模压机的合模力与模板尺寸所决定

【优点】 制品的收缩率小且重复性较好

【优点】 可在一给定的模板上放置模腔数量较多的模具,生产率高

【优点】 可以适应自动加料与自动取出制品

【优点】 生产效率高,便于实现专业化和自动化生产

【优点】 产品尺寸精度高,重复性好

【优点】 表面光洁,无须二次修饰

【优点】 能一次成型结构复杂的制品

【优点】 批量生产,价格相对低廉

【状况】

【应用场景】 工业

【应用场景】 农业

【应用场景】 交通运输

【应用场景】 电气、化工、建筑、机械等领域

【应用场景】 兵器

【应用场景】 飞机

【应用场景】 导弹

【应用场景】 卫星

【应用场景】 材料科学

【应用场景】 粉末冶金

【应用场景】 机械加工

【因素】

【影响因素】 模具材料

【影响因素】 压制条件

【影响因素】 脱模剂

【词条关系】

【等同关系】

【基本等同】 模压成型

【基本等同】 压缩成型

【层次关系】

【构成成分】 加料、闭模、排气、固化、脱模、模具吹洗、后处理

【类分】 温压成型

【类分】 高速压制

【类分】 纤维料模压法

【类分】 碎布料模压法

【类分】 织物模压法

【类分】 层压模压法

【类分】 缠绕模压法

【类分】 片状塑料

【类分】 预成型坯料模压法

【类分】 定向铺设模压

【类分】 模塑粉模压法

【类分】 吸附预成型坯模压法

【类分】 团状模塑料模压法

【类分】 毡料模压法

【应用关系】

【使用】 金属粉末

【使用】 模具

【使用】 固化剂

【使用】　促进剂
【使用】　稀释剂
【使用】　表面处理剂
【使用】　脱模剂
【使用】　填料
【用于】　工业
【用于】　农业
【用于】　交通运输
【用于】　电气
【用于】　化工
【用于】　建筑
【用于】　机械
【生产关系】
【工艺-材料】　合成树脂
【工艺-材料】　热固性塑料
【工艺-材料】　热塑性塑料
【工艺-材料】　橡胶材料
【工艺-材料】　铜基合金
【工艺-材料】　铁基合金
【工艺-材料】　结构件
【工艺-材料】　连接件
【工艺-材料】　防护件
【工艺-材料】　电气绝缘件
【工艺-材料】　粉末不锈钢
【工艺-材料】　有色金属

◎高速压制

【基本信息】
【英文名】　high velocity compaction
【拼音】　gao su ya zhi
【核心词】
【定义】

基于高速高峰值压力的模压成形技术,可以获得更高的压坯密度。通常在峰值压力后的短暂时间内还伴有多次反复冲击。

【分类信息】
【CLC 类目】
(1) TF124　粉末成型、烧结及后处理
(2) TF124　粉末冶金制品及其应用
(3) TF124　粉末冶金机械与生产自动化
(4) TF124　压力加工工艺
(5) TF124　有色金属及合金挤压
【IPC 类目】
(1) C22C1/00　合金的制造(不特别限定用于合金制造的粉末冶金设备或方法入 B22F;用电热法入 C22B4/00;用电解法入 C25C)
(2) C22C1/00　用粉末冶金法(1/08 优先)〔2〕
(3) C22C1/00　金属粉末与非金属粉末的混合物(1/08 优先)〔2〕
(4) C22C1/00　含非金属的合金(1/08 优先)
(5) C22C1/00　铜做次主要成分的〔2〕
(6) C22C1/00　锡做次主要成分的〔2〕
(7) C22C1/00　含锡的〔2〕
(8) C22C1/00　铜做次主要成分的〔2〕
(9) C22C1/00　镍或钴基合金
(10) C22C1/00　镍基合金〔2〕
(11) C22C1/00　用粉末冶金法(金属粉末制造入 B22F)
(12) C22C1/00　与改变合金的物理特征有关的,与小类 C21D,C22C 或 F 相关的引得码表
【词条属性】
【特征】
【特点】　粉末在 0.02 s 之内通过高能量冲击进行压制
【特点】　通常附加间隔 0.3 s 的多重冲击波将密度进一步提高
【优点】　低成本
【优点】　高效率
【优点】　成型高密度
【优点】　比传统压制方法快 500 ~ 1000 倍
【优点】　使材料性能更加优良
【优点】　生产更加经济化
【优点】　具备用中小型设备来生产超大零件的能力
【状况】
【应用场景】　材料科学技术

【应用场景】 材料科学技术基础
【应用场景】 材料合成
【应用场景】 制备与加工
【应用场景】 粉体成型与烧结技术
【时间】
【起始时间】 2001年6月
【因素】
【影响因素】 液压驱动
【影响因素】 能量冲击速度
【影响因素】 冲击频率
【词条关系】
【等同关系】
【缩略为】 HYC
【层次关系】
【并列】 温压成型
【并列】 表面致密技术
【并列】 热压成型
【并列】 冷等静压成型
【并列】 模压成型
【构成成分】 填充模腔、粉末充填、零件脱模、烧结
【类属】 成型工艺
【类属】 压制成型
【应用关系】
【用于】 金属材料
【用于】 冶金工程
【用于】 机械工程
【用于】 粉末冶金
【用于】 粉末压制
【用于】 粉末成型
【用于】 材料科学
【用于】 材料合成
【用于】 制备与加工
【用于】 粉末成型与烧结
【生产关系】
【工艺-材料】 硬质合金
【工艺-材料】 铝合金
【工艺-材料】 铜基合金
【工艺-材料】 铁基合金
【工艺-材料】 压坯
【工艺-材料】 坯料
【工艺-材料】 预合金
【工艺-设备工具】 压机

◎温压成型

【基本信息】
【英文名】 warm compaction
【拼音】 wen ya cheng xing
【核心词】
【定义】

采用特制的粉末加温、粉末输送和模具加热系统,将加有特殊润滑剂的预合金粉末和模具等加热至130～150 ℃,并将温度波动控制在±2.5 ℃以内,然后和传统粉末冶金工艺一样进行压制、烧结而制得粉末冶金零件的技术。

【分类信息】
【CLC类目】
(1) TF124 粉末成型、烧结及后处理
(2) TF124 粉末冶金制品及其应用
(3) TF124 压力加工用材料
(4) TF124 有色金属及合金挤压
【IPC类目】
(1) C04B41/85 用无机材料〔4〕
(2) C04B41/85 用粉末冶金法(1/08优先)〔2〕
(3) C04B41/85 金属粉末与非金属粉末的混合物(1/08优先)〔2〕
(4) C04B41/85 铜做次主要成分的〔2〕
(5) C04B41/85 锡做次主要成分的〔2〕
(6) C04B41/85 含锡的〔2〕
(7) C04B41/85 锡基合金
(8) C04B41/85 镍基合金〔2〕
(9) C04B41/85 铜做次主要成分的〔2〕
【词条属性】
【特征】
【数值】 预热温度一般在100～150 ℃
【特点】 将预热的混合粉末在预热的封

闭钢模中进行的加压成形

【特点】　压制的温度介于通常的室温和热压温度之间

【优点】　与复压、复烧，渗铜，热锻相比工艺成本低

【优点】　压坯密度高，相同压制压力下，温压工艺压制的生坯密度比传统方法高

【优点】　压坯强度高，与传统模压工艺相比，采用温压工艺制造的零件的疲劳强度可提高10%～40%，极限抗拉强度提高10%，烧结态极限抗拉强度≥1200 MPa。

【优点】　表面光洁度好

【优点】　压制压力低和脱模力低，对于获得相同密度的零件，温压工艺的压制压力至少降低140 MP，脱模力低40 MP

【优点】　压坯密度分布均匀且烧结性能好，温压工艺制取的齿轮类零件，密度均匀程度优于传统方法制取的零件；经过烧结后，烧结收缩率小，屈服强度和冲击韧性均高于传统工艺

【状况】

【现状】　被誉为进入20世纪90年代以来，粉末冶金零件生产技术方面最为重要的一项技术进步

【现状】　许多国家建立了温压生产线

【应用场景】　粉末冶金

【应用场景】　材料科学与工程

【应用场景】　机械工程

【应用场景】　冶金工程

【时间】

【起始时间】　20世纪80年代中期

【因素】

【影响因素】　正确的零件设计

【影响因素】　适宜的粉末系统

【影响因素】　粉末与模具的正确选择

【影响因素】　合理的模具材质

【影响因素】　公差配合

【词条关系】

【等同关系】

【基本等同】　温压

【基本等同】　温压工艺

【基本等同】　粉末温压成形

【层次关系】

【并列】　特殊成形

【并列】　冷等静压成型

【并列】　轧制成型

【并列】　挤压成型

【并列】　浇注成型

【并列】　爆炸成型

【并列】　喷射成型

【并列】　注射成型

【并列】　热压成型

【并列】　高速压制

【构成成分】　粉末加温、粉末输送、模具加热、压制、烧结

【类属】　粉末成型

【类属】　成型工艺

【类属】　压制成型

【类属】　模压成形

【应用关系】

【用于】　金属材料

【用于】　机械工程

【用于】　冶金工程

【生产关系】

【工艺-材料】　齿轮

【工艺-材料】　硬质合金

【工艺-材料】　预合金

【工艺-材料】　铜基合金

【工艺-材料】　铁基合金

【工艺-材料】　永磁材料

【工艺-材料】　结构零件

【工艺-设备工具】　温压机

◎温模

【基本信息】

【英文名】　warm die

【拼音】　wen mu

【核心词】

【定义】

通过控制模具中的温度进行材料的塑形加工的方法。

【分类信息】

【CLC 类目】

(1)[TB31] 金属材料

(2)[TB31] 粉末冶金机械与生产自动化

(3)[TB31] 液态金属充型

(4)[TB31] 金属液和铸型的相互作用

(5)[TB31] 砂箱、型芯、模型的材料

(6)[TB31] 金属型铸造用机械

(7)[TB31] 熔模铸造用机械

(8)[TB31] 制模工艺

(9)[TB31] 浇注温度、速度与时间

(10)[TB31] 浇注方法

(11)[TB31] 凝固、冷却

(12)[TB31] 浇口及冒口

(13)[TB31] 精密铸造

(14)[TB31] 合金铸造

(15)[TB31] 机械、仪表工业经济

【IPC 类目】

(1) C22B9/21 所用的设备〔5〕

(2) C22B9/21 用粉末冶金法(1/08 优先)〔2〕

(3) C22B9/21 热交换介质是一种颗粒状材料和一种气体、蒸气或液体的

(4) C22B9/21 其控制装置〔6〕

(5) C22B9/21 使用颗粒状微粒的

【词条属性】

【特征】

【特点】 对注塑模具进行控温

【特点】 使用水或者加热油作为控温介质

【特点】 在粉末压制之前进行预加热处理

【优点】 提高产品的成型效率

【优点】 降低不良品的产生

【优点】 提高产品的外观,抑制产品的缺陷

【优点】 加快生产进度,降低能耗,节约能源

【状况】

【前景】 用于粉末冶金行业中高精度、高强度、高难度零件的生产

【应用场景】 石油工业

【应用场景】 化学工业

【应用场景】 油脂工业

【应用场景】 合成纤维工业

【应用场景】 纺织印染

【应用场景】 非织造工业

【应用场景】 饲料工业

【应用场景】 塑料及橡胶工业

【应用场景】 造纸工业

【应用场景】 建材

【应用场景】 机械工业

【应用场景】 食品工业

【应用场景】 制药工业

【应用场景】 轻工业

【应用场景】 化工轻工

【应用场景】 涂装油漆

【应用场景】 汽车飞机

【应用场景】 公路交通

【应用场景】 制药工业

【应用场景】 原子能工业

【应用场景】 金属加工

【应用场景】 电气

【应用场景】 电镀行业

【因素】

【影响因素】 润滑剂

【影响因素】 控温介质

【影响因素】 压制材料

【影响因素】 模具性能

【影响因素】 模具结构

【影响因素】 温度

【影响因素】 模温机

【词条关系】

【层次关系】

【类属】 铸造工艺

【类属】 精铸
【类属】 熔模铸造
【类属】 铸造成形
【应用关系】
【使用】 导热油
【使用】 水
【使用】 金属粉末
【使用】 铜粉
【使用】 镍粉
【使用】 石墨粉
【使用】 钼粉
【使用】 铁粉
【使用】 润滑剂
【用于】 聚合
【用于】 缩合
【用于】 蒸馏
【用于】 熔融
【用于】 脱水
【用于】 强制保温
【用于】 热压
【用于】 挤压
【用于】 压延
【用于】 硫化成型
【用于】 热压铸造
【用于】 粉末冶金
【用于】 粉末压制
【用于】 铸造工艺
【生产关系】
【工艺-材料】 温模料
【工艺-材料】 塑料
【工艺-材料】 铝合金
【工艺-材料】 镁合金
【工艺-材料】 铸造合金
【工艺-材料】 橡胶
【工艺-材料】 合金粉
【工艺-设备工具】 温模机
【工艺-设备工具】 模具温度控制机
【工艺-设备工具】 水温机
【工艺-设备工具】 油温机

◎润滑剂

【基本信息】
【英文名】 lubricant;lubricants
【拼音】 run hua ji
【核心词】
【定义】

用以降低摩擦副的摩擦阻力、减缓其磨损的润滑介质。润滑剂对摩擦副还能起冷却、清洗和防止污染等作用。为了改善润滑性能,在某些润滑剂中可加入合适的添加剂。选用润滑剂时,一般须考虑摩擦副的运动情况、材料、表面粗糙度、工作环境和工作条件,以及润滑剂的性能等多方面因素。在机械设备中,润滑剂大多通过润滑系统输配给各需要润滑的部位。

【分类信息】
【CLC 类目】
(1)[TB14] 工程化学
(2)[TB14] 铸件的清理及修正
(3)[TB14] 制造用材料
(4)[TB14] 用途及综合利用
(5)[TB14] 化工原料
(6)[TB14] 其他化工原料
【IPC 类目】
(1) A47K3/062 为特殊目的专用的,如洗脚的、坐浴用的
(2) A47K3/062 儿童或婴儿专用的
(3) A47K3/062 液态或糊状肥皂用的
(4) A47K3/062 用挤压瓶等
(5) A47K3/062 含有肥皂或其他清洁成分的,如浸渍式的
(6) A47K3/062 用有机化合物〔7〕
(7) A47K3/062 含氧〔7〕
(8) A47K3/062 其他高分子化合物(天然树脂及它们的衍生物入 C09F;沥青材料入 C10)
(9) A47K3/062 聚合物的〔2〕
(10) A47K3/062 用溶剂,如溶胀剂〔2〕
(11) A47K3/062 表面处理〔5〕
(12) A47K3/062 有机的〔2〕
【词条属性】

【特征】
【特点】 是用以润滑、冷却和密封机械的摩擦部分的物质
【特点】 可以降低摩擦副的摩擦阻力
【特点】 减缓摩擦副磨损的润滑介质
【特点】 对摩擦副能起冷却的作用
【特点】 清洗摩擦副
【特点】 防止摩擦副污染
【特点】 具有水溶性
【优点】 降低摩擦表面的摩擦损伤
【优点】 抗腐蚀
【优点】 辅助添加剂少
【优点】 泡沫少
【状况】
【应用场景】 机械设备
【应用场景】 机械工程
【应用场景】 摩擦学
【应用场景】 医学
【应用场景】 油漆工业
【应用场景】 工业用油
【应用场景】 仪器
【应用场景】 医疗器械
【因素】
【影响因素】 摩擦副的运动情况
【影响因素】 材料
【影响因素】 工作环境
【影响因素】 工作条件
【影响因素】 润滑剂的性能
【词条关系】
【等同关系】
【俗称为】 润滑油
【层次关系】
【概念-实例】 机械油
【概念-实例】 蓖麻油
【概念-实例】 牛脂
【概念-实例】 硅油
【概念-实例】 脂肪酸酰胺
【概念-实例】 油酸
【概念-实例】 聚酯
【概念-实例】 合成酯
【概念-实例】 羧酸
【类分】 矿物性润滑剂
【类分】 植物性润滑剂
【类分】 动物性润滑剂
【类分】 合成润滑剂
【类分】 工业润滑剂
【类分】 人体润滑剂
【类分】 车用润滑剂
【类分】 润滑脂
【应用关系】
【用于】 化工设备
【用于】 机械工程
【用于】 医疗设备
【用于】 冶金工程
【用于】 脱模
【用于】 材料加工
【用于】 润滑
【用于】 冷却
【用于】 密封机械
【用于】 温模

◎成形剂

【基本信息】
【英文名】 formative agent;forming additives
【拼音】 cheng xing ji
【核心词】
【定义】

成形是将松散的粒状或粉状的塑料原料同各种助剂在挤出机或密炼机中加热,使之熔融塑化,成为黏流态的熔体,各个组分可充分混合,以一定的压力和速度充入模具,经过保压、冷却后开启模具,就可获得一定形状和尺寸的塑料制品。成形剂是在塑料加工成型阶段对成型过程起作用的一类助剂。

【分类信息】
【CLC 类目】
(1) TB331 金属复合材料
(2) TB331 非金属复合材料

(3) TB331　金属-非金属复合材料
(4) TB331　功能材料
(5) TB331　其他材料
(6) TB331　粉末成型、烧结及后处理
(7) TB331　粉末冶金制品及其应用
(8) TB331　熔化原料及添加物
(9) TB331　单体
(10) TB331　助剂
(11) TB331　丁苯橡胶(聚丁二烯苯乙烯橡胶)
(12) TB331　顺丁橡胶(聚丁二烯橡胶)
(13) TB331　异戊橡胶(聚异戊二烯橡胶)
(14) TB331　乙丙橡胶(聚乙烯丙烯橡胶)
(15) TB331　氯丁橡胶(聚氯丁二烯橡胶)
(16) TB331　丁基橡胶
(17) TB331　丁腈橡胶(聚丁二烯丙烯腈橡胶)
(18) TB331　聚异丁烯橡胶
(19) TB331　氯醇橡胶
(20) TB331　氯化聚乙烯橡胶、氯磺化聚乙烯橡胶
(21) TB331　氟橡胶、硅橡胶
(22) TB331　聚硫橡胶
(23) TB331　聚亚氨基甲酸酯橡胶
(24) TB331　聚砜橡胶、聚醚橡胶
(25) TB331　丙烯酸酯橡胶
(26) TB331　丁吡橡胶
(27) TB331　其他橡胶

【IPC类目】

(1) C08C1/07　以使用的胶凝剂为特征的〔2〕
(2) C08C1/07　橡胶的化学改性(除19/30组规定之外的交联剂入C08K)〔2〕
(3) C08C1/07　溶剂、增塑剂或未反应的单体的〔4〕
(4) C08C1/07　聚合物的〔2〕
(5) C08C1/07　由固体聚合物〔5〕
(6) C08C1/07　高分子凝胶〔6〕
(7) C08C1/07　基于无机成分的黏合剂
(8) C08C1/07　合金的制造(不特别限定用于合金制造的粉末冶金设备或方法入B22F;用电热法入C22B4/00;用电解法入C25C)
(9) C08C1/07　含非金属的合金(1/08优先)

【词条属性】

【特征】

【缺点】　石蜡成形剂容易产生裂纹,掉边的现象

【缺点】　橡胶成形剂易老化,易产生分层及裂纹现象

【缺点】　聚乙二醇成形剂对工作环境的湿度和温度要求极为严格

【特点】　成型剂即是可提高PVC内摩擦的一类助剂

【特点】　从能量角度分析,内摩擦产生热量比外部加热传热效率更高,且更均匀,可均匀的促进PVC制品塑化

【优点】　可改善PVC加工塑化性能

【优点】　提高塑化效率

【优点】　橡胶成形剂成形性能好,能压制出形状复杂且体积较大的制品

【优点】　石蜡成形剂降低了过程中碳量控制的难度,提高了合金碳量的精确度

【优点】　聚乙二醇成形剂残留碳较少,安全环保,适用于喷雾干燥工艺

【状况】

【现状】　德国采用48%～59%地蜡、液状石蜡的混合物

【现状】　美国通用电器公司采用淀粉、橡胶及合成树脂

【现状】　英国采用水溶纤维

【应用场景】　PVC软制品

【应用场景】　半硬制品

【应用场景】　硬制品领域

【词条关系】

【层次关系】

【类分】　橡胶

【类分】　石蜡

【类分】　聚乙二醇

【类属】 成型工艺
【实例-概念】 丁钠橡胶
【实例-概念】 微晶蜡
【实例-概念】 蒙旦蜡
【实例-概念】 植物蜡
【实例-概念】 动物蜡
【实例-概念】 合成蜡
【生产关系】
【材料-工艺】 球磨
【材料-工艺】 筛分
【材料-工艺】 干燥
【材料-工艺】 烧结
【材料-原料】 型材
【材料-原料】 管材
【材料-原料】 异型材

◎冷等静压

【基本信息】
【英文名】 cold isostatic pressing
【拼音】 leng deng jing ya
【核心词】
【定义】

冷等静压技术是在常温下,通常用橡胶或塑料做包套模具材料,以液体为压力介质,主要用于粉体材料成型,为进一步烧结、锻造或热等静压工序提供坯体。一般情况下使用压力为(100～630) MPa。

【分类信息】
【CLC 类目】
TF1 粉末成型、烧结及后处理
【词条属性】
【特征】

【特点】 冷等静压成型有湿袋法和干袋法两种,相应地等静压机的结构也有所不同

【特点】 向容器内注入高压液体,是通过高压泵及相应的管道、阀门来实现的;高压泵有柱塞高压泵、倍增高压泵等

【特点】 高压容器是冷等静压技术的主要设备,是压制粉末的工作室,必须要有足够的强度和可靠的密封性;容器缸体的结构,常采用螺纹式结构和框架式结构

【优点】 等静压成型的制品密度高,一般要比单向和双向模压成型高 5%～15%

【优点】 压坯的密度均匀一致

【优点】 因为密度均匀,所以制作长径比可不受限制,这就有利于生产棒状、管状细而长的产品

【优点】 等静压成型工艺,一般不需要在粉料中添加润滑剂,这样既减少了对制品的污染,又简化了制造工序

【优点】 等静压成型的制品,性能优异,生产周期短,应用范围广

【缺点】 等静压成型工艺的缺点是,工艺效率较低,设备昂贵

【状况】

【应用场景】 冷等静压技术广泛用来制作尺寸大、形状复杂和性能要求严格的硬质合金轧辊、人造金刚石用顶锤、硬质合金刀具等

【应用场景】 用来成型高径比大的各类粉末材料,如钨、高速钢、铍、铝等棒状、管状不同尺寸形状的坯件,从而保证了这些材料的性能,发挥了粉末冶金与冷等静压技术相结合的优越性

【词条关系】
【层次关系】
【并列】 热等静压
【并列】 温等静压

◎注射成型

【基本信息】
【英文名】 injection molding
【拼音】 zhu she cheng xing
【核心词】
【定义】

(1)注射成型是将注射机熔融的塑料,在柱塞或螺杆推力作用下进入模具,经过冷却获得制品的过程。其过程是塑料在注塑机加热料筒中塑化后,由柱塞或往复螺杆注射到闭合模

具的模腔中形成制品的塑料加工方法。

(2)粉末注射成形是传统粉末冶金技术与现代塑料注射成形工艺相结合而形成的一种零部件新型成形技术。

【分类信息】

【CLC 类目】

TF1　粉末成型、烧结及后处理

【词条属性】

【特征】

【优点】　PIM 能实现一次成形形状复杂或薄壁的小型制品,无须加工或只需少量后续加工

【优点】　采用均匀散装的细粉、烧结件可接近全致密,PIM 产品的显微结构均匀精细且各向同性,所以性能一般优于其他工艺制得的产品

【优点】　制品尺寸精度高,表面粗糙度小,且批量零件的一致性好

【优点】　材料的适应性广,并且生产成本低

【特点】　PIM 制品的主要材料有纯铁、低合金钢、不锈钢、工具钢、高温合金、钛合金、有色金属、难熔合金、低膨胀系数合金、磁性材料、硬质合金、金属陶瓷、金属间化合物、氧化铝、氮化铝、氮化硅、氧化锆等

【状况】

【前景】　粉末微注射成形所使用的原料粉末过细,这对于粉末生产行业提出了较高的要求;尤其是金属粉,要满足这样的粒度要求尚有一定难度

【前景】　微型模具的制造手段还需要不断改善

【前景】　粉末喂料在微型模腔中的流动充模过程还需进一步研究

【词条关系】

【等同关系】

【全称是】　粉末注射成形

【基本等同】　金属注射成形

【层次关系】

【实例-概念】　粉末冶金

【应用关系】

【使用】　混炼机

【使用】　混炼

【用于】　机械工业

【用于】　航天航空

【使用】　黏结剂

【用于】　金属注射成形

【使用】　喂料

【生产关系】

【工艺-设备工具】　注射机

◎金属注射成型

【基本信息】

【英文名】　metal injection molding;MIM

【拼音】　jin shu zhu she cheng xing

【核心词】

【定义】

金属注射成型是一种从塑料注射成形行业中引伸出来的新型粉末冶金近净成型技术。

【分类信息】

【CLC 类目】

TF1　粉末成型、烧结及后处理

【词条属性】

【特征】

【特点】　金属注射成型的基本工艺步骤是:首先是选取符合 MIM 要求的金属粉末和黏结剂,然后在一定温度下采用适当的方法将粉末和黏结剂混合成均匀的喂料,经制粒后再注射成形,获得的成形坯经过脱脂处理后烧结致密化成为最终成品

【特点】　MIM 对原料粉末要求较高,粉末的选择要有利于混炼、注射成形、脱脂和烧结

【特点】　目前生产 MIM 用原料粉末的方法主要有羰基法、超高压水雾化法、高压气体雾化法等

【特点】　MIM 产品由于形状复杂,烧结收缩大,大部分产品烧结完成后仍需进行烧结后处理,包括整形、热处理(渗碳、渗氮、碳氮共渗等)、表面处理(精磨、离子氮化、电镀、喷丸硬

化等)等

【词条关系】

【等同关系】

【基本等同】　注射成形

【层次关系】

【类属】　粉末冶金

【应用关系】

【使用】　MIM 粉末

【使用】　黏结剂

【使用】　混炼

【使用】　注射成型

【使用】　脱脂

【使用】　烧结

【生产关系】

【工艺-设备工具】　注射机

◎混炼

【基本信息】

【英文名】　mixing

【拼音】　hun lian

【核心词】

【定义】

(1)混炼是将金属粉末与黏结剂混合得到均匀喂料的过程。由于喂料的性质决定了最终注射成形产品的性能,所以混炼这一工艺步骤非常重要。

(2)最终评价混炼工艺好坏的一个重要指标就是所得到喂料的均匀和一致性。

【分类信息】

【CLC 类目】

TQ330.6　塑炼、混炼

【词条属性】

【特征】

【特点】　混炼不良,胶料会出现各种各样的问题,如焦烧、喷霜等,使压延、压出、涂胶、硫化等工序难以正常进行,并导致成品性能下降

【特点】　通常对配合剂的检验内容主要有纯度、粒径、水分、机械杂质含量,灰分及挥发分含量,酸碱度,以及液体配合剂的黏度等;具体依配合剂类型不同而异;生胶或塑炼胶除检验其化学成分和门尼黏度外,还应该检验物理机械性能

【特点】　配合剂的补充加工主要有固体配合剂的粉碎;粉状配合剂的干燥和筛选;低熔点配合剂的预热融化和过滤;液体配合剂的加温和过滤;膏剂和母炼胶的制备等

【特点】　块状或粗粒状配合剂需要经过粉碎、磨细处理或者刨成细片(如硬脂酸、石蜡、沥青和松油等)才能使用,以便在胶料中分散;粉碎常用的设备有盘式粉碎机、球磨机、气流粉碎机、锤式破碎机、刨片机等

【特点】　混炼的方法一般是先加入高熔点组元熔化,然后降温,加入低熔点组元,然后分批加入金属粉末;这样能防止低熔点组元的气化或分解,分批加入金属粉可防止降温太快而导致的扭矩急增,减少设备损失

【因素】

【影响因素】　粉粒状配合剂分散于橡胶中的难易程度与其表面性质有关

【影响因素】　传统一段混炼法的混炼程序一般为:橡胶(生胶、塑炼胶、再生胶等)→硬脂酸→促进剂、活性剂、防老剂→补强填充剂→液体软化剂→排胶→压片机加硫黄和超速促进剂→下片→冷却、停放

【词条关系】

【应用关系】

【加工设备-材料】　注射料

【用于】　注射成型

【用于】　金属注射成型

【生产关系】

【工艺-设备工具】　混炼机

◎脱脂

【基本信息】

【英文名】　degreasing

【拼音】　tuo zhi

【核心词】

【定义】

除去成形坯中的黏结剂的过程。脱脂是整个流程中最重要的步骤。

【词条属性】

【特征】

【特点】　脱脂工艺的目标是坯体在不发生变形和产生缺陷的情况下,尽可能地缩短脱脂时间,并将脱脂坯的化学成分控制在生产要求许可的范围内

【特点】　溶剂脱脂工艺于20世纪80年代首次出现在粉末注射成形工业中,该工艺是基于有机物分子的相似相容原理来实现的

【特点】　虹吸脱脂的过程首先是将注射成形好的零件放在一种多孔粉坯或多孔基板上,随后缓慢地加热,当加热到黏结剂的黏度足够低,足以发生毛细流动时,黏结剂将因为毛细力的作用被吸出成型坯,随后进入多孔粉坯或多孔基板内

【特点】　催化脱脂是20世纪90年代初开发出的脱脂方法;当注射成形采用的黏结剂体系由聚醇树脂和起稳定作用的添加剂组成时,一般采用催化脱脂工艺

【优点】　在溶剂脱脂过程中,溶剂的选择一般是单一溶剂一步溶解,以便缩短脱脂时间

【数值】　采用正己烷溶剂,在50 ℃下脱脂5 h,每小时更换新溶剂,脱脂率达到30%,黏结剂中石蜡完全除去,试样微结构无缺陷产生

【特点】　热脱脂通常会有的缺陷有:鼓泡、变形、开裂

【状况】

【应用场景】　316 L不锈钢粉末注射成型最优热脱脂工艺为升温325 ℃,升温时间2 h,保温3 h;325～375 ℃温度区间,升温1 h,保温3 h;375～490 ℃温度区间,升温2 h,保温1 h;随后试样随炉冷却

【词条关系】

【层次关系】

【类分】　溶剂脱脂

【类分】　热脱脂

【类分】　虹吸脱脂

【类分】　微波脱脂

【应用关系】

【用于】　凝胶注模成形

【用于】　注射成型

【用于】　金属注射成形

◎凝胶注模成型

【基本信息】

【英文名】　gelcasting;gel-casting

【拼音】　ning jiao zhu mu cheng xing

【核心词】

【定义】

(1)有机单体含量低,产品尺寸精度高,坯体强度高,可进行机械加工,明显优于其他复杂形状陶瓷部件的成型工艺。

(2)该方法的基本原理是在低黏度、高固相体积分数的粉体-溶剂悬浮体中,加入有机单体,然后通过某种手段,如在催化剂和引发剂的作用下,或通过加热或冷却等方式,使浓悬浮体中的有机单体化学交联聚合,或物理交联成三维网状结构,从而使悬浮体原位固化成型。

【分类信息】

【CLC类目】

TQ174.6　制坯、成型

【词条属性】

【特征】

【优点】　适用范围广,对粉体无特殊要求

【优点】　可实现近净尺寸成型,制备出复杂形状的部件

【优点】　坯体强度高,明显优于传统成型工艺所制的坯体,可进行机械加工

【优点】　坯体有机物含量低

【优点】　坯体和烧结体性能均匀性好

【优点】　工艺过程易控制

【优点】　成本低廉

【状况】

【现状】　20世纪90年代初期,美国橡树岭国家重点实验室(Oak Ridge National Laboratory,ORNL)的 Janney 和 Omatete 发明了该技术;该技术将传统的陶瓷工艺与聚合物化学巧妙地结合起来,是一种新型的制备高品质复杂形状陶瓷件的近净成型技术

【应用场景】 凝胶注模成型技术被用来制备 $ZrO_2-Al_2O_3$ 陶瓷和 $Al_2O_3/SiCp$ 等复合陶瓷,还可用来制备纳米复相陶瓷

【应用场景】 美国橡树岭国家实验室对镍基超耐热合金粉和工具钢粉 H13 的水系凝胶注模成形工艺进行了大量研究;他们选用粒径小于 44 μm 的镍基超合金粉,以水溶性凝胶注模工艺成形出各种形状,如圆形、方形、五角形的 Ni-362-3 合金,并且采用流动性较好的浆料制得形状复杂的涡轮机叶轮;经凝胶注模成形后的 H13 钢坯体可以用电脑数字控制三轴铣床进行机加工;烧结后,其烧结体密度最高可达理论密度的 91%

【前景】 制备高固相体积分数、低黏度的粉体悬浮液浆料是凝胶注模成型技术中最主要的工艺之一

【前景】 凝胶体系的开发及相应工艺的完善一直是研究的重点

【前景】 随着研究的深入,凝胶注模成型技术在成型技术上和工艺稳定性上都已经较完善,完全适于大规模工业化

【词条关系】

【层次关系】

【类属】 粉浆浇注

【类分】 水系凝胶注模

【类分】 非水系凝胶注模

【实例-概念】 快速成型

【类分】 合成凝胶体系

【类分】 天然凝胶体系

【应用关系】

【用于】 粉末冶金

【使用】 交联反应

【使用】 交联剂

【使用】 催化剂

【使用】 分散剂

【使用】 脱脂

【生产关系】

【工艺-材料】 复合材料

【工艺-材料】 粗颗粒粉体材料

【工艺-材料】 多孔材料

◎交联反应

【基本信息】

【英文名】 cross linking reaction

【拼音】 jiao lian fan ying

【核心词】

【定义】

两个或者更多的分子(一般为线型分子)相互键合交联成网络结构的较稳定分子(体型分子)反应。这种反应使线型或轻度支链型的大分子转变成三维网状结构,以此提高强度、耐热性、耐磨性、耐溶剂性等性能,可用于发泡或不发泡制品。

【词条属性】

【特征】

【特点】 第一阶段先制成聚合不完全的预聚物,预聚物一般是线型或支链型低聚物,相对分子质量 500~5000,可以是液体或固体

【特点】 第二阶段是预聚物的成型固化,预聚物在加热和加压条件下,开始时仍有流动能力,可以充满模腔,经交联反应后,即成固定形状的制品

【状况】

【应用场景】 用链式聚合反应合成离子交换树脂的三维网状骨架苯乙烯与二乙烯基苯共聚物等

【应用场景】 橡胶的硫化、不饱和聚酯通过链式聚合反应的固化、环氧树脂与固化剂的反应、皮革的鞣制过程

【应用场景】 聚合物经过适度交联,在力学强度、弹性、尺寸稳定性、耐溶剂性或化学稳定性等方面均有改善,所以交联反应常被用于聚合物的改性

【应用场景】 醇酸树脂、环氧树脂、丙烯

酸树脂等制造的工业涂料和汽车漆中，自干型的涂料、油漆一般都是由于树脂中的线性分子与空气中的氧直接发生氧化交联反应，使漆膜成型干燥，固定下来；双组分涂料、油漆一般需要加入固化剂而使热固性树脂成型；固化剂又可称为交联剂

【词条关系】

【层次关系】

【类分】　物理交联

【类分】　化学交联

【概念-实例】　工业涂料

【概念-实例】　自干型涂料

【应用关系】

【用于】　凝胶注模成形

【用于】　生物工程

【使用】　交联剂

◎喷射成形

【基本信息】

【英文名】　spray process; spray forming

【拼音】　pen she cheng xing

【核心词】

【定义】

是用高压惰性气体将合金液流雾化成细小熔滴，在高速气流下飞行并冷却，在尚未完全凝固前沉积成坯件的一种工艺。它具有所获材料晶粒细小、组织均匀、能够抑制宏观偏析等快速凝固技术的各种优点。

【分类信息】

【CLC 类目】

TG394　高压液体成型

【词条属性】

【特征】

【优点】　把金属熔融、液态金属雾化、快速凝固、喷射沉积成形集成在一个冶金操作流程中，制成金属材料产品的新工艺技术，对发展新材料、改革传统工艺、提升材料性能、节约能耗、减少环境污染都具有重大作用

【优点】　由于快速凝固的作用，所获金属材料成分均匀、组织细化、无宏观偏析，且含氧量低

【优点】　流程短、工序简化、沉积效率高，不仅是一种先进的制取坯料技术，还正在发展成为直接制造金属零件的制程

【数值】　日本住友重工铸锻公司利用喷射成形技术使得轧辊的寿命提高了 3～20 倍；已向实际生产部门提供了 2000 多个型钢和线材轧辊，最大尺寸为外径 800 mm，长 500 mm

【数值】　瑞典 Sandvik 公司已应用喷射成形技术开发出直径达 400 mm，长 8000 mm，壁厚 50 mm 的不锈钢管及高合金无缝钢管，而且正在开展特殊用途耐热合金无缝管的制造

【数值】　美国海军部所建立的 5 t 喷射成形钢管生产设备，可生产直径达 1500 mm，长度达 9000 mm 的钢管

【状况】

【应用场景】　英国制辊公司采用芯棒预热及多喷嘴技术，能够将轧辊合金直接结合在钢质芯棒上，在 17Cr 铸铁和 018V315Cr 钢的轧辊生产上得到了应用

【应用场景】　喷射成形技术的快速凝固特性可以很好地解决 Al-Zn 系合金的凝固结晶范围宽，比重差异大等问题；采用传统铸造方法生产时，易产生宏观偏析且热裂倾向大的问题；在发达国家已被应用于航空航天飞行器部件及汽车发动机的连杆、轴支撑座等关键部件

【词条关系】

【等同关系】

【基本等同】　液相动态压实工艺

【层次关系】

【类分】　喷射共成形

【实例-概念】　增材制造

【应用关系】

【用于】　耐热铝合金

【用于】　铝基复合材料

【用于】　耐磨铝合金

【用于】　复合轧辊

【用于】 复层钢板

【生产关系】

【工艺-材料】 轧辊

【工艺-材料】 耐热合金无缝管

◎增材制造

【基本信息】

【英文名】 additive manufacturing

【拼音】 zeng cai zhi zao

【核心词】

【定义】

(1)采用材料逐渐累加的方法制造实体零件的技术,相对于传统的材料去除-切削加工技术,是一种"自下而上"的制造方法。

(2)增材制造技术是指基于离散-堆积原理,由零件三维数据驱动直接制造零件的科学技术体系。

【分类信息】

【CLC 类目】

T 机械制造工艺

【词条属性】

【特征】

【特点】 AM 技术不需要传统的刀具和夹具及多道加工工序,在一台设备上可快速精密地制造出任意复杂形状的零件,从而实现了零件"自由制造"

【特点】 解决了许多复杂结构零件的成形,并大幅度减少了加工工序,缩短了加工周期

【特点】 产品结构越复杂,其制造速度的作用就越显著

【特点】 增量制造技术对零件结构尺寸不敏感,可以制造超大、超厚、复杂型腔等特殊结构

【状况】

【现状】 欧美发达国家纷纷制订了发展和推动增材制造技术的国家战略和规划,增材制造技术已受到政府、研究机构、企业和媒体的广泛关注

【现状】 我国在电子、电气增材制造技术上取得了重要进展;称为立体电路技术(SEA,SLS+LDS);电子电器领域增材技术是建立了现有增材技术之上的一种绿色环保型电路成型技术,有别于传统二维平面型印制线路板

【应用场景】 以激光束、电子束、等离子或离子束为热源,加热材料使之结合、直接制造零件的方法,称为高能束流快速制造,是增材制造领域的重要分支,在工业领域最为常见

【应用场景】 高速、高机动性、长续航能力、安全高效低成本运行等苛刻服役条件对飞行器结构设计、材料和制造提出了更高要求;轻量化、整体化、长寿命、高可靠性、结构功能一体化及低成本运行成为结构设计、材料应用和制造技术共同面临的严峻挑战,这取决于结构设计、结构材料和现代制造技术的进步与创新

【词条关系】

【等同关系】

【基本等同】 快速制造

【基本等同】 快速成型

【基本等同】 快速原型

【层次关系】

【概念-实例】 3D 打印

【概念-实例】 堆焊

【概念-实例】 喷射成形

【应用关系】

【用于】 航空航天工业

【用于】 机械制造

◎氢气烧结

【基本信息】

【英文名】 hydrogen sintering

【拼音】 qing qi shao jie

【核心词】

【定义】

氢气烧结是将压坯装在烧舟中,另加一定含碳量的氧化铝或石墨颗粒填料,通常是装入连续推进式的钼丝炉中在氢气保护下进行烧结。

【分类信息】
【CLC 类目】
TG1　粉末成型、烧结及后处理
【词条属性】
【特征】
【优点】　优点是能够提供还原性气氛，使吸附的氧气和氧化物得以去除，从而净化材料
【优点】　烧结炉结构简单、升温速度快、工作温度高、应用广泛
【缺点】　炉温控制不准确、炉内气氛变化大、合金容易渗碳或脱碳，由于正压烧结，合金中的孔隙难以削除，造成制品质量不稳定，性能难以提高
【词条关系】
【层次关系】
【并列】　感应烧结
【生产关系】
【工艺-材料】　硬质合金

◎加压烧结

【基本信息】
【英文名】　pressure sintering
【拼音】　jia ya shao jie
【核心词】
【定义】
在烧结同时施加单轴向压力的烧结工艺。
【分类信息】
【CLC 类目】
TG1　粉末成型、烧结及后处理
【词条属性】
【特征】
【特点】　加压烧结工艺复杂，所需的成本较高
【优点】　气氛加压烧结工艺使用压力一般为 10 MPa，其压力远低于热等静压时使用的压力 200 MPa，因此有利于工艺
【数值】　烧结必须在 10 倍于氮气平衡分压的条件下进行，例如在温度区域 1900～2100 ℃，氮气压力大约为 5 MPa 才能获得烧结良好和低失重(<2%)的样品
【状况】
【现状】　在 1976 年后，Greskovich、Priest 和 Mitoms 人分别发现加压氮气能降低氮化硅的热分解和增加其烧结体的密度
【词条关系】
【层次关系】
【并列】　感应烧结
【并列】　真空烧结
【并列】　气氛烧结
【并列】　分压烧结
【应用关系】
【用于】　氮化硅
【生产关系】
【工艺-设备工具】　压力烧结炉

◎激光烧结

【基本信息】
【英文名】　selective laser sintering
【拼音】　ji guang shao jie
【核心词】
【定义】
采用激光有选择地分层烧结固体粉末，并使烧结成型的固化层层层叠加生成所需形状的零件。
【分类信息】
【CLC 类目】
TG1　粉末成型、烧结及后处理
【词条属性】
【特征】
【优点】　粉末选材广泛，适用性广，可直接烧结零件
【特点】　整个工艺过程包括模型的建立及数据处理、铺粉、烧结及后处理等
【状况】
【应用场景】　可快速制造设计零件的原型，及时进行评价、修正以提高产品的设计质量；使客户获得直观的零件模型；制造教学、试验用复杂模型

【应用场景】 将 SLS 制造的零件直接作为模具使用,如砂型铸造用模、金属冷喷模、低熔点合金模等;也可将成型件经后处理后作功能性零部件使用

【应用场景】 对于那些不能批量生产或形状很复杂的零件,利用 SLS 技术来制造,可降低成本和节约生产时间,这对航空航天及国防工业更具有重大意义

【因素】

【影响因素】 激光功率、扫描速度与方向及间距、烧结温度、烧结时间及层厚度等对层与层之间的黏接、烧结体的收缩变形、翘曲变形甚至开裂都会产生影响

【影响因素】 如粉末粒度、密度、热膨胀系数及流动性等对零件中缺陷形成具有重要的影响

【词条关系】

【等同关系】

【基本等同】 激光选区烧结

【层次关系】

【并列】 放电(SPS)烧结

【并列】 微波烧结

【实例-概念】 快速成型技术

【并列】 感应烧结

【并列】 电火花烧结

◎等离子烧结

【基本信息】

【英文名】 spark plasma sintering

【拼音】 deng li zi shao jie

【核心词】

【定义】

是快速烧结技术,它融等离子活化、热压为一体,具有升温速度快、烧结时间短、冷却迅速、外加压力与烧结气氛可控、节能环保等特点,可广泛用于磁性材料、梯度功能材料、纳米陶瓷、纤维增强陶瓷和金属间复合材料等一系列新型材料的制备。

【分类信息】

【CLC 类目】

TG1 粉末成型、烧结及后处理

【词条属性】

【特征】

【优点】 与传统烧结方法相比,可以节约能源、节约时间、提高设备效率,所得的烧结体晶粒均匀、致密度高、力学性能好

【状况】

【现状】 在 1930 年,美国科学家提出了脉冲电流烧结原理,但是直到 1965 年,脉冲电流烧结技术才在美国、日本等国得到应用

【应用场景】 SPS 烧结升温速度快,烧结的时间比较短,并且既可以用于低温、高压[(500～1000) MPa],又可以用于低压[(20～30) MPa]、高温(1000～2000 ℃)烧结,因此可广泛地用于金属、陶瓷和各种复合材料的烧结

【应用场景】 纳米材料的制备;SPS 加热迅速,合成时间短,有显著抑制晶粒长大的效果

【应用场景】 对于制备高致密度、细晶粒陶瓷,SPS 是一种很有优势的烧结手段

【现状】 该技术现已成功地用于纳米材料、梯度功能材料、高致密度的细晶粒陶瓷和非晶合金等多种材料的制备

【现状】 SPS 的烧结机理目前还存在争议,尤其是烧结的中间过程和现象还有待于深入研究

【应用场景】 SPS 在硬质合金的烧结,多层金属粉末的同步连接(Bonding)、陶瓷粉末和金属粉末的连接及固体—粉末—固体的连接等方面也已有了广泛的应用

【词条关系】

【等同关系】

【全称是】 放电等离子烧结

【应用关系】

【用于】 碳化物

【用于】 氧化物

【用于】 生物陶瓷

◎微波烧结

【基本信息】

【英文名】 microwave sintering

【拼音】 wei bo shao jie

【核心词】

【定义】

微波烧结是一种材料烧结工艺的新方法，它具有升温速度快、能源利用率高、加热效率高和安全卫生无污染等特点，并能提高产品的均匀性和成品率，改善被烧结材料的微观结构和性能，已经成为材料烧结领域里新的研究热点。

【分类信息】

【CLC 类目】

TG1　粉末成型、烧结及后处理

【词条属性】

【特征】

【特点】 微波烧结本身也是一种活化烧结过程

【优点】 由于微波的体积加热，得以实现材料中大区域的零梯度均匀加热，使材料内部热应力减少，从而减少开裂、变形倾向

【优点】 由于微波能被材料直接吸收而转化为热能，所以，能量利用率极高，比常规烧结节能 80%左右

【优点】 微波烧结升温速度快，烧结时间短

【优点】 由于不同的材料、不同的物质相对微波的吸收存在差异，因此，可以通过选择性加热或选择性化学反应获得新材料和新结构

【优点】 可以通过添加吸波物相来控制加热区域，也可利用强吸收材料来预热微波透明材料，利用混合加热烧结低损耗材料

【优点】 微波烧结易于控制，安全、无污染

【状况】

【现状】 材料的微波烧结开始于 20 世纪 60 年代中期，W. R. Tinga 首先提出了陶瓷材料的微波烧结技术

【现状】 20 世纪 70 年代中期，法国的 J. C. Badot 和 A. J. Berteand 开始对微波烧结技术进行系统研究

【现状】 20 世纪 80 年代以后，各种高性能的陶瓷和金属材料得到了广泛应用

【现状】 20 世纪 90 年代后期，微波烧结已进入产业化阶段，美国、加拿大、德国等发达国家开始小批量生产陶瓷产品；其中，美国已具有生产微波连续烧结设备的能力

【应用场景】 美国弗吉尼亚州立大学的 R. C. Dalton 等首先提出微波加热在自蔓延高温合成中的应用，并用该技术合成了 TiC 等 9 种材料

【应用场景】 微波加热自蔓延高温成合成 YBCuO，Si_3C_4，Al_2O_3-TiC 等材料

【应用场景】 高磁场条件下的微波烧结能够制备出完全非晶态的磁性材料，将具有显著硬磁特性的材料（如 NdFeB 永磁体）变成软磁材料

【词条关系】

【层次关系】

【并列】 感应烧结

【并列】 放电（SPS）烧结

【实例-概念】 活化烧结

【并列】 电火花烧结

【并列】 激光烧结

【应用关系】

【用于】 金属材料

【用于】 陶瓷材料

【生产关系】

【工艺-材料】 粉末冶金不锈钢

【工艺-材料】 铜铁合金

【工艺-材料】 钨铜合金

【工艺-材料】 镍基高温合金

◎电火花烧结

【基本信息】

【英文名】 spark sintering

【拼音】 dian huo hua shao jie

【核心词】

【定义】

(1)利用粉末间火花放电所产生的高温,并且同时受外应力作用的一种烧结方法。

(2)电火花烧结是将金属等粉末装入由石墨等材料制成的模具内,利用上下模冲兼通电电极将特定烧结电源和压力施加于所烧结粉末,经过放电等离子活化、电阻加热、热塑变形和冷却阶段制取高性能材料或制件。

【分类信息】

【CLC类目】

TG1 粉末成型、烧结及后处理

【词条属性】

【特征】

【特点】 具有等离子放电、活化强化、高效率和快速烧结等特点,能够在较低的烧结温度、较小的成形压力和较短的时间内将粉末原料烧结成具有高性能的材料或制件

【缺点】 设备复杂昂贵,而且单台设备不能实现连续批量生产,生产效率比较低

【缺点】 理论研究不足而且滞后于生产

【状况】

【现状】 电火花烧结从20世纪90年代才逐渐受到材料科学工作者的关注

【应用场景】 目前电火花烧结工艺主要用来制备传统烧结工艺难以制备的材料和一些新型材料或制件,包括纳米材料、功能梯度材料、精细陶瓷材料、生物材料、氧化物超导材料、形状记忆合金、多孔材料、金属间化合物及Al粉、纯WC粉、纯AlN粉等

【应用场景】 SPS技术还可以用于制备金属基复合材料(MMC),纤维增强复合材料(FRC),TiAl-TiB_2复合材料,Mn-Zn铁氧体,Fe-M-B软磁合金等磁性材料,金属Cu、Fe、Ni等材料,$MoSi_2$-C复合制件

【前景】 今后电火花烧结的主要研究方向,是探索烧结过程中的致密化机制和将SPS技 术用于新的材料体系

【词条关系】

【等同关系】

【基本等同】 放电(SPS)烧结

【层次关系】

【并列】 感应烧结

【并列】 微波烧结

【并列】 激光烧结

【应用关系】

【用于】 金属基复合材料

【用于】 纤维增强复合材料

【用于】 TiAl-TiB_2复合材料

【用于】 Mn-Zn铁氧体

【用于】 Fe-M-B软磁合金

◎原位烧结

【基本信息】

【英文名】 in situ sintering

【拼音】 yuan wei shao jie

【核心词】

【定义】

原位反应合成技术源自于原位结晶和原位聚合的概念,是反应合成方法的一种。

【分类信息】

【CLC类目】

TG1 粉末成型、烧结及后处理

【词条属性】

【特征】

【优点】 材料外观好,无后续加工或后续加工少

【优点】 可采用液相烧结技术,材料致密化好

【优点】 增强相体积分数可以较大

【优点】 与钎涂技术结合,可制取表面复合材料

【特点】 增强相表面无污染,与基体直接结合,两相界面更加洁净,避免了相容性不良的问题

【特点】 受到基体的限制,通过原位反应生成的增强相难以聚集长大,容易获得增强相细小、均匀分布的复合材料

【特点】 与自蔓延燃烧合成相比,该合成

反应的进程更容易控制
【状况】
【应用场景】 综合 TiC 和 VC 的优点，以钛粉、钒铁粉、铬铁粉、钼铁粉、铁粉及石墨粉为原料，通过原位烧结法制备(Ti，V)C/Fe 复合材料
【词条关系】
【等同关系】
【基本等同】 原位反应烧结
【层次关系】
【类分】 原位自蔓延合成
【类分】 等离子原位烧结

◎活化烧结

【基本信息】
【英文名】 activated sintering
【拼音】 huo hua shao jie
【核心词】
【定义】 用物理的或化学的手段促进烧结过程的粉末烧结方法。活化烧结是指降低烧结活化能 Q 的烧结方法。
【分类信息】
【CLC 类目】
TG1　粉末成型、烧结及后处理
【词条属性】
【特征】
【特点】 在钨、钼、铪、钽、铌和铼等难熔金属中观察到，最好的活化剂是铂和镍
【特点】 在周期表第ⅧB 族的其他金属有活化作用
【缺点】 在钨中添加少量镍能显著加速钨在团相烧结过程中的致密化，但是这种活化效应在生产高比重钨中并未得到广泛的应用，因为这样生产的合金对工业上的应用来说太脆
【特点】 改变粉末表面状态，提高粉末表面原子活性和原子的扩散能力；如粉末表面预氧化处理、周期性氧化-还原反应、加氢化物等；在还原性气氛中烧结时，通过还原或分解反应而形成新生态原子，从而加速烧结过程
【特点】 改变粉末颗粒接触界面的特性，以改善原子扩散途径；如添加微量活化元素，由于添加元素在基体中溶解度很小，而偏聚在粉末颗粒接触界面上，形成一个“活化层”，从而加速烧结金属原子的扩散
【特点】 改善烧结时物质的迁移方式；如加入卤化物，使烧结金属生成气相产物，大幅度加速了物质的迁移
【特点】 活化烧结工艺分为物理活化烧结工艺和化学活化烧结工艺两大类
【状况】
【应用场景】 加入少量镍的钨粉压坯的烧结；镍通常是以镍盐的溶液形式加入的，而后被还原成金属，使得颗粒表面覆盖一层几个原子层厚的镍；4～10 个原子层厚似乎可显示出最佳的活化效果
【应用场景】 在钨中添加镍和铜，或者镍和铁进行液相烧结所制得的高比重合金在粉末冶金中已得到重要的用途
【词条关系】
【层次关系】
【并列】 熔渗
【类属】 烧结
【类分】 物理活化烧结
【类分】 化学活化烧结
【类属】 粉末冶金
【类属】 液相烧结
【概念-实例】 微波烧结

◎自蔓延(SHS)合成

【基本信息】
【英文名】 combustion synthesis；self-propagation high-temperature synthesis
【拼音】 zi man yan(SHS) he cheng
【核心词】
【定义】
自蔓延高温合成，又称为燃烧合成技术，是利用反应物之间高的化学反应热的自加热和自

传导作用来合成材料的一种技术,当反应物一旦被引燃,便会自动向尚未反应的区域传播,直至反应完全,是制备无机化合物高温材料的一种新方法。

【分类信息】

【IPC类目】

C02B2/02 复合材料

【词条属性】

【特征】

【特点】 燃烧引发的反应或燃烧波的蔓延相当快,一般为0.1～20.0 cm/s,最高可达25.0 cm/s,燃烧波的温度或反应温度通常都在2100～3500 K以上,最高可达5000 K

【特点】 SHS以自蔓延方式实现粉末间的反应,与制备材料的传统工艺比较,工序减少,流程缩短,工艺简单,一经引燃启动过程后就不需要对其进一步提供任何能量

【特点】 由于燃烧波通过试样时产生的高温,可将易挥发杂质排除,使产品纯度高

【特点】 燃烧过程中有较大的热梯度和较快的冷凝速度,有可能形成复杂相,易于从一些原料直接转变为另一种产品

【特点】 可能实现过程的机械化和自动化

【特点】 可能用一种较便宜的原料生产另一种高附加值的产品,成本低,经济效益好

【状况】

【应用场景】 采用燃烧合成技术可以制备常规方法难以得到的结构陶瓷、梯度材料、超硬磨料、电子材料、涂层材料金属间化合物及复合材料等

【时间】

【起始时间】 1900年法国化学家Fonzes-Diacon发现金属与硫、磷等元素之间的自蔓延反应,从而制备了磷化物等各种化合物

【起始时间】 我国从1986年起开始了自蔓延高温合成的研究

【词条关系】

【等同关系】

【基本等同】 燃烧合成

【基本等同】 自蔓延高温合成

【学名是】 SHS

【层次关系】

【概念-实例】 TiC-TiB_2

【概念-实例】 TiC-SiC

【概念-实例】 TiB_2-Al_2O_3

【概念-实例】 Si_3N_4-SiC

【概念-实例】 铝热剂

【生产关系】

【工艺-材料】 碳化钛基硬质合金

◎组合烧结

【基本信息】

【英文名】 assembled component sintering; combined sintering

【拼音】 zu he shao jie

【核心词】

【定义】

利用烧结过程中发生的膨胀、收缩、原子扩散等现象,将多个压坯或零件连接在一起的技术。

【分类信息】

【CLC类目】

TG1 粉末成型、烧结及后处理

【词条属性】

【特征】

【特点】 节能减耗,劳动强度低,产品质量稳定,可用于由多构件组成的复杂零件生产

【优点】 可以制造机械加工无法制造的或粉末冶金传统工艺很难成形或不能成形的复杂形状零件

【优点】 简化了成形工艺,从而简化了模具和压制设备的结钩,节省了模具的工装费用及生产投资

【优点】 可以提高异形零件的密度和密度的均匀性,使制品性能稳定、可靠,从而提高制品质糙,减少废品率

【优点】 可以将不同粉末冶金材料的元件组合成一个零件，以获得在不同部位具有不同性能的特殊制品

【状况】

【应用场景】 粉末冶金组合烧结技术制备由 Fe-Cr-Mo-P-Si-Cu-C 凸轮和 16Mn 钢管为芯轴组成的中空凸轮轴

【应用场景】 含铬耐磨铸铁的烧结合金与 45 钢的组合烧结

【应用场景】 利用铁基粉末冶金材料在烧结过程中的膨胀和收缩特性、液相烧结及合金元素相互扩散的原理，对双联齿轮进行了组合烧结，双联齿轮的黏结强度达 235 MPa，达到了使用要求的强度

【因素】

【影响因素】 分型后的零件形状简单，以利于粉末成型并获得最好的压坯质量

【影响因素】 分型满足制品的组合强度

【影响因素】 正确选择组合压坯的定位面，使组合成形的制品能达到产品的尺寸精度和形位公差的要求

【影响因素】 根据产品的工作条件分型，以便对零件的不同部位采用不同的材质，并由此获得同一零件不同部位有不同的机械物理性能

【词条关系】

【层次关系】

【实例-概念】 烧结

【类分】 熔渗烧结法联结

【类分】 钎焊法组合烧结

【类属】 粉末冶金

【主体-附件】 分型

◎感应烧结

【基本信息】

【英文名】 induction sintering; induction furnace with channel sintering

【拼音】 gan ying shao jie

【核心词】

【定义】

利用感应加热来对材料进行烧结的方法。

【分类信息】

【CLC 类目】

TG1　粉末成型、烧结及后处理

【词条属性】

【特征】

【特点】 感应加热炉的感应线圈的内径大约为被加热坯料直径的一倍，因此，加热的空间甚小，不需要火焰炉所必需的厚厚的绝热层

【优点】 启动快：在用普通电阻炉加热时，会用到很多耐火材料，启动加热时需要先对这些耐火材料进行加热，装置的热惯性大，启动缓慢；感应加热可以快速启动

【优点】 加热速度快利用电磁感应对材料进行加热时，温度上升的速度远比用电阻炉、煤气或石油加热的速度快得多

【优点】 铁屑的损耗少，快速地加热能够有效地降低材料损耗，可以减少成本消耗

【优点】 节能：对于感应加热来说，由于感应加热启动速度很快，在不工作的时候可以将感应加热电源关闭

【优点】 生产效率高，由于感应加热所需的时间较短，可以降低成本，提高生产效率

【优点】 易于实现自动化，便于控制，工作环境安静、安全、洁净，维护简单，设备占地面积小等

【状况】

【应用场景】 广泛应用于有色金属、粉末冶金、陶瓷、光电材料、不锈钢和钼制产品在真空或保护气氛下进行烧结

【词条关系】

【层次关系】

【并列】 电火花烧结

【并列】 微波烧结

【并列】 加压烧结

【并列】 氢气烧结

【并列】 真空烧结

【类属】 烧结

【实例-概念】 感应加热
【类属】 粉末冶金
【并列】 放电(SPS)烧结
【并列】 激光烧结
【应用关系】
【使用】 感应烧结炉
【使用】 电磁感应
【使用】 感应电流

◎热等静压

【基本信息】
【英文名】 hot isostatic pressing;HIP
【拼音】 re deng jing ya
【核心词】
【定义】
热等静压工艺是将制品放置到密闭的容器中,向制品施加各向同等的压力,同时施以高温,在高温高压的作用下,制品得以烧结和致密化。
【分类信息】
【CLC 类目】
TG1 粉末成型、烧结及后处理
【词条属性】
【特征】
【特点】 使用氮气、氩气做加压介质,使粉末直接加热加压烧结成型的粉末冶金工艺
【特点】 将成型后的铸件:包括铝合金、钛合金、高温合金等缩松缩孔的铸件进行热致密化处理
【优点】 成形温度低,产品致密,性能优异
【缺点】 生产成本较高
【优点】 粉末热等静压材料一般具有均匀的细晶粒组织,能避免铸锭的宏观偏析,提高材料的工艺性能和机械性能
【数值】 大多数生产型热等静压机的最高使用温度约 1400 ℃,最大压力在(100～200) MPa(1000～2000 大气压)
【数值】 现代最大的热等静压机的总吨位约 40 万千牛(4 万吨力);国内的最大的热等静压设备尺寸为:直径为 1250 mm×2500 mm
【状况】
【现状】 目前在美国、日本及欧洲都实现了产业化,在海洋、航空、航天、汽车等领域应用;我国起步较晚,20 世纪 60 年代,国内一些科研单位才开始研究
【应用场景】 航空航天高性能材料的研发及铸件的致密化处理
【应用场景】 在发动机制造中,热等静压机已用于粉末高温合金涡轮盘和压气盘的成型;把高温合金粉末装入抽真空的薄壁成形包套中,焊封后进行热等静压,除去包套即可获得致密的、接近所需形状的盘件
【现状】 粉末高温合金热等静压或热等静压加锻造的盘件已在多种高推重比航空发动机上应用
【现状】 热等静压用于制造粉末钛合金风扇盘和飞机上的粉末铝合金和粉末钛合金承力构件
【现状】 在航天器制造工业中,热等静压主要用于制造致密的碳质结构件,如火箭的舵面和固体火箭发动机喷管喉衬等
【应用场景】 热等静压的异质材料的连接应用:铜和钢扩散连接,镍基合金和钢的连接,陶瓷和金属的连接,Ta,Ti,Al,W 溅射靶材的扩散连接
【词条关系】
【等同关系】
【俗称为】 热等
【层次关系】
【并列】 冷等静压
【类属】 热固结
【类属】 粉末冶金
【应用关系】
【使用】 金属包套
【用于】 航天航空
【用于】 汽车工业
【用于】 机械制造

【生产关系】
【工艺-材料】　粉末高温合金
【工艺-材料】　钛合金
【工艺-材料】　金属基纤维增强材料
【工艺-材料】　粉末冶金钛合金
【工艺-材料】　钢结硬质合金

◎复压复烧

【基本信息】
【英文名】　repressing and resintering
【拼音】　fu ya fu shao
【核心词】
【定义】
为了提高粉末冶金件的密度，对进行过一次压制烧结的器件进行第二次加压烧结的工艺。
【分类信息】
【CLC 类目】
TG1　粉末成型、烧结及后处理
【词条属性】
【特征】
【特点】　复压复烧工艺是在一定范围内提高粉冶材料密度的有效而实用的方法；它主要是依靠复压来提高密度的
【状况】
【应用场景】　复压复烧工艺适合用于制备高密度的粉末冶金弹体
【现状】　20 世纪 70 年代，R. H. Hoefs 和 M. J. Koczak 等较为系统地研究了初压坯密度、初烧温度、复压压力等工艺参数和碳、镍等合金元素对铁基材料复压密度的影响，结果表明，要用尽可能小的复压压力来得到较高的复压密度，初烧温度则不能超过 954 ℃，复合密度与初压坯密度关系不大，碳镍含量的影响与初烧温度有关
【因素】
【影响因素】　初烧温度
【影响因素】　复压压力
【影响因素】　预制压坯密度
【影响因素】　压坯形状
【词条关系】
【层次关系】
【并列】　温压成型
【并列】　粉末锻造
【并列】　粉末浸渗
【附件-主体】　压坯密度
【附件-主体】　最终烧结密度

◎熔渗

【基本信息】
【英文名】　infiltration
【拼音】　rong shen
【核心词】
【定义】
用熔点比制品熔点低的金属或合金在熔融状态下充填未烧结的或烧结的制品内的孔隙的工艺方法。
【分类信息】
【CLC 类目】
TP383　金属-非金属复合材料
【词条属性】
【特征】
【特点】　第一步用压制成形与固相烧结制成骨架或刚件的多孔性压坏；第二步是熔渗过程
【特点】　将由熔渗剂制成的预成形坯置于骨架上面；当加热的温度超过溶渗剂的熔点时，溶渗剂熔化形成液相，在溶渗刑与基体颗粒间的毛细管力的作用下，液相渗入并充填连通孔隙
【特点】　固态骨架与熔渗液体之间不得发生反应形成化合物，或在熔渗完成之前堵塞孔道
【特点】　多孔性骨架小的孔洞必须是连通的，因为一般熔渗不可能浸入封闭孔隙中
【特点】　骨架材料在液态熔溶剂巾的溶解度应为零或尽可能低
【特点】　骨架材料的晶界与液相交汇处

的两面角应当小,但不能太小

【状况】

【应用场景】 熔渗法的一个重要工业应用是生产电触头材料,电触头材料的固态骨架是钨、铜或碳化钨,熔掺材料为铜、银

【应用场景】 熔渗法生产结构零件是用铜或钢合金熔渗铁或铁-碳合金骨架;熔渗的结构零件密度为 7.4 g/cm^3 或更高,这远高于用一般间相烧结生产的大部分铁基结构零件的密度,因此熔渗的结构零件力学性能优异

【因素】

【影响因素】 需要液体与骨架固体之间的接触角小

【词条关系】

【等同关系】

【基本等同】 授渗

【俗称为】 浸渗

【层次关系】

【类属】 液相烧结

【并列】 活化烧结

【并列】 超固相烧结

【并列】 高比重合金烧结

【应用关系】

【使用】 多孔性压坯

【生产关系】

【工艺-材料】 电触头材料

【工艺-材料】 钢结硬质合金

【工艺-材料】 碳化钛基硬质合金

◎热喷涂

【基本信息】

【英文名】 thermal spraying;hot air spraying

【拼音】 re pen tu

【核心词】

【定义】

热喷涂是指一系列过程,在这些过程中,细微而分散的金属或非金属的涂层材料,以一种熔化或半熔化状态,沉积到一种经过制备的基体表面,形成某种喷涂沉积层。它是利用某种热源(如电弧、等离子喷涂或燃烧火焰等)将粉末状或丝状的金属或非金属材料加热到熔融或半熔融状态,然后借助焰流本身或压缩空气以一定速度喷射到预处理过的基体表面沉积而形成具有各种功能的表面涂层的一种技术。

【分类信息】

【CLC 类目】

TF841.4 金属腐蚀与保护、金属表面处理

【词条属性】

【特征】

【特点】 利用由燃料气或电弧等提供的能量

【特点】 涂层材料可以是粉状、带状、丝状或棒状

【特点】 热喷涂枪由燃料气、电弧或等离子弧提供必需的热量,将热喷涂材料加热到塑态或熔融态,再经受压缩空气的加速,使受约束的颗粒束流冲击到基体表面上;冲击到表面的颗粒,因受冲压而变形,形成叠层薄片,黏附在经过制备的基体表面,随之冷却并不断堆积,最终形成一种层状的涂层

【优点】 耐高温腐蚀

【优点】 抗磨损

【优点】 隔热

【优点】 抗电磁波

【特点】 热喷涂合金粉末包括镍基、铁基和钴基合金粉,按不同的涂层硬度,分别应用于机械零部件的修理和防护

【特点】 基体材料不受限制,可以是金属和非金属,可以在各种基体材料上喷涂

【特点】 热喷涂技术可用来喷涂几乎所有的固体工程材料,如硬质合金、陶瓷、金属、石墨等

【特点】 喷涂过程中基体材料温升小,不产生应力和变形

【特点】 操作工艺灵活方便,不受工件形状限制,施工方便

【特点】 涂层厚度可以从 0.01 mm 至几毫米

【特点】　涂层性能多种多样，可以形成耐磨、耐蚀、隔热、抗氧化、绝缘、导电、防辐射等具有各种特殊功能的涂层

【状况】

【应用场景】　各类水泥机械轴类、孔类、平面类、异形类表面的磨损，配合位失效，轴承位、密封位、轴瓦位的磨损等可进行机械修复，或现场修复

【应用场景】　各类模具的损伤、拉伤、塌角、碰伤、凹坑等导致模具失效均能修复和现场修复；修复后模具不退火、不咬边、不变形、结合强度除电刷镀为离子键结合外，其他都为冶金结合，结合强度可与基体媲美，修复后材质和硬度可根据模具基体选择

【应用场景】　各类纺织机械轴类、孔类、平面类、异形类表面的磨损，配合位失效，轴承位、密封位、轴瓦位的磨损等可进行机械修复，或现场修复

【应用场景】　各类陶瓷瓷砖机械轴类、孔类表面的磨损，配合位失效，轴承位、密封位、轴瓦位的磨损等的修复

【词条关系】

【层次关系】

【概念-实例】　等离子喷涂

【概念-实例】　爆炸喷涂

【概念-实例】　火焰喷涂

【概念-实例】　激光喷涂

【应用关系】

【使用】　包覆型粉末

【用于】　铸造

【用于】　造纸机械

【用于】　纺织机械

【用于】　冶金

【用于】　电力

【用于】　电工制线

◎激光喷涂

【基本信息】

【英文名】　laser spraying；laser coating

【拼音】　ji guang pen tu

【核心词】

【定义】

利用激光将喷涂材料加热至熔融状态，再由压缩气体加速喷射到基材表面形成涂层。

【分类信息】

【CLC 类目】

TF841.4　金属腐蚀与保护、金属表面处理

【词条属性】

【特征】

【特点】　激光喷涂时由于涂料快速凝固使其成为微晶或非晶质材料，故此法极适合于形成防腐蚀涂层

【优点】　激光喷涂的涂层具有气孔少，结合强度高的优点

【状况】

【现状】　激光喷涂目前应用较少

【现状】　海军研究实验室用氧化铝粉对激光喷涂法进行了初步验证

【现状】　除一般的耐腐蚀、耐高温和耐磨涂层外，现在还可以喷各种隔热涂层、防护涂层和各类陶瓷涂层；应用十分广泛；激光喷涂工艺最适用于复杂形面的局部（小面积）工件；工艺流程中最困难的技术是对基材某些元素稀释的控制和某些基材微裂纹的防止

【应用场景】　激光喷涂工艺最适用于复杂形面的局部（小面积）工件

【词条关系】

【层次关系】

【并列】　爆炸喷涂

【并列】　等离子喷涂

【实例-概念】　热喷涂

【并列】　火焰喷涂

◎激光熔覆

【基本信息】

【英文名】　laser cladding

【拼音】　ji guang rong fu

【核心词】

【定义】

亦称激光包覆或激光熔敷,是一种新的表面改性技术。它通过在基材表面添加熔覆材料,并利用高能密度的激光束使之与基材表面薄层一起熔凝的方法,在基层表面形成与其为冶金结合的添料熔覆层。

【分类信息】

【CLC 类目】

TF841.4 金属腐蚀与保护、金属表面处理

【词条属性】

【特征】

【特点】 显著改善基层表面的耐磨、耐蚀、耐热、抗氧化及电气特性的工艺方法

【优点】 与堆焊、喷涂、电镀和气相沉积相比,激光熔覆具有稀释度小、组织致密、涂层与基体结合好、熔覆材料多、粒度及含量变化大等特点

【特点】 预置式激光熔覆是将熔覆材料事先置于基材表面的熔覆部位,然后采用激光束辐照扫描熔化,熔覆材料以粉、丝、板的形式加入,其中以粉末的形式最为常用

【特点】 同步式激光熔覆则是将熔覆材料直接送入激光束中,使供料和熔覆同时完成;熔覆材料主要也是以粉末的形式送入,有的也采用线材或板材进行同步送料

【状况】

【应用场景】 对材料的表面改性,如燃气轮机叶片、轧辊、齿轮等

【应用场景】 对产品的表面修复,如转子、模具等

【应用场景】 快速原型制造,利用金属粉末的逐层烧结叠加,快速制造出模型

【因素】

【影响因素】 激光功率

【影响因素】 光斑直径

【影响因素】 熔覆速度

【影响因素】 离焦量

【影响因素】 送粉速度

【影响因素】 扫描速度

【影响因素】 预热温度

【词条关系】

【层次关系】

【并列】 堆焊

【并列】 喷涂

【并列】 电镀

【并列】 化学气相沉积法

【类属】 表面处理

【类分】 预置式激光熔覆

【类分】 同步式激光熔覆

【应用关系】

【使用】 包覆型粉末

【使用】 镍基复合材料

【使用】 铁基合金

【使用】 碳化物复合材料

◎火焰喷涂

【基本信息】

【英文名】 flame spraying

【拼音】 huo yan pen tu

【核心词】

【定义】

利用火焰为热源,将金属与非金属材料加热到熔融状态,在高速气流的推动下形成雾流,喷射到基体上,喷射的微小熔融颗粒撞击在基体上时,产生塑性变形,成为片状叠加沉积涂层,这一过程称为火焰喷涂。

【分类信息】

【CLC 类目】

TF841.4 金属腐蚀与保护、金属表面处理

【词条属性】

【特征】

【特点】 按喷涂材料的形态可以分为丝材火焰喷涂、粉末火焰喷涂、棒材火焰喷涂

【特点】 按喷涂焰流的形态又可分为普通火焰喷涂、超音速火焰喷涂、气体爆燃式喷涂

【特点】 一般金属、非金属基体均可喷涂,对基体的形状和尺寸通常也不受限制,但小孔目前尚不能喷涂

【特点】　涂层材料广泛，金属、合金、陶瓷、复合材料均可为涂层材料，可使表面具有各种性能，如耐腐蚀、耐磨、耐高温、隔热等

【特点】　涂层的多孔性组织有储油润滑和减磨性能，含有硬质相的喷涂层宏观硬度可达 450 HB，喷焊层可达 65 HRC

【特点】　火焰喷涂对基体影响小，基体表面受热温度为 200～250 ℃，整体温度 70～80 ℃，故基体变形小，材料组织不发生变化

【缺点】　喷涂层与基体结合强度较低，不能承受交变载荷和冲击载荷

【缺点】　基体表面制备要求高

【缺点】　火焰喷涂工艺受多种条件影响，涂层质量尚无有效检测方法

【状况】

【现状】　在设备维修中，它被用来补偿零件表面的磨损和改善性能

【词条关系】

【层次关系】

【并列】　爆炸喷涂

【并列】　等离子喷涂

【实例-概念】　热喷涂

【并列】　激光喷涂

【实例-概念】　喷涂

【应用关系】

【使用】　乙炔-氧焰

【使用】　喷涂表面

◎等离子喷涂

【基本信息】

【英文名】　plasma spray；plasma spray coating；plasma spraying

【拼音】　deng li zi pen tu

【核心词】

【定义】

等离子喷涂是一种材料表面强化和表面改性的技术，可以使基体表面具有耐磨、耐蚀、耐高温氧化、电绝缘、隔热、防辐射、减磨和密封等性能。等离子喷涂技术是采用由直流电驱动的等离子电弧作为热源，将陶瓷、合金、金属等材料加热到熔融或半熔融状态，并以高速喷向经过预处理的工件表面而形成附着牢固的表面层的方法。

【分类信息】

【CLC 类目】

TF841.4　金属腐蚀与保护、金属表面处理

【词条属性】

【特征】

【优点】　超高温特性，便于进行高熔点材料的喷涂

【优点】　喷射粒子的速度高，涂层致密，黏结强度高

【优点】　由于使用惰性气体作为工作气体，所以喷涂材料不易氧化

【数值】　热喷涂所利用的离子体是高温低压等离子体，约有 1%以上的气体被电离，具有几万度的温度；离子、自由电子、未电离的原子的动能接近于热平衡

【状况】

【应用场景】　等离子喷涂亦有用于医疗用途，在人造骨骼表面喷涂一层数十微米的涂层，作为强化人造骨骼及加强其亲和力的方法

【因素】

【影响因素】　等离子气体

【影响因素】　电弧的功率

【影响因素】　供粉

【影响因素】　喷涂距离和喷涂角

【影响因素】　喷枪与工件的相对运动速度

【影响因素】　基体温度控制

【词条关系】

【层次关系】

【并列】　爆炸喷涂

【并列】　火焰喷涂

【并列】　激光喷涂

【实例-概念】　热喷涂

【实例-概念】　喷涂

【实例-概念】　金属喷涂法

【实例-概念】 等离子法
【组成部件】 等离子体
【实例-概念】 表面处理
【实例-概念】 喷涂表面
【类分】 真空等离子喷涂
【类分】 水稳等离子喷涂
【类分】 气稳等离子喷涂

◎爆炸喷涂

【基本信息】
【英文名】 detonation spraying; explosion spraying; detonation flame spraying
【拼音】 bao zha pen tu
【核心词】
【定义】

爆炸喷涂是在特殊设计的燃烧室里,将氧气和乙炔气按一定的比例混合后引爆,使料粉加热熔融并使颗粒高速撞击在零件表面形成涂层的方法。

【分类信息】
【CLC 类目】
TF841.4 金属腐蚀与保护、金属表面处理
【词条属性】
【特征】
【特点】 爆炸喷涂的最大特点是粒子飞行速度高,动能大
【特点】 涂层和基体的结合强度高
【特点】 涂层致密,气孔率很低
【特点】 涂层表面加工后粗糙度低
【特点】 工件表面温度低
【数值】 在爆炸喷涂中,当乙炔含量为45%时,氧-乙炔混合气可产生3140 ℃ 的自由燃烧温度,但在爆炸条件下可能超过4200 ℃,所以绝大多数粉末能够熔化
【缺点】 设备价格高,噪音大,属于氧化性气氛等
【缺点】 国内外应用还不广泛
【数值】 粉末粒度为10~120 μm
【优点】 喷涂过程中,碳化物及碳化物基粉末材料不会产生碳分解和脱碳现象,从而能保证涂层组织成分与粉末成分的一致性
【优点】 爆炸喷涂涂层的粗糙度低,可能低于1.60 μm,经磨削加工后粗糙度可达0.025 μm
【优点】 涂层的厚度容易控制,加工余量小,维修操作方便
【优点】 工件热损伤小,因为爆炸喷涂是脉冲式的,每次受热气流和颗粒冲击时间短,氮气对工件又起冷却作用,工件温度低于200 ℃,所以基体热损伤小,不会产生变形和相变
【优点】 可喷涂的材料范围广,从低熔点的铝合金到高熔点的陶瓷,粉末粒度为10~120 μm
【状况】
【应用场景】 爆炸喷涂可喷涂金属、金属陶瓷及陶瓷材料
【词条关系】
【层次关系】
【实例-概念】 表面硬化
【实例-概念】 粉末冶金
【并列】 等离子喷涂
【并列】 火焰喷涂
【并列】 激光喷涂
【并列】 喷涂
【类属】 喷涂
【类属】 金属喷涂法
【实例-概念】 热喷涂

◎喷焊

【基本信息】
【英文名】 spray welding
【拼音】 pen han
【核心词】
【定义】

喷焊是对经预热的自熔性合金粉末涂层再加热至1000~1300 ℃,使颗粒熔化,造渣上浮到涂层表面,生成的硼化物和硅化物弥散在涂层中,使颗粒间和基体表面达到良好结合。

【分类信息】

【CLC 类目】

TF841.4　金属腐蚀与保护、金属表面处理

【词条属性】

【特征】

【特点】　受冲击载荷，要求表面硬度高，耐磨性好的易损零件，如抛砂机叶片、破碎机齿板、挖掘机铲斗齿等

【特点】　几何形状比较简单的大型易损零件，如轴、柱塞、滑块、液压缸、溜槽板等

【特点】　用于低碳钢、中碳钢(含碳 0.4% 以下)、含锰、钼、钒总量小于 3% 的结构钢、镍铬不锈钢、铸铁等材料

【缺点】　重熔过程中基体局部受热后温度达 900 ℃，会产生较大热变形

【数值】　各种碳钢、低合金钢的工件表面载荷大，特别是受冲击载荷，要求涂层与基体结合强度在 350～450 N/mm^2 的工件，喷焊硬度 HRC≤65，涂层厚度从 0.3 mm 至数毫米，喷焊层经磨削加工后表面粗糙度 *Ra* 可达 0.1～0.4 μm 以上

【状况】

【现状】　自熔性合金粉末是以镍、钴、铁为基材的合金，其中加入适量硼和硅元素，起脱氧造渣焊接熔剂的作用，同时能降低合金熔点，适于乙炔-氧焰对涂层进行重熔

【应用场景】　工件需局部修补，且喷焊处不允许热输入量很大，如各类机床导轨局部伤痕的修补，宜用一步法喷焊工艺

【应用场景】　工件表面复杂或无规则，如链轮、齿轮齿面、螺旋给料器等，宜用一步法喷焊工艺

【应用场景】　大型工件整体加热有困难，如机车、矿车轮子等，宜用一步法喷焊工艺

【应用场景】　可在机床旋转的一般轴类零件宜用二步法喷焊工艺

【应用场景】　所得涂层的硬度应尽量接近原设计的表面硬度；例如，原设计采用淬火或化学处理工艺，使表面硬度达 HRC≥55 的，则应选用所谓“硬面涂层”粉末，如 Ni15，Ni60，Fe65 或 WC 复合粉

【应用场景】　强烈磨损的非配合面，如泥沙泵的叶轮、壳体、装岩机铲齿，螺旋给料器的螺旋面等，应选用高硬度如 Ni15，Ni60，Fe65 或 WC 复合粉

【应用场景】　需要加工，但又无法上车床、磨床，只能靠手工用锉刀等工具进行加工的工件，如机床导轨面局部伤痕的修补，只能采用低硬度喷焊粉

【词条关系】

【层次关系】

【类属】　焊接方法

【实例-概念】　表面硬化

【实例-概念】　表面修补

【并列】　堆焊

【应用关系】

【使用】　镍基合金粉末

【使用】　钴基合金粉末

【使用】　铁基合金粉末

【使用】　乙炔-氧焰

【生产关系】

【工艺-材料】　耐磨材料

◎硬面堆焊

【基本信息】

【英文名】　hard surface overlaying

【拼音】　ying mian dui han

【核心词】

【定义】

硬面堆焊是一种通过焊接的方法把硬面材料复合到普通金属零件工作面的表面强化技术，可以显著提高金属零部件表面的耐磨损、耐腐蚀和抗疲劳等性能。

【分类信息】

【CLC 类目】

TF841.4　金属腐蚀与保护、金属表面处理

【词条属性】

【特征】

【特点】 硬面堆焊作为实现退役机械零部件再制造的重要表面技术,以修复受损的机械产品工作面,恢复其外形尺寸,从而大幅度延长机械产品在恶劣工况下的服役寿命

【特点】 于硬面堆焊技术操作方便,经济效益高

【特点】 焊条电弧堆焊、气焊堆焊、埋弧堆焊、等离子弧堆焊和激光堆焊

【特点】 硬面堆焊合金材料主要包括铁基硬面材料、镍基硬面材料、钴基硬面材料和碳化钨硬面材料等类型

【状况】

【应用场景】 堆焊工艺(摩擦堆焊和焊条电弧堆焊)在低碳钢表面形成硬面合金层,熔敷金属材质为 AISI 410 马氏体不锈钢;微观组织观察显示摩擦堆焊层全部由马氏体组成,其耐磨和腐蚀性能与 410 合金材料相当

【应用场景】 等离子弧堆焊和氧-乙炔堆焊工艺在耐热钢表面堆焊钴基硬面合金层;对试样进行了旋转弯曲疲劳实验,发现室温下氧-乙炔堆焊试件的疲劳极限低于等离子弧堆焊试件

【应用场景】 用电弧喷涂和气体保护堆焊方法在 St52 钢表面形成富硼合金层;微观组织检测表明电弧喷涂层由均匀的薄片层结构组成,而气体保护堆焊层微观组织呈梯度变化,由 Fe_2B 和 FeB 混合物组成

【现状】 实验测量堆焊残余应力需昂贵的无损检测设备或者需破坏原有结构,因此这方面的研究相对较少,大多是结合有限元仿真来进行预测结果的验证

【因素】

【影响因素】 硬面堆焊工艺条件包括工艺参数、热处理和时效处理等,这对堆焊合金层的各项性能有重要的影响

【影响因素】 堆焊工艺参数主要包括堆焊电流、电压、堆焊速度、堆焊层数、过渡层等

【词条关系】

【层次关系】

【实例-概念】 焊接工艺

【实例-概念】 堆焊

【实例-概念】 堆焊法

【并列】 扩散焊接

【应用关系】

【用于】 水泥

【用于】 化工

【用于】 核电

【用于】 电力

【用于】 压力管道

【使用】 焊接材料

◎金刚石工具

【基本信息】

【英文名】 diamond tool

【拼音】 jin gang shi gong ju

【核心词】

【定义】

金刚石工具是指用结合剂把金刚石(一般指人造金刚石)固结成一定形状、结构、尺寸,并用于加工的工具产品。

【分类信息】

【CLC 类目】

T 金属切削加工及机床

【词条属性】

【特征】

【特点】 金刚石具有坚硬性,故制成的工具特别适合加工硬脆材料尤其非金属材料

【特点】 与金属结合剂胎体相比,树脂、陶瓷结合剂胎体强度较低,不适合做锯切、钻探、修整类工具,一般只有磨具类产品

【状况】

【应用场景】 磨具:砂轮、滚轮、滚筒、磨边轮、磨盘、碗磨、软磨片等

【应用场景】 锯切工具:圆锯片、排锯、绳锯、筒锯、带锯、链锯、丝锯

【应用场景】 钻探工具:地质冶金钻头、油(气)井钻头、工程薄壁钻头、石材钻头、玻璃钻头等

【应用场景】　其他工具;修整工具、刀具、拉丝模等

【现状】　金刚石工具属于新兴产业,其对传统工具的替代还有很大的空间

【现状】　中国、韩国已经成为世界金刚石工具生产基地,欧美发达国家还保留少量的高端产能

【词条关系】

【层次关系】

【概念-实例】　金刚石锯片

【类分】　金刚石磨削工具

【类分】　金刚石锯切工具

【类分】　金刚石刀具

【类分】　金刚石钻探

【应用关系】

【用于】　建筑

【用于】　建材

【用于】　石油

【用于】　地质

【用于】　冶金

【用于】　机械

【用于】　陶瓷

【用于】　木材

【用于】　汽车

【使用】　预合金粉

【生产关系】

【材料-原料】　预合金粉

◎立方氮化硼

【基本信息】

【英文名】　cubic boron nitride

【拼音】　li fang dan hua peng

【核心词】

【定义】

立方结构的氮化硼,分子式为 BN,其晶体结构类似金刚石,硬度略低于金刚石,为 HV 72000～98000,常用作磨料和刀具材料。

【分类信息】

【CLC 类目】

TG501　粉末冶金制品及其应用

【词条属性】

【特征】

【优点】　硬度超过金刚石单晶

【优点】　韧性优于商用硬质合金

【优点】　抗氧化温度高于单晶立方氮化硼

【数值】　采用 PCBN 刀具精车淬硬钢,其工件硬度高于 45 HRC,效果最好;其切削速度一般为 80～120 m/min

【特点】　制成 CBN 磨具,用于高速高效磨削和珩磨加工,可使磨削效率大幅度提高,其磨削精度和质量提高一个等级

【特点】　高速铣削灰铸铁时,一般粗加工当然可以使用 K 类硬质合金,精加工可用化硅陶瓷刀片;如在一个装有 8 块刀片的端铣刀上改用只装对称式的两片 PCBN 刀片,并将切削速度提高 4 倍,其结果是金属切除率相同,而切削力却下降 3/4,刀具寿命与加工质量超过前者

【特点】　在给定的进给量下,采用 PCBN 双刀片镗孔可获得高的金属切除率与表面质量

【特点】　CBN 砂轮可以制成精度较高的齿形,由于耐用度高,不需频繁修整,不需经常调整机床,可获得稳定的齿廓、导程和节距精度

【特点】　CBN 砂轮寿命长,磨削性能好,节约了砂轮更换修整、机床调整和工件检测等许多辅助时间

【状况】

【应用场景】　用作磨料和刀具材料

【应用场景】　加工既硬又韧的材料,如高速钢、工具钢、模具钢、轴承钢、镍和钴基合金、冷硬铸铁等

【现状】　科学家最新人工合成纳米等级的立方氮化硼,其硬度已超越钻石,成为世界上最硬的物质

【现状】　对于氮化硼而言,维持特征强度的平均尺寸是 4 nm

【词条关系】
【等同关系】
【缩略为】 CBN
【层次关系】
【类属】 超硬材料
【应用关系】
【使用】 碱金属
【使用】 钴
【用于】 机械工业
【生产关系】
【材料-工艺】 烧结
【材料-原料】 六方氮化硼

◎CBN

【基本信息】
【英文名】 cubic borium nitride
【拼音】 CBN
【核心词】
【定义】
即立方氮化硼,结构类似于钻石的氮化硼形态,又称为正方体氮化硼、c-BN、β-BN 或 z-BN。
【分类信息】
【CLC 类目】
(1) TG135 硬质合金
(2) TG135 各种材料刀具
【IPC 类目】
(1) B22F3/00 由金属粉末制造工件或制品,其特点为用压实或烧结的方法;所用的专用设备
(2) B22F3/00 涉及自扩散高温合成或反应烧结方法〔6〕
【词条属性】
【特征】
【特点】 是一种绝缘体但却是一种极佳的导热体
【优点】 很高的硬度、热稳定性和化学惰性,以及良好的透红外形和较宽的禁带宽度等优异性能
【优点】 立方氮化硼磨具的磨削性能十分优异,不仅能胜任难磨材料的加工,提高生产率,还能有效地提高工件的磨削质量
【状况】
【前景】 扩大立方氮化硼磨具的生产和应用是机械应用、机械工业发展的必然趋势
【现状】 由六方氮化硼和触媒在高温高压下合成
【现状】 立方氮化硼有单晶体和多晶烧结体两种
【现状】 人工合成纳米等级的立方氮化硼,其硬度已超越钻石,成为世界上最硬的物质
【应用场景】 常用作磨料和刀具材料
【时间】
【起始时间】 1957 年
【力学性能】
【硬度】 HV 72000~98000
【词条关系】
【等同关系】
【基本等同】 正方体氮化硼
【全称是】 立方氮化硼
【层次关系】
【类分】 立方氮化硼单晶体
【类分】 立方氮化硼多晶烧结体
【应用关系】
【材料-加工设备】 CBN 刀具
【生产关系】
【材料-工艺】 热压烧结

◎CBN 刀具

【基本信息】
【英文名】 cubic borium nitride cutting tool
【拼音】 CBN dao ju
【核心词】
【定义】
以 CBN 为材料制作的切削刀具。
【分类信息】
【CLC 类目】
(1) TG135 硬质合金

（2）TG135　各种材料刀具

【IPC 类目】

（1）B22F3/00　由金属粉末制造工件或制品，其特点为用压实或烧结的方法；所用的专用设备

（2）B22F3/00　涉及自扩散高温合成或反应烧结方法〔6〕

【词条属性】

【特征】

【特点】　利用人工方法在高温高压条件下用立方氮化硼微粉和少量的结合剂合成的

【特点】　对铁系金属元素有较大的化学稳定性，因此常用于黑色金属的切削

【特点】　能够实现高速高效加工甚至“以车代磨”

【优点】　具有很高的硬度、热稳定性和化学惰性

【状况】

【现状】　按照结构分为焊接复合式立方氮化硼刀具与整体聚晶立方氮化硼刀具

【现状】　焊接复合式立方氮化硼刀具主要用于精加工，由于其韧性差、抗冲击性能（较脆）不足，不能承受稍大的切削力（与刀具角度大小有关），在断续加工时容易崩刀

【现状】　整体式立方氮化硼片可断续加工，且遇到夹砂、白口铸件不崩刃

【词条关系】

【层次关系】

【类分】　焊接复合式立方氮化硼刀具

【类分】　整体聚晶立方氮化硼刀具

【应用关系】

【加工设备-材料】　CBN

【使用】　物理气相沉积（PVD）

◎金刚石复合片

【基本信息】

【英文名】　polycrystalline diamond compacts；PDC

【拼音】　jin gang shi fu he pian

【核心词】

【定义】

采用金刚石微粉与硬质合金基片在超高压高温条件下烧结而成，既具有金刚石的高硬度、高耐磨性与导热性，又具有硬质合金的强度与抗冲击韧性，是制造切削刀具、钻井钻头及其他耐磨工具的理想材料。

【分类信息】

【CLC 类目】

（1）TB332　非金属复合材料

（2）TB332　勘探机械、钻孔机

（3）TB332　钻头、钻具与工具

（4）TB332　耐磨合金

（5）TB332　各种材料刀具

【IPC 类目】

（1）B22F3/00　由金属粉末制造工件或制品，其特点为用压实或烧结的方法；所用的专用设备

（2）B22F3/00　通过钻孔或打眼（旋转钻孔机械入 B23B；冲击工具入 B25D；土层或岩石钻进入 E21B）〔7〕

（3）B22F3/00　用圆盘刀的

【词条属性】

【特征】

【优点】　既具有金刚石的高硬度、高耐磨性与导热性，又具有硬质合金的强度与抗冲击韧性

【状况】

【前景】　聚晶金刚石层不断加厚

【前景】　金刚石晶粒越来越细

【前景】　产品直径不断加大，提高合成效率

【应用场景】　制造切削刀具、钻井钻头及其他耐磨工具

【词条关系】

【层次关系】

【类分】　钻采类金刚石复合片

【类分】　机械刀具类金刚石复合片

【类属】　复合材料

【生产关系】

【材料-原料】 金刚石微粉
【材料-原料】 硬质合金

◎石油钻具

【基本信息】
【英文名】 oil drilling tools
【拼音】 shi you zuan ju
【核心词】
【定义】
(1)是钻井工具的总称。指钻井工程作业中井下(或井眼内)所使用的工具。
【来源】 《石油技术辞典》
(2)钻探或钻井工作中,除钻头外,下入孔(井)内用于钻进并加深钻孔(或钻井)所有器具的统称。
【来源】 《国土资源实用词典》
【分类信息】
【CLC 类目】
TE921 钻头、钻具与工具
【IPC 类目】
B28D1/14 通过钻孔或打眼(旋转钻孔机械入 B23B;冲击工具入 B25D;土层或岩石钻进入 E21B)〔7〕
【词条属性】
【特征】
【特点】 石油钻具主要由钻杆、连接套、稳定器和钻挺等组成
【状况】
【现状】 钻具工作时需承受复杂的内外压应力、扭转应力、弯曲应力等外加载荷
【现状】 钻杆接头连接强度,对钻具的安全可靠工作起着至关重要的作用
【词条关系】
【层次关系】
【类分】 牙轮钻头
【应用关系】
【用于】 石油工业
【生产关系】
【材料-工艺】 锻造

◎牙轮钻头

【基本信息】
【英文名】 rock bit;rotary drilling bit
【拼音】 ya lun zuan tou
【核心词】
【定义】
在钻头上装有牙轮,借牙轮的滚动碾压作用破碎岩石的钻孔工具。
【来源】 《中国冶金百科全书·采矿》
【分类信息】
【CLC 类目】
(1) TE921 钻头、钻具与工具
(2) TE921 粉末冶金制品及其应用
(3) TE921 硬质合金
【IPC 类目】
B28D1/14 通过钻孔或打眼(旋转钻孔机械入 B23B;冲击工具入 B25D;土层或岩石钻进入 E21B)〔7〕
【词条属性】
【特征】
【特点】 结构主要包括牙爪、牙轮、轴承和水眼四部分
【特点】 牙轮钻头工作时切削齿交替接触井底,破岩扭矩小,切削齿与井底接触面积小,比压高,易于吃入地层;工作刃总长度大,因而相对减少磨损
【特点】 牙轮钻头能够适应从软到坚硬的多种地层
【状况】
【现状】 牙轮钻头是使用最广泛的一种钻井钻头
【现状】 按牙轮数量可分为单牙轮钻头、三牙轮钻头和组装多牙轮钻头
【现状】 按切削材质可分为钢齿(铣齿)和镶齿牙轮钻头
【现状】 国内外使用最多、最普遍的是三牙轮钻头
【应用场景】 石油工业
【词条关系】

【层次关系】
【类属】　刀具
【类属】　石油钻具
【应用关系】
【部件成品-材料】　硬质合金
【用于】　石油工业

◎地质钻头

【基本信息】
【英文名】　geological drill
【拼音】　di zhi zuan tou
【核心词】
【定义】

(1)地质勘探的破碎工具,通过地质钻头破岩,对地质进行勘查、探测,确定合适的持力层,根据持力层的地基承载力,确定基础类型,计算基础参数。

(2)在实体材料上钻削出通孔或盲孔,并能对已有的孔扩孔的刀具。

【分类信息】
【CLC 类目】
(1)[TD41]　勘探机械、钻孔机
(2)[TD41]　粉末冶金制品及其应用
(3)[TD41]　硬质合金
(4)[TD41]　钻头
【IPC 类目】
(1) B02C18/02　刀具往复运动的
(2) B02C18/02　刀具旋转的
(3) B02C18/02　通过钻孔或打眼(旋转钻孔机械入 B23B;冲击工具入 B25D;土层或岩石钻进入 E21B)〔7〕
【词条属性】
【状况】
【现状】　分为取心钻头、金刚石钻头、内凹型,复合片钻头、刀翼钻头、三牙轮钻头和 PDC 等
【应用场景】　地质勘探
【词条关系】
【层次关系】
【类属】　地质钻探工具
【类属】　刀具
【应用关系】
【部件成品-材料】　硬质合金
【生产关系】
【材料-工艺】　热压

◎拉丝模

【基本信息】
【英文名】　wire drawing dies
【拼音】　la si mo
【核心词】
【定义】

拉丝机上实现金属丝拉拔成形并决定其尺寸的变形工具。在有色金属线的拉拔生产中叫作拉线模。

【来源】《中国冶金百科全书·金属塑性加工》

【分类信息】
【CLC 类目】
(1) TG356.4　线材制品
(2) TG356.4　钢丝及合金钢丝拉制
(3) TG356.4　有色金属及合金线材拉拔
(4) TG356.4　有色金属及合金拉拔
(5) TG356.4　模具
【IPC 类目】
B21F1/02　矫直
【词条属性】
【特征】
【特点】　所有拉丝模的中心都有个一定形状的孔,圆、方、八角或其他特殊形状
【状况】
【现状】　与国外产品相比,国产拉丝模模坯存在明显不足
【应用场景】　线材工业
【词条关系】
【等同关系】
【基本等同】　拉线模
【层次关系】

【类分】 天然金刚石拉丝模
【类分】 人造金刚石拉丝模
【类分】 合金钢拉丝模
【类分】 CVD涂层拉丝模
【类分】 陶瓷材料拉丝模
【类属】 硬质合金模具
【应用关系】
【加工设备-材料】 线材
【生产关系】
【设备工具-工艺】 拉拔

◎模芯

【基本信息】
【英文名】 model armature
【拼音】 mu xin
【核心词】
【定义】
用于模具中心部位的关键运作的精密零件。
【分类信息】
【CLC类目】
TG76 模具
【IPC类目】
(1) B25H1/08 有工件夹持器的固定装置
(2) B25H1/08 有储存部分
(3) B25H1/08 模型或型芯;其零件或所用的附件〔4〕
(4) B25H1/08 型芯(33/02至33/70优先)〔4〕
(5) B25H1/08 模型或型芯〔4〕
(6) B25H1/08 型芯〔4〕
(7) B25H1/08 模具〔6〕
【词条属性】
【特征】
【特点】 一般结构极端复杂,加工难度非常大,造价很高,往往制造的人工支出大大超过材料的本身。
【特点】 模芯材料选择的好坏,直接关系到模具的使用寿命和模具的价格。
【特点】 精度要求:±0.005 mm
【状况】
【现状】 包含拉丝模芯、陶瓷模芯、真空模芯、排气模芯、汽车部件模芯等。
【词条关系】
【等同关系】
【基本等同】 模仁
【层次关系】
【类分】 拉丝模芯
【类分】 陶瓷模芯
【类分】 真空模芯
【类分】 排气模芯
【类分】 汽车部件模芯
【应用关系】
【用于】 塑料制品

◎多孔材料

【基本信息】
【英文名】 multicellular material
【拼音】 duo kong cai liao
【核心词】
【定义】
(1)用粉末冶金方法生产的一类孔隙度很高的材料。
【来源】《金属材料简明辞典》
(2)用粉末冶金方法制造的内部存在大量孔隙的材料。
【来源】《金属功能材料词典》
【分类信息】
【CLC类目】
(1) TB34 功能材料
(2) TB34 特种结构材料
(3) TB34 工业用陶瓷
(4) TB34 三废处理与综合利用
【IPC类目】
(1) C02F1/00 水、废水或污水的处理(3/00至9/00优先)〔3〕
(2) C02F1/00 用热处理法或用热加工或冷加工法改变有色金属或合金的物理结构

(金属的机械加工设备入 B21,B23,B24)

(3) C02F1/00　爆轰波减震或缓冲装置〔5〕

(4) C02F1/00　制造多孔工件或制品〔6〕

【词条属性】

【特征】

【特点】　一种由相互贯通或封闭的孔洞构成网络结构的材料,孔洞的边界或表面由支柱或平板构成

【特点】　典型的孔结构有:一种是由大量多边形孔在平面上聚集形成的二维结构;由于其形状类似于蜂房的六边形结构而被称为“蜂窝”材料;更为普遍的是由大量多面体形状的孔洞在空间聚集形成的三维结构,通常称之为“泡沫”材料

【优点】　相对密度低、比强度高、比表面积高、重量轻、隔音、隔热、渗透性好等

【状况】

【前景】　可控孔多孔材料

【现状】　按照孔径大小的不同,多孔材料又可以分为微孔(孔径小于 2 nm)材料、介孔(孔径 2～50 nm)材料和大孔(孔径大于 50 nm)材料

【应用场景】　航空、航天、化工、建材、冶金、原子能、石化、机械、医药和环保等诸多领域

【应用场景】　用作隔音材料、减振材料和抗爆炸冲击的材料

【应用场景】　新型光电子元件

【应用场景】　燃料电池的多孔电极

【应用场景】　分子筛

【应用场景】　高效气体或液体分离膜

【应用场景】　人造酶

【词条关系】

【层次关系】

【类分】　金属多孔材料

【类分】　微孔材料

【类分】　介孔材料

【类分】　大孔材料

【应用关系】

【用于】　隔音材料

【用于】　减震材料

【用于】　抗爆冲击材料

【用于】　光电子元件

【用于】　多孔电极

【用于】　分子筛

【用于】　气体分离膜

【用于】　液体分离膜

【用于】　人造酶

【生产关系】

【材料-工艺】　粉末冶金

◎金属多孔材料

【基本信息】

【英文名】　metal multicellular material

【拼音】　jin shu duo kong cai liao

【核心词】

【定义】

基体为金属的多孔材料。

【分类信息】

【CLC 类目】

(1) TB34　功能材料

(2) TB34　特种结构材料

(3) TB34　工业用陶瓷

(4) TB34　三废处理与综合利用

【IPC 类目】

(1) B07B　用细筛、粗筛、筛分或用气流将固体从固体中分离;适用于散装物料的其他干式分离法,如适于像散装物料那样处理的松散物品的分离

(2) B07B　制造多孔工件或制品〔6〕

(3) B07B　水、废水或污水的处理(3/00 至 9/00 优先)〔3〕

【词条属性】

【状况】

【前景】　金属-陶瓷复合多孔材料

【前景】　金属复合多孔催化材料

【前景】　高精度及大流通能力梯度复合结构金属多孔材料

【现状】 应用领域不断拓展,从固—液—气间的高效过滤及分离到表面燃烧、燃料电池、节能热管,从消声、抗震到超轻结构,已成为一种兼具功能和结构双重属性的性能优异的新型工程材料

【应用场景】 广泛应用于冶金机械、石油化工、能源环保、国防军工、核技术和生物制药等工业

【词条关系】

【层次关系】

【类分】 含油轴承

【类分】 泡沫金属

【类分】 粉末烧结多孔材料

【类分】 金属纤维多孔材料

【类分】 复合金属多孔材料

【类分】 蜂窝金属多孔材料

【类分】 金属多孔膜

【类属】 多孔材料

【生产关系】

【材料-工艺】 粉末冶金

【材料-工艺】 铸造

【材料-工艺】 熔融金属发泡法

【材料-工艺】 金属沉积法

◎泡沫金属

【基本信息】

【英文名】 foam metal

【拼音】 pao mo jin shu

【核心词】

【定义】

以泡沫树脂为原型做成的金属多孔体。

【来源】 《金属功能材料词典》

【分类信息】

【CLC 类目】

(1) TB383 特种结构材料

(2) TB383 粉末冶金制品及其应用

(3) TB383 传热学

【IPC 类目】

(1) C02F3/04 使用滴滤池〔3〕

(2) C02F3/04 使用地下滤池〔3〕

(3) C02F3/04 至少有一个化学处理步骤〔7〕

(4) C02F3/04 至少有一个物理处理步骤〔7〕

(5) C02F3/04 铝或铝基合金

(6) C02F3/04 铜或铜基合金

(7) C02F3/04 镍或钴或以它们为基料的合金

(8) C02F3/04 制造多孔工件或制品〔6〕

【词条属性】

【特征】

【特点】 孔隙度达到90%以上,具有一定强度和刚度

【特点】 孔隙度高,孔隙直径可达至毫米级

【特点】 透气性很高,几乎都是连通孔,孔隙比表面积大,材料容重很小

【特点】 泡沫金属的力学性能随气孔率的增加而降低,其导电性、导热性也相应呈指数关系降低;当泡沫金属承受压力时,由于气孔塌陷导致的受力面积增加和材料应变硬化效应,使得泡沫金属具有优异的冲击能量吸收特性

【优点】 密度小、隔热性能好、隔音性能好及能够吸收电磁波等

【状况】

【前景】 研究制备多孔泡沫金属与其他金属或非金属的复合材料

【现状】 国内外对多孔泡沫金属的制备工艺方面的研究较多,归纳起来主要有铸造法、粉末冶金法、金属沉积法、烧结法、熔融金属发泡法、共晶定向凝固法等6种

【应用场景】 航空航天、石油化工等

【应用场景】 石油化工、航空航天、环保中用于制造净化、过滤、催化支架、电极等装置

【时间】

【起始时间】 1948年

【词条关系】

【层次关系】

【概念-实例】 泡沫铝及其合金

【概念-实例】　泡沫镍
【概念-实例】　泡沫铜
【类属】　金属材料
【类属】　金属多孔材料
【应用关系】
【用于】　导电电极
【生产关系】
【材料-工艺】　粉末冶金
【材料-工艺】　电镀法
【材料-工艺】　铸造
【材料-工艺】　烧结法
【材料-工艺】　熔融金属发泡法
【材料-工艺】　定向凝固

◎摩擦材料

【基本信息】
【英文名】　friction material
【拼音】　mo ca cai liao
【核心词】
【定义】
用粉末冶金方法制成的、具有高摩擦系数和高耐磨性能的金属和非金属复合材料。
【来源】　《金属材料简明辞典》
【分类信息】
【CLC 类目】
(1) TB332　非金属复合材料
(2) TB332　金属-非金属复合材料
(3) TB332　摩擦与磨损
【词条属性】
【特征】
【特点】　具有良好的摩擦系数和耐磨损性能,同时具有一定的耐热性和机械强度,能满足车辆或机械的传动与制动的性能要求
【特点】　在干摩擦条件下,同对偶摩擦系数大于 0.2
【状况】
【前景】　新型的有机合成摩擦材料
【现状】　没有石棉成分,而是采用代用纤维或聚合物作为增强材料
【现状】　增加了金属成分,以提高其使用湿度及寿命
【现状】　加入了多种添加剂或填料,以改善摩擦平稳性和抗黏着性、降低制动噪声和震颤现象
【应用场景】　被广泛应用在汽车、火车、飞机、石油钻机等各类工程机械设备上;民用品如自行车、洗衣机等作为动力的传递或制动减速用不可缺少的材料
【词条关系】
【层次关系】
【类分】　离合器片
【类分】　刹车片
【类分】　半金属型摩擦材料
【类分】　烧结金属型摩擦材料
【类分】　代用纤维增强或聚合物粘接摩擦材料
【类分】　复合纤维摩擦材料
【类分】　陶瓷纤维摩擦材料
【类分】　金属基摩擦材料
【生产关系】
【材料-工艺】　粉末冶金

◎金属基摩擦材料

【基本信息】
【英文名】　metal matrix friction material
【拼音】　jin shu ji mo ca cai liao
【核心词】
【定义】
以金属为基体的摩擦材料。
【分类信息】
【CLC 类目】
(1) TB331　金属复合材料
(2) TB331　金属-非金属复合材料
(3) TB331　摩擦与磨损
【词条属性】
【特征】
【特点】　由基体金属(铜、铁或其合金)、润滑组元(铅、石墨、二硫化钼等)、摩擦组元

(二氧化硅、石棉等) 三部分组成

【特点】 具有特殊性能的各种质点均匀地分布在连续的金属基体中;金属基体发挥良好的导热性并承受机械应力,均匀分布的质点保证所需的摩擦性能

【优点】 摩擦系数高,摩擦系数随温度、压力和速度的变化而产生的变化小,耐高温、抗咬合性好,磨损小,寿命长等

【状况】

【现状】 为了增加粉末冶金摩擦材料的强度,通常将其黏结在钢背上而成为双金属结构

【现状】 具有足够的强度,合适而稳定的摩擦因数,工作平稳可靠,耐磨及污染少等优点,是应用面最广、用量最大的材料

【应用场景】 铜基摩擦材料大多用于离合器中,尤其在湿式离合器中更显示其独特的优点;铁基摩擦材料多用于制动器中

【应用场景】 广泛用于飞机、坦克、汽车、船舶、拖拉机、工程机械和机床等的离合器或制动器中

【词条关系】

【等同关系】

【基本等同】 粉末冶金摩擦材料

【层次关系】

【类分】 铜基摩擦材料

【类分】 铁基摩擦材料

【类属】 摩擦材料

【应用关系】

【材料-部件成品】 刹车片

【生产关系】

【材料-工艺】 粉末冶金

◎刹车片

【基本信息】

【英文名】 brake pad

【拼音】 cha che pian

【核心词】

【定义】

制动系统中关键的安全零件,一般由钢板、黏接隔热层和摩擦块构成,钢板要经过涂装来防锈。

【分类信息】

【CLC 类目】

(1) TB332　非金属复合材料

(2) TB332　金属-非金属复合材料

(3) TB332　摩擦与磨损

【词条属性】

【特征】

【特点】 较高的强度、导热性能、耐磨性能

【状况】

【现状】 刹车片摩擦材料的发展可分为去石棉时期、无石棉发展时期和新材料时期

【应用场景】 汽车、火车、飞机制动系统

【时间】

【起始时间】 19 世纪 30 年代

【词条关系】

【层次关系】

【类属】 摩擦材料

【类属】 复合材料

【实例-概念】 金属基纤维增强材料

【实例-概念】 金属基颗粒增强材料

【应用关系】

【部件成品-材料】 C-C 复合材料

【部件成品-材料】 金属基摩擦材料

◎离合器片

【基本信息】

【英文名】 clutch plate

【拼音】 li he qi pian

【核心词】

【定义】

作为传递引擎动力到变速箱的媒介物。

【分类信息】

【CLC 类目】

(1) TB332　非金属复合材料

(2) TB332　金属-非金属复合材料

(3) TB332　摩擦与磨损

【词条属性】

【特征】

【特点】 是一种以摩擦为主要功能、兼有结构性能要求的复合材料

【特点】 足够高的而且稳定的摩擦系数和较好的耐磨性

【状况】

【前景】 传统有机摩擦材料均有热衰退、热膨胀、热磨损等问题,需开发新型离合器用摩擦材料

【现状】 主要采用石棉基摩擦材料,随着对环保和安全的要求越来越高,逐渐出现了半金属型摩擦材料、复合纤维摩擦材料、陶瓷纤维摩擦材料

【词条关系】

【层次关系】

【类属】 复合材料

【类属】 摩擦材料

◎减摩材料

【基本信息】

【英文名】 anti-friction material

【拼音】 jian mo cai liao

【核心词】

【定义】

(1)具有低摩擦系数和高耐磨性能的金属材料或金属与非金属复合材料。

【来源】《金属材料简明辞典》

(2)是用粉末冶金方法制造的、在相对运动中相互摩擦表面之间的摩擦系数较小的金属、合金或金属复合材料，又称为烧结减摩材料。

【分类信息】

【CLC 类目】

TH117.1　摩擦与磨损

【词条属性】

【特征】

【特点】 具有良好的自润滑性能,因而应用范围比一般铸造金属或塑料减摩材料广泛,能在缺油甚至无油润滑的干摩擦条件下,或在高速、高载荷、高温、工作

【特点】 导热性高,线膨胀系数低,质地较软,较好的抗咬合性,耐腐蚀,耐高温,抗磁等

【优点】 低摩擦系数和高耐磨性能

【状况】

【现状】 按照不同材料基体可分为无机材料和有机材料

【现状】 按照润滑条件分类,可分为有油润滑和无油润滑两类

【应用场景】 用作滑动轴承、导轨、活塞环、密封环、电器的滑动零件等

【时间】

【起始时间】 1870 年

【词条关系】

【等同关系】

【基本等同】 烧结减摩材料

【层次关系】

【概念-实例】 含油轴承

【构成成分】 固体润滑剂、基体材料

【类分】 无机减摩材料

【类分】 有机减摩材料

【类分】 有油润滑减摩材料

【类分】 无油润滑减摩材料

【类分】 铜基减摩材料

【类分】 铁基减摩材料

【生产关系】

【材料-工艺】 粉末冶金

◎铜基减摩材料

【基本信息】

【英文名】 copper-matrix anti-friction material

【拼音】 tong ji jian mo cai liao

【核心词】

【定义】

铜基体材料和固体润滑组元复合而成,它兼有基体材料的特性和润滑剂的摩擦学特性,适应在不同的大气环境、化学环境、电气环境及高温、高真空等特殊条件下使用。

【分类信息】

【CLC 类目】

(1) TB331　金属复合材料

(2) TB331　摩擦与磨损

【词条属性】

【状况】

【现状】　是金属基减摩材料的重要组成部分,是解决400～500 ℃以下工业摩擦学问题的首选材料

【现状】　由于纯铜强度和硬度较低,所以很少采用纯铜作为铜基复合材料的基体;为了提高铜基体的机械和摩擦学性能,通常往铜粉中添加锡、锌、铝、镍等合金元素,形成固溶强化铜基体材料

【现状】　一般铜合金减摩材料基体主要以锡青铜为主;同时在锡青铜基体材料中添加锌、镍、钼、铁等合金元素,起固溶强化作用,进一步提高基体材料的强度和耐磨性能

【现状】　润滑组元主要使用石墨

【词条关系】

【层次关系】

【并列】　铁基减摩材料

【构成成分】　铜基体、固体润滑组元

【类分】　双金属铜基减摩复合材料

【类分】　整体烧结铜基减摩复合材料

【类属】　减摩材料

【类属】　金属基减摩材料

【实例-概念】　固溶强化

【生产关系】

【材料-工艺】　粉末冶金

【材料-原料】　铜粉

【材料-原料】　铅粉

【材料-原料】　石墨粉

◎含油轴承

【基本信息】

【英文名】　oil-impregnated bearing

【拼音】　han you zhou cheng

【核心词】

【定义】

浸润滑油的粉末冶金多孔材料制成的滑动轴承。又称为自润滑轴承。

【来源】《中国冶金百科全书 · 金属材料》

【分类信息】

【CLC 类目】

(1) TH117.2　润滑器具

(2) TH117.2　含油轴承

【词条属性】

【特征】

【特点】　在高速、轻载下工作的含油轴承要求含油量多,孔隙度宜高;在低速、载荷较大下工作的含油轴承要求强度高,孔隙度宜低

【特点】　材质的多孔特性,与润滑油的亲和特性

【优点】　是用粉末冶金法制作的烧结体,其本来就是多孔质的,而且具有在制造过程中可较自由调节孔隙的数量、大小、形状及分布等技术上的优点

【优点】　具有成本低、能吸振、噪声小、在较长工作时间内不用加润滑油等特点,特别适用于不易润滑或不允许油脏污的工作环境

【状况】

【现状】　利用烧结体的多孔性,使之含浸10%～40%(体积分数)润滑油,于自行供油状态下使用

【现状】　已成为汽车、家电、音响设备、办公设备、农业机械、精密机械等各种工业制品发展不可或缺的一类基础零件

【现状】　含油轴承分为铜基、铁基、铜铁基等

【时间】

【起始时间】　20 世纪初

【词条关系】

【等同关系】

【基本等同】　自润滑轴承

【基本等同】　多孔质轴承

【层次关系】

【类分】　铜基含油轴承

【类分】　铁基含油轴承

【类分】　铜铁基含油轴承

【类属】 金属多孔材料
【实例-概念】 减摩材料
【生产关系】
【材料-工艺】 粉末冶金
【材料-原料】 金属粉末

◎金属基颗粒增强材料

【基本信息】
【英文名】 particle reinforeed metal matrix composite
【拼音】 jin shu ji ke li zeng qiang cai liao
【核心词】
【定义】
以金属为基体、各类陶瓷或晶体颗粒为增强相的复合材料。
【分类信息】
【CLC 类目】
(1) TB331 金属复合材料
(2) TB331 金属-非金属复合材料
【IPC 类目】
(1) B22F1/02 包含粉末的包覆〔2〕
(2) B22F1/02 由金属粉末制造工件或制品,其特点为用压实或烧结的方法;所用的专用设备
(3) B22F1/02 涉及自扩散高温合成或反应烧结方法〔6〕
(4) B22F1/02 由金属粉末制造特殊形状的工件或制品
【词条属性】
【特征】
【特点】 材料各向同性
【优点】 工艺简单,增强体成本低廉,易于工业化生产,可二次加工
【优点】 微观组织均匀
【状况】
【现状】 是金属基复合材料的研究热点
【现状】 常用增强体为碳化物、硼化物、氮化物、氧化物,以及 C、Si、石墨等晶体颗粒
【词条关系】
【等同关系】
【基本等同】 颗粒增强金属基复合材料
【层次关系】
【并列】 金属基纤维增强材料
【并列】 纤维增强金属基复合材料
【并列】 晶须增强金属基复合材料
【概念-实例】 颗粒增强铝基复合材料
【概念-实例】 颗粒增强铜基复合材料
【概念-实例】 颗粒增强钛基复合材料
【概念-实例】 颗粒增强镁基复合材料
【概念-实例】 刹车片
【类属】 复合材料
【类属】 金属基复合材料
【生产关系】
【材料-工艺】 挤压铸造
【材料-工艺】 粉末冶金
【材料-工艺】 熔铸法
【材料-工艺】 机械合金化
【材料-工艺】 自蔓延高温合成法
【材料-工艺】 搅拌铸造法

◎金属基纤维增强材料

【基本信息】
【英文名】 fiber reinforced metal matrix composite
【拼音】 jin shu ji xian wei zeng qiang cai liao
【核心词】
【定义】
以金属为基体、各类纤维为增强相的复合材料。
【分类信息】
【CLC 类目】
(1) TB331 金属复合材料
(2) TB331 金属-非金属复合材料
【IPC 类目】
(1) B22F1/02 包含粉末的包覆〔2〕
(2) B22F1/02 由金属粉末制造特殊形状的工件或制品
(3) B22F1/02 通过对金属粉末进行烧

结,以压实或不压实来制造包含此粉末的复合层、工件或制品

【词条属性】

【特征】

【缺点】 纤维成本昂贵,成型工艺复杂,难以二次加工,制备过程纤维易出现损伤,微观组织不均匀,纤维与纤维间相互接触,反应带过大等

【特点】 在力学方面为横向及剪切强度较高,韧性及疲劳等综合力学性能较好

【特点】 导热、导电、耐磨、热膨胀系数小、阻尼性好、不吸湿、不老化和无污染等

【优点】 高比强度,高比刚度

【状况】

【现状】 加工温度高、工艺复杂、界面反应控制困难、成本相对高

【现状】 根据增强材料的不同,常见的纤维增强金属基复合材料分为长(连续)纤维增强金属基复合材料及短纤维增强金属基复合材料

【现状】 常用增强体为碳纤维、硼纤维等

【词条关系】

【等同关系】

【基本等同】 纤维增强金属基复合材料

【层次关系】

【并列】 金属基颗粒增强材料

【并列】 颗粒增强金属基复合材料

【并列】 晶须增强金属基复合材料

【概念-实例】 纤维增强铝基复合材料

【概念-实例】 纤维增强铜基复合材料

【概念-实例】 纤维增强钛基复合材料

【概念-实例】 纤维增强镁基复合材料

【概念-实例】 刹车片

【类属】 复合材料

【类属】 金属基复合材料

【生产关系】

【材料-工艺】 热等静压

【材料-工艺】 热压扩散

【材料-工艺】 真空无压浸渗

【材料-原料】 碳纤维

◎钨钴硬质合金

【基本信息】

【英文名】 WC-Co cemented carbide

【拼音】 wu gu ying zhi he jin

【核心词】

【定义】

由碳化钨和金属钴组成的硬质合金。在这类合金中,钴含量3%～30%,其余为WC。

【来源】 《中国冶金百科全书 · 金属材料》

【分类信息】

【CLC类目】

(1) TG135 硬质合金

(2) TG135 各种材料刀具

【词条属性】

【特征】

【特点】 随着钴含量和WC晶粒尺寸增大,合金的硬度降低,抗弯强度和抗冲击能力提高

【状况】

【现状】 这类合金是产量最大、用途最广的一类

【现状】 用于切削刀具的牌号,钴含量在3%～13%变化,WC的平均晶粒在1～5 μm。

【现状】 用于耐磨零件的牌号,钴含量可达30%,WC的平均晶粒可达10 μm

【现状】 这类合金中国用代号YG表示;它与国际标准组织硬质合金代号K类和G类合金相对应

【现状】 按其成分可分为低钴、中钴和高钴合金三类

【现状】 按其WC晶粒大小可分为微晶粒、细晶粒、中等晶粒和粗晶粒合金四类

【现状】 按其用途可分为钨切削工具、矿山工具和耐磨工具三类

【应用场景】 可用于削铸铁、有色金属和非金属材料,亦可用作拉伸模、冷冲模、喷嘴、轧辊、顶锤、量具、刃具等耐磨工具和矿山工具

【时间】

【起始时间】 1923年

【词条关系】
【等同关系】
【基本等同】 碳化钨钴硬质合金
【层次关系】
【并列】 钨钴钛硬质合金
【应用关系】
【材料-部件成品】 硬质合金模具
【材料-部件成品】 硬质合金矿山工具
【用于】 刀具
【用于】 切削刀具
【生产关系】
【材料-原料】 碳化钨粉
【材料-原料】 钴粉

◎钨钴钛硬质合金

【基本信息】
【英文名】 cemented titanium-tung-sten carbide
【拼音】 wu gu tai ying zhi he jin
【核心词】
【定义】
由 WC-TiC、WC 和黏结金属钴组成的或者仅由 WC-TiC 固溶体和钴组成的多相硬质合金。
【来源】《中国冶金百科全书·金属材料》
【分类信息】
【CLC 类目】
(1) TG135　硬质合金
(2) TG135　各种材料刀具
【词条属性】
【特征】
【缺点】 与钨钴硬质合金比较,相同钴含量的钨钛钴硬质合金的抗弯强度较低,并随着 TiC 含量的增加而降低
【特点】 具有较高的抗月牙洼磨损能力,适合做长切削材料的刀具
【特点】 与钨钴硬质合金类似,碳含量不适当时,合金也会出现石墨相或 η 相,加入 TiC 后,合金允许的含碳量波动范围要比钨钴硬质合金宽些
【特点】 TiC 和 WC 固溶体成分和晶粒大小对合金的组织和性能影响很大
【状况】
【应用场景】 切削钢材用刀具
【时间】
【起始时间】 20 世纪 20 年代初
【词条关系】
【等同关系】
【基本等同】 钨钴钛类硬质合金
【层次关系】
【并列】 钨钴硬质合金
【类属】 硬质合金
【应用关系】
【用于】 切削刀具
【用于】 刀具
【生产关系】
【材料-工艺】 粉末冶金
【材料-原料】 钨粉
【材料-原料】 钴粉

◎硬质合金模具

【基本信息】
【英文名】 cemented carbide die
【拼音】 ying zhi he jin mu ju
【核心词】
【定义】
用硬质合金制造凸模或凹模,或凸模、凹模都用硬质合金制造的整体模具。
【来源】《冲压工操作技术要领图解》
【分类信息】
【CLC 类目】
(1) TF125　粉末冶金制品及其应用
(2) TF125　模具
(3) TF125　硬质合金
【词条属性】
【特征】
【优点】 硬质合金模具是钢模的寿命十几倍乃至几十倍
【优点】 高硬度,高强,耐腐蚀,耐高温和

膨胀系数小

【状况】

【前景】 铁镍代钴硬质合金模具

【前景】 细晶、超细晶、甚至纳米晶硬质合金和梯度硬质合金作为模具材料。

【前景】 镶铸、镶嵌硬质合金热做模具

【现状】 一般都是采用钨钴硬质合金。

【现状】 采用原生碳化物材质,低压烧结等特殊工艺,韧性会比常规生产要好,使用寿命也会提高3~5倍

【应用场景】 冷镦模、冷冲模、拉丝模、六角模具、螺旋模具等

【词条关系】

【层次关系】

【类分】 冷镦模

【类分】 冷冲模

【类分】 拉丝模

【类分】 六角模具

【类分】 螺旋模具

【类分】 无磁合金模具

【类分】 级进模

【类属】 模具

【应用关系】

【部件成品-材料】 硬质合金

【部件成品-材料】 硬质合金粉末

【部件成品-材料】 钨钴硬质合金

【生产关系】

【材料-工艺】 粉末冶金

◎物理气相沉积(PVD)

【基本信息】

【英文名】 physical vapor deposition

【拼音】 wu li qi xiang chen ji(PVD)

【核心词】

【定义】

(1)在真空条件下将涂层材料转变成蒸气态再沉积在基材表面的表面防护方法。

【来源】《中国冶金百科全书·金属材料》

(2)用物理方法将源物质变为气态,再直接或与其他气态物质反应后在基材表面形成镀膜的技术。

【来源】《现代材料科学与工程辞典》

【分类信息】

【CLC类目】

(1) TG174.444 真空镀与气相镀法

(2) TG174.444 真空镀膜

(3) TG174.444 薄膜的生长、结构和外延

【IPC类目】

(1) C23C10/02 待被覆材料的预处理,(10/04优先)〔4〕

(2) C23C10/02 使用气体的〔4〕

(3) C23C10/02 一步法渗多种元素〔4〕

(4) C23C10/02 通过覆层形成材料的真空蒸发、溅射或离子注入进行镀覆(附有放电作用物体或材料引入装置的放电管本身入H01J37/00)〔4〕

(5) C23C10/02 在金属基体或在硼或硅基体上〔4〕

(6) C23C10/02 观察镀覆工艺的装置〔4〕

(7) C23C10/02 待镀材料的预处理(16/04优先)〔4〕

(8) C23C10/02 碳化物〔4〕

(9) C23C10/02 氮化物〔4〕

(10) C23C10/02 碳氮化物〔4〕

(11) C23C10/02 硼化物〔4〕

(12) C23C10/02 氧化物〔4〕

(13) C23C10/02 以镀覆方法为特征的(16/04优先)〔4〕

(14) C23C10/02 采用流化床法〔7〕

【词条属性】

【特征】

【特点】 真空条件下使用

【特点】 适用于镀几微米至100微米的厚膜表面处理

【特点】 有效地利用了等离子体及离子,其作用在于从外电场加速离,以便利用其功能,或通过离子化,以化学活性的方式加速反应

【状况】

【前景】 PVD 处理的对象由原来较单一的 HSS、硬质合金等材料不断向中低合金结构钢、模具钢乃至有色金属等其他材料类型拓宽

【前景】 为保证 PVD 表面处理后被处理件整体材料的性能不下降，降低 PVD 处理温度，在较低的温度下获得性能优良的沉积层，是 PVD 技术的发展方向

【前景】 薄膜材料越来越丰富

【前景】 新型镀层复合及多层化

【应用场景】 以超大规模集成电路为主的电子学

【应用场景】 太阳能电池

【应用场景】 各种薄膜敏感元件

【应用场景】 材料表面处理

【词条关系】

【层次关系】

【并列】 化学气相沉积(CVD)

【类分】 真空蒸发镀膜技术

【类分】 真空溅射镀膜

【类分】 离子镀膜

【类分】 分子束外延

【类分】 离子束增强沉积技术

【类分】 电火花沉积技术

【类分】 电子束物理气相沉积技术

【类分】 多层喷射沉积技术

【应用关系】

【用于】 表面处理

【用于】 CBN 刀具

【用于】 刀具

【生产关系】

【工艺-材料】 TiC 涂层

【工艺-材料】 TiN 涂层

【工艺-材料】 复合涂层

【工艺-材料】 金刚石薄膜

◎化学气相沉积(CVD)

【基本信息】

【英文名】 chemical vapor deposition

【拼音】 hua xue qi xiang chen ji(CVD)

【核心词】

【定义】

(1)通过气相进行的化学反应制取金属及金属化合物的特殊制品，以及提纯金属或金属化合物的方法。

【来源】《中国冶金百科全书·有色金属冶金》

(2)利用物质的气相化学反应生成固态质点沉积于基材表面的表面防护方法。

【来源】《中国冶金百科全书·金属材料》

【分类信息】

【CLC 类目】

(1) TG174.444　真空镀与气相镀法

(2) TG174.444　金属复合材料

(3) TG174.444　薄膜技术

【IPC 类目】

(1) C23C10/02　待被覆材料的预处理，(10/04 优先)〔4〕

(2) C23C10/02　使用气体的〔4〕

(3) C23C10/02　在金属基体或在硼或硅基体上〔4〕

(4) C23C10/02　以镀覆工艺为特征的〔4〕

(5) C23C10/02　碳化物〔4〕

(6) C23C10/02　氮化物〔4〕

(7) C23C10/02　碳氮化物〔4〕

(8) C23C10/02　硼化物〔4〕

(9) C23C10/02　氧化物〔4〕

(10) C23C10/02　以镀覆方法为特征的(16/04 优先)〔4〕

(11) C23C10/02　产生反应气流的方法，如通过前体材料的蒸发或升华〔7〕

(12) C23C10/02　输入反应室前的活化反应气流法，如通过电离或加入活性组分〔7〕

(13) C23C10/02　反应气体通入燃烧器或喷灯的反应气体法，如在大气压下的 CVD 法(16/513 优先；在熔融状态下涂覆材料的火焰喷镀或等离子体喷镀入 4/00)〔7〕

【词条属性】

【特征】

【缺点】 CVD 的沉积温度通常很高,在900~2000 ℃,容易引起零件变形和组织上的变化,从而降低机体材料的机械性能并削弱机体材料和镀层间的结合力,使基片的选择、沉积层或所得工件的质量都受到限制

【优点】 由 CVD 技术所形成的膜层致密且均匀,膜层与基体的结合牢固,薄膜成分易控,沉积速度快,膜层质量也很稳定,某些特殊膜层还具有优异的光学、热学和电学性能,易于实现批量生产

【状况】

【前景】 减少有害生成物,提高工业化生产规模

【现状】 应用不再局限于无机材料方面,已推广到诸如提纯物质、研制新晶体、沉积各种单晶、多晶或玻璃态无机薄膜材料等领域

【现状】 朝中低温和高真空两个方向发展,并与等离子体、激光、超声波等技术相结合

【应用场景】 制备贵金属薄膜

【应用场景】 制备纳米粉末

【应用场景】 应用于刀具材料、耐磨耐热耐腐蚀材料、宇航工业上的特殊复合材料、原子反应堆材料及生物医用材料等领域

【应用场景】 制备与合成各种粉体材料、块体材料、新晶体材料、陶瓷纤维及金刚石薄膜等

【应用场景】 制备大规模集成电路技术的铁电材料、绝缘材料、磁性材料、光电子材料的薄膜

【词条关系】

【层次关系】

【并列】 物理气相沉积(PVD)

【类分】 金属有机化合物化学气相沉积技术

【类分】 等离子化学气相沉积

【类分】 激光化学气相沉积

【类分】 低压化学气相沉积

【类分】 超真空化学气相沉积

【类分】 超声波化学气相沉积

【应用关系】

【用于】 提纯

【生产关系】

【工艺-材料】 金刚石薄膜

【工艺-材料】 TiN 涂层

【工艺-材料】 TiC 涂层

【工艺-材料】 纳米金属粉末

◎金刚石薄膜

【基本信息】

【英文名】 diamond film

【拼音】 jin gang shi bao mo

【核心词】

【定义】

用低压或常压化学气相沉积方法人工合成的薄膜装金刚石材料。

【分类信息】

【CLC 类目】

(1) TB43 薄膜技术

(2) TB43 薄膜的生长、结构和外延

(3) TB43 天然磨料开采

【IPC 类目】

(1) B22F9/12 从气体材料开始〔3〕

(2) B22F9/12 使用气体的〔4〕

(3) B22F9/12 仅渗一种元素〔4〕

(4) B22F9/12 以镀覆工艺为特征的〔4〕

(5) B22F9/12 仅沉积金刚石〔7〕

【词条属性】

【特征】

【缺点】 微米晶金刚石薄膜表面粗糙度较大,晶粒间存在着明显的空隙,难以广泛应用到各种对表面质量有要求的工业场合

【缺点】 微米晶金刚石膜内部存在缺陷和应力;缺陷使得金刚石膜的耐磨性呈现出各向异性,做成刀具很难胜任冲击较大的加工条件;膜基间的晶格失配和膜的应力等因素使得

膜基结合强度不高,在使用过程中内应力会造成薄膜出现微裂纹而降低使用寿命

【特点】 从紫外到红外广阔频带里都有很高的光学透射率

【优点】 高硬度、高导热、优良耐磨耐蚀性

【状况】

【前景】 纳米晶金刚石薄膜

【现状】 制备方法有热化学气相沉积(TCVD)和等离子体化学气相沉积(PCVD)两大类

【应用场景】 耐磨涂层、声学膜片、光学窗口、集成电路高热导基片、制备金刚石器件

【时间】

【起始时间】 20 世纪 80 年代

【其他物理特性】

【电阻率】 1016 Ω·cm(室温)

【热导率】 20 W/(cm·K)

【力学性能】

【硬度】 HV 100

【词条关系】

【层次关系】

【类分】 微米晶金刚石薄膜

【类分】 纳米晶金刚石薄膜

【应用关系】

【用于】 涂层材料

【用于】 切削刀具

【用于】 微机电系统器件

【用于】 光学窗口材料

【用于】 真空微电子器件冷阴极材料

【生产关系】

【材料-工艺】 热化学气相沉积

【材料-工艺】 等离子体化学气相沉积

【材料-工艺】 化学气相沉积(CVD)

【材料-工艺】 物理气相沉积(PVD)

◎TiC 涂层

【基本信息】

【英文名】 TiC coating

【拼音】 TiC tu ceng

【核心词】

【定义】

以 TiC 为主要增强相的,通过各种技术工艺制备得到的硬质合金涂层。

【分类信息】

【CLC 类目】

(1) TB321　无机质材料

(2) TB321　功能材料

(3) TB321　硬质合金

(4) TB321　耐磨合金

(5) TB321　真空镀与气相镀法

(6) TB321　陶瓷复层

(7) TB321　各种材料刀具

【IPC 类目】

(1) C23C10/02　待被覆材料的预处理,(10/04 优先)〔4〕

(2) C23C10/02　使用气体的〔4〕

(3) C23C10/02　一步法渗多种元素〔4〕

(4) C23C10/02　通过覆层形成材料的真空蒸发、溅射或离子注入进行镀覆(附有放电作用物体或材料引入装置的放电管本身入 H01J37/00)〔4〕

(5) C23C10/02　局部表面上的镀覆,如使用掩蔽物〔4〕

(6) C23C10/02　以镀层材料为特征的(14/04 优先)〔4〕

(7) C23C10/02　在金属基体或在硼或硅基体上〔4〕

(8) C23C10/02　以镀覆工艺为特征的〔4〕

(9) C23C10/02　真空蒸发〔4〕

(10) C23C10/02　碳化物〔4〕

(11) C23C10/02　以镀覆方法为特征的(16/04 优先)〔4〕

【词条属性】

【特征】

【优点】 硬度高,耐磨性好,摩擦系数低,还具有较高的红硬性,化学稳定性和良好的导热性与热稳定性

【状况】

【前景】 纳米 TiC 涂层

【现状】 TiC 涂层具有较好的综合性能,并且硬度比 TiN 更高,已成为主要选择之一

【现状】 制备 TiC 和 TiN 复合涂层,获取更优性能

【现状】 与 Fe、Ni 等金属混合,制备金属陶瓷涂层

【应用场景】 广泛应用于刀具、模具、超硬工具和耐磨耐蚀零件中

【词条关系】

【层次关系】

【并列】 TiN 涂层

【类属】 硬质合金涂层

【应用关系】

【用于】 刀具

【用于】 切削刀具

【用于】 模具

【生产关系】

【材料-工艺】 化学气相沉积(CVD)

【材料-工艺】 物理气相沉积(PVD)

◎TiN 涂层

【基本信息】

【英文名】 titanium nitride coating

【拼音】 TiN tu ceng

【核心词】

【定义】

以 TiN 为主要强化相的,利用各种工艺技术制备的硬质合金涂层。

【分类信息】

【CLC 类目】

(1) TB321 无机质材料

(2) TB321 功能材料

(3) TB321 耐腐蚀材料

(4) TB321 硬质合金

(5) TB321 耐磨合金

(6) TB321 各种金属及合金的腐蚀、防腐与表面处理

(7) TB321 各种材料刀具

(8) TB321 模具

【IPC 类目】

(1) B22F7/02 复合层

(2) B22F7/02 使用气体的〔4〕

(3) B22F7/02 通过覆层形成材料的真空蒸发、溅射或离子注入进行镀覆(附有放电作用物体或材料引入装置的放电管本身入 H01J37/00)〔4〕

(4) B22F7/02 局部表面上的镀覆,如使用掩蔽物〔4〕

(5) B22F7/02 以镀层材料为特征的(14/04 优先)〔4〕

(6) B22F7/02 在金属基体或在硼或硅基体上〔4〕

(7) B22F7/02 以镀覆工艺为特征的〔4〕

(8) B22F7/02 溅射〔4〕

(9) B22F7/02 氮化物〔4〕

【词条属性】

【特征】

【缺点】 500 ℃ 以上抗氧化能力变差,易剥落

【特点】 提高耐磨性,减小摩擦系数,防止黏结

【特点】 单层氮化钛涂层为金黄色,最高使用温度在 500 ℃,是一种高性价比涂层广泛的应用刀数控刀具当中

【特点】 在过渡金属的氮化物中,TiN 是电阻率最低的涂层之一

【优点】 硬度高、耐腐蚀、不黏性好、化学稳定性好和摩擦系数低等

【状况】

【前景】 消除 TiN 涂层的柱状晶结构,得到整个涂层厚度内均为细的等轴晶的显微组织,提升涂层性能

【现状】 TIN 还可以和其他元素如铝、碳等组成复合涂层,如 AlTiN(氮化钛铝)等

【现状】 应用已扩展到其他领域,如摩擦(轴承和齿轮)、装饰和光学领域,以及微电子

学领域

【现状】　低速切削工具理想的涂层材料

【现状】　TiN 涂层厚度一般为 3～10 μm

【现状】　通过加入第三元素 C,形成同样是面心立方结构的 TiC 和 TiN,可提高涂层的硬度,获得优异的磨损抗力

【应用场景】　数控刀具

【应用场景】　广泛应用于塑料工业和织物加工工业

【应用场景】　超大规模集成电路中的扩散阻挡层

【应用场景】　挤压模具和注射模具涂层

【力学性能】

【硬度】　HV 2300 左右

【词条关系】

【层次关系】

【并列】　TiC 涂层

【类属】　硬质合金涂层

【应用关系】

【用于】　刀具

【用于】　切削刀具

【用于】　模具

【用于】　超大规模集成电路

【生产关系】

【材料-工艺】　化学气相沉积(CVD)

【材料-工艺】　物理气相沉积(PVD)

◎C-C 复合材料

【基本信息】

【英文名】　C-C composite; carbon-carbon composite material

【拼音】　C-C fu he cai liao

【核心词】

【定义】

以碳或石墨纤维为增强体,碳或石墨为基体复合而成的材料,又称为碳纤维增强碳复合材料。

【来源】《现代材料科学与工程辞典》

【分类信息】

【CLC 类目】

(1) TQ342　碳纤维系纤维

(2) TQ342　非金属复合材料

【词条属性】

【特征】

【缺点】　在温度高于 400 ℃ 的有氧环境中发生氧化反应,导致材料的性能急剧下降;因此,碳碳复合材料在高温有氧环境下的应用必须有氧化防护措施

【特点】　碳纤维的取向明显影响材料的强度

【优点】　低密度、高强度、高比模量、高导热性、低膨胀系数、摩擦性能好,以及抗热冲击性能好、尺寸稳定性高等

【优点】　良好的疲劳和抗蠕变性能

【状况】

【前景】　开发高效低成本制备工艺

【前景】　研究能在 1700 ℃ 以上使用、更可靠的抗氧化涂层

【现状】　在 1650 ℃ 以上应用的少数备选材料,最高理论温度更高达 2600 ℃,因此被认为是最有发展前途的高温材料之一

【现状】　由于价格原因,用途限制于一些工况严苛的部位

【应用场景】　航空航天、核能、民用工业领域

【时间】

【起始时间】　20 世纪 60 年代末期

【其他物理特性】

【密度】　$<2.0\ g/cm^3$

【词条关系】

【等同关系】

【学名是】　碳纤维增强碳复合材料

【层次关系】

【类属】　复合材料

【应用关系】

【材料-部件成品】　飞机刹车盘

【材料-部件成品】　航天飞机鼻锥

【材料-部件成品】　航天飞机机翼前缘

【材料-部件成品】 刹车片
【用于】 航空发动机高温结构件
【用于】 固体火箭发动机抗烧蚀材料
【用于】 返回式航天飞行器热结构材料
【用于】 生物材料
【生产关系】
【材料-工艺】 液相浸渍炭化法
【材料-工艺】 化学气相渗积法
【材料-工艺】 改性技术
【材料-工艺】 涂层技术

◎石墨烯

【基本信息】
【英文名】 graphene
【拼音】 shi mo xi
【核心词】
【定义】

(1)是从石墨材料中剥离出来、由碳原子组成的只有一层原子厚度的二维晶体。2004年,英国曼彻斯特大学物理学家安德烈·盖姆和康斯坦丁·诺沃肖洛夫,成功从石墨中分离出石墨烯,证实它可以单独存在,两人也因此共同获得2010年诺贝尔物理学奖。

(2)由碳六元环组成的两维(2D)周期蜂窝状点阵结构,它可以翘曲成零维(0D)的富勒烯(fullerene),卷成一维(1D)的碳纳米管(carbonnano-tube,CNT)或者堆垛成三维(3D)的石墨(graphite),因此石墨烯是构成其他石墨材料的基本单元。

【分类信息】
【CLC类目】
(1) TQ031.2 合成
(2) TQ031.2 碳
【词条属性】
【特征】
【特点】 只有一层原子厚度的二维晶体
【特点】 石墨烯几乎是完全透明的,只吸收2.3%的光
【特点】 它非常致密,即使是最小的气体原子(氦原子)也无法穿透
【特点】 表现出了异常的整数量子霍尔行为,其霍尔电导为量子电导的奇数倍,且可以在室温下观测到
【特点】 石墨烯结构非常稳定,迄今为止,研究者仍未发现石墨烯中有碳原子缺失的情况;这种稳定的晶格结构使碳原子具有优秀的导电性
【特点】 石墨烯具有极高导热系数,近年来被提倡用于散热等方面,导热性能优于碳纳米管
【特点】 石墨烯是人类已知强度最高的物质,比钻石还坚硬,强度比石墨烯世界上最好的钢铁还要高上100倍
【优点】 既是最薄的材料,也是最强韧的材料,断裂强度比最好的钢材还要高200倍
【优点】 同时它又有很好的弹性,拉伸幅度能达到自身尺寸的20%
【状况】
【前景】 成为硅的替代品,制造超微型晶体管,用来生产未来的超级计算机
【前景】 移动设备显示屏
【现状】 目前发现的最薄、强度最大、导电导热性能最强的一种新型纳米材料
【现状】 石墨烯的基本结构单元为有机材料中最稳定的苯六元环,是目前最理想的二维纳米材料
【应用场景】 物理学基础研究
【应用场景】 制造汽车、飞机和卫星
【应用场景】 移动设备、航空航天、新能源电池领域
【时间】
【起始时间】 2004年
【其他物理特性】
【热导率】 5000 W/(m·K)
【力学性能】
【弹性模量】 1100 GPa
【词条关系】
【层次关系】
【类分】 单层石墨烯

【类分】　双层石墨烯
【类分】　多层石墨烯
【生产关系】
【材料-工艺】　微机械分离法
【材料-工艺】　取向附生法
【材料-工艺】　加热 SiC 法
【材料-工艺】　化学还原法
【材料-工艺】　化学解离法

◎高熵合金

【基本信息】
【英文名】　high entropy alloy
【拼音】　gao shang he jin
【核心词】
【定义】

目前,高熵合金一般可以被定义为由 5 个以上的元素组元按照等原子比或接近于等原子比合金化,其混合熵高于合金的熔化熵,一般形成高熵固溶体相的一类合金。简言之,五元合金相图中,在中间位置存在固溶体相区,这种固溶体目前认为是混合熵稳定的固溶体。已经报道的典型合金有:叶均蔚等发现的以 CoCrCuFeNi 为代表的面心立方固溶体结构的合金;张勇等发现的以 A1CoCrFeNi 为代表的体心立方固溶体结构的合金。

【分类信息】
【CLC 类目】
(1) TB303　材料结构及物理性质
(2) TB303　高熔点合金、难熔合金、高温合金
【词条属性】
【特征】
【特点】　热力学上的高熵效应,高熵合金的混合熵要明显高于传统金属合金
【特点】　结构上的晶格畸变效应,高熵合金存在着严重的晶格畸变,严重的晶格畸变必然会影响到材料的力学、热学、电学等一系列性能,如高热阻,高电阻效应
【特点】　动力学上的迟滞扩散效应,在高熵合金的铸造过程中,冷却时的相分离在高温区间通常被抑制从而延迟到低温区间
【特点】　性能上的"鸡尾酒"效应,指其多种元素的本生特性和他们之间相互作用使高熵合金呈现一种复杂效应,如果使用较多轻元素,合金的总体密度将会减小;如果使用较多的抗氧化元素,如铝或硅,合金的高温抗氧化能力就会提高
【特点】　玻璃化形成能力并不高
【优点】　高熵合金具有一些传统合金所无法比拟的优异性能,如高强度、高硬度、高耐磨耐腐蚀性、高热阻、高电阻等
【时间】
【起始时间】　20 世纪 90 年代
【词条关系】
【层次关系】
【概念-实例】　以 CoCrCuFeNi 为代表的面心立方固溶体结构的合金
【概念-实例】　以 AlCoCrFeNi 为代表的体心立方固溶体结构的合金

◎包覆型粉末

【基本信息】
【英文名】　coating composite powder
【拼音】　bao fu xing fen mo
【核心词】
【定义】

金属镀(涂)覆在每一个芯核颗粒上形成的复合粉末,它兼有镀层金属和芯核的优良性能,因而广泛用于航空、航海、电子、通信及民用等诸多领域。

【分类信息】
【CLC 类目】
TB383　特种结构材料
【词条属性】
【特征】
【特点】　兼有镀层金属和芯核的优良性能
【优点】　由于芯核粉末受到包覆粉末的保护,可避免在高温时发生部分元素的氧化烧

损、失碳、挥发等现象;储存、运输和使用都较为方便

【状况】

【现状】 根据芯核颗粒的不同,包覆型粉末大体可以分为3种类型,即金属-金属、金属-非金属、金属-陶瓷

【应用场景】 广泛用于航空、航海、电子、通信及民用等诸多领域

【词条关系】

【层次关系】

【概念-实例】 铜包铬粉

【概念-实例】 铜包钨粉

【概念-实例】 铜包石墨粉

【概念-实例】 银包铜粉

【类属】 复合粉末

【应用关系】

【用于】 热喷涂

【用于】 金属基复合材料

【用于】 激光熔覆

【生产关系】

【原料-材料】 涂层材料

◎光伏银浆

【基本信息】

【英文名】 silicon solar cell electronic paste

【拼音】 guang fu yin jiang

【核心词】

【定义】

应用于太阳能电池板,由导电相、黏结相和有机载体三部分组成,根据印刷于太阳能电池的正面和背面,光伏银浆分为正面银浆和背面银浆。

【分类信息】

【CLC类目】

O648.2 粉末、糊膏

【词条属性】

【特征】

【特点】 由导电相、黏结相和有机载体三部分组成,其中导电相是光伏银浆的功能相,即银粉

【特点】 根据印刷于太阳能电池的正面和背面,光伏银浆分为正面银浆和背面银浆,所采用的银粉分别为球形银粉和片状银粉

【特点】 光伏银浆用球形银粉要求具有球形度高、分散性好、粒径分布窄及振实密度高、表面性能良好等特点,才能使正面银浆产品具有高的光电转化效率和稳定的电性能

【状况】

【前景】 光伏产业的快速发展及光伏电站的大量建设,使得光伏银浆的需求迅速扩大,银粉的用量急剧增加

【现状】 各种粒径及片厚比的片状银粉都已实现国产化,并大规模省产

【现状】 国产光伏银浆用球形银粉尚处于实验室或半实验室的起步阶段,距离大规模稳定量产还有一定距离

【应用场景】 晶体硅太阳能电池

【词条关系】

【层次关系】

【类分】 导电相

【类分】 黏结相

【类分】 有机载体

【类分】 正面银浆

【类分】 背面银浆

【应用关系】

【用于】 晶体硅太阳能电池

【生产关系】

【材料-工艺】 液相还原法

【材料-工艺】 气体蒸发法

【材料-工艺】 银盐分解法

【材料-工艺】 机械球磨法

【材料-工艺】 化学还原法

【材料-原料】 银粉

◎γ射线辐射法

【基本信息】

【英文名】 γ-ray irradiation

【拼音】 γ she xian fu she fa

【核心词】

【定义】

利用电离辐射进行化学合成的一种方法。电离辐射技术主要用于高分子材料的聚合、改性和食品保鲜及杀菌等方面，以及用于制备无机材料。

【分类信息】

【CLC 类目】

(1) TB383 特种结构材料

(2) TB383 其他

【词条属性】

【特征】

【特点】 γ射线辐射法与微乳液法相结合在纳米材料的制备方面更有其优点，可以控制产物粒径，提高产物粒子的均匀性

【特点】 可控性(如可对反应程度、温度、速度进行控制)

【特点】 适应性(如液相、气相、固相均可反应)

【优点】 运用辐射合成法所制得的纳米金属结晶度较好，而且反应可在常温常压下进行，方法简便易行

【优点】 用γ射线辐照，可在常温常压或低温下操作；制备周期短且工艺简单；产物粒径小、分布窄且易受控制；产率高，后处理方便

【状况】

【现状】 主要用于制备纳米材料

【词条关系】

【应用关系】

【用于】 改性技术

【生产关系】

【工艺-材料】 纳米材料

【工艺-材料】 纳米金属粉末

【工艺-材料】 纳米金属氧化物

【工艺-材料】 纳米金属硫族化合物

【工艺-材料】 纳米复合材料

◎导电油墨

【基本信息】

【英文名】 conductive ink

【拼音】 dao dian you mo

【核心词】

【定义】

(1)用导电材料(金、银、铜和碳)分散在联结料中制成的糊状油墨，俗称糊剂油墨。具有一定程度导电性质，可作为印刷导电点或导电线路之用。

(2)导电性油墨是指印刷于导电承印物上，使之具有传导电流和排除积累静电荷能力的油墨，一般是印在塑料、玻璃、陶瓷或纸板等非导电承印物上。印刷方法很广，如丝网印刷、凸版印刷、柔性版印刷、凹版印刷和平版印刷等均可采用。可根据膜厚的要求而选用不同的印刷方法、膜厚不同则电阻、阻焊性及耐摩擦性等亦各异。

【分类信息】

【CLC 类目】

(1) TS802.3 油墨及添加剂

(2) TS802.3 特种印刷：按油墨分

【词条属性】

【特征】

【特点】 导电油墨由导电性填料、黏合剂、溶剂及添加剂组成

【特点】 导电性(抗静电性)、附着力、印刷适性和耐溶剂性等

【状况】

【现状】 金系导电墨、银系导电墨、铜系导电墨、碳系导电墨等已达到实用化，用于印刷电路、电极、电镀底层、键盘接点、印制电阻等材料

【现状】 金系导电墨化学性质稳定、导电性能好，但价格昂贵，用途仅局限于厚膜集成电路

【现状】 银系导电墨大量用于薄膜开关的导电印刷

【现状】 铜系导电墨比银系导电墨价廉，但存在易氧化的缺点；现在多使用经过防氧化处理的铜粉，使用这种油墨印刷的电路不易被氧化，但缺点是一经高温处理，就会失去防氧化效果

【现状】 碳系导电墨;碳系导电油墨中使用的填料有导电槽黑、乙炔黑、炉法炭黑和石墨等,电阻位随种类而变化;多用于薄膜片开关和印制电阻,前者大都在聚酯基材上印刷

【词条关系】

【等同关系】

【俗称为】 糊剂油墨

【层次关系】

【类分】 金系导电墨

【类分】 银系导电墨

【类分】 铜系导电墨

【类分】 碳系导电墨

【应用关系】

【用于】 印刷电路

【用于】 导电电极

【用于】 电镀层

【用于】 键盘接点

【用于】 集成电路

【用于】 电解电容器

◎纳米金属粉末

【基本信息】

【英文名】 nanometer metal powder

【拼音】 na mi jin shu fen mo

【核心词】

【定义】

又称为超微金属粉或超细金属粉,一般指粒度在 100 nm 以下的金属粉末或颗粒,是一种介于原子、分子与宏观物体之间处于中间物态的固体颗粒材料。纳米金属粉末是纳米材料的一个重要分支。金属纳米粉体属于零维纳米材料,其原子和电子结构不同于化学成分相同的金属粒子。它具有不同于宏观物体和单个原子的磁、光、电、声、热、力及化学等方面奇异特性。

【分类信息】

【CLC 类目】

(1) TB44 粉末技术

(2) TB44 粉末的制造方法

【IPC 类目】

(1) B22F1/00 金属粉末的专门处理;如使之易于加工,改善其性质;金属粉末本身,如不同成分颗粒的混合物(C04,C08 优先)

(2) B22F1/00 利用高能脉冲,如磁脉冲〔6〕

(3) B22F1/00 利用振动〔6〕

(4) B22F1/00 超微结构的制造或处理〔7〕

【词条属性】

【特征】

【特点】 要在真空或保护介质中保存以防止氧化

【特点】 具有量子尺寸效应、表面效应、宏观量子隧道效应、库仑阻塞效应和介电限域效应等物理效应

【状况】

【现状】 制备方法为真空液滴超声雾化法与机械磨碎法

【应用场景】 在冶金、机械、化工、电子、国防、核技术、航空航天等研究领域呈现出极其重要的应用价值

【时间】

【起始时间】 1963 年

【词条关系】

【等同关系】

【基本等同】 超微金属粉

【基本等同】 超细金属粉

【层次关系】

【概念-实例】 银纳米粉

【概念-实例】 Fe-Ni 纳米粉

【应用关系】

【用于】 电子器件

【用于】 超低温稀释制冷机热交换壁

【用于】 高密度金属磁带

【生产关系】

【材料-工艺】 真空液滴超声雾化法

【材料-工艺】 机械磨碎法

【材料-工艺】 化学气相沉积(CVD)

【材料-工艺】 γ 射线辐射法

【原料-材料】 导电涂层

第四部分

附　录

A　实例词条音序

切削加工
切削速度
切削性能
青铜
轻金属
氢脆
氢气烧结
球化退火
球磨
区域熔炼
屈服点
屈服强度
去应力退火
缺口
缺陷

R

燃气轮机
热成形
热处理
热等静压
热锻
热挤压
热加工性能
热喷涂
热膨胀
热双金属
热塑性
热弹性
热稳定性
热循环
热压
热应力
热轧
人工时效
韧性
溶度
溶解度
熔焊
熔化温度
熔炼
熔模
熔模铸造
熔渗
熔铸
蠕变断裂
蠕变抗力
蠕变强度
蠕变性能
软磁材料
软磁粉末
软磁合金
软钎料
润滑剂

S

刹车片
三元合金
扫描电镜
砂型铸造
筛分
烧结法
烧结钢
烧结炉
烧损
伸长率
深冲
深加工
渗氮
生物医学材料
石墨烯
石油钻具
时效硬化
使用寿命
使用温度
试样
收粉装置
收缩率
疏松
双金属
水雾化工艺
丝材
塑性变形
隧道窑
缩孔

T

钛合金
钛基耐蚀合金
弹性变形
弹性合金
弹性极限
弹性模量
弹性系数
弹性元件
钽合金
碳还原
碳化硅
碳化铌
碳化钛
碳化钛基硬质合金
碳化钽
碳化钨
碳化物
碳纤维
提纯
体缺陷
铁铬铝合金

铁硅铝合金
铁基非晶态合金
铁镍合金
铁氧体磁性材料
铜箔
铜管
铜合金
铜基合金
铜基减摩材料
退火
脱氢
脱脂

W

微波烧结
微合金化
微晶金属材料
微量元素
维氏硬度
位错
温模
温压成型
钨粉
钨钴钛硬质合金
钨钴硬质合金
钨合金
钨丝
无氧铜
物理气相沉积(PVD)
物理冶金

X

稀土
稀土金属
稀土氧化物
稀土永磁材料
稀土元素
稀有金属
锡合金
锡青铜
显微组织
线材
线性膨胀系数
线胀系数
相变点
相分解
相图
锌合金
形变热处理
形状记忆合金
形状记忆效应
型材
旋磁材料
旋转电极雾化
选矿

Y

压力浇铸
压力容器
压力铸造
压制成型
压铸
牙科合金
牙轮钻头
氩弧焊
氩气雾化
延伸率
阳极氧化
阳离子
氧化锆
氧化铝
氧化钼
氧化铌
氧化铍
氧化气氛
氧化钽
氧化钨
药芯焊丝
液态金属
铱合金
钇
易切削黄铜
易熔合金
铟
银粉
银合金
隐身材料
印刷电路板
应力腐蚀
应力腐蚀开裂
应力松弛
应力状态
硬磁材料
硬度
硬化
硬铝
硬面堆焊
硬钎焊
硬质合金
硬质合金模具
永磁材料
永磁合金
永磁体
有色金属
有色金属材料
预处理
预合金粉
预混合粉

B 实例词条笔画索引

七画

八画

坡莫合金
枝晶
板材
板坯
板带
转变温度
软钎料
软磁合金
软磁材料
软磁粉末
非晶态
非晶态金属
非晶硅
易切削黄铜
易熔合金
固溶退火
固溶强化
钎料
钎焊
钕铁硼
物理气相沉积(PVD)
物理冶金
使用寿命
使用温度
金丝
金刚石工具
金刚石复合片
金刚石薄膜
金合金
金相组织
金属多孔材料
金属材料
金属间化合物
金属表面
金属注射成形
金属型铸造
金属复合材料
金属粉末
金属基纤维增强材料
金属基复合材料
金属基颗粒增强材料
金属基摩擦材料
金属磁性材料
金箔
刹车片
变形合金
变形抗力
变形铝合金
变质处理
单晶体
单晶制备技术
单晶硅
泡沫金属
注射成型
定向凝固
试样
居里点
居里温度
屈服点
屈服强度
弧焊
弥散强化
线材
线胀系数
线性膨胀系数
组合烧结
织构

九画

型材
挤压比
药芯焊丝
相分解
相图
相变点
厚板
砂型铸造
面缺陷
耐蚀合金
耐蚀性
耐热性
耐高温
耐腐蚀性
耐磨性
残余应力
轴承合金
轻金属
点蚀
点焊
临界温度
显微组织
贵金属
贵金属合金
贵金属钎料
界面反应
品位
钛合金
钛基耐蚀合金
钢结硬质合金
钨丝
钨合金
钨钴钛硬质合金
钨钴硬质合金
钨粉
钯合金
矩磁合金

十画

粉末不锈钢
粉末包装
粉末冶金钛合金
粉末高速钢
粉末高温合金
粉末流动性
粉末模锻
烧结炉
烧结法
烧结钢
烧损
海洋腐蚀
海绵钛
润滑剂
难熔金属
预处理
预合金粉
预烧结
预混合粉

十一画

球化退火
球磨
理论密度
基体金属
黄金
黄铜
硅青铜
铑合金
铜合金
铜基合金
铜基减摩材料
铜箔
铜管
铝电解
铝合金
铝材
铝青铜
铝箔
铟
铱合金
银合金
银粉
矫顽力
脱氢
脱脂
减摩材料
旋转电极雾化
旋磁材料
粒度分布
断面收缩率
断裂韧性
焊丝
焊条
焊料
焊接工艺
焊接材料
焊接性能
焊接接头
焊缝
混合物
混合料
混合稀土
混炼
液态金属
深加工
深冲
渗氮
密度
弹性元件
弹性合金
弹性极限
弹性系数
弹性变形
弹性模量
隐身材料
维氏硬度

十二画

超合金
超导
超导材料
超导体
超导态
超导转变温度
超导性
超导线
超导带
超导薄膜
超塑性
超塑性合金
提纯
棒材
硬化
硬钎焊
硬质合金
硬质合金模具
硬面堆焊
硬度
硬铝
硬磁材料
裂纹扩展
紫铜
喷丸
喷射成形
喷焊
晶体结构

十三画

十四画

十五画